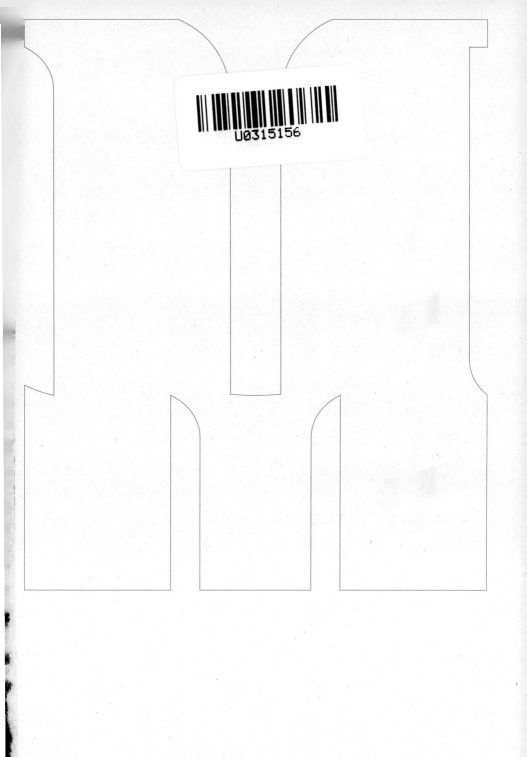

西方将主宰多久

东方为什么会落后，西方为什么能崛起

WHY THE WEST RULES-
FOR NOW

THE PATTERNS OF HISTORY, AND WHAT
THEY REVEAL ABOUT THE FUTURE

[美] 伊恩·莫里斯 著

钱峰 译

中信出版集团 | 北京

目录

推荐序
中华文明再次走向世界辉煌

《西方将主宰多久》是一部前所未有的巨著。

它前所未有地提出：迄今为止的人类历史，是以西方文明和东方文明之间的"相互赶超"为主线展开的。

它前所未有地提出：发端于黄河流域的中华文明是东方文明的主体，中华文明以公元前 221 年秦统一中国为标志，率先以治理的"高端策略"摆脱了"低端策略"，即以郡县制代替了封建制，这是东方文明在治理体系和治理能力方面第一次赶超西方文明，并最终在隋唐时期领先世界，并为人类文明发展留下了重要的制度创新遗产。

它前所未有地指出，以公元 11 世纪的文艺复兴为标志，西方再次逐步"赶超"中华文明。直到 19 世纪，西方开始统治世界。西方的优势在于它在长期的赶超中形成了新的治理体系和治理能力。自 19 世纪开始，西方的治理体系不仅被视为有效的，而且还被视为普适的；不仅被视为富强之理，而且被称为正义之道。

它前所未有地指出：西方在 21 世纪将被中国赶超，西方所面临的危机不仅是经济的危机，而且是治理体系和治理能力的危机。但是，中国也不能因自身经济的增长而沾沾自喜，因为中国所面临的挑战不仅来自经济，来自军事、社会和环境生态，而且来自制度。

它前所未有地使我们认识到：再次全面赶超西方文明的中华文明，正在步入新的秦皇、汉武和贞观之治的时代，这个灿烂的时代呼唤新的治理体系、治理能力。

对中国人来说，这是一部可以与《资治通鉴》相媲美的书，因为《资治通鉴》创作于中华文明第一次世界辉煌的尾声，这部书则预示着中华文明再次走向世界辉煌的先声。

韩毓海

北京大学教授

艾伯特亲王在北京

伦敦，1848 年 4 月 3 日。维多利亚女王的头在痛。她这样脸贴地跪在木码头上已经有 20 分钟了。她强忍住泪水，既愤怒又恐惧，并且已精疲力竭。现在，天开始下起雨来。绵绵细雨浸湿着她的衣裙。她只希望，没人误以为她是因恐惧而战栗。

她的丈夫就在她身旁。如果她伸出手臂，就可以将手搭在他肩上，或者为他理顺被雨打湿的头发，赋予他力量，以面对即将到来的一切。要是时间能够静止不动就好了，或者匆匆过去。要是她和艾伯特亲王在别的地方就好了，只要不在这里。

他们就这样等待着——维多利亚女王、艾伯特亲王、威灵顿公爵和大半的朝臣——双膝跪地等在雨中。看得出来，河上出了点问题。由于中国舰队的旗舰过于庞大，无法驶入东印度码头，总督耆英大张旗鼓的伦敦之行只能改乘一艘稍小些的装甲汽船，此船以他的名字命名。可即使是"耆英"号，对于布莱克沃尔的码头来说，还是嫌大了些。6 只拖船牵引着"耆英"号进港，场面一片混乱。总督耆英面无表情。

透过眼角的余光，维多利亚女王可以瞥见码头上的小型中国乐队。一个小时前，乐手们的丝质长袍和怪异的帽子看起来还非常华丽，现在被英格兰的雨水打湿了，凌乱不堪。以为耆英的轿子即将上岸，乐队四度奏起嘈杂的东方乐曲，又四度戛然而止。第五次，乐手们终于奏至曲终。维多利亚女王心中一颤。耆英终究要上岸的，这事真的发生了。

接着，耆英的随从赫然出现在他们面前，如此贴近，维多利亚女王都能看清他鞋上的针脚。鞋面上绣着小小的龙、升腾的云烟和火焰，比她的侍女的女红要精致得多。

随从以单调低沉的声音，朗读着来自北京的官方声明。维多利亚女王已知晓上面的内容：道光皇帝恩准了不列颠女王向宗主国致敬的意愿；维多利亚女王乞求向清帝国进贡和纳税，并顿首臣服；道光皇帝恩准将英国纳为中国的领地，并准许英国遵从中国之道。

但在英国，人人皆知实际上发生了什么。起初，中国人受到了欢迎。中国资助过英国人民反抗拿破仑的战争，后者对英国实行"大陆"封锁，不准英国船只驶进欧洲各港口。但1815年后，中国销往英国的商品越来越廉价，最终导致兰开夏的纺织厂破产倒闭。当英国人抗议并提高关税时，中国军队将骄傲的英国皇家海军一举击溃，将纳尔逊海军上将击毙，并洗劫了南部海岸沿线的各个城镇。近8个世纪以来，英国无人能侵，可是如今，维多利亚女王的名字将永远记入耻辱的史册。她的统治时期充斥着凶杀、洗劫和绑架，充斥着战败、耻辱和死亡。现在，耆英，这个道光皇帝的奴才，亲自来了，越发显得伪善和不怀好意。

这时，跪在维多利亚女王身后的翻译轻咳了一声，只有女王能够听到。这是一个信号：耆英的下属已讲到赋予她"儿皇帝"身份的部分了。维多利亚女王从码头上抬起前额，起身恭受属于野蛮人的帽子和长袍，那象征着英国的耻辱。她这才第一次端详起耆英来。

她不曾料想，眼前的这个中年人如此充满才智，如此活力四射。他难道真是那个令她畏惧的怪物吗？这时，耆英也第一次看到维多利亚女王。他看过维多利亚女王加冕的画像，但她比想象中更为健硕、更为寻常，并且十分年轻。她浸在雨水中，浑身都湿透了，甲板上的泥点溅了她一脸。她甚至不知道如何规矩地叩头。多么粗鄙的人啊！

最可怕的、无法想象的时刻到了。两名中国官员深鞠着躬从耆英背后走出，扶艾伯特亲王起身。维多利亚女王知道，她既不能出声，也不能动弹——事实上，她僵在原地，抗议不得。

他们把艾伯特亲王领走了。艾伯特亲王庄严地走了，他步履蹒跚，停了下来，回头望着维多利亚女王。那一眼里，仿佛有整个世界。维多利亚女王昏倒了。她还未倒在甲板上，就被一个中国侍从扶住——在这样的场合，一个女王，即使是一个外国的邪恶女王，晕倒受伤也是不妥的。艾伯特亲王仿佛梦游一般，失魂落魄，他的表情凝固了，他喘着粗气，离开了自己的国土。他登上踏板，走进深锁的豪华船舱，踏上了去中国的航程。在那里，他将作为道光皇帝的陪臣幽居在北京城中。等到维多利亚女王苏醒过来，艾伯特亲王已经走了。终于，她忍不住呜咽起来，浑身都在颤抖。艾伯特亲王要花费半年时间才能到北京，回来也要同样长的时间。他还要在那些野蛮的中国人中生活更长的时间，才能得到道光皇帝的召见。她能做什么呢？孤身一人，她将如何保护自己的人民？在这一切暴行之后，她将如何面对这个万恶的耆英？

艾伯特亲王一去不返。他到了北京，在那里，他以流利的中文和对儒家经典的了如指掌震惊了天朝。就在他走后不久，接踵而至的消息是，失去土地的农民发动起义，砸毁打谷机，起义风潮席卷英国南部，血腥的巷战在半数欧洲国家的首都爆发。几天后，道光皇帝接到耆英的上书，建议将艾伯特这样有才能的亲王幽禁在中国，保障其安全。这一暴动是向现代化转型过程中的阵痛，中华帝国也曾经历过，但面对如此骚动的民众，不应心存侥幸。

于是，艾伯特亲王幽居在北京城中。他丢弃了英国人的装束，留起了满族人的长辫子，时光荏苒，年复一年，他对中国的经典日渐谙熟。他独自在中国生活，终日与佛塔为伴，垂垂老矣。在这金笼子里被幽禁了 13 年之后，他终于弃世而去。

在世界的另一面，维多利亚女王把自己关在白金汉宫寒冷的房间里，对她的殖民宗主不闻不问。英国完全由耆英治理，数不胜数的所谓政客匍匐着乞求与他做交易。1901 年，维多利亚女王驾崩的时候，没有举行国葬，人们只是耸耸肩，带着讽刺的微笑看着这一中华帝国时代之前的最后一件老古董湮没于史册。

从圆明园中抢走的京巴狗

当然，事实上，这样的事情并未发生。至多只发生了一部分。确实存在一艘叫"耆英"号的中国船只，它也确实曾在 1848 年4 月驶入伦敦的东印度码头（见图 A-1），但那并不是艘装甲舰，也并未载着一名中国总督到伦敦来：真实的"耆英"号只是一艘装饰华丽的木质帆船。几个英国商人几年前在英国的殖民地香港买下这艘小船，他们觉得，将它送回故国会是一大笑料。

维多利亚女王、艾伯特亲王和威灵顿公爵确实曾驾临泰晤士河畔，但并不是来给他们的新主子叩头的。相反，他们是作为游客来观赏在英国所见的第一艘中国船的。这艘船确实是以两广总督耆英的名字命名的。但是，耆英并没有在1842年中国水师摧毁英国皇家海军后接受英国的臣服。真实情况是，他在那一年代表中国政府向英军求和。在此之前，一支英国海军中队摧毁了其所到之处的所有中国战舰，使中国的海防炮台寂然无声，封锁了联系京城和鱼米之乡江南的大运河，使京城陷于饥荒之中。1848年，道光皇帝确实统治着中国，但他并没有使维多利亚女王和艾伯特亲王劳燕分飞。事实上，女王夫妇十分恩爱地继续生活在一起，维多利亚女王不时发点儿脾气，直到艾伯特亲王1861年辞

图 A-1　真实的"耆英"号：1848年成群结队的伦敦人划船争相观看。(《伦敦新闻画报》载图)

世。实际上是维多利亚女王和艾伯特亲王使得道光皇帝夫妇劳燕分飞。

历史往往比小说更不可思议。维多利亚女王的同胞打垮道光皇帝，使他的帝国摇摇欲坠，为的是最具英国特色的事物——一杯茶，或者确切地说，是几十亿杯茶。在18世纪90年代，英国的东印度公司控制着南亚地区，将其视为自己的封地，该公司每年从中国运往伦敦的茶叶价值达2 300万英镑。虽然利润之大令人瞠目结舌，但还是存在一个问题：中国政府无意于进口英国制造的商品作为交换，中国政府只需要银子。东印度公司感到筹措可维持贸易的资金颇为困难。当商人们意识到，不管中国政府需要什么，中国人民总会需要些别的东西时，他们感到欣喜若狂，那就是——鸦片。最好的鸦片种植在印度，而印度正是东印度公

图A–2　并非最辉煌的时刻：1842年，英国舰船炸毁长江上的中国战船。图中最右端是"复仇女神"号，世界上第一艘铁甲战舰

司的势力范围。在广州——一处外商可以进行贸易的中国港口，商人们出卖鸦片换取银子，再用这些银子去购买茶叶，最后再在伦敦高价销售茶叶。

然而，一个问题的解决往往导致另一个问题的产生，在贸易中同样如此。印度人食用鸦片，英国人则将鸦片溶于水饮用，每年大约消耗 10~20 吨（有些是用于镇静婴儿）。这两种食用方式只产生轻微的镇静作用，足以使古怪的诗人灵感大发，或者刺激公爵、伯爵们沉湎于酒色，但不足为虑。可是，中国人吸食鸦片。其中的差异，就好比咀嚼古柯叶和将其在烟斗中点燃吸食的差异一样。英国毒贩故意忽视其中的差别，可道光皇帝并没有，于是1840 年，鸦片战争爆发了。

这是一场稀奇古怪的战争，不久便演变成了个人对决——在道光皇帝的禁烟力将、钦差大臣林则徐和英国驻华商务监督义律舰长之间。当义律意识到自己行将失败，他怂恿英国毒贩向林则徐交出令人咋舌的 1 700 吨鸦片，并向这些毒贩保证，英国政府将补偿他们的损失。毒贩们并不知道义律是否有权做出如此保证，但他们还是将补偿诺言照单全收了。林则徐收缴了鸦片，义律保全了面子，也维持了茶叶贸易，而毒贩们则为毒品得到了最高的补偿（加上利息和运费）。每个人都是赢家。

这里说的每个人，要除去英国首相墨尔本。墨尔本不是赢家，他得找到 200 万英镑来补偿毒贩的损失。区区海军舰长让堂堂首相如此难堪，听来未免匪夷所思，但是义律清楚，他可以依靠财团游说议会以弥补损失。于是，围绕着墨尔本，各种复杂的人际、政治、经济利益纠缠在一起，使得墨尔本别无选择，唯有先付清这笔钱，然后派遣一支远征军前往中国，迫使中国政府赔偿英国鸦片被缴造成的损失。

这可不是大英帝国最为辉煌的时刻。要寻找当代的例子进行类比是不可能准确的，就好比为了反击美国禁毒署突击搜查毒品的行动，蒂华纳贩毒集团劝说墨西哥政府一路杀进圣迭戈，要求白宫赔偿毒品大亨被缴可卡因的损失（加上利息和运费），并承担远征军的开支。试想，就在我们身边，一支墨西哥舰队占领了卡塔利娜岛作为下一步行动的基地，并威胁封锁华盛顿，直到国会给予蒂华纳毒品大亨在洛杉矶、芝加哥和纽约的毒品专卖权。

当然，其中的差异是，墨西哥绝不可能炮轰圣迭戈，而在1840年，英国却可以肆无忌惮，为所欲为。

英国战舰以摧枯拉朽之势打垮了中国的海防，耆英被迫签订了一份屈辱的条约，开放中国的通商口岸并允许传教士进入。道光皇帝的后妃并没有被掳去伦敦，如同作者在本书开头所假想的艾伯特亲王进京那样，但是，鸦片战争还是击垮了道光皇帝。他使3亿臣民在英国人面前卑躬屈膝，背叛了两千年来祖宗留下的传统。他应该感觉一败涂地——中国四分五裂，毒品成瘾者人数大幅飙升，整个国家如脱缰之马失去控制，传统习俗土崩瓦解。

在这个风云动荡的世界上，一个科举落榜的书生洪秀全崭露头角。他在广州城外长大，四次进城赶考，又四次落榜。最后，在1843年，他心力交瘁，被抬着回到了家乡。在高烧的幻梦中，天使带着他翩然飞升到了天堂。在那儿，他遇到了一个据说是他兄长的人，他们在长须飘飘的父亲的注视下，并肩与魔鬼战斗。村里没人能解读他这个梦的含义，好几年了，洪秀全似乎忘了这个梦。直到有一天，他翻开一本小册子，这本小册子是他在去广州应试途中别人发给他的。

那本小册子是对基督教《圣经》的诠释，洪秀全意识到，其中蕴藏着破解他那场幻梦的钥匙。显然，梦中的兄长正是耶稣，而洪秀全则是天父的中国儿子。梦中，洪秀全和耶稣齐心协力将魔鬼逐出了天堂，这个梦似乎昭示着天父希望洪秀全将魔鬼逐出人世。洪秀全将基督教的部分教义与儒家学说杂糅在一起，宣告太平天国诞生。愤怒的农民和游民在太平天国的旗帜下云集响应。到了1850年，他的队伍击垮了前来镇压的组织涣散的清军。他顺应天父的旨意推行了一系列激进的社会改革：他分田地，立法保护妇女的平等权利，甚至禁止缠足。

在19世纪60年代初，当美国人在枪炮声中自相残杀，打响世界上第一场现代战争时，中国人也在做同样的事情，只不过用的是大刀和长矛，打的是世界上最后一场传统战争。这场传统战争的残忍恐怖程度，使得那场现代战争难以望其项背。战争共造成2 000万人死亡，其中大部分死于饥荒和疾病。西方外交家和将军利用这场混乱，把自己的势力范围进一步扩张到东亚地区。1854年，为了寻求加利福尼亚与中国之间的装煤站，美国海军准将佩里迫使日本打开口岸。1858年，英、法、美三国又从中国攫取了新的特权。可想而知，咸丰帝对毁了他父亲道光帝的洋鬼子恨之入骨，现在则忙于镇压洪秀全的农民起义军，设法逃避新条约的束缚。但是咸丰帝举步维艰，因为英法两国政府提供了他无法拒绝的"优厚条件"。英法联军开进北京城，咸丰帝颜面尽失地逃往热河。

英法联军随后放火焚毁了风景秀丽的圆明园，这让咸丰帝认识到，他们可以为所欲为，对紫禁城也可以一焚了之。咸丰帝投降了，他的颓废比其父有过之而无不及，他从此蛰伏不出，也不面见群臣，终日沉湎于大烟与女色之中以求慰藉。他于一年后驾崩。数月后，艾伯特亲王也离开了人世。艾伯特亲王长年累月地告诫英国政府糟糕的排污系统会传播疾病，他本人很可能就是死于温莎城堡肮脏的下水道带来的伤寒。更悲哀的是，维多利亚女王——这位与她的丈夫一样深爱现代管道系统的女王，在她丈夫去世时，正在盥洗室里。

痛失一生的至爱，维多利亚女王陷入深深的哀伤之中，情绪也变得喜怒无常。但她也并非茕茕孑立，形影相吊。英国军官向她献上从北京圆明园劫掠来的珍玩——一只京巴狗。维多利亚女王叫这只狗"洛蒂"。

苏格拉底和孔子：
西方的优势是长期注定的吗

为何历史会循着这样的路径发展，把洛蒂带到巴尔莫勒尔堡，让它与维多利亚女王相伴终老，而不是让艾伯特亲王去北京研习儒家学说？为什么在 1842 年，是英国舰船横冲直撞，沿着长江逆流而上，而不是中国舰船驶入泰晤士河？或者更明确地说，西方缘何主宰世界？

要说西方"主宰"，可能语气上听起来有些强硬，毕竟，无论我们如何定义"西方"（这个问题后面还将述及），自 1840 年以来，西方人并没有在真正意义上运作一个世界政府，也不能为所欲为。许多年长者一定还记得，1975 年美国人灰头土脸地从越南西贡（即今天的胡志明市）撤兵，以及 20 世纪 80 年代日本工厂将它们的西方对手挤出行业。很多人会感觉到，我们今天所购之物皆是中国制造。但显而易见的是，在过去的100多年中，西方人把军队开进亚洲，而不是相反。东亚的政府在西方资本主义和共产主义理论间痛苦挣扎，可是没有哪个西方政府试图以儒家学说或者道家学说管理社会。东方人常跨越语言的藩篱，以英语互相交流，可欧洲人很少以中文或日文这样交流。正如一位马来西亚律师直言不讳地告诉英国记者马丁·雅克（Martin Jacques）的那样："我穿着你们的衣服，说着你们的语言，看着你们的电影，就连今天是什么日期，都是你们说了算。"

这样的事情不胜枚举。自从维多利亚女王派去的部队抢走了京巴狗洛蒂，西方已经史无前例地主宰了全球。

乍看起来，这一任务似乎并不艰巨。几乎人人赞同西方主宰世界，因为工业革命发生在西方，而非东方。18世纪，是英国企业家释放出了蕴藏在蒸汽与煤炭之中的无穷威力。工厂、铁路和舰炮给予19世纪的欧洲人和美国人统治全球的能力，而飞机、电脑和核武器则使他们20世纪的接班人巩固了这一统治地位。

当然，这并不意味着，所有事情的发生都是必然的。如果1839年义律舰长没有迫使首相墨尔本插足发兵，英国可能不会在那年攻打中国；如果钦差大臣林则徐更注意加强海防，英国军队可能不会如此轻易得手。但这确实意味着，不论时机何时成熟，不论哪位君主在位，不论谁赢得选举，不论谁领兵打仗，西方终将在19世纪操得胜券。英国诗人和政治家希莱尔·贝洛克（Hilaire Belloc）在1898年总结得恰到好处：

> 无论发生什么，我们有
> 马克沁机枪，而他们没有。

故事终。

然而，这当然不是故事的结局，它只是提出了一个新的问题：为何西方拥有马克沁机枪，而其他地方没有？这是我将要回答的第一个问题，因为答案会告诉我们，西方缘何主宰当今世界。然后，我们可以据此提出第二个问题。人们关注西方缘何主宰的理由之一是，他们想要知道，这一现状是否会继续存在，会继续存在多久，会以何种方式继续存在——接下来将会发生些什么。

当20世纪缓缓过去，日本作为一个大国崛起，这一问题显得尤为紧迫，在21世纪早期，它将是不可回避的。中国的经济规模每6年就会翻一番，在2030年以前，中国很有可能成为世界上最大的经济体。正如我所述，在2010年年初，大多数经济学家指望着中国，而非欧美，重新点燃世界经济的引擎。2008年，中国主办了举世瞩目的北京奥运会，两个中国"太空人"成功进行了太空行走。中国和朝鲜都拥有核武器，西方战略家担心美国将如何适应中国的崛起。西方的主宰地位还能保持多久，这已成为一个迫在眉睫的问题。

历史学家的预言能力之差是众所周知的，所以他们大多拒绝谈论未来。

然而，关于西方为何主宰世界，我思索得越多，便越意识到，业余历史学家温斯顿·丘吉尔的理解比大多数专业学者要透彻得多。"你越能回溯历史，"丘吉尔坚称，"便越有可能展望未来。"按照这一思路（虽然丘吉尔可能并不会赞同我的回答），我认为弄明白西方为何主宰当今世界，有助于了解21世纪将会出现何种局面。

当然，我并非第一个探究西方为何主宰世界的人。这一问题提出至今，已有250年之久。在18世纪以前，这一问题很少有人提及，因为那时它并无多大意义。17世纪，西方知识分子首次开始认真地琢磨中国，他们中的大多数人在东方的悠久历史和成熟文明面前自惭形秽；而少数当时关注西方的东方人对此也认为理所当然。有些中国官员欣赏西方人精巧的钟表、威力巨大的火炮以及精确的历法，但他们并不觉得效法这些除此之外一无长物的西方人有何价值。如果18世纪的中国皇帝知道伏尔泰等法国哲学家写诗赞颂他们，他们很有可能认为，这些法国哲学家们本该如此。

但自从工厂烟囱里排放的浓烟密布英国的天空，欧洲知识分子们便意识到，他们有一个问题，但这并不是一个糟糕的问题——他们似乎正在主宰世界，却不知为何。

欧洲的革命家、反革命分子、浪漫派和现实主义者都在思索西方为何主宰世界，思索得如痴如狂，产生了千奇百怪的预言和理论。关于这一问题的答案主要分为两类，我将其分别命名为长期注定理论和短期偶然理论。无须赘述，并非每种想法都能恰巧归入某一阵营，但这一分类方式的确有助于聚焦问题。

长期注定理论的观点是，自从史前时期，某一关键因素使得东西方判然有别，从而决定了工业革命必然发生在西方。至于这一关键因素到底是什么，以及它何时开始发挥作用，长期派内部产生了激烈分歧。他们中有些人强调物质因素，如气候、地形或者自然资源，其他人则指向一些无形的因素，诸如文化、政治或宗教。那些重视物质因素的人倾向于把"长期"看得极为漫长，他们中有些人上溯15 000年至冰河时期末期，有些甚至上溯至更为久远的年代。而那些强调文化因素的人则把"长期"看得稍微短些，仅上溯1 000年至中世纪，或者上溯2 500年至古希腊思想家苏格拉底和中国古代圣贤孔子生活的时代。

但是有一点，那些持长期注定理论的人是一致赞同的，那就是，不管是19世纪40年代英国人长驱直入攻进上海，还是10年后美国人迫使日本开放口岸，在冥冥之中，这些都是在几千年以前的一系列事件中就早已注定的。一个持长期注定理论的人会说，以艾伯特亲王在北京和京巴狗洛蒂在巴尔莫勒尔堡这两个反差鲜明的场景作为本书的开头，作者是个十足的傻瓜。维多利亚女王是稳操胜券的，这一结果无法避免。这在无数世代以前就注定了。

粗略算来，在1750—1950年，几乎所有解释西方缘何主宰的理论都是长期注定理论的变体。其中家喻户晓的版本是，欧洲人在文化上拥有无与伦比的优越性。自从罗马帝国日薄西山，大多数欧洲人首先把自己界定为基督徒，寻根溯源至《新约》。但在解释西方缘何主宰的问题上，一些18世纪的知识分子则另辟蹊径，重新为自己寻找了一个源头。他们认为，2 500年以前，古希腊人创造了一种以理性、创新和自由为特征的独特文化，正是这种文化使欧洲人与众不同。他们也承认，东方人有自己的文化，可东方的传统是无序、保守和等级森严的，无法与西方思想匹敌。由此，许多欧洲人得出结论，他们攻城略地，包举宇内，是因为他们有优越的文化。

到了1900年，在西方的经济和军事优越性中痛苦挣扎的东方知识分子，就算历尽波折，往往最后接受了这一论调。在美国海军准将佩里叩关东京湾的20年内，日本兴起了明治维新运动。一批法国启蒙运动和英国自由主义的经典著作被译成日文，倡导民主改革、发展实业、解放妇女以赶上西方的思潮应运而生。甚至有些日本人希望将英语作为国语。19世纪70年代，像福泽谕吉（Fukuzawa Yukichi）这样的日本知识分子则强调问题的形成是长期注定的：日本的文化大多源自中国，而中国在遥远的过去就已误入歧途。结果是，日本仅仅是"半开化"。福泽谕吉认为，虽然这个问题是长期注定的，但也并非不可动摇。通过摒拒中国影响，日本也可以达到完全开化。

与此形成对照的是，中国的知识分子不需要排外，而需要自我革新。19世纪60年代，洋务运动宣称，中国的传统从根本上说仍然是完好的，中国只需要造些汽船，买些洋枪。最终证明这是一个谬论。1895年，现代化的日本军队奇袭中国要塞，缴获中国军队的洋枪，并瞄准中国的军舰。显而易见，问题的深度远远超过了拥有合适的武器。到了1900年，中国的知识分子也追随日本的道路，译介经济学和进化论方面的西方书籍。与福泽谕吉的观点相同，他们的结论是，西方的主宰是长期注定的，但并非不可改变，通过摒拒过去，中国也可以迎头赶上。

但是，西方有些持长期注定理论的人认为，东方是无能为力的。他们认为，文化使西方登峰造极，但那并非西方主宰世界的根本原因，因为文化本身是有物质起因的。有些人相信，东方过于炎热，或者瘴疠盛行，故而无法培育出像西方一样具有创新精神的文化。或者因为东方人口过密，消耗了所有的剩余产品，人们的生活水平只能维持在一个很低的层次上，因而无法产生像西方那样自由、前瞻的社会形态。

各种各样带着不同政治色彩的长期注定理论纷纷涌现，其中以马克思的版本最为重要，影响力也最大。就在英国军队抢走京巴狗洛蒂时，正在为《纽约每日论坛报》（*New York Daily Tribune*）

中国问题专栏撰稿的马克思提出，政治才是确立西方主宰地位的真正因素。他认为，数千年来，东方国家是如此的集权和强大，以至于阻遏了历史发展的潮流。古代的欧洲从封建主义进化到资本主义，无产阶级革命又带来了共产主义，而东方却滞留在君主专制阶段，无法走上与西方一样的进步道路。尽管历史并未完全如马克思所预见的那样发展，后来的共产主义者（尤其是列宁和他的追随者）改进了马克思的理论，声称一场革命的先锋运动可能将古老的东方从沉睡中惊醒。但是列宁主义者们也认为，只有当他们不惜一切代价打碎陈腐的旧制度时，这一切才会发生。

整个 21 世纪，西方继续跳着复杂的舞步，史学家们发现了一些似乎并不符合长期注定理论的史实，而长期派则据此修正了自己的理论。例如，如今无人质疑，当欧洲的航海大发现时代刚刚开始时，中国的航海技术遥遥领先，中国船员已经知道印度沿岸、阿拉伯地区、东非地区，可能还包括澳大利亚。[1]

1405 年，钦差总兵太监郑和从南京出发驶向斯里兰卡，他率领的船队有将近 300 艘舰船。其中既有运输饮用水的水船，也有宏伟的宝船，后者装备有先进的船舵、水密仓和复杂的信号发

---

1. 有些人甚至认为，中国船员早在 15 世纪就到达了美洲。但是，正如我将要在第八章中论述的，这一说法可能是天方夜谭。对于这种假想的航程，最可能作为证据的是一张世界地图，2006 年曾在北京和伦敦展出。主办方声称，这是一幅 1418 年中国原作的复制品，绘于 1763 年。这张地图与真正的 15 世纪的中国地图迥然不同，而与 18 世纪法国的世界地图极为相似，比如将加利福尼亚描绘成一个岛屿。最有可能的情况是，一位 18 世纪的中国地图绘制者综合了 15 世纪的中国地图和新近得到的法国地图绘制而成。绘图者或许并不想欺骗任何人，但是 21 世纪那些汲汲于耸人听闻的发现的收藏家们，却心甘情愿地欺骗了他们自己。

送装置。在他的 2.7 万名船员中，有 180 名医生和药剂师。与之形成鲜明对照的是，1492 年，哥伦布从西班牙加的斯出发的时候，他手下只有 3 艘船，90 名船员。哥伦布手下最大的那艘船的排水量，只有郑和宝船的 1/30，85 英尺[1] 的船长还不及郑和宝船的主樯高度，只有它舵杆的两倍长。哥伦布的船队既无水船，也无医生。郑和有罗盘指路，凭借 21 英尺长的海图，他对印度洋了如指掌。而哥伦布则茫然不知自己身在何方，更不必说正向哪儿驶去。

这可能使任何一个认为西方的主宰地位在遥远的过去就已根深蒂固的人踌躇，但也有几本重要的著作争辩道，归根结底，郑和的例子也符合长期注定理论，只是解释更为错综复杂而已。例如，经济学家戴维·兰德斯（David Landes）在他的皇皇巨著《国富国穷》（*The Wealth and Poverty of Nations*）中，重新诠释了疾病和人口因素使得欧洲对中国拥有绝对优势的说法。他提出新论，认为中国人口密集，故而偏好集权政府，而密集的人口又削弱了统治者从郑和航行中牟利的动机。因为所向无敌，大多数中国皇帝担心的不是自己如何获得更多财富，而是贸易可能使不受欢迎的商人阶层致富。又因为国家非常强大，他们可以禁止这种危险的做法。在 15 世纪 30 年代，远洋航海活动被禁止，郑和的航海记录可能于 15 世纪 70 年代被毁，从而终结了中国伟大的航海时代。

生物和地理学家贾雷德·戴蒙德（Jared Diamond）在他的经典之作《枪炮、病菌与钢铁》（*Guns, Germs, and Steel*）中有类似的论述。他写作此书的主要目的是解释为何在贯穿中国和地中海的

---

1. 1 英尺 ≈ 30.48 厘米。——编者注

那个纬度带内诞生了最初的文明。他写道，欧洲而不是中国主宰当今世界的原因是，欧洲的半岛地形使得小王国有能力抵御潜在的征服者，因此偏好分散的政治权力，而中国更为浑圆的海岸线使得中央集权而不是诸侯割据成为偏好，由此带来的政治统一使得 15 世纪的中国皇帝能够禁止郑和那样的航行。

与之相反，在政治权力分散的欧洲，尽管一个又一个君主拒绝了哥伦布疯狂的提议，他总能另寻明主。我们可以这样设想，假如郑和像哥伦布那样有如此众多的选择，可能 1519 年埃尔南·科尔特斯 [1]（Hernán Cortés）在墨西哥遇到的就将是个中国统治者，而不是遭受厄运的孟特儒 [2]（Montezuma）。但是根据长期注定理论，巨大的非人为力量，如疾病、地形和地理使这种设想沦为空谈。

然而，郑和的航海之举和其他许多史实使有些人瞠目结舌，无法再契合长期注定理论的模型。就在 1905 年，日本打败了沙皇俄国，表明东方国家也可以使欧洲人在耗资靡费的战争中甘拜下风。1942 年，日本曾一度将西方势力逐出太平洋地区，然后，又在 1945 年骤然跌落，落得战败的下场。

后来，日本转变方向，重新崛起，成为经济巨头。1978 年以来，正如我们所知，中国在走一条相似的道路。2006 年，中国超过美国成为世界上最大的二氧化碳排放国，甚至在 2008 年经济危机最为严重的时期，中国经济仍然持续增长，增长的速度令西

1. 埃尔南·科尔特斯（1485—1547），西班牙殖民者，建立了西班牙在墨西哥的殖民统治。——译者注
2. 孟特儒二世，阿兹特克人的第九代首领，西班牙占领墨西哥初期的统治者。——译者注

方政府即使在自己经济形势最好的年份里也会忌妒。或许，我们需要将老问题暂且搁置，而提出一个新问题：不是西方缘何主宰，而是西方是否主宰。如果答案是否定的，那么，长期注定理论就是为一个并不存在的西方主宰地位寻求远古解释，自然也就是一纸空谈了。

这种种不确定带来的一个结果是，一些西方历史学家已经发展出了一整套新的理论，解释为何西方曾经主宰世界，而今却丧失了主宰地位。我把这些理论称为短期偶然理论。短期偶然理论相比长期注定理论要更为复杂，并且这一阵营中存在着十分激烈的分歧。但有一点，所有持短期偶然理论的人是一致赞同的，那就是，长期注定理论的几乎所有观点都是错的。西方并不是在洪荒年代就已确立了全球主宰地位，直到19世纪以后，在鸦片战争前夕，西方才暂时领先于东方，即使是这一点，在很大程度上也是偶然的。艾伯特亲王在北京的假想场景并不是我愚蠢的虚构。它完全可能发生。

工业革命发生在英国：
一切都是偶然吗

加利福尼亚州的奥兰治县闻名于世的是政治、修剪整齐的棕榈树和长期居住于此的影星约翰·韦恩（John Wayne，当地机场便是以他的名字命名的，虽然他并不喜欢飞机在高尔夫球场上空飞过），而不是激进的学术。可是在20世纪90年代，此地成了全球历史短期偶然理论的中心。两位历史学家，加州大学欧文分校的王国斌（Bin Wong）[1] 和彭慕兰（Kenneth Pomeranz），以及社会学家王丰，撰写了具有里程碑意义的著作，主张不管从哪方面考察——生态结构或家庭结构，技术和工业或金融和机构，生活水平或消费品位——迟至 19 世纪，东西方之间的相似之处仍然要比差异之处多得多。

如果他们的说法成立，要想解释为何是京巴狗洛蒂到了伦敦，而不是艾伯特亲王去了北京，就要困难得多了。有些持短期偶然论者，如标新立异的经济学家安德烈·冈德·弗兰克（Andre Gunder Frank，他写过 30 多本著作，从史前学到拉美金融，内容无所不包），他认为东方的条件实际上比西方更有利于工业革命的发生，但是偶然因素的介入改变了这一状况。弗兰克总结道，欧洲仅仅是"以中国为中心的世界秩序中"的"一个遥远的边缘半岛"。因为亚洲市场蕴藏着真正的财富，欧洲人非常渴望进入亚洲市场。1 000 年前，他们试图通过十字军东征开辟通向中东的道路。当发现这样做行不通的时候，有些欧洲人，像哥伦布，转而试图向西航行以到达中国。

那样做也失败了，因为有美洲横亘在中间，但弗兰克认为，哥伦布的错误恰恰标志着欧洲在世界体系中地位发生变化的开端。在 16 世纪，中国经济欣欣向荣，却面临着持续的白银短缺。而美洲有充裕的白银，为了应对中国的需求，欧洲人驱使美洲原住民在秘鲁和墨西哥的山岳间开采出了 15 万吨贵金属。其中 1/3 最

---

1. 王国斌 2005 年离开了加州大学欧文分校，但只搬迁了 40 英里（1 英里 ≈ 1 609 米），到了加州大学洛杉矶分校。王国斌还有个合著者：詹姆斯·李（James Lee），后者任教的地方离欧文分校也只有 40 英里，即帕萨迪纳的加利福尼亚理工学院。

后流入了中国。白银、野蛮和奴隶制，正如弗兰克所言，将西方带到了"亚洲经济列车的三等座位上"，但是，还需要有更多的事情发生，西方才能"取代亚洲的火车头地位"。

弗兰克认为，西方的崛起，归根结底，与其说是由于欧洲人的主动精神，还不如说是由于 1750 年以后"东方的衰落"。他相信，这一切是从白银供应缩水开始的。白银供应缩水引发了亚洲的政治危机，却为欧洲注入了一剂强心剂——由于欧洲缺少用于出口的白银，欧洲人开始实现工业机械化，以制造在亚洲市场上具有竞争力的产品。弗兰克称，1750 年以后的人口增长，也在欧亚大陆的两端造成了迥异的结果：在中国，这导致了贫富两极分化，引发了政治危机，并且抑制了创新；而在英国，则为雨后春笋般涌现的工厂提供了廉价劳动力。正当东方惨淡经营之时，西方发生了工业革命。工业革命本来应该发生在中国，但是最后还是发生在了英国，西方继承了整个世界。

但是，其他持短期偶然理论的人却对此表示不敢苟同。社会学家杰克·戈德斯通（Jack Goldstone，他曾在加州大学戴维斯分校任教若干年，创造了术语"加州学派"用以描述短期偶然理论家）争论说，直到 1600 年以前，东西方的优势大致相当，它们都由强大的农业帝国统治，复杂的神职系统守卫着古老的传统。18 世纪，从英国到中国，处处遍布着瘟疫、战火和王朝的覆灭，将这些社会推向崩溃的边缘，然而，大多数帝国还是恢复了元气，重新巩固了正统思想的统治，而西北欧的新教徒则摒弃了天主教传统。

戈德斯通认为，正是这种反抗行为推动着西方走向工业革命之路。挣脱了古代意识形态的束缚，欧洲科学家们迅速有效地揭开了自然鬼斧神工的奥秘，而与之同样具有务实传统的英国企业家们则学会了利用煤炭和蒸汽工作。到了 1800 年，西方已取得了在世界上绝对领先的地位。

戈德斯通认为，这些都不是长期注定的，事实上，一些偶然事件本来可能完全改变整个世界的进程。例如，在 1690 年的博因河战役中，信奉天主教的詹姆斯二世军队射来的滑膛枪子弹撕破了奥兰治亲王威廉的大衣肩袖，后者觊觎着英国王位。"幸好子弹射偏了一些"，威廉亲王或许会这样感慨。是啊，戈德斯通说，如果那发子弹再低几英寸[1]，天主教可能仍然统治着英国，法国可能会主宰欧洲，而工业革命可能就不会发生了。

加州大学欧文分校的彭慕兰想得更远。在他看来，工业革命的发生原本便是一个偶然事件。他说，在 1750 年左右，东西方都在走向生态灾难。比起技术进步，人口增长要快得多，人们为了生存，几乎穷尽一切办法，如发展农业、运输货物，以及重新组织人力。他们几乎达到了科技所能允许的极限，从当时的情况来看，完全可以预计，19 世纪和 20 世纪将发生全球性的经济衰退和人口减少。

可是，事实上过去两个世纪的经济增长超过了先前所有年代的总和。彭慕兰在他的重要著作《大分流》（*The Great Divergence*）中解释了其中的原因，那就是，西欧，尤其是英国，只是运气好而已。同弗兰克的观点一样，彭慕兰认为，西方的运气始于偶然发现美洲，从而产生了一个能为工业生产提供动力的贸易系统。但是，与弗兰克的观点不同，他认为，迟至 1800 年，欧洲的好

---

1. 1 英寸 ≈ 2.54 厘米。——编者注

运仍然有可能丧失。彭慕兰指出，为了给英国早期粗糙的蒸汽机提供燃料，需要大量的木材，这就需要种植足够多的树，从而占据很大的空间——事实上，人口拥挤的西欧地区是无法提供这么大的空间的。但就在这时，第二次幸运又降临了：英国拥有世界上独一无二的便于开采的煤炭储备，以及快速实现机械化的工业。到了1840年，英国人将以燃煤为动力的机器普及到了各行各业，包括可以长驱直入驶入长江的铁甲战舰。要不是有了燃煤作为动力，英国将不得不每年多燃烧1 500万英亩[1]的林地，而英国根本没有这么多林地。化石燃料的革命开始了，生态灾难避免了（或者说至少推迟到了21世纪），西方一夜之间克服困难，主宰了全球。这根本不是长期注定的，这只是最近发生的一个奇特的巧合。

关于西方工业革命的短期偶然理论的种种变体，从彭慕兰的侥幸避免全球灾难论，到弗兰克的在不断扩张的世界经济中暂时转移论，其中的分歧之大，就好比长期注定理论阵营中贾雷德·戴蒙德和马克思的观点差异。尽管两大理论派别内部都有诸多分歧，但是它们之间的战线划分了两种关于世界如何运行的泾渭分明、针锋相对的理论。有些长期派宣称，修正派只是在兜售以次充好、政治上正确的伪学术；短期派则回应道，长期派是亲西方的辩护士，甚至是种族主义者。

这么多专家学者得出的结论竟如此大相径庭，这说明我们考虑问题的方法出现了问题。在本书中，我将阐明，不管是长期派还是短期派，都误解了历史的形态，从而得出了片面和矛盾的结论。我认为，我们需要的是一个不同的视角。

---

1. 1英亩≈4 046.86平方米。——编者注

从历史的形态中把握未来

我的意思是，不管是持长期注定理论的人，还是持短期偶然理论的人，都赞同在过去的 200 年间西方主宰了全球，但在此之前世界是什么状况，他们存在分歧。所有的这一切都围绕着他们对前现代历史的不同评估。我们解决这一争端的唯一途径是研究这些更早的时期以建立总体的历史"形态"。只有建立稳定的基础后，我们才能够卓有成效地解释历史进程。

可是，似乎无人愿意去做这件事。大多数写书论述西方缘何主宰的专家都拥有经济学、社会学、政治学或者现代史的学术背景，大体而言，他们是当代或近代事件的专家。他们倾向于聚焦最近的几代人，顶多回溯 500 年，简略地梳理早先的历史（如果他们回溯历史的话）——尽管主要争议是，赋予西方主宰地位的因素是在较早的时代便已存在，还是在现代突然出现的。

少数思想家对这个问题的处理方式十分与众不同，他们先是聚焦于遥远的史前时期，然后突然跳到了现代，而对于其间的数千年则很少提及。地理学家和历史学家阿尔弗雷德·克罗斯比（Alfred Crosby）把这种做法推演到了极致——他认为，出现于史前时期的农业是极为重要的，但是"在那时和推动哥伦布等航海家远渡重洋的社会大发展时代之间，大约过去了 4 000 年，相较过去而言，中间发生的事件乏善可陈"。

我认为，这一观点是错误的。如果我们将研究局限在史前时期或现代，我们将一无所获。不妨加一句，如果我们将目光局限在中间的那四五千年，也将不会有收获。这一问题要求我们在讨论历史为何呈现此种形态之前，将整个人类的悠久历史看成一个完整的故事，建立起整体的形态。这正是我试图在本书中做到的。

我是一个考古学家和古代史学家，专业是公元前 1000 年的古地中海研究。1978 年，我在英国伯明翰大学读书的时候，我所遇到的大多数古典学者都醉心于长期注定理论，认为始创于 2 500 年前的古希腊文化造就了独具特色的西方生活方式。他们中的有些人（大多是年纪较长者）甚至会说，正是这一古希腊的传统使得西方优于世界其他地方。

从我的记忆来看，这些丝毫不成问题，直到 20 世纪 80 年代初，我开始在剑桥大学读研究生，从事古希腊城邦国家起源的研究。这使我与在世界其他地方从事类似研究的人类学考古学家成为同行。他们公然嘲笑道，认为古希腊文化是独一无二的，并且开启了以民主与理性为特色的西方传统，这一观点是荒诞不经的。就像人们常常会做的那样，几年间，我脑中这两个互相矛盾的观点一直在你争我斗：一方面，古希腊社会循着与其他古代社会一样的进程发展；而另一方面，它开启了一个与众不同的西方发展轨道。

1987 年，当我在芝加哥大学担任第一份教职的时候，要平衡脑中的这两种观点变得更为困难了。在芝加哥大学，我教授久负盛名的西方文明史课程，时间跨度从古代雅典到东欧剧变。为了备课，我必须比以前更认真地研读中世纪和现代欧洲史。结果我发现，很长一段时期以来，与其说人们遵守了古希腊给予西方的自由、理性和创造的传统，还不如说人们完全违背了这些。为了寻根究底，我开始博览史籍。我惊讶地发现，被称为与众不同的西方历史，与世界其他地方，如伟大文明古国中国、印度和伊朗的历史，是如此惊人的相似。

教授们常常抱怨沉重的行政负担，但 1995 年我调至斯坦福大学后，我很快发现，在委员会工作是从自己的方寸天地了解外界的绝佳途径。从那时起，我担任了斯坦福大学社会科学史学院和考古中心主任、古典文学系主任和人文与科学学院副院长等职务，并主持一项大型考古发掘工作——这当然带来了大量的文书工作，令人头痛，但我也得以结识了很多领域的专家，从基因科学到文学批评，他们的研究或许有助于解答西方缘何主宰当今世界。

我学到了很重要的一点：要想解答这一问题，我们需要取精用弘，把历史学家对于历史环境的关注、考古学家对于深挖过去的意识，以及社会科学家的比较方法结合起来。为了结合各方优势，我们可以组织一个跨领域专家小组，集中各领域的资深专家，事实上，这正是我在西西里岛开始主持考古发掘工作时的做法。对于分析所发现的炭化种子所需的植物学知识我知之甚少，对于鉴定动物骨骼所需的动物学知识、鉴别储物容器中残余物质的化学知识、重建地貌形成过程的地质学知识，以及其他研究中所不可或缺的专业知识我都知之甚少，于是我求助于有关专家。主持考古发掘的人就像是一个学术乐团的经理，将各具天赋的艺术家组织起来举办演出。这是写作发掘报告的好方法，因为发掘报告的目的在于集中数据为他人研究提供便利，而委员会的报告在针对大问题制定统一答案方面则显得力不从心。因此，我在写作本书时采用的是跨领域而非多领域的方法。我没有驱使一大堆专家为我写书，而是自己动手，将无数领域中专家的发现加以汇集和解释。

这不免招致各种危险——肤浅之见、学科偏见，还有一般性错误。比起皓首穷经研读中世纪手稿的学者，我不可能细致入微地了解中国文化；比起遗传学家，我不可能掌握人类进化方面最前沿的知识（有人告诉我，《科学》杂志更新其网站的平均速度是每13秒一次；在电脑上打下这句话时，我可能已经落后了）。但另一方面，那些囿于自己学科之内的人将永远无法看到宏大的图景。要完成本书这样的著作，较之其他方法，单作者、跨学科的写法也许是最糟的。可对我来说，这种写法当然是最好的了。孰是孰非，就由读者来评判了。

那么，研究结果是什么？在本书中，我认为，西方缘何主宰世界的问题实际上是关于社会发展的问题。这里的社会发展是指社会达成目标的能力，即社会通过影响物理、经济、社会、智力等环境以达到相应目标。19—20世纪，西方观察家将社会发展视为理所当然的好事。他们含蓄或者公开地说，发展就是进步（或者进化，或者历史），而进步——不管是向着上帝、富裕还是人民的天堂——是生活的意义。现在，这些意义似乎不那么显而易见了。很多人感到，社会发展过程中带来的种种弊端，如环境恶化、战争、不平等和幻想破灭，要远比收益多得多。

但是，不管社会发展的寓意有何变化，社会发展这一事实是无可否认的。与100年前相比，今天几乎所有的社会都更为发达了（从上一段中我对发展的定义来看），有些社会则比其他社会更为发达。1842年时，确凿的事实是，英国比中国更发达——事实上，当时的英国非常发达，它的势力遍及全球。过去曾存在过无数的帝国，但这些帝国的势力范围都是区域性的。但是，到了1842年，英国制造商的产品可以涌入中国，英国工业家可以制造举世无匹的铁甲战船，英国政客可以派遣远征军穿越半个地球。

西方缘何主宰世界的问题，实际上包括两个问题。我们既需要知道，为何西方更为发达，即比世界其他地方更具备达成目标的能力；我们还需要知道，为何在过去200年间，西方的发展达到如此高度——有史以来第一次一些国家可以主宰整个地球。

我认为，回答这两个问题的唯一途径是，用一张图表来揭示历史形态，衡量社会发展。这样一来，我们就可以看到，不管是长期注定理论还是短期偶然理论，都未能很好地揭示历史的形态。第一个问题的答案——为何西方社会比世界其他地方更为发达——并不在于最近的偶然：在过去的15个千年中，有14个千年西方是世界上最为发达的地区。但另一方面，西方的领导地位也不是在遥远的洪荒年代就注定的。在从公元550~1775年的1 000多年中，东方更为发达。西方的主宰地位既不是几万年以前就注定的，也不是最近的偶然事件的结果。

长期注定理论和短期偶然理论也无法回答第二个问题，即为何西方的社会发展达到了其他社会难以企及的高度。我们将看到，直到1800年左右，西方才开始以惊人之势迅速崛起，但这一崛起本身仅仅是长期以来逐渐加速的社会发展的最近表现而已。长期因素与短期因素共同起作用。

综上所述，要想解释西方的主宰地位，既不能把目光投向史前时代，也不能只看最近的几百年。要想回答这一问题，我们需要纵览整个历史进程。然而，描述社会发展过程中的起伏兴衰，虽然能够揭示历史的形态并告诉我们需要解释什么，但这并不是解释本身。我们还需深入史册，搜寻细节。

懒惰、恐惧和贪婪是人类进步的阶梯吗

"历史：名词，指一种往往虚假的记录，记录的大多是无关紧要的事情。这些事情由统治者和军人引起，这些统治者大多是无赖，而军人往往是傻子。"安布鲁斯·比尔斯（Ambrose Bierce）关于历史的这条风趣的定义，有时你不得不赞同：看起来历史似乎仅仅是一件讨厌的事情接着另一件，是天才和傻子、暴君和浪漫派、诗人和盗贼混杂在一起的一团乱麻，或创造非凡之举，或在堕落边缘挣扎。

理所当然的，这些人将在接下来的内容中扮演重要角色。毕竟，正是血肉之躯的个人，而不是宏大的非人为因素，在这个世界上生存、死亡、创造和斗争。但是，在所有的喧哗和愤怒背后，还是有明显的模式可循的，历史学家们可以使用恰当的工具辨明这些模式，甚至解释它们。我将使用其中的三种工具。

第一种工具是生物学[1]，生物学告诉我们，真实的人类是什么——聪明的猿猴。我们是动物王国的一部分，而动物王国又是从大型类人猿到变形虫的更为广袤的生命帝国的一部分。这一明显的事实带来了三个重要结果。第一个结果是，和所有生命形式一样，我们之所以能够生存是因为我们从环境中摄取能量，并且用此能量繁衍生息。第二个结果是，像所有有智慧的动物一样，我们有好奇心。我们总是在修修补补，思索着哪些东西能吃，哪

---

1. 作为学术的生物学是一片极为广阔的领域，本书采用的是生态／进化视角，而不是分子／细胞视角。

些东西能玩，哪些东西能加以改进。

我们只是在修修补补方面比其他动物要强，因为我们拥有硕大、敏捷、有许多褶皱的大脑来思考问题，有柔软、灵巧的声带来谈论问题，还有可对掌的拇指来解决问题。

即便如此，同其他动物一样，人类显然也不是完全相同的。有的人从环境中摄入更多能量，有的人生育更多后代，有的人更好奇、更有创造力、更聪明，或者更为实际。而我们作为动物的第三个结果是，与个体的人相对的群体的人，大致是相同的。如果从一群人中随机地挑出两个，可以想象，他们可能迥然不同；可是如果召集起两群人，他们很可能颇为相似。如果比较有百万之众的群体，正如我在本书中所做的那样，他们很可能拥有同样多充满活力、繁殖力、好奇心、创造力和智力的人们。

这三条非常符合常识的观察结论解释了大多数历史的进程。数千年来，由于我们的修修补补，社会总是在发展，并且是日益加速地发展。奇思妙想越来越多，并且一旦产生就难以忘却。但是，就像我们将要看到的，生物学并不能解释整个人类社会发展的进程。有时，社会发展长期停滞不前；有时，社会甚至会倒退。所以，仅仅知道我们是聪明的猿猴是不够的。

这里就需要引入第二种工具——社会学[1]。社会学同时告诉我们，什么导致了社会变化，社会变化又带来了什么。聪明的猿猴

---

1. 我使用"社会学"作为缩略术语，用以描述更为一般的社会科学，主要是那些概括所有社会如何运转的分支学科，而不是那些聚焦于社会差异的学科。这条定义超越了社会学、人类学、经济学和政治学之间传统的学科界限，着重强调生物学与社会科学的交叉领域，尤其是人口统计学和心理学。

围坐在一起修修补补是一回事儿，他们的奇思妙想流行开来改变社会又是另一回事儿。看来，这需要某种催化剂。罗伯特·安森·海因莱因（Robert Anson Heinlein）曾提出一条定理："懒人想寻找更简单的方法解决问题，于是就有了进步。"本书后面我们将看到，这条海因莱因定理只是部分正确，因为懒惰的女人与懒惰的男人一样重要，懒惰不是唯一的发明之母，对于所发生的事情，"进步"通常是个听来颇为乐观的字眼。但是如果我们再充实一下内容，我认为海因莱因的见解是对社会变化的原因不错的总结。事实上，本书随后将提出我自己的一个"莫里斯定理"，这个定义版本较为复杂："导致变化的原因是懒惰、贪婪、恐惧的人们寻求更为简便易行、获利丰厚、安全可靠的做事方法。他们对自己正在做的事情知之甚少。"历史告诉我们，一旦施加压力，就会产生变化。

懒惰、贪婪、恐惧的人们在保持舒适、尽可能少工作和获得安全之间寻求令自己满意的平衡。但事情并没有到此结束，因为人们繁衍生息和摄取能量将不可避免地使他们所能获取的资源（这里既包括物质资源，也包括智力资源和社会资源）承受压力。在社会的不断发展之中，也潜藏着阻止社会进一步发展的力量。我把这称为"发展的悖论"。成功带来新问题；解决这些问题后，更多新问题又会产生。正如人们说的那样，生活是个眼泪之谷。

发展的悖论一直在起作用，迫使人们面临艰难的抉择。人们经常无力应对发展带来的挑战，于是，社会发展陷于停滞甚至倒退。但是，有时候，懒惰、恐惧和贪婪推动着一些人去冒险、创新，改变游戏的规则。如果有些人成功了，并且大多数人接受了成功的革新，社会便有可能突破资源瓶颈，继续向前发展。

　　人们每天都在面对和解决这些问题，这就是为什么自最后一个冰河时期末期以来，社会发展总体呈现上升趋势。但正如我们将要看到的，在有些节点上，发展悖论仍然制造了坚固的"天花板"，只有真正翻天覆地的变化才能将之突破。社会发展在这些"天花板"下徘徊不前，走得艰难而绝望。在一个又一个案例中，我们可以看到，当社会无力应对遇到的问题，大量弊病——饥荒、瘟疫、不可控制的移民以及国家灭亡——接踵而至，社会由发展停滞转为衰落；而如果在饥荒、瘟疫、移民和国家灭亡之外，又有其他破坏性力量如气候变化雪上加霜（我把这 5 个破坏性因素总称为"天启五骑士"），衰落可能会转变为长达数个世纪的灾难性的崩溃与黑暗时代。

　　在此之间，生物学和社会学解释了大部分的历史形态——为何社会有时候会发展，为何有时发展得快，有时发展得慢，为何社会有时会崩溃。但这些生物学和社会学定律是放之四海而皆准的，它们告诉我们人类这个整体是什么样的，却没有告诉我们，为何一处之人与别处之人行事如此不同。为了解释这一问题，我会贯穿全书来论证，我们需要第三种工具：地理学 [1]。

---

1. 地理学，同生物学和社会学一样，是个庞大而定义宽泛的领域（事实上，它的定义如此宽泛，以至于 20 世纪 40 年代以来，许多大学纷纷取消了地理系，因为这些大学认为地理学根本算不上学术意义上的学科）。我更多地采用的是人类 / 经济地理视角而不是物质地理视角。

地理因素也会如此重要

"传记的艺术不同于地理学，"幽默作家埃德蒙·本特利（Edmund Bentley）在 1905 年评论道，"传记是关于人物的，而地理则是关于地图的。"很多年来，人物——英国人所说的上层阶级男人——主宰了史学家们讲述的故事，以至于历史与传记相差无几。这一状况在 20 世纪得到了改观，史学家们把女人、下层阶级男人和孩子也算进了人物之列，在一团混杂之中加入了他们的声音，但在此书中我想更进一步。我认为，一旦我们把人物（在新的、更为宽泛的定义下的更大群体的人物）看作大致相仿的，剩下的便只有地图了。

很多史学家被这一论断所激怒，就如同公牛看到红色的斗牛布一般。其中有几个史学家对我说，拒绝几个伟人就可以决定东西方历史走向的陈词滥调是一回事儿，拒绝承认文化、价值观和信仰的重要性，仅在无理性的物质因素中寻找西方主宰世界的原因，又是另外一回事儿。但这基本上就是我的主张。我将试图说明，在过去的 15 000 年中，东西方以相同的次序经历了相同的社会发展阶段，因为东西方由相同种类的人组成，而正是这些人创造了相同种类的历史。但我也试图说明，他们并非以同样的频率和速度完成这些事情。我的结论是，生物学和社会学能解释全球范围内的相似之处，而地理学则能解释区域差异。从这个意义上讲，是地理学解释了西方为何主宰世界。

坦率地讲，这听起来可能像长期注定理论的强硬路线，当然有些历史学家是这样看待地理学视角的。这一观点至少可以上溯到希罗多德（Herodotus），这个生活在公元前 5 世纪的希腊人常被誉为"历史学之父"。他坚称:"土质松软的国家养育生性软弱的人民。"并且,正如由他开启的地理环境决定论传统,他得出的结论是,正是地理环境决定了他的祖国的伟大。或许最值得一提的例子是埃尔斯沃思·亨廷顿(Ellsworth Huntington),这位耶鲁大学的地理学家在 20 世纪初收集了大量统计数据,用以证明他的家乡康涅狄格州的纽黑文有近乎完美的出产伟人的气候条件。(只有英国的气候条件要更好些。)作为对比,他总结道,加利福尼亚州"过分整齐划一的刺激性气候"(正是我居住的地方)只出产了大量疯子。"加利福尼亚州的人民,"亨廷顿向他的读者保证说,"可以比作不堪驱策的马,他们中的一些因筋疲力尽而垮掉。"

人们很容易嘲讽这类说辞,但当我说地理学解释了西方的主宰地位的时候,我的想法颇为不同。地理差异确实有长期的效果,但这些从不是根深蒂固的。并且,在社会发展的某一阶段的地理优势,在另一阶段可能是毫不相关的,甚至可能转化为劣势。我们或许可以这么说,虽然地理推动了社会发展,但是社会发展决定了地理的意义。这是条双行道。

为了更好地解释这一点,也为了给本书的内容做一下快速导航,我想要回溯两万年,上溯到最后一个冰河时期最为寒冷的时刻。那时,地理环境至关重要:一英里厚的冰川覆盖了北半球的大部分地区,冰川边缘是干燥而不适宜居住的苔原地带,只有靠近赤道的地方,才有少量的人类以采集和狩猎为生。南方(人们可以居住的地方)和北方(人们不能居住的地方)的差异是极端的,但在南部地区,东西差异则相对较小。

冰河时期末期改变了地理的意义。当然,两极地区依然很寒冷，赤道地区依然很炎热，但在这两个极端之间的六处地方，即我在第二章中所指的原始核心地带，更温暖的天气条件配合着当地的地理环境，为适宜人类驯化的动物和植物的进化（即改变它们的基因使之更能为人类所用，最终使得经过基因改进的生物只能与人类共生）提供了有利条件。驯化的动物和植物意味着更多的食物，这样就能养育更多的人，从而产生更多创新。但是，驯化同时也意味着施加给推动这一进程的资源更大压力。发展的悖论就在这里起作用了。

这些核心地带一度是冰河时期极为典型的相对温暖、适宜居住的地区，但是现在，它们彼此之间以及与世界其他地方之间的界限日益模糊了。地理眷顾了所有这些地方，但对其中的某些地方更为偏爱。欧亚大陆西部一个叫侧翼丘陵区的核心地带，是可驯化的动物和植物的集中之地。由于人群大致相似，因此在这片动植物资源最为丰富、驯化最为便捷之地，开始了人类对动植物的驯化过程。那大约是在公元前 9500 年。

遵循常识，我用"西方"一词描述所有从欧亚大陆核心地带最西端演化而来的社会。很久以前，西方从亚洲西南部[1]的核心地带开始扩张，包举地中海盆地和欧洲，在最近的几个世纪里，又囊括了美洲和澳大拉西亚（泛指澳大利亚、新西兰及附近南太平洋诸岛）。希望以常识的方式来界定"西方"能更清晰明了（而不是挑出一些所谓独特的"西方"价值观念，诸如自由、理性、宽容，然后论证这些观念来自何方，以及世界的哪些地方有这些观念），这对理解我们所生活的世界有重大影响。我的目标

---

1. 19 世纪以来，人们将这一地区误称为"中东"。

是解释为何从原始的西方核心地带沿袭而来的一系列社会——首先是北美——如今主宰地球，而不是西方其他地方的社会，即沿袭自其他原始核心地带的社会为何没有主宰全球。

遵循相同的逻辑，我使用"东方"一词指代自欧亚大陆核心地带最东端（古老程度仅次于西端）演化而来的社会。也是在很久以前，东方从中国的黄河与长江之间的原始核心地带开始扩展，那里对于植物的驯化大约始于公元前 7500 年，今天的东方包括了北至日本，南至中南半岛的广大地区。

发源自其他核心地带的社会——位于今天的新几内亚的东南核心地带、位于今天的巴基斯坦和北印度的南亚核心地带、位于东撒哈拉沙漠的非洲核心地带，以及分别位于墨西哥和秘鲁的两个新大陆核心地带——都有它们各自令人神往的历史。在下文中，我将反复提到这些地区，但着眼点还将落在东西方对比上。我的主要根据是，自从冰河时期末期以来，世界上最为发达的社会要么发源自原来的西方核心地带，要么发源自原来的东方核心地带。艾伯特亲王在北京，与京巴狗洛蒂在巴尔莫勒尔堡相比，是个貌似可能的选择，而艾伯特亲王在库斯科、德里或者新几内亚则不然。因此，要想解释西方缘何主宰世界，最有效的方式是聚焦东西方对比，这正是我所做的。

这样撰写本书是要付出代价的。通过更为全面的全球性论述，审视世界上的每一个地区，这种处理方式在内容上将会比本书更为丰富并注意到细微差别，也将为南亚文化、美洲文化及世界其他地区的文化对整个人类文明所作的贡献给予充分的肯定。但是这种以全球视野论述的书也会存在不足，尤其是将会导致失去焦点，篇幅较之本书也将会更为冗长。18 世纪英国最机智的作家塞缪尔·约翰逊（Samuel Johnson）曾经评论道，虽然人人都喜爱弥尔顿的《失乐园》（*Paradise Lost*），"但没人希望它更长"。这一评论适用于弥尔顿，更适用于我将要着手论述的一切。

如果在解释历史方面，地理真的提供了一个希罗多德式的长期注定理论解释，那么，在指出对动植物的驯化在西方核心地带始于公元前9500年，在东方核心地带始于公元前7500年之后，我便可将本书匆匆结束。如此说来，西方社会的发展便会简简单单地领先于东方2 000年，在西方进行工业革命的时候，东方还在发明书写。当然，情况显然不是这样。在接下来的几章里，我们将看到，地理并不能决定历史，因为地理优势最终往往适得其反。它们推动了社会发展，但在此过程中社会发展又改变了地理的意义。

随着社会的发展，核心地带的范围扩大了，有时是通过移民，有时是通过邻近地区的效仿或者独立创新。在老的核心地带非常有效的技术——不管是农业技术，还是关于村庄生活、城市和城邦、大帝国或者重工业的技术——扩散到新的社会和新的环境。有时候，这些技术在新的背景下兴旺发达；有时候，它们无功无过；还有的时候，它们需要做出重大调整才能发挥作用。

尽管这看起来有些奇怪，但社会发展中的最大进步往往发生在这些无法很好地应用从更发达的核心地带引进或效仿的技术的地方。有时，这是因为使旧方法适应新环境的努力迫使人们取得突破；有时，则是因为在社会发展的某一阶段无关紧要的地理因素，在另一个发展阶段变得举足轻重。

例如，5 000年前，葡萄牙、西班牙、法国和英国从欧洲大陆延伸至大西洋中，是地理上的一大劣势，意味着这些地区远离美索不达米亚（亦称"两河流域"）[1]和埃及的文明。但是，500年前，社会的发展改变了地理条件的意义。有了新型的舰船可以横渡原先无法通行的海洋，于是突然间扭转了形势，把延伸到大西洋的地理条件变成了一大优势。葡萄牙、西班牙、法国和英国的舰船，而不是埃及或者伊拉克的舰船，开始驶向美洲、中国和日本。西欧通过远洋贸易将世界紧密地联系在一起，西欧的社会发展也因此蒸蒸日上，超越了原先地中海东部的核心地带。

我将这一模式称为"后发优势"[2]，它同社会发展一样历史悠久。当农业村寨开始转变为城市（在西方是公元前4000年之后不久，在东方是公元前2000年后），拥有利于农业生产的某些特定土壤和气候条件变得不那么重要了，更为重要的是拥有可以引水灌溉或作为商路的大河。当国家不断扩张，拥有大河的重要性也下降了，后来居上的是拥有金属矿藏、更长的贸易线路，或者人力资源。随着社会发展的变迁，所需资源也发生了改变，那些原先微不足道的地区可能会发现，落后之中也蕴藏着优势。

蕴藏于落后之中的优势是如何逐渐展现出来的，往往很难预见，并不是所有的落后都可以等量齐观的。比如，400年前，在很多欧洲人看来，加勒比海地区欣欣向荣的种植园要比北美农场更有前景。事后来看，我们可以看到，海地变成了西半球最为贫

---

1. 美索不达米亚是古希腊语，意思是"两河之间的土地"。美索不达米亚是古巴比伦的所在，在今伊拉克共和国境内。习惯上，历史学家和考古学家用美索不达米亚来指称公元637年阿拉伯人侵以前的这一地区，之后则称为伊拉克。
2. 我从经济学家亚历山大·格申克龙（Alexander Gerschenkron）处借用了这一术语，尽管后者使用这一术语的方式与我略有差异。

困的地区，而美国则最为富裕，但要预见到这样的结果十分困难。

然而，这种后发优势的一个非常清楚的结果是，每个核心地带最为发达的地区总是因时而异的。在西方，在早期农业时代，最发达之处是侧翼丘陵区；随着国家的出现，它南移至美索不达米亚河谷地区和埃及；再后来，随着贸易与帝国地位的凸显，又西移至地中海盆地。在东方，最发达之处先是从黄河与长江之间的地区北移至黄河流域，然后又西移至渭水流域的秦地。

第二个结果是，西方在社会发展中的领先地位时起时伏，部分是因为这些至关重要的资源——野生动物和植物、河流、商路、人力——在每个核心地带的分布各不相同；部分是因为在这两个核心地带，扩张和抢占新资源的过程既猛烈又动荡，将发展的悖论推演至极致。例如，公元前 2000 年西方国家的发展，使得地中海不仅成为商贸要道，而且也成为毁坏之源。大约在公元前 1200 年，西方国家失去控制，移民、亡国、饥荒和瘟疫引发遍及核心地带的崩溃。而并不拥有这种内海的东方，则未经历类似的崩溃，到了公元前 1000 年，西方在社会发展中的领先地位已经严重动摇。

在后来的 3 000 年中，同样的模式一而再、再而三地起作用，造成的结果不断变化。地理因素决定了在世界什么地方社会发展脚步最快，而社会发展又改变了地理的意义。在不同的时刻，连接欧亚大陆东部和西部的那些大草原、中国南部肥沃的稻田、印度洋和大西洋都是极为重要的。当 17 世纪大西洋的重要性日渐显露的时候，那些处于开发利用大西洋最佳位置的人们——最初主要是英国人，后来还有以前曾被英国人殖民的美国人——创造了全新种类的帝国和经济，并释放出蕴藏在化石燃料中的巨大能量。我将会论证，这正是西方主宰世界的原因。

洞悉世界进程的脉络

随后的章节将分为三个部分。第一部分（第一章至第三章）探讨最为基础的问题：什么是西方？我们的故事从何讲起？主宰的含义是什么？如何判断谁处于领先位置或者主宰位置？在第一章中，我从故事的生物学基础讲起，评述人类如何进化，以及现代人类如何遍布地球。在第二章中，我追踪冰河时期之后原始东方核心地带和西方核心地带的形成和发展。在第三章中，我宕开一笔，界定社会发展的含义，并且解释将如何用社会发展来衡量东西方差异[1]。

在第二部分（第四章至第十章），我将详细追踪东西方的历史，不断地提出这样一个问题：是什么解释了东西方的相似与差异。在第四章中，我将审视国家最初的兴起，以及公元前 1200年以前西方核心地带遭受的巨大破坏。在第五章中，我将思考最初的东西方大帝国的社会发展如何逼近农业经济所能承载的极限。然后，在第六章中，我将讨论公元 150 年以后横扫欧亚大陆的大崩溃。在第七章中，出现了转折，东方核心地带开拓新的疆域，引领社会发展。到了大约 1100 年，东方再次逼近农业社会的发展极限。在第八章中我们将看到，这将如何导致第二次大崩溃。在第九章中，我将描述在恢复过程中，东西方如何在干草原

---

1. 我将更多技术性的论述置于本书附录及网站上，或阅读《文明的度量》（［美］伊恩·莫里斯，中信出版社）。

上和跨过海洋开拓新的疆界，并考察西方是如何缩短与东方的发展差距的。最后，在第十章中，我们将看到，工业革命是如何将西方的领先地位转化为主宰地位的，以及由此带来的巨大影响。

在第三部分（第十一章和第十二章），我将转向对史学家而言最为重要的问题：那又怎样？在第十一章中，我将从过去 15 000 年的万千历史细节之中归纳出自己的观点，即两套法则——生物学法则和社会学法则——决定了全球范围内的历史形态，而第三套法则——地理学法则——决定了东西方发展的差异。正是这些法则之间不断的相互作用，而不是长期注定的因素，或者短期偶然的因素，把京巴狗洛蒂带到了巴尔莫勒尔堡，而不是把艾伯特亲王带到北京。

这不是史学家们通常所说的历史。大多数学者在文化、宗教信仰、价值观、社会制度或者盲目的随机事件中寻找解释，而不是关注确凿的物质现实世界，少数人一谈起规律法则就哑口无言。但是，在考虑并剔除某些备选因素之后，我将更进一步，在第十二章中指出，历史的规律事实上有助于我们预见未来。到了西方主宰阶段，历史并没有终结。发展悖论和后发优势仍然在起作用，创新推动着社会发展，而毁坏则使之倒退，这两股力量仍然在角逐。事实上，在我看来，这种角逐正变得前所未有的激烈。新的类型的发展和毁坏预示着——或者威胁着——它们不仅会改变地理学，而且会改变生物学和社会学。我们这个时代面临的一大问题，并不是西方是否会继续主宰世界，而是我们人类作为一个整体，能否在灾难使我们一蹶不振之前，突破创新，进入一种全新的生存模式。

第一部分

溯源：东方和西方之前的漫长岁月

西方是什么

"当一个人厌倦了伦敦，"塞缪尔·约翰逊说过，"他便厌倦了生活，因为生活所能提供的，伦敦都有。"那是在 1777 年，每一种思潮，每一种新奇的发明，都使约翰逊博士的家乡充满活力。伦敦有大教堂和皇宫，公园和河流，高楼大厦和贫民窟。最重要的是，伦敦有可以购买的商品——花色之齐全，种类之繁多，超出了之前任何时代的人们最为天马行空的想象。打扮精致的淑女和绅士可以在牛津街新建的拱廊外停下，款款走下马车，选购新奇的商品，如雨伞（这是 18 世纪 60 年代的发明，英国人立刻发现它不可或缺），或者女用手提包和牙膏（两者都是那个 10 年里的新产品）。不仅仅是富人在享受这种新的消费文化。令保守人士感到惊恐的是，生意人在咖啡店里消磨时光，穷人把下午茶称为"必需品"，而农民的妻子则在购买钢琴。

英国人开始感到，他们与其他民族不同。1776 年，苏格兰智者亚当·斯密在他的《国富论》（*An Inquiry into the Nature and Causes of the Wealth of Nations*）中，把英国称作"小店主之国"，但他的本意是赞美。斯密坚信，英国人对自身福利的重视使得每个人更加富有。他说，只要想想英国与中国之间的反差就知道了。长久以来，中国曾经是"世界上最富庶的国家之一，土地丰饶，文化灿烂，人民勤劳，人口众多"，但是已经"在法律与制度允许的范围内，富庶到了登峰造极的地步，再也没有余地"。简而言之，中国人陷入了动弹不得的境地。"劳动力的竞争和雇主的利益"，斯密预测道，"将很快使他们沦落到普通人类生存的最低水平"，结果是"中国底层人民的贫困程度，将远远超过欧洲最为贫困的国家……任何腐肉，例如死猫死狗的残骸，虽然臭气熏天，招人厌恶，但对他们来说，已经算是美食了，就如同其他国家的人们看来最为有益的食物一样"。

约翰逊和斯密是言之有理的。虽然在 18 世纪 70 年代工业革命才刚刚开始，但在英国，人们的平均收入比中国更高，收入分配也更均衡。关于西方主宰地位的长期注定理论往往是以这一事实为出发点的，这一理论的支持者们认为，西方的主宰地位是工业革命的原因，而不是其结果，我们需要上溯更长的时间——或许要长得多——来解释它。

我们需要这样做吗？历史学家彭慕兰（我曾在前言部分提到过彭慕兰的著作《大分流》）坚称，亚当·斯密和他之后的所有奉承西方的学者实际上是在拿错误的东西进行比较。彭慕兰指出，中国的广袤和多样与整个欧洲大陆相当。所以，如果把在斯密所生活的时代，欧洲最为发达的地区英国单独挑出来，同整个中国的平均发展水平相比较，英国将胜出。同样道理，如果我们反过来，把长江三角洲地区（18世纪70年代中国最为发达的地区）与整个欧洲的平均发展水平相比较，长江三角洲会胜出。彭慕兰认为，较之将英国与欧洲不发达地区相比，或者将长江三角洲与中国不发达地区相比，18世纪的英国与长江三角洲有更多相同之处——产业主义萌芽、市场繁荣、有着复杂的劳动分工。这一切都使他得出这样一个结论：因为思考太过草率，长期注定派理论家们把事情整个儿颠倒了过来。如果英国和长江三角洲在18世纪是如此相似，彭慕兰评论道，那么对于西方缘何主宰世界的解释就必须是在此之后，而不是在此之前。

有一点是明确的：如果我们想知道西方为何主宰世界，我们首先需要知道"西方"是什么。但是，一旦我们提出这一问题，事情就复杂了。对于究竟是什么构成了"西方"这一问题，我们大多数人的感觉是出于一种本能。有些人将西方等同于民主和自由，另一些人想到了基督教，还有一些人想到的则是世俗的理性主义。事实上，历史学家诺曼·戴维斯（Norman Davies）找到了至少20种关于西方的学术定义，并用他所称的"弹性地理"统一在一起。每一种定义都赋予西方不同的形态，而这一定会造成混乱，关于这一点，彭慕兰曾在书中抱怨过。戴维斯说："对于西方的定义，它的辩护者们可以以任何一种他们认为恰当的方式

第一章

溯源：东方和西方之前的漫长岁月

5

进行。"戴维斯的意思是，当我们着手定义西方的时候，"西方文明本质上是知识建构的混合物，可以被用来增进作者们自己的利益"。

如果戴维斯的观点是正确的，那么，关于西方缘何主宰世界的问题不过是任意地选取某一价值观来定义西方，声称某些特定国家是这一价值的典范，然后将这些国家与一些同样任意的"非西方"国家相比较，以得出我们想要的任何自圆其说的结论。任何人如果不同意我们的观点，可以直接选用一种不同的价值观作为西方性的典范，拿一些不同的国家来代表这一价值观，再选取一个不同的对照组，那么自然就会得出一个不同的但是同样自圆其说的结论。

这样做毫无意义，所以我想选择一个不同的路径，我不会一开始就从结论出发，先臆断西方价值观，然后回溯历史寻找其根源。我将从最初开始探寻，一路往下，直到我们看见各具特色的生活方式从世界的不同地方出现。然后，我将把这些各具特色的地区中最西端的称为"西方"，最东端的称为"东方"，以地理标记来区分东西方，而不是通过价值观进行判断。

想要从头开始是一回事，可要真正寻找到这个源头又是另一回事了。我们将看到，在遥远的过去，学者们曾多次试图从生物学的角度定义东西方，这些学者否认我在前言部分提出的观点，即群体的人类是大致相同的。他们认为，世界上某些地方的人在基因上要优于其他地方的人。一些持类似观点的人得出了这样的结论，即某些地区自洪荒之时起便在文化上优于其他地区。我们必须仔细审视这些观点，因为如果我们一开始就在这里走错一步，那么在关于历史形态以及未来形态的问题上，我们就会谬以千里。

元初之时

关于万事万物的起源，每一种文化都有自己的传说。但是在过去一些年内，天体物理学家给了我们一些新的科学解释。现在大多数专家认为，时间和空间开始于130亿年前，虽然关于时空是如何开始的这一问题，他们之间还存在争议。在众多理论中，居于主导地位的是宇宙膨胀理论，该理论认为，宇宙最初从一个极其致密微小的点开始膨胀，膨胀速度超过光速；而与宇宙膨胀理论相抗衡的周期循环理论则认为，这个宇宙的出现始于上个宇宙的坍塌。两个理论一致认为，我们的宇宙还在继续膨胀。但是，宇宙膨胀论者认为，膨胀仍会继续，恒星会湮灭，最终永恒的黑暗和寒冷会降临。而周期循环论者则认为，宇宙会自行收缩，然后再度爆炸，开始另一个新的宇宙。

除非接受过经年累月的高等数学训练，否则很难弄明白这些理论的意义，但幸运的是，我们的问题并不需要我们追溯至那么早。当方向和自然的法则都不存在的时候，本无所谓东方或者西方。在45亿年前，也就是太阳和地球形成之前，东方和西方也不是什么有意义的概念。或许在地壳形成后，或者至少在大陆漂移到了它们现在的位置之后（那是在几百万年前），我们才能谈论东方和西方。但是事实上，以上这些讨论都偏离了主题。对于本书的问题来说，只有加入另一个要素——人类之后，东方和西方才有意义。

研究早期人类的古人类学家比历史学家们更喜欢争论。他们研究的领域十分年轻，并且瞬息万变，新的发现不断地推翻已经确立的事实。如果两个古人类学家同处一室，他们可能带着三个人类进化理论走出房间，而就在关门的刹那，一切又都落伍了。

　　人类与前人类的界限是模糊不清的。有些古人类学家认为，一旦猿能够直立行走，就意味着人类的诞生。从髋骨和趾骨的化石来看，某些东非猿类从六七百万年前便已开始直立行走。但是，大多数专家觉得这一标准太低了。事实上，生物学上准确的人类界定标准是，脑容量从400~500立方厘米增至大约630立方厘米（我们的脑容量通常是其两倍），并且能制造粗糙石器（这是直立行走猿人的第一证据）。大约距今250万年前，这两个过程发生在了两足东非猿类身上。在坦桑尼亚的奥杜威峡谷从事发掘工作的著名古人类学家路易斯和玛丽·利基（Louis and Mary Leakey），将这些脑容量相对较大并且使用工具的生物称为"能人"。

　　当能人行走于大地之上的时候，东方与西方的区分还没有多大的意义。首先，这是因为这些生物只生活在东非的森林里，还没有演化出区域性的变种。其次，因为"行走在大地上"这一表述过于笼统了。能人同我们一样有脚趾和脚踝，当然也能行走，但他们有长臂，这意味着他们同时也会花很多时间在树上。这些只是想象中的猿人，仅此而已。能人制作的石器留在动物骨骼上的印记表明，他们既食用肉类，也食用植物，但是看起来他们仍然处于食物链的低端。有些古人类学家坚持狩猎者理论，认为能人既聪明又勇敢，仅凭棍棒与石头便能杀死猎物。但另一些人（或许更可信）则认为能人是食腐者，追随诸如狮子等真正的杀手，以它们丢弃的残余食物为食。显微镜下的观察表明，能人所使用的工具在动物的骨骼上留下的印记至少在鬣狗牙齿之前。

　　25 000代来，能人奔跑穿梭于世界一隅的林间，他们削制石器，互相梳理毛发，求偶交配。然后，在大约180万年前，他们消失了。目前所知道的是，他们消失得很突然，但是很难精确地确定消失的时间，而这正是研究人类进化史的一大难题。大多数情况下，我们依赖于这样一个事实，那就是化石或工具所在的岩石层中含有不稳定的放射性同位素，这种同位素的衰减速度是已知的，因此，通过测量同位素之间的比例，就能确定具体的时间。然而，这样确定的时间的误差范围可以有上万年，所以当我们说能人突然消失，"突然"一词既可能指几代人，也可能指几千代人。

当 19 世纪四五十年代达尔文思考自然选择的时候，他认为，进化是通过微小变化的自然累积实现的。可到了 20 世纪 70 年代，生物学家斯蒂芬·杰·古尔德（Stephen Jay Gould）认为进化是这样进行的：在很长一段时间里变化都十分细微，然后某一事件引发了一系列大变化。进化论者现在分为两派，一派认为，渐变论（这被批评者讥称为"匍匐式进化"）更符合进化的一般模式；另一派则赞同古尔德的"间断平衡论"（"跳跃式进化"）。但是，在能人绝迹的问题上后者显然更有说服力。大约 180 万年前，东非的气候变得更干燥，开阔的热带大草原取代了能人先前居住的森林，正是在那时，新型猿人¹取代了能人的位置。

我暂不为这些新型猿人冠名，现在仅仅指出，他们的脑容量要大于能人，通常为 800 立方厘米。他们不像能人那样拥有长长的、黑猩猩般的手臂，这很可能意味着他们几乎所有时间都在地

---

1. "猿人"一词有泰山和简（Tarzan-and-Jane）的言外之意，我年轻时，这在教科书中颇受欢迎。现在古人类学家们认为这个词是屈尊的，但对我来说，这个词很好地抓住了这些前人类 / 古人类的模棱两可性，并且很简洁。

上活动。他们的身材也更为高大。从肯尼亚的纳利奥克托米出土的一具 150 万年前的骨架被称为"图尔卡纳男孩"——5 英尺高的孩子，他如果活到成年，身高能达到 6 英尺。他的骨骼不仅更为修长，而且不如能人的骨骼坚固，这意味着他和他的同代人更多的是依靠智慧和工具而生活，而不是倚仗蛮力。

我们大多数人认为，聪明不言自明是好的。那么，既然能人有变聪明的潜力，为什么却在"突然"转变为更高大、脑容量也更大的生物之前，白白消磨了 50 万年之久？最有可能的解释是，天下没有免费的午餐。要想使一个硕大的脑袋运转，代价是高昂的。我们的大脑重量一般占我们体重的 2%，却要消耗我们能量的 20%。大脑袋还会带来其他的问题：需要一个硕大的颅骨才能装得下大脑——事实上，由于脑袋太大，现代女性分娩时胎儿的脑袋很难顺利通过产道。因此，事实上妇女通过早产来解决这一问题。如果胎儿在子宫里待到几乎能够自给自足（如同其他哺乳动物那样），那么他们的脑袋就会大到无法分娩。

但是，充满风险的分娩、经年累月的滋养、消耗掉 1/5 食物的大脑，这些我们都能接受——无论如何，这要比消耗同样多的能量去发育爪子、更多肌肉或者巨大的牙齿要好。比起这些因素，智力对人更有益。但不太明了的是，为何几百万年前会发生基因突变，赋予猿人更大的大脑，使他们获得了足以弥补多消耗的能量的优势。如果变得更聪明得不偿失，聪明的猿类将无法赛过他们蠢笨的亲戚，他们的聪明基因也将很快从种群中消失。

或许我们应该将原因归结为天气。当久旱不雨，猿人们栖身的树木开始枯死，更聪明合群的变异体会比他们那些更像猿类的亲戚占优势。这些聪明的猿类没有在草原上绝迹，而是设法生存了下来。然后，就在一眨眼之间（从进化的时间量程上来看），一小撮变异体将他们的基因扩散到了整个种群，最终完全取代了脑袋愚笨、身形瘦小、喜爱居住在树林中的能人。

东西之始？

不知道是因为他们的活动范围太狭窄了，还是因为群内纷争，或者仅仅是因为好奇，这些新型猿人是第一批离开东非的此类生物。从非洲大陆南端到亚洲的太平洋沿岸，到处都发现了他们的骨骼。但是，我们不应把大批猿人的迁移想象成类似西部片中的场景。猿人对他们的所作所为当然是不自觉的，并且穿越这么漫长的距离需要花费非常漫长的时间。从奥杜威峡谷到南非的开普敦是很长的一段距离——足足有 2 000 英里，但要在 10 万年内（显然花了这么长的时间）走完这么长的路，猿人们只需要平均每年将觅食范围拓展 35 码[1]。以同样的速度向北迁移，他们将到达亚洲的门户。2002 年，在格鲁吉亚共和国的德马尼西出土了一块 170 万年前的颅骨，这块颅骨兼具了能人和新型猿人的特征。在中国发现的石器和在爪哇岛（那时与亚洲大陆相连）发现的化石年代可能差不多同样久远，这说明离开非洲大陆后，猿人加快了迁移，平均速度达到了每年 140 码。[2]

实际上，要想区分东西方生活方式，只能等到猿人离开了东非，散布到远至中国的温暖的亚热带地区。东西之别可能正如我

---

1. 1 码 ≈ 0.914 4 米。——编者注
2. 实际上，他们很可能是一次跃进几英里寻找新的觅食之处，然后在那儿待上几年。

们所发现的那样。到 160 万年前，在考古记录上已经有了明显的东西方模式。问题是，这些对比是否足够重要，以至于我们应当设想其背后是两种判然有别的生活方式。

20 世纪 40 年代，哈佛大学的考古学家哈勒姆·莫维斯（Hallam Movius）注意到聪明的新型猿人骨骼往往与新品种的石器碎片同时发现，此时考古学家们已经知道了这些东西方的差异。考古学家们将这些石器中最具特点的称为阿舍利手斧（称其为"斧"是因为它们看起来像斧头，尽管它们显然是用于切割、戳刺、捣碎和劈斩的；称其为"手斧"是因为它们是手持的，而不是捆在棍棒上；称其为"阿舍利手斧"是因为此类石器的首次大量发现是在法国小镇圣阿舍尔）。把这些工具称为艺术品可能有些言过其实了，但是它们简单对称的外形比能人的粗糙石片和石刀要美观得多。

莫维斯注意到，尽管阿舍利手斧在非洲、欧洲和西南亚极为普遍，在东亚和东南亚却未曾发现。而在东部地点出土的工具要较为粗糙，很像前阿舍利时期与非洲能人有关的发现。

如果所谓的莫维斯分割线真的标志着区分东西方生活方式的开始，这也可以算是个令人惊奇的长期注定理论——认为猿人离开非洲后，他们的文化便分裂为两种：一种是在非洲和西南亚以阿舍利手斧为代表，技术上领先的文化；另一种则是在东亚以石片和石刀为代表，技术上落后的文化。我们可能会得出这样的结论：难怪今日西方主宰世界，西方在技术上领先世界已达 150 万年之久。

然而，发现莫维斯分割线比解释它要容易。发现于非洲的最早的阿舍利手斧，距今约有 160 万年，但在那之前 10 万年，格鲁吉亚的德马尼西便已有猿人存在。显然，在阿舍利手斧变成最初猿人的日常工具之前，他们便已离开非洲，他们带着前阿舍利时代的技术穿越亚洲，而西方／非洲地区则继续发展阿舍利时期的工具。

但是，莫维斯分割线并没有把非洲同亚洲分割开来，这条线实际上穿越了北印度。这是个很重要的细节。在阿舍利手斧发明之前，最初迁移的猿人便离开了非洲，所以肯定有后续的移民浪潮涌出非洲，把手斧带到西北亚和印度。那么，我们就需要提出一个新的问题：这些后续移民浪潮里的猿人，为何没将阿舍利时期的技术带到更远的东方？

最有可能的答案是，莫维斯分割线并不是技术领先的西方和技术落后的东方之间的界限，而仅仅分割了易于获取制作手斧所需石材的西方地区，和不易获取此类石材，却容易获得竹子（它结实耐用却不易保存，因而考古发掘中不易发现）等其他材料的东方地区。根据这一解释，当手斧的使用者们跨越了莫维斯分割线，他们便逐渐放弃了阿舍利时期的工具，因为旧的工具坏了以后无法更新。他们继续制造石刀和石片，因为这类工具用旧卵石就可以制作，而原来需要用石质手斧完成的工作，他们现在则可能用竹器取而代之。

有些考古学家认为，在中国南部的百色盆地的一些发现支持这一论点。大约 80 万年前，一块巨大的陨石撞击了这里。这一撞击造成了一场大规模灾难，大火烧毁了数百万英亩的森林。在撞击之前，生活在百色盆地的猿人像其他东亚地区的猿人一样，使用石刀、石片和（假定）竹器。大火之后，他们回到百色盆地，开始制作和阿舍利时期十分相似的手斧——根据这一理论，有可能大火燃尽了这一地区的竹子，同时将可用的鹅卵石暴露于地表。几个世纪后，当植被又重新生长起来，当地人便不再制作手斧，重新使用竹器。

如果这一推断成立的话，只要条件允许，东亚的猿人也完全可以制作手斧，但是他们通常不这么做，因为其他材料更易获得。石质手斧和竹器只是做同样工作的两种不同工具，并且不论是在摩洛哥还是马来半岛，猿人的生活方式都大致相同。

这一说法言之成理，但是，既然是史前考古学，还有其他看待莫维斯分割线的思路。到此为止，我尚未给出使用阿舍利手斧的猿人的命名，现在，给他们命名的重要意义开始显现出来。

从20世纪60年代以来，大多数古人类学家把这种大约180万年前在非洲进化而来的新型猿人称为"直立人"，并断定这些生物在亚热带地区漫游，并到达了太平洋沿岸。然而，在20世纪80年代，一些专家开始研究非洲发现的直立人颅骨与东亚地区发现的直立人颅骨的微小差异。这些专家怀疑，他们所看到的其实是两种不同种类的猿人。于是他们创造了一个新的名称——"匠人"，用于指代那些180万年前在非洲进化，然后一直散布至中国的猿人。他们认为，仅当匠人到达了东亚地区，直立人才从匠人进化而来。因此，直立人是个纯粹的东亚人种，区别于遍布非洲、西南亚和印度的匠人。

如果这一理论成立的话，莫维斯分割线就不仅标志着使用工具类型的细微差异，还是区别两种不同的早期猿人的基因分水岭。事实上，这一论断所提出的可能性，可以称为长期注定理论之祖：东西方之所以存在差异，是因为100多万年以来，东方人和西方人根本就是两种不同种类的人类。

最早的东方人：北京人

这一关于史前人类骨骼分类的技术争论，有着令人警醒的潜在影响。种族主义者往往急于抓住这一细节大做文章，为偏见、暴力甚至种族灭绝正名。读者可能会感到，花时间论述此类理论仅仅是为顽固的偏见提供依据，或许我们应该直接将之忽略不提。但是，我认为，这种做法是不恰当的。仅仅将种族主义理论宣称为可鄙的，这是不够的。如果我们真的想要摒弃这些理论，并且得出结论说，（群体的）人们事实上是大致相同的，那必须是因为种族主义理论是错误的，而不仅仅是因为今天大多数人都不喜欢这些理论。

基本上，我们并不清楚，在大约 150 万年以前，地球上是否仅存在一种猿人——意思是说从非洲到印度尼西亚，（群体的）猿人是大致相同的——或者，在莫维斯分割线以西与莫维斯分割线以东，分别存在着两种不同的猿人，即匠人与直立人。要想澄清这一问题，还有待进一步的研究。但毫无疑问，在过去 100 万年内，在东方与西方，确实进化出了两种不同的猿人。

地理因素很可能发挥了很大作用。大约 170 万年前从非洲迁移出来的猿人十分适应亚热带环境，但是当他们向北漫游，深入欧洲和亚洲时，他们不得不面对更为漫长、严寒的冬季。当他们行进到大约北纬 40 度的地方（这条纬度线横贯葡萄牙顶端到北京）时，像他们的非洲祖先一样露天而居变得越来越不切实际。据我们所知，他们当时的智力还不足以建造棚屋和制作衣物，但是他们可以想出一种应对之策——栖身于洞穴中。这样，我们儿时所闻的穴居人就诞生了。

穴居生活对于猿人来说是福祸交加，他们常常不得不与熊和大如狮子的鬣狗相处，后者的牙齿足以咬碎骨头。但这却给考古学家们带来了意外的好运，因为洞穴能够很好地保存史前堆积物，使我们得以追寻猿人是如何在旧世界的东方和西方开始分化演进，最终成为寒冷气候中的不同变异体的。

　　要想理解东方猿人，最重要的考古地点是北京附近的周口店，周口店正好位于北纬 40 度纬度线上，从距今 41~67 万年前，断断续续地有猿人居住于此。周口店遗址的发掘工作可以称得上是一部史诗，这也构成了谭恩美（Amy Tan）的出色小说《接骨师之女》（*The Bonesetter's Daughter*）的部分背景。1921~1937 年间，正当欧洲、美国和中国的考古学家们在周口店附近的山中进行考古发掘的时候，那里成了国民党、共产党和各派国内军阀残酷内战的前线。考古发掘人员常常在隆隆的炮火声中工作，并且不得不躲开强盗和哨卡，把他们的发现运回北京。当日本侵略中国时，这一考古发掘计划最终付诸东流，周口店变成了共产党的一个基地，日本军队还残害了三名考古队的成员。

　　形势江河日下。1941 年 11 月，日本与美国即将开战，这些考古发现资料被运往纽约保管。技工将资料装入两个大板条箱内，等待装到美国使馆派来的车中。没人确切地知道，那辆车来了没有，或者，如果那辆车真的来了，它又将那两个大板条箱运到了何方。有一种说法是，正当日机轰炸珍珠港之时，日本士兵截获了护送资料的美国海军陆战队队员，将他们逮捕，并丢弃了无价的资料。在那些黑暗的日子里，生命如草芥，没人关注几箱石头和骨头。

　　但并非一切尽失。周口店考古队巧妙地公布了他们的发现，并将猿人骨骼的石膏模型送到了纽约——这是证明数据备份重要性的早期案例。这些发现表明，到了距今60万年前，北京人（这是考古发掘队员对周口店猿人的命名）已经从图尔卡纳男孩那样身材高大瘦长的非洲人中分化出来，变得更为矮胖结实，以更好地适应寒冷气候。北京人的身高通常在5英尺3英寸，毛发比现代猿类要少，尽管如此，如果你在大街上撞见一个北京人，你一定会张皇失措。北京人的脸短而宽，前额又低又平，有着粗大的眉骨，下颚很大，几乎没有下巴。

北京人之间的交流很困难。据我们所知，直立人的基底核（大脑的一个部位，负责使现代人一系列小的嘴部动作组合成无数言辞）发育很不完善。保存完好的图尔卡纳男孩的骨架显示，他的椎管宽度（脊髓所在之处）只有现代人的3/4，这表明他无法精确地控制呼吸，像我们一样随心所欲地交谈。

尽管如此，其他发现间接地表明，生活在旧世界东方的猿人能够互相交流，但只是勉强为之。1994年，在爪哇岛附近的一个叫弗洛勒斯的小岛上，考古学家发掘出了一批石器，看起来有80万年的历史。80万年前，弗洛勒斯一定是个小岛，12英里的海域将它与大陆分隔开来。这一切似乎意味着，直立人一定能够很好地交流，因为只有这样，他们才能够制造船只，驶过地平线，移居弗洛勒斯岛。但是，其他考古学家则不赞同直立人制造船只这一说法，他们反对说，这些"工具"可能根本就不是什么工具，只是被自然作用撞击成了一定的形状，从而引起了人们的误解。

这一争论本来很可能陷入僵局，因为考古学的争论往往如此，但是在2003年，弗洛勒斯岛又有了更令人震惊的发现。深度探测发现了 8 具骨架，年代都在公元前 16000 年左右，都是成人的骨架，身高都在 4 英尺以下。那时，彼得·杰克逊（Peter Jackson）的电影《指环王》（*The Lord of the Rings*）系列刚刚推出了第一部，记者们立刻把这些身材矮小的史前人类称为"霍比特人"，这一名称取自该电影原著作者英国作家 J. R. R. 托尔金（J. R. R. Tolkien）笔下覆着毛发的半身人。当动物种群被隔绝于岛上，又没有天敌，它们往往进化成身材矮小的模样，据推测，这可能就是霍比特人身材如此矮小的原因。如果在公元前 16000 年，他们身材已经缩小至霍比特人这么大，猿人一定在此之前数千万世代就已移居到弗洛勒斯岛上了——据 1994 年发现的石器显示，可能早在 80 万年前他们便已移居至此了。这再次说明了，直立人能够很好地交流从而越过海洋。

周口店的猿人之间互相交流的效果应该比黑猩猩或者大猩猩要好得多，山洞中的沉积物显示，他们还能随心所欲地生火。至少有一次，北京人烘烤一匹野马的头。野马颅骨上的切痕表明，北京人食用马舌和马脑，这些都是马头上富含脂肪的部位。他们可能也喜欢食用同胞的大脑：在 20 世纪 30 年代，考古发掘人员从骨头破裂的痕迹判断，他们甚至同胞相食，享用人脑。但是 20 世纪 80 年代对北京人骨骼石膏模型的研究则表明，颅骨上的大多数裂痕是由史前巨兽鬣狗的牙齿造成的，而不是其他北京人留下的，不过有一块颅骨——1966 年又出土了它的另一块碎片——确实带有石器的印记。

你当然不可能在现代大街上撞见一个北京人，但你可以乘坐时光机器返回 50 万年前的周口店，那将是一次令人迷惑而惊恐的经历。你将看到穴居人类互相交流，可能是边打手势边嘟哝作声，但是你无法与他们交谈。你也无法通过画画与他们交流：没有确凿的证据表明，艺术对于直立人的意义比对于黑猩猩的意义大多少。在旧世界的东方进化的北京人与现在的我们迥然不同。

最早的西方人：尼安德特人

但是，北京人与在旧世界的西方进化的猿人也有所不同吗？年代最久远的发现来自欧洲，是1997年在西班牙阿塔普尔卡的一系列洞穴中发现的，距今大约80万年（与直立人可能造船移居弗洛勒斯岛的时间大致相当）。在某些地方，阿塔普尔卡的发现与周口店的发现颇为类似，很多骨骼上留有纵横交错的石器刻痕，很像是出自屠夫之手。

猿人可能存在同胞相食的消息登上了报纸头条，但是古人类学家对于阿塔普尔卡人与周口店猿人的区别更为激动。阿塔普尔卡人颅骨上的凹处比直立人更大，他们的鼻子和颧骨也更接近现代人。古人类学家由此得出结论，一种新的人种出现了，他们把这种人称做"前人"。

前人的出现使得1907年以来的一系列发现有了意义，当时技工在德国的一处沙坑中翻出了一块奇怪的下颚骨。这一人种以发现地附近的一个大学城的名字命名，被称为海德堡人。海德堡人看起来很像直立人，但是他们的头更像现在的我们，有着又高又圆的颅骨，脑容量大约为1 000立方厘米——比直立人800立方厘米的平均脑容量要大得多。看起来，80万年前猿人穿越旧世界进入寒冷的北方，遭遇了迥异的气候条件，结果产生了大量随机的基因变异，从而加快了进化的步伐。[1]至此，我们终于有了些无可争议的事实。到了60万年以前，当海德堡人登上历史舞台，北京人统治着周口店的栖息地之时，在旧世界的东方和西方存在着千差万别的人种：在东方有脑容量较小的直立人，在西方则有脑容量较大的前人和海德堡人。

说到大脑，容量并不是一切。阿纳托尔·法郎士（Anatole France）在1921年获得了诺贝尔文学奖，他的脑容量并不比海德堡人大。但是，海德堡人看起来确实比更早期的猿人，或者与他们同时期的北京人要聪明得多。在海德堡人出现以前的100万年间，石器几乎没发生多少变化，但到了公元前500000年，海德堡人开始制作更薄也更轻便的石器，用软锤（很可能是木制的）打造更为精巧的石片，而且仅仅通过撞击石头制作石器。这意味着更好的手眼协作能力。海德堡人会制作更专门的工具，他们开始准备形状特殊的石核，并进一步加工成适当的工具。这意味着，在思考他们需要从这个世界得到什么，以及如何得到方面，他们比直立人进步得多。海德堡人能在海德堡这个北纬40度线以北很远的地方生存下来，这一事实本身就证明他们是聪明得多的猿人。

在距今41~67万年之间，居住在周口店的猿人变化很少，而西方的猿人在这一时期则持续演进。如果你深入西班牙阿塔

---

1. 据此，海德堡人确实既在欧洲生活过，也在非洲生活过。有些古人类学家设想，海德堡人起源于欧洲，后来又散布到了非洲。而其他古人类学家则认为，海德堡人同能人和匠人一样，由于当地气候变化而在非洲进化，后来又向北散布。在中国也曾发现过极其类似海德堡人的骨骼，但那个证据颇受争议。

普尔卡阴湿的洞穴，匍匐行进数百码（主要是爬行，有时也使用绳索），你会在一个 40 英尺骤降处进入名副其实的"万骨坑"——有史以来发现的猿人遗迹最为丰富密集的地方。在这里，自从 20 世纪 90 年代以来，已经发现了超过 4 000 件猿人骨骼碎片，年代在距今 56.4~60 万年之间。这些骨骼大多数属于青壮年。他们在地下这么深处做些什么，始终是个谜，但和更早的阿塔普尔卡遗址一样，万骨坑也有着十分多样的人类遗骸。西班牙考古发掘者将他们中的大多数人归类为海德堡人，但很多国外学者认为，他们看起来更像另一种人种——尼安德特人。

这些最著名的穴居人是在 1856 年首次被确认的，当时尼安德谷（德语中称为 Tal 或 Thal）采石场的工人们向一名当地教师展示他们发现的一块头盖骨和 15 块骨头（20 世纪 90 年代的发掘工作从当时的废石堆中又出土了 62 块猿人骨骼碎片）。这名教师将这些残骨给一名解剖学家看，后者判定，这些骨头属于"日耳曼人以前"的时期。

阿塔普尔卡的发现表明，尼安德特人是在 25 万年间逐渐演化而来的。这可能只是一个遗传漂变的案例，许多不同种类的猿人同时进化，而不是由于气候变化或者扩张进入新的区域为一些变异体更快繁衍提供了条件从而取代了海德堡人。"标准的"尼安德特人在 20 万年前出现，在接下来的 10 万年之内，他们散布到欧洲的大部分地区，东至西伯利亚，但据我们所知，他们并没有到达中国和印度尼西亚。

尼安德特人和北京人有多大的差异？他们与东方猿人的身高大致相当，看起来更原始，前额倾斜，颏骨无力。他们有硕大的门牙，因为经常当工具使用而磨损。面孔前突，可能是为了适应冰河时期欧洲寒冷的空气。他们的鼻子很大。尼安德特人比北京人身材更为健硕，臀部和肩膀都更宽。他们同摔跤运动员一般强壮，拥有马拉松运动员的耐力，看起来似乎是凶残的斗士。

尽管尼安德特人的骨头比大多数猿人要重得多，他们还是经常受伤；如果为他们骨断裂的方式找个最近似的现代的例子，那就是职业骑手。由于10万年前他们不太可能从猛然弓背跃起的野马背上摔下来（现代马类直到公元前4000年才进化出来），古人类学家坚信，尼安德特人是因为搏斗而受伤的——既同彼此搏斗，也同野生动物搏斗。他们是专心致志的猎手，他们骨骼中的氮同位素分析显示，他们大量进食肉类，从中获取数量惊人的蛋白质。长期以来，考古学家怀疑尼安德特人吃的有些肉是通过同胞相食的方式获取的，就像北京人一样，20世纪90年代在法国的发现证实了这一点。发现表明，6个尼安德特人的骨骼和5只马鹿的骨骼混杂在一起。这些猿人和马鹿受到了同样的对待，他们被用石器切成小片，然后他们的肉被从骨头上削下来，最后他们的脑壳和长骨被敲碎以取出脑和骨髓。

迄今我强调的细节使得尼安德特人听起来和北京人相差无几，但他们其实有很大的差别。其中一点是，尼安德特人脑容量很大——比我们的脑容量还大，事实上，他们的脑容量平均在1 520立方厘米左右，而我们的脑容量大约为1 350立方厘米。他们的椎管也比图尔卡纳男孩要宽，这些粗大的脊髓赋予他们更为灵巧的手艺。他们的石器比北京人制作的更为精良，种类也更为丰富，有专门的刮器、锋刃和尖端。在叙利亚曾发现过一块石器的尖端，嵌在一头野驴的颈部，上面有柏油涂抹的痕迹，表明这曾是一个缚在木棒上的矛尖。石器上的磨损痕迹说明，尼安德特人主要用石器来切割木头，而木头很难保存下来，但在被水淹没的德国考古地点舍宁根，在堆积的野马骨旁，发现了4根雕工精美的7英尺长矛。长矛很重，被用于戳刺，而不是投掷。虽然尼安德特人很聪明，但他们还没学会互相协作使用投掷武器。

可能是因为尼安德特人要靠近恐怖的动物，所以他们身上才会留下骑手般的伤痕，但是有些发现，尤其是在伊拉克的沙尼达尔洞穴的发现，则给出了完全不同的启示。一具骨架表明，一名男性在一条手臂萎缩、双腿变形的情况下生活了数年，他还失去了右前臂和左眼[在琼·奥尔（Jean Auel）的畅销小说《洞熊家族》（*The Clan of the Cave Bear*）中，作家塑造的主人公克莱伯——一位生活在克里木半岛的残疾的尼安德特部落精神领袖——就是以这具骨架为原型的]。在沙尼达尔发现的另一名男性，右踝因关节炎而致残，但他也挺了过来，直到因一处戳伤而丧命。有更大的脑容量无疑有助于虚弱受伤的人们自力更生。尼安德特人能够随意生火，很可能还会用动物皮制作衣物。同样，很难想象，如果没有身体健全的朋友和家庭的帮助，沙尼达尔人将如何渡过难关。即使最一丝不苟的科学家也赞同，尼安德特人——与早先的人类以及与他们同时代的周口店猿人相比——表现出了我们可以称之为"人道"的精神。

有些古人类学家甚至认为，尼安德特人硕大的大脑和粗大的脊髓使得他们多多少少能够像我们一样交谈。像现代人一样，他们有舌骨，这样就可以固定舌头，使得喉咙可以做发言所需的一系列复杂动作。但是，也有些学者持否定意见，他们认为，尼安德特人的大脑虽然硕大，却比我们的更长，也更扁平，所以负责语言功能的区域可能发育得不是那么完善。他们还指出，虽然只有三块颅骨，但相关区域还是残存了下来，看起来尼安德特人的喉在颈部很高的位置上，这意味着尽管他们有舌骨，但只能发出为数很少的声音。或许他们只能嘟哝单音节（我们可将之称为"我泰山，你简"模式），或者他们可以通过边打手势边发声表达重要概念，如"过来"、"我们打猎去吧"、"我们做石器／做饭／做爱吧"（我们可将之称为《洞熊家族》模式，其中尼安德特人有复杂的符号语言）。

到了 2001 年，遗传学似乎可以解决问题。科学家发现，一个英国家族三代人都患有一种被称为语音产生不能的言语障碍，他们都有一个变异的基因 FOXP2。研究表明，这一基因为影响大脑处理语音和语言的蛋白质编码。这并不意味着 FOXP2 是"语言基因"：言语是极端复杂的过程，无数基因协同工作，其原理我们至今尚未完全明了。FOXP2 基因之所以引起遗传学家的注意，是因为只要一处出了差错，整个系统就会崩溃。只要一只老鼠咬断了价值两美分的电线，我那价值两万美元的汽车就没法发动；FOXP2 基因出了故障，大脑复杂的言语网络就运转不灵了。有些考古学家则认为，可能就是产生 FOXP2 和相关基因的偶然变异，赋予了现代人类语言能力，而包括尼安德特人在内的早前的物种都不曾拥有这一能力。

但是事情到了这里开始变得复杂起来。众所周知，脱氧核糖核酸（DNA）是生命的基本构成，2000 年，遗传学家们成功绘制出了现代人类的基因组序列图。但鲜为人知的是，退回到 1997 年，发生了类似于电影《侏罗纪公园》（*Jurassic Park*）中的一幕，德国莱比锡的科学家从 1856 年尼安德谷出土的一具尼安德特人骨架的手臂上提取出了古老的 DNA。这实在是惊人之举，因为人一旦死亡，DNA 便开始分解，在如此年代久远的材料上，只有少量碎片残存。据我所知，莱比锡小组并不想克隆穴居人，建一个尼安德特人公园[1]，但在 2007 年，绘制尼安德特人基因组序列图的过程（于 2009 年完成）产生了一个惊人的发现——尼安德特人也有 FOXP2 基因。

这可能意味着，尼安德特人像我们一样爱闲聊；也可能意味着，FOXP2 基因不是言语的关键所在。总有一天我们会弄明白，但是现在，我们所能做的一切就是关注尼安德特人互动的结果。他们生活的群体比早先的猿人更大，狩猎更为有效，占据地盘的时间更长，互相关心的方式也是早先的猿人所不能企及的。

他们也会慎重地埋葬一些死去的同伴，甚至可能还举行某些祭奠仪式——如果我们的解读正确的话，这意味着精神生活，这是最早的属于人类的最显著特征。例如，在沙尼达尔，几具遗骸明显是经埋葬的，有一个墓中的泥土富含花粉，这可能意味着，有些尼安德特人将他们亲爱的逝者的遗体安放在铺满鲜花的花床上。也有些考古学家不那么浪漫地指出，这个墓被老鼠挖成了蜂窝状，而老鼠经常将花朵运回它们的巢穴。

在第二个案例中，在罗马附近的奇尔切奥山，1939 年，建筑

---

1. 一位哈佛大学的人类学家在祝贺尼安德特人基因组序列图的发布时说，只要投资 3 200 万美元，我们就可以改造现代人的 DNA，并将之注入一只黑猩猩的细胞中，培育出一个真正的尼安德特人婴儿。所需技术还不成熟，但是，即使技术成熟了，在考虑是否运用它时，我们也会踌躇再三。正如我在斯坦福大学的同事、世界上最著名的古人类学家之一理查德·克莱因（Richard Klein）质问一名记者的："你想要把（尼安德特人）放在哈佛大学，还是放在动物园里？"

工人发现了一个洞穴，这个洞穴在 5 万年前被大量落石封存。工人们告诉考古学家，在地上的一圈石头中间有一块尼安德特人的颅骨，但是因为在专家看到以前，工人们动过那块颅骨，很多考古学家对此存疑。

最后，还有在乌兹别克斯坦的特锡克塔什的案例。在那里，哈勒姆·莫维斯说，他发现一具男孩的骨架被五六副山羊角环绕着。但是，特锡克塔什的遗址满是山羊角，而莫维斯从未发表过关于该发现的计划或者照片，以说服怀疑者那些特定的山羊角组成了有意义的排列。

要想让这个问题尘埃落定，我们还需要更为明显的证据。就个人而言，我认为"无风不起浪"，尼安德特人确实有某种形式的精神生活。或许，他们甚至有像《洞熊家族》中的伊萨和克莱伯那样的女医生和巫师。不管那推断正确与否，如果我早前所说的时间机器能带你到沙尼达尔和周口店，你将看到东方北京人和西方尼安德特人真真切切的行为差异。你可能很难避免做出如下论断：西方比东方更发达。

当 160 万年前莫维斯分割线形成的时候，这可能已经是事实了，而 10 万年前这一定是事实。种族主义的长期注定理论的幽灵再一次抬头了：西方今天主宰着世界，是否是因为欧洲人是基因上占优势的尼安德特人的后裔，而亚洲人则是更为原始的直立人的后裔？

欧洲人的祖先和亚洲人的祖先

不是的。

历史学家们喜欢对简单的问题做出长而复杂的回答，但是这次，问题似乎真的是简单明了的。欧洲人并不是优等的尼安德特人的后裔，亚洲人也并不是劣等的直立人的后裔。大约从7万年前开始[1]，一种新的人类——我们——迁移出非洲，并完全取代了所有其他人种[2]。这种人种，即"智人"，将其他人种一扫而空：现在我们都是非洲人了。当然，进化还在继续，从我们开始散布遍及地球起，两千代人之间，肤色、脸形、身高、乳糖耐受度以及无数其他方面都在发生着本土化变异。不过当我们认真研究的时候，这些方面都是细枝末节。不管你走到哪里，不管你做些什么，（群体的）人们总是大致相仿的。

我们这个人种进化并占领了地球，使得人类有了生物学意义上的统一性，这就为解释西方缘何主宰世界提供了基础。人类生物学上的统一性否定了这些基于种族立场的理论。但是，尽管这些过程至关重要，关于现代人类起源的许多问题仍然不甚明了。到了20世纪80年代，考古学家们知道，与我们相仿的骨架最初出现于距今15万年前左右的东南非。新人种与早先的猿人相比，

1. 这一时间点的确定，综合了放射性碳定年法和所谓的分子钟法测得的证据，后者基于DNA的变异速度。就在2010年上半年，一些遗传学家争论说，我们把分子钟校错时间了，智人迁移出非洲的时间应在两万年之后，但迄今这只是少数派的观点。
2. 有些孤立的种群，如弗洛勒斯岛上的霍比特人，可能不久以前还残存于世。当16世纪葡萄牙水手到达弗洛勒斯岛的时候，他们声称看见了身材矮小、毛发浓密的穴居者，这些穴居者几乎不能交谈。100多年后，据说类似的矮人在爪哇岛还存在。最近有人展示了他们的一根毛发，但是DNA测试表明，那完全是人类的毛发。有些人类学家相信，我们会在爪哇岛的丛林中最终遇见这些前现代人类的最后残存。对此我心存疑虑。

有着更为扁平的面部，前额之下缩得更明显。他们较少用牙齿做工具，四肢更修长而且上面的肌肉更少，他们的椎管更宽，喉咙的位置更利于言语。他们大脑的凹处比尼安德特人要小些，但头盖骨更高，形状更接近于穹顶，这样就为大脑更大的语音和语言中心留下了空间，也更利于安放层层叠叠同时进行大规模运算的神经元。

骨骼表明，最早的智人可以像我们一样行走，但奇怪的是，考古发现表明，有 10 万年的时间他们顽固地拒绝像我们一样说话。智人的工具和行为很像早先的猿人，并且与我们完全不同的是，早期智人似乎只有一种行事方式。不管考古学家们在非洲的什么地方进行考古发掘工作，他们总是获得同样的、不那么令人激动的发现，除非他们发掘的智人遗址年代在距今 5 万年以内。在这些年代较近的遗址，智人开始做各种各样有趣的事情，并且采取了许多不同的方式。例如，在埃及的尼罗河谷，考古学家们至少发现了 6 种风格完全不同的使用中的石器，年代在公元前50000~ 公元前 25000 年之间，而在此之前，从南非到地中海沿岸只流行一种样式的石器。

人类发明了样式。把石器这样切割，而不是那样切割，使一群人和他们的邻居区别开来；把石器以第三种方式切割，使一代人和他们的长辈区别开来。按照我们习惯的标准，改变是非常缓慢的。拿出一部用了四年的手机，不能拍视频，不能查地图，不能收邮件，这让我看起来像个老古董，但与过去的一切相比较，这种变化不过是刹那间的事情。

一个十几岁的少年回到家，头发染成了绿色，身体上又新穿了孔，他会告诉你，表达自我的最佳方式是装饰自我，但直到 5

万年前，似乎没有人这么看。后来，显然每个人都这么看。

在年代为公元前50000年之后的一个又一个非洲考古地点，考古学家们发现了装饰用的骨骼、动物牙齿，还有象牙。这些还是有迹可循的活动。其他我们所熟知的个人装饰形式，如发型、化妆、文身、服饰等，很有可能也在大致相同的时间出现。一个令人不快的遗传研究显示，生活在我们衣服中并吸我们血的体虱，在大约5万年前进化而来，像是给最初"时尚人士"的礼物。

"人类是多么伟大的杰作！"当哈姆雷特的朋友罗森格兰茨和吉尔登斯特恩来监视他的时候，他发出了如此感慨，"理性多么的高贵！禀赋多么的无穷！行动多么的迅捷，外形多么的可赞！举止多么像天使！悟性多么像上帝！"在这么多方面，人与猿人有多么不同。到了公元前50000年，现代人类的思想和行为与他们的祖先完全不在一个层面上。似乎发生了某些异乎寻常的事情——如此深刻，如此神奇，以至于20世纪90年代平素清醒持重的科学家都开始使用浮夸的言辞。有些人说起了大跃进，还有些人说起了人类文明的曙光，甚至还有人说是人类意识的大爆炸。

尽管如此具有戏剧性，这些理论总是有点不那么令人满意。这些理论要求我们设想两大转变，而不是一大转变，即在大约15万年前，第一大转变塑造了现代人类的形体，却没有塑造现代人类的行为；到了大约5万年前，第二大转变塑造了现代人类的行为，而人类的形体却没有发生改变。最广为人知的解释是，第二次转变仅仅从神经方面的变化开始，重塑了大脑的内部线路，使得现代的言语成为可能，进而推动了行为的革命。但是这次对大脑内部线路的重塑包括哪些内容（以及为何颅骨没有发生相应变化），至今仍然是个谜。

第一章

溯源：东方和西方之前的漫长岁月

如果说进化论科学为超自然力量的介入留有某些余地的话，某种超能力将一点神性之光吹入猿人迟钝的泥坯之中，显然就是在这里。当我年纪很轻的时候，特别喜欢亚瑟·C·克拉克（Arthur C. Clarke）的科幻小说《2001太空漫游》（*2001: A Space Odyssey*），以及斯坦利·库布里克（Stanley Kubrick）令人难忘、难有后继的电影版开篇的那个故事。神秘的水晶巨石从外层空间坠入地球，使得我们星球上的猿人在饿死灭绝之前跳跃式进化。夜复一夜，月球守望者，这个地球居民中的猿人首领，当巨石发送给他幻象并教会他投掷石块的时候，感觉到克拉克所说的"好奇的卷须状物沿着大脑未曾使用过的通道悄悄爬下"。克拉克写道："他简简单单的大脑中的原子被扭曲，构成新的模式。"于是，巨石的使命完成了：月球守望者捡起一根丢弃的骨头，用它敲击一头小猪的脑袋致死。令人沮丧的是，克拉克眼中的人类意识大爆炸仅仅包括杀戮，以月球守望者杀死敌对部落的猿人首领单耳告终。读者所知道的下一件事，就是我们处于太空时代。

克拉克把他的2001年设置在300万年以前，可能是为了把能人发明工具涵盖在内，但是我经常感到，一块巨石能发挥作用的地方，应是在完全现代的人类出现之时。到了我上大学学习考古学的时候，已经知道不应做此评论，但是这样一种感觉仍然很难动摇，即专业解释比起克拉克的解释来，要无趣得多。

在我读大学本科的那些遥远日子里，考古学家面临的一大问题是，他们还没有发掘出很多年代在距今5~20万年之间的考古遗址。自从20世纪90年代以来，随着新发现的积累，一切开始变得明朗起来，我们毕竟不需要巨石。事实上，大跃进也开始分解为一系列的向前蹒跚学步，跨越数万年的时间。

我们现在知道几处年代在公元前 50000 年以前的考古遗址，那里有令人惊奇的、看起来颇为现代的行为迹象。就以平纳克尔角为例，这一山洞在南非海岸，发掘于 2007 年。大约 16 万年前，智人移居这里。这本身就颇为有趣：早期猿人一般忽视沿海地点，很可能是因为他们不知如何在此找到食物。然而，智人不仅向海滩走去——这是极为现代的行为——而且当他们到了海边，他们足够聪明，会采集、打开并烹制贝类。

他们还把石头削成又小又轻的尖头，考古学家们将之称为似石叶，很适合作为标枪或者箭矢的尖端——这是北京人和欧洲的尼安德特人从未做过的事。

在其他的一些非洲考古遗址中，人们从事着不同的、但是看起来同样极具现代感的活动。大约 10 万年前，在赞比亚的蒙布瓦洞穴，人们在一组壁炉边排上石板，营造舒适的小角落，我们很容易想象他们坐在一起讲故事的情形。从非洲南端到北边的摩洛哥和阿尔及利亚（甚至在非洲之外的以色列），在几十个非洲沿海的考古遗址中发现，当时的人们耐心地将鸵鸟蛋壳切割琢磨成小珠子，有些珠子的直径只有 1/4 英寸。到了 9 万年前，刚果卡坦达的人们已经变成了严格意义上的渔夫，他们会把骨头雕刻成鱼叉。然而，最有趣的考古遗址还要数非洲南海岸的布隆伯斯洞穴，那儿除了蛋壳制作成的珠子，考古发掘者还发现了一根有 7.7 万年历史的赭石棒（赭石是一种铁矿石）。赭石可以用来把东西粘起来，制作防水帆，以及各种各样的其他用途。但近来赭石特别流行的用途是画画，它能在树皮、洞壁和人体上绘制令人满意的粗重的红色线条。在平纳克尔角共发现了 57 根赭石棒。到了公元前 100000 年，大多数非洲考古遗址都有赭石棒出土，这很可能意味着早期人类喜爱画画。但关于布隆伯斯洞穴出土的赭石棒最值得一提的是，有人在上面刻了一个几何图形，这使得它成为无可争议的世界上最古老的艺术品——并且它是用来制作更多艺术品的。

在这些考古遗址中的每一处，我们都发现了一两种现代人类行为的蛛丝马迹，但并不是公元前50000年后我们熟悉的一整套活动。现在也没有很多证据表明，这些看起来极具现代感的行为是与日俱增的，它们逐渐累积，最终占据主导地位。但是考古学家们已经开始寻找答案，来解释这些走向完全现代人类的蹒跚学步，他们认为，这主要是气候变化所致。

地理学家们意识到，回溯至19世纪30年代，在欧洲和北美部分地区发现的蜿蜒数英里的碎石带，一定是冰盖推动碎石形成的（而不是像以前推测的那样由《圣经》中记载的大洪水形成）。"冰河时期"的概念由此产生，虽然科学家们要弄明白冰河时期为何产生，还要再过50年。

地球围绕太阳公转的轨道并不是标准的圆形，因为地球还受到其他星球的引力作用。在10万年间，我们地球的公转轨道从近乎正圆形（如同现在的样子）到椭圆形，然后再循环往复。地轴的倾斜角度也会发生变化，周期是2.2万年；地球围绕地轴自转也会呈现周期性变化，周期是4.1万年。科学家们将这些周期性变化称为米兰柯维奇循环，以计算出这些周期的塞尔维亚数学家米兰柯维奇（Milankovich）的名字命名。米兰柯维奇在一战被软禁期间，一笔一画计算出这些循环周期（这是个宽松的软禁，米兰柯维奇有充裕的时间在匈牙利科学院的图书馆中工作）。这些循环周期以极其复杂的方式互相作用，大约每隔10万年，在它们的共同作用下，我们从接受比平均量稍多的日照，全年日照分布稍有不均，到接受比平均量稍少的日照，全年日照分布较为均衡。

米兰柯维奇循环如果不是与其他两个地理趋势相互作用，它可能不会造成多大影响。第一个趋势是，在过去 5 000 万年中，大陆漂移使得赤道以北陆地更多，北半球以陆地为主，南半球以海洋为主，这就扩大了日照的季节性变化效应。第二个趋势是，在同一时期火山活动减弱。（目前）我们大气层中的二氧化碳比恐龙时代要少，因为这一原因，地球——在很长一段时期内，直到不久前——逐渐降温。

在地球历史上的大部分时间里，冬季非常寒冷，两极降雪，雪水冰冻起来，但是一般来说，每年夏季太阳都会将冰雪融化。但是到了 1 400 万年前，火山活动的减弱使得地球急剧降温，导致在有着大片陆地的南极，夏季的阳光无法融化冰雪。北极没有陆地，冰雪更易融化，但到了 275 万年前，气温已经降到了连北极也常年积雪的地步。这造成了巨大的影响，因为一旦米兰柯维奇循环使得地球接受的日照更少，全年日照分布更为平均，北极冰盖就会扩张至北欧、亚洲和美洲，锁住更多水分，使得地球更为干旱，海平面更低，反射更多日照，气温进一步降低。然后地球便随着这一循环进入冰河时期，直到地球摇摆，倾斜，运转至更温暖之处，冰川后撤。

根据计算方式的不同，已经历的冰河时期的数目在 40~50 个，其中跨越公元前 190000~前 90000 年的两个冰河时期——这是人类进化史上至关重要的几个千年——特别的严寒难熬。例如，马拉维湖今天的水量仅有公元前 135000 年时的 1/20。更为严酷的环境必然改变了生存的规则，这可能解释了为何有利于智力发展的变异大量产生。这可能也可以解释为何我们发现的这一时期的考古遗址特别少，很可能大多数人类始祖死亡殆尽。事实上，有些考古学家和遗传学家估计，在公元前100000年左右，存活于世的智人可能仅有两万人。

如果这一新理论成立的话，人口危机会产生几大影响。一方面，由于基因库的缩水，更易产生大量变异；但是另一方面，如果智人群落变得更小，他们就更易灭绝，任何变异带来的优势也就随之消失了。如果（从这一时期数量极少的考古遗址看来）智人群落数也减少了，群落间相遇的频率就会降低，共用他们的基因和知识的机会也就更少。我们或许可以这样设想，10万年间，在非洲恶劣难测的环境中，人类始祖的小小群落挣扎度日，勉强维生。他们并不常相遇，不常互相通婚，也不常交换物品和信息。在这些相互隔绝的群体中，基因变异层出不穷，有些产生了很像我们的人类，有些则不。有些群落制作鱼叉，有些制作小珠子，但大多数群落这两样都不做，灭绝的幽灵始终萦绕着这些群落。

这是智人的黑暗岁月，但大约7万年前，他们的运气发生了改变。非洲的东部和南部变得更为温暖和潮湿，这使得狩猎和采集更容易，人类同他们的食物来源一样快速增长。现代智人已经进化了10万年，经历了许多波折和灭绝危险，但是一旦气候条件改善，那些拥有有利的基因变异的人群就会更快速地繁衍，超过不那么聪明的人类。没有巨石，也没有大跃进，有的只是大量的性爱和婴儿。

在几千年间，早期人类遇到了一个转折点，这既是人口统计学上的转折点，也是生物学上的转折点。早期人类再也没有如此频繁地灭绝，相反，他们的群落越来越大，人数越来越多，早期人类可以经常保持联系，共用他们的基因和知识。变异开始积累起来，智人的行为很快从其他猿人中分化出来。一旦这种情况发生，东西方生物学差异的出现便指日可待了。

我们都是非洲人的后代吗

气候变化往往是很复杂的，当7万年前非洲东部和南部智人的家乡变得更为湿润时，北非则面临干旱。我们的祖先在家园范围之内迅速繁衍，决定不向北非散布。智人的小群落从今天的索马里出发开始漫游，跨越大陆桥到达阿拉伯南部，然后到达伊朗。至少，我们认为他们做到了。南亚的考古探索相对较少，但是我们认为，有些现代人类的群落也朝这个方向迁移，因为到了公元前60000年，他们已经到达了印度尼西亚，并乘船穿越50英里的开阔水面，漫游至澳大利亚南部的蒙戈湖。这些移居者的移动速度比直立人/匠人离开非洲时要快上50倍，与早期猿人每年35码的移动速度相比，他们的速度超过每年一英里。

在距今40万~50万年前，第二次移民潮很可能穿越埃及，到达西南亚和中亚，并从那儿进一步散布至欧洲。这些现代人类足够聪明，会制作精巧的石刃和骨针，他们用猛犸象的象牙和毛皮缝制合身的衣物并建造房屋，在西伯利亚这样一个寒冷的荒原上建起了家园。大约在公元前15000年，人类跨越连接西伯利亚和阿拉斯加的大陆桥，然后/或者沿着大陆边缘作短程航行。到了公元前12000年，他们在俄勒冈州的洞穴中留下粪化石，并在智利的山间留下海藻。（有些考古学家认为，人类还沿着当时连接欧洲和美洲的冰盖边缘穿越了大西洋，但目前为止这仅仅是个推测。）

东亚的情形不甚明了。在中国柳江出土的一块完全现代人类的颅骨可能有 6.8 万年的历史，但是关于这一时间的确定还有些技术问题，没有争议的时间最多仅能上溯至公元前 40000 年。现代人类到达中国的时间是较早还是较晚，还有待更多的考古发现去证明[1]，但是可以确定的是，到了公元前 20000 年，他们已经到达了日本。

不管新的人类到达哪里，他们看来都带来了大破坏。当智人到达的时候，那些早期猿人从未涉足的大陆有着丰富的大型猎物。最早到达新几内亚和澳大利亚的人类，遭遇了 400 磅[2]重的不会飞的鸟和一吨重的巨蜥；到了公元前 35000 年，这些动物灭绝了。蒙戈湖和其他几处考古遗址的发现表明，人类到达那里的时间大约在公元前 60000 年，这意味着人类和巨型动物群共存了 2.5 万年，但是有些考古学家对于这一时间尚有争议，他们把人类到达的时间推后至距今 4 万年前。如果他们的说法成立，那么巨兽在人类到达以后十分可疑地迅速消失了。在美洲，1.5 万年前，最早的人类移居者到达那里的时候，遇到了骆驼、大象和地面生活的大型树懒。在短短 4 000 年之内，这些动物也全都灭绝了。智人的到来和巨兽的灭绝之间，存在着惊人的巧合。我接下去将述及这一问题。

没有直接的证据表明，人类狩猎这些动物从而导致它们灭绝，

---

1. 有些中国考古学家认为，现代人类在中国独立进化。
2. 1 磅 ≈ 453.592 克。——编者注

或者人类将这些动物赶出它们的领地。而且关于它们为何灭绝的其他解释（如气候变化，或者彗星撞击）也是大量存在的。但是当现代人类进入了猿人占据的环境，猿人便灭绝了，关于这一事实的争议较少。到了公元前35000年，现代人类进入了欧洲，在一万年内，欧洲大陆除了边远山区之外的其他地方，尼安德特人已经消失得无影无踪了。已知最晚的尼安德特人遗址位于西班牙南部的直布罗陀，年代大约在公元前25000年。在统治了欧洲15万年之后，尼安德特人消失了。

然而，现代人类如何取代猿人的细节问题，对于决定西方主宰的种族解释是否成立，是至关重要的。我们尚不知道，我们的祖先是主动杀死了智力不如我们发达的猿人，还是仅仅在争夺食物的竞争中赛过了他们。在大多数考古遗址，现代人类遗迹直接取代了那些与尼安德特人有关的遗迹，这意味着改变是在突然之间发生的。主要的例外是法国的驯鹿洞穴，在那里，在距今3.3万~3.5万年之间，由尼安德特人和现代人类交替占据，尼安德特人的文化残留层包括棚屋的石基、骨具，还有动物牙齿制成的项链。考古发掘工作者认为，尼安德特人向现代人类学习，正迈向尼安德特人觉醒的曙光。在法国的几处尼安德特人考古遗址发现的赭石（在其中一个洞穴里发现了20磅之多）可能也指向这一点。

很容易想象，肌肉发达、头脑简单的尼安德特人看到动作灵敏、言谈自如的新到访者在身体上绘画并建造棚屋，于是他们笨手笨脚地模仿这些动作，或者用猎物的肉与新到访者交换首饰。在《洞熊家族》中，琼·奥尔想象现代人类傲慢地将尼安德特"平头家伙们"赶走，而尼安德特人则试图对"他者"敬而远之——除了艾拉，一个现代人类的小女孩，5岁的孤儿，尼安德特人的洞熊部落接受了她，结果是翻天覆地的。当然，这些都只是想象，但是这同任何其他人的猜想一样貌似可信（除非我们接纳那些一点也不浪漫的考古学家的观点，认为考古发掘工作匆忙草率，是造成驯鹿洞穴尼安德特人遗迹和现代人类遗迹交错模式的最合理解释，意味着没有直接证据表明，"平头家伙们"向其他人学习）。

要点在于性。如果现代人类没有通过异种繁衍取代旧世界西方的尼安德特人和东方的直立人，种族主义理论将现代西方的主宰地位上溯到史前的生物学差异，便肯定不能成立。但果真如此吗？

在20世纪30年代，即所谓的科学种族主义的全盛时期，一些体质人类学家坚称，现代中国人比欧洲人更原始，因为他们的颅骨与北京猿人近似（头顶有小的隆起，脸的上半部分相对扁平，颌骨不突出，门牙呈铲状）。这些人类学家还指出，澳洲原住居民的颅骨同100万年前的印度尼西亚直立人近似——同样有着附着颈部肌肉的背后脊状突起，像搁架似的眉毛，后缩的前额，还有硕大的牙齿。这些（西方）学者总结道，现代东方人一定是更为原始的猿人后代，而现代西方人则是更为先进的尼安德特人后代，这就解释了为何西方主宰世界。

今天没人如此草率地做出论断了，但是如果我们要严肃地探求西方缘何主宰世界这一问题的答案，我们便不得不考虑这样一种可能性，即智人与前现代人类异种通婚繁育后代，而东方人则在生物学上比西方人原始。我们不可能发掘出正在交媾的穴居人化石，以证明智人是否与西方的尼安德特人交流基因，或者与东方的北京人交流基因，但幸运的是我们不必如此做。如果这样的约会的确发生过，我们可以在我们自己的身体上观察结果。

我们每个人都从我们的祖先那里继承了DNA，这意味着遗传学家可以通过比较每个在世的人的DNA，利用画族谱的方式追溯到人类最近的共同祖先。但事实上，由于你身体里的DNA有一半来自你母亲的家族，另一半则来自你父亲的家族，这使得破解遗传信息困难到了不可能的地步。

遗传学家们找到了一个巧妙的方法绕开这一问题，这就是关注线粒体DNA。线粒体DNA不像大多数DNA那样有性繁殖，而是仅通过母本继承（男性继承他们母亲的线粒体DNA，却不遗传下去）。我们曾经一度拥有相同的线粒体DNA，所以线粒体DNA在你我身体中的任何不同一定是偶然变异的结果，而不是通过有性繁殖导致的。

1987年，遗传学家丽贝卡·卡恩（Rebecca Cann）领导的小组发表了一项研究，研究全世界在世的人的线粒体DNA。他们在数据中区分了大约150种类型的线粒体DNA，并且意识到不管他们怎样处理统计数据，总会得到三个关键结果：第一，非洲比世界其他地方基因更为多样；第二，世界其他地方基因多样性仅仅是非洲基因多样性的子集；第三，最深远也就是最古老的线粒体DNA谱系都来自非洲。他们很自然地得出这样一个结论：世界上所有人共有的最近一个女性始祖一定曾经生活在非洲——这个女性始祖被冠名为"非洲夏娃"。通过卡恩和她的同事的观察，"非洲夏娃"是个"幸运的母亲"。在对线粒体DNA的变异率进行标准估测后，他们得出结论，"非洲夏娃"生活在20万年以前。

整个 20 世纪 90 年代，古人类学家们就卡恩小组得出的结论争论不休。有些学者质疑他们的方法（制作族谱的方式有成千上万种，理论上一样有效），也有些学者质疑他们的证据（在最初的研究中，大多数"非洲人"事实上是非洲裔美国人），但是不管是谁重做样本和数据，得到的结果都大致相同。唯一确实的变动是将"非洲夏娃"的生活年代后推到了距今 15 万年前。问题的解决在于，20 世纪 90 年代末，当技术的进步允许遗传学家们检验 Y 染色体上的核 DNA 时，"非洲夏娃"有了伴侣。同线粒体 DNA 一样，Y 染色体上的核 DNA 是无性繁殖的，但仅通过父本遗传。研究发现，Y 染色体上的核 DNA 同样在非洲有最丰富的多样性和最深远的谱系，这些证据指向一个生活在距今 6 万年至 9 万年前的"非洲亚当"和一个大约在 5 万年前的非非洲变种祖先[1]。基因数据似乎完全支持这样一个论断：每个今天在世的人都是非洲人的后代，没有人的血管里流淌着尼安德特人或者北京猿人的血液。

但是有些古人类学家还是不予置信，坚持认为遗传学的可信度不如他们观察到的西方智人与尼安德特人、东方智人与直立人

---

1. 如果说"非洲亚当"的生活年代要比"非洲夏娃"晚 10 万年起来很奇怪的话，那是因为这些名字并不意味着什么。他们并不是最早的智人男性和女性，他们只是今天在世的人在基因上可以追溯的最近的祖先。平均算来，男性与女性拥有同样数量的后代（显然如此，因为我们都有一个父亲和一个母亲），但是每名男性拥有的孩子数量在平均值上下波动的幅度要比每名女性拥有的孩子数量波动更大，因为有些男性是几十个孩子的父亲。没有孩子的男性数量相对较大，这意味着男性的基因谱系比女性更容易断绝，所以在世的男性谱系交汇在比女性谱系年代更近的一个祖先身上。

骨骼上的近似度。他们提出一个"多区域模型"以取代"走出非洲"模型。他们不情愿地承认，或许人类最初的蹒跚学步确实发生在非洲，但是在此之后，在非洲、欧洲和亚洲间的人口迁移造成了快速的基因流动，某个地区有益的基因变异很快在几千年内到处扩散。结果是，略有差异的现代人类在世界几个地方同时分别进化。这可以同时解释骨骼和基因的证据，同时也意味着，东方人与西方人在生物学上确实是不同的。

和许多理论一样，多区域分别进化理论是模棱两可的。有些中国科学家坚称，中国是个例外，因为正如《中国日报》（*China Daily*）所载的："现代中国人类发源自现在中国的所在区域，而不是非洲。"

但是，自从 20 世纪 90 年代后期以来，证据逐渐不利于这一论断。在欧洲，研究表明，尼安德特人的线粒体 DNA 与我们的线粒体 DNA 完全不同，这似乎否定了尼安德特人与智人异种通婚的假说。甚至连尼安德特人和智人异种通婚，后来偶然灭绝了，所以我们的基因库里没有尼安德特人的基因这一说法看起来也不能成立：2003 年，遗传学家在欧洲从距今 2.4 万年的智人骨骼中提取出了线粒体 DNA，它与我们的线粒体 DNA 高度一致，却与尼安德特人的毫不吻合。

在东亚，关于远古的 DNA 的分析要少些，但是已经完成的研究似乎也排除了异种通婚的可能性。一项 Y 染色体核 DNA 研究的作者甚至得出了这样一个结论："数据表明，原始人类完全不可能是解剖学意义上的东亚现代人的始祖。"基因数据看起来是明确的了。智人从非洲进化而来，并没有——或者不能——与猿人异种通婚。

争论还在进行着，直到 2007 年，周口店新出土的牙齿和许昌新出土的颅骨碎片，还被作为现代人类是从中国的直立人进化而来的证据。然而，即便这些发现公开发表，其他学者还是给了多区域分别进化理论最后的致命一击。他们通过极为复杂的多元回归分析，分析了从 6 000 多个颅骨上测得的数据，分析表明，当控制了气候因素这一变量，全世界颅骨类型的变异事实上与 DNA 分析所得证据是一致的。我们都是非洲人。在过去 6 万年内，我们从非洲散布出去，把过去 50 万年内出现的所有基因差别一扫而空。事实上，种族主义理论将西方主宰地位归结为生物学因素是毫无根据的。不管在哪里，群体的人们总是大体相同的，我们从非洲祖先那里继承了相同的躁动不安、善于创造的头脑。生物学本身无法解释西方的主宰地位。

史前毕加索们

那么，如果种族主义理论不能成立，东方与西方到底从何处开始？ 100 多年来，对许多欧洲人来说，答案似乎是显而易见的：即使没有生物学这个因素，他们也已经自信地断言，自从现代人类出现以来，欧洲人便在文化上比东方人优越。使他们确信的证据在 1879 年开始出现。达尔文发表于之前 20 年的《物种起源》（*On the Origin of Species*），使得寻找化石成了绅士们一项体面的爱好。像与他同一阶层的许多人一样，唐马塞利诺·桑斯·德·索图欧拉（Don Marcelino Sanz de Sautuola）在他位于西班牙北部的土地上寻找穴居人。有一天，他和女儿探访了阿尔塔米拉洞穴。对于 8 岁大的小孩来说，考古并没有多大乐趣，所以当索图欧拉的眼睛紧紧盯着地上的时候，他的女儿小玛丽亚开始跑来跑去玩起了游戏。很多年以后，她对一位记者说："突然，我认出了洞顶上的外形和轮廓。"她喘着气惊呼："爸爸，看，公牛！"

所有的考古学家都梦想着惊呼"哦，我的天哪"的那一刻——那一刻，面对着令人敬畏的惊人发现，完全难以置信，时间停下了脚步，其他的一切都消失了。事实上，没有多少考古学家有过这样的一刻，甚至或许没有一个有过类似的一刻。索图欧拉看到了野牛、鹿，层层叠叠的色彩丰富的动物图案覆盖了洞穴顶部20平方英尺的面积，有些蜷缩着身子，有些在互相嬉闹，还有些则在欢快地跳跃（见图1–1）。每一个都绘制得优美而生动。当毕加索多年后造访这一考古遗址时，他惊得目瞪口呆。"我们中没有人能够那样作画，"他说，"阿尔塔米拉之后，一切尽颓。"

玛丽亚回忆道，索图欧拉的第一反应是大笑，但很快他变得"非常兴奋"，"几乎不能作声"。他渐渐说服自己，这些壁画真的是远古时期留下的（最近一项研究表明，有些壁画的历史在2.5万年以上）。但是，回到1879年，没有人知道这一点。事实上，1880年，当索图欧拉在里斯本的国际人类学和史前考古学大会上提交他的这一发现的时候，专家们哄笑着将他轰下台去。那时候，人人都知道，穴居人不可能创造出这样精湛的艺术作品。他们一致认为，索图欧拉不是骗子就是傻瓜。索图欧拉将这嘲笑视为对他尊严的攻击。8年后，他精神崩溃，离开了人世。他惊呼"哦，我的天哪"的那一刻毁了他的人生。

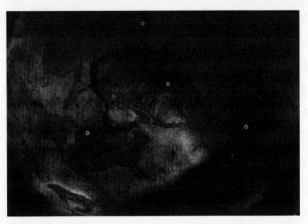

图 1-1 "阿尔塔米拉之后，一切尽颓……" 8 岁的玛丽亚·桑斯·德·索图欧拉在 1879 年发现的令人震惊的壁顶公牛岩画的一部分，这一发现毁了她父亲的人生，也使毕加索惊叹得无法呼吸

直到 1902 年，索图欧拉的主要批评者才实地造访了阿尔塔米拉洞穴，并且公开认错。自那以后，又发现了数百个绘有史前壁画的洞穴。壁画最为壮观的洞穴之一是法国的肖维洞，直到 1994 年才被发现。洞内壁画保存得非常完好，看起来好像壁画作者刚刚出门去看一眼驯鹿，随时都会回来似的。肖维洞穴的一幅画作有 3 万年历史，它是西欧现代人类的最早遗迹之一。

在世界其他地方，还没发现过与这些洞穴壁画类似的东西。现代人类走出非洲的迁徙泯灭了莫维斯分割线带来的一切差异，也将先前猿人种族间的差异一扫而空。3 万年以前，在西班牙北部和法国南部，一种独具创造性的文化培育了一大批史前毕加索，我们应当从中探明独特（而优越）的西方传统吗？

令人吃惊的是，答案或许藏在严寒的南极洲荒原。那里每年都降雪，将先前的雪覆盖，积压成层层的薄冰。这些冰层就像是远古时候天气的编年史。通过将它们分离，气候学家可以测量这些冰层的厚度，告诉我们下了多少雪；建立氧同位素间的平衡，揭示温度；比较二氧化碳和甲烷的量，阐明温室效应。但是在冰盖上钻芯取冰是科学上最为艰巨的任务之一。2004年，欧洲的一个小组成功提取了差不多两英里深的冰芯，年代可以上溯到75万年前，时间之久远令人吃惊。尽管冬季的气温骤降至零下58华氏度[1]，并且从未高于零下13华氏度，并且在1999年，钻头卡住了，科学家们不得不从头再来，在最后的几百码还不得不用一个装满乙醇的塑料袋权且替代钻头，但他们最后还是完成了任务。

这些科学超人从冰芯中提取出来的结果证明了一件事情：阿尔塔米拉的艺术家们生活的世界是很寒冷的。现代人类离开非洲以后，气温又开始骤降，大约两万年前，即用赭石和木炭在洞穴壁上涂鸦的艺术家数量多得空前绝后之时，最后一个冰河时期达到了严寒的顶点。平均气温比现在要低14华氏度。这导致了惊人的变化。数英里厚的冰川覆盖了亚洲北部、欧洲和美洲，锁住了大量的水分，那时的海平面比现在要低300英尺以上。你可以从非洲走到英国、澳大利亚或美国，却看不到海洋。你不会希望造访这些地方，在冰川边缘，狂风呼啸，卷起的沙尘暴肆虐广袤贫瘠的干草原，这些干草原冬季寒冷，夏季荒芜。甚至在最适宜人居住的地区，即赤道南北40度范围之内，夏季苦短，降水稀少，空气中二氧化碳含量下降，阻碍了植物生长，也使动物（包括人类）种群数量保持在较低水平。情况的严峻程度，与现代人

---

1. 1华氏度 =32+ 摄氏度 ×1.8。——编者注

类走出非洲前不相上下。

当时，在今天的热带地区，生活不像西伯利亚那样艰难，但是不管考古学家们审视哪个地方，他们发现，人们适应冰河时期的方式都大体相似。他们结成小部落而居。在寒冷的环境中，12个人就算得上一个大部落了；而在气候较为温和的地区，聚居部落的规模可能是前者的两倍。他们知道了不同的植物什么时候成熟，在哪里能找到这些植物；动物何时迁徙，在哪里能截获这些动物。他们到处追踪搜寻这些动物和植物。不知道这些的人就会挨饿。

这些小部落挣扎求生，繁衍后代。像现代边缘环境中的狩猎——采集者们一样，他们一定时不时地聚在一起，交换配偶，交易物品，讲述故事，或许还对着他们的神、鬼怪和祖先说话。这些聚会将会是一年中最激动人心的社交大事。当然，我们仅仅是在猜测，但是很多考古学家认为，西欧令人叹为观止的洞穴壁画的背后，一定隐藏着一些节日，在这些节日里，每个人都披上他们最好的兽皮，戴上最好的珠子，脸上画上画，竭尽所能装饰他们神圣的聚会地点，使这些地方非同寻常。

但显而易见的问题是，为什么——如果纵观非洲、亚洲和欧洲，生活都是同样的艰难——我们只在西欧发现这些令人叹为观止的洞穴壁画。传统的回答是，欧洲人比其他人在文化上更具创造力，这似乎很有道理，但是我们还能更进一步，改变这一观点。欧洲艺术史并不是从肖维洞穴到夏加尔（Chagall）一脉相承，放眼尽是旷世之作。公元前 11500 年之后，洞穴壁画便绝迹了，到我们所知的能与之媲美的画作出现，又过去了许多个千年。

在 3 万年以前的欧洲创造力传统中寻找源头，显然是错误的，因为这一传统已经断绝了几千年。或许，我们应该问的是，洞穴壁画传统为何断绝了，因为我们一旦提出这一问题，便会意识到，史前欧洲的这些惊人发现，同任何特殊的西方文化一样，与地理和气候因素大有关系。

冰河时期的大多数时间里，西班牙北部和法国南部是绝佳的狩猎之所，在那里，一群群驯鹿从夏季牧场迁徙到冬季牧场，然后再返回。但在大约1.5万年前，当气温开始回升（关于这一问题，本书第二章中还会有更多论述），驯鹿冬季不再向南迁徙到这么远的地方，猎人们也随之北迁。

就在这时，西欧洞穴壁画衰落了，这不能说是个巧合。提着油脂灯，拿着赭石棒，在地下艰难行进的艺术家越来越少。大约在13 500年以前，最后一个艺术家也离开了。当时这名最后的艺术家可能没有意识到，但是就在那一天，古老的传统断绝了。洞穴中黑暗降临，几千年来，只有蝙蝠和滴水打破坟墓般的死寂。

公元前11500年之后，为何美丽的洞穴壁画没有随着猎人追踪驯鹿的步伐一路向北，穿越欧洲？或许是因为北欧的猎人没有如此方便的洞穴可以绘画。西班牙北部和法国南部有着为数众多的幽深的石灰石洞穴，而北欧要少得多。史前人类对他们聚会之所的装饰很少能保存下来，留待我们去发现，除非狩猎之处正好有幽深的洞穴。如果不巧狩猎之处没有幽深的洞穴，人们的聚会场所就会更靠近地面，或者就在地面之上。经过两万年的风吹、日晒和雨淋，他们的艺术作品能残存于世的，已经很少了。

但是，"遗迹很少"不等于"荡然无存"，有时我们还是能很幸运地找到一些蛛丝马迹。在纳米比亚的阿波罗11号洞穴，绘有犀牛和斑马的石板从洞壁剥落，掉落到地上，在距今

19 000~26 000 年形成的沉积物之下得以保存。在澳大利亚的某些发现的年代甚至更为久远。在桑迪河洞壁的一处雕刻上形成的矿物沉积物年代可以追溯到大约 25 000 年前，而颜料残迹则有 26 000~32 000 年的历史。在卡彭特山口，绘有岩画的洞壁部分掉人有 4 万年历史的居住区碎石土中，这块壁画的历史甚至比肖维洞穴还要久远。

从美学意义上讲，非洲与澳洲发现的例子都无法与法国和西班牙发现的最好作品媲美，还有很多西欧以外的幽深洞穴没有壁画（如周口店，两万年前又有猿人在此居住）。如果声称人类对于洞穴绘画艺术都投入了同样多的精力，这显然是个愚蠢的说法，更不必说所有的艺术传统都同样成功了。但是鉴于保存条件，以及考古学家们在欧洲比在其他地方寻找的时间更长，也更努力，其他大陆保存下来的作品说明了，现代人类，不管身处何方，都有创造艺术的强烈愿望。当洞穴壁画的条件不像西欧那么理想时，人们就把精力投入其他媒介上。

当洞穴绘画艺术在西欧兴盛之时，石制、黏土制还有骨制的人体和动物形态在东方区域更为普遍。如果条件允许，我可以展示几十幅精美绝伦的小塑像的照片，发现地从德国到西伯利亚，处处都有。由于条件不允许，我仅介绍最近的发现，2008 年发现于德国的霍勒·费尔斯（见图 1-2）——一尊两英寸高的女性小雕像，无头而巨乳，雕于 35 000 年前，以猛犸象牙雕刻而成。大约在相同的年代，在西伯利亚贝加尔湖旁的马来亚思雅——那肯定是地球上最不宜居住的地点之一——猎人们在骨头上雕刻动物图案；到了公元前 25000 年，在捷克共和国的下维斯特尼采，120 多人的群体聚集在用猛犸象牙和象皮搭起的棚屋里，制作成千上万的小雕像，有雕动物的，也有雕巨乳女性的。东亚的艺术纪录还不多，但最早的发现——一尊鹿角雕刻的小鸟，或许有1.5万年的历史，是2009年在许昌发现的——雕工非常复杂，我们相信，进一步发掘将会揭示，中国也拥有欣欣向荣的冰河时期艺术传统。

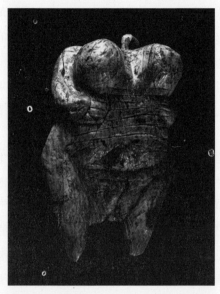

图1-2　创作的冲动：一尊两英寸高、有3.5万年历史的巨乳无头"维纳斯"雕像，以猛犸象牙雕成，2008年发现于德国的霍勒·费尔斯

冰河时期西欧以外的人类，虽然没有肖维洞穴和阿尔塔米拉洞穴的条件，但他们显然为他们的创造力发现了其他宣泄渠道。关于较早期的猿人是否有创作的冲动，证据少得可怜，但是智人的想象力似乎是与生俱来的。到了距今5万年前，人类的智能已

经足以寻找世界的意义，而人类的技艺也足以将这些意义通过艺术（很可能，虽然我们无法观察到）、诗歌、音乐以及舞蹈表达出来。这再次说明了，（群体的）人们大致相同，不管他们身在何处。尽管阿尔塔米拉洞穴艺术壮丽非凡，但它并不能使西方区别于世界其他地方。

在第一个猿人离开非洲的 150 万年后，技术、智力和生物的差异累积起来，将旧世界分为尼安德特人／智人的西方和直立人的东方。大约 10 万年前，西方以相对先进的技术和一丝人性之光为代表，而东方似乎愈加落后。但是当 6 万年前，完全现代人类走出非洲的时候，他们将这些差异一扫而空。当两万年前，最后一个冰河时期到达顶峰时，"东方"和"西方"只是日出日落的方位而已。人类的小部落前所未有地团结在一起，散布于从英国到西伯利亚的广大地区——并且（相对）不久以后，跨入美洲——而不是互相分离。当植物成熟时，动物往来迁徙，各个小部落搜寻粮草，四处狩猎，在广大地区漫游。每一个部落一定会立刻熟悉自己的区域，讲述关于每块石头、每棵树的故事；每个部落都有自己的艺术和传统、工具和武器、神灵和魔鬼。每一个部落一定都知道，他们的神爱着他们，因为尽管有着诸多苦难，他们毕竟还活着。在这样一个寒冷、干旱的世界上，人类已经走得够远了。我们有理由怀疑，如果没有脚下摇摆的地球，万物都将是静止的。

西方领先的世纪

全球变暖给人类带来了
灾难性的影响

两万年前那些颤抖地围在篝火旁的穴居人一定不知道,他们的世界已经开始变暖了。在接下来的一万年里,气候的变化加上他们迅速进化的大脑改变了地理,产生了直至今天都带有明显的地区特色的生活方式。东方和西方的概念开始有了意义。

全球变暖带来的影响令人难以置信。在公元前 17000 年左右的两三个世纪里,由于覆盖北美、欧洲以及亚洲的冰川融化,海平面上升了 40 英尺。土耳其和克里米亚之间的区域，即现在的黑海，在冰河时期曾是一个地势低洼的盆地，但是冰川径流将其变成了世界上最大的淡水湖。这么大的洪灾需要诺亚方舟[1]才能拯救。在某段时期，海平面每天上升 6 英尺。每一天，湖岸都会向前推进一英里。现代所发生的任何事都不能与之相比。

地球的运行轨道变化使得气候冷热交替，收成时好时坏。图2-1 显示了南极冰芯氧同位素的比例如何随着气候的变化而变化。直到公元前 14000 年之后——此时融化的冰川不再把冰冷的水注入海洋中——世界才开始逐渐变暖。公元前 12700 年左右，气候变暖的速度加快，在短短的时间里，地球的温度就上升了 5 华氏度左右，直到变成现在的温度。

中世纪的天主教徒喜欢把整个宇宙看成是一个伟大的存在之链，从伟大的上帝到最卑微的蚯蚓。无论是城堡里的富人，还是家徒四壁的穷人，他们在永恒的历史中都有各自的地位。不过，我们最好想一想绝非永恒的能量之链。重力能构成了宇宙。它先是把原始的宇宙汤变成了氢和氦，然后再把这些纯元素变成恒星。我们的太阳就像一个巨大的核反应堆，将重力能变为电磁能，地球上的植物则通过光合作用把一小部分电磁能转化成了化学能。

---

1. 地理学家威廉·瑞安（William Ryan）和沃尔特·皮特曼（Walter Pitman）在他们的著作《大洪水》（*Noah's Flood*）中提到，正是由于黑海的洪灾才有了《圣经》中的这个故事。他们认为这场洪灾发生在公元前 5600 年左右，不过近来越来越多的研究表明，这个盆地在公元前 16000~前 14000年之间就被淡水淹没了，然后在公元前 7400 年左右，由于地中海的注入，海水变咸。这样早期的一次洪灾不可能是诺亚方舟这个故事的素材。古代文献中对现在波斯湾地区洪灾的描述更为可信。

动物吃掉植物，发生新陈代谢，把化学能变为动能。太阳和其他星球之间的相互引力决定了地球的运行轨道，从而决定了我们将得到多少电磁能，植物将产生多少化学能以及动物将从中转化多少动能。这些又决定了其他一切事物。

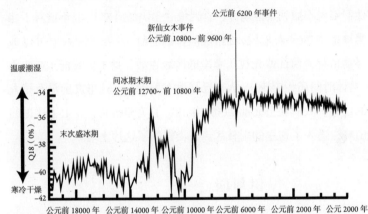

图 2-1 冰里的故事：南极冰盖上气泡中的氧同位素比例，显示了两万年前温暖潮湿与寒冷干燥的气候在不停交替

公元前 12700 年左右，地球加快了能量巨链的形成。太阳光越多，意味着有越多的动植物，人类也就有越多的选择——选择食物的数量、工作的强度以及繁衍后代的数量。每一个独立的个体或者小团体可以用自己的方式将这些选择结合起来，但是总体而言，人类推动能量之链的方式和动植物的方式极其相似：他们进行繁衍。公元前 18000 年左右的每一个人（可能有 50 万人），到公元前 10000 年时就有 12 个后代了。

人们对全球变暖的不同感受依赖于他们生活的不同区域。在南半球，海洋缓和了气候变化的影响，不过北半球就不一样了。对生活在黑海盆地形成之前的那些采集者来说，气候变暖带来的影响是灾难性的，而对那些生活在沿海平原上的人们来说，情况也好不到哪去。冰期给他们带来了巨大好处，但是气候变暖意味着海平面的上升。每一年，当海浪淹没他们祖先的捕猎场所时，他们不得不撤到其他地方，直到最后一切都消失了[1]。不过对于北半球的大部分人来说，提升能量之链是一件好事。人们可以追寻动植物，前往原先过于寒冷的区域生活。到了公元前13000年（具体时间还无定论），人类已经遍布美洲——这里之前没有猿人的足迹。人们在公元前11500年到达了美洲南端，登上了这里的山峰，进入了这里的雨林区。人类得到了这片土地。

伊甸园

全球变暖的最大受益者是生活在"幸运纬度带"上的人们，这个纬度大约是欧亚大陆的北纬20~35度，以及美洲大陆的南纬15度到北纬20度。冰河时期聚集在这个纬度带的动植

1. 有人认为一些比亚特兰蒂斯更为发达的文明在冰河时期繁荣于沿海平原，但是在公元前12700年之后随着海平面的上升，这些文明被吞没，之后就被遗忘了。考古学家一般不认同这个观点，不是因为他们试图掩饰真相，而是因为这并不可信。抛开其他原因，要认同这个观点，我们必须相信在内陆高地（就是那些在水平面以上的区域）没有人和那些消失的城市进行贸易或者模仿它们的成就。尽管我们进行了一百多年的考古挖掘，但是迄今为止还没有发现来自这些文明的遗迹。人们常常在河床上发现冰河时期的石器以及哺乳动物的骨头，但却从来没有发现先进的人工制品。

物在公元前 12700 年后迅速繁衍生长，尤其是在亚洲两端。在这里，野生谷物——西南亚大麦、小麦以及黑麦和东亚的稻和粟的前身——进化成了大颗种子，采集者可以将这些种子煮成粥或者捣碎了烘烤成面包。这些采集者要做的事只是等待这些植物成熟，然后摇晃它们，收集种子。对现代西南亚的野生谷物的实验表明，2.5 英亩的植物就能结出一吨可食用的种子。只要消耗一卡路里的能量收割就能获得 50 卡路里的食物。这是采集者的黄金时代。

在冰河时期，由于食物稀少，几个狩猎采集者一起在土地上四处游荡，但是他们的后代改变了生活方式。像其他拥有大脑的动物那样（无论是蜜蜂、海豚、鹦鹉，还是我们的近亲猿），人们似乎是出于本能地生活在一起。我们是善于社交的。

也许拥有大脑的动物之所以过着群居生活，是因为他们知道群体相对个体而言，有更多的眼睛观察周围，有更多的耳朵聆听四周，也就能更快地发现敌人。又或者，正如一些进化学家认为的那样，在大脑进化之前就有了群居生活，开始了大脑科学家史迪芬·平克（Steven Pinker）所说的"认知军备比赛"。在这场竞赛中，那些能够猜出其他动物在想什么的动物——能够跟踪朋友和敌人以及那些同属一个群体或者不是一个群体的动物——比那些不能猜出其他动物想法的动物发展得更快。

无论如何，今天我们已经进化得彼此相像，并且我们的祖先通过形成更大的固定群体来更好地利用能量之链。到了公元前 12500 年，规模达到四五十个人的群体一同生活在幸运纬度带上，已经变得非常普遍了，并且还有一些群体超过了 100 人。

在冰河时期，人们搭起帐篷，吃光他们所能找到的动植物，然后再搬到另一个地方，重新开始这个过程。我们歌唱着自己是一个游牧民，就像鸟儿一样自由等，但是，当能量之链使得我们完全有可能定居下来的时候，还是壁垒和家园对我们有更大的吸引力。早在公元前 16000 年，中国人就已经开始制造陶器（如果你每隔一段时间就要换一个地方的话，这并不是一个好做法）；公元前 11000 年左右，秘鲁高地的狩猎采集者已经筑起围墙，并保持洁净——对高度流动的人口来说，这毫无意义，但是对那些连续几个月生活在同一个地方的人们来说，这么做是非常明智的。

在考古学家称为侧翼丘陵区的地方，我们能够最清楚地看出早期人类的群居和定居生活。侧翼丘陵区是南亚一个跨越底格里斯河、幼发拉底河以及约旦河谷的弧形带。本章节我会花大量的笔墨讨论这个区域，因为这个地区见证了人类首次摆脱狩猎采集者的生活方式的转变——与此同时，还见证了西方的诞生。

位于现在以色列的恩·马拉哈（也称为埃诺恩）最能说明过去发生了什么。公元前 12500 年左右，一群不知名的人类在这里建立了半地窖式的圆形房子。有的房子宽约 30 英尺，用石头砌墙，用修剪过的树干做房梁。烧焦的食物残渣表明他们曾收集在不同时期成熟的各种坚果及植物，把它们储存在防水的坑里，然后用石浆封存起来。他们居住的村庄到处都是鹿、狐狸、鸟儿以及（最为重要的是）瞪羚的骨头。考古学家对瞪羚的牙齿很感兴趣，因为这些牙齿在冬天和夏天的时候呈现出不同的颜色，因此很容易看出它是死于什么季节的。恩·马拉哈地区瞪羚的牙齿有着两种颜色，这很可能意味着人们常年居住在那里。目前为止，我们还未在世界的其他角落找到像侧翼丘陵区这样的地方。

定居和大规模群居大大地改变了人们之间的相互关系以及他们周围的世界。在过去，人们只能跟着食物不断更换地方。他们肯定能说出他们停留过的每一个地方：我的父亲就是死在这个洞穴的，我的儿子在这里烧毁过一个小屋，诸如此类。但是，恩·马拉哈不仅仅是人们生活过的一个地方。对生活在那里的人们来说，恩·马拉哈就是他们生活的地方。他们在这里生老病死。他们现在不再把尸体放在一个多年以后他们都不会再来的地方，而是埋在房子与房子之间，有的甚至还把尸体埋在自己的房子里面，把他们祖先的根扎在了这个特殊的地方。人们小心呵护着自己的房子，一次又一次地对房子进行重建。

他们也开始担忧起卫生问题。冰河时期采集者的生活并不整洁，他们居住的地方到处都是食物残渣。因为当蛆和食腐动物出现时，人们早就离开了这个地方，寻找下一处食物来源。不过，恩·马拉哈的人们不是这样。他们哪儿也不去，因此也就不得不忍受这些垃圾。考古学家在恩·马拉哈发现了大量的老鼠骨头——这些老鼠与冰河时期的老鼠长得并不一样。早期的食腐动物也不得不通过其他途径寻找食物。如果人们将所有的骨头和坚果都放在洞穴里，这对那些动物来说无疑是一个好消息，但是如果早期的老鼠想依赖这些食物过活的话，它们很可能早在人类回来增添食物之前就饿死了。

永久性村庄改变了老鼠的生活。一天 24 小时中，它们有 7 个小时可以吃到一大堆美味的垃圾。那些瘦小的老鼠比那些又肥又大的老鼠在人们的眼皮底下生活得更好。在短短的几十年里（一个世纪的时间则显得太长了），老鼠就已经能够和人类共处了。鬼鬼祟祟的家鼠完全代替了它们的祖先，就像人类代替了猿人一样。

家鼠对人类的这种"恩赐"也给予"回报":它们把大小便排在人类储存的食物和水里,加速了疾病的传播。人们出于这种原因开始厌恶老鼠,我们中的一些人甚至认为老鼠非常可怕。不过,最为可怕的食腐动物是狼,它们也难以抵挡垃圾的诱惑。大多数人认为,那些像《野性的呼唤》(*Call of the Wild*)中一样的狼就像老鼠一样可怕,只不过老鼠长得更小,也没那么危险。

长久以来,考古学家都认为人们积极地驯养狗,把较温顺的狼当成宠物来养,让它们生出更加温顺的狼崽——它们喜欢人类就像人类喜欢自己那样。但是,最近的研究表明,自然选择再一次不以我们的意志为转移。不过,不管怎样,狼、垃圾以及人类之间的相互作用,产生了我们称为"狗"的动物,这些狗可以杀死携带病菌的老鼠,甚至可以与狼作战,从而成了男人最好的朋友。狗也是女人最好的朋友:公元前 11000 年左右,有一位年老的妇女被埋葬在恩·马拉哈。她的一只手搭在一只小狗上,他们看起来就像睡着了一样[1]。

懒惰、贪婪创造了西方特色的生活方式

在本书的前言部分,我将科幻作家罗伯特·安森·海因莱因的俏皮话"懒人想寻找更简单的方法解决问题,于是就有了进

---

1. 这是一个感人的情景,只要我们不去想这只狗是怎么和它的女主人埋葬在一起的。

步"扩展为一个社会学理论，即历史是因为懒惰、贪婪和恐惧的人们（他们往往不知道自己在做什么）为了获得更简单、更有益和更安全的生活而产生的。这个准则在冰河时期末期对侧翼丘陵区的人们产生了巨大影响，创造了具有西方特色的生活方式，使得西方的社会发展快于地球上的任何一个地方。

我们或许可以将这一点归功于（或者归咎于）女人。在现代的狩猎采集社会，妇女主要做采集工作，而男人主要负责狩猎。男人的墓中主要是矛头和箭头，女人的墓中主要是磨削工具，据此我们可以判断，史前发生在东西方的事情差不多是一样的，这提示了目前为止本书主要问题的答案——我们在提到西方与其他地方不同的生活方式时，该从什么时间、什么地点说起——约15 000年前，侧翼丘陵区妇女的聪明才智。

野生谷物是一年生植物。也就是说，它们在一个季节里生根发芽，最后枯萎，然后在来年的时候，它们的种子长成新的植物。当植物成熟时，它的叶轴（连接种子和植物的小茎）就会变得脆弱，然后这些种子就会纷纷落到地面。种子落到地面时，外壳会摔碎，然后就会发芽。对于15 000年前的采集者来说，收集种子最简单的方式就是拿着篮子，摇晃植物，把快要成熟的种子晃下来。唯一的问题是，每一个地方的每种野生植物的种子是在不同时期成熟的。如果这些采集者来得晚了，大部分的种子已经掉落，生根发芽或者被鸟儿吃了。如果他们来得太早，叶轴还太硬，也就不容易把种子摇落下来。不管是哪一种情况，他们都会失去大部分的谷物。当然，他们也可以不停地来到同一个地方，不过这样他们就没有那么多的时间去其他地方。

我们不知道懒惰（不想从一个地方走到另一个地方）、贪婪

（想要获取更多的食物）和恐惧（对饥饿的恐惧或者恐惧他人抢先获得食物）是否真的给了人们灵感，但是有人——很有可能是一个女人——想出了一个好主意：可以把最好的种子重新种植在特别肥沃的土壤里。之后，她很可能这样想：如果我们照料这些种子——翻土、拔草，甚至给这些植物浇水，那么我们每年都可以得到它们的果实，甚至会给我们带来更多的果实。生活非常美好。

侧翼丘陵区再一次为我们提供了最早的直接证据，对此我们要间接地感谢社会复兴党。社会复兴党最广为人知的是他们在萨达姆·侯赛因的领导下，在伊拉克发动了恐怖的政治运动，不过他们首先于 1963 年在伊拉克邻国叙利亚取得执政地位。在清除对手后，他们开始对叙利亚进行现代化改造，其中一个重要的举措就是在幼发拉底河上建设水坝，形成一个长约 50 英里的阿萨德湖——阿萨德湖目前供应着叙利亚大部分的电力。叙利亚文物总局预测洪水将会淹没侧翼丘陵区的核心地带，因此发动了一场国际性的运动，研究可能会受到破坏的地区。1971 年，一支英国考察队发现了阿布胡赖拉丘。阿布胡赖拉丘上的发现表明公元前 7000 年左右，这里曾经有一个村庄，考古学家也对此提供了大量的书面证据。不过有一道地沟显示，这个村庄是建立在更早时期的一个定居点的废墟上，这个定居点可以追溯到公元前12700 年。

这是一个巨大的意外收获。发掘者开始与时间赛跑，因为洪水正在逼近；他们还要和战争赛跑，因为叙利亚的军队正在召集工人与以色列交战。当洪水淹没这个地方的时候，挖掘队已经挖掘了 500 多平方英尺的土地：虽然只是一小片区域，但这却是考古上的一大重要发现。他们发现了半地下的环形小屋、磨削工具、壁炉以及几千个烧焦了的种子。这些种子主要是野草的种子，但是其中一部分饱满、沉甸甸的黑麦种子尤其引人注目。

这些种子表明阿布胡赖拉丘的人们已经开始使用锄头耕地了。他们把种子埋在土里，而不是仅仅把种子扔在土壤上。那些较大的幼苗比小幼苗更容易破土而出，接触空气。如果史前的耕种者把自己种植的所有植物都吃光了，那么这一点也就不重要了。但是如果他们把其中的一些种子保存起来，以备来年再种，那么大种子的数量就会比小种子略多。最初的时候，这个差异还不足以引起人们的注意，但是如果耕种者不断重复这个过程的话，随着种子的平均尺寸越来越大，他们对"正常"种子的标准也会逐渐提高。古植物学家（那些专门研究现存的古代植物的科学家）将这些大颗的种子称为"栽培种子"，与那些野生的谷物以及我们现在所食用的完全人工种植的谷物区分开来。

公元前11000年，当阿布胡赖拉丘的人们埋葬老妇人和她的小狗时，他们早就已经频繁种植黑麦，收获更大的种子。现在看起来这似乎没什么了不起，但是，这却是西方发展的萌芽。

失乐园

在地球的另一端，并没有出现小狗与黑麦，有的只是冰川在不断地融化。大约一万年前，融化的冰川冲刷出了北美洲，有了中西部平原。现在这些冰川的融化将这个树木日益增多的平原变成了一块沼泽之地，蚊虫滋生。生态学家将此称为"喝醉了的林地"——地面太潮湿了，那些树木根本就无法直立。巨砾和还未融化的冰块将冰川径流困在了大湖里。其中最大的冰川湖是阿加西湖，它是以一位瑞典科学家的名字命名的，这位科学家在19世纪30年代第一次明确提出历史上曾出现过全球性冰河时期。到了公元前10800年，阿加西湖几乎占了西部平原25万平方英里的面积，是现在苏必利尔湖的4倍。接着，发生了不可避免的事情：气温和海平面的上升导致阿加西湖最终枯竭。

与现在的很多灾难相比，阿加西湖的枯竭经历了漫长的时间。例如，在令人印象深刻但并不可信的电影《后天》（*The Day After Tomorrow*）中，丹尼斯·奎德（Dannis Quaid）扮演了一个名叫杰克·霍尔的科学家（显然也是唯一的科学家）。他意识到全球变暖将在第二天导致冰盖崩溃。总统召见了他。在白宫里，他告诉总统，一场超级风暴就要发生，到时温度会降到零下150华氏度，阻断墨西哥湾暖流——正是这一暖流将热量传递到北欧沿海地区，使得英国伦敦的冬天不像安大略省伦敦市那么寒冷。霍尔认为，这场超级风暴将引发新的冰河时期，使得北美大部分地区不再适合居住。毫无疑问，总统对此持怀疑态度，因此，他并没有采取任何措施。几个小时之后，暴发了超级风暴，霍尔的儿子被困在了纽约。后来就是一系列的英雄事迹。

我不会把故事的结果告诉你，但我要说的是，公元前10800年左右，当阿加西湖突然使墨西哥湾暖流停止流动的时候，情况就发生了翻天覆地的改变。虽然没有超级风暴，但是当湖水流入大西洋时，整个世界在12 000年里，都进入了冰河时期（地质学家将公元前10800~前9600年之间称为"新仙女木事件"，仙女木是寒冷气候的标志性植物，用来命名北欧地区出现的寒冷事件）。侧翼丘陵区永久性村庄的人们食用野生谷物，使得食物剩余成为可能，老鼠和狗长得不那么肥壮了，种子也变得更少、更小了[1]。

人类从伊甸园里被赶了出来。大多数人放弃了常年居住的村庄，形成了更小的群体，然后继续在山坡游荡，寻找下一顿的食物，就像冰河时期最冷时他们的祖先那样。在侧翼丘陵区发现的动物骨头显示，由于人类的过度捕杀，到了公元前 10500 年，瞪羚变得越来越小。早期人类牙齿上的釉质说明他们从小就缺乏营养。

之后人类再也没有面临同样规模的灾难。事实上，要找到可以与之相匹敌的，我们就要来看看科幻小说了。1941 年，艾萨克·阿西莫夫（Isaac Asimov）在《新奇科幻》（*Astounding Science Fiction*）上发表了名为《夜归》（*Nightfall*）的科幻小说，当时他刚开始他的写作生涯。故事发生在拉加什，这个星球有 6 个太阳。无论拉加什星球上的人民去哪里，都至少有一个太阳照耀着，并且总是白天——除了每 2 049 年发生一次日食，此时太阳排成一条线，月亮位于太阳前方。天空变黑了，星星出来了，恐惧的人们做出种种疯狂的举动。日食结束的时候，拉加什的人们也摧毁了自己的文明，回到了野蛮的状态。在接下来的 2 049 年中，他们又慢慢建立起了自己的文化，到下一次日食发生的时候，又开始了这个过程。

---

1. 一些考古学家持另一种观点。他们认为，在北美的一些地方——它们的历史可以追溯到公元前 11000 年——发现的玻璃、碳和铱表明，它们是由于酷热产生的——这种热量只有在彗星残骸撞击地球时才会产生。这些考古学家不仅描绘出了冰川的逐渐融化，还描绘了北极一股突然的气流使得墨西哥湾暖流停止流动。不过，即使是那样，也不会产生《后天》中那样的超级风暴。

第二章
西方领先的世纪

新仙女木事件就像修订版的《夜归》：地球的运行变化使得冻川融化不断交替，每隔几千年就发生诸如阿加西湖枯竭这样的悲剧，把历史抹得一干二净。虽然《夜归》是一个了不起的故事（美国科幻作家协会票选《夜归》为史上最佳科幻短篇小说，我本人也这么认为），但它并不是用来思考历史的绝佳例子。在真实世界中，即使是新仙女木事件，也不能像《夜归》那样将过去完全抹去。事实上，我们不妨追随古希腊哲学家赫拉克利特的思想——在阿西莫夫成为作家前的 2 500 年，他认为，"人不能两次踏入同一条河。"这是一个著名的悖论：当你第二次踏进这条河的时候，是新的水流而不是原先的水流在流淌，它已经不是你上次踏进去的那条河了。

同样，我们也不可能经历两次同样的冰河时期。公元前10800 年左右，当阿加西湖消失的时候，侧翼丘陵区的社会已经和冰河时期前的社会不一样了。与阿西莫夫笔下的拉加什星球的人们不同，当自然界使人类生活的世界发生了翻天覆地的变化时，地球上的人类并没有发疯。相反，他们运用自己独特的技巧和聪明才智，在原先的基础上继续发展。新仙女木事件并没有让时光倒流。没有什么事情能让时光倒流。

一些考古学家认为，新仙女木事件非但没有使人类接近末日，反而加快了创新的发展。就像所有的科学技术一样，用来鉴定阿布胡赖拉丘最早进行人工种植黑麦的年代的科学技术自身也存在着一些缺陷。阿布胡赖拉丘的发掘者指出，虽然先前提到大颗黑麦种子大约出现在公元前 11000 年左右——在新仙女木事件发生之前，但是有可能在 500 年后，人们才开始收获黑麦种子——在新仙女木事件之后。也许阿布胡赖拉丘的妇女不是出于懒惰或者贪婪才去种植黑麦的，也许她们只是出于恐惧。由于气温降低，野生动植物减少，阿布胡赖拉丘的人们很可能在尝试种植作物后，发现精心种植的作物能够产出更多、更大的种子。一方面，寒冷、干燥的天气使得人们更加难以种植谷物；另一方面，天气越恶劣，人们越有动力去人工种植谷物。一些考古学家认为在新仙女木事件时，采集者扛着几袋种子，将这些种子撒在看起来容易生长的地方，防止它们受到自然界的破坏。

如果我们对此进行进一步思考的话，就会发现这个观点的真实性与否。不过我们已经知道，在侧翼丘陵区，不是所有的人都是通过四处寻找食物来应对环境灾难的。法国发掘队在穆赖拜特——就在阿布胡赖拉丘的上游，发现了建于公元前 10000 年左右的一个村庄。在阿萨德湖淹没这个村庄前，发掘队只挖掘出了 25 平方英里的面积，但是已经足以看出这里的村民曾一起努力获得大量的野生植物和瞪羚。在一个建于公元前 10000~前 9500 年的房子内，考古学家有了一个意外的发现：在一个泥土制成的凳子里，嵌着欧洲野牛的角和现代公牛的祖先的肩胛骨。

发生新仙女木事件前，没有哪一个地方会有这么奇怪的事，但是发掘者在建于公元前 10000 年后的村庄中，发现了各种各样令人惊讶的事情。例如，1986 年发现的位于伊拉克北部的柯尔梅斯·德雷。人们只挖掘出了两个小地沟，一个地沟的位置正好对着一个煮食野生食物的区域，就像恩·马拉哈或者阿布胡赖拉丘那样，而另一个地沟则没有任何室内活动的迹象。但是，它有一排三间圆形小屋，每一间宽 12~15 英尺，距地面 5 英尺。第一间屋抹上了灰泥，有四根支柱。这四根支柱紧密排列，因此要在房内走动显得比较困难。其中一根支柱保存完好：黏土浇注，抹上石灰，一端逐渐变窄，在靠近顶部处有奇怪的突起，使得它看起来就像是人体躯干。这间房间里有大量泥土（显然是特意的），泥土里是一些动物的骨头和诸如石珠这样不寻常的物品。然后人们几乎在同样的地点挖掘出了另一间房间。和第一间房间一样，这间房间也抹上了石灰，装满了大量泥土。第三间房间的情况也是如此。人们在这个房间里发现了六个人类颅骨。这些颅骨没有下颌骨，刚刚露出地面。这些颅骨很不完整，表明它们在四处流传很久之后才被埋在这里。

这些人究竟在做些什么？在考古学家中有这么一个笑话，就是每当我们无法确定挖掘出来的是什么时，我们就说这与宗教有关（当我在西西里岛挖掘出一个我认为与宗教相关的遗址时，我不再觉得这个笑话好笑了）。当然，问题是，我们无法挖掘出过去的信仰，但这也并不意味着当考古学家谈论史前宗教的时候，他们只是在编造。

如果我们把宗教定义为对强大、超自然而且往往无形的神秘力量或者实体的信仰——这些神秘力量或者实体关注人类，同时也希望人类能够关注它们——那么我们就能认出（如果不一定要理解的话）宗教仪式的废墟，人们通过这些仪式与神圣的世界进行交流。

宗教仪式因文化而异。例如在某些地方，只有当你把一只活着的白羊的鲜血倒在某一块石头的右边，或者只有当你脱下鞋子，双膝跪下，朝着某一个方向朝拜的时候，或者当你向牧师忏悔你的罪行时，那些强大的神秘力量才能听到你的声音。当然远远不止这些行为。虽然宗教仪式多种多样，但是它们有一个共同点。许多宗教仪式要求有特殊的地点（山顶、洞穴和不寻常的建筑等）、物体（雕像、图案、珍贵或者外来的物品等）、运动（游行、朝圣等）以及衣服（要非常正式）。宗教盛宴非常流行，同样流行的还有斋戒，目的是使人们进入全身心的静修状态。失眠、疼痛、反复唱诗、唱歌或者吃药都具有一样的效果，可以使真正圣洁的人产生幻觉。

这些遗址包括一切：奇怪的地下房间、像人一样的支柱、没有下巴的颅骨——虽然在对宗教的考察中，所有的一切都是推测出来的，但是我认为它们是人类对新仙女木事件的宗教反应。整个世界都非常寒冷，植物濒临死亡，瞪羚正在消失。这些使得人们很自然地会向上天、神灵以及祖先寻求帮助，人们也很自然地选出特别的人和特别的地点来与神圣的世界进行交流。柯尔梅斯·德雷的那个圣坛，看起来就像是一个扩音器，放大人们寻求帮助的声音。

公元前 9600 年新仙女木事件结束后，世界变得暖和，此时侧翼丘陵区与 3 000 年前的情形并不一样，当时世界在经历了冰河时期后也开始变得暖和。全球变暖也没有两次踏进同样的社会。在早期的温暖时期，诸如恩·马拉哈地区的人们开心地享受着自然界的丰富资源，而公元前 9600 年后侧翼丘陵区的人们则将大量的资源投入了宗教。公元前 9600 年之后建立的很多地方都有精心埋葬的人类和野牛的颅骨，还有一些看起来像公共圣坛的大型地下房间。在叙利亚的杰夫阿玛地区，法国考古学家在一个大的地下房间周围发现了 10 所多功能的房子。一张凳子上摆放着一个人类头颅，在房间的中间，是一个没有头的骨架。这看起来就像是活人献祭。

最令人惊讶的要数哥贝克力山丘。它坐落在山顶上，可以俯瞰土耳其南部。自 1995 年以来，德国和土耳其的挖掘者已经挖出了四个凹陷的房间，高 10 英尺，宽 30 英尺，可以追溯到公元前 9000 年或者更早。就像那些在柯尔梅斯·德雷发现的更小、更早的房间一样，每一个房间都特意填满了东西。房间里都有 T 形石柱，有的石柱甚至有 7 英尺高，雕有动物纹饰。根据古地磁测年法，至少还有 15 个巨石遗迹埋在地下。这个遗址可能总共有 200 个石柱，其中许多都不止 8 吨重。挖掘者还在一个矿场发现了一个重达 50 吨、高约 20 英尺的未完成的石柱。

早期的人类仅靠打火石完成了这些工程。虽然我们永远也不会知道为什么这个特别的山顶会如此的神圣，但它看起来确实像一个宗教圣地。也许它是一个欢度节日的地方，几百个人在这里一次聚上几周，雕刻石柱，然后把石柱拉到房间立起来。不过，有一件事我们可以肯定：历史上从没有这么大规模的集体合作。

人类并不是被动地接受气候变化带来的影响。他们利用自己的聪明才智，希望在面对灾难时获得神灵和祖先的帮助。虽然我们中的大多数人怀疑这些神灵以及祖先的灵魂是否真的存在，但是宗教仪式却可以被当做社会黏合剂。毫无疑问，那些相信通过宗教仪式会获得神灵帮助的人会更加坚强地面对困难，并且无论情况多糟，都能团结在一起。

到了公元前 10000 年，侧翼丘陵区的发展早已领先于世界上的其他地区。大部分地区的大部分人仍然不停地在洞穴和野外之间变换着住处，就像 2004 年在中国的龙王汕发现的遗迹那样，唯一能够证明他们活动的就是一些烧土遗迹。在这个遗址发现的一块破碎的页岩或许只是一块普通的石铲，意味着人工种植谷物的时期开始了，但是这里没有像阿布胡赖拉丘那样饱满的黑麦种子，更不用说诸如穆赖拜特和柯尔梅斯·德雷那样的遗址了。美洲最广为人知的遗址要数一间装满了弯弯的小树苗的小屋，它是由一群细心的挖掘者在智利的蒙特沃尔德发现的。在印度，考古学家还没有更多发现。散落的石器是唯一可以证明有人类活动的证据。

一个与众不同的西方世界正在形成。

变化的天堂：人类生产方式的巨变

到了公元前 9600 年，地球再一次变得暖和。这一次，侧翼丘陵区的人们已经知道如何最大限度地利用牧草了。他们马上（所谓的马上，是在当时看来）又开始了耕种。到了公元前 9300 年，约旦河谷地区种植的小麦和大麦的种子比那些野生的种子要大得多，人们也开始修剪无花果树，以提高产量。目前世界已知的最古老的谷仓——黏土建造的小屋，宽和高各 10 英尺——就是在公元前 9000 年左右出现在约旦河谷的。在那个时候，人工种植已经在侧翼丘陵区至少 7 个地区发展起来了，从现在的以色列到土耳其的东南部。到了公元前 8500 年，饱满的谷物种子在整个地区都已经很常见了。

以现代的标准来看，这个地区的变化发生得非常慢，但是在接下来的几千年里，侧翼丘陵区与世界上其他地方的差异越来越明显。这个地区的人们不知不觉中改变了植物的基因，使得这些植物只能人工种植，必须依靠人类来生长。就像狗一样，这些植物需要我们，正如我们需要它们那样。

像动物一样，这些植物进化了，因为它们的 DNA 传到下一代时发生了随机突变。植物的突变偶尔会增加植物繁殖的概率。当环境也发生变化的时候，这种情况就变得相当普遍，就像永久性村庄的产生使得小型、温顺的狼比那些庞大、凶猛的狼更受欢迎，或者就像人工种植使得饱满的种子比个头小的种子更具优势。我之前已经提到过，野生谷物的繁殖需要等它的种子成熟后落到地面，外壳破碎，然后种子才能生长。但是有一些植物（也就是一百万分之一或者两百万分之一的概率）的基因会发生随机突变，而这个基因加固了连接种子和植物的叶轴，也加固了保护种子的外壳。当这些种子成熟后，它们并不会落到地面，外壳也不会破碎。这些种子会等着采集者来把它们拾起。但是每一年在采集者到来之前，那些变异的植物就已经死亡了，因为它们的种子无法进入土壤，从而使这个突变成为不利的突变。如果人类摇晃这些植物，拾起掉落的种子，也会发生同样的情况。突变的种子不会掉落，它们会再一次死亡。

考古生物学家激烈地讨论着到底发生了什么改变了这种情况，但是这往往涉及人类的贪婪。妇女（再一次，我们认为是妇女）花了大量的精力给最好的草地锄地、除草和浇水，她们想尽量多地从她们种植的植物中获得食物。这意味着她们每一次到草地中去都要摇晃几次那些植物，然后她们肯定会意识到，无论她们摇得多么用力，一些固执的种子——那些叶轴坚硬的突变植物——就是不会掉落。所以人们很可能就会直接把这个令人讨厌的植物连根拔起带回家。毕竟，小麦和大麦的植株并不重，而且我很肯定，如果我遇到这种植物的话，我也会这么做。

如果那时妇女从一堆种子中随意挑选一些种植，那么这些种子中就会既有突变的种子，也有正常的种子。事实上，突变的种子会更多一点，因为有一些正常的种子在掉落后消失了。因此每一年她们种植植物的时候，所种植的突变植物的数量就会略有增加。这是个缓慢的过程，当时的人们觉察不到这个过程，但是它却产生了深刻的影响，就像垃圾对老鼠产生的巨大影响一样。她们在几千年里，而不是一两百万年里，就从基因上改变了植物。挖掘发现表明，直到公元前 8500 年左右，还没有出现完全人工种植的小麦和大麦。不过，到了公元前 8000 年，我们在侧翼丘陵区发现的植物中有一半有着坚硬的叶轴；而到了公元前 7500 年，几乎所有的植物都有坚硬的叶轴了。

懒惰、贪婪和恐惧往往带来进步。人们发现，在园子里第一年种植谷物，第二年种植含蛋白质丰富的大豆的话，土壤就会变得肥沃，同时也令自己的饮食更加丰富。在这个过程中，他们种起了小扁豆和鹰嘴豆。人们把小麦和大麦在粗糙的磨石上捣碎，去除杂质。之后，他们发明了新的饮食方式——他们利用黏土烘制出防水的锅，用来煮食。如果我们可以将当时的妇女与现代的农学家进行对比的话，正是她们做出了大部分或者说全部的创新，同时，她们也知道了如何将亚麻织成衣服。动物的皮和毛已经不受欢迎了。

当妇女在种植植物的时候，男人（很可能是男人）开始养殖动物。到了公元前 8000 年，牧羊人在现在的伊朗西部成功养殖了山羊，山羊的基因后来得以进化，个头变得更大，性情变得更加温顺。公元前 7000 年前，牧人把欧洲野牛驯养成了今天温顺的奶牛，把野猪驯养成了家猪。在接下来的几千年里，他们渐渐知道，不应屠杀所有的动物来获得食物，而应留着一些来获取羊毛和牛奶，并且——最有用的是——可以利用它们拉车[1]。以前，人们搬运东西只能用肩扛，自从给牛套上挽具之后，人就省力多了，因为牛能运载的货物是人类所能运载的三倍。到了公元前4000年，牛拉犁使得植物种植和动物驯养融合在一起。人们继续忙碌着，直到又过了6 000年左右，人类才在工业革命中开始利用煤炭和蒸汽这些新能源。

侧翼丘陵区的早期农民改变了人类的生活方式。我们在乘坐长途航班时，往往害怕旁边坐着一个哇哇大哭的婴儿，但是我们不妨想想早期的妇女采集者，她们每年都要背着孩子走上几千英里的路途去采集植物。显然，她们并不想要太多的孩子。无论她们是有意还是无意，她们会用母乳喂养孩子到三四岁，从而减少怀孕次数（产生母乳会阻止排卵）。冰河时期的采集者很可能采用同样的方式，但是随着她们渐渐定居下来，她们开始不需要这么做了。事实上，生育更多的小孩成了一个优势，因为这会产生更多的劳动力。最近的骨骼研究表明，早期的农村妇女通常待在同一个地方，储存着食物，生七八个小孩（其中可能有四个能存活到一岁，三个存活到生育年龄），而她的祖先只会生五六个小孩。人们种植的作物越多，就能养活越多的孩子。当然，他们养的小孩越多，就要种植越多的作物。

于是人口激增。到了公元前8000年，一些村庄甚至有500个村民，是新仙女木事件前恩·马拉哈等村庄的10倍。到公元前6500年，在现在土耳其的恰塔勒胡由克，人口可能已经达到

---

1. 这听起来就像显而易见的事，但是给动物上轭，使得动物在拉车的时候不会勒死自己，同时还要使动物听从人们的控制是一件非常困难的事。

了 3 000 人。这些村庄急剧膨胀，因此，它们也就面临着潜在的问题。科学家通过显微镜对恰塔勒胡由克的沉积物进行分析，发现人们把臭烘烘的垃圾和粪便倒在房子之间，堆积如山，然后这些垃圾和粪便被踩成了尘埃和烂泥。这些脏东西会吓退采集狩猎者，但是显然会对老鼠、苍蝇和跳蚤有利。我们可以从被踩成泥地的几小块粪便中看出，人们也在室内饲养动物。约旦艾因加扎勒遗址发现的人类骨骼表明，到公元前7000年时，肺结核已经从牛群传染到人类。人们定居下来，种植更多的作物，增加了人口，但是这也意味着要养活更多的人，会产生更多的细菌，这些都增加了死亡率。每一个农村在刚形成时的几代往往会迅速发展，直到它们的出生率和死亡率达到平衡。

虽然很肮脏，但很显然，这就是人们想要的生活。采集狩猎者群体有着广阔的地理活动范围，但是社会活动范围却很狭窄：环境发生了变化，但人类没有改变。早期农民的生活正好相反。你的一生可能都生活在自己出生的小村庄里——这个村庄到处都有圣坛，有盛大的节日和宴会，有住在坚固房子里的爱说闲话的邻居，他们的房子抹上石灰，屋顶还是防水的。在现在大多数人看来，这些小屋既拥挤，又烟雾缭绕，还散发出恶臭，但是它们却是人类的一大进步，因为人类不用再居住在潮湿的山洞里，也不用在下雨时在树下缩成一团。

早期的农民改变了环境，把它变成了同心圆——在圆的中心，是他们的家，然后往外依次是邻居、耕地和牧场。牧羊人在冬夏季节的时候，把饲养的动物赶到这些牧场。在这些牧场之外是一个野生、不受约束的世界，在这里，有着吓人的动物和野人等。一些挖掘者发现了一些刻有几条线的石板，在一些考古学家看来，这些线条画的就是林间小道。在公元前 9000 年左右，杰夫阿玛地区的村民和现在被阿萨德湖淹没的一些地区的人们似乎已经开始书写原始文字了，他们把蛇、鸟、农场动物和一些抽象的符号刻在石头上。

我们可以认为，侧翼丘陵区的人们通过将这些心理结构作用于他们的世界，也驯养了自己。他们甚至给"爱"赋予新的意义。夫妻之间的爱或者父母与子女之间的爱是很自然的，在人类身上延续了几百万年，但是农业给这些关系注入了新的力量。采集者原先总是把自己的知识告诉他们的孩子，教他们如何找到成熟的植物、野生的动物以及安全的洞穴，但是农民传给下一代的东西更具体。为了生活得更好，人们现在需要财产——房子、土地和牲畜，更不用说诸如水井、墙壁以及工具这样的东西。显然，第一批农民是集体主义者，他们共同分享食物，甚至还一起煮食，但是到了公元前 8000 年，他们建起了面积更大、功能更多的房子，每一间房子都有专门的储藏室和厨房。他们还有可能把土地变成了私有田地。人们开始越来越倾向于建立小型的家族，家族成为几代人之间传递财产的最小单位。孩子需要这种物质的继承，否则的话，他们会变得非常贫穷。财产的传递成为关乎生死的重要事情。

有迹象表明当时人们已经产生祖先崇拜。我们可以追溯到公元前 10000 年，例如柯尔梅斯·德雷地区没有下颌的头骨，但是随着农业的发展，祖先的地位不断上升。将死去的几代人的尸体埋在房子下面变得很常见，这种方式似乎能够充分表现出财产与后人之间的关系。有的人还不仅仅将尸体埋在地下，他们会在尸体腐烂之后再挖出来，把头颅拿走，然后再把无头尸体埋入地下。

他们利用石灰，在头颅上制作出面容，在眼眶里装上贝壳，然后画出一些诸如头发这样的细节。

考古行业是男人的天下，而凯瑟琳·凯尼恩（Kathleen Kenyon）却是一位了不起的女性考古学家。她在西岸的杰里科遗址进行挖掘时，率先发现了这个可怕的风俗。不过现在考古学家在很多地方都发现了抹上石灰的头颅。人们究竟对头颅做了什么，我们还不清楚，因为我们只发现了那些重新被埋起来的头颅。大多数头颅被放在了深洞里，不过在恰塔勒胡由克地区，我们发现了一位埋葬于公元前 7000 年左右的妇女，她将一个头颅抱在胸前，这个头颅曾不止三次被抹上石灰和涂成红色。

早期农民与尸体如此亲密的接触会让我们中的大多数人感到恶心，但是显然，这对侧翼丘陵区的人们有着重大意义。大多数考古学家认为，这表明了祖先是最重要的超自然存在。祖先遗留下了财产，使活着的人不至于饿死，活着的人因此对他们表示敬意。财产的传递很可能是通过神圣的宗教仪式进行的，这样就能说明为什么有的人比其他人拥有得更多。人们也有可能利用头颅来召唤祖先的灵魂，问他们的祖先何时开始耕种，去哪里捕猎或者是否袭击邻居。

整个侧翼丘陵区都出现了祖先崇拜。在恰塔勒胡由克，几乎每家每户都有尸体埋在房子下面，祖先的头颅也被抹上了石灰。在艾因加扎勒，考古学家发现了两处深坑，坑里有真人大小的塑像和半身像，是用涂上石灰的芦苇做成的。一些雕像有双人头，大部分雕像都有大大的眼睛。最令人惊讶的是，在公元前8000 年左右，土耳其东南部恰约尼地区的人们建起了被挖掘者称为"死亡之屋"的地方。在祭坛后面，藏着 66 个头颅和 400

具骷髅。化学家检测出，祭坛里的沉积物是人类和动物的血红蛋白结晶。黏土碗上有更多的人血，并且另外两个房子里也有沾满血污的祭坛，其中一个祭坛上还刻着人头。这相当令人难以置信。它听起来就像是一部惊悚电影——受害者被绑到祭坛上，挣扎着，牧师用锋利的火石割开他们的脖子，然后把他们的头锯下，储藏起来，敬奉者喝着他们的鲜血……

或许不是这样。考古学家挖掘出来的东西并不能证实或者推翻这样的假想。不过，这些塑像以及"死亡之屋"似乎暗示出现了宗教专家，他们用某种方式令人们相信，他们能够接近超自然力量。也许他们能够进入昏睡状态，也许他们能够更好地描述幻觉。无论是出于什么原因，牧师可能是第一个享有制度化权威的人。也许，这就是根深蒂固的等级制度的起源。

无论正确与否，等级制度在家庭内部发展得最快。我已经说过，在采集狩猎社会，男人和女人各自扮演着不一样的角色。男人主要进行狩猎活动，而女人主要负责采集活动。不过现代研究表明，驯养进一步加剧了性别之间的分工，把妇女限制在了家里。高死亡率和高出生率使得大多数妇女把大部分时间花在了怀孕以及照顾小孩上。农业的变化——很可能是妇女带来的变化——更加强了这种现象。人工种植的谷物比野生谷物需要更多的加工处理。因为妇女可以一边照看婴儿，一边在家打谷、研磨和烘烤，所以这些就变成了妇女的工作。

当出现土地辽阔而劳动力不足的情况时（如早期的耕种时期），人们往往开垦大片土地，男人和女人共同锄地和拔草。如果出现人口增长，而农田的产量却没有增加的情况（就像公元前8000年后的侧翼丘陵区那样），人们就会更努力地耕作，通过施肥、犁地，甚至灌溉从每一块土地上获得更多的食物。所有的这些工作都需要上半身的力量。有很多女人跟男人一样强壮，但是随着农业的发展，越来越多的男人负责户外工作，女人则负责室内工作。成年男人在农田里耕作，男孩照料牲畜，妇女和女孩做着比以前更加明确的室内工作。考古学家在阿布胡赖拉丘发现了162具公元前7000年的骷髅，通过研究，考古学家发现了令人惊讶的性别差异。男人和女人的上背椎骨都变大了，这很可能是因为他们头上经常顶着沉重的物体，但是只有女人的脚趾有关节炎，这是因为她们在研磨谷物的时候，长时间跪着，用脚趾发力。

　　除草、清理石块、施肥、浇水和犁地都能增加产量，并且继承一块精心照料的土地，而不仅仅是任意的一块土地，对一家人的财富来说有很大的差别。公元前9000年后宗教的发展方式表明人们开始在意祖先和继承，我们不妨认为正是从这个时候，他们开始把宗教仪式与其他制度结合起来。面对着这么多的危险，现代农民想要确保将来继承自己财产的人是他们的亲生孩子。采集者对性的随意态度使得男性产生了对女儿婚前贞洁以及妻子婚外行为的诸多担忧。传统农业社会的男性一般在30岁左右结婚，也就是在他们继承财产之后，而女性一般在15岁左右结婚。虽然我们不能确定这种模式是在农业产生的同时产生的，但是这很有可能。例如，公元前7500年之前，一个女孩往往是在父权下成长的，到青少年时期，她从父权手中被移交到夫权手中。婚姻可能会成为财富的来源，例如一个已经拥有大量土地和牲畜的人与另一个财产相当的人结婚时，就会巩固他们已有的财产。富有的人变得更加富有。

　　有值得继承的东西就意味着有值得被偷的东西。公元前

9600年之后，侧翼丘陵区的防御工事和有组织的争斗迅速增多，这显然并非巧合。现代采集狩猎者的生活充满暴力，由于没有真正的等级制度约束他们，年轻的狩猎者往往认为杀人是解决争端的最好办法。在很多集体中，这就是死亡的主要原因。为了能够住在一起，人们不得不学会处理人与人之间的暴力。那些能够处理这些暴力的人将发展得很好，并且能够利用暴力从其他部落夺取物品。

最引人注目的证据是在杰里科遗址发现的。史上关于杰里科的各种记载，莫过于《圣经》里的故事最广为人知：约书亚率以色列大军围攻杰里科，鼓号齐鸣六天六夜，终于在第七天城墙倒塌，大军摧毁了杰里科。50年前，凯瑟琳·凯尼恩在这里挖掘的时候，她确实发现了城墙——但是，不是约书亚摧毁的那堵墙。约书亚生活在公元前1200年左右，而凯瑟琳·凯尼恩所发现的像堡垒一样的城墙比这还要早8 000年。凯瑟琳·凯尼恩认为，这些高12英尺、宽5英尺的堡垒是用来防御的，可以追溯到公元前9300年。20世纪80年代的研究显示，凯瑟琳·凯尼恩可能犯了一个错误。她所谓的"堡垒"实际上是由不同时期建造的几堵小墙组成的，当初修建这些墙也许是为了阻挡河流。不过，她的第二个伟大发现——一个25英尺高的石塔很可能就是用来防御的。就当时最先进的武器而言——将一块磨尖了的石头绑在棍子的一端，这确实是一个强大的堡垒。

除了侧翼丘陵区，世界上没有哪一个地方的人们有这么多要防御的东西。在公元前7000年，这个区域之外的所有人几乎都是采集者，根据季节的变化转移地点，他们建立村落的地点，例如现在巴基斯坦的梅赫尔格尔和长江三角洲的上海，以杰里科的标准来说，根本算不了什么。如果地球上其他地方的采集狩猎者能够被空运到恰约尼或者恰塔勒胡由克，我想，他们一定不会相信自己看到的一切。这里没有他们那样的洞穴或者小木屋，取而代之的是繁华的城镇，镇上有坚固的房子、大量的食品储存，以及让人惊叹的艺术和宗教遗址。他们会发现自己劳作辛苦，寿命短，而且还养着一群令人讨厌的细菌；他们会和那些富人以及穷人接触，对男人的权威以及父母的权威感到恼怒或者高兴；他们甚至还可能发现，一些人能够在宗教仪式中杀死自己；他们也可能疑惑，为什么人类要让自己遭受这一切？

前进和繁殖：农业的延伸

让我们从产生等级制度和繁重工作的史前侧翼丘陵区快速前进一万年到 1967 年的巴黎。

对于巴黎大学楠泰尔学院校园的中年男管理员来说（源自于恰塔勒胡由克地区的父权制），他们管理的女学生不能进入男生的宿舍（反之亦然）。对于这些年轻人来说，他们显然不能理解这样的规定，但是 300 代以来年轻人不得不遵守这样的规定。不过现在不再是这样了。随着冬季的来临，学生们对长者的权威发起挑战，希望决定自己的爱情生活。1968 年，丹尼尔·科恩·本迪特（Daniel Cohn-Bendit，现在欧洲议会中一位受人尊敬的绿党成员，以前曾经是一个学生激进分子，被称为"红色丹尼"）发动了"五月风暴"，开启了一连串学生运动的序幕。学生走上街道示威，与武装警察发生冲突。路障和焚烧的汽车使得巴黎瘫痪。法国总统戴高乐秘密会见了他的上将，想寻求军队的支持。

现在让我们来看看密歇根大学年轻的人类学家马歇尔·萨林斯（Marshall Sahlins）。萨林斯早年因写过一系列关于社会进化的书以及对越南战争的批判而闻名。现在他放弃了在安娜堡（他毫不留情地将安娜堡称为"一个只有小巷的小大学城"）学习的机会，转而去法兰西学院求学，法兰西学院是人类学和学生激进主义的圣地。随着危机的加深，萨林斯向《摩登时代》（*Les Temps Modernes*）杂志投了一篇文章，后来这篇文章成为有史以来人类史学方面最有影响力的文章之一。

学生中的激进分子在楠泰尔的墙上潦草地写着："打开托儿所、大学以及其他牢笼的大门。由于教师和考试，我们的竞争从 6 岁就开始了。"萨林斯的文章为学生提供了某些东西：不是答案——无政府主义者很可能并不想要答案，但至少是某种鼓励。萨林斯认为，关键的问题是，资本主义社会"为不可实现的事物——无限的需求建立了圣地"。我们遵从资本主义的准则，努力赚钱，所以我们能够通过购买那些我们并不需要的东西来满足我们无限的需求。萨林斯建议，我们可以学学采集狩猎者。他解释道："世界上最原始的人类，几乎没有任何财产，但是他们并不贫穷。"这听起来就像一个矛盾的观点：萨林斯认为采集者一般一周只工作 21~35 个小时——比巴黎工厂的劳动者，甚至可能比学生的工作时间还短。采集狩猎者没有汽车，也没有电视，但是他们并不需要这些东西。他们的收入很少，但是他们的需求更少，萨林斯认为，正是因为这样，他们生活在"原始富足的社会"。

萨林斯提到了关键的一点，他问道：如果得到的报酬是工作、不公平和战争的话，为什么农业社会要取代采集社会？但农业社会确确实实取代了采集社会。到了公元前 7000 年，侧翼丘陵区的采集业已完全被农业取代。公元前 8500 年之前，人工种植的谷物就已经传到塞浦路斯，到公元前 8500 年，就传到了土耳其中部。到了公元前 7000 年，完全人工种植的植物就已经传到了以上所有的地区，并向东传到了巴基斯坦（或者有可能是巴基斯坦自己发展起来的）。它们在公元前 6000 年到达了希腊、伊拉克南部和亚洲中部，在公元前 5500 年到达埃及和欧洲中部，在公元前 4500 年到达大西洋沿岸。

几十年来，考古学家一直对事情发生的原因争论不休，但始终没有达成一致意见。例如，在最近一个权威评论的末尾，剑桥大学的格雷姆·巴克（Graeme Barker）给出了他所能给出的最好结论，农民"用不同的方式，以不同的速度和出于不同的理由代替了采集者，但是他们面对的挑战是相似的"。

虽然整个过程杂乱无章——这个过程经历了几千年，穿过了几个大陆，怎能不混乱？但是如果我们记得这只是关于地球获得能量之链的过程，那么我们就能明白其中的很大一部分。轨道的变化意味着地球能获得更多的太阳能，光合作用将一部分太阳能转化成了化学能，新陈代谢将一部分化学能转化成了动能，农业使得人类能够从动植物中获取更多的能量来满足自己的需求。虽然害虫、肉食动物和寄生生物吸收了其中一部分能量，但还是有很多剩余的能量。

像植物和其他动物那样，人类主要通过有性繁殖来释放多余的能量。高出生率意味着新的村庄可以迅速发展，直到每一寸可利用的土地都被耕种，然后出现疾病和饥饿，最后死亡率和出生率相平衡。一些村庄就这样稳定发展，总是在崩溃的边缘徘徊着；而在另一些村庄，则有一些大胆的人决定重新开始。他们也许会走上一个小时到同一个村庄或平原上的一块空地（也许不太合人意）——或者长途跋涉几百英里寻找他们听说过的绿色牧场。他们甚至还可能漂洋过海。毫无疑问，很多冒险家都失败了，衣衫褴褛、饥肠辘辘的幸存者夹着尾巴灰溜溜地回来了。不过，有一些人成功了。人口数量急剧增长，直到死亡率赶上了出生率。

当大多数农民扩张到新的领土时，他们发现采集者已经生活在那里了。这让我们很容易想到西方老电影中的场景：农民抢掠牛群，剥去采集者的头皮，双方用弓箭互相攻击。不过现实可能没这么戏剧化。考古学家研究发现，每一个地区的首批农民往往定居在与当地采集者不同的区域。这一点我们几乎可以肯定，因为最好的农田和最好的采集地很少有重叠的。至少，在初期，农民和采集者可能互相忽视。

当然，最后，采集生活消失了。今天，你在托斯卡纳或者东京郊区已经看不到狩猎者或者采集者在修剪过的地方觅食了。农业人口迅速增长，仅仅几个世纪就占领了最好的土地，直到他们没有其他选择，只好入侵（在他们眼里）采集者生活的边缘地带。

关于接下来发生了什么，主要有两个理论。第一个理论认为，农民从根本上摧毁了原始富足的社会。疾病是其中一个原因，老鼠、牲畜以及永久性村庄毫无疑问使得农民没有采集狩猎者那样健康。不过，我们不能将这种传染病与 1942 年之后夺取几百万美洲原住民性命的传染病相比。农民与采集者只是隔着几英里的森林，而不是不可穿越的海洋，因此他们之间疾病的差异并不是非常大。

但是，即使没有大规模的屠杀，数量的多少还是起着决定性

西方将主宰多久
东方为什么会落后，西方为什么能崛起
82

作用。如果采集者决定和农民打一仗，就像很多现代殖民地那样，他们就有可能摧毁奇怪的农业村庄，不过，会有更多的农民前来，攻破他们的防线。另外，采集者可以选择逃跑，但是无论他们撤退多远，新的一批农民最后还是会出现，他们会砍掉更多的树，到处传播细菌，直到采集者被打败，而这片土地农民也不能利用了，就像西伯利亚和撒哈拉沙漠的情况那样。

第二个理论认为，以上这些情况都没有发生，因为大部分区域出现的首批农民并不是来自侧翼丘陵区的移民的后代。他们是定居下来的当地采集狩猎者，最后自己成了农民。萨林斯的观点使得农业与原始富足的社会相比一点也不吸引人，但是采集者很可能并没有面临两种生活方式的选择。农民不会进入采集者的林地。相反，他会首先进入一个没有像他那样精耕细作的村庄（也许没有开始使用犁耕地和施肥），然后进入精耕细作程度更低的村庄（可能烧毁森林，种植植物，直到长出野草，之后他们继续迁移），最后，他会进入那些完全依赖于采集狩猎的社会。思想、人口和细菌在这个广阔的接触带不停地来回流动。

当采集者意识到他们的邻居能够以更加集约的办法杀死他们赖以生存的野生植物和动物时，他们没有对农民发动进攻或者逃跑，而是加入了这个群体，加强了自己的耕作。人们并没有用农业完全取代采集业，而是决定少花一点时间进行采集，多花一点时间种植。之后，他们可能要决定是否要除草、犁地和施肥，不过——重复之前提到的情景——这只是从原始富足社会迈向繁重劳作和慢性疾病的一小步。整体说来，在经历了几百年，跨越了几千英里后，那些向农业靠近的采集者人口数量增多了，而那些固守自己传统方式的人减少了。在这个过程中，农业的"边界"

延伸了。没有人选择等级制度和更长的工作时间，妇女也不喜欢患有关节炎的脚趾，这些东西悄悄地降临到他们身上。

无论考古学家挖掘出多少石器、焚烧过的种子或者地基，他们都无法证明其中的任何一个理论。不过基因学再一次提供了（部分）帮助。20世纪70年代，斯坦福大学的卢卡·卡瓦利－斯福扎（Luca Cavalli-Sforza）对欧洲血型和核DNA进行了一项大规模的研究。他的团队发现从东南部到西北部，基因频率的变化相当一致。他们指出，这证实了考古学家所说的农业传播方式。他们得出结论：在亚洲西部的移民把农业带到欧洲后，他们的后代大规模地替代了原始采集者，把剩余的采集者逼退到遥远的北部和西部。

考古学家科林·伦福儒（Colin Renfrew）认为语言学也支持卡瓦利－斯福扎的观点。他认为，第一批农民不仅用西南亚的基因替代了欧洲的基因，还用侧翼丘陵区的印欧语系代替了欧洲的本土语言，出现了诸如巴斯克语这样孤立的语言。农业社会对原始富足社会的取代在欧洲人的血液和语言中体现了出来。

起先，这些新的证据只是引起学者们更多的争论。语言学家马上就挑战了伦福儒的观点，认为如果欧洲语言真的是在六七万年前从同一个祖语中分离出来的话，那么它们之间的差异就会更大。1996年，布莱恩·赛克斯（Bryan Sykes）带领的牛津团队在基因学方面挑战了卡瓦利－斯福扎的观点。赛克斯研究的是线粒体DNA而不是卡瓦利－斯福扎研究的核DNA。他发现，传播路线并非像斯福扎所说的那样自东南向西北传播，而且由于这个传播路径太混乱，无法轻易地在地图上表现出来。赛克斯发现六组基因宗谱，只有其中一组能够与来自亚洲西部的农业移民

相联系。赛克斯认为，其他五组的历史更加久远，可以追溯到
25 000~50 000 年前。他总结道，所有的这些都表明了欧洲第一
批农民主要来自那些决定定居下来的原住采集者，而不是来自侧
翼丘陵区的移民后代。

卡瓦利－斯福扎和赛克斯的团队在 1997 年《美国人类遗传
学》期刊（*American Journal of Human Genetics*）上进行了激烈的争
论，不过之后，他们的观点开始慢慢融合。卡瓦利－斯福扎现
在认为来自亚洲西部的农业移民占了欧洲人 DNA 中的 26%~28%，
赛克斯则认为这个数字是 20%。要说每三四个欧洲人中就有一个
是西南亚移民的后代，这种说法虽然过于简单，但也没有太大的
错误。

猜测与预言：
东西方的生产活动对比

无论是卡瓦利－斯福扎还是伦福儒，又或者是赛克斯的观
点——即使是他们之间达成的妥协——都无法令楠泰尔的学生高
兴，因为所有的这些理论都认为农民将不可避免地代替采集者。
基因学和考古学认为，竞争与考试或者教师无关，因为竞争一直
伴随着我们。这意味着不管如何，事情大体上都会像现在这样
发展。

但是，这是真的吗？毕竟，人类有自由意愿。懒惰、贪婪
和恐惧或许是历史发展的动力，但是，我们每一个人都要从中
做出选择。如果欧洲第一批农民中至少有 3/4 是原始采集者的后
代，那么显然，史前欧洲人很可能会停止耕作——如果他们中有

相当多的人抵制人工种植的话。那么，为什么这种情况没有发生呢？

有时候事情就是这样的。在公元前 5200 年前的几百年前，农业从现在的波兰传播到巴黎盆地之后，停止了传播。在 1 000 年里，几乎没有农民进入巴黎盆地与波罗的海之间五六十英里的土地，波罗的海地区的采集者也很少有人从事更加集约的耕作。在这儿，采集者保留了自己的生活方式。沿着农业 / 采集的断层线，我们发现了大量加固了的定居点和被钝器杀死的年轻人的骨骼，骨骼左边是他们的头颅——如果他们是面对面搏斗，用手抓着石斧的话，就会出现这种情形。一些大型的坟墓甚至就是发生屠杀的地点。

我们永远也不会知道 7 000 年前，在欧洲北部平原的边缘发生了怎样的情况，但是地理和经济对确定农业 / 采集边界的作用与文化和暴力的作用一样大。波罗的海的采集者生活在一个寒冷的伊甸园，这里丰富的海洋资源供养着村庄里密集的人口。考古学家已经挖掘出大量的贝壳和盛宴的残余物，这些东西在村庄的周围堆积如山。显然，丰富的自然资源使得采集者能够自给自足：有足够多的采集者可以对抗农民，但是为了养活自己，其中一部分人不得不转向农业生产。同时，农民发现，那些原先在侧翼丘陵区人工种植和养殖的动植物在这个遥远的北部生长得并没有那么好。

我们不知道为什么在公元前 4200 年之后，农业会最终移至北部。一些考古学家强调是推力的作用，认为农民的数量已经增加到一定程度，所以他们压制了所有反对的声音；另一些人强调是拉力的作用，认为采集社会自身的危机使得北部受到侵略。但是无论结局怎样，波罗的海的这个特例表明，一旦侧翼丘陵区出现了农业，原始富足的社会将无法存续。

我这么说并不是在否定自由意愿的存在。那样的话会很愚蠢，虽然有很多人会受到诱惑而否定自由意愿的存在。例如，伟大的列夫·托尔斯泰在他的小说《战争与和平》(*War and Peace*) 结尾就用奇怪的附录否认历史上的自由意愿——说它奇怪，是因为这本书描写了各种痛苦的决定（和优柔寡断）、思想的突然转变和很多带来严重后果的愚蠢错误。托尔斯泰认为，尽管如此，"历史上的自由意愿只是一种表达，这种表达暗示着我们并不知道人类历史的规律"。他继续说道：

> 认为人的自由意愿能够影响历史事件，就如同认为移动天体的自由力量与天文学相关……如果有一个天体可以自由移动，那么开普勒定律和牛顿定律都将无效，并且关于天体运动的任何理论都将不复存在。如果有任何一个行动是出于自由意愿，那么也就不会有历史规律的存在，同样消失的还有对历史事件的看法。

这是一派胡言。高级的一派胡言，再高级也是一派胡言。在任何一天，任何一个采集者都可以决定不再进行集约生产，任何一个农民也可以从自己的土地或者磨石边走开，去收集坚果或者捕杀野鹿。显然，有些人这么做了，于是对他们自己的生活产生了巨大的影响。但是长远来看，这并不重要，因为对资源的竞争意味着那些继续耕作或者更加辛勤耕作的人能够获得更多的资源。农民们养育更多小孩，饲养更多牲畜，开垦更多田地，和采集者有着更深的矛盾。就像公元前 5200 年波罗的海的情形那样，农业的扩张在适当的时候放慢了脚步。但是这种情况并不能一直持续下去。

毫无疑问，农业也会受到当地条件的限制（例如，在公元前6500~前6000年，过度放牧使得约旦河谷变成了一片沙漠），但是除了像新仙女木事件这样的气候灾害，世界上的所有自由意愿都无法阻止农业生活方式向所有适宜的地方扩展。当智人与温暖、潮湿和稳定的气候以及能够被种植和驯化的动植物联系起来，农业的发展就变得不可避免。

到了公元前7000年，欧亚大陆西端那些充满活力的、开放的农业社会与地球上的任何一个地方都不一样。这时，我们可以将"西方"与其他地方区分开来。但是，西方与其他地方之间的差异并不是永久性的。在接下来的几千年里，在幸运纬度带上，大约有6个地区的人们开始独立发展农业。

在侧翼丘陵区之外，农业发展最早也最明显的地方就是中国。公元前8000~前7500年之间，长江流域的人们就开始种植稻；公元前6500年，中国北部的人们开始种植粟；粟和稻分别在公元前5500年和公元前4500年完全人工种植；野猪也在公元前6000~前5000年之间被驯化。最近的研究发现，耕种在西半球几乎同时开始。公元前8200年，南瓜在秘鲁的南充克流域已经开始人工种植；公元前7500~前6000年，墨西哥瓦哈卡的人们也开始种植植物。公元前6500年时，南充克流域已经出现了花生。虽然考古证据显示，公元前5300年，瓦哈卡地区野生的类蜀黍转变为人工种植的玉米，不过基因学家怀疑这个过程实际发生得更早，在公元前7000年左右。

显然，中国和西方的驯养与侧翼丘陵区没有关系，不过发生在流经巴基斯坦的印度河的情况就没有那么明朗了。公元前7000年左右，人工种植的大麦、小麦，驯养的绵羊和山羊突然在梅赫尔格尔出现了，很多考古学家认为是来自侧翼丘陵区的移民把它们带到那儿的。小麦的出现尤其引人注意，因为目前为止还没有人能够将当地野生的小麦与在梅赫尔格尔周围出现的人工种植的小麦区分开来。植物学家还没有对这个地区进行彻底的研究（甚至那些在这块土地上到处寻找这些部落领地的巴基斯坦军队也并不十分了解），所以这儿可能会给我们带来惊喜。虽然现有的证据表明印度河流域的农业确实是由侧翼丘陵区发展而来的，但是我们要看到，这个地区的农业以自己的方式迅速发展着：在公元前5500年，人们驯化了当地的瘤牛；公元前2500年出现了一个先进、有文化的城市社会。

公元前7000年左右，撒哈拉沙漠的东部比现在要潮湿得多，每一年的夏季都有大量的季风雨注入湖中，即便如此，它还是不适宜居住。显然，在这里，逆境是"发明之母"：牛和羊不能在野外生存，但是如果采集者将它们从一个湖赶到另一个湖，就能使这些动物生存下来。公元前7000~前5000年之间，采集者把自己变成了牧民，把野生的牛和羊变成了体型更大、性情更加温顺的动物。

到了公元前5000年，在两个高原地带也出现了农业，其中一处在秘鲁，人们在这里放牧着美洲驼，采集着变异的奎奴亚藜种子；另一处是新几内亚岛。考古学家在新几内亚岛的发现和在印度河流域的发现一样有争议，但是现在我们可以肯定，公元前5000年时，高地的人们放火烧毁森林，抽干沼泽，种植香蕉和芋头。

第二章
西方领先的世纪

这些地区的发展历史都大不相同，但是，就像侧翼丘陵区一样，每一个都是特色鲜明的经济、社会以及文化传统的起点，这些传统流传至今。在这里，我们终于可以回答那个从第一章起就一直困扰我们的问题了，那就是如何定义西方。历史学家诺曼·戴维斯对各种所谓"弹性地理"的西方定义做出了批判。他认为，这些定义"只是为了扩大作者的利益"。戴维斯不分精华糟粕全盘否定，并且拒绝谈论西方。多亏了考古学家提供的时间深度，我们现在能够做得更好。

现代社会的伟大文明都要追溯到冰河时期末期驯养的开始。我们没有必要因为戴维斯的观点而不把"西方"作为分析范畴：它只是一个地理术语，指的是那些由欧亚大陆最西部的核心驯养地区发展而来的社会。公元前11000年之前把"西方"作为一个与众不同的地区来讨论毫无意义，当时的耕作刚刚开始让侧翼丘陵区变得不同。只有在公元前8000年之后，"西方"这个概念才变成一个重要的分析工具，但是其他农业核心也开始出现。到了公元前4500年，西方扩张，包括了欧洲大部分的地区，并且在过去的500年里，殖民者把美洲、澳大利亚、新西兰以及西伯利亚都纳入了"西方"。因此，把"东方"定义为那些在公元前7500年由中国最东部的核心驯养地区发展而来的社会再自然不过了。我们同样也可以谈论具有可比性的西方、南亚、新几内亚和非洲的传统。我们问为什么西方统治世界，实际上是问为什么是从侧翼丘陵区农业核心发展而来的社会而不是从中国、墨西哥、印度河流域、撒哈拉东部、秘鲁或者新几内亚的农业核心发展而来的社会统治着我们的地球。

我的脑海中马上就浮现出一个长久以来一直存在的解释：侧

翼丘陵区的人们——第一批西方人——比世界上其他地方的人早几千年开始发展农业，是因为他们更加聪明。当他们穿过欧洲时，他们把自己的聪明才智通过基因和语言传递了下来。1500 年之后，欧洲人就利用自己的智慧将地球上的其他地方殖民化。以上这些就是西方得以统治世界的原因。

就像我们在第一章讨论的种族论那样，这个解释毫无疑问也是错误的。至于原因，进化学家和地理学家贾雷德·戴蒙德已经在他的经典著作《枪炮、病菌与钢铁》中做出了有力的解释。戴蒙德认为，自然是不公平的。侧翼丘陵区比世界上的其他地方早几千年出现农业，不是因为那里的人们特别聪明，而是地理因素使然。

戴蒙德认为，虽然现在地球上约有 20 万种植物，但是只有几千种是可以食用的，其中只有几百种可以人工种植。事实上，我们今天消耗的热量中超过一半是来自谷物，其中最重要的谷物包括小麦、玉米、稻、大麦和高粱。这些从野生状态进化而来的谷物并不是在全球范围内均匀分布的。在 65 种最大、最有营养的种子中，有 32 种生长在亚洲东南部和地中海盆地的野外，而亚洲东部只有 6 种，美洲中部有 5 种，撒哈拉以南非洲有 4 种，北美洲也是 4 种，澳大利亚和南美各有 2 种，欧洲西部有 1 种。如果人们（就整体而言）是完全一样的，并且世界上所有的采集者都一样懒惰、贪婪和恐惧，那么侧翼丘陵区的人们之所以比其他人更早开始种植植物和驯养动物是因为他们有更多好的原材料。

侧翼丘陵区还具有其他优势。野生小麦和大麦只需要一个基因突变就能被驯化，但是将类蜀黍变成玉米却需要几十个基因突变。公元前 14000 年左右进入北美洲的人不会比其他地方的人更懒惰、更贪婪，他们种植类蜀黍而不是小麦，这也没有什么错。在西方，没有野生的小麦。移民也不能将驯化作物从东方带到西方，因为只有美洲和亚洲之间出现大陆桥的时候，他们才能进入美洲。公元前 12000 年左右，当上升的海平面还没有淹没大陆桥时，他们还没有驯化作物可以携带。当出现驯化的粮食作物[1]时，大陆桥已经被淹没了。

在驯养动物方面，机遇再一次青睐了侧翼丘陵区。世界上有 148 种大型哺乳动物（重量超过 100 磅），直到 1900 年只有 14 种被驯养，其中有 7 种原产于亚洲西南部。世界上 5 种最重要的驯养动物中（绵羊、山羊、奶牛、猪和马），除了马之外，在侧翼丘陵区都有野生原种。在 14 种被驯养的动物中，东亚有 5 种，而南美只有 1 种。北美、澳大利亚和撒哈拉以南非洲一种也没有。当然，非洲到处都是野生动物，但是在驯养诸如狮子和长颈鹿这样的物种时，显然具有极大的挑战性——狮子会吃掉你，而长颈鹿跑得比狮子还快。

但是，我们不应该认为侧翼丘陵区的人们首先发展了农业是因为他们在种族上或者文化上更加优越。因为他们生活的环境比其他地方有更多适合种植的植物和驯养的动物，因此，他们率先发展了农业。中国的野生动植物的资源虽然比不上侧翼丘陵区，但条件也比较优越。大概 2 000 年之后，中国也开始了种植植物和驯养动物。又过了 500 年才出现了撒哈拉沙漠的牧民，当时他们驯养绵羊和牛群，因为沙漠里无法种植作物，这些牧民没

---

1. 与非粮食作物相反——2005 年的一份 DNA 研究发现，美洲的第一批殖民者从亚洲带来了栽培的葫芦，他们将此作为容器。

有变成农民。新几内亚高地的人面临着相反的问题，他们只有一些可以种植的植物，但没有适合驯养的大型动物。他们需要再过2 000年才能发展为农民，并且永远也不会成为牧民。不像侧翼丘陵区、中国、印度河流域、瓦哈卡和秘鲁那样，撒哈拉和新几内亚的农业核心没有发展自己的城市和文明——不是因为他们不够优越，而是因为他们缺少自然资源。

与非洲和新几内亚地区的人们相比，美洲原住民有更多的事可以做，但比不上侧翼丘陵区和中国的人们。瓦哈卡和安第斯山地区的人行动迅速，在新仙女木事件结束后的2 500年里就种植起了植物（不过没有驯养动物）。火鸡和美洲驼是除了狗之外，他们可以驯养的两种动物，而这还要再经历几个世纪。

澳大利亚的资源最有限。最近的挖掘表明，澳大利亚人尝试过鳗鱼养殖。如果再给他们几千年时间的话，他们或许也能建立驯养和种植的生活方式。然而，在18世纪，欧洲侵略者征服了他们，带来了小麦和绵羊。

就目前我们所说的，不管哪里的人似乎确实都一样。全球变暖给了每个人新的选择，包括劳动量更少、劳动量不变和吃得更多，或者生更多的小孩，即使这意味着要更辛勤地劳动。新的气候状况也使人们能够选择在更加庞大的群体生活，不用那么频繁地四处迁移。在世界的每一个角落，那些不做改变、生育更多小孩和更加辛勤劳动的人就会排挤那些做出不同选择的人。自然因素使得西方首先开始了这个过程。

第二章

西方领先的世纪

伊甸园之东：中国最早期的
农业文化和西方有多大差别

也许宣扬长期注定理论的人会同意这种观点，也许任何地方的人们真的是完全一样的，也许地理因素确实对西方更加有利。但是，历史不仅仅是由天气和种子的大小决定的。显然，人们在劳动得更少、吃得更多和供养更多的人口之间做出的选择也很重要。故事的结局往往在一开始就决定了，也许今天西方得以统治世界的原因是因为一万年前在侧翼丘陵区建立的文化和后来发展起来的西方社会比世界上其他核心地区的文化都更有潜力。

接下来，让我们看一下在西方之外，起源于中国的记载最为详细、历史最为悠久，并且（在我们现在的时代）最为强大的文化。我们需要找出中国最早期的农业文化和西方的农业文化有多大的差别，以及这些差别是否导致了东方和西方不同的发展方向，从而揭示为什么西方社会得以统治全球。

直到最近，考古学家对中国早期的农业还是知之甚少。很多学者甚至认为水稻——中国最主要的食物——起源于泰国，而不是中国。1984 年在长江流域发现的野生水稻表明人们曾在这里种植过水稻，但是依然没有直接的考古证据。问题是，虽然面包师总要烤一些面包，留下一些烧焦了的小麦或者大麦的种子，从而被考古学家发现，但是煮食水稻却很少会有烧焦的种子留下。因此，对考古学家来说，要恢复古代水稻更加困难。

不过，考古学家们不久就攻克了这个难题。1988 年，挖掘者在长江流域的彭头山发现，公元前 7000 年左右，制陶工人开始将米糠和稻梗加入陶土中，防止陶壶在窑中破裂。有确切的证据表明，当时的人们已经开始种植这些作物了。

不过，真正的突破始于 1995 年，当时北京大学的严文明教授和美国考古学家理查德·麦克尼什（Richard MacNeish）合作（麦克尼什是世界一流的实地考察者，他在 20 世纪 40 年代在墨西哥开始挖掘的时候，在地沟里待了 5 683 天，令人惊叹——几乎是我的 10 倍；2001 年，当他在伯利兹实地考察的时候，发生事故身亡，享年 82 岁。据说，他在被送往医院的途中，不停地和救护车司机说着考古学）。麦克尼什不仅给中国同行带来了研究早期农业的专业技术，同时还带来了生物考古学家德博拉·皮尔索尔（Deborah Pearsall）。这位考古学家带来了新的科学技术。尽管在考古发现中我们很难找到水稻的踪迹，但是所有植物都从地下水中吸收少量的硅。一些植物细胞中富含硅质，当植物腐烂的时候，就会在土壤中留下植物岩。对植物岩的研究不仅能让我们了解当时的大米是否被食用，还能让我们知道水稻是不是人工种植的。

严文明和麦克尼什在靠近长江流域的吊桶环遗址挖了 16 英尺深的地沟。皮尔索尔通过研究植物岩发现，公元前 12000 年时，人们就已经将野生稻连根拔起，带回洞中。就像侧翼丘陵区一样，随着全球变暖，这里的小麦、大麦和黑麦迅速生长——这对采集狩猎者来说，是一个黄金时期。虽然植物岩无法表明稻向人工种植发展的过程与黑麦在阿布胡赖拉丘发展的过程一样，但是新仙女木事件对长江流域的破坏和对西方的破坏一样大。公元前10500 年，野生稻在吊桶环几乎完全消失，直到公元前 9600 年之后气候变暖，野生稻才再一次出现。那个时候，粗糙的陶器碎片（很可能是来自煮食谷物的容器）已经很常见了，这比侧翼丘陵区的第一个陶器早了 2 500 年。公元前 8000 年左右，植物岩变得更大，表明人们开始种植野生稻。到了公元前 7500 年，野生谷物和人工种植植物在吊桶环一样常见；到了公元前 6500 年，完全野生水稻已经消失。

自 2001 年开始在长江三角洲进行的一系列挖掘证实了这条时间线。到了公元前 7000 年，黄河流域的人们已经开始种植小麦。黄河和长江之间有一个名为贾湖的重要遗址，这个地方的人们在公元前 7000 年就已经种植水稻和小麦了，也可能已经驯养野猪了。公元前 6000 年左右，赤山的一场大火烧焦了近 25 万磅重的粟米种子，这些粟米种子被储存在 8 个坑里。在一些坑的底部，粟米下面埋着狗和猪的完整骨架（很有可能用于祭祀），这是有关中国驯养动物的最早记录。

像西方一样，东方种植植物、驯养动物以及发展科技的过程跨越了几个世纪。长江流域的河姆渡的高地下水位让考古学家们惊喜不已，这里保留着大量被水浸过的大米、木制品和竹制品，全都可以追溯到公元前 5000 年。到了公元前 4000 年，水稻已经完全被人工种植，像西方的小麦和大麦一样，等着人类来收割。河姆渡人还驯化了水牛，用它们的肩胛骨当做铲子。在中国北部的渭河流域，考古学家发现，在公元前 5000 年之后，开始慢慢地从狩猎转向农业。这在人们使用的工具中表现得最为明显：随着人们从开垦森林土地变为在农田上耕种，工具也从斧头变成了石铲和锄头，并且由于农民翻地翻得越来越深，铲子也变得越来越大。在长江流域，可辨别的稻田可以追溯到公元前 5700 年。

早期的中国村庄，像公元前 7000 年左右的贾湖地区，看起来和侧翼丘陵区首次出现的村庄非常相像，都是又小又圆的半地下小屋，小屋之间有磨石和尸体。

有 50~100 人居住在贾湖，其中一间小屋比其他小屋略大。但是研究发现，当时人们还很贫穷，性别差异也不明显，煮食和储存的食物都是公有的。这种情况在公元前 5000 年发生了改变，当时一些村庄有 150 个村民，并且有一些地沟保护。在这个时期记录最全的遗址姜寨，小屋面向一块空地，空地上有两大堆灰烬，这些灰烬很有可能是宗教仪式遗留下来的。

姜寨的这些祭品——如果它们是的话——与西方几千年前建起的圣坛相比，显得相当温和，但是贾湖坟墓中的两个重要发现表明，宗教和祖先对这里的人们来说也很重要。第一处发现中有三十几支用丹顶鹤翼骨雕刻而成的长笛，它们均出现在比较富裕的男性的墓葬里。其中 5 支还可以吹奏。最早的长笛源自公元前 7000 年，只有五六个孔。虽然它们并不十分精致，不过可以用来吹奏现代的中国民歌。到了公元前 6500 年，长笛上一般有 7 个孔，制造长笛的人也对音调制定了标准，这很有可能是因为当时有一群笛手在共同吹奏。大约公元前 6000 年左右的一个坟墓中，有一个 8 孔长笛，能够吹奏现代所有的旋律。

这一切都非常有意思，但是只有当我们看到 24 个富裕男性的坟墓时，我们才能明白长笛的全部意义。这些坟墓中有龟壳，其中有 14 个龟壳上还刻有简单的符号。在一个约公元前 6250 年的坟墓中，死者的头已被移走（让人想到了恰塔勒胡由克），取而代之的是 16 个龟壳，其中两个还刻上了符号。其中一些符号——至少，在一些学者看来——与中国最早的象形字有着惊人的相似之处，5 000 年后中国商朝的皇帝开始使用这些象形字。

在第四章中，我会再一次提到商朝的碑文，但是，我现在只想说明，虽然贾湖符号（公元前 6250 年左右）和中国最早的文字系统（公元前 1250 年左右）之间的差异就像叙利亚杰夫阿玛的奇怪符号（公元前 9000 年）和美索不达米亚最早的文字系统之间的差异那样大，但是中国有更多的证据证明其连续性。很多地方都出现了刻有符号的奇怪陶壶，尤其在公元前 5000 年之后。同样，对于这些贾湖地区的符号是否是商朝文字系统的直系祖先，专家们也各持不同观点。

认为它们之间存在联系的最重要原因是很多商朝文字也是刻在龟壳上的。商朝的皇帝在宗教仪式中利用这些龟壳来预测未来，而这种仪式可以追溯到公元前 3500 年，贾湖遗址的挖掘者提出这样的问题，龟壳、文字、祖先、预言和社会力量之间的关系是否有可能在公元前 6000 年就开始了？读过孔子学说的人都知道，中国的音乐和宗教仪式在公元前 1000 年时就已结合在一起，那么贾湖坟墓中的长笛、龟壳和文字能否作为证据证明仪式专家能够与五千年前的祖先对话呢？

这是个引人注目的连续性，但是也存在着平行性。在本章的前面部分，我曾提过，在约旦艾因加扎勒发现了一尊独特的塑像。这个塑像有两个人头，眼睛很大，可以追溯到公元前 6600 年。美术史学家丹尼丝·施曼特－巴塞瑞特（Denise Schmandt-Besserat）指出，公元前 2000 年左右，美索不达米亚描绘的神灵形象和那些塑像有着惊人的相似。无论是在东方还是西方，第一批农民的宗教中有一些部分延续了特别长的时间。

甚至早在发现贾湖遗迹前，在哈佛大学任教的张光直——中国考古界的泰斗——认为中国第一批真正有影响力的人是巫师，他们能够令别人信服，他们能够和动物及祖先对话，能够在几个世界之间穿梭，也只有他们能够与老天交流。20世纪80年代，当张光直提出这个理论时，当时的证据只能显示这些巫师在公元前4000年左右出现，在那个时期，中国社会发展迅速，一些村庄变成了城镇。到了公元前3500年，一些群落已经有两三千名成员，和3 000年前恰塔勒胡由克和艾因加扎勒的人口一样多。一些群落已经能够动员劳动者用一层层夯土建造堡垒（好的建筑石料在中国很少见）。最令人印象深刻的要属西山的城墙。这个城墙厚10~15英尺，长度超过1英里。即使到了今天，这堵墙还有8英尺高。地基下面陶土罐中的小孩骨头也许就是祭祀品。在定居点的很多坑里都是骨灰，一些人的姿势表明他们曾做过挣扎。这些骨灰有的还和动物的骨头混合在一起。这些可能就是活人祭祀，就像土耳其的恰约尼那样。有一些证据表明，这种可怕的仪式在公元前5000年传到中国。

如果真如张光直所说的那样，公元前3500年确实是巫师起着领导作用，那么这些巫师有可能居住在占地4 000平方英尺的大房子里（考古学家常常把这些房子称为"宫殿"，虽然有一点夸张）。这些房子的地板抹上了石灰，还有大壁炉和装有动物骨头（不知是不是祭品）的灰坑。其中一个坑里有一个白色的大理石物体，看起来就像一根权杖。最有趣的"宫殿"在案板，坐落在城镇中间的高地上。这个"宫殿"中有石柱，周围都是灰坑。有的灰坑里装着被染成红色的猪下巴，有的装着用布包着的猪骨头，还有一些装着陶土雕像。这些雕像有大大的鼻子、胡须，还有尖尖的帽子（就像好莱坞电影里的巫婆）。

关于这些小雕像，有两个方面令考古学家激动不已。第一，制作这些雕像的传统延续了几千年。考古学家在"宫殿"里发现了一个非常相似的雕像，可以追溯到公元前 1000 年。这个雕像的帽子上还刻有中国的汉字"悟"。一些考古学家认为，所有的这些小雕像，包括在案板发现的，全都代表着巫师。第二，很多小雕像看起来像高加索人，而不是中国人。类似的雕像从案板一直到中亚的土库曼斯坦都曾发现过，这条路后来成了丝绸之路，连接起中国和罗马。即使在今天，西伯利亚的萨满教还是非常有势力，为了获得金钱，狂热的幻想家仍会召集神灵，为冒险的旅游者预测未来。案板的小雕塑也许能够说明，公元前 4000 年左右，来自中亚偏远地区的萨满和中国传统的宗教权威相结合。一些考古学家甚至认为，这意味着，公元前 10000 年时侧翼丘陵区的萨满对东方也有着某种影响。

其他证据显示，这种情况很有可能。最不可思议的是，西方人完全不知道塔里木盆地的那些干尸，直到 20 世纪 90 年代中期，《发现》、《国家地理》、《考古学》和《科学美国人》对它们进行了介绍。干尸也具有高加索人的特点，这似乎证明了公元前 2000 年前，人们确实从中亚甚至亚洲西部进入中国的西北部。令人难以置信的巧合是，那些埋葬在塔里木盆地的人不仅像案板雕像那样有胡须和大鼻子，而且他们也偏爱尖尖的帽子（一个坟墓中有 10 顶羊毛帽）。

对于一些异常的发现，人们总是过于激动，但是，即使把这些理论放在一边，看起来宗教权威对早期中国而言就像宗教在侧翼丘陵区那样重要。如果还有人心存怀疑，那么 20 世纪 80 年代的两个惊人发现应该能够驱散他们的怀疑。在西水坡挖掘的考古学家惊奇地发现约在公元前 3600 年的一个坟墓中躺着一个成年男子，他的旁边放着一些刻有龙虎图案的蛤壳。在坟墓的周围，还有更多刻有图案的蛤壳。其中一个图案是一只有着龙头的老虎，背上有一只鹿，头上还有一只蜘蛛，另一个图案是骑着龙的男人。张光直认为，死者是一个萨满，周围的这些是帮他游走于天地之间的动物神灵。

在中国东北的一个发现让考古学家们更加惊讶。公元前3500~前3000年之间，一系列占地两平方英里的宗教场所在牛河梁发展起来。这个地点的中心被挖掘者称为"上帝的庙宇"。这是一个长60英尺的半地下走道，房间里有人、猪龙混合体以及其他动物的泥土雕像。至少有六尊雕像是裸体的妇女，有真人般大小，盘腿坐着，保存最好的塑像有红色的嘴唇和用翡翠镶嵌的淡蓝色眼睛。翡翠是一种少见、难以雕刻的宝石，在当时的中国已成为一种奢侈品。蓝眼睛在中国很少见，因此人们很容易把这些雕像与案板和塔里木盆地那些看起来像高加索人的塑像联系起来。

虽然牛河梁与外界隔绝，但是有6个坟墓群散布在这个庙宇周围的山上。一些坟墓有100英尺宽，并且坟墓中的物品还包括一些翡翠饰物，其中一个刻有猪龙混合体的图像。考古学家认为，由于缺乏证据，我们无法确定埋在这里的男人和女人到底是牧师还是首领，很有可能他们中既有牧师也有首领。不过，无论他们是谁，用翡翠为一小部分死者——往往是男性——陪葬在整个中国都变得非常流行。公元前4000年时，对死者的真正崇拜开始出现。看起来，东方核心地区的人们和侧翼丘陵区的人们一样在乎祖先，只不过表达的方式不同而已——西方是将头颅从死者身上取下，然后把它们与活人放在一起，而东方对死者的敬意则在坟墓中表现出来。但是，在欧亚大陆的两端，人们都将最多的资源投入到与神灵和祖先有关的仪式上。第一批拥有真正权力的人似乎是那些能够与祖先和神灵交流的人。

公元前 3500 年东方的农业生活方式和几千年前在西方创立的农业生活方式极其相似——都需要辛勤劳动，储存食物，建立堡垒，进行祭祀，还包括女人对男人、小孩对老人的从属——这种农业生活方式似乎已经在东方的核心地区牢固地建立起来，并且传播到其他地方。东方的农业传播和西方的农业传播过程非常相似，或者至少可以说，东西方的专家都采用了同样的方式进行争论。一些考古学家认为，黄河和长江流域的人们迁移的时候，穿过东亚，传播了农业；另外一些考古学家认为，当地的采集者开始定居下来，种植植物和驯养动物，与其他人进行交易，并且迅速在大范围内发展类似的文化。在东方，语言学方面的证据和在欧洲一样引起争议，并且也没有足够的基因数据来说明一切。我们现在唯一可以确定的就是，在公元前 6000 年之前，中国东北的采集者就生活在大村庄里，种植着黍类。公元前 4000 年，长江流域的人们已经种植水稻，水稻在中国台湾和中国香港种植的时间是公元前 3000 年，在泰国和越南的种植时间是公元前 2000 年。那时，水稻的种植已经传到马来半岛，穿过南中国海进入菲律宾和婆罗洲。

像西方的农业发展一样，东方的农业发展也遭遇了一些挫折。植物岩表明在公元前 4400 年，水稻就传到了朝鲜，黍则是在公元前 3600 年传到朝鲜，公元前 2600 年传到日本。但是史前的朝鲜人和日本人在接下来的 2 000 年里并没有重视这些新鲜事物。像欧洲北部一样，朝鲜和日本的海岸有着丰富的海底资源，能够支持永久性的大型村庄。这些村庄被大量废弃的贝壳包围着。这些有着丰富资源的采集者发展了先进的文化，显然并不急于开始发展农业。再一次，就像公元前5200~前4200年间的波罗的海地区的采集者那样，他们有足够多的人（也足够坚定）去驱赶那些试图强占他们土地的人，但是当饥饿迫使他们从事农业时，他们的人数则显得不够多。

无论是朝鲜还是日本，人们转而发展农业都与金属武器的出现有关——公元前1500年在朝鲜出现了金属铜，公元前600年在日本出现了金属铁。就像欧洲的考古学家争论究竟是推力因素还是拉力因素结束了波罗的海富足的采集社会那样，一些亚洲学者认为武器来自那些带来农业的入侵者，而另一些亚洲学者则认为由于采集社会发生了极大变化，因此农业和金属武器突然变得具有吸引力。

到了公元前500年，稻田在日本南部的九州岛已经很普遍了。但是农业发展在日本最大的岛屿本州岛受到了挫折。又过了1 200年，农业才在日本北部的北海道发展起来，这里食物采集的机会尤其多。但是最终，就像西方一样，东方的农业活动完全替代了采集活动。

烧煮和烘烤，头颅和坟墓：
东西方的其他不同之处

我们该如何弄懂这一切？当然，西方和东方是不一样的，无论是人们的饮食还是他们敬畏的神灵。没有人会把贾湖当成杰里科。但是巨大的文化差异是否能够解释为什么是西方统治世界？这些文化传统会不会只是用不同的方式做同样的事？

表 2-1 总结了这些证据。我想，主要说明了三点。第一，如果一万年前在侧翼丘陵区建立的文化（由这个文化发展出了西方社会）确实比东方文化在社会发展方面更具有潜力的话，我们就应该能够从表 2-1 中看到东西方存在的一些巨大差异。但实际上，我们并没有看到。事实上，东西方发生的事情基本一样。西方和东方都驯养了狗，种植了植物以及驯养了大型动物（这里我所说的大型动物指的是体重超过 100 磅的动物）。它们都见证了"成熟"农业（指的是高产量、高强度的体系，有完全人工种植的植物，以及财富和性别等级）的发展，以及大型村庄（指的是超过 100 人的村庄）的兴起，并且在两三千年之后，发展成了城市（人数超过 1 000 人）。无论是在东方还是西方，人们都建造了精致的建筑和堡垒，发明了原始的文字系统，在陶壶上绘制漂亮的图案，建起了巨大的坟墓，崇拜祖先，用人类当祭品，并且逐渐扩展了农业生活方式（起初是缓慢的扩展，2 000 年后加速发展，最后甚至完全取代了最富足的采集者）。

第二，东西方发生的事情不仅相似，而且发生的先后顺序也差不多。我已在表 2-1 中用连线表示。图中大部分直线的斜度都是差不多的。西方先开始发展，大约 2 000 年后，东方也开始发展。这有力地表明了东西方的发展遵循同一个文化逻辑，在欧亚大陆的两端，同样的原因产生同样的结果。唯一的区别在于西方比东方早 2 000 年开始这个过程。

第三，我的前两个观点并不是完全正确的，总有例外的情况。东方比西方早至少 7 000 年开始制造陶器，也比西方早 1 000 年开始建造大型坟墓。另一方面，西方比东方早 6 000 年建造大型圣坛。如果有人认为正是这些原因使得东西方的文化朝不同的方向发展——巨大的文化差别能够解释西方得以统治世界的原因，那么他就要解释为什么陶器、坟墓和圣坛的意义这么重大，而那些认为这些并不太重要的人（比如说我自己）就需要解释为什么东西方会分道扬镳。

对于陶器这么早就出现在东方的原因，考古学家大都达成一致看法：因为东方的食物使煮食变得非常重要。东方人需要能放在火上的容器，因此也就很早地掌握了制造陶器的技术。如果这个观点正确的话，我们不应该关注陶器本身，而应该问问是否是烹饪上的差异使得东西方朝不同的方向发展。比如，或许西方人的烹饪方法会留住更多的营养，因此造就了更加强壮的人民。不过这个观点并没有太大的说服力。骨骼研究表明，无论是东方还是西方，人们的生活都很暗淡：17世纪的英国哲学家托马斯·霍布斯（Thomas Hobbes）将此时的生活描述为贫穷、肮脏和物资缺乏。在东西方，农民都缺乏营养，身材矮小，背负重担，一口坏牙，而且寿命很短；在东西方，农业的发展都逐渐改善了人们的饮食；在东西方，最终都出现了了不起的烹饪技术。东方人对煮食的依赖只是其中的差异之一，但总体说来，东西方营养方面的相似点还是远远大于它们的不同点。

或许从长远来看，不同的烹饪方法产生了不同的饮食方式和不同的家庭结构。但是再一次，事情是否真的是这样，我们并没有明显的证据。在东西方，最早的农民似乎都共同储存、烹饪甚至食用食物，几千年后才发生改变，这些事情开始以家庭为单位进行。再一次，东西方之间的相似超过了它们的差异。东方早期对陶器的制造显然是一个有意思的差别，但是这似乎与西方得以统治世界的原因并没有太大关系。

第二章

西方领先的世纪

那么，东方早期精致的坟墓和西方更早些时候精致的圣坛是否有关系呢？我想，这些只是各自发展中的一小部分。正如我们所见，东西方都曾对祖先非常崇拜，当时农业的发展使得对逝者土地的继承成为最重要的经济活动。出于各种原因，我们永远也不可能理解，东西方为什么用不同的方式向祖先表示感谢，与他们联系。一些西方人显然认为，四处传递他们亲属的头颅，把公牛的头和脊柱放于屋中，以及把其中的一些人作为祭品就能达到目的；而东方人一般将刻有动物图案的翡翠作为陪葬品，并砍掉其他人的头，把它们扔在墓中。不同的人有不同的偏好，但是结果却是相似的。

我想我们能够从表 2-1 得出两个结论。第一个结论是，早期东西方核心区域的发展非常相似。我不想掩饰它们之间存在的差异，例如石器的类型、人们吃的动物和植物，但是，这些差异都不能为我们先前提到的理论提供支持，即在冰河时期后，西方文化的发展方式使得它比东方文化更具潜力，从而解释为什么世界是由西方统治。这看起来并不真实。

如果任何长期注定理论能够经得起表 2-1 的检验，那么最简单的理论就是，得益于地理因素，西方领先东方发展 2 000 年，这个领先优势足以让它先开始工业革命，然后得以统治世界。为了检验这个理论，我们需要将东西方的比较放到离我们更近的时期，看看事情是否真的是这样。

这听起来很简单，但是我们从表 2-1 中得到的第二个结论是，跨文化比较很难。在两栏中列出重要的发展只是一个开始，因为要了解表 2-1 中的异常现象，我们就需要将煮食、烘烤、头颅以及坟墓放在当时的背景中考虑，找出它们在史前社会中的重要意义。这将会把我们带到人类学（人类学是对不同社会的比较研究）的核心问题中去。

表 2–1　东西方起源的对比

年代（公元前）	西方	东方
14000		简易的陶器
13000		冰河时期结束
12000		
	狗	
11000	人工种植的植物	
		新仙女木事件开始
10000	大圣坛	
	人工种植的植物	新仙女木事件结束
	壁垒	
9000	原始文字	
	大村庄	狗
	开始扩张（塞浦路斯）	
8000	驯养动物	人工种植的植物
	人祭	
	完全农业化	
7000	城镇，大型建筑	壁垒
	简易的陶器	原始文字
		大村庄
6000	扩张加速	驯养动物
	精致的陶器	
		开始扩张（中国东北）
5000		完全农业化
		人祭
		大量的陪葬品
4000		城镇，大型建筑
		精致的陶器
		大圣坛
	大量的陪葬品	
3000		扩张加速

19世纪，欧洲的传教士和牧师收集了殖民帝国的人们的信息，他们报告中所描述的奇怪风俗使很多学者感到震惊。人类学家对比了这些活动，推测了它们在全球范围内的传播路径，从而推断出人类更高文明行为（他们指的是更像欧洲人的行为）的进化。他们派遣渴望成功的学生前往奇异的地方搜集更多的例子。其中有一个名叫布罗尼斯拉夫·马利诺夫斯基（Bronislaw Malinowski）的优秀年轻人，他是一位在伦敦学习的波兰人。1914年，一战爆发的时候，他正在特罗布里恩群岛上。当时，马利诺夫斯基没有船回家，于是他做了一件在当时的情况下唯一合理的事情：他生了一会儿闷气之后，在岛上交了一位女朋友。因此，到1918年，他已经对特罗布里恩群岛上的文化了如指掌了。他了解到了专家的研究中缺失的部分：人类学其实是解释不同的习俗如何变成一个整体的。要进行比较，对象必须是有完整功能的文化，而不是脱离背景的零碎习俗，因为即使是相同的行为，在不同的背景下也会有不同的意义。例如，拍脸的动作在堪萨斯代表你不同意，而在新几内亚却代表你同意。同样的，相同的想法在不同的国家有不同的表现形式，就像史前东西方分别用传递头颅和用翡翠陪葬来表示对祖先的尊敬一样。

马利诺夫斯基不会喜欢表2-1。他会坚持认为，我们不能对两个功能文化进行评判，说哪一个文化更好。我们也不能把"西方领先"作为一本书的开头。他有可能会问，"领先"是什么概念？我们究竟如何理清不同的国家和地区中那些特别的习俗，并将它们互相对比？即使我们能够理清事实，我们怎么知道该衡量哪些部分？

这些都是很好的问题。如果我们要解释为什么西方得以统治世界的话，就必须回答这些问题，尽管在过去的 50 年里人类学家为寻求这些问题的答案已经心力交瘁。带着一些不安，我将试着对这些棘手的问题给出答案。

第二章

西方领先的世纪

第三章

测量过去，验证未来

考古学的进化

正如第二章末尾所描述的那样，当进化还是个很新的概念时，文化人类学家就对其发起了反抗。世界的现代意识仅仅能追溯到1857年，那时，一个未受过正规教育的英国学者，赫伯特·斯宾塞（Herbert Spencer），发表了一篇题为《进步的法则与原因》的文章。斯宾塞性格古怪，他曾当过铁路工程师，在当时刚问世的杂志《经济学人》当过技术编辑，还曾是女小说家乔治·埃利奥特的情人。这些他都做得不成功，既没有一份稳定的工作，也没有结婚。然而，这篇文章却使他一夜成名，轰动一时。斯宾塞在文中解释道："从科学所能理解的最遥远的过去，直到刚刚过去的昨天，进步在本质上都是从单一到多样的转变。"斯宾塞认为，进化是事物由简单到复杂的变化过程，这是对一切事物任何变化的解释：

> 由简单到复杂的前进，是通过一个连续变化的过程，表现在我们可追溯的以及可推导的宇宙万物最初的变化中；表现在地球地质和气候的进化上；表现在其表面每一个有机体的演变中，以及有机体种类的增殖中；表现在人类的进化中，无论是文明开化的单独个体，还是种族的群体；表现在社会政治、宗教和经济组织方面的进化上；还表现在组成我们日常生活环境的人类活动的无数具体和抽象的产品的进化之中。

在之后的 40 年里，斯宾塞致力于把地理学、生物学、心理学、社会学、政治学和伦理学融合到一个进化理论里。斯宾塞取得了巨大成功，到 1870 年的时候，他已经成为使用英语写作的最有影响力的哲学家了。日本和中国的学者想了解西方的成就时，翻译的首选就是他的作品。同时代的伟人们都尊敬他的思想。达尔文 1859 年首次出版的《物种起源》中，并没有包含"进化"一词，第二版和第三版也没有，甚至连第四版和第五版里也没有出现。但在 1872 年第六次印刷时，达尔文觉得有必要借用这个由斯宾塞创造并推广的词条 [1]。

斯宾塞认为，社会的进化经过了四层变化，由简单体（无首领的游牧群体），到复合体（拥有政治领袖的固定村落），以及双倍复合体（拥有教堂、政府、复杂的劳动分工以及学术研究），直到三倍复合体（像罗马和英国维多利亚时代那样的伟大文明）。这种说法很快流行起来。然而在如何标记划分这些发展阶段上，理论家们众说纷纭，莫衷一是。有人说进化是从野蛮到蒙昧，再到文明开化；有的则倾向于认为进化是从神秘到宗教，再到科学。到 1906 年，社会学的鼻祖马克斯·韦伯（Max Weber）对浩如烟海的术语感到十分厌烦，他抱怨："现在有些作家太过虚荣，对待别人使用的术语就像是用过的牙刷一样嫌恶。"

不论进化论者使用的是何种划分标记，他们都面临着一个同样的问题：他们都本能地感觉自己肯定是正确的，但却没有多少有力的证据支持。因此，一门新兴的学科——人类学——便开始着手提供数据资料。有的社会相对而言进化的程度较低，譬如非洲或特罗布里恩群岛的殖民地民族，当地人仍使用石器，保持着丰富有趣的习俗，堪称古代的活化石，折射出史前时代三倍复合社会里的文明人的样子。人类学者要做的（除了忍受疟疾、体内寄生虫和不友好的原住民）只是做好笔记，然后他（那时人类学者中女性不多）就可以回来填补进化史中的缺口。

---

1. 虽说如此，达尔文的进化观与斯宾塞的其实存在很大差异。斯宾塞认为进化适用于一切事物，是渐进性的，会不断地完善宇宙万物。达尔文则把进化局限在生物学范畴，定义为"有改变的传代"，认为改变的原因是随机的基因突变，因而是没有方向性的，有时会由简单结构生成复杂体，有时又不会。

马利诺夫斯基反对的就是这个知识性项目工程。从某种程度上说，会出现这种问题本身就很奇怪。如果进化论者想要记录社会的进步，为什么不直接使用考古学的数据，研究史前社会留下的实际遗址，而要间接地通过对当代群体的人类学观察，来推断他们是不是其后裔呢？答案是：一个世纪前考古学家知道的还不多。正式的挖掘工作才刚刚开始，进化论者只能结合考古报告中稀少的信息、古代文学作品中偶有的细枝末节以及随机的民族志的记载——这就很容易给马利诺夫斯基和怀有类似想法的人类学者们造成一种印象，认为进化论者对历史的重建只是投机的推测，是精心编造的故事。

考古学是门新兴的科学。仅三个世纪前，我们关于历史最久远的证据——中国的五经、印度的《吠陀》、希伯来《圣经》，以及希腊诗人荷马——只能勉强追溯到公元前 1000 年。在这些经典作品的记录之前，历史的一切都笼罩在黑暗中。挖掘这一简单的动作改变了一切，当然花了一段时间。1799 年，拿破仑入侵埃及的时候，随身带去一队学者，他们抄写并带走了几十份古代铭文。19 世纪 20 年代，法国语言学家揭开了这些象形文字的秘密，把有文献记载的历史又向前推了 2 000 年。19 世纪 40 年代，英国探险家们不甘示弱地挖凿隧道，进入了位于今天伊拉克境内的古代城市遗址，悬吊着绳索，抄下了伊朗山中的王室铭文。19 世纪 40 年代还没结束，学者们就已经能读懂古波斯、亚述和巴比伦的智慧遗产。

19 世纪 50 年代，当斯宾塞刚开始写关于进化的文章时，考古学仍然比科学更有冒险性，充斥着真人版的印第安纳·琼斯。直到 19 世纪 70 年代，考古学家们才开始把地层学的地质原理（常识性原理，诸如遗址的最上层泥土肯定晚于下层泥土出现，因此我们可以通过沉积土的顺序来重建事件发生的次序等）运用到挖掘中去，到 20 世纪 20 年代地层学分析才成为主流。那时，考古学家们仍然是依据遗址与古代文学作品中提到的事件的联系，来给出土物标记日期的。因此直到 20 世纪 40 年代，世界上的大部分发现都笼罩着浓厚的推断和臆测色彩。这种状况一直持续到核物理学家们发现可以利用放射性碳测定日期，通过研究骨头、木炭和发现的其他有机物中的不稳定碳同位素的衰变，来确定物品的年代。考古学家们开始给史前时期排序，到 20 世纪 70 年代，全球性的框架体系逐渐成形。

20 世纪 80 年代，我还是一名研究生，曾有资深的教授说，在他们做学生的时候，他们的老师曾建议，野外考察最重要的工具就是一件礼服和一个小型左轮手枪。直到现在我也不确定是否应该相信，但不管他们说的是不是事实，到 20 世纪 50 年代，詹姆斯·邦德时代肯定已经走到了终结的边缘。真正的突破来自专家们日常的辛勤工作，挖掘史实材料，把史前时期推向更早，足迹遍布全球。

博物馆储藏室里充斥着工艺品，图书馆书架上堆满了技术性专题论文，但一些考古学家担心最基本的问题无法解答。那就是，这一切意味着什么？ 20 世纪 50 年代的情形与 19 世纪 50 年代正好相反：以前是重要理论寻求数据的支持，如今是大量的数据需要理论来总结。满载着来之不易的成果，20 世纪中叶的社会科学家们，尤其是美国的社会科学家们，准备好迎接另一波理论的冲击。

有些社会科学家称自己为新进化论者，以显示他们比斯宾塞等守旧的"古典"进化论者更加先进。他们表示，虽然手边有充分的史实资料可供使用，可这一大堆证据本身就成了问题的一部分。重要的信息被湮没在人类学家和考古学家凌乱混杂的陈述记录或历史文档里。简而言之，科学性还不够。为了从纷繁的19世纪类型学中解脱出来，创造一个统一的社会理论，新进化论者们认为需要将这些故事转化成数字。通过测量差距、分配分值来给各个社会排名分等，然后寻找分数之间的关联，以及可能的解释。最后，他们可以尝试去回答一些问题，使花在考古学上的所有时间和金钱都物有所值——社会的进化是只有一种方式，还是多种方式并存的；在离散进化阶段，社会是否发生集群现象（如果发生了的话，它们又是如何从一个阶段过渡到另一个阶段的）；或者是否存在某个单一的特征，如人口、技术（或者在这种情况下，还有地理特征），能够解释一切问题。

人类学家劳尔·纳罗尔（Raoul Naroll）从事由美国联邦政府资助的名为"人际关系区域档案"的大型数据搜集工程。1955年，他首次探究他所谓的社会发展指数。纳罗尔在全世界范围内随机选择30个工业化前期社会（有现代的，也有过去的），他翻遍档案，查找它们之间的差别。他认为，这些差别会反映在最大居留地的规模大小、劳动分工的程度，以及隶属组织的数量上。纳罗尔把结果转化为标准格式，提交了分数报告。得分最低的是火地岛的雅甘人，1832年达尔文惊叹他们"生存状态的改善程度之低，超过了世界其他任何地方"。他们在满分63分的情况下只得了12分。最高的是西班牙入侵前的阿兹特克，得分58分。

之后的20多年中，其他人类学家也进行了类似的尝试。尽管使用了不同的分类、数据集、数学模型和计分手段，但他们对结果达成一致的概率高达87%~94%，这对社会科学来说是件好事。斯宾塞去世50年后，也是他那篇关于进化的文章发表100年后，新进化论者们已经可以泰然自若地证明社会进化的法则。

人类学的退化

那么发生了什么事情呢？如果新进化论者们已经做了交代，解释了有关社会进化的一切，那我们应该已经听说过了。更重要的是，他们应该已经回答了"为什么是西方主宰世界"这一问题。毕竟，这个问题与东西方社会发展的相对水平有关。究竟是像长期注定理论家宣称的那样，西方遥遥领先已经很久了，还是像短期偶然理论家认为的那样，西方的领先只是最近才发生的？如果新进化论者们能够测量社会发展，我们就不必在那些复杂的图表上浪费时间了。只需要计算冰河时期结束之后不同时间点上东西方的得分，进行比较，看看哪套理论更符合实际即可。那么为什么还没有人这样做呢？

我怀疑，这大体上是由于新进化主义出现了内乱。甚至在20世纪50年代纳罗尔拿起他的计算尺之前，在很多人类学家看来，测量社会是很幼稚的想法。那群"相信法则与秩序的家伙们"（评论家们这样称呼纳罗尔及其同伴），手里拿着印有编码数据的穿孔卡片，对统计资料进行深奥难懂的争论，在足有仓库大小的电子计算机前忙活，这些似乎与忙于挖掘发现的考古学家们以及采访狩猎者的人类学家们所知的现实格格不入。20世纪60年代，随着时代的变化，新进化主义渐渐变得不再那样荒诞可笑了。例如，我曾在第二章中提到其作品《原始富足社会》的人类学家马歇尔·萨林斯，在20世纪50年代开始其职业生涯时是个进化论者，可是到 60 年代，他却认为"对越南反抗斗争的同情甚至是钦佩情绪，加上对美国战争道德和政治上的不满，可能会削弱经济决定主义和进化发展的人类学基础"。

到了 1967 年，萨林斯在巴黎争辩狩猎者们事实上并不贫穷时，新一代人类学家们提出了更强硬的观点。这些人在美国民权运动、反战运动和女权运动中成长起来，深受反主流文化思潮的影响。依照他们的说法，进化论者所做的唯一一件事，实际上就是按照与西方人的相似程度来给非西方社会划分等级，而令人惊讶的是，西方人总是给自己打最高分。

20 世纪 80 年代，考古学家迈克尔·桑克斯（Michael Shanks）和克里斯托弗·蒂利（Christopher Tilley）写道："进化理论很容易滑入自圆其说的思想意识，或是主张西方在与其他文化关系中的优先地位，认为其他文化的主要作用只是对西方现代'文明'的补充。"许多评论家感觉，这种对数字的自信不仅仅是西方人满足虚荣心的游戏，也是我们狂妄傲慢的一部分，而狂妄给我们带来的是地毯式轰炸、越南战争和军工企业联合体。瞧啊，约翰逊总统要下台了，那么，民族优越感泛滥的教授们带着他们的傲慢和数学，也该滚蛋了。

静坐抗议和侮辱谩骂把一场学术辩论转变成了摩尼教的一决雌雄。在一些进化论者看来，他们的批评者们是道德败坏的相对主义者；而对某些批评者来说，进化论者则是美帝国主义的傀儡。20 世纪八九十年代，人类学家们在聘用、任期和研究生招生委员会等方面钩心斗角，破坏了研究事业，导致学术的两极分化。美国最著名学府的人类学系衰退堕落了，就像一对婚姻不幸的夫妻，多年的互相责难终于爆发，两人开始分居。"我们（甚至）都不叫对方名字了，"一位著名的人类学家 1984 年遗憾地说。最极端的例子在斯坦福，我的母校。那里的人类学家们在 1998 年决裂，正式分裂成支持进化的人类学科学系和反对进化的文化与社会人类学系。每个系开始独立地招聘、解聘和招生教学。组织之间成员互不认识，也不需要认识。他们甚至创造出一个新的动词，让自己的院系更"斯坦福化"。

斯坦福化的悲哀——或是喜悦，这取决于说话者——让人类学家们在好几年的学术会议上津津乐道，可是对于解决社会科学中最大的难题之一，斯坦福化没有多大帮助。[1]若想解释西方统治世界的原因，我们就需要在这一问题上正视双方的论点。

社会进化的批评者们认为相信法则秩序的家伙们目中无人，这当然是没错的。就像赫伯特·斯宾塞本人，试图解释一切事物的任何变化，很可能最终什么都解释不了。关于新进化论者到底在测量什么，存在着很多不解和疑惑。即便他们对社会内部进化发展的本质达成了一致（这大多发生在他们坚持斯宾塞的变化观点的情况下），这种在积分排行表上给全世界的不同社会划分等级的行为实际意义也不明显。

批评者们认为，评分表掩盖的东西比它揭示的还要多。它掩盖了文化个体的特性。20 世纪 90 年代时，我在研究民主的起源，十分赞同这个观点。创造这种管理形式的古希腊的确很奇特，那里的很多居民打心眼里相信，发现真理最好的方法不是向牧师询问神的想法，而是把所有人召集到山腰上，争论一番，然后投票。

---

1. 斯坦福大学在 2007 年承认了这件事，并举办了一次强制的"复婚"，把两派人类学家又重新组合在了一起。

给古希腊的变化打分并不能解释民主的由来，而用社会发展指数掩盖了希腊人的特色，分散了人们对其独特成就的注意力，从而实际上加重了任务的困难程度。

不过，那并不代表设计社会发展指数是在浪费时间，只是对于那个具体问题来说用错了工具。西方统治世界的问题是另外一回事，是需要我们纵观几千年的历史，观察万顷的土地，汇集上亿的人来进行比较的巨大工程。对这个任务来说，社会发展指数正是我们所需要的工具。毕竟，长期注定理论和短期偶然理论的争议之处在于出现东西之分后的一万年左右的时间里，东西方社会发展的整体形态。长期注定和短期偶然理论者们并没有专注在这一点上，直接对质对方的观点，而是着眼于不同的历史部分，使用不同的证据，用不同的方式定义他们的术语。跟随相信法则秩序的家伙们，把浩如烟海的史实证据缩减为简单的数字得分，有其缺点，但也有一个很大的优点，就是可以让所有人面对相同的证据，并得出惊人的结果。

我们需要测量什么

第一步要弄清楚我们到底需要测量什么。我们可以听参加过鸦片战争的罗伯特·乔斯林勋爵（Lord Robert Jocelyn）说说，西方的统治是怎么通过那场战争传播出去的。1840 年 7 月，一个炎热的星期天下午，他看着不列颠舰队缓缓靠近定海，那里有一道坚固的堡垒阻挡了他们进入长江入口处。"船队对着小镇舷炮齐射，"乔斯林写道，"随后，木料的碰撞声、房屋的倒塌声、人们的哭喊声在岸边回响。我方首先开火，持续了 9 分钟……我们登陆时，海岸上已经生气全无，只剩下几具尸体、弓箭、断裂的长矛和枪支。"

这里就体现了西方统治世界的直接原因：1840 年，欧洲舰队和枪支可以突破任何东方国家的防御。当然除了军事力量之外，还有其他因素也导致西方统治世界。1840 年跟随英国舰队的另一位长官阿迈恩·芒廷（Armine Mountain），把定海的中国武装比喻成中世纪编年史中的插图。看上去"就好像那些老照片里的物件复活了，恢复了生机和颜色一样"，他回想着："在我面前动来动去，完全不晓得世界已经前进了好几个世纪，也全然不知现代兵器的使用方法、发明和改进。"

芒廷领悟到炸毁舰队和堡垒只是西方统治世界的最直接原因，是西方一系列优势长链中的最后一环而已。更深层的原因是英国工厂能够大量生产炸弹、大炮和战船，而英国政府能够筹集资金，支持覆盖半个地球的远征。那天下午英国人之所以能堂而皇之地闯进定海，最根本的原因是他们成功地从自然环境中获取能量，并用于实现自己的目标。这全都归结为西方人不仅在能量链上比其他任何人爬得更高，而且，与历史上的早期社会不同，他们的高度可以使之在整个世界范围内投射自己的力量。

这种在能量链上攀爬的过程，遵循 20 世纪 50 年代纳罗尔之后的进化论人类学家们的传统，我称之为"社会发展"的基础——主要是一个团队掌握其物质和精神环境以达到目的的能力。[1]说得更正式一点，社会发展就是人们赖以衣食住宿的技术、物质、

---

1. 心理学家使用的"社会进步"有很大区别，是用以指代孩童学习成长环境中的社会习俗。

组织上和文化上的成就，人类以此繁衍后代，解释周围的世界，解决集体内部的纷争，以其他集体为代价拓展自己的势力，以及保卫自己应对其他集体拓展势力的尝试。我们或许可以说，社会发展衡量一个集体达成某项目的的能力，而这种能力在理论上是可以跨时间和地域来比较的。

在做更深入的讨论之前，我想郑重申明一下：衡量和比较社会发展并不是为了对不同集体做道德上的评判。例如，21 世纪的日本遍地都是空调和电脑化工厂，以及熙攘忙乱的城市，拥有汽车、飞机、图书馆、博物馆和高科技医疗，居民教育程度很高。当时的日本人已经充分地掌握了他们的物质精神环境，远远超过 1 000 年前的先祖们，那时根本没有这些东西。这样看来，说现代日本比中世纪日本更发达就十分合理了。但这并不能说明现代日本人是否比中世纪的日本人更聪明、更有价值，或更幸运（不用说更快乐了），也没有对道德上、环境上，或是其他社会发展的成本代价做出什么暗示。社会发展是一个中性的分析范畴。衡量是一回事，褒贬是另一回事。

本章稍后将会讨论衡量社会发展有助于我们解释西方统治世界的原因。事实上，除非我们想出一个测量社会发展的方法，否则将永远无法回答这个问题。然而，首先我们需要建立一些原则来指导指数的设计。

用现代最受敬仰的科学家阿尔伯特·爱因斯坦作为开始是最好不过的了。爱因斯坦曾说过："科学，要尽量做到最简，但不要过于简单。"也就是说，科学家们应该把想法蒸发成可以用事实检验的结晶，想出最简单的方法来进行检验，然后就这样，不要加什么，也不要再减什么。

第三章

测量过去，验证未来

爱因斯坦本人的相对论提供了一个很著名的例子。相对论暗示引力会使光线弯曲，意思是，如果该理论正确的话，每当太阳经过地球和另一个恒星之间时，太阳的引力会使恒星发出的光线弯曲，使恒星的位置看上去稍微改变了一些。这样一来就很容易检测了。只是太阳光线太强，我们无法看到它附近的恒星。不过，1919年，英国天文学家亚瑟·爱丁顿（Arthur Eddington）想出个巧妙的解决办法，很符合爱因斯坦的那句格言。爱丁顿想到，在日食期间观察太阳附近的恒星，就能够测量它们的偏移距离是否如爱因斯坦所预测的那样。

爱丁顿动身去南太平洋，做了一系列观察，并宣布爱因斯坦是正确的。尖刻的评论接踵而至，因为证明爱因斯坦正确和错误的结果差别甚微，爱丁顿充分利用了1919年可用的仪器。除去相对论的复杂性[1]，天文学家们在应该测量的对象和方式上是持一致意见的。那么，关键就看爱丁顿的测量是否准确。还是从壮观的星体运动回到定海野蛮的轰炸上来，我们会立即发现，在面对人类社会时，问题要复杂得多。到底应该测量什么来给社会发展分配分值呢？

如果说爱因斯坦为我们提供了理论指导，那么我们可以从联合国人类发展指数寻求实践指导，这不仅是因为它与我们需要的指数有很多相似之处。联合国开发计划署设计这一指数来衡量每个国家为公民提供实现自身价值的能力和表现。参加这一项目的经济学家们首先讨论人类发展到底是指什么，然后总结出三个核

---

1. 伦敦皇家天文学会的一位成员试图赞美爱丁顿，说世上仅有三个人能真正理解爱因斯坦的理论学说，而他便是其中之一。爱丁顿沉默了，最后说："我只是好奇，那第三个人是谁？"

心特征：人均寿命、人均教育程度（表现为文化水平和学校入学情况），以及人均收入水平。然后，他们设计出一个复杂的衡量系统，综合这些特征，给每个国家评出一个0~1之间的分数。0意味着根本没有人类发展（也就是所有人都灭亡了的情况），1则表示在调查完成所在年份里现实世界中可能达到的最完美状态。（例如，在最近可用的指数中，2009年，挪威居于首位，得分0.971，而塞拉利昂垫底，仅有0.340。）

这一指数符合爱因斯坦的规则，因为这三个参数可能是联合国在抓住人类发展意义前提下所做的最简化处理了。尽管如此，经济学家们仍然有不满意的地方。最明显的是，我们可以衡量的不仅是寿命、教育和收入而已。它们的优势在于方便定义和记载（较之其他特征，如幸福），不过我们完全可以再调查一些其他可以生成不同分值的因素（例如就业率、营养，或住房）。即便是最认同联合国的参数的经济学家，有时也不愿把它们并入一个人类发展分值。他们认为，这些特征就像是苹果和橘子，把它们捆在一起简直是荒谬。也有经济学家不排斥选择及合并这些参数，但是不喜欢联合国统计学家们衡量每个特征的方式。他们指出，这些分值看似客观，实际上却十分主观。还有些评论家对给人类发展打分这一概念本身表示反对。他们认为，这会造成一种印象，感觉好像冰岛和挪威人在通往极乐天堂的路上已经走了96.8%的路程，是塞拉利昂人们幸福程度的2.9倍——这两点都不大可能。

不过，尽管恶评如潮，事实证明人类发展指数还是大有用处的。它便于救援机构把基金拨给最需要的国家，即便是批评者们也同意，有个指数可以让一切更明晰，辩论也就更深入透彻。过去15 000多年的人类发展指数，与联合国的指数面临着同样的问题，不过，也具备一些相似的优点。

正如联合国经济学家们，我们应该遵循爱因斯坦的规则。指数应该衡量尽可能少的社会维度（尽可能简单），而且抓住前文定义的社会发展的最基本特征（不能过于简单）。我们所衡量的每个社会维度都应该符合六项基本标准。第一，必须具有相关性。也就是说，必须与社会发展有所关联。第二，必须具有文化独立性。例如，我们或许认为文学艺术作品的质量是衡量社会发展的有用参数，可是我们对此类参数的判断具有严重的文化局限性。第三，这些特征必须相互独立。譬如，如果选用国家人口总数和财富总量作为特征，我们就不能使用人均财富作为第三个特征，因为这是可以由前两个特征推算出来的。第四，必须有足够的档案记录。由于是回顾几千年前的事，这一点的确很重要。因为各个特征可供使用的证据数量差距很大。尤其是年代久远，我们根本无法了解某些有用的特征。第五，必须具有可信性。也就是说，专家们大都同意证据的意义和价值。第六，必须具有便捷性。这或许是标准中最不重要的一项，可是证据越是难以获得，或计算结果所需的时间越长，该特征的可用性也就越小。

任何特征都不是十全十美的。我们选择的每个参数都不可避免地会在这几项标准上表现各有优劣。可是在花了几年时间研究这些参数之后，我选定了四个特征，在这六项标准上都表现不错。虽然它们加在一起，在为东西方社会提供一个综合性的描述上，较之联合国利用寿命、教育和收入特征告诉我们有关冰岛、挪威或塞拉利昂的信息也好不了多少，但是，它们确实是社会发展的一个很好的缩影，向我们展示了为理解西方统治世界的原因所需要解释的社会发展的长期模式。

我选择的第一个特征参数是能量获取。倘若不是从动植物中获取能量以养活很少耕作的士兵和海员，从风力和煤炭中获取能量以发动船只驶向中国，从炸药中获取能量向中国的驻守部队开火，英国根本无法在 1840 年抵达定海，大肆破坏。能量获取对社会发展十分关键——20 世纪 40 年代，著名的人类学家莱斯利·怀特（Leslie White）提出把人类历史缩减成一个方程式：$E \times T \rightarrow C$，这里 E 代表能源，T 代表技术，C 代表文化。

这其实并不像听起来那么简单。怀特的意思并不是说把能量与技术相乘，就可以完全了解孔子、柏拉图、荷兰画家伦勃朗或中国山水画家范宽的一切了。怀特所说的"文化"实际上更像是我说的社会发展。即便如此，他的方程式对我们的目的来说太过简单，对于解释定海事件还不够。

如果没有能力组织好，就算掌控了世上所有的能源，也无法把英国的海军中队带去定海。维多利亚女王的属下们能够召集军队，支付军饷，训练他们听从指挥，开展大量棘手的工作。我们需要测量这种组织能力。从某种意义上说，这种组织能力与斯宾塞的区分理论有所重合，但是新进化论者在 20 世纪 60 年代意识到，想直接测量社会的变化，甚至是给出让评论家们满意的定义，几乎是不可能的。我们需要一个既与组织能力紧密相关，同时又便于测量的替代参数。

我选择的是城市化。这看起来也许有点奇怪，毕竟，说伦敦是个大地方，并不能直接反映墨尔本勋爵的资金流，或皇家海军的指挥结构。然而，再仔细考虑一下，这个选择就没有那么奇怪了。支持一个 300 万人口的城市所需的组织能力令人咋舌。要有人负责把食物饮水运进来，把垃圾废物运出去，提供工作岗位，维持法律秩序，扑灭火灾，在每个大城市里，日复一日地进行各种活动。

当然，如今有些世界级大城市运作失常，犹如噩梦一般，充斥着犯罪、肮脏和疾病。历史上的大城市大多难免如此。公元前1世纪，罗马拥有100万居民，那时市井歹徒时常阻碍政府运作，死亡率高到每个月仅仅为了维持人口总数，就有超过1 000名乡下人要移居罗马。可是，尽管罗马有着各种卑鄙阴暗的方面（2006年美国家庭影院频道电视剧《罗马》很好地表现了这一点），使这个城市得以运作的组织机构却是之前任何一个社会都无法管理的——正如管理拉各斯（人口1 100万），或孟买（人口1 900万），更不用说东京（人口3 500万），也是远超罗马帝国的能力所及的。

这便是为什么社会科学家们经常使用城市化来大致反映其组织能力。这种测量并不完美，可是作为粗略的指导还是很有用的。对我们来说，一个社会最大城市的规模不仅可以在过去几百年的官方数据中查找，还可以追溯考古学记录，因而能够对其自冰河时期以来的组织能力水平有个大致的认识。

除了获取并组织好物理能量，英国还需要处理并传递大量的信息。科学家和实业家们需要准确地进行知识转移；枪支制造商、船只制造商、士兵和海员们越来越需要读懂书面指令说明、计划和地图；亚欧之间需要传递各种信件。19世纪英国的信息技术与我们现在相比当然十分落后（从广州到伦敦私人信件需要3个月，政府急件因为某种原因需要4个月），可是较之18世纪的水平却已先进很多了，而18世纪与17世纪相比也有很大进步。信息处理对社会发展十分关键，所以我把它作为第三个特征。

最后一点是发动战争的能力，很遗憾，这点也同样重要。就算英国获取、组织和传递能量的能力再强，1840 年事件之所以能够发生，还是因为他们能够把这三个参数转化为破坏力。第一章中，我不赞同亚瑟·C. 克拉克在他的科幻小说《2001 太空漫游》里把进化等同于杀戮的技能，但是，在为社会发展设计指数时，如果不包含军事力量的话，这样的指数就毫无用处。正如毛主席的名言："每个共产党员都应懂得这个真理：'枪杆子里面出政权。'" 19 世纪 40 年代之前，没有哪个社会可以把军事力量投射到整个地球，讨论由谁"统治"也是毫无意义的。可是，1840年以后，这可能成了世界上最重要的问题。

正如联合国人类发展指数，没有人能裁定只有这些特征是衡量社会发展的最终方法，同样，对特征做出的任何变动都会改变分值。然而，好消息是，几年来我研究的这些替代参数都没有对分值产生太大的影响，也没有改变社会发展的整体模式。[1]

如果爱丁顿做了画家，他或许会成为一位绘画大师，用肉眼难辨的微小细节描摹世界。为社会发展制定指数更像是电锯艺术，用树干雕刻出灰熊来。毫无疑问，这种粗糙和敏捷的程度会让爱因斯坦的头发更白，不过对不同的问题，需要规定不同的误差范围。对于电锯艺术家来说，唯一重要的问题就是树干像不像熊。对比较历史学家而言，则是指数能否显示社会发展历史的整体状况。当然，把指数所揭示的模式和历史记录的细枝末节进行比较，

---

1. 我也搜集了最大政治单位的人口规模、生活水平（使用成人身高作为替代物）、交通速度、大型建筑物的规模等数据资料。这些特征与我最后选择的 4 个相比，都存在着一些问题（与其他特征存在重复部分，数据资料不足），不过好消息是这些特征与我选的那 4 个大致遵循同样的模式。

那是历史学家们自己要去判断的事情。

实际上，激励历史学家们做这些事可能就是指数能起到的最大作用了。可争辩的余地还很大：不同的特征、不同的计分方式可能会更有效。但是，用数字说话，我们就必须关注错误的来源，以及修正的办法。这可能不像天体物理学那样精准，但总比在黑暗中到处乱转要好得多。

如何进行测量

现在需要生成一些数字资料。搜集 2000 年世界各国的数据资料是相当容易的（不妨使用千禧年这个日期作为指数的终止时间）。联合国有各种项目公布每年的统计数据，例如，美国人均年耗能达 8 320 万千卡，相比之下，日本人均只有 3 800 万千卡；79.1% 的美国人居住在城市，而日本则是 66%；每 1 000 台互联网主机就有 375 台产自美国，只有 73 台产自日本。国际战略研究所每年的《军事力量对比》告诉我们每个国家拥有多少军队和武器装备，以及它们的威力和价值。我们都快被数字淹没了。不过，我们要决定怎样把它们组织在一起才能得出一个指数。

坚持最简原则，把 2000 年可达到的社会发展指数的最大值设为 1 000 分，再平均分配给我提出的四个特征。1956 年，劳尔·纳罗尔公开发表了第一个社会发展的现代指数，他也给自己所提出的三个参数平均分配分数，因为正如他所说的，"没有理由给其中哪个更多的分值比重"。那听起来有点自暴自弃的感觉，但我们确实有理由给参数以同等的重要性。即使能想到什么理由在计算社会发展时给予其中某个特征更大比重，我们也没有根据去假设这些砝码在15 000多年里始终有效，或是对东西方同样适用。

给2000年的每个参数设定好最高分值250分，之后就是最困难的部分了，那就是决定如何给东西方历史的各个阶段打分。对于计算的具体步骤我就不赘述了（本书结尾将总结附录中的数据和一些主要难点，网上也公布了完整的解释说明），不过，在某种程度上，快速浏览一下准备过程，把步骤解释得更详细一点应该还是有帮助的。（如果您觉得没有必要的话，当然可以略过这一节。）

城市化可能是最简单明了的特征了，不过这个参数也面临一些难题。首先是定义方面：城市化到底是指什么？有的社会科学家将其定义为居住地达到一定规模的人口比例（例如1万人）；也有的认为，城市化是指不同居住地档次的人口分布，从城市到村庄；还有一些人觉得，城市化是指一个国家社区的平均大小。这些方法都很有效，可是要运用到我们研究的整段时期却很困难，因为证据的性质一直在改变。我决定使用一个较为简单的参数：每个时期东西方社会已知的最大居住地规模。

关注最大城市的规模并没有解决定义方面的问题，我们仍然需要决定如何定义城市的范围，如何把不同类别的数据证据结合起来。不过，这确实把不确定性降到最低限度了。在整理这些数据时，我发现把城市的最大规模和其他标准（譬如城市与农村的人口分布估测，或是城市的平均大小）结合起来，会显著增加任务的难度，对整体分值却没有多大影响。那么，既然复杂的测量方式产生的结果大致相同，同时却存在更多的估测因素，我觉得还是使用较为简单的城市规模参数更合理。

大多数地理学家认为，在 2000 年，世界上最大的城市是拥有约 2 670 万人口的东京。[1]那么，东京在组织力，或者说城市化参数上得满分 250 分，这也就意味着计算其他城市得分时，1 分需要 106 800 名的人口（即 250 分除以 2 670 万）。2000 年西方最大的城市是纽约，拥有 1 670 万人口，得了 156.37 分。虽然 100多年前的数据没有这么准确，不过所有历史学家都同意那时的城市要小得多。在西方，1900 年的伦敦拥有大约 660 万居民（得分 61.80）；而在东方，东京仍然是最大的城市，拥有大约 175 万居民，得分 16.39。回到 1800 年的情况，历史学家们需要结合若干种不同的证据，包括食物供应和税收、城市的物理面积、住房密度以及趣闻逸事的记录。不过大多数人得出的结论是，当时世界上最大的城市是北京，拥有约 110 万人口（得分 10.30 分）；最大的西方城市仍然是伦敦，拥有约 86.1 万人口（得分 8.06 分）。

我们越往前追溯，误差就越大，不过在 1700 年之前的那几千年里，最大的城市显然在中国（日本紧随其后）。首先是长安，然后是开封，再后来，公元 800~1200 年，杭州拥有接近甚至超过 100 万居民（约 9 分）。相比之下，西方城市连一半的人口规模都没有。再往前几个世纪，情况就恰好相反。公元前 1 世纪，罗马拥有的几百万居民使其当之无愧成为世界上最大的城市，而长安大概只有 50 万人口。

我们越往前观察史前社会，其证据就会变得越模糊，数字也明显减小。可是结合系统的考古调查和小范围的细致挖掘，我们

1. 我在前面给出的数字 3 500 万是针对 2009 年而言的，意味着在 2000~2009年，东方在组织力或城市化上的分值由 250 分飙升至 327.72 分。在本章末以及第十二章我将继续讨论 21 世纪社会的加速发展。

还是能够对城市规模有个合理的大致感觉。正如我之前提到的，这很像电锯艺术。最普遍接受的误差估计达到 10%，不过也不太可能比这个数字更大了。由于我们运用相同的估测手段测量东西方城市，大致的趋势还是相当可信的。根据这个体系，每获得一分，需要有 106 800 居民，因此人口略微超过 1 000 就可以得 0.01分。正如第二章中所说的，西方最大的村庄在公元前 7500 年左右就达到了这一水平，而东方则是在公元前 3500 年左右。在这些年份之前，东西方都是零分（分数表见附录）。

再来谈谈能量的获取，该特征提出了截然不同的问题。关于能量的获取，最简单的方法是考虑人均能量获取，用每日获取能量的千卡数来测量。根据与城市化特征相同的步骤，从 2000 年开始，美国每日人均获取能量约 228 000 千卡。这个数字占据历史最高水平，得满分 250 分（本章前面提过，我所关注的并不是评判我们掌控能源、建造城市、交流信息和发动战争的能力，只是对其进行测量而已）。2000 年，东方最高人均获取能量是日本的 104 000 千卡，得 113.89 分。

有关能量获取的官方数据，东方只能追溯到大约 1900 年，西方约为 1800 年。不过幸运的是，有很多方法可以补救。人体有一些基本的物理需求。每天至少需要从食物中得到约 2 000 千卡的能量才能正常运作。（个子较高或运动量较大的人需要更多，反之亦然。目前美国人均每日摄入 3 460 千卡，正如特大号腰带无情地揭示的，这远超过了我们的人体所需。）如果你每天摄入的能量少于 2 000 千卡，身体功能就会逐渐萎缩——力量、视力、听觉等，直到死亡。日人均食物消耗不可能长期低于 2 000 千卡，也就意味着最低的分值是 2 分左右。

不过，实际上，最低的分值总是高于2分的，因为人类获取的大部分能量并不是以食物的形式。在第一章里我们看到，50万年前，直立猿人可能就已经在周口店生火做饭了，10万年前，穴居人肯定是如此，并且还穿着动物毛皮。我们对穴居人的生活方式知之甚少，猜测得不会太准确，可是加上非食物能量来源，穴居人平均每天获取的能量应该多出至少1 000千卡，这样总共就有大约3.25分。毫无疑问，较之穴居人，现代人类烹煮更多食物，穿更多衣服，并且使用木材、树叶、猛犸象骨和兽皮建造房屋——所有这些，又寄生于植物提供的化学能量，而后者又依赖于太阳的电磁能。即便是20世纪技术最落后的采猎社会，食物和非食物来源总量每天也至少有3 500千卡。考虑到气候更加寒冷，他们冰河时期末期的远祖们每天肯定需要近4 000千卡，也就是至少4.25分。

我相信不会有哪个考古学家会在这些估测上纠缠不休，不过冰河时期的狩猎者的4.25分和现代汽油电力轰鸣的西方的250分之间，还是有着巨大的差距。这期间发生了什么呢？考古学家、历史学家、人类学家和生态学家们群策群力，给出了一个很好的答案。

1971年，《科学美国人》杂志的编辑们邀请地球学家厄尔·库克（Earl Cook）写一篇名为《工业社会的能量流》的文章。文中包含一个图，显示了对采猎者、早期农耕者（指第二章中提过的公元前5000年西南亚的农民）、后期农耕者（1400年左右的欧洲西北部农民）、工业人群（1860年左右的欧洲西部），以及后20世纪"科技"社会的人均耗能的推测，耗能方式分成四类：食物（包括供食用的家畜的饲料），家庭和商贸，工业和农业，以及交通运输（见图 3-1）。这个图后来被多次引用。

    库克的猜测经受住了近 40 年的与历史学家、人类学家、考古学家和经济学家们收集的结果比较的考验。[1]当然，他们只提供了一个出发点，但我们可以用东西方社会各个时期留存下来的详细证据，来研究实际社会与这些参数的背离程度。有时候我们可以借助文本证据，但大多数时期，一直到前几个世纪，考古发现更为重要。譬如挖掘出的人和动物的骨骸、房屋、农耕工具、梯田和灌溉的痕迹、手艺人的店铺和商品、手推车、船只，以及承载这些的道路的遗迹。

    有时候，证据来得很意外。在第一章和第二章着重描述的冰芯还显示了由空气传播的污染在公元前的最后几个世纪里增长了7 倍，其中最主要的原因是罗马在西班牙采矿造成了污染，前 10 年对泥炭田和湖里的沉积物的研究也证实了这一点。欧洲 13 世纪生产出的铜和银是公元 1 世纪时的 9~10 倍，其中隐含的能量需求可以想象——需要劳工挖矿，牲口运走煤渣；更多的劳工和牲口修建公路，建造码头，装卸货船，把产品搬运到城里；用水车碾碎矿石；最重要的还是木材，井筒需要原木支撑，锻炉需要木炭燃料填装。通过这种独立的证据来源，我们也可以比较不同时期的工业活动水平。直到 11 世纪，冰层的污染才降到罗马时代的水平（中国的档案记录显示，由于钢铁工人源源不断的需求，开封附近山上的树木都被砍伐得差不多了，煤炭在史上首次成为

---

1. 对于库克的数据，我只做了一个实质性的修改。我认为他过高地估计了植物驯化初期西南亚地区的能量占有增长率。他提出的公元前 5000 年左右，日人均耗能 12 000 千卡的"早期农业"时期数字，应该更符合公元前 3000 年左右的水平。

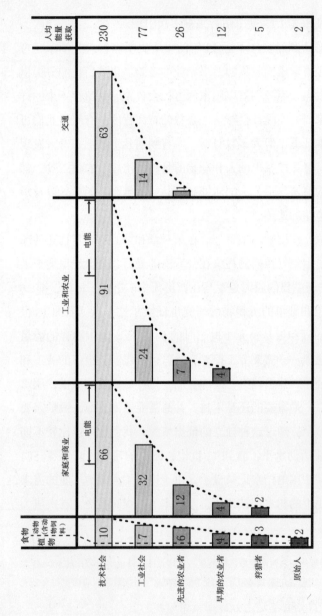

图 3-1 数字能量链：地理科学家厄尔·库克关于从能人时代到 20 世纪 70 年代美国的日人均能量获取的估计（单位：1 000 千卡）

一个重要的能量来源），直到 19 世纪，因为英国喷涌黑烟的烟囱，污染的程度才再次远远超过罗马时代。

我想再次强调一下，我们正在进行的是一种电锯艺术。譬如，我估计在公元 1 世纪，罗马帝国鼎盛时期，日人均能量获取在 31 000 千卡左右。这要大大超过库克对后期农业社会 26 000 千卡的估计，不过考古学清楚地表明罗马人比 18 世纪前的欧洲人要吃更多肉，建更多城，开更多更大的商船。这样说来，罗马的能量获取与我的估计肯定会有 5% 的偏差。不过，因为我在附录中提到的原因，误差应该不会超过 10%，肯定不会达到 20%。库克的框架以及详细的证据使得估测产生的误差不会很大，而且正如城市化的得分，由于所有的猜测工作都是由同一个人完成的，使用的原理也是相同的，这就意味着即使出现错误也是有一致性的。

信息技术和战争也有自己的困难（附录中简略提到，在我的网站上有详细讨论），但与城市化和能量获取采用同一原理，或许产生的误差也是一样的。正如我在附录中讨论的原因，分值达到 15% 甚至 20% 的系统性错误，才会对社会发展的基本模式造成实质的影响，但如此巨大的误差是有悖于历史证据的。可是，最终唯一确定的方法是其他历史学家提出自己的数字，他们或许更倾向于其他特征，或是使用其他的计分方式。

50 年前，哲学家卡尔·波普尔（Karl Popper）主张科学的进步是"推测与辩驳"的过程，遵循之字形路线：一个研究者抛出一个观点，其他学者争先恐后地进行反驳，在这个过程中提出更好的观点。我认为，这一过程同样适用于历史。我相信任何符合证据的指数得出的模式都会与我的差不多，但如果我错了，其他人发现这个计划有不足之处，那就希望我的失败能鼓励他们找到

第三章
测量过去，验证未来

更好的答案。再借用一次爱因斯坦的话，"对任何理论来说，其最好的命运……莫过于能为一个更全面的理论的提出指明方向"。

测量的时间和地点

最后有两个技术问题。第一个问题是我们应该多久计算一次分数。如果愿意的话，从 20 世纪 50 年代开始我们就可以描述每年甚至每月的社会发展变化。不过，这样有多大意义值得怀疑。毕竟，我们希望看到很长时间跨度下的历史的整体架构，为此，每个世纪给社会发展把一次脉应该就足够了。这一点也是接下来我想要证明的。

然而，当我们回顾冰河时期末期，若是每隔一个世纪观察一次社会发展，这既不可能，也没有多大价值。公元前 14000 年的情形和公元前 13900（或 13800）年没多大区别，部分是因为我们没有足够的实质证据，部分是由于变化本身发生得就很缓慢。因此，我采用比例增减的方法。从公元前 14000~前 4000 年，社会发展每 1 000 年测量一次。从公元前 4000~前 2500 年，证据的质量有所提高，改变也有所加快，因此我每 500 年测量一次。在公元前 2500~公元 1250 年，每 250 年测量一次，最后，从公元1400~2000 年，每个世纪测量一次。

这样做也有风险，最明显的是追溯历史越早期，变化就会显得越平缓。每 1 000 年或 500 年才计算一次分数，我们很可能漏掉一些有趣的发现。不过，要为已知的信息标注日期，较之我所提出的时间范围，很难有更准确的方法了。我并不想把这个问题置之不理，在第四章到第十章的叙述中将会填补尽可能多的空白，可是此处用到的框架在我看来确实为实用性和准确性提供了最好的平衡。

第二个问题是在哪里进行测量。当你阅读前面的内容时，或许会吃惊我在给"西方"和"东方"生成数字时对自己所指的世界的某个部分会如此含蓄。有时候我说的是美国，有时是英国，有时是中国，有时是日本。在第一章里，历史学家彭慕兰抱怨比较历史学家们常常歪曲了对西方统治世界原因的分析，他们草率地把面积很小的英国和领土辽阔的中国进行比较，然后就下结论说西方在 1750 年就开始领先于东方了。他认为，我们必须比较规模相似的单元。我在第一章和第二章里对此做出了回应，把西方和东方具体定义为起源于黄河长江流域和侧翼丘陵区的原始东西方农业革命的社会。不过现在得承认，那只是部分解决了彭慕兰的难题。在第二章中，我描述了农耕开始后的 5 000 年左右时间里，东西方地区令人惊叹的扩张过程，以及在侧翼丘陵区或长江流域等核心地区，和诸如北欧或朝鲜半岛等周边地区之间经常存在的社会发展的差异。那么，当我们为社会发展指数计算分值时，应该关注东西方的哪些部分呢？

我们可以尝试研究整个东西方地区，尽管那就意味着，譬如，1900 年的分值将综合考虑工业时期英国浓烟滚滚的工厂和轰隆作响的机器、俄罗斯的农奴、墨西哥的苦工、澳大利亚的牧场工人，以及广阔西方地区各个角落的群体。我们需要为整个西方地区调配出一种平均的综合性的发展分值，对东方亦然，然后对之前历史上的各个时期重复同样的过程。这样做太过复杂，且不实际，我怀疑它根本就没什么意义。当解释西方规则时，最重要的信息一般来自比较各个地区最发达的部分，由最密集的政治、经济、社会和文化交流联系起来的核心地带。社会发展指数需要测量和比较的是这些核心地区内部的变化。

然而，我们将在第四章到第十章看到，核心地区会随着时间发生迁移和改变。西方核心地区的地理位置从公元前11000~公元1400年期间是很稳定的，基本保持在地中海东岸。在公元前250~公元250年左右，罗马帝国向西扩张，吞并了意大利。除此之外，核心地区一直在如今伊拉克、埃及和希腊组成的三角形区域里。从1400年起，核心区域不断向西北方向移动，首先在意大利北部，然后到西班牙和法国，再扩大到囊括英国、比利时、荷兰和德国。到1900年，核心区域横跨大西洋；2000年，固定在了北美。东方的核心直到1850年之前一直保持在黄河长江地区，尽管在公元前4000年左右中心向北部黄河流域的中原转移，公元500年后又转向南方的长江流域，1400年之后又逐渐转向北方。到1900年，核心区域扩展到日本，2000年在中国的东南部。目前为止我只是想说明，所有的社会发展分值都反映了这些核心区域的社会，这些核心区域转移的原因，我们将在第四章到第十章重点讨论。

英国工业革命：
三分靠判断，七分靠运气？

游戏规则就介绍到这里，下面来看一些结果。图3-2显示了前16 000年的分值，因为冰河时期末期世界开始热闹起来了。

在这么多铺垫之后，我们看到了什么呢？坦白说，并没有看出多少东西，除非你的视力比我的好很多。东方和西方的曲线靠得如此之近，以至于难以区分，而且它们直到公元前 3000 年才勉强离开图的底部。即便如此，也是直到几个世纪之前才有大的变化，两条线几乎都是突然 90 度转折，直线向上攀升。

这个图看起来很让人失望，但事实上却告诉了我们两件十分重要的事。第一，东西方社会发展并没有太大差别。以我们所观察的尺度看，二者在历史上大多数时候都无法区分。第二，过去的几个世纪里发生了深刻的变化，是迄今为止史上最迅猛、最巨大的转变。

要想获取更多信息，我们需要换个角度观察这些分值。图 3-2 的缺点在于，由于 20 世纪时东西方的曲线陡然攀升，为了在纵轴上显示出 2000 年的分值刻度（西方 906.38 分，东方 565.44 分），早期过低的分值就不得不被压缩到肉眼难辨的程度。所有模式若想显示增长的加速较之以前是成倍增长而非简单增加，都会存在这个问题。不过幸运的是，有个很简便的方法可以解决这个难题。

设想一下，我想买杯咖啡，却没有钱。我从本地的黑帮老大那里借了一美元（假设那时一美元还是能够买到一杯咖啡的）。当然了，他是我的朋友，所以只要我在一个星期以内还给他，就不收利息。不过，要是我超过了期限，债务就会每周翻一倍。不用说，我超过了期限，所以现在我欠他两美元。天生对理财少根筋，我又拖了一个星期，也就是欠了 4 美元。接着又过了一个星期，于是欠款变成了 8 美元。我出了城，把这件事忘得一干二净。

图 3-3 显示了我的债务变化。正如图 3-2，很长一段时间内没有多大变化。直到大约第 14 周时，代表利息的曲线才变得清晰，而那时我的债务已经令人咋舌地累积到了 8 192 美元。第 16

周，债务盘旋上升至 32 768 美元时，曲线终于完全离开了图的底部。到第 24 周，等到黑帮找上门时，我已经欠了 8 260 608 美元的巨款。那真是史上最昂贵的一杯咖啡了。

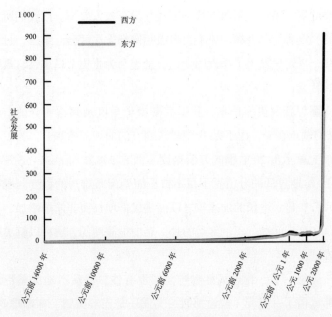

图 3-2　计分：公元前 14000 年以来的东西方社会发展

当然，按照这个标准，我的债务在前几个星期的增长实在是微不足道，从 1 到 2 到 4，再到 8 美元。可是假如我买了那杯咖啡后的一个月左右，碰到了黑帮老大手下的一个小喽啰，那时我的债务是 16 美元。假设我没有 16 美元，但给了他 5 美元。考虑到自身安全，我坚持每周偿还 5 美元，持续了 4 周，可接着就又一走了之了。图 3–4 中的黑线代表没有任何还款的情况，而灰线则代表坚持 5 周，每周还 5 美元之后的债务增长情况。我那杯咖啡最后仍然花了不止 300 万美元，却只相当于一分未还情况下最终利息的一半还不到。这至关重要，然而在图中却无法看到。从图 3-4 中无法得知为什么在结尾处灰线比黑线低那么多。

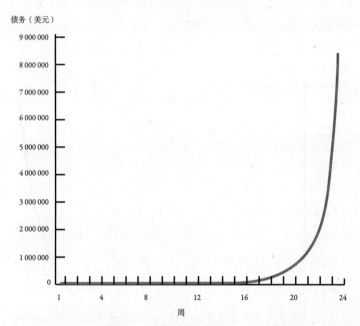

图 3-3 一杯 800 万美元的咖啡：传统图表显示的复利。虽然咖啡的价值在 14 周内由 1 美元盘旋升至 8 192 美元，在图中这场财务危机直到第 15 周才趋于明显

图 3-5 从另一个角度描述了我的破产。统计学家们把图 3-3 和图 3-4 叫作线性——线性图，因为每条轴上的刻度都是以线性增长的，也就是说，过去的每周在横轴上占据相同的长度，债务增长的每一美元在纵轴上也占据相同的高度。对比之下，图 3-5

在统计学中被称为对数线性。时间在横轴上也是以线性单元分配的，但纵轴是以对数的方式记录我的债务，意味着图的底部轴线和第一条水平线之间的空间代表了我的债务从1美元到10美元的10倍增长，第一条和第二条水平线之间的空间意味着又涨了10倍，从10美元到100美元，然后再涨10倍，从100到1000，如此反复，一直到最顶部的1000万。

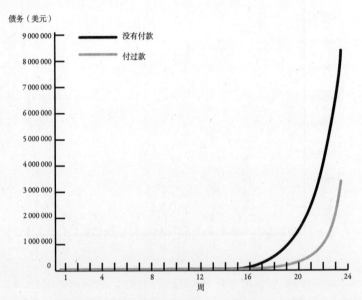

图3-4　一种不是很有力的表现方式：黑线显示的是与图3-3相同的债务累积情况，而灰线则表现了第5周~第9周的小额还款后的状况。该传统（线性–线性）图中无法显示这些还款情况

政治家和广告商们已经把用数据误导人们发展成了一项精湛的艺术。早在一个半世纪之前，英国首相本杰明·迪斯雷利就曾

有感而发，"谎言有三种：无伤大雅的小谎，糟糕透顶的大谎和统计数字。"图3-5或许就证明了他的话。不过与图3-3和图3-4相比，实际上只是关注了我债务的另一个方面。使用线性—线性刻度很好地表现了我债务的糟糕程度，对数线性刻度则清楚地显示了原因。图3-5中的黑线平滑，说明未作偿还时，我的债务稳定地增长，每周翻一倍。灰线显示4周的翻倍之后，我的一系列5元还款是如何减缓，却并没有停止债务的增长。当我停止偿还时，因为债务再一次每周翻倍，灰线再一次上升到与黑线平行，但最后并没有涨到那么令人眩晕的高度。

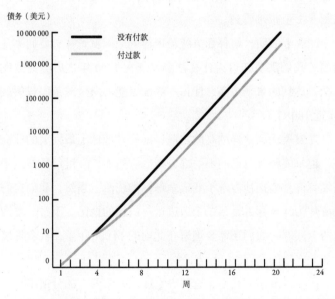

图3-5 预示破产的平滑直线：对数线性刻度表上的债务增长。黑线显示未还款时债务的稳定翻倍，而灰线表现了第5周～第9周小额还款的影响，以及之后停止偿还时又回到翻倍增长的状态

第三章

测量过去，验证未来

政治家和统计学家们并不总是在撒谎，只是根本没有一种完全中立客观的方式可以表现政治和数字。每句新闻陈述、每个图表，都强调了事实的某些方面，而低估了另外一些方面。因此，图 3-6 用对数线性刻度显示了从公元前 14000~公元 2000 年的社会发展分值，与图 3-2 的线性－线性版本相比，同样的分数却给人以截然不同的印象。图 3-6 比图 3-2 更有揭示性。近几个世纪里社会发展的飞跃十分真实，清晰明了，再多巧妙的统计手法也无法掩饰。但在图 3-6 中它并没有像图 3-2 里那样突兀。当曲线开始向上攀升时（西方大约在 1700 年，东方在 1800 年左右），两个地区的分值已经比曲线左半部分高出 10 倍左右了。这个差别在图 3-2 里很难看到。

图 3-6 表明，解释西方统治世界的原因就意味着要回答几个问题。我们需要知道为什么社会发展在 1800 年之后会突然发生飞跃，达到的水平之高，使得一些国家能够向全球范围投射威力（接近 100 分）。

在发展达到这样的高度之前，即便是地球上最强大的社会团体，也只能统领自己的那一部分地区。然而，19 世纪的新技术和制度允许社会把地方统治变成全球性的统治。当然，我们也需要弄清楚为什么西方是第一个迈进这一门槛的地区。不过，要回答这两个问题，我们还需要理解在此前的 14 000 年里，社会发展增长如此之巨的原因。

图 3-6 显示的还不止这些。它还表明东西方的分值实际上并不是直到几千年前才开始有差别的：自从公元前 14000 年起，西方的分值就在 90% 的时间里比东方高。这似乎是对短期偶然理论的一个挑战。西方自从 1800 年开始就处于领先地位，是对长期

注定理论的一种回归，并不是什么古怪的异常现象。

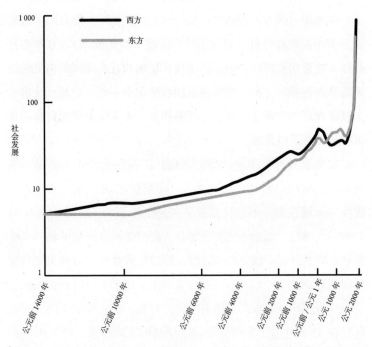

图 3-6　对数线性刻度表现的公元前 14000~公元 2000 年的社会发展。这种表现方式十分有效，突显了东西方的相对增长率，以及在 1800 年以前几千年的变化的重要性

　　图 3-6 虽然并没有否认短期偶然理论，但的确意味着成功的短期理论需要更加周密，要同时能够解释冰河时期末期的长期模式，以及 1700 年以后发生的事。不过，从这些模式看来，长期注定理论家们也不能高兴得太早。图 3-6 清楚地显示出西方社会发展分值并不是始终领先于东方。两条线在公元前的 1 000 年里不断趋近，在公元 541 年相交，之后直到 1773 年，东方一直居于

领先地位。(这些日期精确到难以置信，前提当然是假设我计算的社会发展分值完全正确。最合理的说法应该是，东方的分值在 6 世纪中期超过西方，而西方在 18 世纪后期重获领先地位。)东西方分值在古代曾趋近，东方在社会发展上领先世界 1 200 年，这些都不能证明长期注定理论的错误，正如西方在冰河时期末期以来几乎一直领先，也不能推翻短期偶然理论一样。但是，这些事实意味着成功的理论需要更加周密详备，需要考虑到比目前所提供的还要广泛的证据。

在结束对这些图表的研究之前，还有几个模式值得提一下。在图 3-6 里可以看到，而在图 3-7 中更加清晰。这是个普通的线性——线性图，不过只覆盖了从公元前 1600~ 公元 1900 年的 3 500 年。截去 2000 年的高分部分，我们就可以伸展纵轴，从而看到早期的分值。缩短时间跨度，可以拉长横轴，使横向改变也更加清晰。

这张图让我印象深刻的有两点。首先，在 1 世纪，西方的最高分在 43 分左右，紧接着是一个缓慢的下降过程。如果再向右边看一下，就会发现东方的最高分是 1100 年的 42 分左右，是中国宋朝的鼎盛时期，然后是类似的下降。再往右，在 1700 年左右，东西方得分都降到了 40 分的底部，不过这一次并没有停滞，而是加快了速度。100 年后，西方的曲线随着工业革命的开始而攀升。

有没有某种"40 分门槛"阻止了罗马和中国宋朝的发展呢？我在前言中提到过，彭慕兰在他的书《大分流》中主张，18 世纪时，东西方都陷入一种生态瓶颈状态，这按理说会导致社会发展的停滞和倒退。可是事实并非如此，彭慕兰认为，这种现象

的原因是英国靠三分判断和七分运气把掠夺新大陆的成果和化石
燃料的能源结合起来，从而打破了传统的生态限制。有没有可能，
罗马和宋朝的社会发展达到 40 分底部时，也遇到了类似的瓶颈，
却未能突破? 若当真如此，在过去的 2 000 年历史里，主导的模
式或许是长期波动，庞大的帝国分值攀升到 40 分底部，然后又
跌回来，直到 18 世纪特殊事件的发生。

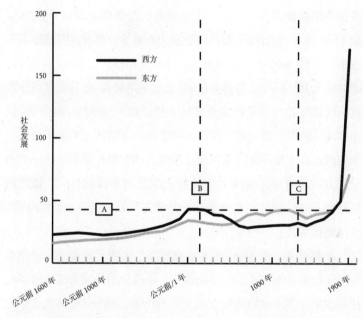

图 3-7　跨越时空的曲线：线性—线性表现的从公元前 1600~公元 1900 年的 3 500
年里的社会发展。线 A 代表可能的 43 分门槛，阻挡了公元后最初几个世纪西方
罗马帝国以及 1100 年左右中国宋朝的持续发展。线 B 表现了东西方在公元后最
初几个世纪里分数下降的潜在联系。线 C 显示了 1300 年左右开始的东西方的另
一潜在关联

图 3-7 让我印象深刻的另一点是我们既可以在上面画横线，也可以画竖线。可以画竖线的最明显的地方是在 1 世纪，东西方分数都处于顶峰，虽然东方得分与西方还有不小的差距（34.13分和 43.22 分）。与其只关注西方上升到 40 分底部，或许我们应该不管它们达到的水平，而是去寻找影响旧世界两端，致使罗马人和中国人的社会发展分数下降的事件。

在 1300 年左右我们还可以画一条竖线，东西方得分再一次遵循类似的模式，尽管这一次是西方的分数低了很多（30.73分和 42.66 分）。东方的分数已经下滑 100 年了，西方这时也加入了进来，直到 1400 年之后两条曲线才有所回转，在 1700 年左右开始加速上升。同样，与其关注 18 世纪早期触及 40 分底部的分数，我们或许应该寻找是什么全球性事件，在 14 世纪沿着相同的轨迹推动了东西方的发展。或许正如彭慕兰总结的，工业革命首先来到西方并不是纯属侥幸，而是东西方其实都在朝着这样一个革命的方向前进着，但西方对 14 世纪发生的事件的反应，使之稍稍超前一点，这微小的优势却对其领先到达 18 世纪的飞跃点具有决定性意义。

在我看来，图 3-2、图 3-6 和图 3-7 说明了长期注定理论和短期偶然理论都存在的一个缺点。一小部分理论家关注农业革命初期的事，大多数则研究最后的那 500 年。因为其中的几千年大体上被忽视了，所以当观察整个历史架构时，对突然出现的那些陡增、下滑、坍塌、会聚、超越，或水平顶部以及竖直连接等现象，他们甚至很少去尝试着解释。坦白说，那就意味着这两种方法都不能解释西方统治世界的原因。这样一来，二者就都无法回答隐藏于其后的问题——接下来将会发生什么。

斯克鲁奇的疑问：
未来依然扑朔迷离

在查尔斯·狄更斯的小说《圣诞颂歌》(*A Christmas Carol*)的高潮部分，圣诞未来之灵把埃比尼泽·斯克鲁奇带到一个杂草丛生的教堂墓地。圣诞未来之灵静静地指向一个无人打扫的墓碑。斯克鲁奇知道自己的名字将出现在那里，他知道自己将长眠于此，孤独清冷，被人遗忘。"这些幻影是一定会实现的事情，还是可能会发生的事情？"他呼喊道。

我们也可以对图 3-8 提出同样的问题，它突显出了 20 世纪东西方社会发展的增长率。[1] 东方曲线在 2103 年与西方交叉。到 2150 年，西方的统治地位就将结束，其繁盛将如尼尼微和提尔一样成为历史。

西方的墓志铭同斯克鲁奇的一样清晰：

西方统治

1773~2103

愿灵安息

这些幻影真的是将要发生的事情吗？

斯克鲁奇在面对自己的墓志铭时，跪倒在地。"行行好吧，圣诞未来之灵，"他祈求道，紧紧抓住圣诞未来之灵的手，"告诉我，如果我现在改变自己的生活，你给我看的未来幻影也会改变！"

---

1. 我为 2000 年设定的最高分是 1 000 分，当然这并不意味着以后不会有更高的发展水平。通过我的计算，在 2000~2010 年，在我编写本书的时候，西方发展指数从 906 分上升到了 1 060 分，而东方从 565 分升至 680 分。

圣诞未来之灵没有回答，但斯克鲁奇自己悟出了答案。他被迫同圣诞过去之灵和圣诞现在之灵一起度过了一个糟糕的夜晚，因为他需要从他们那里学到什么。"我会吸取教训的，"斯克鲁奇保证道，"噢，告诉我，我可以把这个石头上的字抹掉！"

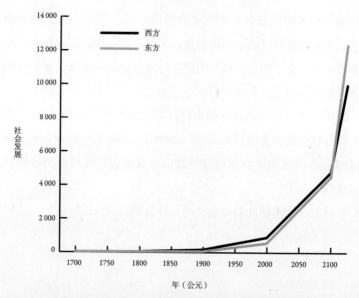

图 3-8　即将发生的？如果把 20 世纪东西方社会发展速度延伸至 22 世纪，可以看到东方于 2103 年重获领先地位（在对数线性图中，东西方曲线从 1900 年起都是直线前进，表明增长率不变。这里是线性图，所以两条线都急剧上升）

　　在前言中，我说过在分析西方统治世界的原因，特别是接下来会发生什么的人当中，自己属于少数派，因为我既不是经济学家，也不是现代历史学家，或政治学家。借着斯克鲁奇的比喻，我认为由于讨论缺少历史学家，我们陷入了只与圣诞现在之灵对话的误区。我们需要把圣诞过去之灵也请回来。

为此，本书的第二部分（第四章到第十章）将以一个历史学家的角度，讲述东西方过去几千年的故事，试图解释社会发展产生变化的原因；在第三部分（第十一章和第十二章），我将把这些故事串起来。我相信，这不仅能解释西方统治世界的原因，也能告诉我们接下来会发生的事情。

第三章

测量过去，验证未来

第二部分

第四章

后来居上：东方领先的世纪

盲人摸象：长期注定论和短期偶然论的片面之处

南亚有盲人摸象的古老故事。一个人抓住象鼻，说这是一条蛇；另一个人摸象尾，认为这是一根绳；第三个人靠着象腿，得出这是一棵树的结论，如此等等。关于西方为什么统治世界有两个理论，长期注定理论和短期偶然理论，读到这些理论时我们不免会想到这个故事，长期注定理论拥护者和短期偶然理论拥护者就像那些盲人，只摸到了大象的一部分，却误认为这就是整个大象。相比之下，社会发展的特征让我们看到事物的真面目，因此也就不会再有关于蛇、绳、树的错误判断了。每个人都必须认识到，我们只摸到了长牙象的一部分。

图 4-1 总结了第二章留给我们的印象。最后一个冰河时期末期，气候和生态因素导致西方社会发展比东方起步早，虽然新仙女木事件使西方发生了气候灾难，但是西方还是明显地领先于东方。不可否认，早至公元前 10000 年前，我们的电锯艺术的确十分粗糙。在东方，很难发现 4 000 年内有任何可衡量的社会发展变化，西方社会在公元前 11000 年比公元前 14000 年发展程度高，

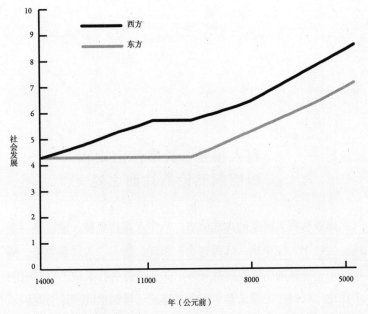

图 4-1　至今的发展形势：公元前 14000~前 5000 年，西方社会发展处于领先地位，第二章已对此做出阐述

但即使在这里我们也无法找到社会发展变化的微妙痕迹。虽然这些社会发展指数不能反映出什么，但是有数据总比没有强，而且这些指数反映了一个重要的事实：正如长期注定理论所预测的，西方一开始就抢先了一步，而且一直处于领先地位。

但是图 4-2 就没有图 4-1 那么简单了，图 4-2 继续描述公元前 5000~前 1000 年的社会发展。它和图 4-1 的差别就像绳和蛇的差别一样。两幅图像绳和蛇，有相似之处：两幅图中，东西方都继续向前发展，相差不大，西方的发展总是领先于东方。但是，两者的差别也一样显著。首先，图 4-2 的发展曲线比图 4-1

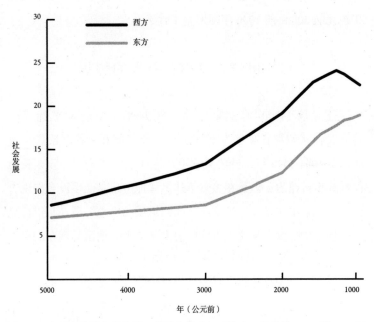

图 4-2 东西方继续向前发展，差距先拉大，后缩小：公元前 5000~前 1000 年，东西方社会发展速度加快、发展差距扩大和缩小

上升更快。在公元前 14000~前 5000 年的 9 000 年间，西方的社会发展水平翻了一番，东方上升了 2/3，但是在接下来的 4 000 年间——是图 4-1 所覆盖时间段的一半不到——西方发展水平增至 3 倍，东方增至 2.5 倍。其次，我们看到，公元前 1300 年后，西方社会发展势头在历史上首次下滑。

我试图在本章解释这些事实。我认为，西方的加速发展和公元前 1300 年后的下滑，事实上是同一过程的两个方面，我把这个过程叫作发展悖论。在接下来的几章中，我们会看到，在解释为什么西方统治世界时，在这些解释告诉我们接下来会发生什么时，这个悖论的规律发挥主要作用。但在这之前，我们需要研究在公元前 5000~前 1000 年间发生了什么。

伊拉克地区：逝去的辉煌

公元前 14000~前 5000 年间，西方社会发展水平翻了一番，农村从侧翼丘陵区发展蔓延至亚洲中部和大西洋沿岸。然而，公元前 5000 年，虽然美索不达米亚地区离侧翼丘陵区相距仅数天步行路程，但是在美索不达米亚地区还是几乎没有出现农业——美索不达米亚地区这片"两河流域的土地"现在是伊拉克。

从某种程度上来说，古代的美索不达米亚地区是现在的伊拉克，这并不奇怪。2003 年以来，因为各种新闻报道，我们对伊拉克的恶劣环境十分熟悉。夏天气温高达 120 华氏度，几乎不下雨，周围呈现荒漠化。很难想象农民居然会选择在那里居住，而在公元前 5000 年左右，美索不达米亚地区甚至更热、更潮湿，农民的主要问题不是如何寻找水源，而是如何有效利用水。印度洋季风会带来一些雨水，这些雨水刚好能促进农业发展。然而，如果农民能控制幼发拉底河与底格里斯河的夏季洪水，在恰当的时候将这些水导入他们的田地，灌溉庄稼，那此地发展前景光明。

在广袤的欧洲大陆上，一些人选择农业生活方式，邻国人学到农业耕作并依靠农业生活，他们都不断修正传统农艺，适应新的环境。但是，有些农艺只适用于侧翼丘陵区的旱作农业，要让其适用于美索不达米亚地区的灌溉农业，仅仅进行"修正"是不够的。农民不得不从零开始。经过20代人的努力，他们改善了沟渠、渠道和蓄水池，不但使美索不达米亚地区的边缘耕地渐渐充满生气，而且使其比侧翼丘陵区更多产。他们改变了地理的意义。

经济学家有时候把这个过程叫作探索后发优势。当人们将一项适用于发达核心地区的技术用于欠发达的边缘地区时，他们改善这项技术有时候能使这项技术得到更好的应用，以至于边远地区变成了新的核心地区。公元前5000年，这样的事情在南美索不达米亚地区发生了，纵横交错的沟渠滋养了一些世界上最大的村庄，供养了大约4 000人。这么多人可以建造更精致的神庙。在一个村庄埃利都，我们就发现了层进式神庙，这是公元前5000~前3000年以砖为平台的神庙，这些神庙总是采用相同的基础建筑方案，并且随着时间的推移，神庙越造越大，装饰得也越来越华丽。

美索不达米亚地区积累了如此多的优势，以至于古老的核心地区侧翼丘陵区开始效仿这个泛洪平原上充满活力的新社会。公元前4000年左右，生活在伊朗西南靠近侧翼丘陵区的平原上的苏萨居民甚至超越了埃利都居民，用砖块建造了一座长250英尺、高 30 英尺的平台。虽然 19 世纪的挖掘者考古技术还不够精湛，在挖掘这个遗址时破坏了证据，但是我们还是可以推断，这个平台在当时可能支撑着一座宏伟的神庙。然而，即使是这些挖掘技术不够精湛的考古学家，也不会错过这些越来越复杂的组织，包括世界上最早的铜饰，标志着行政控制的印章或黏土压痕，以及一些图像，专家认为这些图像是"僧侣王"。考古学家常常想象这样的情景，区域首领住在苏萨，苏萨比周围的村庄都大，偏僻村庄的村民可能到苏萨来崇拜神灵，感谢神灵，并用食品交换饰物和武器。

当然，村民没有这样做——因为从如此粗糙的遗址中很难看出这一点。但是考古学家不得不依靠苏萨来理解这段时期的历史，因为美索不达米亚地区的村庄经历了 6 000 年的幼发拉底河与底格里斯河的洪水，被深深地埋在了淤泥之下，让考古学家难以研究（此外，还有一个明显的原因是，自从伊朗于 1979 年爆发伊斯兰革命，或者自从萨达姆·侯赛因在 1990 年侵略科威特，这里几乎再没有新探索）。公元前 4500 年后，在幼发拉底河与底格里斯河，类似的改变可能正在发生，但是直到公元前 3800 年，考古学家才看到了这些改变。

关于为什么村庄越来越大、越来越复杂这个问题，考古学家中还存在争议。公元前 6000 年，当农民开始搬到美索不达米亚地区时，由于地球公转时不断改变围绕太阳的轨道，自转也不稳定，因此美索不达米亚达到了史上最热、最潮湿的顶点，但是到公元前 3800 年，世界又开始降温。你可能认为这对于美索不达米亚地区的农民来说是个好消息，但是你错了。更凉爽的夏季意味着能带来降雨的印度洋季风越来越弱。降雨越来越少，越来越难预测，美索不达米亚地区看起来就像是一个被炙烤之地，正如我们在美国有线电视新闻网上看到的一样。问题一个个出现：春季降雨减少，意味着庄稼生长季节变短，庄稼在每年夏天幼发拉底河与底格里斯河发洪水前成熟。美索不达米亚地区的农民2 000年来辛勤建立起来的农作系统再也无法适用。

气候变化使美索不达米亚人面临艰难的抉择。当沙尘来袭，侵入他们的田地时，他们可以逃避现实，继续自己的生活，但是不采取任何措施是有代价的，饥饿、贫穷，甚至饥荒会接踵而来。或者他们也可以迁移到不太依赖季风的区域，但是对于农民来说，要让他们放弃照料得很好的土地，这不是一件容易的事。无论如何，侧翼丘陵区很明显是该去的地方，但是那里已经有很多村庄了。2006年，叙利亚东北地区的布拉克的考古学家挖掘出两座公元前3800年的集体墓地，埋葬的都是年轻人，他们明显是大屠杀的受害者。因此，让农民搬回拥挤、充满暴力的侧翼丘陵区，这也不是一个有吸引力的选择。

如果美索不达米亚人都不采取任何措施，或者都逃跑了，那这个新的核心地区就会瓦解。但这时出现了第三种选择。人们可以抛弃他们的村庄，住在美索不达米亚地区，在一些较大的地区聚集。这看起来违反常理，因为如果庄稼收成减少，更多人来到更小的地方会使事情变得更糟糕。但是，一些美索不达米亚人似乎想出了办法：如果更多人齐心协力，他们可以建造更大的灌溉系统，储存洪水，灌溉庄稼。他们可以向更多的矿工提供食物，让他们从地下开采铜，让更多的铁匠制造饰物、武器和工具，让更多商人将这些商品带到周边地区。事实证明他们非常成功，到公元前3000年，青铜（铜和小部分锡的合金）大量代替了石头，成为新的武器和大多数工具的原料，很大程度上提高了战士和工人的效率。

然而，要达到这个目标需要有组织。集中管理就能解决问题。到公元前3300年，人们在小泥板上刻画他们的活动的记录，大多数考古学家将这些复杂的记录称为书写符号（即使现在也只有一小部分研究符号的精英才能看懂）。无法书写符号的小村庄发展碰壁了，但是有一处遗址——乌鲁克发展成为一座真正的城市，大约有两万居民。

美索不达米亚人发明了管理、会议和备忘录——对现在很多人来说，这些东西是祸根，但却是人类成就的标志。然而，在接下来的几章中我们就会更清楚，这些事物往往是社会发展最重要的动力。组织促使侧翼丘陵区的村庄、黄河两岸的村庄成为城市、国家和帝国；组织失败则导致这些城市、国家和帝国的失败。组织的有些管理者是我们故事中的英雄，有些也是恶棍。

随着季风的停止，管理的诞生肯定造成了创伤。我们可以想象这样的画面，颓废又饥饿的败兵纵队在灰蒙蒙的天空下没精打采地向乌鲁克行走，就像连破车都没有的贫困移民，更不用提新政了。我们还可以想象愤怒的村民拒绝将权力交给高傲的官僚，那些官僚企图征用他们的田地和庄稼。结果往往是使用暴力。这样乌鲁克就很可能分裂，很多竞争城镇确实已经分裂了。

我们永远也不会知道古代管理者如何帮助乌鲁克度过危机，但是考古学家怀疑，他们依靠了神庙。很多证据都指向这一点，这些证据互相支持，就像北美印第安人的圆锥形帐篷一样。比如说，考古学家在神庙遗址挖掘出成堆的大小相同的碗碟，这些碗碟被称做"斜沿碗"，可能被用来分配食物。最早刻有符号的陶片主要来自神庙，陶片上代表"配额"的符号就是斜沿碗的图画。当书写系统发展至人们可以记录这些信息时，这些符号告诉我们，神庙控制着大片灌溉土地以及在这些土地上工作的劳动者。

神庙迅速发展成为名胜古迹，使建造这些神庙的群落相形见绌。长长的阶梯通向上百英尺高的坛庙，专家在坛庙内与神灵进行交流。我们在第二章提到公元前10000年的圣坛，如果说这是人们向神灵传达信息的扩音器，那这个公元前4000年乌鲁克的宏大神殿就是一个扩音系统，这套扩音设备能让齐柏林飞船乐队大显身手。如果这样神灵们还不能听到人们的呼喊，那他们肯定是耳聋了。

正是这些对神灵的呼喊让我开始对考古产生兴趣。1970年，我的父母带我去看伊迪丝·内斯比特（Edith Nesbit）的电影——爱德华时代的经典《铁路少年》（*The Railway Children*）。我很喜欢这部电影。但是这部电影之前放的纪录短片更让我心潮澎湃（那时人们常这么说）。那天晚上，我迷上了阿波罗11号，想成为一位宇航员，但是这部低成本制作的电影——一部根据埃里克·冯·丹尼肯（Erich Von Däniken）的书《众神的战车》（*Chariots of the Gods*）改编的纪录片（勉强称得上纪录片）——让我意识到考古是我必走的道路。

和亚瑟·C·克拉克在小说《2001太空漫游》中声称的一样（类似出版于1968年的《众神的战车》），冯·丹尼肯也声称外星人在远古时代访问过地球，并告诉人类天大的秘密。然而，冯·丹尼肯与克拉克不同，他强调他没有胡编乱造，外星人会经常回到地球。外星人激发了人们建造巨石阵和埃及金字塔，希伯来《圣经》和印度史诗描述了外星人的宇宙飞船与核武器。

第四章
后来居上：东方领先的世纪

冯·丹尼肯坚持认为，早期文明中，一些国王声称自己和太空超人生物交谈，原因是他们的确和太空超人生物交谈过。

虽然证据不足（委婉地说），但是这个论证说服了许多人，很多人对它坚信不疑，冯·丹尼肯卖了 6 000 万册书。他现在仍有很多粉丝。几年前，我站在烤肉架旁考虑着自己的事情时，我被他的粉丝——非常严肃地——指控为密谋掩盖这些事实。

人们常常批评科学家将奇迹从世间带走，但是他们之所以这样做，是因为希望揭示真理。如果是这样的话，真理就是我们不需要太空人来解释美索不达米亚地区的神王，我们更不需要《2001 太空漫游》中的场景来解释智人的进化。自从农业出现后，宗教专家开始扮演重要角色，因为当神灵要抛弃人类，停止给人类雨水时，美索不达米亚人会本能地依赖牧师的帮助，这些牧师声称自己有特殊方法能与神灵交流，然后转告人们应该怎么做。在这些艰难的时代里，组织是生存的关键，因此，有越多人按牧师说的做，事情就会变得越顺利（前提是牧师给出合理的建议）。

两个过程互为因果，其逻辑和冯·丹尼肯的论证逻辑一样，都是循环的，但是前者更有说服力。野心勃勃的人声称自己有特殊方式可以和神灵交流，他们说他们需要富丽堂皇的神庙、隆重的仪式和大笔的财富才能让神灵听到他们说话。一旦得到这些东西，他们就可以证明，他们的确和神灵亲近，因为他们有富丽堂皇的神庙、隆重的仪式和大笔的财富——毕竟，神灵只会把这些财富给他所爱的人。公元前 2700 年左右，当记录员正在记录这些事件时，美索不达米亚地区的国王们甚至宣称，神灵是他们的祖先。有时候，将权力委任给与神灵交流的人会创造奇迹，比如在乌鲁克（但是我怀疑），但是当他们失败时——失败是常有的事——留给考古学家去发现的就寥寥无几了。

乌鲁克不仅成了一个城市，而且成了一个国家，有中央机构征税、为整个社会做决策，并依靠军队维护社会秩序。一些人有最高地位（但是明显不包括女士），还有一大队勇士、地主、商人和有文化的官僚辅佐他们。几乎对于每个人来说，国家的崛起意味着自由的丧失，但是在艰难的时代，这是成功的代价。与国家形成前的社会相比，付出如此代价的社会能聚集更多人口、财富和权力。

公元前3500年后，城市和国家促进了美索不达米亚地区的社会发展，然后向外延伸，就像侧翼丘陵区曾经的农村一样。乌鲁克式的物质文化（斜沿碗、书写陶土片、华丽的神庙）被传播到了叙利亚和伊朗。关于它们是如何传播的争论和农业最初是如何传播的争论很相似。人口密集、组织严密的南美索不达米亚地区可能曾对人烟稀少、权力分散的北部地区进行殖民，这些殖民地包括北叙利亚的哈布巴凯比拉，这看起来像有人复制了一个乌鲁克街区，并将它丢弃在1 000英里外。相反，早在斜沿碗发明之前，布拉克就是一座大市镇，它看起来更像是一个地方社区，对乌鲁克的风俗挑三拣四。村民努力依靠微薄收入为生，他们看到美索不达米亚地区城市繁荣，于是允许当地牧师成为国王；野心勃勃的牧师看到乌鲁克的宗教首领飞黄腾达，可能就和他的村民交谈，或者哄骗他们，或者威吓他们，让村民允许他们拥有类似的权力。有些人更喜欢村庄生活，但是他们肯定会发现，无论以何种方式，国家的形成是大势所趋，就像几千年前觅食者发现农耕时代的到来是大势所趋一样。

第四章

后来居上：东方领先的世纪

埃及的法老为什么如此成功

公元前 5000 年左右，当第一批农民在美索不达米亚平原上汗流浃背地种植庄稼的时候，更多勇敢的人从约旦河谷向西奈沙漠走去，到尼罗河流域去碰运气，寻找肥沃的土地。埃及几乎没有可驯育栽培的本土植物，在农业发展方面也落后于侧翼丘陵区，但是一旦引进合适的种子和动物，埃及就繁荣发展起来。尼罗河每年泛滥的时候刚好是灌溉庄稼的季节，大面积的绿洲受雨水滋润，在沙漠中促进了农业的发展。

然而，这些优势意味着，公元前 3800 年季风的退去对埃及造成的影响比对美索不达米亚地区的影响还要大。很多埃及人离开了他们的绿洲，来到了尼罗河流域，那里水源充足，但是土地缺乏，尤其是在上埃及尼罗河流域变狭窄的地方[1]。在美索不达米亚地区，人们通过管理解决了这个问题。挖掘出的坟墓表明，上埃及的村庄首领既要管理军事，又要管理宗教事务。成功的首领在村庄获得更多的土地，变得越来越富有，而失败的首领不知去向。公元前 3300 年，形成了三个小国家。每个国家都有安葬国王——如果"国王"这个称谓不是太高贵的话暂且用之——的富丽堂皇的墓地，这些墓地模仿了美索不达米亚地区的建筑风格，墓地内还埋葬有黄金、武器和从美索不达米亚地区进口的物品。

这些国家互相战斗，直到公元前 3100 年统一成一个国家。那时候皇家宏伟建筑物的规模迅速扩大，独特的埃及象形文字突

---

1. 我们的现代地图中，北面在上方，而埃及人认为，尼罗河从南面的"上埃及"流向北面的"下埃及"，这点我们可能会混淆。

然出现。和美索不达米亚地区一样，书写可能只限于一小部分人群，但是埃及的文字记录一开始就不光包含叙述性文字，还包含官僚的账目。一个引人注目的文本描述道，一位叫那尔迈的上埃及国王在公元前3100年征服了下埃及，还有一个文本写到了一个叫"蝎子王"[1]的国王。后来还有文本提到了征服者美尼斯（可能和那尔迈是同一个人）。虽然细节方面令人困惑，但是故事的基本框架已经清晰：公元前3100年左右，在尼罗河流域，那时为止世界上最大的国家统一了，约有100万名臣民。

公元前3100年后，上埃及的物质文化迅速向尼罗河流域传播。几千年前随着农业的发展，乌鲁克文化在当时的美索不达米亚地区传播，和乌鲁克文化的传播方式一样，下埃及人可能仿效了（或是自愿，或是不得不以这种方式与之竞争）上埃及的生活方式。有明显证据表明，组织成国家的上埃及比以村庄为基础的下埃及发展得更快，政治统一含有一些南方征服北方的意味。

公元前3500年后，美索不达米亚地区的乌鲁克进行扩张，公元前3300年，上埃及也进行扩张，两者虽然有很多相同之处，却有着不同的结果。首先，当那尔迈／美尼斯／蝎子王于公元前3100年征服下埃及的时候，乌鲁克的扩张突然终结。乌鲁克城被烧毁，很多刚刚发展起来的有着乌鲁克式物质文化的地区也被遗弃。为什么会这样，这是个谜。公元前2700年左右，象形文字开始记录更多信息时，南美索不达米亚地区分裂成了35个城邦，每个城邦都有自己神圣的国王，那时美索不达米亚人开始称

1. 很遗憾的是，电影《蝎子王》和我们所知道的真实的蝎子王一点相似之处都没有。

第四章
后来居上：东方领先的世纪

呼自己为苏美尔人。因为乌鲁克管理松散，统一的埃及成为主要的西方核心地区。

为什么埃及和美索不达米亚地区发展不同，这仍然无法解释。可能因为埃及只有一条河流和三角洲以及一些周围都是沙漠的绿洲，美索不达米亚地区有两条河流、很多顺畅的支流，周围还有很多山丘，这使得埃及比美索不达米亚地区更易征服。也可能是因为那尔迈比乌鲁克国王做了更明智的决策，这个国王的名字我们现在不得而知。也可能是因为某些其他关键因素。

美索不达米亚地区和埃及还有一个很大的区别。苏美尔国王宣称自己像神灵，而埃及国王宣称自己就是神灵。电影和电视剧《星际之门》改编自冯·丹尼肯的书，它提供了一个简单的解释：那尔迈一行人是真正的太空人，而乌鲁克国王只是太空人的朋友。虽然这个解释引人注目而又直接易懂，但是没有任何证据，很多人认为，事实上法老（埃及国王的称号）在提升自己的神圣形象方面下了不少工夫。

我们大多数人认为，自我神化是疯子的行为，在5 000年前也不是容易的事。那这些国王是如何做到的呢？那尔迈和他的朋友没有给出任何解释（神灵是不需要自我解释的），根据后来马其顿王国的亚历山大大帝的故事，我们有了最佳线索。亚历山大于公元前332年征服了埃及，宣称自己是法老。在和他的将军争夺权力的时候，他发现传播一个谣言很有用，这个谣言就是，他也是神灵，就像之前的法老一样。几乎没有马其顿人去认真核实这个谣言，这为亚历山大增加了筹码。当他的军队到达现在巴基斯坦的地方时，他召集了10位当地的智者，并命令他们回答他提出的最深奥难解的问题，违者处死。当轮到第七位智者时，亚历山大问："一个人如何变成神灵？"这位哲学家很简单地回答道："做一件凡人无法完成的事。"很容易想象，亚历山大假装搔头不解：最近有人做了凡人无法做到的事吗？答案非常明显，他可能已经告诉自己了：是的，那就是我。我刚刚推翻了波斯帝国。没有凡人可以做到。我是神，所以当我的朋友反对我时，我杀死他们不应该感到不安。

事实也可能是亚历山大和他的支持者编造了整个故事，但是从某种程度上看，故事的真假没有公元前4世纪20年代的这个现象重要：一个国王宣传自己是神的最好方法是展现非凡的军事威力。对于3 000年前这是不是已经是最好的方法，我们只能进行猜测，但是在统一尼罗河流域这件事上，蝎子王、那尔迈或者美尼斯的确做到了人们所认为的凡人做不到的事。可能将一个神圣的国王和一位伟大的征服者结合在一起能让自我神化听起来更可信。

这也不是法老唯一成功的政变。上埃及的首批国王们肯定发展了乌鲁克式的管理技能，也就是让人们向他们提供资源，让人们接受中央管理，但是法老们从整个尼罗河流域吸收了当地精英，让他们担任管理者。法老们在孟菲斯建造了一座新的都城，颇具策略性地将其建在上埃及和下埃及中间，让地方贵族加入他们。法老们在孟菲斯分配恩惠，小贵族对这个政体有所贡献，法老们给予他们一些奖励，让他们继续巩固这个体系。当地的领主从农民身上榨取税收，在让农民能勉强生存的情况下，他们尽可能多地征税，然后将收入上交，以此换取法老的恩惠。

法老的成功一部分依靠政治活动，一部分依靠他们和贵族之间为共同利益而互相利用，一部分依靠华丽的粉饰，比如假装是神灵而不只是神灵的朋友，这些手段当然更容易成功。哪位当地的权贵不想为神灵服务？然而，为慎重起见，法老也创造了强大的符号语言。公元前2700年后不久，卓瑟法老（King Djoser）的艺术家设计了篆刻象形文字的样式，描述存在了500年的神王。人们看到一位不朽之人死去，卓瑟理解了其中神学的微妙，因此他设计了埃及王权的根本象征——金字塔——来保存神圣的法老的尸体。高450英尺的胡夫金字塔建于公元前2550年左右，在1880年德国的科隆大教堂超过它的高度前，胡夫金字塔一直是世界上最高的建筑。迄今它仍然是最重的建筑，重约100万吨。成千上万的劳工花了几十年建造金字塔：采石，让石头沿尼罗河漂下，然后拖到建筑地。金字塔脚下的所谓工人村是当时世界上最大的城市之一。给工人提供食物、指挥他们行动需要增加大量的官僚，加入工人群对于那些可能从未离开过家的村民来说肯定是一次变化非常大的经历。如果有人在金字塔建造之前怀疑法老的神圣性，那他们在金字塔造好后肯定不会怀疑了。

美索不达米亚地区的苏美尔城邦的发展趋势和埃及相似，但是它发展得更慢、更谨慎。根据象形文字记录，每个城市被分为很多"家族"，每个家族包含很多一夫一妻制家庭。每个家族有一户家庭作为首领，组织土地和劳力，其他家庭按等级负责不同的事务，有些家庭在田地里工作，有些家庭制作工艺品，完成安排的工作份额，以此换取口粮。规模最大、最富有的家族理论上由神灵领导，可能管理成千上万英亩的土地和成百上千的工人。为神灵管理这些家族的人通常是城市的首领，由国王领导城市的守护神家族。保护守护神的利益是国王的工作。如果国王在这方面做得很好，他的守护神也会发达；如果国王没有做好，守护神也会没落。

公元前 2500 年以后，这成了一个问题。农业的发展让人们可以供养规模更大的家庭，人口的增长促使人们为了更肥沃的土地而争斗，也促使争斗方式变得更有效。有些城市战胜并占领了另外一些城市。其中的神学意义和埃及神王的死亡一样棘手：既然一个国王保护他的守护神的利益，那如果另一位自称是其他神灵的国王占领了这个城邦，这又意味着什么？有些牧师提出"庙城"理论，使宗教等级制度和守护神的利益独立于国王。成功的国王为回应这种理论，声称自己不仅仅是神灵的代表。公元前 2440 年左右，一位国王宣布他是他的守护神的儿子，还有人创作了诗歌，描写吉尔伽美什国王如何在世界之外旅行以寻求永生，这些诗歌开始传播，成为《吉尔伽美什史诗》（*Epic of Gilgamesh*）中的一部分，这是现存世界上最古老的文学巨著。

统治者寻找新的场所显示他们的威严，因此出现了美索不达米亚地区最宏伟的建筑，乌尔皇家墓地可能就是其中之一。墓地中华丽的金银殉葬物像埃及法老的金字塔一样，暗示着死者绝非凡人；74 人被毒死给普阿比王后陪葬，这暗示着统治者为与神灵的关系而争斗对苏美尔老百姓来说简直是噩耗。

公元前 2350 年左右，冲突开始白热化，出现了暴力政变、武力征伐，还有革命性的财产和神权的再分配。公元前 2334 年，一个叫萨尔贡（Sargon）的人（意思可能是"合法的统治者"，虽然这很可疑，他可能是在夺权后开始使用这个名字）建立了一座新的城市，名为阿卡德。现在这座城市可能埋于巴格达地下，还没有挖掘出土，这毫不奇怪。但是其他遗址的陶片记录着，萨尔贡并没有和其他苏美尔国王战斗，他劫掠了叙利亚和黎巴嫩，直到有足够的财富组织一支5 000人的全职军队。然后他攻打了其他苏美尔地区，通过外交手段和暴力征服了那些城市。

教科书常常称萨尔贡为世界上第一个帝国创立者，但是公元8世纪前，埃及也有统治者统一国家，他们的做法并无二致。萨尔贡本人并没有成为神，但是在镇压公元前2240年左右的一场叛乱后，他的孙子纳拉姆辛（Naram-Sin）宣布，八位苏美尔神灵想让他加入他们的行列。苏美尔艺术家开始描述纳拉姆辛为尊贵的、超越生命和传统性质的神明。

到公元前2230年，西方有了两大核心地区——苏美尔和埃及，它们使侧翼丘陵区原来的核心地区黯然失色。为了应对生态问题，人们创建了城市；为了应对城市之间的争斗，他们创建了有百万人口的国家，这些国家由神灵或者神王统治，由官僚管理。随着核心地区的争斗促进社会向前发展，城市网络蔓延至叙利亚和黎凡特更原始的农村，经过伊朗蔓延到现代土库曼斯坦的边界。在克里特岛，人们不久也开始建造宫殿，马耳他建起了巨石庙，西班牙东南沿海开始零星出现要塞城镇。在更远的西北方，农民在每个可生存的生态环境中生活。在西方世界最边远的地方，大西洋海浪拍打着不列颠的寒冷海岸，人们投入了大约3 000万小时的劳动，建造了最神秘的不朽建筑——巨石阵。公元前2230年，冯·丹尼肯的故事中访问地球的太空人会得出这样的结论，外星人没有必要继续介入人类的发展了，因为这些聪明的猩猩正在促使社会发展稳步前进。

荒野西部：核心地区的分裂和斗争

如果太空人 50 年后重返地球，他们会感到震惊。西方各个核心地区都在分裂，人们互相斗争，颠沛流离。在接下来的几千年中，一系列的社会动荡（一个听起来比较中性的词，却包含了各种恐怖的屠杀、痛苦、逃离和通缉）将西部地区的人们逼向荒野。当我们问是谁或者是什么扰乱了社会发展时，我们会得到一个惊人的答案：这可以归咎于社会发展本身。

人们试着改变命运的主要方式往往是传播信息、传递物品和四处迁移，因为在一个地方富足的东西在另外一个地方可能稀有而珍贵。这使结果变得越来越复杂，人们住在一起，组建社会，按不同的社会阶层进行管理。4 000 年前，神庙和宫殿占有最好的土地，中央官僚机构没有将土地直接分给农民家庭，因为每户家庭都试图种植他们需要的所有作物，中央官僚机构规定哪些农民应该种什么。拥有肥沃庄稼地的村庄可能只种小麦，而山区的村庄种植葡萄树，还有的村庄专门制作金属制品。然后官僚就可以重新分配这些产品，从中拿去一些官僚所需要的，储存一些以备不时之需，将其余的作为配额口粮分配给臣民。公元前3500 年乌鲁克就开始实行这种分工分配，1 000 年后这成了社会规范。

国王之间也互赠自己喜欢的礼物。埃及法老们有大量的黄金和谷物，他们将这些物品送给黎巴嫩城市的次级统治者，这些统治者则赠予雪松木作为答谢，因为埃及缺乏上等木材。无法赠送合适的礼物是非常失礼的事情。因为心理原因，同时出于巩固地位的考虑，再加上拉动经济的需要，埃及法老互赠礼物这个现象就约定俗成了，而且这使物品运送、人们的迁移和观点的传播变得十分有效。在这些传播网络终端的国王和中间的很多商人变得越来越富有。

现在，我们往往认为指令经济肯定效率低下，因为指令经济由国王、独裁者或者政治官僚规定每个人应该做什么，但是大多数早期的文明都依靠这种经济体制。可能在缺乏信任和法律的世界里，市场经济无法运作，这种经济体制已经是最好的选择了。但是它们并不是唯一的选择，比皇室卑微的独立商人总能依靠皇家和牧师的事业而飞黄腾达。邻里之间用奶酪交换面包，或者帮助别人挖茅坑来换取照顾小孩的服务。城镇和国家人民在集市进行交易。修补匠用驴子装载着坛坛罐罐，来往于集市。在国家的边境地区，耕地慢慢退化成沙漠或山川，村民用面包和青铜武器与牧羊人或觅食者交换牛奶、奶酪、羊毛和牲畜。

关于这些交易的最有名的记述来自希伯来《圣经》。在希布伦附近（现在的约旦河西岸）的山丘上，雅各是一名成功的牧羊人。他有 12 个儿子，但是他偏宠第 11 个儿子约瑟，送给他一件多彩服。约瑟的 10 个哥哥一气之下把约瑟卖给了去往埃及的奴隶贩子。几年后，希布伦缺乏粮食，雅各派他的 10 个儿子去换取谷物。他们并不知道，他们在那遇到的埃及宰相正是他们的兄弟约瑟，虽然他是一个奴隶，但是在服侍法老的过程中得到提拔（不可否认，是在强奸未遂被判入狱一段时间后，当然，他是被陷害的）。当时商人不可信，因此当约瑟假装认为他们是间谍而把他们关入大牢时，他们一点也没觉得奇怪。但是故事结局很圆满，雅各和他的儿子们以及所有的后裔来到了埃及。"于是他们在埃及有了社会地位，"《圣经》写道，"在那里繁衍生息。"

约瑟的故事可能发生在公元前 16 世纪，那时人们已经追随这部《圣经》长达 2 000 年之久，这些人到现在姓名已经失传。亚摩利人来自叙利亚沙漠边界，库提人来自伊朗的山区，他们以商人或者劳工身份来到埃及，是美索不达米亚地区城市里的熟面孔；来到埃及的还有尼罗河流域的"亚细亚人"，埃及人用这个带有轻蔑性的词指亚洲。社会的不断发展使核心地区与毗邻地区的经济、社会和文化互相渗透，使核心地区不断扩大，人们对环境的控制力增强，从而促进社会发展。但是发展得越来越复杂是有代价的，社会体系变得越来越脆弱。这始终是社会发展悖论的核心部分。

神王纳拉姆辛有一个同样神圣的儿子沙尔卡利沙利，公元前 2200 年左右，当他在阿卡德的正殿统治美索不达米亚大部分地区时，问题开始出现。耶鲁大学的哈维·韦斯（Harvey Weiss）是挖掘出叙利亚的恩利尔遗址的考古学家，他认为自己知道出了什么问题。恩利尔在公元前 2300 年左右的萨尔贡时期是一座有着两万人口的城市，但是一个世纪后却成了一座被人遗弃、荒无人烟的城镇。为了寻找原因，韦斯研究小组的地质学家通过地质沉积物的微观研究发现，公元前 2200 年前，恩利尔和毗邻地区的土壤中的灰尘数量剧增。灌溉渠被淤泥堵塞，这可能是因为降水量减少，人们渐渐离开此地。

1 000 英里以外的尼罗河流域也出现了问题。在约瑟的故事中，法老依靠解梦人来预测农业收成，但是真正的法老有一种测量工具，叫作尼罗河水位计，用来测量河水的流量，并预示收成好坏。记录测量读数的文字显示，公元前 2200 年左右，河水流量大量减少，埃及也变得越来越干旱。

公元前 3800 年左右，干旱的天气促使乌鲁克发展成为伟大的城市，并且发动战争统一了埃及，但是在这个复杂、互相关联的世界里，舍弃恩利尔这样的城市也意味着，亚摩利人和亚细亚人所依靠的商业活动会随之消失。就好像约瑟的兄弟来到埃及买谷物，但是却没有发现任何谷物。他们本可以回到希布伦，告诉父亲不得不挨饿了，或者他们也可以继续走入法老的领地，如果可行的话就买食物或者用工作来换取食物，如果不可行就抢夺或者偷窃食物。

在其他情况下，阿卡德和埃及民兵组织可能已经杀了这些令人讨厌的人（经济移民或者罪犯，就在于你怎么看了），而公元前 2200 年，这些武装力量本身就很松散。有些美索不达米亚人将他们的阿卡德国王看作残暴的征服者。当假装神圣的沙尔卡利沙利未能处理好公元前 22 世纪 90 年代面临的问题时，很多牧师家庭不再与他合作。他的军队慢慢解散，将军宣称自己是国王，亚摩利帮派占领了所有城市。在不到 10 年内，帝国瓦解了。每个城镇各行其是——正如一位苏美尔编年史家描述的："那谁是国王？谁又不是国王？"

在埃及，宫廷和贵族之间的紧张关系也开始升温，国王佩皮二世已经在位 60 年，面对质问，他证明宫廷和贵族是不平等的。当他的朝臣一个个密谋反对他时，当地的上层人士却自行其是。军事政变爆发，公元前 2160 年左右，下埃及建立了一个新王朝，这时几十个独立领主和难以统治的亚细亚人团伙在乡村胡作非为。更糟糕的是，下埃及底比斯的卡尔纳克神庙的大祭司逐渐使用越来越响亮的头衔，最终与下埃及发生内战。

到公元前 2150 年左右，埃及和阿卡德分裂成了很多小国，为了争夺农民手中逐年减少的粮食，这些国家互相争斗。一些武装团体因此发财，但是少数保留下来的记录大体上都是描述当时令人绝望的情况。还有记录显示，这个危机还波及了核心地区以外的地方。考古学家很难判断一个地区发生的事件何时与另一地区产生联系，况且我们应该认识到，有时候不起眼的巧合也含有重要的信息，但是希腊最大建筑的灰飞烟灭、马耳他神庙的终结、西班牙海岸线上要塞的废弃都发生在公元前2200~前2150年之间，我们很容易就能发现这些事情之间的联系。

西方核心地区要建立更加庞大和复杂的社会体制，需要依靠人口、商品和信息的定期流动，而气候或社会局势的突变——比如恩利尔的气候突然干旱，或者佩皮二世年迈时期社会的动荡——同时也破坏了这些社会体制。一些破坏性事件不一定会造成社会混乱，比如公元前2200年后的气候干旱和移民，但是这些事件影响了历史前进的方向。至少在短期内，什么事情都可能发生。如果佩皮有一位像约瑟那样的顾问，那他或许能扭转乾坤；如果沙尔卡利沙利妥善处理他与将军和牧师的关系，那他的帝国就不会灭亡。然而，在美索不达米亚地区，最后乌尔城利用阿卡德的瓦解，建立了一座新的帝国，这个帝国比阿卡德小，但是因为官僚强行征税，留下了各类税单，我们对该国的了解更多。4万份税票被公开，还有更多的等待专家去研究。

舒尔吉（Shulgi）于公元前2094年登上了乌尔的王位，宣称自己是神灵并实行"个人崇拜"。他甚至创造了一种新的音乐体裁"舒尔吉圣歌"，来赞美他各方面的能力，从唱歌到预言，让人们敬畏他。虽然舒尔吉才华横溢，但是在他死去（公元前2047年）后的几年内，他的帝国也开始衰落。公元前21世纪30

年代，乌尔频遭袭击，问题严重，因此这里的人们建造了100英里长的城墙来抵御亚摩利人，但是公元前2028年，很多城市开始抵制乌尔的税收制度，因此国家财政在公元前2020年左右破产了。当一些将军企图为乌尔征收谷物，还有一些将军宣布独立的时候，乌尔面临严重的饥荒，就像是阿卡德没落过程的重演。苏美尔诗歌《乌尔哀歌》（*The Lamentation over Ur*）中写道："饥荒就像洪水一样淹没了城市。臣民像被洪水包围，费力喘息。国王在宫殿孤独一人，呼吸沉重，人们放下武器……"公元前2004年，袭击者洗劫乌尔，俘虏了乌尔最后的国王。

当美索不达米亚四分五裂时，埃及又统一了。当时上埃及的底比斯大祭司当了国王，在公元前2056年击退了主要敌人，并于公元前2040年统治了整个尼罗河流域。到公元前2000年，这个西方核心地区看起来非常像它1 000年以前的样子，埃及在神王的统治下统一，美索不达米亚地区分裂成很多城邦，由国王统治，这些国王最多只是"像神"而不是神。

4000多年以前，西方核心地区的野蛮社会形势令人目眩，到那时，一些促使社会发展的基本力量已经很明显。社会发展不是克拉克书中的巨石或者冯·丹尼肯书中的外星人施与人类的礼物或者诅咒，社会发展是我们自己创造的，但不是以我们自己选择的方式。正如我在前言中提出的，归根结底，因为人类懒惰、贪婪、恐惧、总是寻找又简单又有利可图的方式做事，社会才不断发展。从乌鲁克的崛起到埃及底比斯的统一，懒惰、贪婪和恐惧推动着社会的每次发展。但是人们无法以自己的意愿推动社会发展，每次社会发展都以之前所有的发展成果为基础。社会发展是一个积累的过程，包含各个前进阶段，必须以正确的顺序进行。

乌鲁克的首领在公元前 3100 年左右无法实施乌尔 1 000 年以后在舒尔吉的统治下才发展成熟的官僚体制，就像征服者威廉在中世纪的英格兰无法制造电脑一样。正如美国人所说，你无法一下就从这到那。这种积累的社会发展模式也解释了为什么社会发展速度在不断加快：每次创新都建立在前人创新的基础上，并且为后人做铺垫，这意味着，社会发展程度越高，发展越快。

然而，创新过程从来不会一帆风顺。创新意味着改变，会带来同样多的欢乐和痛苦。社会发展造就赢家和失败者，造就新的富有和贫穷的社会阶级，造就男性和女性以及老人和年轻人之间的新关系。因为后发优势理论，之前被边缘化的人被赋予了权力，这时社会发展甚至还创造出新的核心地区。社会发展需要社会扩张，社会变得更复杂、更难管理。同时，社会发展程度越高，越能威胁到社会发展本身。因此就产生了这个悖论：社会发展产生的强大力量能危害社会发展本身。当这些力量失去控制——特别是变化的环境使不确定因素大量增加——社会的混乱、毁灭和瓦解就会随之而来，正如公元前 2200 年发生的那样。在接下来的几章中我们将会看到，社会发展悖论在很大程度上解释了为什么长期注定理论不可能是正确的。

越过国界线：
由贸易和战争塑造的时代

虽然公元前 2200 年后，社会动荡横扫西方核心地区，但是这也不是"黄昏时刻"。公元前 2200 年后的衰落甚至没有在图

4-2中表现出来[1]。这可能低估了破坏性事件的规模，即使是这样，有一件事是非常明确的：到公元前 2000 年，西方的社会发展比公元前 3000 年快 50%。社会发展不断向前，西方社会发展规模扩大，形式更复杂。

核心地区在其他方面也发生了变化。公元前 2000 年后，美索不达米亚地区的统治者再也不宣称自己是神灵，甚至在埃及，人们也不再那么信任法老。公元前 2000 年，雕像和诗歌将法老刻画为比公元前 3000 年更好战、厌世和令人失望。国家权力肯定也因此缩水：虽然宫殿和神庙还是很重要，但是更多的土地和贸易掌握在私人手中。

然而，破坏性事件之所以没有使历史发展倒退，最重要的原因是，在危机发生的过程中，核心地区不断扩张，吸引边缘地区的加入，这些边缘地区在倒退时发现了新优势，于是加入了核心地区。从伊朗到克里特岛，这些地区都依靠雨养农业，边境线常常剧烈变动，人们在此建造埃及式或美索不达米亚式的宫殿，并采用埃及或美索不达米亚的经济体系。总的来说，边境地区的国王比依靠灌溉农业的核心地区的国王更需要依靠军事力量，并且更少宣称自己是神灵，可能是因为埃及和苏美尔的统治者看上去

---

1. 这种情况部分是因为我们的考古数据资料十分粗糙，部分是由于技术原因。因为数据资料不完整，所以我在描述公元前 3000 年前的社会发展时，以 250 年为间隔，很多公元前 2250 年和公元前 2000 年左右的社会动荡事件都没有涉及。而且，西方有两个核心地区，一个在美索不达米亚地区，一个在埃及，这两个地区都曾面临不同节奏的衰退。公元前 2100 年，埃及的社会发展比公元前 2200 年慢，但是美索不达米亚地区已经从衰退中恢复；到公元前 2000 年，美索不达米亚地区再次分裂，而埃及恢复发展。

太庄严，以至于伊朗和克里特岛的国王很难让自己看起来像神灵。

社会的不断发展再次改变了地理的意义。公元前3000年，大河流域对社会发展来说是至关重要的，但是在公元前2000年，生活在旧核心地区的北部边缘地区有更大的优势。现在乌克兰地区的牧人在公元前4000年驯化了野马，2 000年后，在现在哈萨克斯坦的大草原上，驯马人在强壮的马身上套上绳索，来驾驭轻便的二轮马车。一些草原牧人驾着马车出行，他们不关心核心地区的情况，但是如果有人有能力购买4 000辆马车，那情况就不一样了。马车不是坦克，可以压垮敌人的阵线（很多历史巨片的导演喜欢这样描述），但是登上马车，弓箭手队伍能迅速移动，这使行进缓慢的老式步兵部队彻底过时。

马车的优势看起来十分明显，但是在一种战略系统下运筹帷幄的军队往往很难采用另外一种战略系统。如果建立一支训练有素的驾驶战车的军队，等级分明的纯步兵军队就会陷入混乱，一群新的精锐部队就会被授权。虽然缺乏证据，但是有着根深蒂固的等级制度的埃及人和美索不达米亚人似乎慢慢地采用了这种新的战略系统。北方的新城市则更灵活，比如神秘的胡里安人所居住的城市，很明显，他们在公元前2200年从高加索移居至美索不达米亚北方地区和叙利亚。胡里安大草原让他们能更有效地使用新武器，而且因为社会结构松散，或许他们更容易采取新的战略系统。胡里安人、伊朗西部地区的加喜特人、安纳托利亚的赫梯人[1]、现代的以色列和约旦地区的西克索人以及希腊的迈锡尼人

---

1. 古历史学家通常将这片现在土耳其的土地以希腊语命名，叫作安纳托利亚，意思是"东部的土地"，因为本来从亚洲中部地区来的土耳其人在公元11世纪才在安纳托利亚定居下来。

都没有埃及或者美索不达米亚地区的巴比伦城组织严密，但是严密的组织一时变得无关紧要，因为有了马车，这些之前被边缘化的人们就有了更好的作战方针，他们就能侵略，甚至占领历史更悠久、更富有的邻国。西克索人不断向埃及迁移，在公元前1720年建立了自己的城市，并在公元前1674年夺取了王位。公元前1595年，赫梯人侵略了巴比伦，不久加喜特人占领了美索不达米亚地区的城市。到公元前1500年，胡里安人创建了一个王国，名为米坦尼，迈锡尼人征服了克里特人。

那是一个社会动荡的时代，但是从长远看，那些动乱使核心地区扩张，而没有使社会发展倒退。在美索不达米亚地区，因为奴役、放逐、屠杀和劫掠，北方的移民取代了当地的统治者。在埃及，底比斯人领导的叛乱于公元前1552年终结了西克索王朝，社会也没有发生很大的变化。但是到公元前1500年，新的王国在旧核心地区的北部边缘地区形成，它们发展迅速，很快成为一个扩大版的旧核心地区。这些大国互相联系紧密，因此历史学家将接下来的300年称为国际化时代。

贸易蓬勃发展。皇家的记录文本充满了关于这方面的记载。在阿马那发现的公元前14世纪的书信显示，巴比伦、埃及、亚述、米坦尼和赫梯等新兴强国的国王谋取更高地位，索取礼物，嫁出公主。他们创造了共同的外交辞令，并互称"兄弟"。二级统治者被排除在强国俱乐部之外，强国俱乐部的国王称他们为"仆人"，但是等级是可以重新商量的。比如说，阿希亚瓦（可能是希腊）是一个陆地边界的强国。在阿马那的记录中没有阿希亚瓦的书信，但是赫梯国王在一份公元前13世纪的条约中列了一张"和我等级相当的国王"的列表，他列了"埃及国王、巴比伦国王、亚述国王和阿希亚瓦国王"——为了完善这张列表，他把亚述国王从列表中除去。

这些兄弟国家之间的交往越密切，他们的竞争就越激烈。公元前8世纪的西克索侵略使埃及的上层人士受到创伤，无法逾越的沙漠会保护他们不受攻击的想法被粉碎，他们决定防止这样的侵害再次发生，因此他们将松散的民兵组织升级为永久军队，配备职业军官和当代马车军队。公元前1500年，埃及人沿着地中海岸征伐至叙利亚，沿途建筑要塞。

公元前1400年爆发了军备竞赛，落后者遭殃。在公元前1350~前1320年之间，赫梯和亚述人吞并了米坦尼。亚述干涉了巴比伦的内战，到公元前1300年，赫梯打败了另一个邻国阿尔查瓦。赫梯和埃及国王发动了一场殊死的冷战，派出了很多间谍，发动了很多次秘密行动，控制叙利亚的城邦。公元前1274年，冷战变成热战，当时世界上最大的两支军队——估计每支有3万名步兵、5 000辆战车——在卡叠什发生冲突。很明显，埃及法老拉美西斯二世陷入了困境。既然他被人们视为神灵，这个困境不会引起任何问题，拉美西斯二世在7座以上的神庙张贴了以下告示，告诉我们他发动了史泰龙的电影中兰博式的狂暴行为：

> 国王陛下（拉美西斯二世）歼灭了我们的敌人哈梯人（也叫赫梯人）的整个军队，还有他们的军队首领和所有弟兄，以及和他们同伙的国家的所有首领、步兵和战车骑兵，他们一个个倒下。国王陛下以牙还牙，将他们杀死。他们横尸于他的马前，而且国王陛下独自征战，并没有他人陪同。

如拉美西斯二世所说的，"哈梯的卑鄙首领"后来求和了（他最好求和，否则后果不堪设想）。

要从神王的夸大言辞中得出军事史实，这很困难，但是所有其他的证据都显示，事实和拉美西斯二世的吹嘘完全相反，拉美西斯二世那天差点中了赫梯的埋伏。赫梯人沿着海岸线不断向前行进，直到公元前1258年，他们因为遇到了新的战斗而停止前行，一场是与亚述在安纳托利亚南部的山脉交战，另一场是与希腊的冒险家在安纳托利亚西部海岸交战。有些历史学家认为，5个世纪后希腊的史诗——荷马的《伊利亚特》大致反映了公元前1220年的一场战争，在这场战争中，希腊的盟军围攻了赫梯的附庸城特洛伊；远在东南地区，一场更具破坏性的围攻正在进行，这场战争以亚述在公元前1225年侵略巴比伦告终。

这些都是野蛮的搏斗。失败意味着被歼灭——男人被屠杀，女人和小孩被俘，城市残破不堪，渐渐被人遗忘。因此，为了赢得胜利，人们不惜牺牲一切。更多武装上层人士出现了，他们比之前的更富有，他们的内部宿怨发生了变化。国王们在他们的宫殿修筑防御工事，或者在不受低阶层人士烦扰的地方建造新城市。税收和强制劳役剧增，而且随着贵族依靠借贷保证奢华的生活方式、农民抵押粮食收成以生存下去，负债不断增加。国王们将自己描述为人们的牧者，但是他们花更多时间去剪人们身上的羊毛而不是去保护他们。国王们控制劳动力，迫使人们为他的建筑工程工作。为法老的城市辛劳工作的希伯来人、雅各儿子们的遥远后代，只是这些奴隶人口中最为人熟知的。

因此，公元前1500年后，国家权力增加，西方核心地区随之扩张。人们在西西里、撒丁岛和意大利找到了希腊制造的陶器，这表明，其他更值钱的（但是考古更难发现）的商品也被带到遥远的地方。考古学家深入安纳托利亚海岸，发现了当时的贸易机制，这令人惊奇。公元前1316年左右在乌鲁布伦失事的船只装载着大量铜和锡，这些铜和锡能够锻造10吨青铜，还装载着从热带非洲运来的乌木和象牙、黎巴嫩的雪松木、叙利亚的玻璃、希腊和现在以色列地区的武器。简而言之，能赢利的东西都有一些，这些东西可能是被聚集到一起的，船员来自各行各业，他们在轮船航行路线的各个港口，收集各种各样的物品。

西方核心地区逐渐开始包括地中海海岸。含有青铜武器的富有者的坟墓显示，在撒丁岛和西西里，村庄首领慢慢成为国王。记录文本显示，年轻人离开这些岛上的村庄，就像核心地区战争中的雇佣兵那样，去寻求自己的财富。撒丁岛人在巴比伦停了下来，甚至还到了现在的苏丹。在这里，埃及军队为了寻找黄金向南行进，沿路袭击当地的国家，建造神庙。在更远的地方，瑞典的军队首领们不断被战车埋葬，战车是西方核心地区的地位象征，瑞典军队还使用其他进口的军事武器，尤其是锋利的青铜剑。

随着地中海变成了新的边界，不断前进的社会发展又一次改变了地理的意义。公元前4000年，因为灌溉农业和城市的发展，埃及和美索不达米亚地区的大河流域开始变得比侧翼丘陵区的旧核心地区更发达，在公元前2000年，远距离贸易迅速发展，使地中海广阔的航路创造更多价值。公元前1500年后，动荡的西方核心地区进入了扩张的新时代。

天下万国：中国为什么没有金字塔

考古学家往往会遭受这样的烦恼，我认为这个烦恼是埃及嫉妒症。无论我们在何处挖掘，挖掘出何物，我们都会认为，如果我们在埃及挖掘的话，我们会找到更好的东西。埃及嫉妒症也会影响到其他行业的人，知道这一点我们就会感到很宽慰。1995年，中国时任国家科委主任、国务委员宋健正式访问了埃及。考古学家告诉他埃及的古物比中国的年代更久远。回到北京后，他启动了夏商周断代工程。4年后，该工程宣布了发现成果：埃及古物的确比中国的年代久远。现在，我们至少知道久远多少时间。

正如我们在第二章中看到的，公元前9500年农业生活方式就开始在西方发展，足足比中国早2 000年。到公元前4000年，农业传播至边缘地区，比如埃及、美索不达米亚地区，当公元前3800年季风开始转而向南吹时，这些农民为了保护自己，建造了城市和国家。东方也有很多干旱的边缘地区，但是到公元前3800年，他们才开始接触农业，因此更寒冷、更干旱的天气没有导致城市和国家的崛起。如果温暖潮湿的长江和黄河流域更干旱一些、更易控制一些，可能会使两岸的村民生活更方便。长江流域的大片区域在公元前4000年是亚热带森林，这在现在很难想象。在北京现在堵车严重的地方，那时大象在吼叫。

公元前4000年的中国没有像埃及和美索不达米亚地区一样，发展并建立城市和国家，但人口缓慢增长。人们砍伐森林，建立新的村庄，老村庄发展成城镇。人们获取能量的能力越强，人口增长越快，人们的压力也越大。因此，他们像西方人一样，不断改进，不断试验，寻找新方法，从土壤中获取更多东西，更有效地组织自己，并从别人手中夺取他们想要的东西。在更大的区域周围出现了用夯土建筑的坚固要塞，这意味着当时有战争；有些居住地比其他地方更有组织，这意味着出现了群落规划；房屋变得越来越大，我们在房屋里面发现了更多物品，这意味着生活水平的提高；但是房屋之间的差距也在增大，这可能意味着富有的农民正在将自己同邻居区别开来。有些考古学家认为，房屋内工具的分配也显示了性别差异。在一些地方，尤其是山东，一些人的最后容身地——大坟墓中比别人有更多的物品，特别是男人的坟墓，有些坟墓中甚至还有精致的玉雕饰物。

虽然这些玉饰很漂亮，考古学家在挖掘中国公元前2500年的遗址时，还是很难避免埃及嫉妒症带来的说不出的痛苦。他们没有发现任何伟大的金字塔或者皇室的刻印文字。事实上，他们的发现更像是考古学家发现的公元前4000年西方核心地区的遗址，在城市和国家出现不久之前。东方走着像西方一样的道路，但是至少落后1 500年。按照这样的模式，东方在公元前2500~前2000年之间经历了社会转变，就像西方在公元前4000~前3500年之间经历的转变一样。

在长江和黄河流域周围，社会变化加速，但是一个有趣的模式出现了。最快的改变不是发生在最广阔的有着肥沃土壤的平原上，而是在狭窄的地方。在这种地方，如果人们在村庄内为抢夺资源而斗争失败或者战争失败，就很难逃跑，很难重建家园。比如说，考古学家发现在公元前2500~前2000年之间，在山东的小片平原上形成了新的居住分布模式。一个大城镇发展起来，这个城镇可能有5 000名居民，周围分布着较小的卫星镇，每个卫星镇又有各自更小的卫星村。调查发现，伊朗西南地区的苏萨在1 500年前也有着相同的模式。当一个群落取得政治控制权时，可能都会采取这种模式。

有些人的葬礼上会有奢华的祭品，据此我们可以判断，公元前 2500 年之后，真正的国王在山东可能很难享受到这样的待遇。一些坟墓中有十分豪华的玉饰，其中有一座坟墓中有一个看起来很像皇冠的绿松石头饰。然而，最引人注目的发现也只是丁公[1]的一片十分简陋的陶瓷碎片。这片看起来其貌不扬的陶瓷碎片刚刚出土时，挖掘人员只是把它和其他挖掘出的物品一起扔到了桶里，但是当他们回到实验室清洗这块陶瓷碎片时，他们发现在碎片表面刻有 11 个符号，这些符号和中国后来的文字有关，却又与之不同。挖掘人员提出疑问，这是不是广泛流传、写在易毁坏材料上的文字的冰山一角？山东的君王是否像 1 000 年前美索不达米亚地区的乌鲁克统治者一样，有官僚帮他处理事务？事实可能如此，但是其他考古学家认为，这些文字的鉴定非同寻常，他们怀疑日期鉴定错误，他们甚至怀疑这是伪造的。只有之后的发现才能解释这些疑问。无论有没有这些文字，掌管山东群落的人肯定权力很大。到公元前 2200 年，人类献祭变得很寻常，有些坟墓还有祖先崇拜。

这些掌管者是谁？陶寺[2]是 400 英里以外汾河流域的一处遗址，可能会提供一些线索。这是到当时为止最大的村落，大约有 1 万居民。一座巨大的夯土平台可能支撑起了中国第一座宫殿，虽然唯一的直接证据只是被毁坏的墙上的一片装饰碎块，碎块是在一个考古坑穴中被发现的。

在陶寺，成千上万的坟墓被挖掘出来，这些发现暗示，当时有着森严的社会等级制度。10 座坟墓中有 9 座是小坟墓，只有

---

1. 丁公遗址位于山东省邹平市苑城镇丁公村东，距今约 2 000~5 500 年。——译者注
2. 陶寺遗址位于黄河中游地区，距今约 3 900~4 500 年。——译者注

很少的祭品。10座坟墓中约有一座较大的坟墓，但是约100座坟墓中就有一座巨大的坟墓（通常是男性的）。有些巨大的坟墓有200件祭品，包括画龙的花瓶、玉饰和整猪，这些猪被用来献祭而不是被吃掉。最富丽的坟墓还含有乐器：黏土或木质鼓，鼓皮用鳄鱼皮制成，还有大石钟、外形奇特的铜铃，这和第二章已经谈论过的史前墓地贾湖有着惊人的相似。

我在第二章讲述贾湖时提到了考古学家张光直的理论：东方的君王从史前的萨满发展而来，这些萨满用酒、音乐和重复的仪式来向自己（和他人）证明，他们旅行至精神世界，和祖先与神灵交流。当张光直提出这个想法时，贾湖遗址还没有被挖掘，而且他只能找到公元前3500年左右的证据。但是说到陶寺和其他相似遗址时，他指出，中国的宗教和皇家的象征在公元前2500~前2000年之间被具体化。2000年后，一本关于礼仪的儒家著作《周礼》列出了在陶寺的坟墓中发现的所有种类的乐器，将其列为上层人士仪式中演奏的乐器。

张光直认为，和《周礼》同时期的文学作品也显示了公元前2000年那段时期的状况。其中最重要，也可能是最神秘的著作就是《吕氏春秋》，这是一部包含很多实用知识的著作，由秦国丞相吕不韦于公元前239年编撰。吕不韦宣称："天道圆，地道方，圣王法之，所以立天下。"据说圣王是地神的后代，最后一位圣王禹通过开凿水渠，抵御黄河的洪水，拯救了人类。有文本记载："苟非禹，吾属皆为鱼矣。"[1]充满感激的人们让禹成为他们的大王，建立了中国的第一个朝代——夏。

---

1. 意思是，如果不是禹王，我们就都变成鱼了。——译者注

吕不韦对自己编撰的《吕氏春秋》的准确性深信不疑，他在城市的主要集市外悬赏，谁能把书中的文字增加一个或减少一个，他就赏黄金千两。（幸运的是，现在出版社不要求作家这么干了。）虽然吕不韦的信念很感人，但是大禹的故事听起来和诺亚方舟的故事一样缺乏可信度，诺亚方舟是拯救人类使其逃离洪水的西方版本。很多历史学家认为这些圣王完全是虚构的。然而，张光直认为吕不韦的书保留了公元前3000年的真实信息，虽然这些信息有点歪曲。在那个时代，类似王权的权力在东方正在形成。

吕不韦书中描述，圣王将天圆地方作为他们立天下的法则，张光直认为，这和一种玉厄"琮"有关系。公元前2500年的长江三角洲区域，在富丽的墓地里就有琮，后来传到了陶寺和其他地方。琮是一种内圆外方的筒形玉器，圆和方代表了天和地的统一。方圆一直代表着皇权的强大，一直到1912年中国最后一个封建王朝的终结。如果你在北京的紫禁城，在拥挤的人群中探视昏暗的宫殿内部，你就会看到同样的符号——方形王座、圆形藻井——很多东西都是这样的形状。

古代的僧侣王宣称他们可以在我们的世界和精神世界中穿行，并且将琮作为他们权力的象征。张光直指出，这些记忆一直保留至吕不韦所处的时代。张光直将公元前2500～前2000年这段时期称为"玉琮时代，在这段时期萨满教和政治活动联合起来，上层阶级出现，用萨满教来控制社会"。最引人注目的琮当然是皇家财富，比如，最大的琮刻着神人和动物，考古学家将它命名为琮王（他们非常缺乏幽默感）。

如果张光直的理论是正确的，那公元前2500～前2000年之间，宗教专家们就把自己变成了统治精英，就像美索不达米亚地区 1 000 多年前的宗教专家一样，他们还将夯土平台上的庙宇作为向神灵传达信息的扩音器。一处遗址甚至还有一座形状似琮的圣坛（不可否认，虽然很小，斜边长只有 20 英尺，平台很低）。

到公元前 2300 年，陶寺看起来就像发展中的乌鲁克，他们有了完整的宫殿、平台，当地的首领正要成为天子。很突然的，他们没有成功。上层阶级的宫殿被摧毁，这也是为什么当时的宫殿留下的唯一痕迹是在垃圾坑里发现的一块墙壁碎块，我之前提到过。40 具尸骨被扔进当时宫殿所在的地方，其中有些尸骨被肢解，有些尸骨上还有武器，一些最大的墓地遭到掠夺。陶寺的面积变成了原来的一半，在几英里开外，一座新的大城镇发展了起来。

考古学家感到最沮丧的是，我们常常能发现事情的结果，却找不到原因。我们可以编造故事（野蛮人烧毁了陶寺！内战摧毁了陶寺！内部争执让陶寺分裂！新的邻国侵略了陶寺），但是我们几乎无法分辨出哪一个故事是真的。这样的话，我们最多也只能认为，陶寺的衰落是社会发展进程的一部分。到公元前 2000 年，山东最大的地区也被废弃，中国北部地区人口减少——这时，埃及和美索不达米亚地区当然也在遭受干旱和饥荒灾害。气候变化会造成当时世界范围内的危机吗？

如果像埃及的尼罗河水位计那样，陶寺也用一个黄河水位计来记录溢流水位，或者，如果中国的考古学家也像叙利亚恩利尔的考古学家那样进行微观研究，那我们就能回答上面这个问题，但是我们并没有这些证据。这些事件发生 2 000 年后，有相关文字记录，我们可以搜寻这些记录来找到相关信息，就像我们从《吕氏春秋》中找到关于圣王的故事一样，但是我们无法辨别，这些文字的作者对如此久远的年代了解多少。

《吕氏春秋》中写道："当禹之时，天下万国。"很多考古学家认为这里的"国"指的是"酋邦"，是一个城墙包围的小型政治单位，他们觉得这个词能十分恰当地描述公元前2500~前2000年之间黄河流域的情况。还有些学者主张，禹王的确存在，他终结了万国时代，并建立了夏朝。文献资料甚至还提供了气候原因：黄河不是美索不达米亚式的风沙中心，黄河流域10年中有9年会下倾盆大雨，这也是为什么禹需要疏导黄河的水。当然，这些学者的推测可能是真的，20年前，黄河有些地方开始干旱，人们经常把黄河干旱叫作"黄祸"，因为大多数年间黄河都会发洪水，使大批农民遭受苦难。

禹的故事可能的确是基于公元前2000年左右的一场真正的灾难，也可能只是一个民间故事。我们无法确定。但是我们又一次发现，虽然我们不清楚发生社会变化的原因是什么，但是结果却很明显。公元前2000年，山东和汾河流域的城镇再次发展起来（陶寺甚至还有一座高20英尺，对角线长200英尺的大平台），后发优势开始显露——这个理论在西方历史中如此重要，在从前的穷乡僻壤伊洛河流域，更多的纪念性建筑开始建立起来。

我们没有足够的证据证明伊洛人为什么不模仿陶寺的建筑，而是创造了全新的建筑风格。之前的1 000年，中国北方流行从每个角度都能看到、都能靠近的大型建筑，陶寺的建筑代替了这种建筑，宫殿变成封闭式的，庭院被有顶的走廊包围，只有几处入口，然后用高高的夯土墙将宫殿隐蔽起来。解释建筑风格是一件很棘手的事，但是伊洛式的建筑风格可能意味着，随着僧侣统治传播到伊洛河流域不断变化的边缘地区，统治阶级和被统治阶级的关系发生了巨大的变化，等级制度变得更森严。

我们可以将这看作东方的乌鲁克时代，一个群落远远超过它的竞争对手，并发展成为一个国家，统治者可以使用武力强行做出决策，强行征税。这个群落就是二里头，公元前1900~前1700年，二里头迅速发展成一座真正的城市，有25 000居民。很多中国的考古学家认为，二里头是夏朝都城，传说夏朝由禹王建立。其他国家的学者大体上都反对这个说法，他们指出，到二里头废弃以后1 000多年才有关于夏朝的文献资料。可能他们认为夏朝和禹王都是人们编造的。这些学者指责中国的学者，说得好听点，就是认为他们轻易相信这些神话；说得难听点，就是认为他们别有用心，利用这些神话进行宣传鼓吹，以提升现代中国人的民族认同感。毫不奇怪，这些争辩变得很令人讨厌。

这些争论与我们讨论的问题关系不大，但是我们也不能避而不谈。就我来说，即使关于禹的故事大多数是民间传说，我也倾向于相信夏朝的存在以及二里头是夏朝的都城。我们在接下来的部分会看到，当我们想要证实它的准确性时，我们会发现中国的历史学家非常善于将名人代代相传，我无法想象禹和夏是凭空编造出来的。

无论事实如何，夏朝的禹，或者任何统治二里头的人可以指挥更多劳工来建造一系列宫殿，可能还在夯土平台上建新的封闭式宗庙。支撑一号宫殿的平台总共花费了10万个工作日的劳动来完成。在距离此地0.25英里的地方，考古学家从青铜铸件中发现了熔炉、渣滓和铸模。公元前3000年，人们就发现了铜，但是铜对人们来说一直是新事物，多数人只是把它当做小饰品。当二里头在公元前1900年左右发展起来时，武器还不常见，石头、骨头和贝壳还只是农业工具，这种情况一直持续到公元前1000年。因此，二里头的铸造工艺较之早期的工艺有了重大突破，产出了大量武器和工匠的工具，这帮助这个城市取得了成功，同时也生产出了非凡的礼器——陶寺早期的铜铃、镶嵌绿松石兽面纹青铜牌饰和直径一英尺多的青铜瓿。在二里头发明的这些器物（青铜斝、青铜鼎、青铜爵、青铜盉）成为东方人传达宗教旨意的终极扩音器，它们代替了琮，在接下来的几千年间在宗教仪式中发挥了重要作用。

这些伟大的器物只能在二里头找到。张光直认为，皇室的权力是由这些礼器和超自然世界来体现的，如果他的看法正确，那青铜礼器对二里头的神权来说可能和青铜剑同样重要。二里头的国王有最大的扩音器和神灵交流，一些次要的小国领主可能会得出这样的结论，与最能向神灵传达信息的人合作是明智的。

然而，对于国王来说，青铜器皿是一种工具，同时也是一件令人头痛的事。青铜器异常昂贵，需要无数工匠，一吨又一吨的铜、锡、燃料——这些在伊洛河流域都很短缺。二里头不仅建立了一个小国家（一些考古学家通过定居的格局，猜测这个国家占地2 000平方英里），还派出殖民者去掠夺原材料。比如，东下冯地处丘陵，有丰富的铜矿，在二里头以西100英里，有二里头式陶瓷和大量炼铜残渣，但是没有宫殿、富丽的坟墓或者铸造器皿的模具，更不用说这些器皿本身了。原因可能是考古学家挖掘错地方了，虽然他们在东下冯寻找了很长时间。最可能的原因是，铜在东下冯被开采并提炼，然后被送到二里头这个东方第一殖民政权。

从二里头文化到甲骨文的发掘

后发可能会有优势，但是也有不利之处，尤其是当一个周边国家进入一个旧核心地区时，它就会面临新的周边国家，这些国家和它一样想进入旧核心地区。公元前 1650 年，二里头是东方最耀眼的城市，庙宇中闪耀着青铜鼎，悦耳的钟声不绝于耳，但是如果有大胆的二里头城里人走出黄河流域，走到一天步行路程之外，他就会置身于一个充满军事要塞和敌对领主的暴力世界。在离二里头 40 英里的地方发现了两具被剥掉头皮的尸骨。

二里头和这些荒野边界的关系，可能很像美索不达米亚地区的阿卡德帝国和亚摩利的关系，贸易和劫掠对双方都有利，一直到这个平衡被打破。偃师建于公元前 1600 年，距二里头 5 英里，这个军事要塞的出现意味着东方出现了动荡。后来，文献资料显示，在这段时期，一个新朝代商朝推翻了夏朝。在偃师发现的最早文物结合了二里头式的物质风格和黄河以北地区的文化传统，大多数中国的考古学家（现在还有很多其他国家的考古学家）认为，商在公元前 1600 年左右跨越了黄河，击败了二里头，建立了偃师来统治那些更卑下却更久经世故的敌人。当二里头逐渐衰退时，偃师迅速发展成一座伟大的城市，直到公元前 1500 年，商朝的君王可能不想离之前的敌人二里头人太近，于是迁都 50 英里以东的新城市郑州。

看起来，人们在二里头能做的事，在郑州能做得更好，或者规模更大。郑州的内城和二里头差不多大小，郑州还有 1 平方英里的市郊，每个郊区有各自的夯土墙。据估计，这需要 1 万劳工花费 8 年建造完成。后来一首诗这样描述建造这类墙的劳役：

"捄之陾陾，度之薨薨。筑之登登，削屡冯冯。"[1]那时郑州肯定萦绕着轰轰、噔噔、乒乓的建造之声。郑州需要不止一处的青铜铸造间，其中一处就留下了 8 英亩的废料堆。郑州的礼器延续了二里头的传统，但是更宏大。公元前 1300 年被匆忙埋葬（可能是因为战乱）的一座青铜鼎高约 3 英尺，重约 200 磅。

郑州同时也扩张了二里头的殖民范围。在长江之外 400 英里，矿工为了寻找铜矿，挖遍了铜陵的山谷，开采了上百个竖井，破坏了当地的山水，留下了 30 万吨残渣。他们留下的物品（保存相当完善，考古学家甚至还找到了他们的木质和竹质工具，还有芦苇席子）和商朝都城的很像。当乌鲁克的物质文化在公元前 3500 年后沿着美索不达米亚地区传播时，有些遗址看起来就像乌鲁克的复制品，甚至连街道的布局也一模一样。同样，商朝的殖民者在盘龙城建造了一座小型郑州，商朝式的宫殿、富丽的葬礼、青铜礼器一应俱全，开通了从铜陵到商朝中心城区的通道。

然而，直到公元前 1250 年，商朝才真正繁荣起来。根据传说，1899 年，国子监祭酒王懿荣的亲戚得了疟疾，派人去买一剂中药龟甲[2]。这位生病的亲戚是个受过教育的人，当他看到仆人带回的龟甲上刻有一排符号时，他猜测这是中国古代的文字。他把龟甲送到王懿荣家，询问他的意见，王懿荣猜测，这些文字可追

---

1. 出自《诗经·大雅·绵》。翻译成现代诗歌：盛起土来满满装，填起土来轰轰响。噔噔噔是捣土，乒乒乓是削墙。——译者注
2. 我说"根据传说"是因为周口店遗址（第一章我们已经讨论过这个史前遗址）的线索差不多也是以这种方式在同一年开始发现的：一位德国博物学家因为国内动乱而被困在北京的时候，他辨认出一家药店的"龙骨"为早期的人类牙齿。这样的巧合稍有可疑。

西方将主宰多久
东方为什么会落后，西方为什么能崛起
196

溯到商朝。

王懿荣买了更多龟甲，在译解这些符号上有了很大进展，但是进展还不够迅速。1900年夏天，义和团运动使人们对西方的愤怒爆发。皇太后支持这些人对西方的反抗，并派包括王懿荣在内的朝廷官员掌管民兵队伍。义和团团民包围了外国大使馆，但是两万外国军队——日本、俄国、英国、美国和法国——突袭了北京。王懿荣的家在这场灾难中被掠夺殆尽，他和他的夫人，还有长媳一同服毒跳井自尽。

王懿荣的刻有甲骨文的龟甲传到了他的一个老朋友手中。10年内，这位朋友被发配到中国荒凉的西部地区，忍辱负重，最后也病逝了，但是他在1903年成功出版了一本关于甲骨文的书。这在当时引起了一阵甲骨狂热。国内外的学者纷纷抢购龟甲，有一位学者出价每字3盎司白银，而那时北京的劳动者每天只能赚到1/6盎司的白银。坏消息是，这股热潮导致了非法挖掘，一些武装团伙在西红柿田里为了抢夺龟甲碎块而决一死战。然而，好消息是鼓舞人心的。王懿荣的判断是正确的，这些甲骨文是中国最古老的文字，而且这些甲骨文还记录了中国到商朝为止的历代帝王，这些名字和公元前1世纪历史学家司马迁的记载不谋而合。

古董商试图将甲骨文的挖掘地保密，但是人们很快就知道它们来自安阳。1928年，国民政府在那里启动了首次官方考古挖掘。不幸的是，同周口店北京猿人遗址的挖掘一样，这次挖掘也遭遇了同样的问题。军阀和强盗在附近争斗，盗墓者用自制手枪向警察射击，日本军队逼近此地。1936年挖掘将要结束前一小时，考古学家发现了史上规模最大的甲骨文龟甲，共有17 000片。考古学家又花了四天四夜将这些龟甲挖出土，他们知道这些龟甲可能永远也不会再入土了。在接下来战乱的 10 年，他们的大多数发现都消失了，但是青铜器和甲骨文龟甲在 1949 年被运往台湾。这一切都是值得的，安阳的挖掘改变了中国早期的历史。

这几次挖掘表明，安阳是商朝最后一个都城，建于公元前 1300 年。安阳用城墙围起的居住地直到 1997 年才被发现，占地约 3 平方英里，但是像郑州一样，安阳的市郊使城区相形见绌。庙宇、墓地和铸铜间在周围 10 平方英里以内都可见到，整个面积相当于曼哈顿的 1/3。一处在 2004 年被挖掘的铸造间占地 10 英亩，但是这个用来举办仪式的地方的中心处正在举行一项不同的活动：国王通过举行仪式祈求祖先保佑，这些仪式在甲骨文记录中十分重要。

挖掘出的甲骨文在武丁王（公元前 1250~ 前 1192 年）统治时期就开始出现了，根据这些甲骨文含有的信息，我们可以将当时仪式的各个阶段拼凑在一起。国王会向祖先提出问题，在流经安阳的河流对岸，国王从华丽的坟墓中召唤祖先的灵魂。他将一根烧烫的木棒压在龟壳或骨头上，然后解释碎裂的声音的含义，专家就会在甲骨上记录下结果。

这些仪式使武丁王成为祖先首领，负责为最近死去的国王举办祭祀活动，将这些国王的灵魂召集在一起，让他们召集并招待各自的祖先，这些祖先——为了特别严肃的事情——会召集所有祖先的灵魂，直至所有人的共同祖先——至高神灵"帝"。不会说话的乌龟能让人们听到祖先的旨意，这种思想在 6 000 年前的贾湖就存在了，我们在第二章讨论过。但是，商朝的君王使其规模更大，形式更佳。考古学家在安阳发现了 2 万多片甲骨，西方甲骨文研究泰斗古德炜（David Keightley）计算，当时大约制造了 200 万 ~400 万片，用去了 10 万只乌龟和牛。仪式还包括饮酒狂欢，可能是为了让君王和巫师进入状态，和神灵交流。

商朝的君主死后都会举行规模宏大的葬礼，下一任君主会传承这个传统。考古学家发现了八座皇家坟墓，从公元前 1300~ 前 1076 年的每位君主都有一座，第九座帝辛的坟墓未建造完成，商朝在公元前 1046 年灭亡的时候，帝辛还在位。所有坟墓都被掠夺，但是墓地仍然规模宏大——每座坟墓挖出几千吨泥土，根据埃及的墓地规模标准来看，这是微不足道的，但真正令人震惊的是商朝葬礼的特色：暴力。

中国古代文学讲述过人们为社会上层人士"陪葬"，但是安阳的挖掘者在挖掘出这么多残酷的发现之前还是没有做好心理准备。第 1001 号坟墓可能是武丁王的墓地，墓地里有 200 具尸体——竖井底部有 9 具尸体，每个坑穴放一具尸体和一条狗，还有一些被故意折断的青铜剑，在竖井周围的壁架上还有 11 具尸体，坟墓封土的斜面上还分散着 73~136 具尸体（很难从这些破碎的尸体残骸判断精确数量），坟墓表面附近还有 80 具尸体。坟墓周围大约共有 5 000 个祭祀坑，每个祭祀坑里都有陪葬的人（大多数是男人，有些人因为苦役而伤了关节）和动物（从鸟类到大象）。这些被命运诅咒的人没有安详地死去。有些人被砍头，有些人被砍去四肢，有些人被腰斩，还有些人被绑得身体扭曲，这些人肯定都是被活埋的。

这些数字令人震惊。甲骨文记载了 13 052 次仪式性凶杀，如果像古德炜说的那样，我们只发现了其中的 5%~10%，那么受害人总共有 25 万人。平均算来，150 年内，每天有 4~5 人死于非命。然而，事实上，他们被聚集到宏大的葬礼上。在这场贵族的狂欢会上，他们被刀劈，哭喊着死去，墓地的确是用鲜血建造成的。大约3 000年后，墨西哥的阿兹特克国王为了向他们嗜血的神灵魁扎尔科亚特尔提供战俘的血，发动了战争。商朝的君王可能为了祖先，做了同样残忍的事，尤其是对羌族人，在甲骨文记载中，有7 000多名羌族人被害。

武丁王和他的同僚像西方的伟大国王那样，在这个世界建造墓地，同时和另外一个世界的神灵交流。因为个人崇拜和战争，他们成了君王，葬礼使死去的君王变成下一任君王的祖先，这充满了军事象征意味。第1004号坟墓（可能是廪辛的墓地，廪辛死于公元前1160年左右）虽然被掠夺，但仍然有731支矛头、69把斧头和141只头盔。武丁王和帝的直接交流也往往是关于战争的。甲骨文记载："甲辰卜，争贞：我伐马方，帝受我佑。"

按照西方的标准来看，商朝的军队规模很小。甲骨文记载的最大军队有1万人，是卡叠什罗马军队的1/3。甲骨文记录的地名显示，武丁王直接管理黄河流域的一小块土地，还有一些遥远的殖民地，比如盘龙城。很明显，他管理的国家不像埃及那样完整、有税收、官僚制度健全，而是一些分散的同盟，这些同盟会向安阳进献贡品——用来祭祀的牲畜、白马河兽骨，甚至是用来献祭的人。

公元前1世纪的历史学家司马迁将商王写入他编纂的历史中，他编写的历史使早期的中国历史听起来很简单。在圣王（禹王时代达到顶峰）时代之后，中国建立了夏朝，然后是商朝，接下来是周朝（夏商周断代工程中的三个朝代）。中国自这三个朝代起发展起来，其他信息都不值一提。但是考古学家发现二里头和安阳在当时是无可匹敌的，同时也发现，司马迁的记录使历史过于简单化。夏朝和商朝周围还有几十个邻国，就像埃及和巴比伦那样。

考古学家才刚刚开始发掘其他国家令人印象深刻的遗迹，尤其是中国南部和东部地区。直至1986年，我们还毫不知晓，一个富有的国家于公元前1200年在长江上游的四川兴旺发展起来。但是考古学家不久就在三星堆发现了埋有宝藏的坑穴，其中有几十座青铜钟，一些六英尺高的人像，大眼，戴冠，还有精致的青铜"神树"，是人像的两倍高，枝叶繁茂，硕果勾垂，枝上立鸟栖息。挖掘者无意中发现了一个失落的王国，这个国家的主要城市于2001年在金沙附近被发现。据估计，在21世纪的前20年，中国将建造世界上一半的房屋和高速公路，我们难以预测抢救遗迹的考古学家是否会在这些挖土机前抢先一步，发掘新的遗迹。

我们很容易认为赫梯人、亚述人和埃及人是不同的民族，因为古代的记录文本显示，他们有着不同的语言，而且我们习惯地认为，西方被分为很多国家。然而，在东方，根据司马迁编写的历史，中华民族始于夏朝，并向外辐射，这个想法如此吸引人，以至于人们很难想象中国之外的其他东方国家，这些国家现在是中国的一部分，并始终是中国的一部分。事实上，古代东方和西方都包括众多国家，它们有着相同的信仰习惯和文化形式，但又有着不同之处。它们进行贸易、战斗，互相竞争，不断扩张。随着我们的证据不断增加，古代东西方的发展历程看起来越来越相似。可能在当时，安阳有一座木质大厅放置文件，这些文件写在丝绸和竹子上，记录与外国统治者的外交往来，就像埃及阿马那的陶土片一样。可能金沙的君王在和武丁王讨论是否平等对待山东的君王时，称呼武丁王为"兄弟"；可能武丁王甚至将商朝的公主嫁到长江流域的一个小朝廷，让公主在这个远离家乡、远离亲人的地方生儿育女。这些事情我们永远也无法得知。

国家开始分裂：
连外星人都会感到吃惊

我又要提到冯·丹尼肯的太空人的故事。埃及和美索不达米亚在公元前 2200 年瓦解了，虽然这使外星人感到吃惊，这一点我之前提到过，但是如果他们到公元前 1250 年中国的武丁王时代和埃及的拉美西斯二世时代看一下，他们就会十分满意，这样他们的任务才算真正完成。这时西方的社会发展得到 24 分，是公元前 5000 年的 3 倍。

平均每个埃及人或美索不达米亚人每天获取 2 万千卡能量，相比之下，公元前 5000 年每人每天获取 8 000 千卡，最大的城市可能有 8 万居民，比如埃及的底比斯或者巴比伦。规模最大的军队可以召集 5 000 辆战车，因此我们可以合理地猜测，一个国家（可能是埃及，也可能是赫梯）可以建造一个核心范围内的帝国。新兴国家在意大利、西班牙以及其他地方发展，有着各自的宫殿、神庙和圣王，然后核心地区的帝国会吞并这些国家，并不断扩张。东方的发展继续落后于西方一两千年。东方可能会像西方那样遇到发展障碍，而西方可能会遇到更多动乱，但是这些动乱仅仅是放慢了社会发展的进程，就像之前讨论的那样。西方社会发展将会保持领先态势，几千年后西方发现化石燃料，继续统治世界。

因此，西方核心地区的每个主要城市，从希腊到我们现在称为加沙地带的地方，在公元前 1200 年都被付之一炬，外星人会认为这是又一次浩劫，像公元前 2200 年或公元前 1750 年那样——很确定地说，是一场很大的浩劫，但是长期来看，这不需要担心。甚至在历史记录员还没来得及记录，灾难就十分突然地席卷宫殿的时候，那些外星人也毫不担心。

公元前 1200 年左右，在希腊的皮洛斯，考古学家发现了一片不同寻常的陶土片，陶土片上有一行文字"守卫者正在守护海岸"。考古学家还在相同的地方找到了另一块陶土片，上面的文字明显写得很匆忙，写到一半就终止了，这些文字看起来是在描述为防止不测而举行的人祭。在乌加里特——叙利亚海岸上的一座富有的贸易城市里，考古学家在一个烧窑里发现了一些陶土文件，在把这些文件归档之前，记录员打算在烧窑里烧干陶土。他还没有来得及把这些文件带走，乌加里特就遭到洗劫。在乌加里特即将瓦解的时候，这些文件读来让人感到事情十分严重。文件中有一份来自赫梯的国王，他乞求食物："这是生死攸关的大事！"在另一份文件中，乌加里特的国王写道，当他的军队和战船在支援赫梯人时，"敌人的战船来到了这里，我的城市被烧毁，他们在我的祖国作恶"。

到处都被黑暗笼罩，但是只要埃及仍然挺立，希望就仍然存在。拉美西斯三世法老以他的名义建造了一座神殿，里面立了一块碑，碑文看似是在讲述乌加里特的故事："外国人在他们的岛上密谋，在他们武器的威力下没有国家得以幸存。"这些外国人——拉美西斯称他们为海人——击败了赫梯、塞浦路斯和叙利亚。公元前 1176 年，他们又来到了埃及。但是他们没有预料到埃及的神王，神王说道：

> 那些胆敢侵犯我国边境的人，他们将会断子绝孙，他们的身心、灵魂将万劫不复……他们被拖到海滩上，在海滩上被包围、征服、杀戮，尸体成堆……我（甚至）只要提及埃及这个名字，就能从他们手中夺回原来的土地。他们在自己的土地上呼喊我的名字时，就会燃烧殆尽。

拉美西斯三世所说的海人也可能是皮洛斯和乌加里特故事中的恶棍。拉美西斯说，这些恶棍包括 Shrdn、Shkrsh、Dnyn 和 Prst。埃及的象形文字不记录元音，大多数历史学家认为 Shrdn 应读做"Sherden"，这是撒丁岛人的古代名字，Shkrsh 读做 Sheklesh，是 Sikels（西西里）的埃及文名字。历史学家还不是很清楚 Dnyn 指什么人，可能是指 Danaan，后来诗人荷马用这个名字指希腊人。我很确定 Prst 指什么人，是指 Peleset，是非利士人（Philistines）的埃及文名字，他们在《圣经》中很出名。

这些都是不同的地中海人，他们为什么会来到尼罗河三角洲，历史学家还在不停地争论。证据不是很完整，但是一些考古学家认为，原因是在公元前 1300 年，西方核心地区所有地方都气温过高，降水量太少。他们指出，旱灾重现了公元前 2200 年的景象，使人们迁移，国家因此瓦解。还有些考古学家认为，地震使西方核心地区陷入混乱，在边境地区为掠夺者和袭击者提供了可乘之机。人们的作战方式也发生了改变，来自边缘地区的大批轻装步兵原来纪律涣散，有了用来砍杀的新式刀剑和更致命的标枪后，这些步兵部队就能打败核心地区的战车队伍，这些战车部队表面光鲜，实际上却笨重而不灵活。疾病也有可能是人们迁移的原因之一。公元前 14 世纪 20 年代，一场可怕的瘟疫从埃及传到赫梯。一位祈祷者说："赫梯之地，每个角落，都在死亡。"虽然幸存的史料没有再次提到这场瘟疫，但是，如果在史料记载更完善的时代，此类瘟疫会不断地在史料中被提及。到公元前 1200 年，核心地区人口明显减少。

虽然潜在的动态机制看起来已经足够清晰：核心地区和扩张的边境地区的关系突然转换了。但是我们还是不知道这场危机的具体原因，这是不争的事实。和之前讨论的事情一样，扩张是一把双刃剑。一方面，地中海沿岸的新边境地区促进了社会快速发展，但是另一方面，这也揭示了新的后发优势，并且引起了社会动荡——人们迁移、变得唯利是图、使用难以控制的新策略——这些都是对已经存在的社会旧秩序的挑战。公元前 13 世纪，核心地区看似已经对他们建立的边境地区失去了控制。

不管人们是被迫还是出于自愿，不管原因是气候变化、地震、战场的改变还是瘟疫，人们开始大量向核心地区迁移。在公元前 13 世纪 20 年代，拉美西斯二世已经加强了埃及的边境防御，将移民安置在受到严密管制的城镇，或者让他们参军，但这还远远不够。公元前 1209 年，梅内普塔法老不仅要与撒丁岛人和西西里人作战（拉美西斯三世在公元前 12 世纪 70 年代就与他们作战），还要同利比亚人和阿凯瓦沙人战斗——希腊语可能是阿希亚瓦——这些人联合起来从西方袭击埃及。

梅内普塔胜利了，他十分欣喜，割下了死去敌人的 6 239 个未受割礼的阴茎，以此来计算敌军死亡人数，但是就在他数这些阴茎的时候，风暴席卷了北方地区。希腊、赫梯和叙利亚的城市被摧毁。后来有传说讲述，这时埃及有移民迁移去希腊，考古学家的发现也暗示了可能有向外迁徙的移民。加沙是非利士人公元前12世纪定居的地方，在那里发现了很多陶器，这些陶器和希腊的陶器别无二致，这表明非利士人一开始是希腊迁移过去的难民。更多的希腊人在塞浦路斯定居。

随着越来越多的难民从受灾地区迁移出去，移民数量迅速增长。这看起来是一场无组织的迁徙，因为到处都充满劫掠和斗争。很明显，叙利亚的瓦解促使阿拉姆人移民至美索不达米亚地区，虽然拉美西斯已经宣布了胜利，之前的海人还是在埃及定居了。和希腊一样，埃及人不但向外移民，还有人向内移民。圣经故事中讲到摩西和犹太人逃出埃及，并最终在现在所称西岸的地方定居，这些故事可能就反映了这些混乱年代的现实。梅内普塔在公元前1209年的碑文中提到以色列，说他离开了这片"寸草不生"的土地，这是《圣经》以外史上第一次提到以色列，可能不仅仅是巧合而已。

公元前13世纪20年代开始的移民，其规模之大，让之前的社会动荡相形见绌，但是到公元前12世纪70年代，在飞碟里监视人类的外星人可能仍然希望这个阶段和之前的动荡一样。毕竟，埃及并没有被洗劫，在美索不达米亚地区，亚述人在对手国屈服的时候扩张了领土。随着时间慢慢流逝，动乱仍在继续，但是这个阶段的动乱和之前的完全不同，这一点慢慢开始变得明显。

在希腊，公元前1200年遭到破坏的宫殿没有再次被占领，旧官僚体制消失。希腊富有的贵族确实像以前一样保存了一些物品，将它们转移至易守难攻的地方，比如山上或小岛上，但是他们在公元前1125年遭到了新一波的破坏。我在读研究生时，非常有幸来到这些遗址之一进行挖掘（不但考古深深地吸引了我，我还在那里遇到了我未来的妻子），这个遗址在派洛斯岛上的库库纳里的一座山顶上，防御坚固[1]。这些贵族的首领享受了优越的生活方式，他的居住地风景优美，能看到美丽的海滩，王冠装饰华丽，还内嵌象牙。但是在公元前 1100 年，灾难发生，他未能幸免于难。希腊的村民采集了石头来攻击袭击者，并且把他们的牲畜带到城墙后（我们在废墟中发现驴的尸骨），但是他们在有人——我们永远也不知道是谁——攻击堡垒的时候，在战斗发生之前就逃走了。在希腊常常可以看到类似的景象，公元前 11 世纪，幸存者只建造了简单的泥坯屋。人口减少，工艺水平降低，平均寿命也减少了。黑暗时代来临了。

希腊的衰落是一个特例，但是赫梯帝国也衰落了，埃及和巴比伦艰难地控制移民和袭击者。随着村民不断遗弃他们的田地，饥荒越来越严重。因为农民没钱交税，国家就无法征兵；因为没有军队，袭击肆虐，当地强人建立公国。公元前 1140 年，位于现在以色列的埃及帝国衰落了。警备部队不再从军，有的成了农民，有的成了强盗。《士师记》（*The Book of Judges*）中讲述了这次埃及衰落中犹太人的状况："以色列在那时没有国王，所有人都根据自己的评判标准来做事。"

到公元前 1100 年，埃及四分五裂。底比斯人离开了，移民在尼罗河三角洲建立了公国。不久，拉美西斯十一世这位官方神王竟被自己的大臣控制——这位大臣在公元前 1069 年篡位。几个世纪内，埃及无足轻重的法老几乎都没有组建军队，建造纪念

---

1. 我想再次感谢雅典考古协会的迪米特里厄斯·斯基拉尔迪（Demetrius Schilardi）博士，他十分慷慨地邀请我们加入他们的挖掘团队，挖掘工作从 1983 年开始直到 1989 年。

第四章

后来居上：东方领先的世纪

性建筑，甚至都没有记录多少历史。

亚述早期看起来像个大赢家，但是随着阿拉姆人不断迁徙，它也对农村地区失去了控制。到公元前1100年，田地继续休耕，国库资金用尽，亚述这片土地上不断发生饥荒。我们很难了解这种情况，因为官僚越来越少记录历史，到公元前1050年，这种记录突然终止了。那时候，亚述的城市被遗弃，整个亚述帝国成为人们的记忆。

到公元前1000年，西方核心地区缩小了。撒丁岛、西西里和希腊很大程度上和广阔的世界失去了联系，勇士首领分割了赫梯和亚述帝国留下的土地。叙利亚和巴比伦王国的城市幸存了下来，这些城市，比如乌加里特，在公元前2000年是大城市，但是后来不幸地衰落了。在埃及，一些小国家幸存了下来，但是这些国家相比辉煌的拉美西斯二世的帝国，十分弱小，十分贫穷。在这个阶段，社会发展首次倒退。所有社会发展参数都下滑了：到公元前1000年，人们获取的能量更少，城市规模更小，军队更弱，比公元前1250年的前人留下的资料更少。社会发展指数又下滑到600年前的水平。

战车：商朝上层人士的陪葬品

公元前1200年左右，当武丁王还在位时，商朝的上层人士又有了新的陪葬物品：战车。公元前12世纪和13世纪，安阳上层人士的坟墓中就有几十辆战车（不用说，当然是完整的战车，被宰杀的马和人都被埋葬）。商朝的战车和西方核心地区500年前的战车十分相似[1]，考古学家一致认为，这两种战车都源自哈萨克斯坦公元前 2000 年发明的战车。经过两三个世纪，战车制造工艺传到了胡里安人的手中，胡里安人也有了战车，西方强国的平衡格局被打破，战车制造工艺传到黄河流域需要 8 个世纪。

就像埃及人和巴比伦人一样，商朝的人在接受使用新武器方面发展缓慢。他们肯定是从西北方的鬼方族人和羌族人那里学到战车的制造方法，甲骨文记载了这些邻国的人在战争中使用战车。在武丁王时代，商朝人只用马车进行捕猎，而且还不能驾驭自如。有记录描述武丁王在捕猎犀牛的时候翻车了。武丁王幸免于难，但是某位皇子伤得很重，甲骨文花了大篇幅描写如何驱散引起他痛苦的鬼神。几百年后，商朝人开始在战斗中使用少量战车，但是他们没有像赫梯人和埃及人那样大量使用，而是分散在步兵队伍中，可能是让官员乘坐的。

商朝人和西北方邻国人的关系看起来很像 500 年前美索不达米亚和胡里安人与赫梯人的关系。和美索不达米亚人一样，商朝人和邻国人进行交易，进行战斗，还使邻国人互相战斗。其中一群人——周人于公元前 1200 年在甲骨文中首次被提到，他们被描述为商朝人的敌人。后来他们成为商朝人的同盟，但是到公元前 1150 年，他们又变成了敌人，那时他们居住在渭河流域。当周人不断和商朝人建立然后又终止友好关系的时候，周人也在汲取适合他们的商朝文化。到公元前 1100 年，他们建立了自己的国家，有自己的宫殿、青铜器、占卜仪式和富丽的坟墓。一位周人贵族在死去的时候杀死一队战车部队用来陪葬，这是商朝的

---

1. 唯一的区别就是中国战车比西方的战车有更多的轮辐。

传统，周王甚至娶商朝的公主。像美索不达米亚面对胡里安人和赫梯人的战车那样，商朝也失去了对局势的控制。很明显，周人与西北部地区的人们结成同盟，在公元前 1050 年威胁着商朝都城安阳。

就像西方古代的国家一样，商朝面临动乱时很快就瓦解了。据甲骨文记载，自公元前 1150 年，商朝的上层社会内部就发生了动乱，君王权力增强，却失去了很多贵族支持者。到公元前 1100 年，商朝南部的殖民地脱离了商朝统治，很多离商朝很近的同盟（比如周）叛变了。

公元前 1048 年，商王帝辛还能召集 800 位领主来抵挡周人的袭击，但是两年后情况就不一样了。周武王率领 300 辆战车绕到安阳城后攻取安阳。在一首描述武王伐商的诗歌里，周王的战车听起来所向披靡：

檀车煌煌，驷騵彭彭。

……

肆伐大商，会朝清明。[1]

帝辛后来自杀了。武王任用了一些商朝的官员，处决了另一些官员，留下帝辛的儿子让他做藩王。武王实施的政治后来遇到了麻烦，我们在第五章会看到，但是，到这时，东西方社会发展差距大幅缩小。西方一开始在农业、村庄、城市和国家的发展这几方面领先东方 2 000 年，但是在公元前 3000~前 2000 年之间，

---

1. 诗歌出自《诗经·大雅·大明》，节选部分的意思是：檀木战车光彩又鲜明，驾车驷马健壮又雄俊……袭击讨伐帝辛，一到黎明就天下清平。

差距逐渐缩小至 1 000 年。

　　早在 20 世纪 20 年代，大多数西方考古学家认为他们知道中国为什么开始赶上西方：因为中国几乎从西方复制了所有的物质文化——农业、陶器、建筑、冶金和战车。格拉夫顿·艾略特·史密斯爵士（Sir Grafton Elliot Smith）是一位英国人类学家，在埃及开罗，他满腔热情，甚至成功地给埃及嫉妒症冠以恶名。无论他在世界上看到什么，无论在何处看到——金字塔、刺身、巨人和侏儒的故事——艾略特·史密斯都会认为它是以埃及为原型的复制品，这是因为，他坚信埃及的"太阳之子"在全世界都传播着"太阳巨石"文化。我们不但都是非洲人，而且都是埃及人。

　　这些理论甚至在当时看起来也相当疯狂，从 20 世纪 50 年代开始，考古学家逐渐证明艾略特·史密斯的所有论点都是错误的。东方的农业是独立发展起来的，东方人使用陶器比西方人早几千年，东方有自己的纪念性建筑的传统，甚至人祭也是东方独立发明的。但是即使如此，东方还是有一些重要的想法来自西方，尤其是青铜铸造。青铜在二里头非常重要，但是青铜并不是首先在发达的伊洛河流域被发现，而是在西北方干旱贫瘠、狂风侵袭的新疆，可能是由那些长相像西方人的人经过西伯利亚大草原传播到新疆，我在之前提到过，这些人埋葬在塔里木盆地。正如我们所看到的，战车可能也是以同样的方式传入中国，在战车被传入西方核心地区 500 年后，经过西伯利亚大草原来到中国。

　　虽然一些西方的技术向东方传播解释了中国社会发展为什么赶上了西方，但是最重要的原因绝对不是东方复制西方，而是西方的倒退。东方社会发展在公元前 1200 年仍然落后西方 1 000

年，但是西方内部的突然瓦解很快就抹去了 6 个世纪的成就。到公元前 1000 年，东方的发展只落后西方几百年。西方在公元前 1200~ 前 1000 年的倒退是我们要讲述的第一个转折点。

五大天启骑士[1]

为什么西方社会发展出现倒退，这是历史上的不解之谜。如果我有一个非常明确的答案，那么我肯定早就说出来了，但是事实是，除非有幸能意外搜集到新的证据，否则我们可能永远也不会知道答案。

尽管如此，本章描述了社会发展中的动荡，我们系统地审视这些动荡还是很有启发意义的。表 4-1 总结了我认为最重要的特征。

公元前 3100 年西方的乌鲁克，以及公元前 2300 年东方的陶寺都停止了扩张，是怎样的动乱造成它们发展的停滞，我们对此知之甚少，所以我们也许不应该去讨论这些，但是东西方的四场动乱可以被分为两组。第一组——西方在公元前 1750 年的危机和东方在公元前 1050 年的危机——也许可以说是人为的。战车参与的战争改变了强国的平衡格局，野心勃勃的外来者征伐到核心地区，暴力、移民和政权更迭不断发生。东西方这两次危机的主要结果就是，政权转移到之前被边缘化的群体手中，社会继续发展。

---

1. 在《圣经》的《启示录》中有四骑士，传统上被解释为瘟疫、战争、饥荒和死亡，但是对于四骑士的解释略有争议。——译者注

表 4-1　天启骑士：列出的各种灾难（公元前 3100~ 前 1050 年）

年代（公元前）	移民	国家的灭亡	饥荒	疾病	气候变化
西方					
3100		×			
2200	×		×		×
1750	×	×			
1200	×	×	×	? ×	×
东方					
2300		×			
1050	×	×			

　　第二组——西方在公元前 2200~ 前 2000 年的危机和东方在公元前 1200~ 前 1000 年的危机——却迥然不同，很明显是因为自然因素使人类看上去更愚蠢。人类基本上无法控制气候的变化，气候变化至少是造成这段时期饥荒的原因之一（如果圣经中约瑟的故事能给我们一些启发，那就是缺乏农耕计划也是造成饥荒的原因之一）。第二组社会危机比第一组严重得多，我们可以从中得出一个试验性结论：当天启四骑士——气候变化、饥荒、国家灭亡和移民——走到一起，特别是当第五位骑士疾病加入他们的时候，社会动乱会变成社会瓦解，有时甚至会导致社会发展的倒退。

　　但是，我们不能得出这样的结论：气候变化造成的社会动荡直接导致了社会的瓦解。西方核心地区遭受的旱灾在公元前 2200 年比在公元前 1200 年更严重，但是在公元前 2200~ 前 2000

年间，该地区只是稍有动乱，而在公元前1200~前1000年间，该地区四分五裂。公元前3800年发生的旱灾可能比公元前2200年或者公元前1200年的更严重，但是相对来说，那次旱灾对东方几乎没有影响，事实上还使西方社会向前发展了。

以上论述又表明了第二个可能的结论：社会瓦解是自然因素和人为因素共同造成的。我认为我们可以说得更详细：规模更大、结构更复杂的核心地区会发生规模更大、更具威胁性的社会动荡，使一些破坏性因素更危险，比如，气候变化和移民会引发彻底的社会瓦解。公元前2200年，西方核心地区已经有很大规模，有宫殿、神王和重新分配的经济体，包括从埃及到美索不达米亚的所有区域。旱灾频频发生，人们从叙利亚沙漠和扎格罗斯山脉迁徙出去，这两个因素彻底改变了这个地区的内部以及外部关系，这样的结果令人震惊，但是因为西方的两个核心地区埃及和美索不达米亚联系并不紧密，所以每个核心地区都单独衰落。到公元前2100年，埃及部分地区瓦解，而美索不达米亚恢复发展；而当美索不达米亚部分地区在公元前2000年左右瓦解时，埃及恢复发展。

对比之下，公元前1200年，西方核心地区扩展至安纳托利亚和希腊，到达了亚洲中部的绿洲，甚至到达了苏丹。移民明显是从动荡的地中海地区开始的，但是在公元前12世纪，从伊朗到意大利都有移民。因为移民造成的社会动荡比之前任何时候的规模都大，并且席卷至互相联系的核心地区，在这些地区，社会发展更容易遭到阻碍。入侵者烧毁了乌加里特的庄稼，因为乌加里特国王派军队支援赫梯。一个地区发生的灾难又加重了另外一个地区发生的灾难，这样的情况在1 000年前从没有发生过。当一个国家灭亡时，其他国家也会受到影响。公元前 11 世纪到处都充满着动乱，最终拖垮了每一个人。

社会发展悖论——社会发展产生的强大力量能危害社会发展本身——意味着，越大的核心地区会给自己带来越大的问题。在我们现在所处的时代，这再熟悉不过了。19 世纪，国际经济不断发展，欧洲的资本主义国家和美国团结到一起，使社会迅速发展，发展速度史无前例，但是这也导致了美国股票市场在 1929 年产生泡沫，使所有国家受到严重打击；过去 50 年，组织严密的国际金融发展速度令人吃惊，使社会不断向前发展，但是这也导致了美国 2008 年新的经济泡沫产生，几乎对整个世界都造成了巨大影响。

这个结论令人惊恐，但是从这些国家早期动乱的历史中，我们也能得出第三个结论，这个结论更乐观一些：规模更大、结构更复杂的核心地区会发生规模更大、更具威胁性的社会动荡，但是也能采取更多、更严谨的措施来应对这些动荡。世界金融领袖应对 2008 年的经济危机，其手段若在 1929 年是难以想象的，在我编写本书之际（2010 年年初），他们看似已经解决了这场金融危机，就像解决 20 世纪 30 年代的金融危机一样。

社会不断向前发展会引起更大的社会动乱，与之相应会有更精确有效的解决方法，两者的关系就像一场竞赛。有时平定动乱的解决方法落后于这些社会问题，就像公元前 2200 年和公元前 1200 年在西方发生的一样。无论是因为领导者犯了决策错误，或者社会制度瓦解，还是因为组织机构和技术还没有产生，社会问题都有可能不断加剧直到失控，社会动乱演变成社会瓦解，从而导致社会发展的倒退。

第四章

后来居上：东方领先的世纪

在公元前 1200~ 前 1000 年之间西方社会瓦解之前，西方社会发展领先东方 13 000 年。我们有理由相信西方社会发展将永远领先于东方。在这次瓦解之后，东西方差距缩至很小，如果西方再次发生这样的动乱，那东西方就没有差距了。社会发展悖论在公元前 5000~ 前 1000 年间发挥了重要作用，这表明，没有什么物质文明是永恒的。长期注定理论无法解释为什么西方统治世界。

东方的周朝、秦朝，西方的亚述帝国和罗马帝国

东方和西方并驾齐驱

图 5-1 可能是最单调的图表了。不像图 4-2，在图 5-1 中，两条线并没有交叉、中断或汇合，而是保持平行将近 1 000 年。

尽管图 5-1 结构比较简单，但这个时期那些未发生的事对我们的整个故事非常重要。在第四章中我们看到西方文明核心在公元前 1200 年左右瓦解，导致社会发展迅速倒退。花了 5 个世纪的时间，才把社会发展指数拉回到公元前 13 世纪左右就达到的 24 分。如果在这个水平再次倒退的话，就能将东西方的差距抹平了。

但如果在 24 分时东方社会瓦解，东方将会重蹈西方公元前 1200 年的覆辙。事实上，正如图 5-1 显示的那样，这两种情况都没有发生。东西方社会平行发展，并驾齐驱。公元前 500 年左右是历史的转折点，因为在这段时间内社会发展并未倒退。

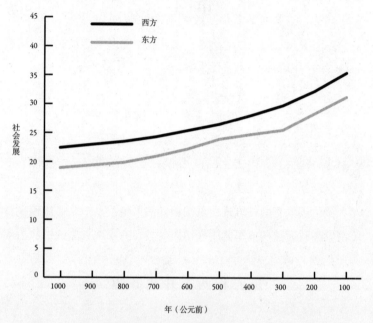

图 5-1　历史上最单调的图表：公元前 1000~ 前 100 年间的社会发展

但是图 5-1 期间发生的事也非常重要。在公元前 1000~ 前 100 年间，东西方社会发展指数几乎都翻了一倍。西方社会发展指数超过了 35 分，尤利乌斯·恺撒跨过卢比肯河时的分数要比哥伦布穿越大西洋时的还要高。

为什么西方文明核心不在公元前 700 年左右达到 24 分时瓦解，

或者东方文明核心相应地在公元前 500 年左右瓦解？为什么社会发展在公元前 100 年时达到如此高的分值？为什么在这一点上，东西方文明核心如此相像？我将在本章回答这些问题。紧跟着大家会问的问题是：如果在公元前 100 年时社会发展程度如此高，那为什么古罗马或者古中国不在新世界开拓殖民地，或者发生工业革命呢？这些问题需要等到第九章和第十章，我们对 1500 年后发生的事和之前发生的事进行比较后才能回答。现在我们先看看这段时间内到底发生了什么事。

周朝国王和西方的君主们

总体来说，东西方文明核心都在公元前 1000 年中进行了内部重组，创造了新制度，避免了因持续扩张而造成的瓦解。

统治国家有两种方式：高端和低端策略。高端策略比较昂贵。统治者在政府机构或军队中雇用人员进行有偿服务，通过雇用或解雇这些人员将权力集中。支付这些人员的薪酬需要大笔收入，但是政府机构的主要任务就是通过税收产生收入，军队的任务就是执行这个过程。目标是达到平衡：大笔税收收入支付出去，然后可以收到更多税收，统治者和他们的雇员以此差额为生。

低端策略比较便宜。统治者并不需要巨大的税收收入，因为他们没有大笔支出。他们让其他人来支付这笔费用。统治者依靠地方贵族（很可能是他们的亲属），让他们在自己的领地里建立军队，这样他们自己就不必支付军队的费用。统治者通过和这些领主分享利益来犒赏他们。统治者屡战屡胜，结果达到了一个低端的平衡：没有大笔收入，但是支出更少，统治者和他们的亲属以此差额为生。

在公元前1000年中，东西方最大的事件都是统治策略从低端转向高端。这个转变从乌鲁克时期开始。公元前3000年中期，埃及法老就已经有足够的实力建造金字塔，1000年后，他们的继承人建造了复杂的战车军队。在公元前1000年中，当时国家的规模和领域都比先前的国家大得多。因此，本章将主要介绍这些国家的管理方式和战争。

在公元前1000年中，东西方采用了不同的方式来达到高端统治，但都是困难重重。东方国家比西方国家的出现要晚得多，在公元前1000年时还处于低端统治。商朝是一个松散的联盟，盟国把乌龟和马匹进贡到安阳，需要出兵打仗时就出兵。周武王在公元前1046年推翻商朝，当时的周朝可能更加松散。武王并没有吞并商朝，因为他找不到合适的人选来对其进行管制。武王在商都立了一个傀儡皇帝，之后就回到了渭河流域。

这是控制前朝残余势力成本较低的方法，但是很快，在低端统治中常见的手足竞争出现了。武王的家族也未能避免这种竞争。公元前1043年，武王薨，留下三个兄弟和一个儿子。根据史官记载（当然是由胜者编写的），因武王的儿子成王年幼，由武王的弟弟周公摄政（许多历史学家认为事实上他发动了叛变）。武王的另外两个哥哥联合商朝的残余势力来反对周公。

公元前1041年，周公平定叛乱，杀死了两个哥哥，但是他意识到他不能像武王期望的那样统治商朝，也不能任由敌人密谋造反，于是想出了一个巧妙但低端的解决方法：派皇亲贵戚到黄河流域建立独立的城邦（关于数目，不同史书有不同记载，从26~73个不等）。这些城邦不用向他缴税，也能留守在黄河流域。

周室像个家族企业，与做家族生意最有名的黑手党有很多相似点。君主相当于周室的黑帮老大，以大规模的地产为生，用初步的官僚制度统治国家；那些次级统治者相当于黑帮大人物，住在自己坚固的城池中。当君主号召开战，诸侯就带着战车和军队来帮君主打败敌人。当战争结束，"歹徒们"分享战利品，然后各自回家。每个人都很开心（除了被掠夺的敌人）。

与黑帮老大一样，周王用精神及物质来奖励下属使其保持忠诚。君主将大量金钱用于立法，这是区分君主和歹徒的唯一区别。他们使次级统治者深信：君主作为一家之长、预言者及人与上天的沟通者，有权力号召他们。

君主对亲属的忠诚依赖度越高，相应的对掠夺财物的需求就越小。周王积极推动了一种新王权理论的形成：地，天界至高的神，因商王道德败坏而鄙弃他们，选择并委任周王做人间的统治者。关于武王的美德故事如此详细，以至于到公元前4世纪思想家孟子认为，武王没有攻打商朝，只是对民众说了一句"我不想打仗，只想给你们带来安定"，立刻"人们（因归顺而）磕头的声音像山崩地裂一样"。

即使有的话，也只有很少的诸侯会相信这种荒谬的言论，但这个德配天命的理论确实起到了鼓励他们去追随君主的作用。水能载舟亦能覆舟，如果周王道德败坏，上天可以撤回对他的天命，并选择他人。除了这些领主还有谁能判定君主的行为是否符合上天的标准呢？

周朝的贵族喜欢在祭祀祖先所用的青铜器上铭刻他们所获得的荣誉，这一点很好地体现了物质和精神奖励的结合。例如，有篇题词介绍了成王（公元前1035~前1006年在位）如何在一个烦琐的仪式上给一位追随者封爵赏地。这篇题词写道："晚上领主收到的赏赐有：许多樵夫，二百佃户，皇家马车，青铜马具马饰，一风衣，一长袍，布料和鞋屐。"

周朝的这个骗术非常有效。国王庞大的军队机动性很强（公元前9世纪时拥有数百辆战车），并达成先辈遗愿，向周朝周围的"野蛮敌人"收取"保护费"。周朝领土内的农民受到保护，辛勤劳作，促进城市发展。诸侯不向农民征税，而要求他们提供劳役。理论上很美好，农田被划成3×3九格，如井字棋盘那样，8家佃户分别耕作外面的8块农田，并轮流为中间第九块领主的农田干活。现实无疑要混乱得多，但贵族通过结合农民的劳动服务、掠夺和勒索，开始变得富有。他们修建壮观的陵墓，活人陪葬的数目比商朝要少，而用更多的战车陪葬。浇铸和铭刻数目惊人的青铜器（约1.3万件青铜器已经发掘和公布），尽管文字仍然是贵族的工具，但它的传播超越了其狭隘的用途。

但这个体系有一个缺点，它依赖于战争的胜利。王位传了将近一个世纪，但在公元前976年昭王战败。失败不是任何人都想写下来的，我们了解的内容来自一部被遗弃的竹简编年史。这部编年史在公元前296年随墓葬埋入地下，在近6个世纪后坟墓被盗时才被发现。据史书记载，两个诸侯支持昭王与周朝南疆的楚国开战。编年史上写道，"天空黑暗，狂风暴雨，""野鸡野兔都吓坏了。昭王的6支军队在汉水全军覆灭，昭王战死"。

周朝突然失去了军队、君主以及天命的神奇性。也许就像诸侯们总结的那样，周王的品德也不是那么高尚。他们的问题更加复杂：在黄河东端发现的公元前950年的青铜器，上面的铭文已不再表达对周室的忠心。君主努力去控制诸侯，但却失去了对西疆"野蛮的敌人"的控制，他们开始威胁周朝的城池。

新掠夺的土地不够肥沃，贵族间因土地而发生的矛盾明显上升。面对低端统治瓦解的危机，穆王转向了成本更高的解决方案，在公元前 950 年后，他建立官僚体系。几位周王（不确定是哪几位）通过行政官员转让土地，大概是为了奖励忠诚并惩罚背叛，但贵族做出了反击。将青铜器的铭文拼凑起来大概可以得知，在公元前 885 年，要不是许多诸侯坚持，夷王就会被废黜。夷王与最大的诸侯齐侯开战，在公元前 863 年将齐侯在铜锅里活煮。公元前 842 年，像黑帮老大被手下背叛并铲除一样，许多领主奋起反击，厉王流亡。

在欧亚大陆的另一端，西方的君主们也在公元前 10~ 前 9 世纪建立了低端统治的国家。西方文明核心在公元前 1200 年的瓦解是如何开始的，以及之后是如何恢复的，都不为人知，但是在绝望中产生的发明可能起到了一定的作用。长途贸易的瓦解迫使人们转而依赖于当地资源，但一些重要商品，尤其是制作青铜的重要原料锡，在很多地方都找不到[1]，西方人因此用铁来代替。塞浦路斯的铁匠一直拥有世界上最先进的冶金技术，在公元前 1200 年就已经知道如何从地中海地区常见的其貌不扬的红黑色铁矿石中提取有用的金属，但是只要还有青铜，铁就不会被广泛应用。锡供应的中断改变了这一切，使铁或其他金属成为主导。到公元前 1000 年为止，从希腊到现在的以色列，新且便宜的金属被广泛应用。

在 20 世纪 40 年代，欧洲著名考古学家戈登·柴尔德（Gor-

---

1. 西方核心的锡资源主要位于安纳托利亚的东南部。

don Childe）提出"廉价的铁器使农业、工业和战争都民主化了"。为什么会出现这种情况？之后 60 年的发掘并未给出更明确的答案，但柴尔德肯定是正确的，由于铁器容易获取，这使金属武器和工具在公元前 1000 年要比在之前 1 000 年中常见得多。即使在贸易恢复后，也没有人再用青铜做武器或工具了。

西方文明核心的恢复首先在以色列出现。根据希伯来《圣经》记载，公元前 10 世纪，大卫和所罗门国王创造了从埃及的边界一直延伸到幼发拉底河的"联合王国"。首都耶路撒冷迅速发展，所罗门国王宴请来自远方的示巴女王（也许在也门）并向地中海地区派出贸易代表团。尽管比一些国际性王国要弱小，但相比同时代的周室家族生意，联合王国更加中央集权化，向各地征税及收取贡品。如果以色列人和犹太人没有在公元前 931 年所罗门去世后突然分裂，这个联合王国可能会成为世界上最强大的国家。

除非这些事情都没有真正发生过。许多《圣经》学者认为不存在联合王国。他们认为这全都是幻想，是几个世纪后以色列人因当时形势糟糕而杜撰出来的，用以自我安慰。考古学家们在寻找《圣经》中提及的大卫和所罗门建造的宏伟建筑时遇到了困难，关于这个主题的辩论相当激烈。通常情况下即使最敬业的考古学家也会在关于古贮存容器年表的研讨会上打瞌睡，但是在 20 世纪 90 年代，有个考古学家却提出，通常被追溯到公元前 10 世纪的罐子其实是在公元前 9 世纪被创造的。这意味着先前那些被认为是公元前 10 世纪所罗门王国宏伟建筑物的建造日期也必须向后推 100 年，反过来，这也意味着所罗门王国贫穷而普通，希伯来《圣经》的故事不正确。结果他引起了犹太人的公愤，不得不雇用保镖。

在我看来，《圣经》与第四章中提及的关于夏商朝的中国古典文献一样，可能被夸大，但也不可能全部是想象出来的，也有证据表明在公元前 10 世纪末西方文明核心开始复苏。在公元前 926 年，利比亚诸侯舍松契一世夺取了埃及王权。为恢复埃及帝国，他进军犹大（即现代以色列南部和约旦河西岸），结果以失败而告终。但在北部地区，更强的国家也出现了。经过 100 年的黑暗时代，在公元前 934 年，从国王阿舒尔丹二世开始，亚述帝国再次崛起。亚述帝国恶行累累，相比之下周朝如同天堂一般。

阿舒尔丹很清楚亚述帝国正从黑暗时代复苏过来。"亚述帝国的人民曾因饥荒而流离失所，远离家乡，现在我把这些疲惫的人带回来了，"他写道，"我将他们安顿下来……他们生活安定。"在某些方面阿舒尔丹很传统，把自己看作亚述的守护神阿舒尔在人间的代表，就像美索不达米亚的国王们在过去 2 000 年中所做的一样。不过，因为大多数凡人都没有认识到他是至高的神，阿舒尔在黑暗时代后成了一个非常愤怒的神。阿舒尔丹的任务是通过掠夺使凡人认识到阿舒尔神的至高地位。只要亚述帝国变得富有，一切都在所不惜。

在亚述中心地带，国王建立了一个小型官僚体系，任命管辖者为天子，赏赐大量土地和劳动者。这些都是高端统治策略，但亚述国王的实际权力来自低端统治。国王并不向人民征税，而依靠天子们提供部队，像周王一样，用爵位和战利品来奖励他们。天子们任期 30 年，爵位实行世袭制，并将劳动者转化成农奴。

和周王一样，亚述帝国的国王也都是贵族的傀儡，只要战争获胜就不会出什么问题。天子们提供的军队要比周朝的诸侯们提供的更庞大（根据史书记载，在公元前 870 年有 5 万步兵，在公元前 845 年有 10 万，外加几千辆战车），国王的相对高端的官僚体系给军队提供后勤支持。

不出意料，亚述周围弱小的邻国为了防止被亚述消灭掉而愿意向其支付保护费。亚述帝国的提议往往令它们难以拒绝，尤其是因为亚述帝国常常会在当地立一个傀儡国王，而不像周朝那样赶走当地人，用本国人取而代之。战败的国王也可以获利，如果下次他们将军队借给亚述帝国，那上缴的钱财可以有所减免。

有些代理国王可能会不遵守协议，因此亚述人想出了很多恐怖政策。代理国王并不需要膜拜阿舒尔神，但他们必须承认，阿舒尔统治天国及他们自己的守护神。结果导致了其他国家在宗教及政治方面发生叛乱，亚述人别无选择，只有严惩他们。亚述国王用刻有暴力场景的雕刻来装饰宫殿，面对屠杀他们已经麻木。举个例子，亚述那西尔帕二世在公元前 870 年左右对叛乱者的惩罚是：

> 我在他的城门外建一座塔，我要把叛乱的首领都剥皮，用他们的皮来盖塔。把有些人关进塔内，把有些人钉在柱子上，把其余的处以火刑。
>
> 许多俘虏被处以火刑，许多俘虏苟且活着。但是一些人，我把他们的鼻子、耳朵和手指切掉，还有许多人我把他们的眼睛挖掉了。我把活着的人堆成一堆，人头再堆成一堆。把他们的头挂在市里各个地方的树干上。年轻人和姑娘处以火刑。活捉到 20 个人，我把他们在宫里剥皮了……其余的战俘我让他们在沙漠里渴死。

在公元前 9 世纪，东西方文明核心的政治命运向着不同方向前进：周朝瓦解，亚述帝国在黑暗时代后复苏。但两者都经历了不断的战争、城市的发展、贸易的增长和新型但低端的统治策略的运用。在公元前 8 世纪，又出现了一些共同点：两者都发现了低端统治的局限性。

叛乱的诸侯

就像俗话说的那样，凡事有利也有弊。在公元前 800 年左右，地球的轴线产生轻微摆动，造成北半球狂风肆虐。在欧亚大陆西部，冬季吹的主要是从大西洋来的"西风"，这意味着冬季降雨量上升。这对于地中海盆地的农民来说是个好消息，因为在当地造成死亡最常见的原因一直是在炎热干燥天气中肆虐的肠道病毒，而且农民的主要问题是，如果冬季风不够大，就没有足够的雨水带来好收成。寒冷和雨水比疾病和饥饿要好得多。

但是对于阿尔卑斯山以北的居民来说，新的气候很糟糕。当地造成死亡的原因主要是由寒冷和潮湿引起的呼吸道疾病，主要的农业问题是夏季生长季节过于短暂。由于公元前 800~ 前 500 年间的气候变化，欧洲北部和西部人口减少，但地中海周围地区人口增加。

中国的冬季风主要来自西伯利亚，所以在公元前 800 年后，冬季风变得更强烈，天气变得干燥寒冷。这样的气候有利于长江黄河流域的农耕，所以该地区的人口上升，但是对于生活在黄河以北、人口增长但气候却日益干旱的高原居民来说，日子更为艰难了。

在整体的大变化中，当然也存在着局部差异，但主要结果和第四章中我们看到的气候变化结果一样。区域间的平衡被打破，迫使人们做出反应。据一位撰写古气候学教科书的专家说："如果这样的气候变化发生在今天，将给社会、经济和政治带来灾难性后果。"

东西方土地面积差不多，且都面临人口增长的压力，导致了冲突和革新的出现。这两者对统治者都有利，更多的冲突意味着有更多机会帮助朋友并惩治敌人，更多革新意味着财富增长。推动两者发展的是人口增长，这意味着更多劳动者、士兵和收益。

那些掌握实权的君主确实能获益，但对于公元前 8 世纪采用低端统治策略的君主来说，要想获益有些困难。最大的赢家，即最有可能利用新机会的是低端统治君主所依赖的地方老大，即地方长官、地主和驻军指挥官。这对于君主来说是个坏消息。

在公元前 770 年，东西方的君主都丧失了对诸侯的控制。埃及在公元前 945 年差不多都统一了，但在公元前 804 年分裂成了 3 个王国，到公元前 770 年分裂成了 12 个独立的公国。在亚述，沙姆希阿达德五世经过争斗才在公元前 823 年继承王位，但是他丧失了对代理国王和领主的控制。有些天子甚至以自己的名义发动战争。亚述研究者将公元前 783~公元前 744 年这段时间称为"间隔期"，在这段时间内，君主无足轻重，叛乱四起，领主肆意妄为。

对于地方贵族、小君主和小城邦，这是一个黄金时代。最有趣的例子是腓尼基，位于现今的黎巴嫩海岸。由于西方文明核心在公元前 10 世纪复苏，腓尼基因埃及和亚述间的贸易活动而繁荣。他们的财富引起了亚述人的注意，不过，到公元前 850 年，腓尼基人开始上缴保护费。一些历史学家认为这推动了腓尼基人冒险到地中海地区赚钱以谋求和平，其他人却认为，人口增长及地中海地区新市场的驱动更为重要。无论何种原因，到公元前800年，腓尼基人已开始航海远行，在塞浦路斯设立贸易点，甚至在克里特岛建立了小神社。到公元前750年，希腊诗人荷马理所当然地认为他的读者知道（但并不相信）"腓尼基人以船而闻名，为了营利，他们用船载来无数漂亮的东西"。

希腊人口增长最快。腓尼基的探险家和商人使饥饿的希腊人觉醒了。公元前800年，有人携带希腊陶器到意大利南部；公元前750年，希腊人和腓尼基人在地中海西部长期定居。双方都喜欢通过河流连接内陆市场的港口，但希腊人比腓尼基人多，他们以农民的身份定居，抢占了沿海最好的土地。

原住民有时也会抵制。有些人，如意大利埃特鲁斯坎和撒丁岛的部落，在殖民者到来前就已经有城镇和长途贸易了，现在他们建造城市和纪念碑，组织低端统治的国家，使农业密集化。他们根据希腊字母创造出了字母表（希腊人反过来又在公元前800~前750年间根据腓尼基语调整了希腊字母）。这些字母比以前拥有上百个符号的文字（每个符号代表一个辅音加元音音节）更容易学习和使用，比拥有几千个符号的埃及象形文字或中文（每个符号代表一个不同的字）都要简单。乐观估计，在公元前5世纪，10%的雅典男性能阅读简单的文章或写自己的名字，数目远远超过之前东西方的任何地区。

我们对欧洲公元前1000年城市、国家和贸易发展的了解，相比对之前四五千年中农业发展（在第二章讨论过）的了解要多得多。但是对于两者相关问题的争论却很相似。一些考古学家认为，在公元前第一个千年内，殖民化使城邦从地中海东部向西部延伸；有人反驳说，原住民为了抵抗殖民主义而改变了自己的社会。后者主要是年轻学者，指责前者在宣扬他们所谓的现代殖民体系的文明任务；而前者主要是老一代的学者，他们回应说，这些批评者意在扮演被压迫者的捍卫者，而不是真正想找出到底发生了什么事。

与以色列考古学家引起的公愤相比（据我所知，暂时还没有人需要保镖），上面的论战明显显得温和许多，但也算是一场激烈的争论，足以吸引我。为了解开这个问题，2000~2006年的每个夏季我一直在西西里的一个叫蒙特帕里卓的发掘点工作。[1]这座原住民的古城在公元前650~前525年被厄力密亚人占领。它非常接近腓尼基和希腊的殖民地，从我们所在的山顶就能看到它，是一个检验到底是殖民化还是本地发展导致地中海西部崛起的理想地点。经过7年的研究，我们得出的结论是：两者兼而有之。

当然这与考古学家们对几千年前农业扩张得出的结论类似。在每种情况下，不论在核心或周边地区，社会发展水平都有所上升。商人和殖民者因受竞争对手排挤或是被机会吸引，离开核心地区；在周边地区，一些人积极效仿核心地区或形成自己的风格。

1. 我想借此机会再次感谢支持过我的塞巴斯蒂亚诺·图萨（Sebastiano Tusa，原为特拉帕尼省考古主管）、克里斯蒂安·克里斯蒂安森（Kristian Kristiansen，哥德堡大学）、克里斯托弗·普雷斯科特（Christopher Prescott，奥斯陆大学）、迈克尔·科尔布（Michael Kolb，北伊利诺伊大学）、埃玛·布莱克（Emma Blake，亚利桑那大学）、罗塞勒·吉利奥（Rossella Giglio）和卡泰丽娜·格雷科（Caterina Greco）以及塞勒姆人，尤其是乔瓦尼·巴斯科内（Giovanni Bascone）和妮古拉·斯帕尼奥洛（Nicola Spagnolo），各位捐助者以及所有参与这个斯坦福项目的学生和工作人员。

结果更高的社会发展水平从核心地区向外扩散，覆盖早期的体系，并不断转化，因为周边地区的人们在转化过程中加入了自己的新方法，并发现了他们的后发优势。

蒙特帕里卓当地的一些新举措很重要。一方面，我们怀疑我们的发掘点被来自塞吉斯塔的厄力密亚人所破坏，他们在公元前6世纪时建立了自己的城邦。但是希腊殖民者的到来也很重要，因为塞吉斯塔国家的形成部分是因为要和希腊竞争土地，很大程度上受到希腊文化的影响。塞吉斯塔的贵族努力和希腊抗争，借鉴希腊的做法。事实上，他们在公元前5世纪30年代建的希腊式神庙就是一个很好的例子。许多艺术史学家认为，他们当时一定雇用了设计雅典帕台农神庙的建筑师。塞吉斯塔人也把自己融入了希腊神话，声称（罗马人也同样）自己是埃涅阿斯的后人。到公元前5世纪，地中海西部的殖民城市，如迦太基（腓尼基人移居地）和锡拉库扎（希腊人移居地），已经能和旧的核心地区相媲美。伊特鲁里亚的社会发展也不甘落后。几十个民族，如厄力密亚人，也不落后。

西方核心地区国家的瓦解与周边地区扩张的进程与东方相似，都伴随着人口的增长。大约在公元前810年，周宣王失去对诸侯的控制。诸侯日益强盛，觉得没有必要再服从君主。周朝的都城陷入了派系斗争，西北方的犬戎长驱直入。宣王的儿子幽王在公元前781年即位，他试图结束这种困境，决定跟叛乱的诸侯和权倾朝野并与太子及太子生母勾结的大臣们一决雌雄。

在这一点上，流传下来的民间故事给我们提供了很多资料。公元前1世纪著名的历史学家司马迁讲述了一个离奇故事：周朝有个君王曾打开了一个装有龙涎的千年古盒，一只黑色虫子爬了出来。司马迁并没有讲为什么君王让几个宫女脱光衣服，并对怪物吼叫。虫子没有逃跑，而是钻入了其中一人体内。这个宫女生下一个像爬虫的女婴后将其遗弃。一对避难的夫妇将这女婴带到了叛乱的诸侯国褒国。

故事的关键点是：龙女长大后成了一个美女，叫褒姒。公元前780年，褒国人为了与幽王达成一项协议，把褒姒献给了幽王。幽王宠爱褒姒，次年，褒姒诞下一子。这就是为什么幽王想杀太子和他生母了。

之后国家太平，直到公元前777年幽王流亡的儿子回到叛乱的诸侯国，并与幽王的权臣勾结。众多诸侯和西北方的犬戎结盟。

幽王只顾博宠姬褒姒一笑（褒姒不爱笑，考虑到她的背景，这一点也不奇怪），只有一事行得通。周朝设立了烽火台，如果犬戎突袭，鼓声和烽火可以通知诸侯出兵救援。司马迁说：

> 幽王命人点燃烽火台并打鼓。烽火台只有在外族入侵时才能点燃，许多诸侯赶来。但他们抵达后，却发现根本没有入侵者，狼狈撤离。看到这个场景，褒姒就笑了。幽王大喜，于是命人又点了几次烽火台。三番五次，各个诸侯慢慢开始不听幽王的命令，不来勤王。

幽王作茧自缚。当犬戎和申侯真的在公元前771年造反时，许多诸侯看到烽火却不愿再被戏弄，决定不发一兵一卒。叛军杀了幽王，烧毁都城，立其子为周平王。

这个故事很难当真，但许多历史学家认为它确实保留了部分真实情况。在公元前8世纪70年代，西方的埃及和亚述统治者陆续丧权，中国的君主制也因人口增长、地方权力复苏、派系斗争和外族入侵等内外压力结合而受到重挫。

在公元前 771 年叛乱的诸侯们也许只想证明自己的实力，立了一个傀儡国王，继续无视君主。他们决定把自己的青铜礼器埋在渭河河谷里（考古人员自 20 世纪 70 年代以来已在此发掘出大量青铜器），等犬戎掠走宫中财宝退兵后再取回。但是他们想错了。犬戎没有退兵，诸侯立平王，把都城从镐京东迁至洛邑（位于黄河流域）。[1] 原本的天子周室在丧失大片故土后已衰落，这一点很快就显现出来了。诸侯国中最强的郑侯开始挑战王权。在公元前 719 年，周王被迫将太子送到郑国当人质，在公元前 707 年，另一个诸侯故意用箭伤了周王。

到公元前 700 年，诸侯国（据一古书记载有 148 个）基本与周室脱离关系。为首的诸侯仍然打着周室的旗号行事，但实际上无视周室，相互争霸，私订盟约。在公元前 667 年，当时雄霸一时的齐桓公召集各诸侯会盟，承认他为盟主。次年齐桓公逼迫周王封他为伯侯，代表周室的利益。

北有戎狄，南有蛮族。齐桓公攘夷狄，创霸业。但这些战争的主要结果与腓尼基人和希腊人在地中海西部殖民的结果类似，都是造成外族入侵，并迅速扩张。

在公元前 7 世纪，北方的国家与戎狄通过联姻而结盟。齐、晋、秦与许多精通周朝文化的戎狄首领结盟，扩张势力。南蛮也建立了自己的国家楚国，后来在公元前 7 世纪与晋齐大战。到公元前 7 世纪 50 年代，楚国入盟。与西方的塞吉斯塔和自称是埃涅

---

1. 历史学家通常把公元前 1046~ 公元前 771 年称为西周，从公元前 771 年周室东迁至洛邑到公元前 481 年，或公元前 453 年，或公元前 403 年（不同历史学家观点不同）称为东周。

阿斯后代的罗马人不同的是，楚国的首领认为他们与中原的国家一样，是周朝的一个州。结合中原及南方特色的楚文化在公元前600年出现。

楚国实力大增，在公元前583年，晋国决定与其他蛮族结盟以对抗楚国。公元前506年，盟国之一吴国实力大增，打败楚国。到公元前482年，吴国称霸，与楚王一样，自称周室后代。另一个南方国家越国，此时也实力大增。越王勾践自称是大禹后代，卧薪尝胆，力图灭吴。在公元前473年，越国攻陷吴国，夫差上吊自杀，越国成为霸主。尽管政治体系瓦解，但东西方文明核心都急剧扩张。

西方的亚述帝国与
东方的战国七雄

公元前750~前500年是历史的转折点。在公元前750年，西方社会发展指数与其在公元前1200年文明核心瓦解前相当，逼近24分；公元前500年，东方社会发展指数也达到24分。在公元前1200年左右，气候发生变化，人口迁移，冲突不断升级，新国家成为文明核心，老国家开始瓦解。文明核心似乎完全有可能再次瓦解，但两个文明核心都进行自我调整，发展经济、政治和文化知识来应对它们所面临的挑战。这就是图5-1如此单调但又有趣的原因。

改革最先在亚述出现。公元前744年，新贵提格拉·帕拉萨三世在一场政变后登上王位。刚开始，他和先前几位篡位的君主没什么区别，但是在之后短短20年间他使亚述从一个破落低端

西方将主宰多久

东方为什么会落后，西方为什么能崛起

234

的国家蜕变成了充满活力的高端国家。在此期间，与黑手党的合法化一样，他从一个"黑道老大"变成了伟大（但残忍）的国王。

他的秘诀是废黜天子。提格拉·帕拉萨建了一支常备军，由他支持，只听命于他一人，而不需要领主提供军队。他迫使战俘组成了他的私人军队，留存下来的文字资料没有记载他是怎样做到的。当他的军队取胜时，提格拉·帕拉萨直接把战利品赐给军队，而不再和领主分享。倚仗军队，他瓦解了贵族的势力，细分国家高等行政机构，并将俘虏的宦官安排在这些机构中。宦官有两个好处：他们不可能有后代来袭位，且通常被认为他们不可能会叛乱。最重要的是，提格拉·帕拉萨通过扩大官僚体系来统治国家，废黜天子并选用忠于他的行政官员。

面对高昂的开支，提格拉·帕拉萨调整了国家财政制度。他主张定期上缴贡金，基本上就是税收，而不是不时地掠夺外族。如果代理国王有异议，提格拉·帕拉萨就用亚述官员代替他。例如，以色列王比加在公元前735年与大马士革城和其他叙利亚城市一起发动抗税起义。提格拉·帕拉萨狠狠惩治了他们。他在公元前732年攻破了大马士革城，派官员驻守，并吞并了以色列北部肥沃的山谷。提格拉·帕拉萨不得人心，结果被暗杀，比加人立何细亚为亲亚述的国王。

直到提格拉·帕拉萨在公元前727年去世，亚述一直都国泰民安。何细亚认为新亚述体系将随着提格拉·帕拉萨的死而消亡，于是他就停止上缴贡金，但提格拉·帕拉萨设立的机构即使在最高层发生变动的情况下也可以继续下去。亚述的新国王撒缦以色在公元前722年攻陷以色列，杀了何细亚，派官员驻守，并将数以万计的以色列人驱逐出境。从公元前934~前612年，亚述强行让 450 万人迁徙。部分人口被充军，建城池，参与提高帝国生产力的项目，如筑坝、栽树、培育橄榄树、挖运河等。被驱逐的劳动力进入尼尼微和巴比伦后，两座城市的人口都增加到 10 万，它们吸收各地资源，规模空前。社会发展高涨，到公元前 700 年时，亚述成了史上最强大的国家。

历史是不是因为提格拉·帕拉萨在公元前 8 世纪阻止了国家瓦解而改变了发展轨迹？曾经有段时间历史学家会毫不犹豫地肯定这一点，但现在他们都不会把结果只归因于这位独特的伟人。他们这样做可能是正确的。伟大的提格拉·帕拉萨可能是很残酷，但绝不是唯一的。所有公元前 8 世纪晚期西方文明核心中的统治者都采用了中央集权化来应对他们的困境。在埃及，来自现今苏丹的努比亚人甚至在提格拉·帕拉萨夺取王位之前就已经统一了全国，并在之后的 30 年中进行改革。甚至到公元前 8 世纪 10 年代，犹大国王希西家也采用了同样的做法。

历史并非仅由一个天才改变，当时的情形更像是绝望的人们想尽办法生存下去，其中最好的方法是获胜。要么中央集权，要么灭亡，未能成功控制地方领主的统治者被那些成功的统治者击败。希西家担忧亚述，感到有必要壮大犹大王国；亚述的新国王森纳赫里布也担忧希西家，感到有必要阻止他。公元前 701 年，森纳赫里布侵略犹大王国，俘虏它的人民。他赦免了耶路撒冷，因为（据希伯来《圣经》）上帝的天使击退了亚述人，或是因为（据森纳赫里布传记）希西家同意上缴更多的贡金。

不管原因究竟如何，森纳赫里布的胜利给他带来了一个严酷的新现实：每次亚述获胜就产生了新敌人。当提格拉·帕拉萨在公元前 8 世纪 30 年代早期吞并叙利亚北部时，大马士革和以色列联合反对他；当亚述王撒缦以色在公元前 722~ 前 732 年间征服大马士革和以色列时，犹大王国就成了前线；在公元前 701 年犹大王国灭亡后，埃及就面临威胁了，所以在公元前 7 世纪 70 年代，亚述占领了尼罗河流域。最后亚述人发现埃及对他们来说实在是太远了。10 年后亚述人从埃及撤兵，前线都出现了问题。摧毁北方劲敌乌拉尔图后，他们就常受到高加索毁灭性的袭击；击溃南方劲敌巴比伦后，他们开始与东南方的伊勒姆作战；在公元前 7 世纪 40 年代战败伊勒姆后，居住在扎格罗斯山脉的米底人成了威胁，而且他们使巴比伦恢复了实力。

耶鲁大学历史学家保罗·肯尼迪（Paul Kennedy）在他的著作《大国的兴衰》（*The Rise and Fall of the Great Powers*）中说：在过去的 500 年中，战争迫使欧洲国家过度扩张，削弱了它们的实力，导致最后垮掉。尽管达到了高端统治模式，拥有巨大的收入、专业化的军队和官僚体系，击败了所有对手，最终亚述帝国作为过度扩张的典范而难逃垮掉的厄运。到公元前 630 年，亚述全部撤兵。公元前 612 年，米底和巴比伦组成的盟军洗劫了尼尼微并分割了帝国。

亚述帝国的突然崩塌导致了第四章中的情况再次发生。军事动乱使以前处于外围的民族有机会成为文明核心。米底借鉴了亚述的机构和政策，巴比伦再次成为强国，埃及试图在黎凡特重建帝国。分割亚述领土的争斗也促进了它们的扩张。米底的中央集权使另一个外族，即伊朗西南部的波斯变得强大。在公元前 550 年，波斯诸侯居鲁士推翻了米底。米底的派系斗争为他铺平了道路。（米底国王先前曾逼迫一位将领吃他自己儿子的肉，之后他又愚蠢地把攻打居鲁士的军队派给了这位将领。该将领之后叛变，军队垮掉，居鲁士顺利接手。）

像先前的亚述国王一样，波斯统治者认为他们是由上帝委派的。他们的家族阿契美尼德代表着与黑暗和邪恶斗争的光与真理之神——阿胡拉·马兹达。他们相信其他民族的神灵看到他们的正义性后也希望他们获胜。因此，当居鲁士在公元前 539 年夺取巴比伦时，他（表面上真诚地）说这样做可以让那些被巴比伦腐败统治者压制的神灵得到释放。他随后把巴比伦人在公元前 586 年抓来做俘虏的犹太人送回了耶路撒冷，希伯来《圣经》的作者也对居鲁士的自命不凡有所证实。他们相信自己的神，认为居鲁士是"我的牧羊人……我的救世主……我抓住他的右手来征服其他国家"。

居鲁士率领他的军队到达了爱琴海和现在哈萨克斯坦、阿富汗和巴基斯坦的边远地区。他的儿子冈比西斯征服并统治埃及。接下来发生的事与司马迁讲的那个故事一样离奇，最后在公元前 521 年，他的远房亲戚大流士继承了宝座。据希腊历史学家希罗多德说，冈比西斯做了一个梦，误以为他的兄弟司美尔迪斯想谋反，于是他派人暗杀了司美尔迪斯。有个牧师也叫司美尔迪斯，且和死去的司美尔迪斯长得一模一样。这个牧师假装是真正的司美尔迪斯，继承了王位。冈比西斯发现这件事后，尽管有些害怕，但还是骑马赶回王宫说出了真相（谋杀兄弟的事实），但因不小心刺伤了自己的大腿而去世。与此同时，假司美尔迪斯也因没有耳朵而被他的妻子识破（假司美尔迪斯在早期因受刑罚而被削了耳朵）。于是 7 名贵族杀了假司美尔迪斯，并开始争夺王位：每人带着马到指定地点，谁的马在太阳升起时先叫，谁就成为国王。最后大流士赢了（事实上他作弊了）。

值得一提的是，事实证明这是选国王的好方法。[1]大流士很快证明了自己的能力，成为新一代的提格拉·帕拉萨。他向全国3 000万人征税，将收入最大化。据希罗多德记载："波斯人称大流士是一个商人……他尽可能谋利。"

大流士来到了社会发展已复苏的地中海沿岸。到公元前500年时，商人不再为宫殿和庙宇服务，而为自己谋利，促进了经济发展。商人将海运成本降低，通过船运输奢侈品及食品等大宗货物来谋利。大约在公元前600年，安纳托利亚西部的吕底亚人开始铸币。到大流士统治时，铸币技术已被广泛应用，进一步加快了商业发展。生活水平提高，到公元前400年，平均每个希腊人要比他们三个世纪前的先辈多消费25%~50%。房屋更大，饮食更多样，人们更长寿。

大流士通过雇用腓尼基人成立波斯第一支舰队，开凿苏伊士运河连接地中海和红海，并控制希腊城市来介入地中海繁荣的经济。据希罗多德记载，他派间谍监视意大利，甚至考虑过攻打迦太基。

大流士死于公元前486年，这时西方社会发展指数已比公元前1200年的24分整整高出了10%。埃及和美索不达米亚的灌溉农业产量已稳步增加；巴比伦大约有15万居民（据希罗多德说，这个城市如此之大，以至于居鲁士占领它的消息花了几天才传到每家每户）；波斯军队规模庞大，甚至把整条河都喝干了（这也是希罗多德说的）；多达1/10的雅典人会写自己的名字。

---

1. 如果这是真的，那也无可厚非。但大部分历史学家怀疑事实上是大流士谋杀了真正的司美尔迪斯，并推翻了拥护他的神职人员。

东方社会发展指数也达到了24分。从公元前8世纪以来，东方国家与西方一样也进行了重组并实行中央集权化。公元前771年周王朝的瓦解让诸侯们喜忧参半。没有周王朝，他们可以肆意征战。诸侯们原本听命于周王，不过他们发现周王依赖他们的军队，而且自己的权臣也开始变得难以驾驭。解决办法是废黜贵族，引进外族人，像提格拉·帕拉萨那样用囚犯组建军队。与周朝毗邻的大国（晋、齐、楚、秦）在公元前7世纪就开始这么做，并逐渐变得强大起来。

相比黄河流域的其他国家，楚国受到周室的管制较少。早在公元前690年，楚国就创建了新直辖区，行政长官直接向楚王汇报。其他国家争相效仿。在公元前7世纪60年代，晋献公采用了更激烈的策略，屠杀国内名门望族的首领，并提拔顺从他的臣子。其他国家也争相效仿。在公元前594年，鲁宣王采用了新策略：让农民对自己耕作的土地拥有所有权，不用再服劳役，但是前提是他们需要服兵役或缴税。不用多说，其他国家当然也群起仿效。

这些采用新统治策略的君主与西方国家的君主一样，创建更大规模的军队，面对更强劲的对手，并从经济发展中获利。农民拥有自己的土地后更愿意努力耕作，提高农作物产量，并发明了牛拉犁。铁制农具得到了广泛使用。到公元前5世纪，铁匠们学会使用风箱，将铁矿石加热到熔点2800华氏度后再铸造。[1]吴国的铁匠甚至能控制铁中的碳含量，造出真正的钢铁。

---

1. 到公元前1世纪，铸铁技术已在中国普及。将铁矿石加热到1650华氏度，并多次锤击制成熟铁，这一技术直到14世纪才在西方出现。

城市蓬勃发展（到公元前 500 年鲁国临淄的居民人数可能已达到 5 万）。和西方一样，需求促进商业发展。在公元前 625 年，鲁国的一位大臣为了促进贸易，取消了边境检查站。水上贸易兴旺，晋国及位于洛邑的周室推行铜币（但与西方无关）。与西方相似的另一点是，人民生活水平提高的同时，不平等也在加剧。税收增加，从公元前 6 世纪初的 10% 上升到了 100 年后的 20%。诸侯在宫殿里建冰室，而农民却陷入贫困状态。

在西方，经济在公元前 6 世纪迅速扩张，且国王已重掌权力，但在东方，经济的发展却加剧了君主的烦恼，因为取代诸侯的往往是权倾朝野的卿大夫。卿大夫往往能比他们的君主更好地享受经济发展的成果，最后常常成了竞争对手。在公元前 562 年，鲁国三桓三分公室，建立三军，各领一军。公元前 537 年，鲁国由三桓中的季孙氏专权。晋国的卿大夫韩、赵、魏发动内战，持续了 50 年，最终在公元前 453 年三家分晋地。

但在这个时候，君主（及那些篡位的卿大夫）找到了解决办法。如果卿大夫和他们取代的诸侯一样成问题，为什么不从其他国家招募臣子呢？这些臣子被称为"士"，常翻译成 gentleman（君子），因缺乏政治关系而不可能权倾朝野。其中许多士出身卑微，这就是他们选择仕途的原因。士这群人的出现及壮大证明了中央集权化和知识的传播。数以千计的士穿梭于各国间，担任一些卑微的职位。

只有少数幸运的士得到了君主的重视，并加官晋爵。有趣的是，与西方不同，这些士而不是他们效忠的君主成了当时文学作品中的主要人物。他们在这些作品中扮演以德服人、辅弼君主的良臣。《左传》写于公元前 300 年左右，记述了春秋时期的具体史实，都是关于这些士的。我最喜欢的是赵盾，晋灵公的权臣。《左传》描写道，晋灵公不行君道，他在高台上用弩射行人，观看他们躲避弩箭的样子。[1]一次因为熊掌没炖烂，就把厨师杀掉，把尸体装到筐子里让宫女拿去扔掉。

赵盾多次劝谏，使晋灵公生厌，晋灵公便派钼麑去刺杀赵盾。钼麑一大早就去了赵盾家，只见赵盾早就穿戴好上朝的礼服，忙于政事。钼麑不愿杀害这样一位忠臣，也不愿违背国君的命令，最后他选择了唯一的出路，一头撞死在树上。

晋灵公再次刺杀赵盾。灵公设下埋伏，结果赵盾手下一拳打死了袭击他的狗，且灵公的一名武士是赵盾多年前救助的饿汉，通过两人的协助，赵盾最终得以脱险。最后，与《左传》中其他故事一样，晋灵公得到了应有的惩罚，但赵盾也常被指责没有对此事进行阻止。

在公元前5世纪，其他（表现较好的）君主取得了成功，新型的建筑风格展示了他们国力的日益强盛。周天子将宫殿建在三四英尺高的平台上，但后来的诸侯将建筑向垂直方向发展，达到用文字可以形容的最高高度。据说，有一座楚国的宫殿坐落在500英尺高的平台上，高到甚至可以碰到云端。另一座在中国北部的宫殿叫作"空中平台"。统治者对他们的宫殿严密设防，如

---

1. 这里有一个问题：赵盾的故事发生在公元前610年左右，但弩在5世纪中叶才开始普及。因此一些历史学家得出结论说，《左传》实际上是民间故事的集合，只表达了故事大意，关于士和君主真实情况的描写却很少。但这么说可能太武断了。尽管赵盾的故事有很多荒诞的地方，但《左传》的编撰者显然有可靠的消息来源，且看得出来这个故事至少是做过修改的。

同害怕敌国一样害怕自己的国民。

到公元前 450 年，东方的统治者像西方的一样征税建军，并通过不会因君主的死亡而瓦解的国家机构来处理这些复杂的事务，使国家走向了高端统治型。经济繁荣，社会发展指数超过了 24 分。在西方，文明核心扩张，波斯帝国统一了其大部分地区；在东方，类似的过程也在进行之中。在公元前 771 年周朝灭亡后出现了 148 个国家，但到公元前 450 年，只剩下了 14 个，其中 4 个（晋、齐、楚、秦）占主导地位。

在第四章中，我提到冯·丹尼肯的外星人预测说，大约在公元前 1250 年时东西方文明核心会继续扩张，两个地方都将会出现一个大帝国。如果大约在公元前 450 年时他们再回来，可能他们会觉得预言属实。毕竟预言的内容没有错，只是时间错了。

思想经典：从孔子、墨子和
庄子到苏格拉底和柏拉图

外星人也可能会很有兴趣地发现，地球人曾持有的人能与上天交流的观念正在消失。几千年来，君主像天神一样，用祭祀来维持道德秩序，以此将卑微的平民与统治者联系起来，通过在通灵塔上献祭或在坟场屠杀战俘来与上天取得联系。但现在，原来神圣的君主将自己的角色变成了行政首长，他们的统治"魔法"消失了。"要么让我早点死，要么让我生得晚点，" 7 世纪希腊诗人赫西奥德抱怨说，"因为现正处于铁器时代……正义之神和愤怒之神身着可爱的白色长袍，离开了凡间。他们遗弃人类，加入了奥林匹斯山永生的众神，把苦痛留给凡人，这样就没有援助来对

抗邪恶了。"

但这只是一种看法而已。从爱琴海海岸到黄河流域，其他思想家开始对世界运行的方式提出了新观点。他们之所以从边缘地区谈起，从社会角度看，是因为他们大多处于社会底层；从地理角度看，是因为他们大多来自文化核心边缘的小国。[1] 他们（可能）说，不要绝望，我们不需要神圣的国王统治这个已被玷污的世界。救赎要靠我们自己，而不在腐败、暴力的统治者手中。

德国哲学家卡尔·雅斯贝斯（Karl Jaspers）在二战结束时试图搞清当时的道德危机。他将公元前 500 年左右的几个世纪称为"轴心时代"，意味着历史围绕这个轴心旋转。雅斯贝斯称在轴心时代，"据我们今天所知，人类才形成"。轴心时代的著作——东方的儒家和道家文献，南亚的佛教和耆那教经书，西方的希腊哲学和希伯来《圣经》（及衍生出的《新约》和《古兰经》）——成了定义生活意义的经典及永恒杰作。

对于那些本身没有或者很少留下书面作品的人来说，佛陀与苏格拉底是非常成功的。他们的传人（有时并不是嫡系）记录、润色或完全编造他们的言语。通常没有人真正知道创始人当时是怎么想的，因此，他们的继承人激烈争斗，举行议会，把对手逐出教门，驱逐到外面黑暗的世界。现代哲学最大的成功在于揭示了：继承人在分裂、对抗、咒骂和迫害彼此的同时又多次写或改

---

1. 但并不是全都这样。耆那教创始人大雄（Mahavira, 约公元前 497~前 425 年）来自印度最强大的国家摩揭陀。琐罗亚斯德（Zoroaster）大致生活在公元前 1400~前 600 年（当时波斯还在西方文明核心边缘），尽管这样，这位伊朗人还是被一些历史学家归为轴心时代的大师。（我这里不讨论琐罗亚斯德是因为历史资料太混乱。）

写了他们神圣的书籍，结果使文本几乎不可能保持原意。

　　轴心时代的著作各种各样。有些是晦涩的格言集，有些是诙谐的对话，还有很多诗歌、历史故事或论证法，有些文本则结合了所有这些类型。经典著作一致认为，他们的最终主体，一个超越堕落世界的超然境界，是难以用言语描述的。佛陀说，涅槃，字面意思是"吹灭"，一种像熄灭蜡烛一样将这个世界的激情熄灭的心境，难以用言语描述，甚至连尝试也是不适当的。对于孔子，仁（常译为"人性"）也难以用语言描述。"我越仰望它，它就越高；我越了解它，它变得越难；我看到它在我前面，突然又在我背后……谈论它时，有谁能一点都不犹豫？"同样，苏格拉底放弃了给美下定义，他说："我理解不了，如果我去尝试只会让我出洋相。"他只能用寓言来表达：美像火焰，投射出我们误以为是现实的影子。同样，耶稣也只是间接提到天国，他也喜用寓言。

　　最难定义的是道，道家的理解如下：

　　道可道，非常道；

　　名可名，非常名……

　　此两者同谓之玄。

　　玄之又玄，众妙之门。

　　经典著作一致认同的第二件事是如何实现超越。儒家、佛教、基督教等的教义远比保险杠上贴的标语来得重要。但当我在最喜欢的咖啡馆写这一章时，外面有辆车上贴着一条标语，很好地做了总结："同情是革命。"遵循道德准则，放下欲望，对待别人像你希望别人对待你那样，这样你将改变这个世界。所有的经典都敦促我们要容忍，并提供提高自身修养的一些方法。佛陀用冥想；苏格拉底青睐对话；犹太教祭司呼吁学习；[1]孔子也提倡学习，并注重礼乐。在每种文化传统中，有些人倾向于神秘主义，而另一些人更务实、通俗。

这个过程总是一个自我塑造、内部调整的过程，不依赖于神圣的国王，甚至神。事实上，超自然的力量与轴心思想偏离。孔子与佛陀拒绝谈论神灵；苏格拉底尽管自称虔诚，但最终因信奉雅典的神而被指责；犹太教祭司警告犹太教徒，上帝神圣而不容称呼或过多赞美。

在轴心思想中，君主面对的情况甚至比神还要糟。道家和佛陀对君主主要采取不置可否的态度，而孔子、苏格拉底和耶稣公开指责道德缺失的统治者。轴心评论困扰着善人和伟人，新出现的关于出身、财富、性别、种族和社会阶级的问题明显是反传统文化。

在指出东方、西方和南亚经典中的相似点时，我不会去掩饰它们之间的差异。没有人会把三藏（"三篮"）佛经误以为是柏拉图的《理想国》或孔子的《论语》，但也不会有人把孔子的《论语》误以为是与之相媲美的其他中国经典，如道家的《庄子》或法家的《商君书》。在公元前500~前300年，中国传统文化出现了"百家争鸣"的盛世，我想花一点时间来看看这一区域出现的多种思想流派。

孔子把公元前11世纪的周公作为美德的榜样，把重建周朝礼制，恢复当时的美德作为目标。孔子称自己"述而不作，信而

---

1. 犹太教学校在公元前1世纪及公元后的几个世纪内发展尤为迅速。

好古"。但考古发现其实孔子对遥远的周公时代所知甚少。并不是周公，而是后来在公元前 850 年左右发生的大规模的"礼制改革"使周朝恢复了等级森严的礼制。后来，在公元前 600 年左右，霸主们为了彰显自己的地位，用大量财宝陪葬，礼制再次发生变化。

孔子是士，受过教育，但不是特别富有。他可能会反对第二个变化，将公元前 850~前 600 年间的礼制理想化，并将其追溯到周公时代。孔子强调"克己复礼为仁"。这意味着重生者而非祖先，重真诚敬畏而非炫耀伪善，重美德而非出身，用简单的礼器正确行礼，遵循先例。孔子坚持认为如果他能说服一个统治者实行仁爱，大家都会模仿他，世界就会和平。

公元前 5 世纪的思想家墨子却完全不这么认为。在他看来，孔子误解了仁爱。他提倡行善，而不是人为善；是对每个人行善，而不只是家人。墨子拒绝礼乐和周公。他说，即使民不聊生，儒家却还"像乞丐一样，像田鼠偷藏食物，像公羊那样贪婪地看着，像阉猪一样跃起"。墨子身穿粗布衣服，席地而卧，吃稀饭，过穷苦的生活。他倡导兼爱，即"兼相爱，交相利"。他提倡"视人国若其国，视人家若其家，爱人若爱其身"。他认为"灾难、侵占、不满和憎恨产生的原因就在于人们不能兼爱"。墨子用外交来避免战争，四处奔波直到把鞋磨破。他甚至派了 180 个年轻的追随者誓死捍卫一个受到不义侵略的国家。

通常被归为道家的思想家对墨子和孔子的观点都不以为然。他们认为"天道无为"：夜晚到白天，喜悦到悲伤，生到死，没有什么是固定的，难以定义。人吃牛肉，鹿吃草，蜈蚣吃蛇，猫头鹰吃老鼠。谁能说哪个最好？道家指出：儒家认为是正确的，

第五章
东方的周朝、秦朝，西方的亚述帝国和罗马帝国
247

墨子的追随者却认为是错的，但实际上一切都是相互连接的。没有人知道天道通向何方。我们必须达到天人合一，但切不可操之过急。

道家思想代表人物之一庄子讲述了另一位道家代表人物列子的故事。列子多年求道后，觉得还是没学到东西，就回家了。

（庄子说）三年不出家门。替妻子做饭，像侍候人一样喂猪。对任何事物都不分亲疏远近，去除雕琢，返璞归真，损弃心智，独以形体存在。在纷纭的大千世界中，保持真朴，以此终生。

庄子认为列子故事让孔子与墨子的实践主义看起来既荒谬又危险。庄子设想有人对孔子说："你忍受不了这一代人的痛苦，于是你离开，却给今后世世代代造成了困扰。你是打算造成这个悲剧呢？还是不知道自己在做什么？……错的不一定有害，有效的也可能不对。"相比之下，庄子称墨子"真正是天下最好的人"，但却把生活的乐趣都抛弃了。"墨子信徒穿毛皮粗布，穿草鞋，日夜不停地工作，以刻苦自励为最高理想。"墨子主张"人生时应勤苦，死时要薄葬"，但"即使墨子自己能忍受"，庄子问："怎么使天下众人也这样生活呢？"

墨子反对孔子，庄子反对孔子和墨子，而所谓的法家反对他们全部。法家反对轴心思想，比马基雅维利更不择手段。法家认为，仁、兼爱和道都没有抓住重点。试图超越现实是愚蠢的：神圣的君主只能屈服于那些能有效管理国家的人才，民众也应该采用这个体系。商鞅是公元前4世纪秦国的丞相，法家的指引之光，他的奋斗目标并不是人道，而是"使国家富裕，兵力增强"。商鞅说："敢于做敌人所不齿的事，则可得利。"不用为善也不用行善，因为"用强权统治的国家往往更有秩序也更强大"。不用把时间浪费在礼制、实践论或宿命论上，而要将法律和酷刑（斩首、活埋、苦力）结合起来统治国家，并将法制强加于人民。法家认为法律就像木匠的矩尺一样，可以将杂乱的原料变得符合规则。

中国的轴心思想范围涉及神秘主义和独裁主义，并不断地发展。例如，公元前3世纪的学者荀子将儒家、墨家和道家思想结合起来，并与法家相对抗。许多法家弟子支持墨子的工作伦理与道家的包容万物。几个世纪以来，各种思想相结合，之后又经历千变万化的复杂重组。

南亚和西方的轴心思想也大致相同。我不会再详细谈论这些文化思想，但只要稍稍看一下希腊这块小土地上发生的事，我们就能想象出当时思想的大锅沸腾的样子。在公元前1200年，希腊神圣的王权可能比之前的西南亚古国都要羸弱，于是到公元前700年，希腊人决定反抗这种王权。这也许就是为什么他们比其他轴心时代的民族更加直接地面对了这个问题：在缺乏统治者的情况下，一个美好的社会该是怎样的？

希腊人的其中一个对策是通过集体政治来解决问题。既然没人能拥有超然的智慧，一些希腊人问，为什么不集中每个人有限的知识来创建一个（男性的）民主社会呢？这是一个与众不同的想法，甚至墨子也没有想到这一点，长期以来理论家普遍认为男性民主的发明标志着西方与其他地区的决裂。

关于这一点，读者可能会有质疑。14 000年来，在希腊人开始实行民主前，西方社会发展指数就一直比东方高。在公元前5~前4世纪，即希腊民主的黄金时代，西方的领先地位也基本没什么变化。只有到公元前 1 世纪时，罗马帝国采用民主政策，才使西方的领先地位急剧上升。希腊决裂论（将在第六章到第九章细谈）面对的更大的问题是 2 000 年后民主在西方完全消失，这一点就是古希腊民主与美法两国革命的区别。19 世纪的激进主义者发现古雅典为关于现代民主国家如何运作的辩论提供了一个有用的反方观点，但是我们需要选择性地阅读大量历史资料才能看出从古希腊到美国开国之父的民主自由精神的延续。（顺便说一句，这些开国之父利用"民主"一词来代表权利滥用，与暴民统治只差一步。）

不管怎样，希腊对轴心思想的贡献并不在于这些民主派，而在于苏格拉底引导的对民主的批评。他认为，希腊并不需要民主，民主只会加强那些靠外表作判断的人的无知；希腊需要的是像他一样的人，知道自己对善的本质这一关键点一无所知。只有这样的人通过哲学辩论磨炼出理性后才可能理解善（是否任何人都可以，苏格拉底也不确定）。

柏拉图，苏格拉底的追随者之一，将苏格拉底的美好社会模式分成了两个版本：对儒家来说足够理想的《理想国》以及足够让商鞅称心的《律法》。亚里士多德（柏拉图的学生之一）的思想也涵盖了类似的范围，从人道主义的《伦理学》到逻辑分析的《政治学》。关于相对主义，公元前 5 世纪的一些诡辩家可以和东方的道家相媲美。就如在神秘主义方面，有远见的帕尔米尼底斯能和恩培多克勒相当。作为普通人来看，普罗泰戈拉的成就和墨子相当。

在介绍这本书时，我谈到了另一个长期占据主导地位的理论，该理论认为今天西方之所以能取得统治地位，不是因为古希腊人发明了民主本身，而是因为他们创造了唯一合理的动态文化，而古代中国却采取了蒙昧主义和保守主义。[1] 我认为这种理论也是错的。这个理论将东方、西方及南亚的思想夸张化了，并忽略了其内部的多样化。东方思想可以像西方思想那样理性、自由及愤世嫉俗，西方思想也可以像东方的那样神秘、专制、相对和模糊。轴心思想的真正统一是多样化的统一。东方、西方及南亚思想的差异，观念、论点及冲突的范围都很相似。在轴心时代，思想家们不论是身在黄河流域、恒河平原抑或地中海东部城市，都为辩论开辟出了新疆域。

与过去真正的决裂是由于这片知识疆域作为一个整体的形成，而不是其中任何一部分（如古希腊哲学）的形成。没有人在公元前 1300 年西方社会发展指数首次达到 24 分时提出轴心论。公元前 1364~ 前 1347 年，埃及法老阿肯纳顿是最理想的候选人，他推翻了传统的多神信仰，确立了三位一体的统治模式，即他、他的妻子奈费尔提蒂及太阳神阿顿。阿肯纳顿敬拜阿顿神，为之谱写赞歌并建了一座满是神庙的新城，促进了怪异的艺术风格的形成。

100 年来，埃及历史学者一直在争论阿肯纳顿的所作所为。有人认为他是试图创造一神教，一个和弗洛伊德相当的著名学者认为，当希伯来人还在埃及的时候，摩西剽窃了阿肯纳顿的想法。当然，阿肯纳顿"为阿顿神谱写的赞歌"与希伯来《圣经》中《诗篇》第 104 篇"给造物者上帝的赞歌"有惊人的相似之处。

---

1. 一些理性的历史学家和许多新时代的拥护者提出了截然相反的观点。虽然他们仍同意东西存在区别，但他们认为东 / 南亚的思想解放了人类心灵而西方的抽象主义却将其抑制。

然而阿肯纳顿的宗教革命并不属于轴心思想。它并不包括个人的超然性，事实上，阿肯纳顿禁止平民膜拜阿顿神，这使法老作为凡间和神界桥梁的角色更加突出。

对阿顿神的崇拜只能证明在君主依靠神灵而稳坐宝座的社会里要做出思想方面的重大改变有多困难。他的新宗教并没有赢得大众支持，他一死，以前的多神信仰就又回来了。阿肯纳顿的庙宇被毁坏，直到1891年考古学家发掘出了他的城市，那次被遗忘的变革才重新为人所知。

那么，是不是由于轴心思想的影响使得图5-1如此单调？是不是因为在公元前第一个千年，由于孔子、苏格拉底和佛陀引导人类跨越了智慧的障碍，社会发展指数才达到了24分？是不是因为在之前1 000年中没有出现这样的天才，所以当时的社会发展受到了阻碍？

可能不是这样的。首先，这个说法与年代图表不符。在公元前8世纪，西方的亚述达到了高端统治，使当时的社会发展指数超过了24分，但是苏格拉底时代在3个世纪后才出现，在此之前西方思想中基本上没有明显属于轴心思想的内容。东方也是同样的情况，在公元前500年左右，秦、楚、齐和晋国的社会发展指数达到了24分，当时也正好是孔子最活跃的时期。但东方轴心思想的主要浪潮是在随后的公元前4~前3世纪才到来。如果南亚人把佛陀追溯到公元前5世纪晚期是正确的，那高端统治应该在轴心思想之前就已经形成了。

其次，这个说法与地理也不符合。最重要的轴心思想家来自小的边缘国家，如希腊、以色列、佛陀的故国萨迦或孔子的故国鲁，而且很难看出，在一个政治落后的强国中，政治上的超越性突破是如何影响社会发展的。

最后，这与逻辑也不符。轴心思想是对高端统治的回应，往往和伟大的君王及他们官僚的权力相冲突，最多也是对其保持中立态度。我怀疑，轴心思想对提高社会发展的真正贡献是在后来的公元前第一个千年中，所有的大国都利用这一思想为它们服务。在东方，汉朝将儒学改造成了官方意识形态，指引官僚忠于职守。在印度，伟大的阿育王显然是真的被自己的暴力血腥吓到了，在公元前257年左右皈依佛教，但他仍旧不愿放弃战争。而在西方，罗马人先是改变希腊哲学的原有立场，然后再将基督教变成他们的国家支柱。

轴心思想最理性的部分就是其促进了法律、数学、科学、历史学、逻辑学和修辞学的发展，这些都使人们了解更多关于他们所处世界的信息。但图5-1背后真正的动力和冰河时期结束后的情况是一样的。在建造更强的国家、到更远的地方做生意，并在更大的城市定居的过程中，懒惰、贪婪及恐惧的人们发现了更容易、更有利可图、更安全的做事方法。在之后五章中会多次提及一种模式，正是按照这种模式，新时代相应的文化随着社会的发展出现了。当高端统治的国家出现，人们对世界也不再抱有幻想，轴心思想也就相应出现了。

秦国和罗马帝国成功的秘诀

如果要进一步证明轴心思想是国家重组的后果而不是原因，我们只需要看看秦国，一个位于东方文明核心西部边缘的强国。《战国策》是一本有关外交策略的著作，作者不详，书中描述说：

"秦国与戎狄习俗相同，有虎狼一样的心肠，贪暴好利，不守信用，不知道礼仪德行。"尽管秦国与儒家的主张全然相反，但它在公元前3世纪从东方文明核心的边缘一直扩张到了整个文明核心地区。

在欧亚大陆也发生了类似的情况：来自西方文明核心边缘，且常被比作狼的罗马人摧毁了文明核心，奴役了把他们称为蛮族的哲学家。在公元前167年，希腊人波里比阿被送往罗马做人质，他写了40卷的《通史》（*Universal History*）来向他的同胞解释这一切。他问："谁这么狭隘或懒惰以至于不想知道……在不到53年的时间内（公元前220~前167年）罗马人是如何史无前例地统治了几乎整个已知世界？"[1]

秦国和罗马有许多共同点。两者都把在旧核心区域实行的新组织方法和在烽火前线磨炼出的军事手段结合了起来，是两个后发优势的典型，两者都屠杀、奴役并驱逐对手，且两者都促使社会发展达到前所未有的高度。秦国和罗马还是我们称之为暴力悖论的典型：无论在东方还是西方，当血河干涸，他们的帝国让人民变得更加富裕。

秦国和罗马成功的秘诀很简单——只是数字而已。两者走了不同的路线，但它们都比对手更善于招募士兵、军事武装以及休养生息。

几个世纪以来，秦国一直是东方战国六雄中最弱的。[2] 后来，

1. 这只是波里比阿所知道的整个世界，他根本不知道秦国的存在。
2. 公元前6世纪有4个大国（晋、齐、楚、秦），之后晋国内战，分裂成3个国家（韩、魏、赵），于是就有了6个大国。一些历史学家把燕国（位于当今北京附近）也算做大国，即第七大国。

它开始走向高端统治，在公元前 408 年实行土地税。无情的战争迫使其他国家向国民征兵征税，并用法家的手段来进行处罚。统治者们千方百计增加收入，高效的治国策略迅速流传，因为不效仿的话就会被消灭。公元前 430 年左右，魏国开始聚集劳动力挖灌溉渠以提高农业产量，其他国家，（最终）包括秦国，纷纷效仿。赵国与魏国修建长城以保护水田，其他国家也效仿。

在公元前 4 世纪，秦国国力追上了其他国家。在 40 年代，商鞅说服秦国国君实行管制和惩罚，将秦国变成了噩梦般的国度，他自己也因此而扬名：

> （商鞅）命令居民以 5 家为"伍"、10 家为"什"，将什、伍作为基层行政单位，责令互相监督。不告奸者腰斩，告发奸人的与斩敌同赏……

这并不是独裁主义幻想，从秦国司法官员陵墓中发掘出的竹简表明，秦国向所有野蛮人强制实行律法。

值得慰藉的是，商鞅作法自毙，最后车裂而死。当时，采用高端统治及法制政策的秦国取得了大胜，东方文明核心成了一个武装阵营。在公元前 500 年，3 万人的军队已经算大规模了，但到公元前 250 年，10 万大军也算正常，20 万大军也没什么特别的，真正强大的军队规模还要再翻一倍。人员伤亡数相应也变得巨大。据史书记载，在公元前 364 年，秦军灭了魏国 6 万大军。这些数字可能被夸大了，但想到秦国士兵以头颅数领赏（字面上是这么说的，事实上，他们以上缴敌人的耳朵封赏），所以也不会太离谱。

毫无约束的军队引起了恐慌，在公元前 361 年，超级大国定期召开会议商讨它们之间的分歧。被称为"说客"的雇佣外交官在公元前4世纪50年代出现。一个人可能穿梭于几个大国间，并同时担任这些国家的重臣，和亨利·基辛格一样编织着阴谋的大网。

温斯顿·丘吉尔说过，"争吵不休总好过争战不休"，但在公元前4世纪蛮力还是击败了谈判。问题在于秦国。秦国以绵延的群山做掩护，难以攻克，并利用核心地区边缘的地理位置，吸纳来自西方的无国家社群，使其军队不断向核心地区逼近。《战国策》称"秦国是'天下万物'的死敌"，它想"吞下整个世界"。

其他国家意识到它们需要联合起来对付秦国，但是四个世纪的战争让它们互不信任，相互背叛。公元前353~前322年，魏国建立联盟，但是盟国打了几场胜仗后，因害怕魏国实力比它们强，于是开始攻打魏国。魏国像是被抛弃的情人或领导人，转而投奔秦国。公元前310~前284年，齐国建立了新联盟，结果重蹈魏国的覆辙。之后赵国接过了盟主的衣钵。在公元前269年，赵国战胜秦国。希望在每个人心中萌动，但这个希望太小、太晚了。秦王嬴政发现了一个可怕的新战略：只要杀很多人，其他国家就不可能重建军队。秦国发明了敌尸清点计数。

接下来的30年里，秦国将领杀了约100万的敌军。关于这段时期的史书充斥着屠杀的凄惨，但在公元前234年秦国斩首10万赵人后，屠杀停止了。之后，秦国就没了劲敌，其他国家选择投降，放弃杀戮。

秦国的残敌走投无路，打算谋杀秦王。在公元前227年，一名刺客绕过秦王的护卫，抓住秦王的手臂，把涂有毒药的匕首刺向秦王，可惜没能刺中，只割断了秦王的袖子。秦王用柱子做掩护，趁机从剑鞘中拔出长剑，把刺客刺死了。

齐国，最后一个独立的国家，在公元前221年也被消灭了。秦王嬴政自称"始皇帝"。他规定："我是一世皇帝，我死后皇位传给子孙时，后继者沿称二世皇帝、三世皇帝，以至万世。"对此没人敢反对。

罗马建立帝国的过程与秦国不同。公元前521年，大流士登上王位时，波斯已经统一了当时西方文明核心的大部分地区。大流士想瓜分地中海地区财富的欲望掀起了反抗的浪潮，最终摧毁了整个波斯帝国。当时的希腊和意大利城邦已经很发达，能充分利用能源和信息技术，但组织和军事能力不强。所以大流士将它们一一攻破后，用武力威逼它们屈服，但正是武力威逼使这些城邦结合起来，并促使它们提高了组织和军事能力。

因此，当大流士的儿子薛西斯在公元前480年率领大军攻打希腊时，雅典和斯巴达放下分歧，一致抵抗。历史学家希罗多德（和电影《300勇士》不同）记载了这次使雅典成为联盟之首的大捷战。和东方国家结盟对抗秦国那样，雅典对斯巴达的威胁超过了波斯，于是可怕的雅典——斯巴达大战，即伯罗奔尼撒战争，在公元前431年爆发（修昔底德记载，但迄今未拍成电影）。公元前404年，受到重创且饥饿难耐的雅典人被迫投降，撤除海军，拆毁从雅典城到出海口的工事，此时西西里和迦太基也卷入了战争；战争也使部分地中海地区，尤其是马其顿，成了希腊经济腹地。

马其顿可以说是个古老的香蕉共和国，资源（尤其是木材和银）丰富但混乱。50年来一直受希腊城邦的摆布，其政治就像是充斥着通奸、乱伦和谋杀的肥皂剧，但在公元前359年，腓力二世得到王位，成了马其顿的提格拉·帕拉萨。腓力二世并不需要社会科学家来解释什么是后发优势：他本能地理解并借鉴希腊人的制度来统治其领土辽阔、资源丰富但动荡混乱的王国。他挖掘银矿，任用雇佣军，并与不可一世的贵族合作，无视希腊城邦。如果没有在公元前336年被神秘刺杀，他一定也会无视波斯。传言说，腓力二世喝醉后，因儿女恩怨而轮奸同性，之后便丧命了。值得一提的是，腓力二世的儿子亚历山大在短短4年内（公元前334~前330年）就完成了腓力二世的计划：征服波斯帝国，焚毁波利斯城，东征至印度边界。直到他的军队拒绝继续远征，他才停止扩张。

亚历山大生于幻想破灭的新时代（亚里士多德曾是他的导师之一），没有意识到做一个神圣的国王有多困难。[1]虔诚的波斯人认为他们的国王是与黑暗永恒斗争的阿胡拉玛兹达神在人间的代表，因此亚历山大肯定是邪恶的代表。毫无疑问，这个形象问题就是亚历山大努力让波斯人相信他神圣的背后原因（第四章中提过）。也许，假以时日他会成功，但他越是想让波斯人相信他神圣，希腊人和马其顿人就越觉得他疯狂。但是时间短暂，公元前323年亚历山大突然死亡——很可能是中毒而死，几位将领互相混战，分割帝国，建立三大王国（也向神权靠拢）。

要是和秦国一样的话，其中一个王国应该会征服其他王国，但亚历山大的继任者和这位伟大的国王一样只是昙花一现。在公元前4世纪，马其顿与希腊开战，借鉴希腊制度并打败希腊，之

---

1. 有记载说：亚历山大比波斯国王矮1英尺，当他第一次坐上波斯国王的宝座时，他的脚够不着地面。他的脚晃来晃去，庄严全无，直到侍臣给他垫了脚凳，问题才得以解决。

后又征服了波斯帝国，但在公元前 2 世纪罗马几乎将其全部吞并。

罗马是通过将殖民与发展边缘地区结合起来进行扩张的典型例子。自公元前 8 世纪以来，罗马就深受希腊影响，在与邻国的战争中逐渐变得强盛，建立了高低端相结合的组织模式。最重大的决定由贵族参议院做出，议会以农民为主，通过投票决定和平与战争的问题。和秦国一样，罗马处于由低端向高端统治模式发展的晚期。罗马从公元前 406 年开始发放军饷，可能也在同时开始征税。几个世纪以来，罗马帝国的收入大多靠掠夺而来，与战败的敌国达成协议，向其征兵而非征税。

虽然罗马人和希腊人一样反对神圣的王权，但他们很清楚征服与神权的联系。凯旋的将领驾着装饰圣洁的白马战车在罗马城内游行，陪同的奴隶在其耳边轻声说："记住，你只是凡人。"胜利使神圣的王权陷入了两难的境地，强大的征服者可以做一天神，但仅此而已。

对于公元前 3 世纪的希腊人来说，这种机制并不新鲜，但其高低端统治相结合产生的劳动力规模如此之大，甚至可与秦国匹敌。在公元前 480 年，波斯 20 万大军入侵希腊，战败后花了几十年的时间才恢复国力。罗马没有遇到这种限制。一个世纪的战争带动了意大利全部的劳动力，参议院从公元前 264 年开始与迦太基争夺地中海西部的控制权。

迦太基人将罗马的第一支舰队引进一场风暴中，结果 10 万罗马水兵葬身海底。罗马于是建了一支更大的舰队。两年后这支舰队在狂风暴雨中惨遭覆没，所以罗马建了第三支舰队，结果第三次失去了海军。在公元前 241 年，罗马的第四支海军终于打败了迦太基，因为迦太基无法弥补战争造成的巨大损失。迦太基花了 23 年来恢复国力，之后汉尼拔将军率领战象部队，翻越阿尔卑斯山脉，从后方攻击意大利。公元前 218~ 前 216 年，他俘虏或屠杀了 10 万罗马人，但罗马军队源源不断地增兵，最后通过消耗战将他打败。和秦国一样，罗马对暴行进行了重新定义。波里比阿说："罗马人的风格是消灭见到的一切形式的生命，一个不留……所以当罗马人攻下一座城的时候，你不仅可以看到人的尸体，还可以看到被砍成两半的狗，以及其他动物被砍下的四肢。"迦太基最终在公元前 201 年投降了。

争战比争论要更受参议院的青睐。仅仅经过一个夏天的休整，罗马就开始进攻地中海东部亚历山大继任者的王国，公元前 167 年将其全部吞并。后来经过与当地部落的连年苦战，罗马军队深入到了西班牙、北非和意大利北部。罗马成为西方唯一的超级大国。

秦始皇建长城与东西方的 第一次接触

到公元前 200 年，东西方自冰河时期以来再次变得前所未有的相似，都只由一个人口众多的超级大国统治，都出现了一批生活在大城市、受过轴心思想教育、有文化教养的精英。大城市由多产的农民供应食物，由复杂的贸易网络提供补给。东西方社会发展指数都比公元前 1000 年高出了 50%。

本章很好地阐释了这一原理：民族总体来说是一样的。虽然中间隔着广阔的中亚和印度洋，东西方互相独立，但却各自按着相似的历史轨迹前进，主要的区别在于西方仍勉强保持了在社会发展中的领先地位。西方的社会发展依赖于冰河时期末期由栽培植物和饲养家禽形成的地理位置优势。

本章还阐释了第二个原理：虽然地理位置决定了社会发展过程，但社会发展也改变了地理的含义。文明核心的扩张缩小了东西方间的差距，将东西方糅合进了一部全球史，造成了戏剧性的后果。

即使到公元前326年，马其顿的亚历山大率兵远征到旁遮普时，受过最好教育的东西方人还根本不知道对方的存在。亚历山大向手下保证他们很快就可以在包围世界的海洋中沐浴（但是展现在他们面前的不是海洋，而是固城林立的恒河平原，于是士兵开始叛乱）。

亚历山大于是掉头回家，将很多叛乱者留了下来。一群人在现在的阿富汗建立了巴克特里亚王国。到公元前150年，该王国征服了部分恒河平原，融合了希腊和印度文化。一本印度史书记载了一个佛教和尚与讲希腊语的巴克特里亚国王间的对话，对话之后国王和他的随从都改变了信仰。

巴克特里亚王国值得一提：它在公元前130年左右瓦解，这是同时在东西方史书中被提及的最早的历史事件。一两年后，一位来自中国的使节踏上了王国的废墟，回国后将他的精彩经历禀告了皇帝，特别提及了中亚的马匹。在公元前101年，一支中国的远征军踏上了这片土地。一些历史学家认为当地反抗的军队可能包括罗马人以及来自遥远的美索不达米亚的战俘，他们经过多次易手后，最后被卖到了中亚山区与中国军队作战。

缺乏浪漫色彩的历史学家认为罗马人和中国人要再过200年才会接触。据一本中国史书记载，一位中国将军在公元97年

"派副官甘英前行到西海海岸后返回"。尽管不知这片遥远的海岸具体在哪儿，但可以确定的是甘英到达了大秦王国——从字面上就能看出，"大秦"这个名字体现了中国人眼中自己帝国宏伟遥远的倒影。西海是不是地中海？大秦到底是不是罗马？这两个问题仍然悬而未决。反浪漫派历史学家认为，大秦国王安敦（应该是罗马皇帝马可·奥勒留·安东尼）在公元166年派遣使臣至中国首都洛阳，才使中国人和罗马人最终相遇。

很可能在此之前，东西方就已经有了更富有成果的接触。但因为参与接触活动的人对受过教育的史书编撰者来讲太卑微了，不值一提，所以不曾在史书中提及。其中一群人是商人。在罗马贵族老普利尼（死于公元79年，因痴迷于维苏威火山爆发，结果未能及时逃开熔岩）的鸿篇巨制中，他描写了世界及其特殊性，提到每年有一支商船队从埃及的红海海岸驶向斯里兰卡。实际上有一份叫作《红海旅记》（*The Voyage on the Red Sea*）的希腊语商业文件流传了下来，类似贸易手册，粗略地描述了印度洋的港口和风向。

罗马商人在印度留下了踪迹。18世纪，英国和法国殖民者刚在印度定居，就从当地人手中获得了古罗马钱币，但直到1943年，罗马对印度影响的程度才变得清晰起来。那年夏天，正值第二次世界大战达到高潮，英国殖民者眼看统治即将结束，决定重新发掘被忽视几十年的印度文化遗产。准将莫蒂默·惠勒（Mortimer Wheeler）从意大利的萨勒诺前线被调遣至新德里，监管150万平方英里和埃及一样文物丰富的领土。

惠勒是个具有传奇色彩的人物，参加过两次世界大战，足迹遍布三大洲。他对罗马古迹严谨的发掘工作使英国考古学得到了彻底改革。他的职位变动同样令人诧异。对此，印度爱国主义者质问道：大英帝国已经奄奄一息了，为什么还要派个对印度不如对英国本土罗马古迹那样了解的，且已退役的老顽固来呢？

惠勒有很多东西需要去证明。一抵达孟买，他就开始了考古之旅。到钦奈（殖民地马德拉斯）后，他发现政府机关因为即将到来的高温酷暑都已关闭，于是决定到当地博物馆消磨时间。"在一个作坊的橱柜内，"他在回忆录中说道：

> 我的手紧握着一个陶器的瓶颈和长手柄，这个陶器与当地的热带风格迥异。当我看到它时，我想起了那个在新德里议会被提出的挑衅性问题："罗马人统治下的英国与印度有什么联系？"完整的答案就在这里。

惠勒拿着的是一个在离海岸 80 英里的阿里卡梅度（彭地治利）挖出的罗马酒缸的碎片。他搭了通宵火车，在小镇的法国餐馆吃过早餐，喝过小酒后，开始寻找罗马人留下来的遗迹。

> 公共图书馆的一个套间内存放着三四个博物馆的箱子。我满怀希望，大步走过去，用黏黏的手臂拂去灰尘，仔细观察。一个月内第二次，我的眼睛开始放光。堆在一起的是十几个罗马双耳细颈高罐（酒坛子）的碎片，一盏罗马灯的部件，一块罗马凹雕（浮雕胸针），大量印度陶片——陶瓷碎片、小珠子以及赤土陶器——以及任何学过古典考古学的人都不会搞错的红釉面陶瓷碎片。

惠勒把一块赤土陶器带回新德里后，他拜访了几个从事战争航空摄影的英国考古学元老。"我偶然间得到了一块赭色黏土陶片,"他指的是从阿里卡梅度博物馆得到的红釉面陶瓷,"结果令人满意,有人能理解是多么美好的奖励!"

据考古发现,到公元前200年就有货物从地中海运抵阿里卡梅度(和其他几个港口),且数量在之后三个世纪内不断增加。最近在埃及红海海岸的考古发掘出土了干枯的椰子、大米和黑胡椒,这些食品只可能来自印度。到了公元1世纪,中国与印度开始贸易往来,两地同时也与东南亚地区有货物流通。

东西方在越过汪洋大海后得以牵手,这么说有点夸张。与其说两者间存在着一张关系网,不如说是一些细线将两端串了起来。一个商人可能通过海运把红酒从意大利运到埃及,另一个可能通过陆路运到红海,第三个可能运到阿拉伯,第四个可能越过印度洋运到阿里卡梅度。在那里,他可能会碰到当地的丝绸商人,出售来自黄河流域,被转手更多次的丝绸。

虽然这只是个开始。《红海旅记》提到了一个叫"Thin"的国家,可能是"秦"不标准的发音;后来有个叫亚历山大的希腊人自称到访过"支那",很可能就是中国。公元前100年左右,在一定程度上是由于中国军队行军到巴克特里亚,丝绸和香料沿着丝绸之路向西流通,而金银向东流通。只有轻巧、昂贵的商品,如丝绸等,在历经6个月5000英里的运输后仍可以赢利。在一两个世纪内,所有罗马贵族死后都会披一条丝绸披肩。中亚商人在中国所有的主要城市都设立了办事处。

东西方的第一次接触对于那些统治核心地区的贵族来说很值得庆祝,但对那些将贵族视为比商人还要卑鄙的人来说,却值得担忧。约在公元前390年,罗马历史学家阿米亚努斯在他的著作中写道:"他们身材矮胖、四肢粗壮、肥头圆耳,丑陋畸形,像两只脚的野兽。"他还写道：

> 他们的外形尽管可怕，却仍是人类，但他们的生活是如此艰
> 苦，不用火，不食熟食，靠吃树根、草根和在他们大腿和马
> 背上稍微温热后半生的肉为生。

这些人是游牧民族，对于地主阿米亚努斯来说完全陌生。我们已经谈到过他们的祖先，中亚的游牧民。他们约在公元前3500年开始驯养马匹，约在公元前2000年开始将马匹套在推车上，促进了马拉战车的出现。战车使西方核心在公元前1750年后陷入混战，500年后被传到了东方。骑在马背上要比驾驶马车更方便。到公元前1000年左右，马匹更大，马具改进，可从马鞍上发射的小型强劲弓箭被发明出来，三者结合起来开创了一种全新的生活方式：马背上的游牧生活。骑马使地理再次发生彻底改变，逐渐使蒙古一直延伸到匈牙利（都是游牧民族命名的）的干旱平原变成了连接东西方的"草原通道"。

在某些方面，这些草原游牧民类似大帝国边缘相对落后的居民，与希伯来《圣经》中雅各和他的儿子一样。他们用动物和毛皮去换回定居居民的产品。双方都会获利：公元前5世纪，中国的丝绸和波斯的地毯被用来装饰西伯利亚巴泽雷克的豪华陵墓，而在公元前9世纪，亚述人从游牧民那里引进马匹和弓箭，用骑兵取代战车。

但也有问题存在。巴泽雷克墓葬中除了丝绸地毯外，还有成堆的铁制武器和用敌人颅骨镀金后制成的奖杯，暗示贸易和战争互不影响。尤其是在公元前800年后，寒冷干燥的天气使草原牧场骤减，那些能迅速迁徙，且经过长途跋涉抵达牧场后还可以作

战的牧民就拥有了巨大的优势。所有部落都开始骑马，在相隔数百英里的冬季和夏季牧场间穿梭。

他们的迁移产生了连锁反应。在公元前8世纪，马萨格泰人向西迁移，越过现在的哈萨克斯坦，遇上了斯基泰人。斯基泰人与史前被农民侵占觅食栖息地的采猎者及西西里岛居民在希腊殖民者登陆后遇到的选择一样：他们可以坚守阵地，组织起来进行反击，甚至推举出国王，或者逃跑。那些放弃的人跨过伏尔加河，导致当时已定居在那里的西米里族人也面临了战斗或逃跑的选择。

在公元前8世纪初，西米里难民开始迁徙到西方的核心地区。他们数量不多，但造成的破坏很大。在农业国家，许多农民在田里辛勤劳作来供给军队。在战争高峰期，罗马和秦国军队对平民征兵，每6人征一人；在和平时期，每20人征一人。相反的是，游牧民族的每个男人（也有许多女人）都是战士，从小就与马和弓箭打交道。这是不对等战争最初的例子。大帝国实力雄厚，设有军需官，军队装备有攻城武器，但游牧民族移动迅速，常进行恐怖活动。事实上，他们不迁徙的时候往往忙于互相争斗。

多年的气候变化和社会的不断发展相结合，致使西方文明核心的边缘地带陷入了暴力和动乱。亚述帝国在公元前700年左右仍是西方最大的帝国，邀请西米里人到核心地区并帮助他们打败对手。起初确实行之有效，在公元前695年，土耳其中部的弗里吉亚国国王弥达斯，据希腊传说称可以点石成金，被西米里人包围都城后自杀了。

虽然消除了像弗里吉亚那样的缓冲国，但是亚述人将自己的心脏地带暴露给了游牧民族。到公元前650年，斯基泰人控制了美索不达米亚北部。他们"行为暴力，无视法律，最终导致了混乱"，希腊历史学家希罗多德写道："他们像强盗，来回奔走，窃取每个人的财产。"游牧民族破坏了亚述帝国的稳定，且在公元前 612 年协助米底人和巴比伦人洗劫了尼尼微，之后立即转而攻打米底人。直到公元前 590 年左右，米底人想出方法来对抗这些诡计多端、移动迅速的敌人。根据希罗多德记载，这个方法就是等他们的领袖在宴会上喝醉后再杀他们。

米底、巴比伦和波斯的国王尝试去应付游牧民族。一种方法是什么也不做，但后来游牧民族洗劫了边疆省份，税收收入因此减少。买通游牧民是另一种方法，但上缴的保护费和洗劫造成的损失一样巨大。第三个方法是先发制人，进军草原并占领游牧民赖以生存的牧场，但这个做法的支出和风险都更大。无须再防卫，牧民可以撤退到寸草不生、干旱的荒原，使入侵者因不能及时补给而垮掉。

波斯帝国的创立者居鲁士试图在公元前 530 年对马萨格泰人发动先发制人的进攻。像之前的米底人一样，他用了葡萄酒战略：先让马萨格泰人先锋部队洗劫他的阵营，在他们喝醉后再将其屠杀，虏获了他们女王的儿子。"你如此嗜血，"托米丽司女王在写给居鲁士的信中说道，"把我的儿子还给我，这样你的军队可以全身而退……如果你不同意，我以太阳神起誓，我会让血多得让你喝不完。"女王的话应验了，她打败了波斯人。居鲁士的首级被割下，浸在盛血的革囊里。

先发制人的战略一开始比较糟糕，但在公元前 519 年，波斯的大流士证明了这个策略行得通，他击败了波斯人称为"尖帽斯基泰"的联盟，向其征收贡金并设立了傀儡国王。5 年后，他再次尝试，跨过多瑙河，将其余的斯基泰人追击到了乌克兰腹地。

和现代很多不对等的战争一样，很难说到底谁赢了。希罗多德认为这是一场灾难，大流士幸运地逃生了，但斯基泰人再也不是波斯人的威胁，所以很明显，有些事开始步入正轨了。

在东方，草原骑兵的诞生需要更长时间，正如在东方，战车的普及要比在西方花的时间更长。但是当游牧民连锁反应影响到东方的时候，产生的效应一样强烈。游牧民族的东扩很可能在公元前8世纪犬戎袭击周朝时就已开始了。北方的民族吸纳了新来的游牧民族，后来在公元前7世纪和公元前6世纪被秦、晋吞并。游牧民族的入侵和东方国家的扩张相结合，减少了缓冲国家，和西方的情况一样。

此时赵国位于边缘地区。和亚述人对斯基泰人所做的一样，赵国招募游牧民骑兵攻打邻国，并将臣民训练成骑兵。赵国采用了一项在西方不常用的战略——消耗战，建立长城阻止牧民入内（至少在贸易和突袭的路线上）。这似乎比战争或付保护费更有效，于是在公元前3世纪各国大量建造长城。秦始皇下令修建的长城绵延2000英里，成本（根据传说）是每建一码要死一人。[1]

秦始皇并不为此担心。事实上，他重视城墙的建造，将这个防御性战略转化成了武器，用长城将游牧民族传统放牧的草场圈入了自己的疆域。后来在公元前215年，他采用了先发制人的战略。

长城是一个明显的征兆：地理的含义再次发生了变化。在图5-1中推动东西方社会平行发展的动力——更多能源的获取、更

---

1. 秦长城并不是北京一日游中参观的长城（这个是16世纪的）。从外太空看不到长城，更不要说在月球上了。

有效的组织、广泛传播的知识、更致命的军队——正在改变这个世界。到公元前200年，东西方各自由一个大帝国统治，两方的军队和商人甚至深入了两方之间的地区。大草原再也不是东西方之间的巨大障碍，而成了一个连接两方的通道。东西方核心的历史尽管相互独立但却非常相似，并开始结合起来。尽管只有极少数的商品、人员或思想从欧亚大陆的一端传到另一端，但却形成了新的地理现实。在接下来的几个世纪中，在公元前200年时统治核心地区的大帝国因此而瓦解，处于上升趋势的社会发展被扭转，西方的领先地位被终结。矛盾的发展正进入一个全新的阶段。

金戈铁马：东西方帝国
与外来入侵者的斗争

最美好的归宿：
东西方社会发展的衰退

"在此最完善的世界上，万物皆有归宿，此归宿自然是最完美的归宿。"在伏尔泰的经典喜剧作品《老实人》(*Candied*)中，导师邦葛罗斯孜孜不倦地重复着他的乐观主义哲学。在书中，邦葛罗斯先后遭遇一连串的厄运：感染梅毒，一只眼睛失明，半截耳朵溃烂，遭人囚禁奴役，被宗教裁判所施以绞刑，甚至接连遭遇两次地震。尽管如此，他仍然坚持"一切皆善"的说教。

当然，邦葛罗斯这个人物是伏尔泰跟读者开了一个小玩笑，用来讽刺当代哲学的愚昧无知，但是历史上确实曾经涌现出许多真实的"邦葛罗斯"。在公元后的前几个世纪，东西方核心都被非常富庶的强大帝国所主宰。一位中国诗人曾这样描写："帝王出游，场面极尽奢华。欢愉无尽，绵延数万年。"对于罗马帝国，古希腊雄辩家阿里斯提得斯（Aristides）更加热情洋溢地赞叹："为了帝国的永存，文明世界一齐祈祷。请求所有的神一起赐予这个帝国，赋予这个城市永恒的繁荣，永不消逝，直到石头漂浮在海面上，直到草木再不发芽。"

那么这些"邦葛罗斯"到底做了些什么，从而导致了图 6-1 中的情形？东西方的社会发展在公元前 1 世纪左右达到巅峰，随后不约而同地出现衰退。这种衰退与之前相比又更进一步。它不仅范围更为广泛，波及欧亚大陆两端，而且影响程度更深，持续时间更长，长达数个世纪。截至公元 400 年，东方社会发展的衰退程度超过了 10%；截至公元 500 年，西方社会的发展程度倒退了 20%。据统计，西方世界社会发展占据领先地位长达 14 000 年，本章旨在向广大读者展现其末尾阶段，并探讨这次衰退的根源所在。

秦汉和罗马帝国统治下的世界新秩序

古代帝国也不全是"邦葛罗斯"式的人。经历了数百年的战火纷飞、生灵涂炭，我在第五章中提及的"暴力的悖论"——战争最终引导和平繁荣的事实——才逐渐变得清晰起来。统一战争刚结束，秦国和罗马帝国这两个超级大国就在血腥残暴的内战中诞生。秦国很快稳定下来，并日益强大，而罗马帝国则经历了更为漫长的过程。

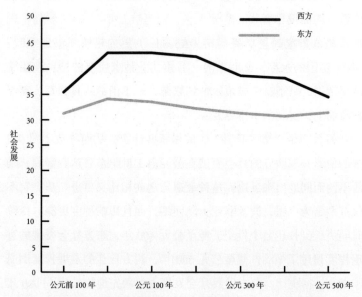

图 6-1　一个旧世界——大规模衰退：古代帝国的巅峰时期、衰退时期以及瓦解时期（公元前 100~ 公元 500 年）

在征服战争中，秦朝中央集权的强制机构做出了杰出的贡献，但是在和平统治阶段，这种机构的运作结果并不理想。公元前221 年，秦国消灭了最后的敌人，但是秦始皇继续在全国范围内征召男丁，这一次并不是为了打仗，而是为了派遣他们修建自己的陵寝。从某种角度来看，这些人的工作是卓有成效的，因为他们修筑了绵延数千公里的道路和运河。但从另一个角度来看，却远非如此。根据司马迁的记载，作为秦朝的第一位皇帝，秦始皇自命为"天子"，并寄希望于一些招摇撞骗之徒，靡费大量钱财寻求长生不老之药。也许就像现代人买保险那样，他花费36年时间，命令70万男丁修建帝陵。（考古学家已经在秦始皇陵挖掘出数百人的殉葬坑。）

这个占地20平方英里的中国墓葬建筑群（大部分还未被开掘）与埃及金字塔遥相呼应，不相上下。秦始皇陵是一个工作队于1974年挖掘水井时无意中发现的，现在已闻名遐迩。共有六千多尊真人大小的陶俑守卫着整个陵寝，它们是世界考古界的奇迹，然而令人惊奇的是，司马迁描述秦始皇陵时根本没有提及这些名震四方的兵马俑。司马迁将兵马俑略去，转而描述陵墓地下400码宽、周围环绕着水银仿制的秦国河流的青铜宫殿。（1981~2003年的探测调查发现，陵寝地下的土壤中含有大量水银。）司马迁还补充说，在公元前210年，秦始皇命令将他所有未生育过的嫔妃、知道陵寝秘密的匠人以及秦国数百名高级官吏一起在此陪葬。

秦始皇的暴政激起了社会各个阶层的强烈抵抗。王公贵族加以指责，秦始皇强制将其遣送回都城；知识分子站出来反抗，秦始皇活埋了460名反抗儒生；农民发动起义，他残忍地将叛乱者腰斩。[1]

由于秦始皇在国内实施恐怖统治，他刚驾崩就发生了大规模内乱。公元前209年的某天，故事拉开了帷幕：两名下级官吏必

---

1. 至少，儒家学者们是如此描述的。许多现代的史学家怀疑，当时的乡绅阶层将整个事件进行了美化。然而，秦始皇将农民腰斩的事实似乎无可置疑。

须及时将征召文件送去卫戍部队，但是由于突发暴雨，导致他们无法完成任务。而根据秦律，延误军务必定招来杀身之祸。根据司马迁记录，其中一人说："今亡亦死，举大计亦死，等死，死国可乎？"于是发动起义。

正如他们预料的那样，两名起义者很快被处死，但是他们的义举很快传遍全国。不出几个月，中国又回到了大一统之前各国混战的状态。公元前206年，秦朝覆灭，叛乱演变成可怖的内战。经历四年的野蛮屠杀之后，农民出身的刘邦掌握了局势，随后建立了汉朝。他将8万名俘虏全部处死，宣告从此天下太平，史称汉高祖（或汉高帝）。[1]

罗马与秦国所面临的问题正好相反。秦国的问题在于高度集权的统治方式无法适应和平年代的发展步伐，而罗马最棘手的问题是组织机构过于松散。在罗马帝国内部，由富有的年长男性成员组成的元老院以及由贫穷市民组成的公民大会得到进一步发展，这对于一个城邦国家的运作来说绰绰有余，但是它们无法胜任对一个帝国的管理，导致战利品堆积如山、成群的奴隶无人处置、国家对那些因战功而极其富有的军事将领疏于防范。公元前133年的秋天，议会成员由于政见不合而发生冲突，元老院的元老们居然砸碎他们坐的长凳，互相拳打脚踢，拼死互殴。到公元前80年左右，再也没有人能够说得清，到底是谁在统治罗马帝国。

1. 中国皇帝一般都有众多名号。每一位皇帝都拥有一个或更多的称谓（例如，刘邦也被称为刘季），而且每一位皇帝都至少有一个庙号（例如，刘邦被称为汉高祖，或者汉高帝，意为"最高的祖先"）。为了避免造成读者的困惑，我将引用安妮·帕卢丹（Anne Paludan）在其编写的实用书籍《中国皇帝简史》（*The Chronicle of Chinese Emperors*）中所使用的皇帝庙号。

尽管罗马在接下来的 50 年间内战频发，但至少没有像秦朝那样顷刻崩塌。越来越多的军队只效忠于他们各自的军事将领，不再遵从为国尽忠的原则。元老院为了遏制这些战功赫赫的军事领袖，只好派他们攻打更为弱小的邻国（反而使得这些将领实力大增），或者任命新的军事将领来讨伐旧将领（结果又引发了新的危机）。到公元前 45 年，尤利乌斯·恺撒成功地打败了所有入侵者，次年遇刺身亡。自此，历史的车轮重新开始转动。公元前 30 年，屋大维在埃及抓捕了安东尼和克丽奥佩特拉（"埃及艳后"），他们最终被迫自杀。此时，罗马帝国的贵族们对于长期征战已经深恶痛绝，于是达成一致意见：私底下，他们将对屋大维（后命名奥古斯都）唯命是从，而在公开场合，他们又假装把他当做普通市民对待。通过这个诡异的协定，似乎所有人都保全了面子。公元前 27 年，奥古斯都宣布重建共和国，成为这个帝国的实际统治者。

到了公元前 1 年，东方和西方两个核心都处于独立王国的统治之下，但是这个局面的形成并非毫无悬念。事实上在公元前 203 年，汉朝的开创者汉高祖曾经签订了一项协议，同意与他最后的敌人分享东方核心的统治权，但他随后违背承诺，将对方杀死，并且掠夺其所有财富。到公元前 30 年左右，地中海地区似乎即将分裂，一边是来自罗马的屋大维统治下说拉丁语的西部，另一边则是来自埃及的安东尼和克丽奥佩特拉统治下的说希腊语的东部。如果汉高祖信守承诺，或者安东尼不那么沉迷于酒精和性爱，那么这一章的内容将会彻底改写。然而，当时南亚正朝着完全不同的方向发展。公元前 1000~前 600 年间，位于恒河流域的小城市和小国家不断发展，最后成为类似东西方核心地区的先进国家。公元前3世纪，这些城市和国家被庞大的孔雀王朝吞并，建成了可能是当时世界上规模最大的国家（虽然秦朝很快就会赶超它）。然而孔雀王朝没有像罗马和秦国那样不断壮大，反而在接下来的几百年间逐步分裂。到了奥古斯都时代，整个南亚再一次分裂为众多彼此交战的小国。

托尔斯泰有一句名言，"幸福的家庭有同样的幸福，而不幸的家庭则各有各的不幸。"这句话同样适用于国家关系。对于国家来说，分裂灭亡有无数种方式，比如战场失利溃败，君主昏庸无道，贵族脱缰失控，百姓暴动叛乱以及政府运作不良。但是保持国家统一只有一个方法：妥协。在这一点上，汉朝和罗马的统治者都显示出了卓越的才能。

公元前202年，汉高祖与其他诸侯达成一项协议：将他"国家领土"的2/3分别赏赐给10个诸侯，作为其统治下的半独立国家存在，从而结束内战。汉高祖深知，为了防止新的内战发生，国家需要根除这些诸侯的威胁。如果下手过快，惊动了这些诸侯的话，可能会引发帝国原本想要阻止的战争。相反，如果下手太慢，又会导致这些诸侯势力过于强大。然而，汉朝皇帝很好地把握了时机，在公元前100年利用几次突发的叛乱活动，彻底解除了来自诸侯的威胁。

和秦始皇的妄自尊大相比，汉朝皇帝们显然要收敛得多，但他们或多或少也存在狂妄的一面。例如，公元前141年汉景帝驾崩时，也有众多兵马俑随葬（数量是秦始皇兵马俑的6倍多，但是高度只有其1/3）。尽管汉朝皇帝和商周的君王一样，坚信自己是连接人间和上天的代理人，但是除了伟大的征服者汉武帝之外，汉朝其他皇帝都未曾宣称自己长生不死或君权神授。

他们小心谨慎地维持统治。皇帝们与世家大族打交道时，需要抛弃皇家信仰（尽管也可以采取比较实际的做法，即把贵族的财富与宫廷自身的成功联系在一起）。如果想安抚士绅学者，就需要将皇位纳入一个理想化的儒家等级制度模型（在此也有一个具有实践意义的做法，就是把人们对于儒家经典的认知程度作为入仕的考量标准，而非凭借贵族关系网络）。而在广阔的乡间，维持皇家的权威需要运用一些其他要素。在前轴心时代，皇帝曾经充当世人和祖先、神灵之间的桥梁角色，现在他们要将这种角色与更加现实的措施相结合，诸如减少赋役、缓和严酷的秦朝律法以及相应的税收减免政策。

这种妥协带来了和平统一的局面，并逐渐将东方核心转变为一个独立的整体，东方核心的统治者们称之为中国（世界中心的"中心之国"）或者天下（普天之下，因为在他们看来，边境线之外的其他东西都无关紧要）。至此，人们开始认识到把东方核心看作一个独立整体的意义，并且由于近代西方人的发音错误，将"秦"（Qin）读做"China"，因此西方开始用"China"来称呼中国。尽管当时中国内部仍然存在着巨大的文化差异，但是东方核心已经开始向中华民族演变。

罗马人也做出了类似的妥协。公元前30年，罗马内战结束，胜利者奥古斯都遣散了征召来的士兵，派遣职业军人驻守边防。和汉朝的皇帝一样，他深知强大的军队时刻威胁着他的统治。中国统治者用犯人和外国人补充军队，意图将其驱逐出主流社会；而奥古斯都和他的继任者们决定将军队安置在较近的范围内，将军队改造成核心社会机构，直接听命于皇帝。

战争成了专业人士的专利，其他人都转投和平之路。像中国一样，罗马吞并了其他的附庸国，并将贵族的财富与国家的财富紧密联系起来。皇帝们如履薄冰，步步谨慎：对待贵族阶层时表现出高不可攀的气势，处理军队问题时要扮演他们的最高统帅，与那些将统治者想象成超自然存在的民众接触时又要变得神圣庄严。他们运用一种"死后上帝"的策略来代替以往"一日上帝"的妥协办法。这种理论声称，皇帝们在死前都只不过是杰出的人类，死后方被拥入神性的怀抱。有些皇帝认为这种理论纯属无稽之谈，例如维斯帕先。他在弥留之际还与朝臣戏谑道："我想我正在变成神。"

在公元 1 世纪以前，一种希腊罗马式的文化融合不断发展，当时的富人们可以在约旦到莱茵河区间内的城市游历：他们在风景似曾相识的城市停留，用几乎相同的金制餐具吃饭，观看相似的希腊悲剧，用巧妙的方法间接提及荷马和维吉尔，四处寻觅对其良好教养表示欣赏的志趣相投者。地方知名人士越来越多地得到长老院的认同，本地权贵篆刻碑文时采用拉丁文和希腊文两种文字，甚至连在土地上耕作的农民也开始认同自己是罗马人。

这种妥协平息了抵抗行为。在这一点上，当属 1979 年的喜剧《布莱恩的一生》（*Monty Python's Life of Brian*）总结得最为全面。雷吉（由约翰·克立斯扮演）是犹太人民阵线的主席，当时的追随者大多对革命毫无热情，因此他试图激起他们内心对罗马统治的反抗怒火，结果却发现他们更倾向于谈论罗马帝国带来的好处（尤其是美酒）。雷吉向他们提出了一个针对罗马帝国的著名问题："那么好吧。除了环境卫生以外，医药、教育、美酒、公共秩序、愤怒、净水系统以及公共卫生——罗马人到底为我们做了些什么？"那些自由的捍卫者沉思片刻，随后有一人试探性地举起手说:"他们还带来了和平?"雷吉被这个愚蠢至极的回答惊呆了,回复说:"哦,和平……你闭嘴!"

雷吉并未意识到:和平改变了一切,和平带来了横贯欧亚大陆两端的繁荣富强。两大核心国人口迅速增长,经济飞速发展。从最基本的方面来说,据我们统计——社会总产量、每单位土地的产量或每单位劳动力的产量——农业产出呈上升趋势。汉朝和罗马的律法不仅为地主的财产提供了更多的安全保障,对待农民的财产也一视同仁。各阶层的农民因此得到更多耕地,他们致力于扩大灌溉面积,改进排水系统,购买奴隶或者雇佣劳动力,并且更多地使用肥料和更加先进的工具。埃及相关史料表明,罗马时代的农民每播种1磅种子就能收获10磅小麦,这对尚未经历现代化进程的农业生产来说,无疑是一项傲人的成绩。虽然尚无任何中国农业的相关记录,但是在农业手册中保留下来的农业发现和农业记录表明,中国当时的农业产出也相当高,尤其是在黄河流域。

就这样,农民和工匠将能量获取推向更高水平。然而,当时贵族撰写并保存至今的文学作品中却鲜少提及这些,他们不约而同地对此保持沉默。事实上,纵观整个人类发展史,此前使用的能量均来自动物肌肉或者生物燃料,但是当时的人类已经发现四种潜在的、具有革命性的能源——煤炭、天然气、水力和风力。

前面两种能源一直处在边缘地带,当时中国有一小部分铁匠将煤炭用于铸铁作坊,四川的制盐者用竹管将天然气抽上来,通过燃烧来蒸发海水中的水分。但是,后两种能源的发展完全不同。公元前1世纪,罗马和中国都发明了水车,为磨坊提供动力研磨谷物,以及加热熔炉。目前所知最令人印象深刻的例子,当属公元 100 年后建于法国巴贝格地区的水车，它拥有 16 个互相连接的轮子，可以产生 30 千瓦的能量，基本等同于 100 头公牛（或者两辆全速行驶的福特 T 型车）所产生的能量。这种水车轮子大多较小，但是一个普通的罗马磨坊产生的能量就相当于 10 个壮年男子用脚踩轮子产生的能量。

然而，风力和水力的广泛使用并非来源于新型水车，而是来自对旧航海技术的革新。除非能够找到将生产出来的数千吨小麦、数百万加仑[1] 酒和几十亿颗铁钉运送到潜在买主所在位置的方法，否则根本没有人会生产这些东西。因此，规模更大、条件更好且价格低廉的船运（以及港口、运河）几乎和耕地、水车占据着同等重要的地位。由此可见，贸易和工业发展是同步的。

图 6-2 很清晰地表明了当时的西方发展状况，将不断增长的海难船只数量和 2005 年针对西班牙佩尼多维洛地区湖泊沉积物调查研究中记录的铅污染水平对比。（之所以调查海难船只，是因为缺少现存的关于古代船运的书面记录，因此——除非随着时间推移，船长们莫名其妙地变得笨拙，因而经常在驾驶船只时发生触礁事故——海难船只数量最能体现出当时船运发展的程度；之所以调查铅污染水平，是因为作为银加工业的衍生物，铅对于地球化学家来说是最容易展开研究的同位素。）图中，两条曲线同步上升，且都在公元前 1 世纪达到顶峰，这体现出当时贸易和工业发展的紧密联系（以及对于环境发展来说，古罗马时期绝非黄金时代）。

我们还无法将图 6-2 与东方发展的相应图表做比较，因为

---

1. 1 加仑 ≈ 3.8 升。——编者注

中国考古学家还没有搜集到可以计量的足够数据。然而现存资料表明，公元前 300 年后东方核心的贸易发展相当繁荣，但是仍不及西方核心发展程度高。举例来说，近期一项调查得出这样的结论：罗马帝国当时流通的货币数量大约是汉代的两倍，并且当时罗马最富裕的人所拥有的财富大约是中国富人财产的两倍之多。

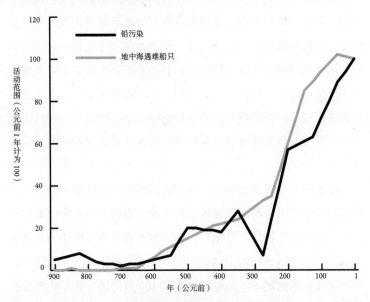

图 6-2　商品和服务：地中海海难船只数量和西班牙佩尼多维洛地区湖泊铅污染水平的平行增长趋势。沉船数量以及铅含量已经做过标准化处理，因此能够在同一纵坐标上对两者进行比较，公元前 1 年两者数量均计为 100

　　这种贸易发展的差异性很可能与两者不同的地理条件有很大关系。在罗马帝国，90% 的人口居住在距离地中海 10 英里范围内。公元前第二个千年，西方核心扩张到地中海沿岸，带来了各个领域的蓬勃发展，也带来了相应的持续性破坏。但是到了公元前 1

世纪，当罗马人完成对整个海岸线地区的征服之后，罗马帝国立即终结了这种破坏行为。当时的地中海已经构建起四通八达且价格低廉的水路运输系统，得益于此，贸易取得了突飞猛进的发展。

然而，对于汉朝来说，居住在近海以及靠近河流的人口比例较少，而且并非所有的河流都能随时保持畅通无阻。罗马的军事扩张保证了一个新经济疆界的稳定发展，那里的农民能够将最先进的农耕技术运用在新近征服的土地上，然后再卖出农作物，满足意大利和希腊城市的粮食供应。然而秦朝和汉朝缺少像地中海那样的水运通道，因此贸易活动只能局限于相对较小的范围内。一些汉朝皇帝通过疏浚黄河和渭河，以及修建人工运河绕开难行区域等手段，试图提升中国的交通运输水平，但是之后的几个世纪里，中国一直未能解决这个难题，也就一直无法拥有属于自己的地中海。

在东西方经济发展背后，存在着两股相似的力量，分别起着拉动和推动作用。所谓拉动作用就是指国家的发展壮大。罗马和汉朝的征服者在各地广泛征税，并将多数税收收入用于扩充边防军队（当时罗马大约拥有 35 万军队，中国拥有至少 20 万军队）和建设庞大的都城（罗马都城大约有 100 万居民，而汉代都城长安大约拥有 50 万居民）。东西方核心都需要将食物、商品和钱财从富裕、纳税的地区运送到穷困、消耗国家收入的人群聚居地。

泰斯塔西奥山（也称"碎陶片之山"）是位于罗马郊区的一个遗址，它充分展现了西方这股拉动力影响范围之广。和气势磅礴的秦始皇陵相比，这座仅有 150 英尺高、杂草丛生且到处散布着破损陶片的土堆实在是相形见绌，但是对于考古学家来说，这就是建造于意大利的"埃及金字塔"。长达 3 个世纪的岁月里，共有 2 500 万个储藏罐被丢弃至此，这是一个惊人的数字。这些罐子大多用于储藏橄榄油——共两亿加仑的橄榄油——并将其从西班牙运至罗马，那里的城镇居民将橄榄油广泛应用于烹饪、沐浴[1]以及燃烧照明。站在泰斯塔西奥山上，你会深切体会到处于饥饿状态的人几乎无所不能，从而心怀敬畏。而这不过是罗马众多垃圾填埋场中的一个。

第二股力量起到推动作用，其运作原理大致与气候变化相似。公元前 800 年后的全球气候变冷，使得落后国家陷入混乱之中，引发了长达数个世纪之久的扩张运动。到了公元前 200 年，持续性的地球轨道变更带来了气候学家口中的"罗马暖期"。冬季风不断减弱——对于地中海和中国长江与黄河流域的农民来说是个坏消息，但对于那些从先前的全球变冷趋势中孕育而生的先进国家来说，东西方社会已经具有足够的应变能力，不仅能够适应气候变化，还能够进一步对气候变化加以利用。尽管世事艰难，但逆境也加速了人类的多元化进程和开拓创新的步伐。人们重新开始使用水车和煤炭，并且通过船运将货物送往各地，从而发掘当地的独特发展优势。先进国家为贸易发展提供了道路和港口，以增加船运活动的利润，还提供了军队支持和法律条款，以确保利润的安全性。它们甚至非常明智地宣称：富人应该支付更多税款。

高端国家还将统治范围由原本的核心腹地扩展到受暖期影响

---

1. 没有发明肥皂前，人们沐浴时会在身上涂满橄榄油，然后把它刮下来，起到祛除污垢的作用。这种近乎奢侈的做法要求使用者拥有一定的财力，而且可能并不符合所有人的品位，但比起使用尿液做牙膏（曾有一个罗马诗人以讽刺的口吻提及这件事），这显然已经有所改进。直到 1 000 年后，中国才发明了真正意义上的肥皂和牙膏。

而更加多产的地区——例如西部的法国、罗马尼亚和多雨的英格兰，以及东部的中国东北、朝鲜和中亚地区。尽管他们自身并未意识到，但实际上东西方的皇帝们选择两面下注，因为尽管气候变化对温暖地区造成了一定损害，但同时也为寒冷地区带来了诸多效益。在罗马，商人们依托地中海将商品运往各地，由此获取巨额利润；而在中国，大河往往不如地中海便捷通畅，因此利润也相对较少。但就整体来说，东西方贸易发展程度相差并不大。

公元前第一个千年历经各种战争、奴役和屠杀，孕育出一个富足的时代，也酝酿出本章开头提到的民众的过分乐观情绪。尽管富裕的成果并没有在公平的基础上进行分配，因为当时农民的数量远远超过了哲学家或者国王的数量，但是当时存活下来的大城市人口已经多于以往任何时代的居民数量，而且整体来说这些人寿命更长、生活质量明显提升、拥有更多的财产。

20 世纪 70 年代，我在英国从事考古挖掘工作，曾经发掘出几处罗马时代的遗址。当时的考古工作相当艰苦，我们需要用镐清理出混凝土（另一项罗马人的发明）浇灌而成的巨型房基，并且必须赶在更多发现堆积如山之前，争分夺秒地完成工作记录。之后，我开始攻读博士学位，主要研究公元前 700 年左右的希腊社会，并在 1983 年展开针对那个时代遗址的第一次挖掘工作。结果令人大吃一惊。这些人不曾拥有任何物品，如果能找到一大块生锈的铁板已经算是大发现了。与更早期的人类相比，罗马人可以说是身处消费天堂。公元前 800 年左右，罗马帝国西部的人均消耗仅仅处于勉强维持生存的最低水平，然而六七百年之后人均消耗量增长超过了 50%。

当时的东方也正在经历类似的过程，尽管——正如我之前提到的——数据还不够充分。如果依据现代的标准来看，那么当时生活在东西方核心的居民生活极端贫困——有一半幼儿不足 5 岁就夭折，几乎没有人能活过 50 岁，长期饮食不良使得古人比现代人身高足足矮了 6 英寸——但是与之前的时代相比，当时可以算是黄金时代。因此，古代国家到处遍布"邦葛罗斯"式的人也就不足为奇了。

汉武帝抗击匈奴与东西方的交流

然而，这些"邦葛罗斯"并未意识到，核心内部加速的社会发展进程也同样改变着国界线以外的世界。当帝国强盛时，统治者可以把他的意志肆意强加于边境线上的居民，以公元前 6 世纪波斯帝国的大流士和公元前 3 世纪的秦始皇为例，他们都将中亚的大片草原纳入自己的控制之下。但当帝国衰微时，游牧民族就会进行反击。公元前 300 年左右的西方，亚历山大大帝手下的将领们纷纷在波斯帝国的废墟之上建立新的国家，但都无法与他们伟大祖先建造的强大国家相提并论。而塞西亚人很快入侵巴克特里亚和印度北部，另一群来自中亚的帕提亚人也开始向伊朗渗透。公元前 200 年，罗马人向马其顿王国发起猛烈攻势，最终导致马其顿王国灭亡，而帕提亚人却从中渔翁得利。

帕提亚人与之前深入西方核心的游牧民族有所区别。当时的游牧民族——例如塞西亚人——都是通过掠夺或者向农耕国家勒索保护费获取财富，他们基本等同于强盗，而且对于征服先进国家以及管理自身混乱不堪的官僚机构毫无兴趣。相反，帕提亚的骑手们只能被称为半游牧民族，他们来自中亚大草原的边缘地区，而非大草原贫瘠的腹地，他们世代与农耕者毗邻而居，他们的统治者深谙如何从备受压迫的农民手中榨取税收，同时竭力维持其军事权力所依附的"马背上的传统"。公元前140年左右，他们已经成功地将之前波斯帝国的大部分地区转化为一个属于他们自己的松散统一的落后国家。

帕提亚王室喜欢以居鲁士和大流士的后裔自居，并竭尽全力去适应西方的先进文化，但事实上，他们的国家一直停留在松散统一的落后形态。尽管曾经给罗马帝国带来短暂而猛烈的冲击——当时的罗马人已然忘却游牧民族骑兵的巨大威力——但是他们永远无法真正威胁罗马帝国的存在。帕提亚的骑兵以"回马射"闻名于世，即指骑兵佯装退却，随后返身向追捕者发射弓箭。凭借类似的战术，帕提亚骑兵于公元前53年向罗马军队发动突然袭击，导致这支军队全军覆没，甚至杀死了罗马大将军克拉苏。帕提亚国王对西方文化极其推崇，在他的手下呈上克拉苏的人头时，他还在观赏希腊的悲剧，他所受的教育足以让他理解戏剧对话所表现的主人公的宿命悲剧。

与东方核心的秦汉王朝与匈奴之间发生的矛盾冲突相比，西方核心的罗马帝国与帕提亚人之间的争端显然相形见绌。公元前215年，秦始皇先发制人发动战争，结果带来了灾难性的后果：战争非但没有对游牧民族产生胁迫效果，反而激起了大草原上的一场政治革命，正是这场革命使得长期争斗不止的匈奴部落统一成为世界上第一个真正意义上的游牧国家。和帕提亚人不同，匈奴首领冒顿单于没有向农民征税，以支撑日益完备的贵族体系，相反，他展开了对中原的疯狂掠夺，并用抢夺来的丝绸和美酒买通不断减少的游牧首领，让他们对其效忠，从而建立了极端落后的国家。

冒顿很好地把握了时机。公元前 210 年，秦始皇驾崩。公元前 209 年，冒顿接管了匈奴部落，在接下来的 9 年中，利用中原的内乱肆意洗劫。汉代第一位皇帝汉高祖决定结束这种局面，他在公元前 200 年派遣一支庞大的军队直入大草原。这一行为使他深刻地认识到：对游牧民族发动战争与王位争夺战截然不同。面对汉朝的强劲攻势，匈奴人采取暂时撤退的战略，把汉朝军队留在荒野之中忍饥挨饿，然后冒顿伺机发动突袭，而当时汉朝士兵中有 1/3 已经冻掉了手指，再也无力迎战。汉高祖勉强得以全身而退，多数士兵却未能逃过一劫。

汉高祖终于意识到，和匈奴士兵相比，汉朝的军队损耗严重、兵将反应迟缓并且不擅长先发制人，因此他提出了第四种战略：与冒顿和亲。于是，汉高祖将他的长公主许配给冒顿，命令她即刻起程离开长安。这位公主被迫放弃原本优渥的生活条件——经过打磨的精致石板房以及珍珠镶嵌的精美床罩[1]，匆匆赶往大草原，在毡帐里凄凉地度过余生。1 000 年后，仍有中国诗人为这位汉朝公主赋诗，感慨她孤苦伶仃，被迫与野蛮粗鄙的牧民为伍的无尽悲戚。

这次皇家联姻开创了中国学者所说的"和亲政策"。除了和亲以外，汉高祖每年将大量黄金和丝绸赏赐给冒顿。然而，封赏并非长久之计。匈奴越发贪得无厌、索取无度，随后开始在各地肆意掠夺。他们深信，只要破坏的成本低于开战的成本，汉朝的

---

1. 这是《楚辞》中描写的公元前 208 年长安宫殿的奢华景象，尽管目前为止这样的情景并未在挖掘现场出现。

皇帝们就不会贸然战争。

　　这种和亲政策持续了60年，汉朝国库日渐空虚。公元前130年之后，汉朝皇室愤而停止和亲政策。一些官员对公元前200年发生的灾难仍然心有余悸，提出对匈奴采取忍耐放纵的政策；另一些官员则强烈要求向匈奴开战，血债血偿。公元前135年，在一向持保守态度的皇太后逝世后，年轻的汉武帝决定采取武力镇压。公元前129~前119年期间，汉武帝每年派遣数十万精锐部队讨伐匈奴，但每次都铩羽而归，仅存半数残兵败将。战争消耗了巨额的人力和物力，于是汉武帝的批评者，即那些撰写史书的鸿儒们总结说："这场由汉武帝率先发动的战争无疑是一场灾难。"

　　但是，如同400年前波斯帝国的大流士对塞西亚人发动战争一样（也被史学家认为是失败的战争），汉武帝发动的战争也对游牧民族产生了巨大影响。由于失去了汉朝的封赏，也无法将洗劫来的财富分给部下，匈奴统治者控制下的牧地不断受到威胁，游牧民族联盟最终解体，匈奴内部爆发动乱。公元前51年，匈奴承认汉朝统治。大约一个世纪之后，匈奴分裂成两个部落，一个部落退居北方，另一个部落在汉朝内部定居下来。

　　公元1世纪，罗马帝国和汉朝都取得了对游牧民族的主动权。汉朝皇帝采取"以夷制夷"政策，赐予南匈奴稳定的居住地（以及长期的封赏），换取他们对其他游牧民族作战。由于受到森林、山脉和东欧农场的保护，罗马得以免受游牧民族侵扰，他们只需要面对来自帕提亚（半）游牧民族的威胁。即便如此，罗马人在迎战帕提亚人时，仍然将美索不达米亚的城市和运河边作为战场，而非游牧民族占据优势的草原。只要罗马皇帝对战事加以足够的重视，罗马军团就能够轻而易举地攻破帕提亚人的顽强抵抗。

尽管如此，在罗马东部和中国北方的边疆地区，战争并未真正平息。公元114年，罗马人将帕提亚人赶出美索不达米亚，取得了对整个西方核心地区的控制权，但在公元117年，他们只能再次放弃这片"河流之间的土地"（意指美索不达米亚）。在公元2世纪，罗马人曾经四次意欲夺取美索不达米亚，但每次都被迫放弃。对于罗马人来说，尽管美索不达米亚地区物产富饶，但毕竟地处遥远，难以驾驭。相反，汉朝统治者将匈奴纳入自己的统治范围之内，使得汉朝版图上的边境线逐步转变成一块流动的边境区域。在这片北方荒野上，人员得以自由流动，政府也极少插手干预。由此可见，强大的军事威慑作用远胜于细枝末节的法律条款。

游牧民族和农耕国家之间联系日益紧密，改变了欧亚大陆的地理状况，甚至导致整个世界范围缩小。最显著的效果就是出现了大片由乌克兰向蒙古延伸的共享物质文化地区。通过这片区域的开放，商人和士兵不断流动，沿途传播东西方的文化、艺术和武器。然而，在东西方之间航行着的最重要的"货轮"是无法用肉眼辨别出来的。

数千年间，随着旧世界农民不断在村庄聚居，逐渐出现了一群讨厌的病原体，它们大多具有高度传染性，相当一部分病原体具有致命性。由于吸入污浊的空气或者饮用受污染的水源，许多人染上瘟疫，并且交叉感染，导致疫病迅速蔓延。但同时，也有不少人并未感染疫病，由此证明这些人本身具有抗体，能够抵抗疫病侵袭。在1 000年间，这些自带抗体的人群通过基因库将自身的防御力延续下去。尽管随机突变仍然可以将休眠的疾病转化为致命杀手，如野火燎原般肆虐人间，但随后宿主和病毒会自发构建起一种新的平衡，使得两者都能存活下来。

如果暴露在一群从未接触过的细菌中，人类几乎没有任何防御能力来抵挡这群静默的杀手。最著名的案例当属由著名地理学家及历史学家阿尔弗雷德·克罗斯比（Alfred Crosby）命名的"哥伦布大交换"，它始于1492年，当时欧洲对新世界展开了一系列可怖的征服活动。完全分隔开来的病毒分别在欧洲和美洲大陆发展变化。美洲本土也存在着可怕的疾病，比如梅毒，但是美洲本土疾病相对来说症状轻微、感染范围较小，完全无法与来自欧洲的各种细菌相提并论。当时，处于殖民统治之下的人们对于流行病学方面的研究几乎一无所知，在欧洲殖民者踏上这片土地之后，诸如麻疹、脑膜炎、天花、伤寒等疾病——此类疾病数不胜数——就开始入侵他们的身体，摧毁他们的健康细胞，病人最终在极度痛苦中死去。没有人知道确切的死亡人数，但是哥伦布大交换至少将新世界3/4的人口从地球上抹去。一位16世纪的法国人总结说："这一切灾难似乎是上帝的意愿，他希望（美洲本土居民）将土地拱手让与新来的殖民者。"

一个类似的"第一次东西方交流"在公元2世纪孕育而生，但分布更加均衡。在农业发展初始阶段的几千年间，西方、南亚和东方核心分别酝酿着各自特有的致命疾病组合。自公元前200年起，这些疾病仿佛处于不同的星球，发展趋势大相径庭。但随着越来越多的商人和牧民在不同核心之间自由流动，不同的病毒逐渐合并，并在全世界引发了巨大的恐慌和阴霾。

据中国史料记载，公元161~162年间，西北边境有一支军队正在与游牧民族对峙，但是军中突然发生神秘的瘟疫，大约1/3

的士兵因此丧命。公元 165 年，同样有史料记载某个军营发生了类似的疫病。罗马史料也描述了罗马与帕提亚人战斗期间一个军事基地发生的瘟疫，而这个基地与中国的瘟疫发生地相隔 4 000 英里。公元 171~185 年之间，中国接连发生了 5 次瘟疫，同一时期的罗马也遭受了几乎同样多的瘟疫肆虐。根据现存的详细记录，疫病在埃及夺去了超过 1/4 的生命。

现在，我们已经很难弄清楚古代疾病到底是怎么一回事，一方面是因为病毒在过去的 2 000 年中不断发展进化，另一方面是因为古代的记录者在描述疾病时含糊其辞。现代社会中，作家们可以买到诸如《电影剧本创作入门》(Screenwriting for Dummies) 这类书籍，随后套用书中公式，就能够制作出一部电影或电视节目。同样，古代的作家们也深知任何一本优秀的史书都需要包含关于政治、战争和瘟疫的相关内容。就像现代人观看电影一样，古代的读者们对这些情节发展有着很强的敏感性。作家在描述瘟疫时，必须涉及瘟疫来临前的征兆、发生时阴森可怖的症状和令人惊愕的死亡率、腐烂的尸体、崩坏的法治、心碎的寡妇、凄惨的父母及儿女。

如果想要描写瘟疫蔓延的惨状，最容易的方法是提取另一段史料并替换其中的人名。关于这一点，西方的原型出自修昔底德对公元前 430 年左右侵袭雅典的一场瘟疫的目击实录。尽管修昔底德的相关叙述并不清晰，但是 2006 年的一项 DNA 研究证实那是伤寒症的一种。在其后 1 000 年间，其他史学家公开地反复引用这一描述，而且他们关于疫病的描述全都含糊不清。

除了这种不确定性的疑云，印度相关记录表明，公元 2 世纪的印度未发生任何瘟疫，这就与罗马和中国的史料记载形成了鲜明对比。这可能是因为养尊处优的统治阶层对数百万贫苦百姓的生死漠不关心，但是更为可信的说法是瘟疫的确绕过了印度。这也说明了第一次东西方交流的传播途径主要是通过丝绸之路和大草原，而非通过印度洋的贸易航线，这也和瘟疫始于中国和罗马、始于边境线上的军营之中的事实一致。

不论微生物交换的机制如何，在公元180年后几乎每一代都要重演可怕的瘟疫。在西方，最严重的时期是公元251~266年，当时罗马城中每年有5 000人丧生；在东方，最暗无天日的年代是公元310~322年期间，(根据史料记载) 疫病又在西北部地区肆虐，几乎无人幸免于难。一名从瘟疫中幸存的大夫将瘟疫描述为类似麻疹或天花等疾病：

> 近来有许多人遭受传染性肿胀的折磨，这种肿胀开始于头部、面部和四肢。但是不久之后，这种肿胀蔓延到全身各处，看上去就像是含有白色物体的疮。当这些脓包干透之后，又出现了新生的脓包。如果病人早期没有得到治疗的话，通常会死亡。即便康复也会留下丑陋的紫色伤疤。

第一次东西方交流带来了灾难性的后果：城市萎缩，贸易衰退，税收锐减，土地荒废。祸不单行，当时一切迹象——泥炭沼泽、湖泊沉积物、冰芯、树木年轮、珊瑚中的锶钙比率，甚至海藻中的化学物质——都显示罗马暖期就此结束，气候开始变得不适宜人类生存。公元200~500年期间，平均气温下降了大约2华氏度。另外，气候学家所说的"黑暗时代寒冷期"导致夏天更加凉爽，减少了海洋的水汽蒸发，季风和降雨也随之减弱。

在其他条件之下，日益繁荣的东西方两大核心也许能够有效应对气候变化，就像公元前2世纪罗马暖期开始时一样。但是这一次，瘟疫肆虐以及气候变化——第四章重点描述的天启五骑士中的两名——并驾齐驱，共同作用。这到底意味着什么？其他的三骑士，即饥荒、移民及亡国是否会加入这一行列？一切都取决于人类准备如何应对。

王莽、董卓和曹操：
天命已尽的汉朝

和其他组织机构一样，汉朝和罗马帝国在发展过程中解决了各自的特定问题。它们学会了如何打败对手，如何用简单的技巧统治广袤的领土和庞大的人口，如何将富裕地区的粮食和财富转移到边境线上的军队以及大城市中去。尽管这两个国家在解决问题时方法大同小异，但正是这些区别决定了它们如何应对第一次东西方交流带来的挑战。

最重要的一点在于这两个国家如何处理军队问题。公元前120年之后，为了抵抗匈奴的不断入侵，汉朝建立了庞大的骑兵队伍，并且越来越多地雇佣来自游牧民族的骑兵。公元1世纪时，汉朝统治者将"以夷制夷"的政策运用得得心应手，使得许多牧民在汉朝境内定居下来。这带来了双重的后果，一方面汉朝统治者减少了对边境的匈奴士兵的监督管理，使边境军事化，另一方面将境内非军事化。在中国腹地，人们很少在都城以外看到军队驻扎，雇佣军更是少见。中国的贵族阶层认为服兵役毫无意义，因为来自"蛮夷之地"的官员都驻扎在远离都城之地，而这些来自远方的外国人替汉朝打仗。

对于汉朝统治者来说，这个政策有积极的一面，原本强大的贵族再也无力调遣军队，无法组织叛变。但这也带来了消极后果，因为统治者不再拥有强大的军队，无法制衡那些事实上对统治阶级构成威胁的贵族。随着国家的军事垄断地位不断削弱，贵族们开始任意欺压当地农民，吞并土地以建造私人宅邸，并把那里作为私有封地进行地主式管理。从农民身上榨取的财富是有限的。天高皇帝远，而地主却近在咫尺，因此更多的财富落入当地地主手中，只有少数作为税收送去长安。

为了遏制这一趋势，汉朝统治者们对贵族建造府邸的规模以及拥有的农民数量进行限制，将土地重新分配给自由民（且可征税的）小农，并通过国家对铁、盐、酒等生活必需品的垄断积累资金。但是公元9年，王莽篡位称帝，宣布土地国有，废除奴隶制度和农奴制，并宣称从此以后只有国家才能占有黄金，这一事件加剧了统治者与地主之间的矛盾。王莽的集权很快瓦解，但是此后农民起义剧烈地撼动着整个国家。公元30年后，当汉朝重整秩序时，统治者的政策已然发生天翻地覆的变化。

取代王莽登上帝位的光武帝（公元25~57年在位）出身地方豪族，他能够攀上权力顶峰并非依靠旧皇室的裙带关系。为了恢复汉室的权威，光武帝必须与手下的巨贾富商紧密合作，他甚至拿出自己的财富用于投资，由此开创了地主们的黄金时代。逐渐的，地主们变得和皇帝一样富有，统领着数以千计的农民，事实上这些贵族几乎无视国家权威和那些讨厌的收税人员。之前的汉朝皇帝将构成威胁的地主迁入长安，这样就可以时刻留意他们的一举一动，但是光武帝坚决要求迁都洛阳，而洛阳恰好是地主们最强势力的据点，在那里贵族形成了对皇室的监视。[1]

这个精英阶层开始掌控国家权力，并逐渐摆脱国家巨大的财政开销——军队。到公元1世纪后期，匈奴已经无法构成主要威胁，这就意味着为抗击匈奴而集结起来的庞大骑兵军团必须自生自灭，骑兵要生存就必须去掠夺他们曾经保护过的农民。到了公元150年左右，南匈奴——理论上的附属地区——已经基本独立。

面对羌族——大致是当时中国西部边境所有的农牧民——造成的新威胁，他们也没有采取任何措施，更不用说重整军队。也许是得益于罗马暖期温和的气候，羌族人口接连几代迅速增长，并且一些小团体已经迁入中国的西部地区。如果条件允许，他们就占领土地；如果条件不允许，他们就发动战争，四处偷窃。为了维护边疆地区的稳定，汉朝需要建立起一支卫戍部队，而不是游牧民族骑兵，但是洛阳的地主们并不想为此埋单。

一些官员建议放弃西部省份，任由羌族人自生自灭，另一些官员则担心这将引发多米诺效应。一位朝臣据理力争："如果失去凉州地区，那么三个附属国将会成为边境。如果这些附属国的人民向内迁徙，那么弘农将会成为边境。如果弘农的人民向内迁徙，那么洛阳将成为边境。如果这样继续下去，就会到达东海边，这样一来东海就成了边境。"

汉朝政府最终被这种说法说服，决定维持原来的路线，花钱筹建军队，但是渗透仍在继续。公元94年和公元108年，羌族军队两次占领了西部省份的大部分地区。自公元110年开始，羌族

---

1. 史学家通常将公元前202~公元9年这段时期称为西汉，因其都城长安位于西边；而将公元25~220年这段时期称为东汉，因其都城洛阳位于东边。其他史学家更倾向于称之为前汉和后汉。

不断崛起。公元150年，羌族也和匈奴一样摆脱了洛阳统治阶级的统治。当地地主被迫在西部和北部边境建立他们自己的防御体系，将附庸的农民转变成民兵，那些受国家派遣又被国家遗忘的地方官员们也组织起自己的军队（他们在任职地大肆搜刮民脂民膏，来支付军队费用）。

我们不得不得出这样的结论：汉朝天命已尽。公元145年相继发生了三次分散的起义，要求建立新政权。然而对于拥有大片土地的精英阶层来说，这无疑是"山重水复疑无路，柳暗花明又一村"。尽管汉朝版图缩小，税收锐减，军队在某种程度上私有化，但是他们的土地却比以往任何时候都更加富饶多产。同时，战火纷飞的国家根本无暇顾及当地税收，战争阴云对他们来说也只是遥远的传闻。在他们眼中，似乎万物都找到了最完美的归宿。

公元2世纪60年代，第一次东西方交流踏上中国土地，此后中国的"邦葛罗斯"以一种粗暴的形式觉醒了。瘟疫在西北方肆虐，羌族向汉朝统治核心地区推进，进而席卷各地。汉朝非但没能力挽狂澜，反而爆发了内乱。

理论上来说，在洛阳任职的官吏有数百人，他们原本应该将皇帝的意愿转变为现实，但实际上（就像很多朝代的政府工作人员一样），他们却干着以权谋私的勾当。这些官僚中有许多人来自地主家庭，在遇到他们厌恶的事情时（比如为战争筹集资金等），他们通常都擅长寻找借口来逃避。但凡有些主见的皇帝都要学会与之周旋，一些皇帝开始任用皇亲国戚，尤其是众多嫔妃的亲戚；另一些皇帝转向宦官寻求帮助，我在第五章提到了宦官具备的优势。精明的皇帝会将两者发挥到淋漓尽致，但是这些代理人也各有他们自己的小算盘，并希望皇帝不要过于精明。公元

88 年后，由于外戚和宦官的肆意妄为，14 岁以上的皇子们没有一个能够活着登上帝位。皇室政治沦为围绕大臣、宦官和年幼皇帝的外戚展开的阴谋。

公元 168 年，当时正处在汉朝最需要领袖人物的紧要关头，然而年仅 12 岁的汉灵帝登基后不久，宦官就发动了反对外戚的政变。此后大约 20 年间，伴随着疫病四下蔓延、匈奴和羌族不断侵扰，宫廷却沉溺于清洗和反清洗的内部矛盾之中，夺走了数千人的性命，并导致整个宫廷机构瘫痪。宫廷的腐败无能此时攀至顶峰。不公平的现实引发了人民的叛乱，但是灵帝却无力集结和指挥军队，只能任命各地的铁腕人物组织军队，尽可能维持其统治。

国家陷入这场突如其来的混乱之中，这是百姓无法理解的，而儒家礼仪和道教神秘主义也无法对此做出解释，于是一群自称先知的人填补了空白。在黄河流域，一位内科医师宣扬罪恶导致疫病、忏悔带来健康，从而赢得了众多追随者。公元 2 世纪 70 年代，他进一步总结说，这个朝代本身是罪恶以及瘟疫蔓延的最终根源，因此必须推翻它。他宣称："当一个新的甲子开始，伟大的命运将会降临世界。"

但是伟大的命运并没有到来。相反，当日历翻到下一个甲子年，即公元 184 年的 4 月 3 日，情况变得更加糟糕。尽管支持汉朝的军队镇压了叛乱（也就是著名的"黄巾起义"，黄巾是指叛乱者头上所戴的头巾，黄色则是新时代的象征），但是类似的起义在中国境内此起彼伏，愈演愈烈。上天似乎也想表现他的不满，黄河大规模泛滥，36.5 万名农民流离失所。"五斗米道"运动（承诺人们只要忏悔自身罪过并献出五斗米，即可免受瘟疫）将四川变成独立的道教神权统治地区；羌族则利用了这场骚乱，再次洗劫中国西部地区；原本代表皇帝镇压反抗、抵抗入侵的特别指挥官变成独立的诸侯。当朝廷终于决定展开行动时，却事与愿违，事情已经到了不可收拾的地步。

公元 189 年，汉灵帝想召势力最强的诸侯董卓入京，但是董卓却回复道："在我掌控之下的汉族军队和蛮夷军队都对我说：'如果你走了，我们的供给将被切断，我们的妻儿将会死于饥寒。'所以他们把我的行李拿走，不让我离开。"在汉灵帝一再坚持下，董卓最终听从君命来到洛阳，但也带来了他的军队。就在董卓赶到洛阳之前，汉灵帝驾崩，外戚（拥立 13 岁的皇子为继承人）与宦官（拥立 8 岁的皇子为继承人）正式对立，两股势力互相杀戮。

董卓借机攻入洛阳，杀尽宦官，谋杀了较为年长的皇子，拥立年幼的皇子登上帝位，史称汉献帝。随后，董卓火烧洛阳，并开始思考下一步行动。

天下的统治权已然不在汉室皇帝手中，但也不属于董卓，因为当皇帝作为管理者的高级权力失效后，他们那含糊、天授的低级权力仍继续发挥作用。只要汉献帝还活着，就没有人胆敢宣称自己是皇帝，也没有人敢谋杀幼帝。（诸侯争斗是无比残酷的，董卓于公元 192 年遇刺身亡。）权力掮客们不断上演着争权夺利的戏码，将汉献帝视作傀儡，整个国家分裂成数个封地，而匈奴和羌族在边境地区虎视眈眈。曾经坚不可摧的汉朝高级管理机构已然烟消云散。

公元 197 年后，曹操写下了《蒿里行》这首诗。

铠甲生虮虱，

万姓以死亡。

白骨露于野，

千里无鸡鸣。

生民百遗一，

念之断人肠。

曹操一直抑制着这股悲愤之情，直至俘获汉献帝，随后他挟天子以令诸侯，成为中国北方的霸主。

曹操是一个复杂的人。他完全有能力恢复汉室，将自己打造成英明辅臣，名垂青史。但是他亲眼目睹诸侯对国家造成的破坏，因此他将士兵驻扎在领地，一些人从事耕种，另一些接受战争训练，以此解决军事问题，并且将乡绅阶层分为九个等级，根据精英领导制度决定各自的地位，以此解决政治问题。和一千年前亚述王国的提格拉·帕拉萨一样，曹操并不重视富商巨贾。这样看来，曹操似乎极有可能重新统一中国。然而公元208年，曹操的水军在赤壁之战中毁于一旦，这个希望又一次破灭了。

尽管曹操有不少功绩，但是他（主要是因为公元14世纪的鸿篇巨制《三国演义》）却被后世看作颠覆汉朝的恶魔。20世纪的京剧表演中，曹操脸谱为粉白色，眼睛描有黑线，是众人鄙弃的反面角色。到了20世纪90年代，曹操的形象添加了几分高科技色彩，跃入电脑屏幕中，摇身一变成为无数电脑游戏中的恶人。随着电视剧《三国演义》的热播，曹操又进入了电视屏幕。随后曹操进入电影荧幕，出现在亚洲人出资拍摄、时至当日造价最昂贵的电影中（《赤壁之战》耗资8 000万美元，该电影上部的上映时间与2008年北京奥运会重合）。

曹操之所以臭名昭著，更多是因为他死后所发生的事情，而非他自身犯下的罪行。赤壁之战后，魏蜀吴三国之间形成了某种平衡。公元220年后，曹操的长子曹丕迫使汉献帝退位，形成了三国鼎立的局面。在这个时期，曹氏建立的国家是三国中最强大的。公元263年，曹魏打败了其中一个对手，曹魏被司马家族取代后称晋朝[1]，公元280年，其又集结起一支庞大的军队和舰队，灭掉了吴国，成功统一天下。

　　在接下来的10年中，后汉的瓦解看上去就像是一次短暂的反常现象，也许可以和公元前2200年或公元前1750年发生在西方核心的事件比较。当时气候变化、移民和饥荒三个因素导致国家灭亡，但是它们对于社会发展影响甚微。然而人们很快发现，事实上汉朝衰亡与公元前1200年左右西方的衰落极其相似，并带来巨大的长期后果。

　　战场上的胜利本身能够消灭其他幸存的诸侯，但是它无法改变中国潜在的根本问题。贵族阶层一如既往的强大，很快破坏了曹操的军事领地和精英领导制度。瘟疫仍在蔓延，"黑暗时代寒冷期"不仅使得黄河流域的农民生活更为艰难，对匈奴和羌族人来说也是不小的考验。公元265~287年，25万中亚人口在西晋境内定居。有时候，西晋对移民带来的劳动力表示欢迎。但也有一些时候，政府无法很好地安置这些移民。

　　在这一点上，一些不起眼的细节往往具有意想不到的影响

---

1. 晋国是公元前8~前5世纪战国时期的一个国家。在公元220~589年这一分裂时期建立起来的新国家大多选择沿用古国的名字，从而使他们的统治看上去更加正当合理，他们显然没有考虑到这种做法会给今天的学生带来众多困惑。

力，例如皇帝的感情生活。晋武帝共生育了 27 名皇子，当他于公元 290 年去世后，一些皇子雇佣了他们能找到的最野蛮的游牧民族士兵，用于争夺权力和财富。而这些游牧民族的士兵也并不傻，他们很快意识到自己不必满足于已支付的酬劳，他们尽可以随心所欲地漫天要价。公元 304 年，一个匈奴首领没有拿到理想的酬劳，于是宣称要建立新国家取而代之，导致矛盾进一步升温。之后，西晋没有满足他的全部要求，因此他的儿子在公元 311 年将洛阳城付之一炬，亵渎了西晋王室的祖坟，将晋怀帝囚禁起来，命令他在晚宴时倒酒。但是他们仍然认为获得的战利品与他们本身的价值不符，于是匈奴在公元 316 年将长安城夷为平地，并且捕获了晋愍帝，让这个阶下囚负责洗杯子和倒酒。几个月后，匈奴人厌倦了这种游戏，于是杀死了愍帝及所有皇亲国戚。

西晋由此灭亡。匈奴和羌族的军团继续在中国北方地区肆意洗劫，西晋朝廷置百万百姓于不顾，逃至长江边的建康（现在的南京），放弃了中国北方这片世界上最先进的农业地区。然而，受到高死亡率（随着瘟疫袭击该地区）以及大规模移民的双重影响，许多北方土地已经退化成荒漠。这一现实正好符合了从草原地区迁入的游牧民族的需要，但是对于留下来的农耕团体来说，这意味着再次的饥荒。如果是在以前景气的年代，当地乡绅或者国家可能已经介入并给予援助，但是现在没有人可以伸出援手。雪上加霜的是，蝗灾吞噬了村民们勉强生产出来的少数作物。随后，草原移民带来的新型瘟疫给日渐困窘的农耕者带来了更为沉重的打击。公元 317 年左右，也就是长安被焚后的一年，天花首次出现在中国境内。

在贫瘠荒芜的土地上，匈奴和羌族首领发起更多的战争，但是这些战争更像是大规模的奴隶抢夺运动，而非国家之间的冲突。统治者们每次召集上万个农民，集中在新的都城周围，命令奴隶们开垦土地来供给专门的骑兵军队。同时，骑兵们从草原引进新式武器，例如合适的鞍具、马镫，以及高大的马匹，这实际上淘汰了步兵部队。那些没有逃往南方的汉人贵族只得迁往山区，他们的附庸农纷纷涌入巨大的围栏之中，因为那里是躲避骑兵劫掠的唯一场所。

当时，中国北方新建立的国家（中国的史学家称其为"五胡十六国"）都处于极其不稳定的状态。举例来说，一个国家在公元350年采取了过激的种族清洗政策，导致汉人大肆屠杀中亚人，引发国家内乱。官方史料记载："死亡人数超过20万，尸体堆积如山，远至城墙之外，被豺狗、野狼和野狗啃噬。"这场内乱最后留下了一片权力真空地区，导致其他国家首领蜂拥而至。到公元383年时，出现了另一个诸侯，他似乎有能力统一中国。但是当他围攻建康时，一个很明显的小失误最终演变成惊慌失措的大溃败。公元385年，他的国家也不复存在。

从长安逃离出来的人们向南方迁徙，公元317年在建康建立了"东晋"[1]。与中国北方的强盗国家不同，东晋拥有奢华的宫廷，并保持汉室皇族一贯的生活方式。它派遣使节前往日本和印度尼西亚，创造出卓越的文学和艺术成果。最值得关注的是，这个朝代存在了一个世纪之久。

但在表面的光鲜背后，东晋帝国也和北方国家一样四分五裂。

---

1. 称其为"东晋"是为了与"西晋"区别开来，后者在公元280~316年期间统治整个中国，都城为长安。

北方贵族逃亡南方后，对于遵从皇帝命令毫无兴趣。一些逃难的贵族聚集在建康，成为趋炎附势的寄生虫，依附皇室朝廷为生。另一些拓殖长江流域，并在这片炎热湿润的土地上建立起他们的领地。他们将本土居民驱逐出去，砍伐森林，排干沼泽的水，让逃难的农民作为农奴在此定居。

冲突在社会各个层面酝酿蔓延。从北方逃至此地的新贵族与南方旧贵族长期不合，各个派别的贵族共同打击中层富裕阶级，富裕的中层精英阶级压榨农民阶级，各阶层的汉人将本土居民驱赶至山区和丛林，每个人都在反抗危机四伏的建康朝廷。尽管写就了许多失去北方故土的悲戚诗歌，逃亡中国南方的地主们并不急于交税或是臣服于可能重新统一中国的势力。晋朝天命已尽。

罗马帝国与汉朝统治的不同之处

和公元前 12 世纪的危机不同，由东西方交流引发的危机影响范围遍及欧亚大陆，当时西方出现了第一部现代历史著作，即爱德华·吉本（Edward Gibbon）编写的《罗马帝国衰亡史》（History of the Decline and Fall of Roman Empire）。吉本说，该书的主题是一场"可怕的革命"，"这场革命将永远被世人铭记，直至今日（18 世纪 70 年代）仍然影响着地球上所有的国家"。吉本是正确的：在他有生之年，西方社会发展重新攀上了罗马帝国时期达到的高度。

罗马帝国和汉朝皇帝曾经面对同样的问题，但是运用了不同的解决办法。中国的统治者恐惧内战，于是将军队中立化，导致统治阶级没有足够的武装力量来抵御强大的地主阶级；相反，罗马帝国统治者接管了军队，并将他们的亲属任命为军队首领，并用平民补充军队。这种做法导致平民很难反抗皇帝的意志，但对于士兵来说却正好相反。

这种体系的管理需要高超的技巧，由于许多罗马统治者都有神志失常的倾向，周期性的冲突摩擦是不可避免的。卡利古拉纵欲放荡，甚至让他的马成为执政官，这已经够荒唐了；而尼禄竟然强迫元老院议员当众唱歌，甚至杀害胆敢违抗他的人，这种做法显然超出了忍耐的极限。公元 68 年，军队中三个不同派别分别宣称他们的首领为皇帝，最终一场残酷的内战平息了事端。史学家塔西佗记录说："现在，帝国的秘密被揭开——皇帝可以在罗马之外产生。"哪里有士兵，哪里就有可能存在新皇帝。

不可否认的是，罗马采取的办法的确保卫了边疆地区。在公元 1 世纪时，莱茵河和多瑙河以外的日耳曼人和中国西部边境地区的羌族人一样人口迅速增长。此后，部落之间互相争斗，与罗马的城镇开展贸易，并悄然经由河道进入帝国内部。为了完成这些事情，他们必须组织起更大的团体，推选出强势的首领。为了应对边境日渐松懈的问题，罗马帝国和汉朝一样建造起长城（最著名的是横贯大不列颠岛的哈德良长城），监督贸易，并且反击入侵活动。

公元 161 年，马可·奥勒留成为罗马皇帝，当时罗马似乎还处在健康发展的轨道上，而且马可·奥勒留对哲学充满热情。然而，他必须面对第一次东西方交流带来的众多问题。在他即位当年，第一次严重的瘟疫在中国西北边境的军营爆发；来自叙利亚的帕提亚人入侵罗马，迫使马可·奥勒留纠集军队来应对威胁。拥挤不堪的军营为疫病传播提供了理想条件，于是在公元 165

年爆发瘟疫（可能是天花或麻疹，但是史上的记载都含糊不清），给他的军队带来了毁灭性打击。伴随着遥远北部和西部发生的人口变动，强大的日耳曼帝国穿越多瑙河，瘟疫也在公元167年蔓延至罗马。马可·奥勒留用他的余生——13年——与入侵者抗衡。[1]

和中国不同，罗马在公元2世纪取得了边境战争胜利。如果没有获胜的话，公元2世纪80年代的罗马就会像汉朝一样陷入重重危机。尽管如此，马可·奥勒留的胜利仅仅影响了变革的步伐，而非结果，这也意味着单独靠军队的力量无法阻挡国家灭亡的命运。疫病引发了平民大规模死亡、国家经济崩溃、食品价格和农民工资飞涨。从这个角度看，瘟疫实际上为幸存下来的农民提供了获得财富的机遇，他们可以抛弃原本贫瘠低产的土地，聚集在肥沃多产的土地上。但随着农耕范围收缩，税收和租金也随之下降，中国经济大环境进入自由落体阶段。公元200年后，地中海沉船残骸数量锐减。公元250年后冰芯中的污染水平、湖泊沉积物以及沼泽也大幅度减少（见图6–3），所有人都可以切身感受到生活的艰苦与匮乏。公元200年后，发掘出来的牛、猪、羊骨骼明显变小、变少，这就表明当时生活水平不断下降。到公元220年左右，富有的城市居民所建造的宏伟建筑与雕塑数量也不断减少。

就在马可·奥勒留取得胜利的50年后，罗马失去了对边境地区的控制。公元前1世纪，虽然汉朝战胜了匈奴，但对汉朝统治者来说，边境地区似乎变得更难驾驭。同样，当时罗马也接连取

---

1. 但是，他利用晚年撰写了《沉思录》，这是一部斯多葛派哲学的经典著作。

得胜利，重挫帕提亚军队，使得该政权在公元3世纪20年代波斯入侵前就已经灭亡。然而，新生的萨珊王国建立了更集权、更先进的国家，并在公元244年打败了罗马军队，杀死了领军的罗马皇帝。

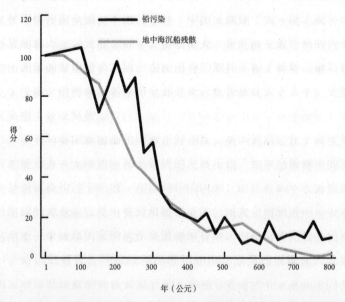

图6-3　衰亡与瓦解：公元后第一个千年，地中海沉船残骸数量以及西班牙佩尼多维洛湖床的铅污染水平。下降曲线与图6-2中公元前第一个千年的上升曲线相对应。和图6-2中一样，沉船数量和铅含量已被标准化，因此它们可以在同一纵坐标中进行比较，公元前1年两者数量均计为100

　　大批军队和金钱被用于支撑坍塌的东部防线，导致罗马无力在多瑙河、莱茵河边界严密布防。入侵者没有以小团伙的形式偷越边境、抢夺牛羊，而是作为数百人或数千人的强大军团冲破脆弱的防线，烧杀抢掠，抢夺奴隶。刚从波罗的海沿岸移民至巴尔干半岛的哥特人沿路掠夺直至希腊，甚至在公元 251 年打败并杀死另一位罗马皇帝。也许是人口流动的缘故，当时瘟疫爆发变得更为频繁。公元 259 年，罗马终于召集起一支军队对抗波斯入侵，可是结局更为悲惨：罗马皇帝瓦勒良不仅被俘，还被关进笼子长达一年，身着奴隶的破烂衣服，遭受极端可怕的折磨。罗马人坚称瓦勒良的刚毅不屈最终打动了捉拿者。但事实上，如同匈奴抓获汉朝皇帝一样，波斯人最终对折磨瓦勒良失去了兴趣，于是将他的皮剥下来，挂上城墙。

第一次东西方交流以及波斯萨珊王朝的崛起导致罗马帝国的地位一落千丈。在人口减少、经济停滞不前的紧要关头，罗马皇帝比以往任何时候都更需要金钱和军队。他们想到的第一个（但并不明智的）办法就是利用货币贬值的手段来组建新的军队，结果导致货币价值下降，加速了经济崩溃。军队认识到中央政府的失败无能，于是决定自己掌握政权，很快就宣称新皇帝即位。这些新皇帝与之前的皇帝形成鲜明对比，他们完全没有天赋君权的观念。他们中有许多人都是强硬派军人出身，有些甚至是列兵出身的文盲，因此很少能够在王位上坚持两年以上，所有人最终都死于非命。

由于军队各派别之间忙于内乱而忽略了边境防御，罗马的地方贵族也和中国的地方贵族走上了同样的道路，他们将农民变成附庸，并将他们组织成民兵。叙利亚的贸易城市巴尔米拉最终成功地将波斯人驱逐出去，它理论上是代表罗马出战，但是最终该国女王（亲自带领军队并且时常穿戴盔甲参加市民集会）入侵罗马，并占领埃及和安纳托利亚。在帝国另一端的莱茵河上，一位统治者宣称独立的"高卢王国"诞生，并将高卢（现在的法国）、不列颠和西班牙纳入自己的统治范围。

公元 270 年，罗马和公元 220 年的中国一样分裂成三个王国。尽管四处兵荒马乱，但罗马的情形并没有到非常糟糕的程度。公元 3 世纪 60 年代，巴尔米拉和高卢进攻波斯和日耳曼王国，这为罗马帝国赢得了喘息的机会，地中海周边的城市——罗马帝国的财政支柱——基本上处于安全状态。只要保证商品能够经由海运送往各地，就会有源源不断的金钱流入帝国金库，这样一来，军人出身又注重实际的新皇帝就能够养精蓄锐，重建帝国。他们在统治区增加赋税，在佩戴盔甲的步兵周围建立突击队，随后对敌人发动攻击。公元 272 年，这支军队粉碎了巴尔米拉的入侵；公元 274 年使高卢覆灭；到公元 282 年为止，基本铲除日耳曼战团的威胁；公元 297 年，罗马占领了波斯帝国后宫，为瓦勒良报了一箭之仇。

罗马皇帝戴克里先（公元 284~305 年在位）利用这个转折点，迅速进行行政、财务和国防改革，旨在让罗马帝国更好地应对新世界的问题。这一举措使得罗马的军队规模差不多翻了一番。边疆地区的动乱几乎从未真正平息，但是当时罗马帝国用纵深防御抵挡日耳曼人的侵袭，又用围困策略拖垮波斯帝国，因此战胜的概率远超过战败的概率。为了处理这些事务，戴克里先将工作分成四个部分，各派遣一名长官和一名副手处理西部和东部各省事务。不出意料，这些长官引发了两场、三场或四场内战，这几乎和他们抵抗外敌的次数一样多。但如果把这些内战与公元 3 世纪 90 年代中国晋朝爆发的 27 次内战相比，当时的罗马可以说是相当稳定。

一个新的罗马帝国初步成型。随着西部地区的决策机构向边境地区的前沿转移，而东部地区的决策机构向一个名为君士坦丁堡的新兴大城市转移，罗马已经不再是都城。但最终，任何机构重组都无法解决罗马帝国潜在的根本问题，跨越数世纪的经济一体化进程已经动摇。随着粮食、酒类和橄榄油的贸易开展，财富再次由上至下传播开来，东部地区在公元4世纪走上复兴之路，但是西部地区却逐渐脱离这个轨道。西欧的大地主对公元3世纪时获得的权力紧握不放，将"属于他们的"农民牢牢捆绑在土地上，并且将他们与国家税收分离。随着他们日渐自给自足，周遭的城市开始缩小，贸易和工业发展更是大幅下滑。而最棘手的问题超出皇帝能力范围之外：气温和降雨持续减少，瘟疫继续横行，草原移民也在持续增加。这些都不是皇帝所能改变的。

公元350年左右，一群匈奴人横跨哈萨克斯坦，向西迁徙，引发了周围各国的一阵动荡。人们一直在争论匈奴人为何能够引发如此多的恐慌。古代文人将其归咎于匈奴人特有的令人恐惧的气质，而现代学者通常归咎于他们使用的具有强大威力的弓弩。在此，我们需要从结果出发，寻求事件的缘由。为了逃避匈奴的威胁，游牧民族纷纷逃入印度、伊朗，或向西撤退至现在的匈牙利。这使得哥特人的生活愈加艰难，因为他们在公元3世纪入侵这个国家——即现在的罗马尼亚——之后就作为农民定居下来。经过一番激烈的内部辩论，哥特人决定向罗马人寻求庇护，要求迁入罗马帝国。

这在当时是很常见的。罗马制定了和汉朝类似的"以夷制夷"政策，原则上认可移民迁徙，并将他们分成小团体，随后征召入伍，或安排在农场定居，抑或作为奴隶买卖。这样不仅减轻了边境压力，提升了军队人数，而且增加了纳税人口。显然，移民们的想法与统治者截然不同，他们更青睐作为小团体在帝国内部定居，并继续保持以前的生活方式。为防止这种现象发生，罗马需要时刻维持一支强大的军队，对移民产生威慑作用。

公元 376 年夏天，哥特人抵达多瑙河岸边，这令身在君士坦丁堡、统治东部地区的皇帝瓦伦斯左右为难。一方面，迁居至此的哥特人人数过多，带来诸多不便；另一方面，接纳如此多的移民将带来巨大的潜在利益，尤其考虑到当时瓦伦斯最精锐的部队远在波斯作战。于是瓦伦斯决定允许哥特人迁入，但是哥特人刚一过河，那些指挥官们就如脱缰野马般失去了控制，因为比起分散安置移民，他们对牟取暴利更有兴趣。食不果腹的哥特人爆发了动乱，他们洗劫了现在的保加利亚，并要求在帝国内部建立自己的国家。对此，瓦伦斯采取强硬态度，拒绝与其谈判交涉。他让波斯前线的军队撤回并赶往巴尔干半岛。他没有等待西罗马帝国皇帝支援，而是选择直接开战，尽管这又是一项错误的决定。

公元 378 年 8 月，大约 1.5 万名罗马士兵（其中许多人是日耳曼移民）在阿德里安堡与大约 2 万哥特人展开激战。结果，包括瓦伦斯在内的 2/3 罗马士兵在接下来的溃败中战死。回想奥古斯都时代，失去 1 万军队并不是重大损失，甚至不会留下书面记录，因为当时的罗马有能力组织起更大规模的军团展开可怕的报复。然而，公元 378 年的罗马帝国已经日益衰微，这些死去士兵的空缺无人补充。于是哥特人抓住这一时机，顺利侵入罗马帝国。

就这样，两者形成了一种独特的僵持局面。哥特人不像游牧民族匈奴人，他们不会伺机偷盗一番，随后回到草原；他们也不是波斯人那样的帝国主义者，意图吞并其他地区。哥特人想要在罗马帝国疆域之内建立自己的领土。但是他们没有攻城装备，无法对城镇发动进攻，也没有行政机构来管理国民，因此他们需要罗马的合作。当这种期望破灭之后，他们就在巴尔干半岛四处破坏，试图威胁君士坦丁堡同意赐予他们自己的国土。东罗马帝国皇帝没有足够兵力驱赶哥特人，只得以国库空虚作为挡箭牌，收买哥特人，又不时与之发生小冲突。直至公元 401 年，他说服哥特人继续向更理想的西部迁徙，顺理成章地将哥特人变成西罗马帝国皇帝的头等难题。

但是这个聪明的外交手段很快失效。公元 405 年，匈奴人继续向西推进。同时，越来越多的日耳曼部落逼近罗马边境，导致更多地区沦陷。主要由日耳曼移民组成的罗马军团在一名半日耳曼将军带领下，进行着血腥的消耗战；外交官也施展外交手段，试图寻求更多外援。但在公元 406 年的新年前夜，数以千计的日耳曼人冲过了冰封的莱茵河，罗马最终沦陷。自此，再也没有任何军队能够阻止他们前进的步伐，这些移民分散开来，到处抢掠。诗人西多尼乌斯原本是富裕贵族，他曾经描述了一群士兵冲进他的住宅并向他施加侮辱的情景。他与一位住在罗马的朋友通信时说："为什么要为维纳斯而唱？当我置身于长发的暴民当中，被迫聆听日耳曼演说，卑鄙的勃艮第人将腐臭的黄油涂抹在头发上，而我还要板着脸为他们唱赞歌……你根本想象不到，有人每天清晨朝你打嗝，散发出累积十天的大蒜和洋葱的恶臭。"尽管如此，还是有许多人嫉妒西多尼乌斯。另一个目击者用更加直白的文字写道："整个高卢都弥漫着火葬柴堆散发出的浓烟。"

不列颠的军队爆发了起义，开始掌管自己的防御部队。公元 407 年，莱茵河防线的剩余部队也加入了他们的行列。所有地区都处于四分五裂的状态。为了引起灾难缠身的西罗马帝国注意，哥特人于公元 408 年入侵意大利，又在公元 410 年公开劫掠罗马。公元 416 年，他们终于得偿夙愿，西罗马帝国的皇帝同意：如果哥特人帮助他赶走日耳曼人并将篡夺者从高卢、西班牙清除，他们就可以获得部分领土。

和中国边境的情况类似，罗马边境也曾经成为蛮夷的（这些帝国以此称呼外族人）聚居地，之后这些人获取国家支付的酬劳，负责保护国家不受其他蛮族入侵威胁。这对皇帝来说是双输的局面。公元 429 年，当日耳曼的哥特人（代表罗马而战）在西班牙打败了日耳曼的汪达尔人（反对罗马）时，汪达尔人被迫退至北非。这似乎令人难以置信，但是现今的突尼斯沙漠在当时是罗马的粮食基地，拥有上万平方英里的灌溉耕地，每年向意大利出口50 万吨粮食。失去此地供应的粮食，罗马城将会饿殍遍地；没有此地的税收收入，罗马根本无力支付受雇攻打汪达尔人的日耳曼雇佣军费用。

在接下来的 10 年中，聪明的罗马将领和外交家（通常都是日耳曼人出身）成功遏制了汪达尔人，并稳定了高卢、西班牙地区，但在公元 439 年，情况急转直下。汪达尔人占领了迦太基的农业腹地，对罗马来说最糟糕的情况终于成了现实。

君士坦丁堡的统治者乐于看到他们在罗马的潜在竞争对手的种种惨状，但是西罗马帝国即将灭亡的悲惨前景也给东罗马帝国皇帝狄奥多西二世敲响了警钟，于是他集结起一支强大的军队，帮助解放现在的突尼斯地区。然而公元 441 年，当他的军队集结时，另一个打击从天而降。匈奴王阿提拉——罗马作家称其为"上帝之鞭"——入侵巴尔干半岛，他不仅带领着最勇猛精干的骑兵，还拥有先进的攻城装备。（可能是来自君士坦丁堡的难民将此技术带给他，一名狄奥多西的大使声称，公元449年时他曾在阿提拉的宫廷中见到这样的一个流放者。）

在匈奴攻城槌的猛攻之下，狄奥多西的防御体系简直不堪一击，于是他放弃攻打汪达尔人。他拯救了君士坦丁堡——仅仅如此——但对于罗马来说，这是最黑暗的日子。公元400年，罗马城拥有大约80万居民。到了公元450年，人口仅存3/4。税收枯竭，军队消亡，最糟糕的是出现了更多篡夺者意图谋取王位。阿提拉审时度势，在榨干巴尔干所有财富之后，决定继续西进。罗马西部军队的半哥特指挥官成功地使哥特人相信阿提拉也是他们的敌人，他带领的是全部由日耳曼人组成的军队。他导致了阿提拉人生中唯一一次也是最后一次失败。阿提拉还没来得及展开报复行动就含恨而终：在他第无数次的婚宴上，他因饮酒过量导致血管爆裂，"上帝之鞭"最终去和他的主人见面了。

失去了阿提拉，松散的匈奴国开始分裂，君士坦丁堡的皇帝暂时摆脱了危险的境地，于是试图再次收复西罗马帝国，但是直到公元467年，他们才将所有的条件准备妥当，包括金钱、船只以及一位值得信赖的罗马铁腕人士。东罗马帝国皇帝倾尽国库所有，派遣海军上将巴斯里斯克斯（Basiliskos）带领1 000艘军舰重夺北非，试图解决西部省份的财政危机。

最终，罗马帝国随风而逝。公元468年夏天，北非沿岸的风原本是西向的，推动巴斯里斯克斯的舰队逼近迦太基。但是就在登岸的最后关头，风向突然逆转，使得舰队无法靠岸。借此机会，汪达尔人放出火船攻击罗马密集排布的舰队，这正是1588年英国对抗西班牙无敌舰队时所采用的策略。罗马的旧式船只采用干燥易燃的绳子、木制甲板和布制风帆，顷刻间舰队就成了炼狱火海。惊慌失措的船员们互相踩踏，争相用长杆把火船推向远处，然而无处可逃的罗马军队已然方寸大乱。汪达尔人趁乱登船，展开杀戮，战争由此结束。

在第五章我已经讲过了历史的伟人理论，该理论认为创造事件的是独一无二的天才人物——例如亚述的提格拉·帕拉萨，而非强大的客观力量——例如第一次东西方交流。伟人理论的对立面是历史的蠢人理论：我们必须问，如果巴斯里斯克斯足够机智，想出了逃脱困境的办法，会发生什么呢？[1]他可能已经重新占领迦太基，但是这能够修复意大利——北非财政轴心吗？也许能。汪达尔人已经在非洲长达30年，罗马帝国也许能够很快重建其经济结构。又或者，不能。哥特国王奥多亚塞是当时西欧最铁腕的人物，他觊觎意大利已久。公元476年，他致信君士坦丁堡皇帝芝诺说世界不再需要两个皇帝，因为芝诺的荣耀足以统治全世界，并提议让他以芝诺的名义统治意大利。芝诺深知奥多亚塞意在占领意大利，但他也明白没有必要与之争辩。

就这样，罗马的末日到来了。伴随罗马灭亡的并非惊天动地的一声巨响，而是一阵呜咽啜泣。如果当初巴斯里斯克斯收复了迦太基，那么比起公元476年的真实情况，芝诺保卫意大利时情况是否会改观呢？我对此持怀疑态度。自此，再也无人能够拥有足够实力掌控一个横跨地中海的帝国，而公元5世纪时疯狂的幕后操纵、政治活动和暗杀都无法改变经济下滑、政治崩溃和移民流动的现实。古典世界就此结束。

---

1. 当然，这种说法假设巴斯里斯克斯是蠢人。罗马人更倾向于阴谋说，他们指控巴斯里斯克斯收受贿赂，并差点处死他。

更小的世界：
东晋和拜占庭帝国对比

自此，东西方两大核心都分裂成两部分。在中国，东晋王朝统治着前朝的南部地区，且自视为整个中国的正当统治者。同样，西方的拜占庭帝国（这样称呼是因为其都城君士坦丁堡位于古代的希腊城市拜占庭）统治着古罗马帝国的东部，并宣称拥有对整个罗马帝国的统治权。

东晋和拜占庭帝国都是先进国家，拥有完备的官僚体系、税收制度和受薪军队。它们都拥有大城市和有学识的文人，而尼罗河流域、长江流域也前所未有的富饶多产。随着中国北部和欧洲西部渐渐脱离核心区域，它们的统治范围也不断缩小。

管理者、商人和金钱组成的网络曾将东西方核心国家组成一个连贯的整体，但这一网络被疫病、移民和战争瓦解。公元 4 世纪的中国北方国家和公元 5 世纪的西欧国家一直处于低级阶段，它们的皇帝整日与将领们在抢夺来的大殿中饮酒作乐。这些皇帝乐于向被征服的农民征税，尽管他们实际上并不需要这些财富，因为他们不需要支付雇佣军的薪酬。他们极其富有，拥有强大的军事力量，试图对官僚机构进行管理，并从难以驾驭的手下那里征税，这些手段造成了诸多麻烦。

在中国北方和罗马帝国西部，有许多旧式的富有贵族家族携带财产逃往建康和君士坦丁堡，但他们中更多人选择留在旧帝国的废墟之中，也许像西多尼乌斯一样维持着贵族的骄傲姿态，但又与新统治者达成某种协议。他们适应了新的社会现实，用羊毛裤子换下丝绸袍子，消遣活动也从古典诗歌转向狩猎。

有些现实产生了积极的结果。之前，贵族所拥有的地产遍布整个汉朝或罗马帝国，但现在那些超级富有的贵族们都消失了。尽管在公元4世纪和5世纪，地主的财产受到国家限制，但他们的富裕程度仍然令人咋舌。古罗马和中国的精英阶级都不约而同地选择与他们的征服者通婚，并从破败的城市搬到乡下的领地。

在公元4世纪的中国北方和5世纪的西欧，伴随着不断加速的向落后国家发展的趋势，皇帝们允许贵族向农民收取租金，而这原本是农民应当作为税金交给国家的盈余资金。随着人口减少，农民能够集中精力耕作最为肥沃多产的土地，盈余资金也不断增长。数世纪以来，农民非但没有忘记历代积累的农耕技术，反而自行创造了不少新技术。公元300年后，长江流域的排水系统以及尼罗河流域的灌溉系统得到长足的发展，牛拉犁在中国北方迅速推广，条播机、铧式犁以及水力磨坊也在西欧盛行。

尽管贵族们一再地粉饰太平，而农民不断地大胆创新，我们无法否认的是：汉朝和罗马曾经繁荣一时的官僚、商人以及管理者行列正在不断削弱，这就意味着欧亚大陆两端的经济大环境持续衰退。这些人通常都是唯利是图、毫无竞争力的代表，但是他们确实完成了一项任务，那就是将商品运往各地，从而发掘了不同地区的竞争优势。如果没有他们作为媒介，经济会变得更为本土化，也更倾向于自给自足。

贸易通道收缩，城市也在收缩。南方游客对中国北方城市的衰败破落感到震惊，而在古罗马帝国的一些地区衰败程度极其严重，以至于诗人开始产生这样的疑问：周围这些正在腐朽的巨石废墟究竟是不是人类建造的？公元700年左右的一首英文诗歌这样写道："断裂的屋脊，摇晃的高塔，这是巨人的杰作，霉变在城楼和炮膛蔓延。破碎的盾牌，倒塌的房顶。这都是岁月的痕迹。"

公元 1 世纪，罗马皇帝奥古斯都曾经吹嘘说，他将罗马从一个砖瓦城市改造成大理石城市。但是到了公元 5 世纪，欧洲又倒退成木头世界。在古罗马城镇房屋的断壁残垣之间，开阔地上四处散布着简易棚屋。我们现在已经对这些简陋棚屋有了一定认识，但倒退到 20 世纪 70 年代我在英格兰开始挖掘工作时，挖掘者仍试图运用新技术来谨慎处理有关这些房屋的蛛丝马迹。

在这个更加简单的世界，货币、计算和文字纷纷失去它们的功用。再也没有人去开采铜矿，自然也无法铸币，因此中国北方的皇帝首先尝试减少货币的金属含量（一些人声称由于货币的金属含量过低，货币轻得可以漂浮在水面上），随后索性停止发行货币。账务记录及人口普查被取消，图书馆被荒废。这是一个不平坦的过程，蔓延数个世纪。中国北部和西欧的人口大幅下降，荆棘和森林重新覆盖了农田，居民寿命变短，生活质量下降。

佛教与基督教：东西方宗教的盛行

这到底是怎么发生的？对于大多数东方人和西方人来说，这个问题的答案显而易见：陈旧观念不起作用，求神拜佛也无济于事。

在中国，一旦边境地区防卫崩溃，批评者就会开始控诉朝廷天命已尽，因此治病神力崇拜盛行，影响长达 1 000 年之久。但是在受过教育的精英阶层中间出现了一批具有独创性的人才，他们开始质疑儒家哲学的权威性。竹林七贤是活跃于公元 3 世纪的一群自由思想家，他们成了新感性主义的精神领袖。据说他们整日沉迷于交谈、诗歌、音乐、饮酒以及药物之中，却对研读经典、为国尽忠这类话题避而不谈。曾有故事记载，竹林七贤之一的阮籍被认为严重违反了封建礼仪（在无年长妇女陪同的情况下，他独自一人与他的嫂子同行），但是阮籍却不以为然，反而大笑说："难道你是要我遵从孔子推崇的礼，去遵从儒家学说？（礼岂为我设邪？）"他还抒发了自己对政治制度的看法：

> 独不见群虱之处裈中，逃乎深缝，匿乎坏絮，自以为吉宅也。行不敢离缝际，动不敢出裈裆，自以为得绳墨也。然炎丘火流，焦邑灭都，群虱处于裈中而不能出也。君子之处域内，何异夫虱之处裈中乎？

在当时，汉族宫廷诗人所具备的道德精神严肃性变得有些滑稽可笑，新一代的诗人更加青睐抒情诗歌，擅长描写田园牧歌，或者索性出世退隐。尽管这些美学家们事务繁忙，无法退居远山，但是他们同样可以在自己府邸的花园里体验隐居感觉，也可以效仿王导（公元 300 年东晋的宰相），花钱雇人代表自己隐居。汉代的画家们开始尝试将山水野趣作为创作对象，到了公元 4 世纪，著名画家顾恺之更是将山水画的地位提升到更高的层次，使山水画成为一种主要的艺术形式。竹林七贤和其他理论家主张形式大于内容，他们倾向于研究绘画和书法的技巧，而不是其中隐含的道德含义。

公元 3 世纪，出现了对传统文化的反叛，但是这场反叛一味地嘲讽、拒绝传统，却没有提供积极有效的应对办法，大体上只造成了消极的影响，但这种情况在世纪末有所改观。距当时 800

年前，中国本土的儒家学说和道家学说刚刚兴起，佛教也经由南亚传播到了中国大地。公元 65 年，佛教首次出现在中国的书面史料中，而对于佛教传播比较可信的说法是：随着第一次东西方交流的不断推进，东亚和南亚的商人开始在中亚绿洲聚集汇合，最终将佛教带入了中国人的视野。尽管当时已经有一些城市的知识分子开始信奉佛教，但是在很长一段时间里，中国人只把佛教看作从草原传入的众多外来哲学之一。

公元 3 世纪晚期，这种局面开始逆转，这主要归功于来自中亚的僧人翻译家竺法护。他长期在长安与敦煌绿洲之间游历，致力于佛教经典的再译，并在印度观念中添加了能够被中国人接受的元素，获得了众多中国知识分子的追捧。和大多数轴心时代圣人一样，释迦牟尼并未留下任何手迹，关于释迦牟尼的启示也一直是人们争论不休的话题。佛教的早期形式强调严格的沉思和自我觉醒，但是竺法护推崇的是所谓的大乘佛教，这就使救赎的过程不再艰苦繁重。在竺法护的表述当中，释迦牟尼并非精神追寻者，而是永恒证悟的化身。竺法护坚持认为，原初的释迦牟尼只是在这个世界或其他世界中存在的众多佛祖中的第一位佛。这些佛被一群其他的圣人所围绕，尤其是菩萨。菩萨原本是通往证悟的凡人，但却推迟了自身的涅槃，旨在帮助渺小的凡人实现圆满，从重生和遭难的轮回中解脱出来。

大乘佛教有时会走向极端的方式。大多数佛教派别相信弥勒佛（也称未来佛）终有一天会引导众生走向极乐世界。但是公元 401 年，中国出现了一群狂热的佛教徒，他们自称是神圣的佛祖，事实上却与强盗、暴民及反叛的官吏为伍。他们打着救赎的旗号，却到处滥用暴力，实施破坏，最后这场暴动在血腥杀戮中落下帷幕。

　　大乘佛教最重要的贡献就是简化了传统佛教的繁重教规，并为众生打开了救赎之门。公元 6 世纪，盛行的"佛祖讲经"只要求信徒围绕释迦牟尼和弥勒佛的塑像步行数圈，崇拜圣物（一般是佛牙、佛骨以及据说曾经属于佛祖的化缘钵），诵读佛经，胸怀慈悲之心，勇于自我牺牲，并遵从五戒（即不杀生、不偷盗、不邪淫、不妄语、不饮酒）。讲经者坦言，这些行为并不会将信徒引向涅槃，但是至少会给他们带来健康、财富以及不断升华的重生之路。佛教中的"净土派"将这种观念更进一步，他们声称信徒去世之后，大慈大悲的菩萨和阿弥陀佛会向其解读生死轮回，并引导他们去往西方极乐世界，在那里他们可以远离尘世的烦扰，寻求涅槃。

　　在印度，佛教徒为了寻求涅槃之路，通常会选择上路流浪，沿途乞讨。从中国传统的角度来看，这些神圣的流浪者（与富有的隐士诗人相对立）无疑是异类，因此这种方式在中国并不盛行，但是印度信徒通往怔悟的第二条道路——修行——却得到广泛传播。公元 365 年左右，道安——他并非中亚移民，而是一位被训练成儒家学者的中国佛教徒——起草了一份适应中国社会的佛教戒律，规定和尚必须削发剃度，和尚、尼姑均要节制欲念，学会顺从，通过自己的劳动谋生，并运用戒、定、慧来追寻自我救赎。和发展了千年的佛教一样，佛教徒在修行过程中也常常走入极端：许多和尚、尼姑对修行的认识相当狭隘片面，有些人不惜伤害自己，目的是仿效菩萨舍身拯救世人；甚至有人在数千人面前自焚，以求洗涤自身犯下的罪孽。不论如何，道安为佛教的发展做出了巨大的贡献，他将佛教修行行为塑造成固定的宗教组织，部分填补了公元 4 世纪以来国家机构崩溃所引发的机构空白。佛教寺院建造水力磨坊，筹集资金，甚至组织起防御力量。富有的教友把土地和佃户赠与佛教寺院，被驱逐的农民也纷纷前往寻求庇护，这些佛教寺院在作为虔诚信仰的核心的同时，还成为社会稳定的绿洲，甚至是财富聚集的岛屿。公元 5 世纪出现了数以千计的佛教寺院，一位官员在公元 509 年写道："寺院现在已经无处不在了。"

佛教在中国的征服行为取得了卓越的成果。公元 65 年，中国仅有数百个佛教徒。到公元 6 世纪，大多数中国人——大约 3 000 万人——成了佛教徒。这个数字令人震惊。但是在欧亚大陆另一端，还有一个名为基督教的新兴宗教，它正以更快的速度不断发展。

西方古典传统的崩溃晚于东方，也许是罗马防线维持得更为持久的缘故。公元 160 年后，瘟疫同样在罗马大肆蔓延，导致治病神力崇拜不断出现，但是罗马人并不赞同中国普遍采取的暴力革命方式。尽管如此，公元 3 世纪的骚乱确实动摇了西方的古老传统。那些遍布罗马帝国各处的雄伟塑像静静地见证了一种全新艺术审美的诞生：艺术家抛弃了古典艺术中庄严肃穆的原则，转而欣赏古怪的比例结构和那些巨大的、向上凝视的眼睛，这就形成了塑像似乎在互相注视的效果。另外，不断有新宗教从东部的边缘地区传入罗马帝国，例如来自埃及的伊西斯、来自叙利亚的不败之日、可能来自伊朗的密特拉神（其追随者形象为地狱的杀牛者）以及来自巴勒斯坦的基督教，它们都宣扬生命永恒。受其影响，人们开始在烦扰动乱的现世中追寻救赎，忽略了对宗教的理性解释。

第六章

金戈铁马：东西方帝国与外来入侵者的斗争

一些哲学家试图强调过去几世纪累积的学识仍然是相关的，以此回应这种价值观的危机。在他们的时代，波菲利和普罗提诺等学者为适应现代需求而重新解释柏拉图哲学（后者可能是继亚里士多德之后最伟大的思想家），于是他们成为西方闻名遐迩的学者。但同时，也有越来越多的思想家开始寻找与之南辕北辙的新解。

在这个动荡不安的年代，基督教给所有人带来了些许安慰。和大乘佛教一样，基督教是建立在旧轴心时代思想基础上的新概念，它以更适应现代需求的方式，为世人提供了一个看待核心思想的新角度。基督教取代了犹太教，宣称其创建者耶稣是预言中诞生于此地的弥赛亚。我们将大乘佛教与基督教称为"第二波"轴向宗教。与第一波轴向宗教先行者相比，第二波轴向宗教向更大范围的世人打开救赎之门，并且将通往救赎的道路改造得更加简单易行。同样关键的一点在于，这两个新兴宗教都是普世教会。因此，耶稣和释迦牟尼都不属于任何一群"上帝的选民"，他们的使命是拯救所有的普罗大众。

耶稣和释迦牟尼一样，并未留下任何圣典。我们最早可以追溯到公元 1 世纪 50 年代，当时使徒保罗（他从未见过耶稣）试图让基督徒们认可一些关于基督教到底是什么的核心观点。大多数追随者接受了一些观点，例如他们应该受洗、向上帝祈祷、抵制其他的神、周日聚餐、脚踏实地努力工作。然而，一旦超越这些基本前提，各种说法纷至沓来。一些人坚持认为希伯来圣经中描述的上帝只不过是之前一系列神祇中最后降临（且最低微的）的一位；有人认为世界是邪恶的，因此上帝作为创世者也一定是邪恶的；有人认为世界上有两个神，一个是恶毒的犹太神，另一个是神圣（但不可知）的耶稣之父；有人相信世上存在两个耶稣，一个以逃离受难的精神形式存在，另一个是被钉死在十字架上的肉体形式；有一些人暗示耶稣可能是女人，并且女人和男人之间可能是平等的；有人认为新的启示或许可以否定旧的启示；有人推测耶稣即将重生，因此所有基督徒都要禁欲；有人说因为时间紧迫，基督徒必须自由恋爱；还有人认为升入天堂的唯一途径是以残忍可怖的方式完成殉道，因此性爱对他们来说无关紧要。

人们普遍认为，释迦牟尼对宗教上的超然存在持实用主义态度，建议人们选用最有效的方法，摈弃其他。另外，在寻求涅槃的过程中，佛教徒有许多条道路可供选择。然而，基督教认为能否进入天堂取决于是否知道上帝和耶稣是谁，以及他们想要做什么。为了解释这些问题，基督徒陷入了疯狂的自我定义。公元2世纪晚期，多数信徒开始认同主教存在的必要性，主教应该被视为最初传道者的后裔，拥有评判耶稣意愿的权威。那些想法激进、近乎疯狂的传道者逐渐被世人遗忘，《新约》的内容变得更加明确具体，通往启示的窗户被关闭。除非得到主教的同意，否则没有人能够修改这本圣书，也没有人能够从圣灵那里得到启示；除非基督徒自己愿意，否则也没有必要恪守禁欲或成为殉道者。

到了公元 200 年，尽管人们仍然对此争论不休，但是基督教已经发展成一门有纪律的宗教信仰，并对救赎（合理地）做出了明确规定。和大乘佛教一样，基督教引起了世人的广泛关注，宣扬的思想亲切易懂，为身处乱世的世人提供了通往救赎的实用方法。博学的希腊人甚至暗示说，第二波轴向基督教与第一波轴向哲学之间并没有很大区别：柏拉图（有人称之为雅典的摩西）已经通往真理，基督教也已知晓真理，但是真理却是相同的。

当先进国家的机构开始瓦解时，主教们就被用来填补机构空白。他们动员信徒重新筑造城墙，修补道路，并与日耳曼入侵者展开谈判。和佛教徒一样，基督教的圣人们也选择隐居郊外，超然遁世，并成为当地的领袖人物。当时出现了一个举国闻名的苦行者，他身着刚毛衬衣，居住在埃及沙漠中的墓穴，不吃不喝，不断与心中的魔鬼斗争。他的追随者坚称："他从不用水沐浴身体，以祛除污垢，甚至从不洗脚。"还有一位圣人，他在叙利亚一座 50 英尺的塔中坐了 40 年。当时，还有一些隐退者用动物毛皮遮掩身体，以青草果腹。简而言之，他们成了"圣愚"，即为了基督的缘故变成愚妄的人。

在挑剔的罗马绅士看来，这些都是奇异怪诞的行为，基督徒们也对这些引发众人狂热仿效，并且只回应上帝旨意的极端分子表示忧虑。公元 320 年，一位来自埃及名叫帕科米乌斯的圣人想出了解决办法。他将当地隐士全部集中在第一个基督教修道院，使这些人处于他严格的纪律约束下，并通过辛勤劳作和虔诚祈祷追寻救赎。帕科米乌斯和中国的道安并无任何交集，但是他们提倡的修道院形式却惊人地相似，并且两者都引发了类似的后果：公元 5 世纪，整个社会的经济大环境陷入崩溃，基督教修道院和女修道院也成了拖垮当地经济的沉重负担；随着古典知识不断消逝，修道院成了知识聚集的中心；战乱时期，修道院可以将信徒转化成民兵，用以维持当地的和平安定。

基督教的传播速度甚至超越了佛教。公元 32 年左右，耶稣去世，他当时只有大约几百名追随者；到了公元 391 年，当皇帝狄奥多西宣布基督教为唯一合法的宗教时，已经有超过 3 000 万罗马人改信基督教，尽管"改宗"是一个很笼统的词汇。当时尚有一些受过高等教育者对此保持怀疑，他们在接受新的信仰之前，仍试图用强大的逻辑性和严密性深刻探究教义内涵。然而只消一下午时间，基督教、佛教的能言善辩者就能使他们周围数以千计的人心悦诚服。由于相关的所有统计数据都很粗略，因此我们只能逐个进行剖析。我们不知道——可能永远也不会知道——"改宗"的步伐何时何地开始加速，又在何时何地开始减缓，我们唯一知道的是基督教和佛教在起步阶段只有数百名追随者，但最终都拥有了超过 3 000 万信徒，影响范围遍及整个中国和罗马帝国。图 6–4 清晰地显示出数世纪以来两个宗教的平均增长率：中国佛教徒平均每年增长 2.3%，这意味着每 30 年就翻一番；而基督徒每年增长 3.4%，每 20 年就可以翻一番。

在图 6–4 中，曲线呈上升趋势。然而在图 6–1 中，表示社会发展程度的曲线却呈平稳下降态势。这两者到底有没有联系？其实这个问题早在 1781 年就由爱德华·吉本提出。他说："毋庸置疑，基督教的传入对罗马帝国的兴衰存亡起到了一定影响作用。"但是吉本认为，基督教的影响程度并非基督徒本身相信的那样。他暗示说，基督教的传播导致罗马帝国的精力不断衰竭：

> 教士们卓有成效地宣扬忍耐和自强的学说，积极向上的社会美德遭到了压制，最后一点残余的尚武精神也被埋葬在修道院中。对慈善事业和拜神活动无止境的需求耗费了绝大多数的公有、私有财富，而众多崇尚禁欲和洁身却碌碌无为的男女肆意挥霍着士兵的粮饷。

忍耐和自强同为基督教和佛教的美德。那么，我们能否将吉本的论点进一步延伸，从而得出这样的结论：各种宗教思想——神职者的谋略战胜政治，心灵的启示战胜理智——终结了古典世界，导致数世纪以来社会发展不断下滑，使得东西方差距不断缩小？

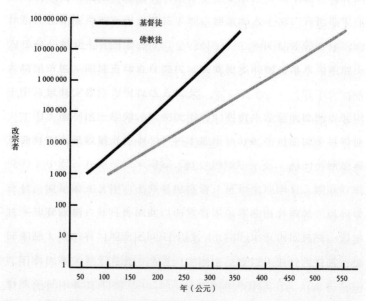

图 6-4 统计人数：基督教和中国佛教的不断发展，假定发展速度恒定。纵坐标为对数，与图 3-5 和图 3-6 一致，因此发展的平均速度（基督教为平均每年增长 3.4%，佛教为平均每年增长 2.3%）导致图中出现直线

对这个问题，我们无法轻易解答，但是我认为答案是否定的。和第一波轴向思想类似，第二波轴向宗教是社会发展变化的结果，而非根源。犹太教、希腊哲学、儒家学说、道教、佛教和耆那教都出现于公元前 600～前 300 年间，当时社会发展水平超越了公元前 1200 年西方核心崩溃时所达到的水平（大约 24 分）。实际上，这些教派和学说的相继出现回应了当时先进国家的重组以及世界

的觉醒。第二波轴向宗教起到了某种镜像作用：随着第一次东西方交流不断发展，先进国家的统治根基不断动摇，于是人们发现第一波轴向思想有所欠缺，而推崇救赎的宗教适时地填补了空白。

图6-4中的曲线表明，两者的增长率最终实现了平衡。除非这些数据完全不准确，否则基督教和中国佛教在第一次东西方交流之前都只处于边缘地带。然而到了公元250年，当时有大约100万基督徒（大概占罗马人口的1/40），这个人数显然已经到达一个临界点。当时基督教已经开始成为皇帝的燃眉之急，它在最艰难的时刻与国家争夺资金，而且基督教信奉的上帝又否决了罗马帝国皇帝长期用以论证统治合理性的死后上帝说法。公元250年，皇帝德西乌斯展开了大规模的迫害基督徒行动，但他不久之后就被哥特人杀死。公元257年，瓦勒良也着手进行迫害行动，但也为波斯人所杀。

上述事例表明：运用武力威胁人民的行为注定会失败，因为这些人希望追随耶稣痛苦地死去，并将之奉为人生最大的成就。在接下来的50年间，尽管罗马皇帝不断地试图扫清基督教的影响，但是基督教集会数量平均每年增长3.4%，公元310年左右，基督徒人数猛增至1 000万人，几乎占罗马帝国人口总数的1/4。显然，基督教已经发展到第二个临界点。公元312年，当罗马皇帝康斯坦丁深陷内战时，他发现了上帝所在。因此他没有动用武力镇压基督教，而是做出了妥协，如同500年前他的祖先对具有同等破坏力的第一波轴向思想做出妥协一样。康斯坦丁将大笔财富送往教会，免除教会赋税，并认可其等级体系。作为回报，教会也认可了康斯坦丁的统治权。

在接下来的80年间，罗马帝国所有的剩余人口都转变为基督徒，贵族掌握了教会领导权，教会和国家合力洗劫了帝国内部其他异教徒所拥有的财富——这也许是前所未有的最大规模的财富再分配。基督教的时代终于来临了。公元 310 年左右，亚美尼亚国王皈依基督教。公元 340 年左右，埃塞俄比亚的统治者也开始信奉基督教。也许是因为伊朗的索罗亚斯德教与基督教遵循类似的发展模式，所以波斯帝国皇帝们并没有跟随这个趋势。

在中国，佛教的发展似乎也经历了类似的临界点。图 6-4 表明，公元 400 年左右佛教徒突破百万，但由于中国南北地区差异过大，佛教发展在这两个地区也有截然不同的后果。在战乱纷争不断的北方，佛教徒出于自身安全考虑，通常都在各国都城聚集，这就导致他们容易遭受统治者的压迫。到了公元 400 年，北魏成为诸国之中最强大的力量，并专门设立了一个政府部门来监督管理佛教事务。到公元 446 年，这个部门开始对佛教徒施加迫害。中国南方则正好相反，那里的佛教徒们没有在都城建康聚集，而是沿长江流域散布开来，寻求当地权贵的庇护，以躲避朝廷迫害，并且逼迫皇帝让步。公元 402 年，僧人甚至得到皇帝特许，恩准他们在面见皇帝时无须跪拜。

图 6-4 表明，截至公元 500 年，中国大约有 1 000 万佛教徒。当佛教发展到第二个临界点时，统治者（中国的南方和北方皆是）做出了和康斯坦丁一样的妥协，因此佛教团体开始肆意挥霍钱财、免征税收、加官晋爵。中国南方的梁武帝是一名虔诚的佛教徒，他极力推崇盛大的佛教节日，甚至下令宗庙祭祀皆不用牲畜（可以用点心糕点代替），并派遣使节前往印度收集经典。作为回报，佛教统治集团认可梁武帝是菩萨和救世主的身份。北魏皇帝的做法更为高明，他们获得了选择佛教团体首领的权力，随

后通过该首领宣称自己是佛祖化身。如果康斯坦丁知道的话，一定会羡慕不已。

忍耐和自强并未导致东西方的衰落和瓦解，社会发展的自我矛盾性才是罪魁祸首。这种衰落和瓦解在一定程度上遵照了公元前1200年西方的社会发展模式，当时正在扩张的核心引发了一连串无法控制的事件。然而到了公元160年，社会发展又在某种程度上打破了这种模式，通过中亚将东西方紧密联系起来，开创了细菌和移民不断流动的东西方交流，从而改变了整个东西方的地理版图。

到了公元160年，较之公元前1200年的西方核心国家，古典世界各国规模进一步扩大，势力日趋强盛，但同时这些国家的全球化进程所引发的破坏效果也愈演愈烈。面对它们自己释放出来的力量，古典国家显得手足无措。数个世纪过去了，社会发展进程每况愈下，文学、城市、税收和官僚机构失去了它们各自的价值。以往毋庸置疑的事情，当时已经变得无法确定，因此数千万人试图给中国的古老智慧带来全新的转折点，在这个扭曲变形的世界中寻求救赎。和第一波轴向思想一样，第二波轴向思想也是危机四伏，不断挑战着中国传统的伦理纲常——三纲是指父为子纲、君为臣纲、夫为妻纲——尽管这一波思想看似来势汹汹，但是最终再一次与权力和财富颠覆性地握手言和。到公元500年，这些国家日渐式微，而寺庙却日益兴盛，生活依旧继续。

如果我是在公元500年时撰写这本书，那么我极有可能成为一名长期注定理论家。在每个千年中，都会发现社会发展的自我阻碍作用，每向前行走两三步，随后就会向后倒退一步，这种破坏程度日益严重，不仅影响到西方，而且已经侵蚀东方的社会发展，但其模式显而易见。在向前发展的过程中，东西方差距不断拉大；在倒退过程中，这种鸿沟相应缩小。这一过程循环往复，影响范围日益扩大。尽管西方对世界的统治力不断变化，但仍然保有领导地位。

然而，如果我将写作时间向后推一个世纪，那么事情将会朝着完全相反的方向发展。

大唐盛世：世界开始向东方倾斜

东方引领世界

根据图 7-1 所示，公元 541 年应该称得上是历史上最著名的年份之一。在那一年（考虑到一定的误差范围，也可以说是公元 6 世纪中叶），东方的社会发展速度超越了西方，结束了长达 14 000 年的旧格局，并且一举否定了所有简单化并且长期僵化的关于西方统治世界的理论。截至公元 700 年，东方的社会发展程度比西方高了 1/3。到公元 1100 年，将近 40% 的巨大差距超过西方占据发展优势的 2 500 年中最大的东西方差距。

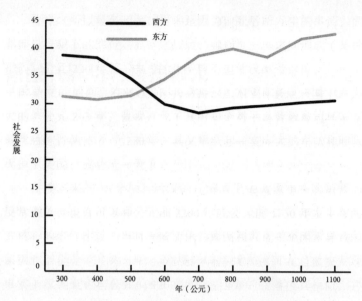

图 7-1　巨大逆转：东方逆转了下降的颓势，并且史上首次赶超西方

　　为什么东方能够在公元 6 世纪的时候领先于西方？为什么在西方发展持续性地落后于世界的同时，东方的社会发展却能够在接下来的 500 年里大幅提速？这些问题对于我们解释为什么西方能够统治当今世界是至关重要的。另外，当我们试图在本章回答这些问题时，会涉及不少英雄人物与反面角色，他们或天资聪慧，或笨拙愚钝。但是在这些戏剧化场景背后，我们会发现一个简单的真相，也就是贯穿整个故事始终并且酝酿出东西方差异的因素——地理条件。

为什么东方的社会发展
能够迅速恢复

在公元 100 年之前，东方的社会发展进程就开始趋缓，这种情况一直持续到了公元 400 年，当时东方的社会发展已经衰退到 5 个世纪以来的最低点。国家衰亡，城镇颓败，从亚洲内陆向中国北方地区以及从中国北方迁徙到南方的移民潮剧烈地震荡着整个东方的统治核心。然而也正是由于这些移民的出现，才使东方的复兴之船得以起航。

从第四章到第六章，我们讲述了处于上升趋势的社会发展是如何改变地理地貌，如何从落后困顿之中发掘出潜在的优势资源，又是如何在茫茫大海和广袤草原上开辟出条条通途的。然而，公元 3 世纪以来的历史表明，这种关系也可以反向作用：衰落的社会进程也同样改变着地理地貌。随着罗马和中国的各个城市不断萎缩，文化水平退步，军队士气委靡，生活水平下降，统治核心地区在地理版图上不断收缩，而两者相同的萎缩现象的背后差异，在很大程度上解释了为什么东方的社会发展能够迅速恢复，而西方的社会发展直到公元 8 世纪仍然处于颓势。

我们在第六章讲到，公元 300 年之后，地处黄河流域的古老的东方核心腹地分裂，数以百万计的北方居民开始了向南方迁徙的过程。大批的移民将长江流域以南的土地从汉代以来荒芜的边缘地区，转变成了焕然一新的边疆。这些避难者进入南方潮湿闷热且充满陌生感的地界，那里不适宜种植他们赖以生存的主食——小麦和粟米，但是水稻却长势喜人。大多数土地人烟稀少，当地居民的风俗习惯和语言与来自中国北方地区的移民大相径庭。

这种充满暴力的生存环境以及严酷艰辛的磨合，塑造了这些殖民式土地掠夺者们坚毅的性格，这些移民激增的人口数量以及更为严密的组织体系逐渐将这片土地的早期居住者驱逐出去。

在公元280~464年之间，长江流域南部的纳税人口数量增长了5倍，但是移民对南方的作用不只是带来了更多的人口，他们也带来了新技术。根据《齐民要术》记载，截至公元530年，已经为人所知的水稻品种超过了37种，而且移植技术（6个月期间在特殊的花坛内栽培种子，而后将种子转移到水田中去）也变得相当普遍。这需要极其艰苦的劳作，但是确保了好收成。《齐民要术》解释了如何使用肥料，使农民能够持续地耕作土地从而避免了土地闲置的问题；还解释了如何使用水车——尤其对于那些周围环绕着溪流并且拥有大笔资金可用于投资的佛寺来说——以更加低廉的成本将谷物磨成面粉，研磨大米以及将种子榨成油。这一切使得整个新边疆地区的农业生产逐步发展，这和罗马人创造的历史有些相似：罗马人在公元前1世纪征服了西欧，之后几个世纪的历史变迁中，南方的农业落后面貌逐渐转变成了竞争优势。

低廉的交通运输成本导致粮食价格也渐趋低廉。尽管中国的河流无法像地中海一样提供便利的水道，但是人类的聪明才智逐步弥补了这一不足。虽然水下考古学家尚无法提供如同地中海沉船残骸那样的统计数据，但是有可靠的文字记录显示当时的船只尺寸越来越大，速度也越来越快。明轮船于公元5世纪90年代左右在长江上出现，并往返于成都和建康两地，船上所载的水稻为发展中的城市提供了口粮，而这些城市的市场都鼓励经济作物买卖，比如说茶叶（在公元270年左右的现存记录中被首次提到，到公元500年时成了广泛传播的奢侈品）。社会上层的政客、商人和寺院都凭借长江流域行船的租金收入、船运事务和磨坊经营而变得富有。

然而，建康的统治阶级并未因此致富。这种情况和罗马帝国比起来，更像是公元前 8 世纪的亚述帝国，在那里，官员和地主掠夺了飞速增长的人口和贸易带来的成果，而非国家——直到提格拉·帕拉萨的出现才扭转了这种情况。然而，中国的南方从未出现过提格拉·帕拉萨。曾经有一位帝王成功地统领整个贵族集团，甚至试图再次征服北方，但是这些努力随着内战的爆发而付诸东流。在公元 317~589 年，陆续有多个政权统治了（遵循某种模式）建康。

《齐民要术》表明，直到公元 6 世纪 30 年代为止，北方一直保留着复杂的农耕体系。此后，随着盗匪数量剧增且活动日益猖獗，远距离贸易行为乃至货币系统都逐渐消亡。这种衰败现象一开始制造了比南方更多的政治骚乱，但新的统治者逐渐开始在北方恢复秩序，其中最主要的一支是来自东北大草原边缘的鲜卑族。和 6 个世纪之前统治伊朗的帕提亚人一样，鲜卑族人将游牧传统与农耕传统结合起来，世代以来凭借精湛的骑术征战四方，同时从农民那里收取保护费。

公元 386 年，鲜卑人在中国北方的断壁残垣之上建立了自己的政权，史称北魏。[1]他们没有洗劫汉族贵族阶级，而是和他们签订了某种协议，至少保存了一些原本的食禄官僚和旧时高级国家

1. 令人困惑的术语再次出现。鲜卑人的名字来自第五章提过的古代魏国（公元前 445~ 公元前 225 年）。为了将鲜卑人与之前的魏国区分开来，一些史学家将鲜卑人称为拓跋魏国（名字源于统治国家的鲜卑氏族）；另一些史学家更倾向于称之为北魏，在此采用后一种说法。

形式之下的税收制度。这种做法使得北魏相较于当时北方其他混乱不堪、暴行遍布的国家，拥有了极大的竞争优势。事实上，北魏的优势使之在公元439年统一了北方。

据说，北魏与残余的汉族旧贵族之间制定的协议始终处于岌岌可危的状态。对于大多数鲜卑战士来说，他们宁愿去放牧也不愿意与文人们交谈；即使这些骑手真正定居下来，他们一般会建造自己的孤堡，以避免和汉族的农民们接触。他们的国家一直处于落后状态，满足于攻打北方其他的游牧国家。但是在公元450年，当鲜卑的骑手们到达建康的城郊时，他们才发现：尽管他们可以打赢战争，掠夺财富，但是他们无法威胁真正的城市。只有一小部分拥有大型船只、攻城战车以及强大军需供应的先进国家才能做到这一点。

由于缺少先进的军队体系，他们无法洗劫中国南方地区；由于他们已经统治了整个北方，他们侵吞北方其他国家的机会也越来越少，因此北魏的统治者无法取得足够的资源来换取支持者的忠实跟随——这是落后形态国家潜在的致命缺陷。在公元5世纪80年代，孝文帝认识到解决办法只有一个——向先进的国家形态转化。他为此进行了颠覆性的改革：他将所有土地国有化，再重新分配给那些愿意履行纳税义务和国民义务的人们。另外，为了使鲜卑人像先进国家的臣民一样思考和行动，孝文帝向传统发起了一场正面攻击：孝文帝禁止了鲜卑的传统服饰，用汉族的姓氏代替了鲜卑族的姓氏，要求所有30岁以下的臣民说汉语，并且将几十万人口迁移至洛阳一处备受尊崇的圣地，建设起一座新城市。

一些鲜卑人放弃了他们祖辈的生活方式，开始像汉族贵族一样安定下来，但是另一些鲜卑人拒绝这么做。由此，文化改革演化成了一场内战，公元534年，北魏分裂成东魏（现代派）和西魏（传统派）。传统派坚守着游牧民族的生活方式，不断地吸收来自大草原的骑手。很快，他们的军事力量似乎足以压倒孝文帝施行的变革。绝望是变革的温床。虽然孝文帝试图将鲜卑的勇士转化为汉族的谦谦君子，他的继任者却反其道而行之：给予汉族士兵免税优惠，任命汉族的贵族为将军，并且允许汉族士兵使用鲜卑名字。因此，汉族农民和文人学会了打仗，在公元577年完全颠覆了之前的改革。虽然这次变革历经了一个漫长而混乱的过程，但是孝文帝的远见卓识最终还是在一定程度上得以实现。

这一切造就了一个极端化的中国。北方是一个先进国家（在公元581年的军事政变之后更名为隋朝），拥有强大的军队以及四分五裂、衰败落后的经济；而南方是一个分裂的国家，组织机构涣散，尽管一直在尝试利用繁荣的经济所积累下来的财富，但是几乎都失败了。

这种现象听起来完全是不正常的，但事实上这对于社会发展的起步是一个非常完美的机遇。公元589年，隋朝的第一位皇帝——隋文帝——打造了一支舰队，纵横驰骋于长江流域，并且将一大批军队（可能有50万人）派驻到建康。由于南北的军事力量极端不平衡，南方城市在几周之内就被攻破。当他们意识到隋文帝实际上想要向他们征税，南方的汉族贵族大规模地揭竿起义，据史料记载，他们屠杀——甚至生吃——隋朝的官员们，但是这些叛乱最终在一年之内被扫清。隋文帝在没有发动残酷艰苦的战争，且当地的经济也没有受到破坏的情况下，就征服了中国南方地区，自此东方的复兴大业开始起飞。

第七章

大唐盛世：世界开始向东方倾斜

武则天统治下的唐朝

在重新构建起一个独立庞大的帝国的同时，隋朝立即着手两件事情。第一，隋朝这个立足于中国北方的强大国家，开始开拓南方新兴的经济前沿；第二，隋朝允许南方的经济繁荣扩展到全国范围。

这一切并不总是有意识地进行的。当隋朝的帝王们修建那个时代最宏伟的纪念碑——1 500英里长、130英尺宽、连接长江和中国北方的大运河时，他们其实只是想要修建一条向全国各地运送军队的超级通道。然而在一代人的时间里，这条运河成了中国的经济大动脉，将南方的大米运送到北方城市，以满足当地人的需求。公元7世纪的学者总是这样抱怨："凿穿太行山脉，修建起运河之后，隋朝给人民施加了无法忍受的苦难。"但是同时，这些学者也承认"大运河给人民带来了不计其数的福利……这些福利确实是巨大的"。

这条大运河的开通就像人工地中海一般，它使得中国像罗马一样拥有了一条便捷的水道，进而改变了东方的地理面貌。价格低廉的南方大米被运送过来，使得北方城市急速膨胀。"百千家似围棋局，十二街如种菜畦。"诗人白居易这样描述面积30多平方英里的长安——这个中国的古代都城。数百万的人口熙熙攘攘，聚集于宽阔的林荫大道上，这些道路的宽度是纽约第五大道的5倍。这一繁荣景象并非长安所独有，洛阳拥有大约长安一半的人口，其他十几个城市也都拥有几十万的人口。

尽管如此，由于北方的国家政权运作与南方的水稻种植发展是两条全然不同的道路，中国的经济复兴成了一把双刃剑。一方面，生机勃勃的官僚组织管辖着城市的市场，使农民和商人致富，推动了社会向前发展；另一方面，过度的行政管理管制着贸易活动的每一处细节，极大地束缚了农民和商人的自由，给社会发展带来了阻力。官员负责核定价格，之后再向人们宣布何时可以进行买卖，甚至规定商人应该如何生活（例如，商人不允许骑马，那样被认为是过于高贵体面的行为，小商小贩不配享有）。

当时的政府官员将政治因素放在经济因素之前。政府不允许人民买卖土地，相反，他们声称土地国有，国家只是将土地租给农民使用。这一政策迫使农民登记纳税，并且限制了有权势的地主阶级，但是却造成了巨大的财政赤字。很多年以来，历史学家都猜测，在这些土地法中，更多的是关于意识形态问题，而非现实问题。当然，学者们也进行了推理论证，他们认为没有任何一个未完成现代化的国家能够处理如此多的文书工作。[1]然而，在戈壁沙漠边缘的敦煌这一干旱环境下保存下来的史料显示，公元8世纪的管理者们的确遵循了这些规则。

当然，农民、地主和投机者找到了规避法规的方法，但是行政部门的文件暴增，并逐渐堆积如山，由此引发了自身的一场变革。理论上来说，汉代以来的入仕考试使得行政机构保留了整个中国最优秀聪慧的人才，但是从实践来说，贵族家庭经常试图将政府要职变成世袭的福利。然而在公元7世纪，考试成绩的确成了成功的唯一标准。如果假定（正如大多数人所做的那样）诗词歌赋和引经据典是考量行政人才素质的最佳准则，那么我们就可

---

1. "文书工作"这一词语的使用是正确的。中国在汉代的时候发明了纸，真正的纸在公元7世纪开始普及。

以说中国发明了有史以来最为公正合理的行政公职人员的选择机制。[1]

随着旧贵族对政府要职控制的逐渐松弛，行政任命开始成为贵族们追寻财富与权力的必经之路，进入行政机构的竞争也开始白热化。在相当一段时间内，考试通过率不到1%，而且不断出现考生重考数十年的悲喜剧。就像当今社会的家长想让孩子通过残酷的考试，进入众人梦寐以求的名校一样，那些野心勃勃的家族会雇用辅导老师，而新近发明的印刷术使数以千计的习题册得以问世。还有一些考生穿上了"作弊服"，将范文写进衣服内衬。由于分数很大程度上取决于文章写作，那些年轻考生很快成了诗人。随着这些思维活跃的诗人不断涌现，中国文学史上的黄金时代来临了。

考试在受过良好教育的精英中间引发了前所未有的社会流动，新的开放观念延伸至两性关系，甚至有一些历史学家称之为一种"原型女性主义"。我们不应该将这种趋势夸大化，在《太公家教》这本现存的8世纪古籍中出现了一些对妇女的建议，这对于1 000年前的先辈们来说是完全不足为奇的：

新妇事父，

音声莫听，

形影不睹；

1. 当英国在19世纪80年代重新构建行政机构时，自觉地引用了类似的考试机制，用以测试年轻人对希腊和拉丁文经典的了解程度，之后再将那些聪慧的年轻人送去统治印度。直到现在，英国的政府公职人员仍被称为Mandarins（说普通话的人）。19世纪的保守派将考试视为将英国"中国化"阴谋的一部分。

夫之妇史，

不得对话。

　　另一方面，出现了新的嫁娶模式，以及针对女性能力的开明佛教观念（相较于孔子的观念而言），给予女性最大限度的自由，无视"祖父的训诫"。以武则天为例，她13岁时进入皇帝后宫，之后作为尼姑修行，后又成为前任皇帝儿子的宠妃。武则天的能力远胜她那平庸软弱的皇帝丈夫，于是她垂帘听政，涉足国事。据称公元683年她的丈夫驾崩之后，武则天毒死了名正言顺的继承人，之后又罢黜了她两个亲生儿子（分别在6周后和6年后）。公元690年，武则天走到台前，成为中国历史上唯一凭借自身能力登上帝位的女皇帝。

　　从一些方面来看，武则天是不折不扣的女权主义者。她建立了一个研究机构来撰写《列女传》，并带领一支女性队伍前往泰山，进行中国最神圣的仪式——祭天，这震惊了保守派人士。但是妇女团体有其局限性——当她丈夫的贵妃和其他宠妃成为她攀向权力顶峰的绊脚石时，武则天（又一次残忍地）掐死了自己的亲生孩子，借以陷害竞争对手，再砍下其手脚，将其浸入酒坛之中。

　　武则天的佛教信仰就和她的女权主义一样充满矛盾。她绝对是一名虔诚的信徒，一度禁止肉店经营，甚至亲自迎出长安城去，只为面见一位从印度取经归来的僧人。然而她又公然地利用宗教为政治目的服务。公元685年，她的情人——另一个僧人——"寻得"一部《大云经》，其中预言了一位拥有统治整个宇宙能力的女性的崛起，称武则天为弥勒佛降生，传说龙门石窟精美绝伦的卢舍那佛像就是仿照武则天形象雕刻的（见图 7-2）。

图 7-2　这反映了武则天的面容？这尊卢舍那佛塑像位于龙门石窟，雕刻于公元 700 年左右，传说它是以这位史上唯一以自己名义统治中国的女性为原型雕刻而成的

　　武则天与行政机关的关系也同样错综复杂，矛盾重重。她推动科举考试制度凌驾于家族裙带关系之上，这引发了那些一直依赖于此的儒家文人们的强烈憎恨，而武则天也回应了他们的这种情绪：她在文人队伍中进行大清洗，清除了那些借着撰写官方史料将她塑造成女性登上权力顶峰之后大乱天下的反面形象以实施报复的文人。

　　但是，即使这些文人也无法掩盖武则天统治的璀璨光辉。她号令百万雄师，调动庞大的人力物力，深入大草原。与汉代相比，当时的唐朝更像罗马，主要在帝国内部进行招募，从贵族阶层中吸收政府官员。这样可以胁迫内部对手加强戒备从而保持指挥官的忠诚度。任何官员在未获批准的情况下，即便只调遣了 10 个人，也要面临一年的牢狱之灾；如果调遣了一个团，那么就要被绞死。

这支军队将中国的统治范围扩展到了从未到过的东北、西北以及中亚地区，甚至在公元 648 年侵入了印度北部。因此，在武则天统治时期，中国的软实力不断提升。与作为文化中心的印度相比，公元 2~5 世纪之间的中国显得黯然失色，印度的传教士和商人将佛教思想向更远更广阔的范围传播，新兴东南亚国家的上流人士都沿袭着印度的服饰、经卷和宗教传统。然而到了公元 7 世纪，中国的影响力与日俱增。一种具有显著特色的印中文化开始在东南亚盛行，中国的佛教学派将佛教思想重新塑造后传回印度，而朝鲜、日本等新兴国家的统治阶级则完全从中国学习佛教思想。他们仿照中国人的衣着服饰、城镇规划、法律准则和文字，并且承认自身从属于中国的附属国地位。

中国的文化吸引力很大程度上来自自身对外来思想的开放程度以及接受新生事物并与之融合的能力。在武则天统治时期，许多有权有势者的祖先都可以追溯到大草原的游牧民族移民，而且他们与草原——这条贯穿东西的通路——保持着密切的联系。来自亚洲内陆的舞者和乐师在长安城风行一时，追逐时髦的人们穿着波斯风格的服饰：紧身上衣、褶裙和长面纱。在当时，真正的"潮人"们只选用东非的"鬼奴"作为看门人。一位主人冷酷地说："如果他们在运输途中没有死亡，我们就可以留下他们。在经过很长一段时间后，尽管仍然无法开口说话，但是他们已经开始听懂'人类'的语言。"

即使冒着摔断骨头的危险，中国大家族的子孙仍然热衷于游牧民族的独特游戏——马球；遵照中亚的风俗，每个人都要坐在椅子上，而不再坐于席上；时髦的女性游荡于异域宗教神坛附近，例如索罗亚斯德教和基督教；这些事物经由聚集在中国城市的中亚、伊朗、印度和阿拉伯商人传播到东方。2007 年的一项 DNA 测试显示，有一个名为虞弘（Yu Hong）的人，在公元 592 年时被葬于中国北方城市太原，而他实际上是欧洲人（虽然仍不清楚这个人是自己万里迢迢地从西方移民至东方，还是他的祖先经历了更为漫长的移民历程）。

武则天统治下的世界是公元 589 年中国重新统一的结果，这次统一在南方建立了一个强大的国家，开拓了南方广阔的经济发展领域。这解释了为什么东方的社会发展如此迅速，但是对于为什么东西方的社会发展在公元 541 年产生了交叉这一问题只回答了一半。要想得到完整的答案，我们还需要了解西方社会发展持续下降的原因。

最后的后裔：
拜占庭帝国与波斯帝国的衰败

从表面上来看，西方的复苏至少在公元 6 世纪的时候还是和东方极其相似。在这两个核心地区，每当一个庞大的古国没落，就会出现一个更小的帝国，声称对整个地区具有合法的管辖权，而另外一些"野蛮"国家会无视这些宣言。在经历了公元 5 世纪一系列的灾难性事件之后，拜占庭帝国加强了边界防御体系，享有了相对和平。公元527年，一位名叫查士丁尼的君主即位。至此，一切迹象都在朝着积极方向发展。

史学家经常把查士丁尼称为"最后的罗马人"。他精力充沛，统治期间彻底整顿行政机构，加强税收，并且重建君士坦丁堡（雄伟壮观的圣索菲亚大教堂就是他留下的文化遗产的一部分）。他像魔鬼一样工作。一些批评家坚持认为他其实就是魔鬼——就像好莱坞电影里的吸血鬼一样，从不吃饭、饮水或者睡觉，尽管他偶尔会有旺盛的性欲。一些批评家甚至说他们曾经看见查士丁尼脑袋与身体分离，当他的身体在夜间于走廊徘徊时，他的脑袋就四处乱飞。

根据传言，查士丁尼的主要驱动力来自他的妻子狄奥多拉（见图7-3），一个比查士丁尼更声名狼藉的人。狄奥多拉在婚前曾经是一位女演员（在古代，这是对妓女的委婉说法）。有谣言说狄奥多拉的性欲比查士丁尼还要旺盛，说她曾经与晚宴上所有的来宾做爱，之后当他们都筋疲力尽时，又去勾引他们的30个仆从。这些传言也许有真实成分，但是狄奥多拉的表现就像一位真正的皇后，比如，公元532年时，贵族为了反对查士丁尼的税收政策，试图利用球迷骚乱将其推翻，狄奥多拉阻止了查士丁尼逃跑。她指出："每个人出生之后都必须面对死亡，但是如果有一天人们不再称我为'伟大的君主'，我也不会再苟活于世。我的丈夫啊，如果你要寻求安全，那很容易……但是我更愿意重复一句老话——紫色（皇帝的颜色）是最好的保护罩。"于是，查士丁尼重新振作起来，调遣军队，并且以后从未重蹈覆辙。

就在之后的那一年，查士丁尼派遣将军贝利撒留从汪达尔人手中强行夺取了北非。65 年前，汪达尔人的火船使拜占庭帝国重新占领迦太基的企图灰飞烟灭，但是如今轮到汪达尔人溃不成军了。贝利撒留横扫北非，之后穿过西西里，在那里，哥特人也随即被攻破。查士丁尼的贝利撒留将军在罗马欢庆公元 536 年的圣诞节，一切看上去都很完美。然而公元 565 年，查士丁尼去世之后，新一轮的征服又揭开了帷幕，帝国破败了，西方的社会发展已然落后于东方。到底哪里出了错？

图 7-3　比武则天还要坏（更坏还是更好，这取决于你自身的角度）？意大利拉文那的一幅镶嵌图中描绘了皇后狄奥多拉的面容，这个镶嵌图是在公元 547 年制作完成的

　　根据贝利撒留的秘书普罗科匹厄斯留下的一本名为《秘史》（*The Secret History*）的记录来看，这一切都是女人的过错。普罗

科匹厄斯提供了可以与女皇武则天统治时期的反对派官吏相匹敌的复杂阴谋论。普罗科匹厄斯说，贝利撒留的妻子安东尼娜是皇后狄奥多拉最好的朋友以及狂欢作乐的伙伴。为了使查士丁尼从她与安东尼娜的传言中分散注意力，狄奥多拉故意在查士丁尼面前诋毁贝利撒留。结果查士丁尼真的相信贝利撒留正在密谋陷害他，于是将他召回，而他的军队由于失去主帅，迷茫无措，最终被击败。查士丁尼又将贝利撒留派回去拯救危局，之后却因偏执再度发作，再一次陷入了愚蠢的轮回（不止一次）。

没有人知道普罗科匹厄斯的记录中有多少可信的成分，但是对于再征服失利的真正解释似乎在于：公元6世纪，尽管东西方核心拥有众多的共同点，但是两者之间的区别起着更大的作用。从战略上来说，查士丁尼的地位与隋文帝统一中国时是完全相反的。在中国，所有的北方"野蛮"国家在公元577年建立了一个独立的联盟，而隋文帝则征服了富裕但薄弱的南方。相反，查士丁尼不断尝试从富有的拜占庭帝国手中征服众多的贫困却强大的"野蛮"国家。就像公元589年时隋文帝面对的情况一样，查士丁尼想要一举统一核心地区是不可能的。

查士丁尼还要处理波斯人的问题。一个世纪以来，拜占庭帝国与匈奴进行了一系列战争，税收的争端以及宗教动乱使得波斯帝国的军事维持平静的状态，但是罗马帝国从废墟中崛起的前景迫使波斯人采取行动。在公元540年，一支波斯军队攻破了拜占庭帝国薄弱的防卫工事，横扫叙利亚，迫使查士丁尼在两个前线同时作战（这也许是贝利撒留从意大利被召回的真正原因，而非安东尼娜的私通丑闻）。

雪上加霜的是，在公元541年，据说有一种可怕的新型疾病在埃及肆虐。病人有发烧症状，并且发生腹股沟和腋窝部位肿胀。大约一天过后，这些肿胀部位会发黑，随即病人进入昏迷或者精神错乱的状态。在之后的一两天，大多数病人会在极度痛苦中咆哮着死去。

这就是黑死病。一年之后，这种疾病传播到了君士坦丁堡，大约有 10 万人病死。由于黑死病的死亡率很高，因此以弗所的大主教约翰宣布：所有人在出门时都必须在脖子上挂一个标注姓名的牌子。

君士坦丁堡认定瘟疫来自埃塞俄比亚，大多数史学家也同意这一观点。黑死病的病菌可能在距公元 541 年很久之前就开始在非洲的大湖地区进化，并通过埃塞俄比亚高原上的黑鼠身上的跳蚤四处传播。在很多年间，红海的商人们一定将许多埃塞俄比亚老鼠带到埃及，但是由于携带瘟疫病菌的跳蚤只有在 59~68 华氏度之间才能变得活跃起来，埃及的温度为这种传染病的传播制造了障碍——显然，这种情况一直持续到公元 6 世纪 30 年代末。

之后发生的事情一直是人们争论不休的话题。树木年轮显示，之后经历了好几年不同寻常的严寒天气，拜占庭帝国和盎格鲁——撒克逊的天象观测者记录下了一颗巨大彗星的出现。有些史学家认为彗星的尾巴制造出了一个尘幔，从而降低了温度，使得瘟疫爆发，有些认为火山灰是温度降低的罪魁祸首，而另一些则坚持认为瘟疫爆发与尘幔和火山都无关。

但是在这一切传言和行为背后，导致公元 6 世纪西方社会发展下滑的原因既不是彗星，也不是战略问题，甚至不是自身道德标准的松懈。东西方之间的最终差别，在于地理因素，而非人为因素，而这种差别决定了战争打击和疾病侵害是如何影响社会发展的。查士丁尼统治下的帝国经济状况良好——埃及和叙利亚的农民比之前任何时候都要多产，商人们仍然将谷物和橄榄油运送到君士坦丁堡——但是西方与东方不断开拓的水稻田新边疆不同。当隋文帝征服中国南方地区时，他派遣了至少 20 万军队；而查士丁尼即使是在公元 551 年，在他意大利战争的辉煌时期，也只招募到两万军队。隋文帝成功地夺取了中国南方巨大的财富，而查士丁尼仅仅赢得了更为贫穷、战乱纷飞的土地。如果再过几代时间，一个重新一统的罗马帝国有可能已经把地中海打造成商贸的高速通道，从而开拓新的经济前沿，扭转社会发展的落后局面，但是查士丁尼并不拥有这种财力。

在较量开始之前，地理条件局限性就已经注定查士丁尼英雄主义又充满虚荣心的再征服会以失败告终，而他付出的努力也许只是让早已注定的失败更为凄惨。查士丁尼的军队将意大利变为一片废墟，而供养其军队的商人们又将老鼠、跳蚤和死亡带到了地中海。[1]这场瘟疫在公元 546 年之后逐渐消退，但是病菌已经扎根于此，因此每年瘟疫都会在某个地方爆发，这种现象一直持续到公元 750 年，期间人口锐减高达 1/3 左右。就如 400 年前第一次东西方交流引发的传染病一样，大规模的死亡最初给一些人带来了利益：劳动力减少，因此幸存者的工资增长（与基督教信条明显不一致的是，以弗所的大主教约翰在公元 544 年抱怨说，大规模的死亡把洗衣服的成本抬高到了骇人听闻的地步），查士丁尼的应对措施就是将工资限定在瘟疫爆发之前的水平。这一做法

---

1. 其实瘟疫是由人类传播的，而非老鼠。在两年的生命期限内，平均每只老鼠走过的距离只有 1/4 英里。如果老鼠是罪魁祸首的话，那么每个世纪瘟疫传播的范围都只能前进 12 英里。

显然无济于事，此后，土地荒芜，城市缩小，税收减少，机构分裂。很快，每一个人的处境都变得更为悲惨。

在之后的两代，拜占庭帝国内部发生动乱。公元 5 世纪时，英国和高卢大部分地区都已经退出西方核心地区；公元 6 世纪时，战争频发的意大利和西班牙部分地区也步其后尘；随后分崩离析的浪潮翻滚着，从西北一直向东南蔓延，最终吞噬了拜占庭帝国的核心腹地。君士坦丁堡的人口下降了 3/4，农业、贸易和国家收入衰落，帝国末日近在咫尺。到公元 600 年时，只有一个人仍然幻想着重建西方核心：波斯帝国的国王库斯鲁二世。

毕竟，罗马不是西方帝国中唯一可以被重建的国家。重回公元前 500 年，当罗马仍在停滞不前时，波斯帝国已经统一了西方核心的大部分地区。现在，拜占庭帝国奄奄一息，似乎又到了波斯帝国重振雄风的时刻。公元 609 年，库斯鲁二世冲破了拜占庭帝国衰败的边境防御工事，拜占庭的军队随即溃不成军。公元 614 年，库斯鲁占领了基督教的圣城耶路撒冷，并夺取了基督教最为神圣的遗迹：钉死耶稣的真十字架碎片、戳穿耶稣身体的圣矛以及使耶稣苏醒的圣海绵。5 年之后，库斯鲁夺取了埃及。公元 626 年，也就是查士丁尼掌权的 99 年之后，库斯鲁的军队穿过博斯普鲁斯，瞭望着君士坦丁堡。而他雇佣的来自西部草原的游牧民族同盟——阿尔瓦人横扫巴尔干半岛地区，并且蓄势待发，等待着从其他海岸发动攻击。

但是库斯鲁梦想破灭的速度甚至比查士丁尼还要快，公元 628 年，在库斯鲁去世之后，他的帝国也随之四分五裂。拜占庭帝国的国王赫拉克利乌斯对驻扎在君士坦丁堡城墙外的军队不予理会，而是从教会那里借来了金银财宝，并且航行到高加索地区。在那里，他凭借着那些财宝，从突厥[1]部落中雇佣了游牧骑兵，因为他推断骑兵将会是战争的关键，既然拜占庭帝国的骑兵所剩无几，那么不如雇佣一些骑兵。结果他雇佣的这些突厥骑兵将阻击他们的波斯士兵打得溃不成军，并且对美索不达米亚地区进行了毁灭性的打击。

这次战败使得波斯帝国也卷入了分崩离析的浪潮之中。库斯鲁的亲生儿子将库斯鲁锁起来并且饿死了他，随即波斯帝国统治阶级分裂，之后又把库斯鲁征服的土地割让出去，将他夺取的文物送还回去，甚至接受了基督教信仰。整个波斯帝国陷入了内战的泥淖，在 5 年之内频繁更换了 8 位君主，而赫拉克利乌斯则被称为当时最伟大的人。当时有人赞叹说："无边无际的愉悦感以及无法形容的幸福感充斥于天地之间，就让我们齐声高唱天使的赞歌吧！"另一个人写道："至高的荣耀归于神，让和平祥和落至人间，赐予人类幸福安宁。"

公元 533 年之后的这个世纪，西方古国的垂死挣扎就是命运之神的残酷判决。由于缺少像中国那样的新经济前沿，库斯鲁在扭转西方社会发展颓势的问题上和查士丁尼一样无能为力，他们越是努力尝试，结果就越糟糕。罗马和波斯最后的后裔引发了长达一个世纪的暴力、瘟疫和经济衰退，最终架空了整个西方核心。就在公元 630 年，也就是赫拉克利乌斯攻下耶路撒冷并在原地修复真十字架之后的 10 年，他们所有的荣耀和悲剧都退出了历史舞台，变得无关紧要了。

1. 史学家用突厥人这个词来描述现代土耳其人的草原游牧祖先，他们在公元 11 世纪才迁徙到现在的土耳其地区。

先知的预言：阿拉伯人的征服

在事先并未觉察的情况下，查士丁尼和库斯鲁的行为不约而同地遵循着某些古籍的准则。他们努力想要控制核心地区，结果却引起动乱，而且将更多边缘地带的人卷入僵局。库斯鲁把阿瓦尔人带到君士坦丁堡，而赫拉克利乌斯将突厥人领入美索不达米亚。另外，两个帝国都雇佣了阿拉伯部落来守卫他们在沙漠地带的边境，因为这样做要比负担自己的卫戍部队成本更低。曾经将罗马的边陲德国化、将中国的边境地区匈奴化的同一想法，如今又将拜占庭帝国和波斯帝国的共有边界阿拉伯化。在公元6世纪，两大帝国与阿拉伯地区的联系越发紧密，分别建立起阿拉伯附属国：波斯帝国将阿拉伯南部纳入自己的版图，而拜占庭帝国的埃塞俄比亚同盟侵占了也门来制衡两国力量。阿拉伯地区被引入统治核心，而阿拉伯人也在沙漠中创建了自己的国家，沿着商路构筑绿洲城镇，并且改信基督教。

大规模的波斯——拜占庭战争强烈撼动着外围的阿拉伯地区。这两大帝国土崩瓦解之后，坚强的阿拉伯人仍然在废墟上战斗。公元7世纪20年代，阿拉伯西部城市麦加和麦地那为了贸易航路而展开斗争。为了便于互相照应，它们各自的军队在沙漠中呈扇形展开，伏击对方的商旅队。古老的帝国边界对于这场战争来说无关紧要，当麦地那的领袖在公元630年攻占麦加时，他手下的入侵者实际上已经攻入巴勒斯坦。在那里，忠于麦地那的阿拉伯人和忠于麦加的阿拉伯人发生了猛烈的冲突，而其他阿拉伯人则在君士坦丁堡的资助之下对这两支力量全都予以打击。

对于在同一片沙漠边缘生存的阿拉姆部落成员来说，这一切大体上与公元前 1200 年埃及和巴比伦王国灭亡时的情景相似：这些都只是国家灭亡时边境地区所发生的事情。但是对于阿拉姆人来说有一件事是他们所不熟悉的，那就是麦地那的领袖——穆罕默德·伊本·阿卜杜拉（Muhammad ibn Abdullah）。

当波斯于公元 610 年左右展开对拜占庭的灾难性战争时，这位穆罕默德就已经有了先见之明。大天使加百列已经现身并且命令道："宣读吧！"穆罕默德陷入了慌乱之中，他坚称自己没有宣读者，但是加百列又接连两次发出了同样的命令。之后穆罕默德耳畔传来了这样一番话：

> 你当奉你的创造主的名义而宣读，他曾用血块创造人。你当宣读，你的主是最尊严的，他曾教人用笔写字，他曾教人以人所未知。

穆罕默德认为自己一定是疯了或者是被恶魔附身，但是他的妻子安抚了他的情绪。在之后的 22 年里，加百列一次又一次地返回，使得穆罕默德浑身颤抖，大汗淋漓，几欲昏厥，并通过这位先知之口传达真主的旨意。这些话语诉说着人世的美丽和传统，在听到的那一瞬间人们就被转化了。一位名叫欧麦尔的重要的皈依者说："我的心变得柔软，我流泪了。伊斯兰教信仰进入了我的身体。"

伊斯兰教遵从真主的意志，在很多方面都可以称为经典的第二波轴心时代宗教。其创始人来自精英团体的边缘（他是一个从事贸易的暴发户氏族的小人物）和帝国的边缘，他并未留下任何手迹（古兰经，或者称为宣读，是在其死后被整理出来的），他相信真主是不可知的，他的思想是基于早期轴心时代思想的。他践行在真主面前公平公正、在弱者面前体恤同情的行事准则，并且把这一切与早期轴心时代思想家分享。但是从另一方面来说，他又有一种全新的身份：一个轴心时代思想的捍卫者。

与佛教、儒家学说和基督教不同的是，伊斯兰教诞生于衰败帝国的边缘地带，当时正处在持续征战的混乱年代。伊斯兰教不是暴力的宗教，但是战争是穆斯林无法置身事外的事情。穆罕默德表示过，以真主之名，打击那些与你为敌的人，但是不要采取主动攻击。真主不会爱护那些侵略者。像 20 世纪的美国穆斯林马尔科姆·艾克斯（Malcolm X）所说的那样："我们要崇尚和平，待人有礼，遵守律法，尊重他人。但是如果有人侵犯了你，那就把他送去墓地。"宗教传播过程中并没有出现强制力，但是穆斯林们（真主意志的"顺从者"）在自己的信仰受到威胁时会被迫捍卫自己的信仰——由于穆斯林在传播他们宗教思想的同时，不断向衰败的帝国深入拓展，因此这种情形是极其常见的。

因此，阿拉伯移民们在当地落后面貌背后寻找到了他们的优势所在：宗教救赎和军国主义的结合给了他们组织归属和人生目标，而这两者在现实世界中都是难以实现的。

像其他身处边缘地带、想要在核心地区寻求一席之地的人们一样，阿拉伯人声称他们是亚伯拉罕的儿子以赛玛利的后人，与生俱来就拥有这样的权利。穆斯林宣称，亚伯拉罕和以赛玛利亲手建造了麦加最神圣的神殿克尔白，伊斯兰教是亚伯拉罕宗教最后和最完善的版本。古兰经把犹太教称为伊斯兰教的同源宗教。从亚伯拉罕到耶稣，所有的先知都是正当的（虽然耶稣并非弥赛亚），而穆罕默德是最终的先知，传递真主的旨意，兑现犹太教和基督教的承诺。这些宗教之间的争斗是无谓的：事实上，西方需要伊斯兰教。

穆罕默德写信给库斯鲁和赫拉克利乌斯进行解释，但是并未得到任何回复。不论如何，这并不影响阿拉伯人持续不断地迁入巴勒斯坦和美索不达米亚地区。他们更多是作为战团进入这些地区，而非以军队的形式；他们的规模很小，很少超过5 000人，可能从未超过15 000人；他们较少进行激战，而是更多地打游击战。然而，抵抗他们的少数防御军队规模也并不比他们大。在公元7世纪30年代，当时的国家都濒临破产，四分五裂，根本无力应对这一令人困惑的全新威胁。

事实上，亚洲西南部的人们似乎并不特别在意阿拉伯的首领们是否会取代拜占庭帝国或者波斯帝国的官员们。几个世纪以来，两个帝国都以冠冕堂皇的教义为由，迫害了许多基督徒。例如，自公元451年以来，拜占庭帝国的官方说法是耶稣有两个本性，一为人性一为圣性，两者融合于一体之内。而一些埃及的理论家反驳说，耶稣其实只有一个本性（完全的圣性）。截至公元7世纪30年代，因此丧命的人数众多，以至于叙利亚和埃及地区有许多怀抱着"一个本性"[1]信仰的基督徒们积极地欢迎穆斯林的到来。他们认为与其忍受那些散布宗教恐怖的统一宗教信奉者，还不如接受认为这个问题无关紧要的异教徒领袖。

公元639年，4 000名穆斯林入侵埃及，国王亚历山大不战而降。曾经强盛一时的波斯帝国苟延残喘，在历经10年的内战之后，最终如空中楼阁一般倒塌。而拜占庭帝国则撤退至安纳托利亚，从而丧失了帝国3/4的税收来源。在随后的50年间，其

1. 这个术语是指一性论，来自希腊语中的"一个本性"。

高端统治灰飞烟灭，帝国要想存活下去只能寻求低端手段，也就是依靠当地显贵资助来供养军队，同时要求士兵自己种植粮食谋生，而非领取薪酬。到公元700年，只有5万人生活在君士坦丁堡，他们开垦郊区，种植谷物，断绝进口，并且不使用货币，而是进行物物交换。

在一个世纪间，阿拉伯人侵吞了西方核心最富裕的地区。公元674年，他们的军队在君士坦丁堡的城墙之下扎营。40年后，他们在巴基斯坦印度河河岸集结，向西班牙进发。公元732年，一个战团抵达法国中部普瓦捷。然而令人疑惑的是，这些来自沙漠并进入帝国核心的移民随后放慢了步伐。一个世纪之后，吉本进行了这样的思索：

> （阿拉伯人）胜利的战线绵延1 000英里，从直布罗陀的岩石蔓延到卢瓦河的河岸；如果重复同等的距离，撒拉逊人（来自北非的穆斯林）可以进入波兰境内或者苏格兰高原。要不是因为莱茵河并不比尼罗河、幼发拉底河更加通畅，阿拉伯人的舰队可能已经不战而胜，进入泰晤士河河口，那么可能剑桥的学校现在都在教授古兰经，而神职人员们在向祛除邪念的信徒们揭示穆罕默德的圣洁和真理。

吉本不带任何嘲讽色彩地补充说："基督教徒通过想象这些灾难性事件的发生得到启示。"18世纪的伦敦和7世纪的君士坦丁堡一样，当时的世俗认知将基督教精神视为西方的核心价值观，而将伊斯兰教视为其对立面。西方核心的统治者们可能经常将那些从边缘地区来的人看作野蛮族群，但是吉本非常清楚阿拉伯人其实是具有更大规模的西方核心第二次轴心转移的一部分，而这个转换过程一开始就注定了基督教精神的胜利。实际上，我们可以跳出吉本的思维模式，将阿拉伯人置于一个更为长久的传统之中，追溯到公元前2200年美索不达米亚地区的亚摩利人时期，并且站在阿拉伯人的角度看待他们：他们曾经因为争端被卷入核心地区，现在向当权者追讨自己正当的权利。他们来此并非为了埋葬西方文明，而是试图让它更完美；不是为了挫败查士丁尼和库斯鲁的野心，而是为了将其实现。

就像吉本在18世纪发表的言论一样，我们这个世纪的许多政治家很容易倾向于将伊斯兰文明想象成一种局外的、与"西方"文明（指西北欧及其海外殖民地）相对立的文明。但是这种倾向性忽视了历史的真相。到公元700年，伊斯兰世界或多或少已经成为西方的核心，而基督教国家只不过是这个核心北部的边缘地带。和罗马人一样，阿拉伯人给这个国家带来了同样多的西方核心文明。

与东方隋文帝的征服相比，阿拉伯人的征服要花费更长的时间，但是因为阿拉伯军队人数少，并且很少遇到大规模的抵抗，所以他们很少摧毁所征服的土地。公元8世纪，西方的社会发展最终停止了衰退。现在，也许这个大部分重新统一的西方核心能够强势反弹，就像公元6世纪时的东方核心一样，从而缩小东西方之间的鸿沟。

核心的转移：
东西方走了不同的道路

然而图7-1清晰地表明这一切并未发生。尽管两个核心在公元 700 年都基本统一，并且在公元 8~10 世纪之间都经历了，或者说是遭受了类似的政治命运，东方的社会发展速度仍然快于西方。

可以证明的是，两个统一核心的政治统治都是风雨飘摇。它们的统治者必须重新学习汉代和罗马时期统治者已经熟悉的课程，那就是帝国的统治是凭借欺骗和妥协实现的，但是当时的隋朝和阿拉伯人都不善此道。像汉代一样，隋朝也要警惕游牧民族的入侵（当时是突厥人[1]，而非匈奴人），但是由于东方核心的不断强大，他们也要提防来自新兴国家的威胁。当高句丽王朝与突厥人开展秘密协商，讨论联合起来侵略中国的时候，隋朝的皇帝决定采取行动。公元 612 年，他派遣一支庞大的军队攻打高句丽王朝，但是由于恶劣的天气、糟糕的后勤保障以及残暴的将领指挥，战争以失败告终。公元 613 年，他又派遣另一支军队，在公元 614 年又派遣了第三支，正当他筹备第四支军队时，叛军违抗了他的命令，转而颠覆了他的国家。

在一段时间里，这些天启骑士似乎挣脱了束缚。诸侯们瓜分了整个中国，突厥首领们则对他们的领地任意摆弄，随意洗劫。灾荒和疫病不断蔓延，传染病在草原之间不断传播，听上去就像是从海上带来的黑死病一样令人作呕。但是如同统治者的蠢笨愚昧足以引发灾祸一样，具有领袖气质的人物出现足以结束灾祸。当时中国有一个称唐国公的诸侯，他成功地说服了匈奴最主要的首领们支持他攻打其他诸侯。当匈奴意识到自己犯下大错时，他

---

1. 他们是突厥人的远方亲戚，这些突厥人居住在大草原另一端，曾经受雇于赫拉克利乌斯，并于公元 7 世纪 20 年代侵略美索不达米亚。

已经称帝，并建立了一个新的王朝——唐朝。公元630年，他的儿子利用突厥的一次内乱，将中国的统治范围延伸到了从未涉及的草原地区。国家掌控力得以恢复，人口流动扩大，疫病逐渐消失，这酝酿出了高速的社会发展，由此成就了之后的武氏天下。

唐朝运用了比隋朝更为强硬的手段，保证了统治核心的统一，但是人毕竟是有血有肉的，这种手段并不见得总是奏效。事实上，正是情感丰富的人们瓦解了唐朝。根据著名的大诗人白居易所说，公元740年时，唐玄宗——"迷恋红颜祸水，最终祸国殃民"——疯狂地爱上了亲生儿子的王妃，也就是我们所熟悉的杨贵妃，并且将她封为自己的妃子。这个故事听上去就像1 500年前周幽王和意图颠覆西周的蛇蝎美女褒姒之间的爱情一样令人生疑。但是尽管如此，传统观点认为唐玄宗为了取悦杨贵妃什么都愿意做，他的办法之一就是给杨贵妃宠信的人无数的荣誉，包括一个投向汉人的名叫安禄山的突厥将领。唐玄宗忽视了对兵权的限制，纵容安禄山集结起庞大的军队。

考虑到宫廷争斗的复杂程度，安禄山迟早会失宠，这一点是不可避免的。公元755年，当安禄山意识到这一点时，他公然调动庞大的军队围攻长安。唐玄宗和杨贵妃仓皇逃亡，但是途中愤怒的卫兵将内战的爆发归咎于杨贵妃，并要求唐玄宗处死她。唐玄宗为了防止自己的挚爱落入士兵手中，只得啜泣着让近身的大太监勒死了杨贵妃。这就是白居易所描写的"花钿委地无人拾"这一情景。

君王掩面救不得，回看血泪相和流。

黄埃散漫风萧索，云栈萦纡登剑阁。

根据传说，唐玄宗曾派一道人前往仙岛追寻杨贵妃的灵魂。白居易在诗中以杨贵妃的口吻对玄宗说："但教心似金钿坚，天上人间会相见。"

与此同时，唐玄宗的儿子平息了叛乱，但是他用的方法——给予其他军事统帅和安禄山一样广泛的权力，并且雇佣草原上的突厥人——为以后的灾祸留下了隐患。当时的唐朝边境瓦解，税收锐减，在此后的几十年间，唐朝在重建秩序和新的动乱、入侵、叛变之间循环往复，风雨飘摇。公元907年，一个诸侯杀死了年轻的皇帝，结束了唐朝的悲惨境遇。之后的50年里中国北方处在一个大诸侯国统治之下，南方则由8~10个小诸侯国控制。

玄宗的人生悲剧暴露了中国最根本的政治问题：强大的帝王拥有过多权力，以至于无视其他的组织机构。对于贤明的君主来说这是好事，但是考虑到能力分配的随机性以及面临的挑战之大，这意味着国家的灾难实际上是不可避免的，悲剧发生只是时间早晚的问题。

在这个意义上，西方核心有着与中国完全相反的问题：帝王领导力太薄弱。庞大的阿拉伯帝国没有君主。穆罕默德只是先知，而非君主，人们追随他是因为他们坚信穆罕默德知道真主的旨意。当穆罕默德在公元632年去世之后，很明显人们再也没有理由追随任何人了，穆罕默德的阿拉伯联盟也面临解体。为了防止这种情形发生，他的几个朋友讨论了一整晚，选择了他们的成员之一作为哈里发，这个含糊不清的词语意为（真主的）代理人和（穆罕默德的）继任者。然而，哈里发唯一的统领权来自他与前任先知的亲密程度。

考虑到阿拉伯首领难以驾驭的特性（一些人想要洗劫波斯帝国和拜占庭帝国；有一些试图将国家领土进行分配，使其能够作为地主定居下来；另一些仍然致力于将新的先知神圣化），最初的几位哈里发可以说做得相当出色。他们劝说大多数阿拉伯人尽可能少地侵扰拜占庭帝国和波斯帝国，将被征服的农民留在他们的土地上，把地主留在他们的领地上，把官僚留在账房内。他们做的最大的改变就是将帝国的税收分配到他们各自手中，借此为阿拉伯人——真主忠诚的捍卫者——提供有效的收入来源，并让他们居住在只有阿拉伯人的要塞城市——它们是这片被征服的土地上的战略点。

但是，哈里发无法解决的问题在于：哈里发这个指代不明的词汇到底意味着什么。他们是集中财富、发布命令的国王？是宗教领袖？是新征服的领地中为独立的族长提供建议的人？他们是代表前伊斯兰部落的精英？还是代表穆罕默德最初的追随者们的穆斯林选举人？还是信徒们平等主义团体的领导者？没有哪一位哈里发能够让所有的穆斯林都满意，当第三任哈里发在公元656年被谋杀之后，这种困境上升到了危机的程度。穆罕默德生前好友很少有当时还活着的，因此选举移交给了穆罕默德年轻的堂弟（或者女婿）阿里。

阿里想要还原他所认为的伊斯兰教的最初精神，但是他捍卫穷人的利益，主张将税收收入分配给士兵，更加公平地分配战利品，这些政策激起了先前特权阶级的强烈不满。内战一触即发，但是穆斯林（在这个阶段）仍然不愿意互相杀戮。公元661年，他们从危机边缘退了回来：阿里的支持者们幻想破灭，但是他们没有使整个阿拉伯世界陷入战争，相反，他们杀死了阿里。现在哈里发的头衔落到了阿拉伯规模最大的军队首领头上，他在大马士革建都并且进行了不太成功的斗争，试图建立一个拥有集中税收和官僚制度的传统国家。

在中国，唐玄宗的爱情引发了政治灾难；在西方，兄弟情义——或者说缺少兄弟情义——招来了祸事。公元 750 年，一个新的哈里发王朝将都城迁往巴格达，并且更加积极地追求集权主义。但是公元 809 年，兄弟之间的一系列争斗使得哈里发马蒙的权力——即使在阿拉伯标准之下——异常衰弱。他大胆地决定深入问题的核心：真主。和基督教、佛教不同，穆斯林没有教会阶级制度，哈里发虽然拥有巨大的现世权力，但他们对真主旨意的了解并不比其他人多。马蒙决定再次撕裂伊斯兰教的旧创，改变这一状况。

回到公元 680 年，穆罕默德的堂弟／女婿阿里被谋杀之后不到 20 年，阿里的亲生儿子侯赛因举起义旗，反对哈里发制度。当侯赛因被打败继而被杀死时，几乎所有人都袖手旁观。但是在之后的 100 年里，一个小分支（什叶派）意识到现在的哈里发是依靠谋杀阿里而夺取职位的，因而是不合法的。这个分支——什叶派教徒——争论说，侯赛因、阿里和穆罕默德的鲜血的确为我们提供了真主特别恩典的真理，因此只有伊玛目这条血缘线的后代才能够引导伊斯兰教。尽管大多数穆斯林（被称为逊尼派，因为他们遵循传统，即伊斯兰教教规——逊奈）认为这个观点荒谬绝伦，但什叶派教徒们继续宣扬他们的理论。到了公元 9 世纪，一些什叶派教徒相信伊玛目这一支正将他们引向救世主，也就是在人间建立真主的王国的救星。

马蒙决定选择现在的伊玛目（侯赛因的来孙，即玄孙之子）

作为自己的继承人，由此将什叶派变成他专属的派别。这是聪明的做法，巧妙地处理矛盾且充满谋略，但是伊玛目于当年去世，他的儿子对马蒙的策略完全不感兴趣，于是计划流产。勇敢无畏的马蒙展开了他的第二个计划：他在巴格达雇佣了一些深受希腊哲学影响的宗教理论家，宣称古兰经是一本由人创造的书，而不是真主思想精髓的一部分。通过这种手段，古兰经——以及所有的参与翻译的神职人员——被置于真主在人间的代理人哈里发的权威之下。马蒙建立了一个伊拉克宗教裁判所[1]，逼迫其他学者认同他的思想，但是少数强硬派的神职人员无视他的威胁，坚持认为古兰经是真主自己的思想，胜过世间一切——包括马蒙的命令。这场争斗一直延续到公元 848 年，直到哈里发承认失败。

马蒙的第一个计划和第二个计划中表现出来的愤世嫉俗削弱了哈里发的权威，而他的第三个计划则将他的统治撕成碎片。虽然宗教权威仍然在躲避他，但是马蒙决定不再小心翼翼，而是直接购买军事武力——即雇佣突厥骑兵作为奴隶军队。然而，和之前的统治者一样，马蒙和他的继承人也认识到了游牧民族基本上是不受控制的。到了公元 860 年，哈里发其实已经成为他们自己奴隶军队的人质。没有军事力量和宗教支持，他们再也无法获取税收，最终只能把领地卖给埃米尔，这些军队将领支付一大笔钱，把他们能够榨取的所有税收都保留下来。公元 945 年，一个埃米

---

1. 针对穆斯林于公元 7 世纪征服的、位于底格里斯河和幼发拉底河之间的土地命名问题，史学家一般将它的希腊名"美索不达米亚"转换为阿拉伯名"伊拉克"。

尔亲自夺取了巴格达,哈里发帝国分解成十几个独立的酋长国[1]。

当时,东西方两大核心都分裂成十几个小国,尽管两个核心的崩溃存在着相同点,但是东方的社会发展持续上升且速度快于西方。对这个问题的再一次解释似乎是这样的:创造历史的既不是君主,也不是知识分子,而是数以百万计懒惰、贪婪并且恐惧的人民,他们在寻求更简便、更有利可图并且更加安全的行为方式的过程中,创造了历史。无论统治者使他们遭受了多少创伤,人民都要继续在世间得过且过,必须充分利用一切事物。由于东方人和西方人身处的地理环境完全迥异,两个统治核心的政治危机也分别以不同的结局收场。

在东方,公元 5 世纪以来的内部移民潮在长江以外创造了一个新边疆,并且成为东方社会发展背后的真正驱动力。公元 6 世纪时,一个统一国家的恢复加速了社会发展的上升进程,到公元 8 世纪时,这种上升趋势极其强劲,并安然度过了唐玄宗沉迷美色、荒废朝政的年代。政治动乱必然会产生消极影响。例如,公元 900 年东方社会发展的急剧下滑(见图 7-1)就是敌军将拥有百万人口的长安夷为平地的后果。但是多数战争都远离主要的粮食生产地、运河以及城市,而且这些战争扫除了之前阻碍商贸行为的政府管理者,可能实际上起到了加速发展的效果。在这种战乱年代,由于无法监管国有土地,行政人员开始从垄断者和贸易税收中敛财,也不再给商人们提供经商信息。此时权力从中国北

---

1. 哈里发对巴格达的统治一直延续到 1258 年(在开罗的"影子哈里发"一直持续到更晚的时期),但是和公元前 771 年中国的周王一样,他们只是象征性的国家元首。埃米尔一般在他们周五的祈祷仪式上会提及哈里发,其他时候则无视其存在。

方政治中心向南方商人转移，被迫自生自灭的商人们由此发现了更多加速贸易发展的方式。

中国北方大多数的海外贸易都是由国家主导的，在中国宫廷和日本、朝鲜统治者之间通商。公元755年后，随着唐朝政权的颠覆，这些贸易联系随之丧失。通商虽然产生了一些积极影响，比如日本的精英文化开始脱离中国模式，向着更具独创性的方向发展，并且出现了一系列女性文学巨著，例如《源氏物语》和《枕草子》。但是，海外通商的结果多数都是消极的，在公元9世纪时中国北方、朝鲜和日本不约而同地出现了经济衰退和国家覆灭。

相反，在国家的严格管制之下，中国南方的独立商人们开拓了一条新的自由之路。自20世纪90年代以来，人们不断地在爪哇海发现公元10世纪时期的沉船残骸，其中不仅有来自中国的奢侈品，还有来自南亚和伊斯兰世界的陶器和玻璃制品，这意味着当时的海外贸易市场已经扩展到了这个区域。并且由于当地精英阶级对日益兴盛的商人们征税，由此诞生了第一批强大的东南亚新兴国家，也就是现今的苏门答腊岛地区和柬埔寨的高棉人居住区。

欧亚大陆以西拥有全然不同的地理条件，加上粮食产地的范围无法与东方相提并论，这意味着其政权解体也会导向全然不同的结果。公元7世纪，阿拉伯人的征服掩埋了曾经分隔罗马帝国与波斯帝国的旧边界，开创了穆斯林核心的新繁荣。哈里发扩大了伊拉克和埃及的灌溉工程，而移民将作物和技术传播到了地中海地区，通过填闲作物的方法，农民们可以在土地上一年两收，甚至一年三收。在西西里进行殖民统治的穆斯林甚至发明了经典的西方食品，例如意大利面和冰淇淋。

虽然打破罗马和波斯的旧边界带来了收益，但是地中海地区出现的将伊斯兰教国家与基督教国家分隔开来的新边界又带来了损失，两者逐渐互相抵消。随着地中海南部和东部发展成为伊斯兰国家（公元750年时，阿拉伯人统治下的人民中只有不到1/10是穆斯林，截至公元950年，这个比例超过了9/10），阿拉伯语成为通用语言，因此与基督教国家的联系减少了。之后，随着公元800年的哈里发王国分裂，埃米尔在伊斯兰内部也筑起了界限。一些穆斯林核心的强盛地区，比如西班牙、埃及和伊朗，凭借国内需求得以延续，而其他的地区则衰落了。

公元9世纪的中国战争大多避开了经济腹地，而伊拉克要与突厥奴隶军队抗争，同时非洲种植园的奴隶们在一个自称诗人、先知和阿里后裔的领袖领导下，发动了长达14年的起义，摧毁了伊拉克脆弱的灌溉网络。

在东方，在朝鲜和日本走向政权崩溃的同时，中国北方的统治核心也遇到了危机；同样的，在西方世界，随着伊斯兰核心的分崩离析，基督教边缘地区也开始了进一步的分裂。拜占庭人互相残杀，导致数以千计的人死亡，并且因为新的教义问题（尤其是关于上帝是否认可耶稣、玛利亚和其他圣人的形象问题）从罗马教会分离出来；而日耳曼王国基本上与地中海地区隔断联系，开始创建自己的世界。

在遥远的西方边缘地区，有一些人期望凭借自己的能力将这片土地变成核心地区。从公元6世纪开始，法兰克人就成为一方霸主，北海周边相继出现了许多小的贸易城镇，以满足法兰克贵族对奢侈品永无止境的渴求。他们保持着征税少、行政管理少的落后国家形式。那些善于在好斗贵族之间调解矛盾的帝王能够迅速统一包括西欧大部分地区在内的庞大而松散的领土，而在无能君主领导之下，拥有相同条件的国家很快就灭亡了。如果一国的国王拥有太多子嗣，那么这个国家通常都是以众王子瓜分土地而告终——这又导致重新统一的战争。

公元8世纪末对于法兰克人来说是很好的时机。公元8世纪50年代，罗马教皇向其寻求帮助，以抵抗当地暴民；公元800年的圣诞节早晨，法兰克国王查理曼大帝[1]甚至让罗马教皇利奥三世在圣彼得大教堂向他下跪，并将他加冕为罗马皇帝。

查理曼大帝励精图治，试图创建一个与他头衔相匹配的王国。他的军队把火药、利剑和基督教思想带到了东欧，将穆斯林赶回了西班牙；同时他的官僚机构集中征税，在亚琛（一个宫廷诗人称之为"待建的罗马"）集结了一批学者，创制了稳定的货币体系，并监督贸易的复兴。这不禁让我们将查理曼大帝与孝文帝对比：三个世纪之前的孝文帝将位于中国贫瘠边疆的北魏帝国推向了顶峰，启动了东方核心迈向重新统一的历程；而查理曼大帝在罗马进行加冕礼，派遣使节去巴格达表示友好，同样表现出了如孝文帝一般的雄心壮志。法兰克编年史还记载了一件令人印象深刻的事件，当时哈里发把一头大象送给了查理曼大帝作为回应。

然而在阿拉伯人的记载中，既没提到法兰克人，也没提到大象。查理曼大帝并不像孝文帝，而且显然在哈里发政权中无足轻重。查理曼大帝从未宣称为罗马皇帝，也没有让拜占庭帝国的女

1. 查理曼大帝的真名是加洛林（Carolus），查理曼是加洛林·马格纳斯（Carolus Magnus）的法语化版本，意思是"查理大帝"。

皇伊琳娜[1]让位于他。事实上，法兰克帝国从未向先进国家的方向深入发展。尽管查理曼大帝有雄心壮志，但是他没有机会统一西方核心，甚至没有机会把这个基督教边缘地区转化为一个独立的国家。

不幸的是，查理曼大帝唯一能够实现的成就就是将社会发展到足够程度，以引诱来自基督教外围地区之外更荒芜的土地上的入侵者侵略他的国家。公元814年他去世时，来自斯堪的纳维亚的海盗长船沿河而上，直入帝国心脏地区，马扎尔人骑着强壮的草原矮种马洗劫德国，而北非的撒拉逊海盗正要独自劫掠罗马。亚琛备战不足，应对迟缓；当北欧海盗的船只靠岸后开始焚毁村落时，皇家军队姗姗来迟甚至索性踪影全无。渐渐的，村民们开始向当地有权势的人寻求庇护，而城镇居民们则向他们的主教和市长求助。公元843年，查理曼的三个孙子将帝国分成三份，国王这个称号对于他们的子民来说已经没有什么价值了。

伊斯兰世界和拜占庭帝国的陨落

这些劫难似乎还远远不够，欧亚大陆在公元900年之后又处于一种新的压力之下——这个压力要按照字面意思理解，随着地球的轨道不断变更，大陆的大气压也在不断上升，减弱了由大西洋吹向欧洲的西风带以及由印度洋吹向南亚的季候风。在公元900~1300年，整个欧亚大陆平均温度大约上升了1~2华氏度，降

---

1. 伊琳娜可以说与狄奥多拉和武则天棋逢对手：她在公元797年把亲生儿子的眼睛挖了出来，使他失去成为统治者的资格，由此夺取王位。

雨量平均减少了 10% 左右。

一直以来，气候变化迫使人类改变他们的生活方式，但是由人类自己决定如何改变。在寒冷潮湿的北欧，所谓的"中世纪暖期"非常受欢迎，当地人口在公元 1000~1300 年间大约翻了一番。然而在更为炎热干旱的伊斯兰地区核心，它就不那么受欢迎了，当时伊斯兰世界的总人口大约下降了 10%。而一些地区，尤其北非地区的人口却大幅增长。公元 908 年，依弗里其亚 [1] ——大约在现在的突尼斯——脱离了巴格达的哈里发王国。激进的什叶派教徒 [2] 正式建立了一个被称为法蒂玛的绝对正确的哈里发伊玛目阵线，因为他们宣称是穆罕默德的女儿法蒂玛的后裔（以及伊玛目）。公元 969 年，这些法蒂玛的后裔征服了埃及，在开罗建造了一座伟大的新城，并发明了灌溉系统。到了公元 1000 年，埃及已经拥有了当时西方最高的社会发展水平，埃及商人在整个地中海地区呈扇形扩散开来。

1890 年，如果开罗的犹太人团体没有下定决心重塑延续了900 年的犹太人集会，那么我们将会对这群商人知之甚少。和许多犹太人集会一样，这里的集会也有一个储藏室，里面保存着信徒们不再需要的文件资料，从而避免了因损毁印有上帝之名的资料而亵渎神明。一般来说，储藏室会定期清理，但是这里的储藏室却堆满了几个世纪以来累积的废纸。随着重塑运动的开始，旧文件开始在开罗的古董市场出现。1896 年，两个英国姐妹将一

1. 依弗里其亚是非洲的阿拉伯化说法，是突尼斯的罗马名字。
2. 就激进的意义而言，这里指的是那些经常动用武力，反对他们所认定的逊尼派非法政权的伊斯玛仪什叶派，而不是指那些以更平和的方式等待隐藏着的第十二个伊玛目归来的十二伊玛目什叶派。

大捆资料带回了剑桥。在那里，她们把两本书展示给剑桥大学研究犹太教法典的学者所罗门·谢克特（Solomon Schechter）。谢克特一开始心存疑惑，随即大为惊叹：其中一本是圣经书籍《德训篇》（Ecclesiasticus）的希伯来残本，以前只有希腊翻译版本为世人所知。这位学识渊博的博士立刻于当年 12 月前往开罗，运回了 14 万册资料。

在这些资料中，有数百封公元 1025~1250 年期间的信件，最远是从西班牙和印度寄到开罗的贸易商行。当时随着人口增长，市场和利润也不断扩大，于是紧随阿拉伯的征服形成的意识形态分歧也日渐消弭。这对于通信者来说显然是无关紧要的，他们更担心的是天气、家庭和如何赚到更多金钱，而非宗教和政治问题。在这一点上，他们拥有地中海商人的典型特点。尽管记载很少，但是很显然，商贸发展和依弗里其亚以及西西里一样国际化且利润丰厚，例如，穆斯林地区巴勒莫就成为与意大利北部的基督教地区通商的新兴城镇。

就连蒙特帕里卓，这个近年来我一直在调查挖掘的意大利西西里的偏远山村，也参与其中。正如我在第五章提到的，我曾经前往调查公元前 7~ 前 6 世纪间的腓尼基人和希腊殖民地，但是当我们在 2000 年开始挖掘工作的时候，我们在古老的房屋之上又发现了第二层村庄。这第二层村庄大约建于公元 1000 年左右，可能是由来自依弗里其亚的穆斯林移民所建，并且在 1125 年左右被焚毁。出乎意料的是，在对该遗迹出土的碳化植物种子进行仔细研究时，我们的植物学家们发现了一间曾经装满了被仔细保存的脱粒小麦的储藏室，里面几乎没有一根杂草。[1]这与我们找到的公元前 6 世纪的种子情形完全不一样，那时的种子总有许多杂草、谷壳混杂其中。这些被用于制作粗糙的面包，有可能是在某个简陋的农村中作为粮食：那里的村民从事耕作，自给自足，而且从不介意他们的食物偶尔出现的不佳口感。12 世纪发明的扬谷筛除去了小麦的杂质，当时的商业化农民已经开始为挑剔的城镇居民生产食物。

如果地域狭小的蒙特帕里卓能够与全世界商业网络相联系的话，那么地中海的经济一定会蒸蒸日上。但是在亚洲西南这块最古老的穆斯林核心地区，经济发展并不理想。自从公元 9 世纪 60 年代起，情况变得非常糟糕，伊拉克的哈里发带来充当军队的突厥奴隶们已然发动政变，摇身一变成了苏丹人，但是噩梦还在继续。从公元 7 世纪开始，穆斯林商人和传教士就开始向草原上的突厥部落宣扬穆罕默德的真理；到了公元 960 年，葛逻禄氏族——现今的乌兹别克斯坦，据说当时大约有 20 万户人口——大部分人都被转化成伊斯兰信徒。这是信仰的胜利，但是很快演变成政治家的梦魇。葛逻禄人建立了他们自己的喀喇汗帝国，而另一个突厥部落塞尔柱人也追随着他们的信仰，进行了移民：他们一路洗劫，直入伊朗，并在 1055 年占领了巴格达。[2]到 1079 年，他们已经将拜占庭人驱逐出安纳托利亚的大部分地区，又将法蒂玛人赶出叙利亚。

1. 在这里，我要再一次感谢汉斯－彼得·斯蒂卡（Hans-Peter Stika）为这些研究发现所做的分析。
2. 在直译突厥名字时，有几种方法；一些史学家倾向于 Qarluq、Qarakhanid 和 Saljuq，而不是 Karluk、Karakhanid 和 Seljuk。

第七章
大唐盛世：世界开始向东方倾斜

很快，亚洲西南部的伊斯兰世界与日益兴盛的地中海伊斯兰世界渐行渐远。塞尔柱突厥人集结起一个大国，但甚至比哈里发王国还要运转不良。1092 年，这个国家的强权君主去世之后，他的儿子们遵循草原传统，将国家分为 9 部分，彼此交战。在他们的战争中，骑兵起着决定性的作用，因此塞尔柱国王们将大片土地赏赐给那些能够为其提供大批骑兵的军队首领。这些游牧民族将领，如预料的一样，导致政务荒废，商贸停滞，甚至连铸币活动也停顿了，城市萎缩，灌溉运河淤塞，大量村庄倾颓。在中世纪暖期炎热干燥的气候里，农民们必须持续性地艰苦劳作，却只能勉强保持原先的土地不变成草原或者荒漠，但是塞尔柱政策又加重了他们的负担。许多偏爱游牧生活多于城镇生活的征服者，对于农业的荒废并不担忧，并且随着 12 世纪逐渐过去，越来越多的阿拉伯人离开他们的土地，加入突厥人当中，开始从事畜牧业。

在接连几年灾祸不断之后，由于对激进的什叶派理论的恐慌，伊朗东部的学者们开始建立学派，发展并传授连贯一致的逊尼派理论，这得到了塞尔柱贵族的支持，并在 12 世纪时大力推广。它的学术代表作——例如，安萨里（al-Ghazali）的《宗教学科的复兴》（*Revivification of the Sciences of Religion*），其中运用希腊逻辑学知识来调和伊斯兰法律体系、苏菲神秘主义和穆罕默德的启示——一直以来都是逊尼派思想学说的基石。事实上，逊尼派的复兴非常成功，以至于一些什叶派教徒坚信谋杀逊尼派领袖是当时唯一可行的回应方法。撤退到伊朗的山区后，他们组建了一个被对方称为"刺杀者"的秘密组织（根据传说，用这个称呼是因为其成员借由吸食大麻，将思维引领向谋杀的"正确框架"

之下）。

　　谋杀无法逆转逊尼派复兴的脚步，但是这场知识运动——尽管已获取成功——仍然无法维持一个塞尔柱国家的运作。缺少法蒂玛王国为北非提供的那种政治组织，塞尔柱的土地在中世纪暖期的重压之下不堪重负。时机选择不当，因为同样的天气情况为亚洲西南部制造了同样的挑战，却为欧洲边缘伊斯兰核心地区的人们，即那些难以驾驭的袭击者、商人和侵略者创造了众多机遇。同样关键的是，更加温暖的气候给北欧带来了更长的生长季节和更好的收成，这使得原本边缘化的土地成了潜在的利润来源。等到中世纪暖期逐渐消退，农民已经将曾经的森林开垦成可供耕种的广袤土地，在西欧大约砍伐了一半的树木。

　　和所有从侧翼丘陵区传播开来的农业一样，两股力量结合起来，共同作用，将先进的农业技术从西欧带到东欧。一股力量是通常由教会领导的殖民统治，一般在边境地区建立有序的组织机构。威尔士的杰拉尔德写道："给予僧侣们一块荒野或者一片野林，然后等待几年，你不仅会发现美丽的教堂，而且旁边还有人类居所。"扩张是贵族的工作：根据 1108 年开展的征兵运动，"异教徒是最低劣的群体，但是他们的土地是最理想的，那里到处充斥着肉类、蜂蜜和面粉……在这里你不但能够拯救你的灵魂（通过强迫异教徒改变信仰），只要你愿意，还能够获得非常理想的用以定居的土地"。

　　有些异教徒逃脱了，有些屈服了，其结局并不比奴隶好多少。但是就像几千年前狩猎采集者遭遇了农业生产者、西西里岛人遭遇了希腊殖民者一样，有时异教徒们会组织起来维护自己的信仰。随着法兰克王国和日耳曼王国的农民向东迁徙，砍伐树木，开垦牧场，一些波西米亚、波兰、匈牙利，甚至遥远的俄罗斯村民们开始模仿他们的农业生产技术，利用更加有利的天气条件展开更为密集高效的耕作方式。皈依基督教的首领们劝说或强迫他们的臣民纳税，并且陆续展开对殖民者的打击活动。

欧洲的国家、教堂以及密集型农业的不断扩展与公元5世纪以来江南地区的农业扩展很类似，但是有一个关键性的区别，那就是没有在新的农业边界和旧的城市核心之间构建主要的贸易通道。由于欧洲缺少像中国的大运河那样的水路运输方式，因此无法将波兰的粮食以成本低廉的方式运送到巴勒莫和开罗这样的大城市。西欧的城镇靠近这些农业边界地区，不断发展壮大，但是依旧存在数量不足、规模太小的问题，因而无法提供足够的市场空间。这些西欧城镇没有从东欧进口粮食，通常它们会通过提升当地生产水平、开拓新能源的方式来进行种植。

水力磨坊原本常见于伊斯兰核心地区，现在也传播到了基督教边缘地区。以公元10~13世纪为例，法国罗贝克山谷的磨坊数量增长了5倍。根据1086年编著的《土地调查册》（*Domesday Book*），当时的英格兰拥有5 624家磨坊。农民也认识到了马匹的优势，尽管它们吃得比牛多，但是拉犁速度快并且工作时间更长。公元1000年之后，马的数量逐渐增加到牛的3倍，欧洲开始采用——由于第八章已经讲述过的原因——穆斯林发明的、用以减少摩擦的马蹄铁，又用脖圈马具代替了笨拙窒息的喉——肚带马具，从而使马的牵引力提高了4倍。公元1086年时，英格兰贵族土地上仅有1/20的役畜；到了1300年，这一比例上升到了1/5，并且由于拥有多出的马力（更不用说多出的粪肥），农民有效地减少了荒废的土地数量，因而在他们的土地上创造出更多财富。

尽管欧洲的农场相较埃及和中国来说不够多产，但也逐渐出现剩余产品可供卖给城镇，并且这些发展中的城镇开始扮演起新的角色。许多西北欧人民都是农奴，法律规定农奴必须为地主劳作，地主保护农奴不受强盗（和其他地主）的掠夺。至少在理论上，这些地主像诸侯国君主一样，他们拥有土地，作为装甲骑兵为国家而战以报效国王，而国王服从于传达上帝指令的教会。但是地主、国王和教会都想获取更多财富，他们如今聚集于城镇之中，城镇居民通常能够用一部分财产换取摆脱封建义务的自由。

就像亚述和周朝以来的落后统治者一样，欧洲的国王们有效地经营着他们的勒索保护费组织，但是他们的管理甚至比多数前人更加混乱。城镇、贵族、君主和教会人员不断地互相干涉，并且由于缺少真正的中央权威组织，争端几乎不可避免。比如公元1075年，教皇格雷戈里七世宣称他拥有德国所有主教的任命权。他的目的是改革教会领袖的道德操守，但是由于主教控制着德国大片的土地，这个举措也起到了其他的作用，它使格雷戈里掌控了德国许多的资源基地。德国国王亨利四世在恐慌中回应，他宣称他是信仰的守护者，并且有权将格雷戈里免职。他坚称："现在，不再是教皇，而是我，亨利，托天之佑，和所有的主教一起向你们宣布：免职！免职！"

然而，格雷戈里非但没有被免职，反而将亨利驱逐出基督教会。从实际意义来说，这意味着德国的封建地主能够在法律上无视其统治者。因为在自己的土地上一事无成，亨利不到一年时间就沦落到极其凄惨的地步，他要赤着脚在阿尔卑斯修道院之外的雪地里跪三天以祈求教皇的原谅。他这么做了，但随后又与教皇开战。这是一场没有胜负的战争。教皇格雷戈里在他的雇佣兵洗

第七章

大唐盛世：世界开始向东方倾斜

375

劫罗马之后，没有钱支付给雇佣兵，因此失去了所有人的支持；而国王为躲避亲生儿子的追杀，在逃亡过程中自杀。这个神学争议从未真正解决。

11 世纪的欧洲充斥着这种乱成一团的挣扎，但是随着这些争端被解决，组织机构的实力逐渐强大，责任范围也日渐清晰。国王越来越多地在领土上进行组织、调动和征税。一位史学家将这一过程称为"一个迫害社会的形成"：官员们说服人民，视自己为国家明确界定的一部分（英国人、法国人等），而非其他部分——即流放者，诸如犹太人、同性恋、麻风病人和异教徒，这些群体首次被系统性地排除在国家保护之外，并且受到恐吓威胁。在这种不甚愉快的过程中，出现了越来越多的有效国家。

其他史学家对这个过程评价较高，称之为"教堂时代"，因为令人心生敬畏的纪念碑散布于整个欧洲。1180~1270 年期间，仅法国就建造了 80 座教堂、500 座修道院以及数万座教区教堂。当时，从采石场采集了超过 4 000 万立方英尺的石料，远远超过了埃及金字塔所用的石料数量。

随着罗马帝国一起衰败的还有西欧的学术水准，而且只有在查理曼统治之下的法国得以部分恢复。然而公元 1000 年后，教师开始在新建大教堂周围聚集，并且像伊斯兰世界的独立法学者一样建立学校。赴伊斯兰世界的西班牙学习的基督徒们带回了阿拉伯宫廷学者珍藏了几个世纪之久的亚里士多德关于逻辑的论述翻译。这一切充实了基督教的精神领域，帮助神学家以 9 世纪马蒙统治下的巴格达神学家那样复杂的方式看待上帝，但是这也在受过教育的精英团体中制造了新的矛盾。

在这一问题上，彼得·阿伯拉尔（Peter Abelard）比任何人都清楚。作为一个涉足新的知识领域的聪慧的年轻人，阿伯拉尔在 1100 年左右开始在巴黎为人所知。他不断地转学，并且用亚里士多德逻辑学为难他的那些迂腐学究派的老师，借此羞辱他们。诚实正直但是单调乏味的老师们眼睁睁地看着他们的事业陷于崩溃，因为二十几个像阿伯拉尔一样的学生运用他们如刀锋般锋利的辩论技巧，将惯例习俗（可能是每个人灵魂的归宿）变成重重疑团。阿伯拉尔自我感觉极其良好，于是建立了自己的学校，引诱了他的学生海洛薇兹（Heloise），并使之怀孕。海洛薇兹的家族颜面尽失，对他进行了报复。阿伯拉尔羞耻地说："一天晚上，当我正在熟睡时，他们切下了我用来做那件事情、他们厌恶至极的器官。"

阿伯拉尔和海洛薇兹羞愧难当，各自退居教堂，但他们在20 年间保持通信，阿伯拉尔一方面为自己辩护，一方面又炽热地爱恋着海洛薇兹。在被迫隐退的期间，阿伯拉尔撰写了《是与否》(Sic et Non)，一本将逻辑学应用于基督教矛盾的手册。如果说阿伯拉尔的名字变成了学习新知的危险的代名词，那么也是他迫使基督教神学家把卷宗权威性与亚里士多德唯理主义互相融合。1270 年，阿奎那（Aquinas）在其著作《论基督教神学》(On Christian Theology) 中将其进一步升华，指出基督教的学术和逊尼派复兴的学术同样错综复杂。

其他欧洲人的做法与阿伯拉尔完全背道而驰：他们没有从伊斯兰核心地区把思想和组织形式带回基督教边缘地区，而是自己搬到了伊斯兰核心地区。来自威尼斯、热那亚和比萨的商人们与来自开罗、巴勒莫的商人们争抢利润可观的地中海贸易，他们买入卖出，抑或偷盗厮打。在西班牙，那些来自日益拥挤的西北欧的移民帮助当地的基督徒，将穆斯林驱赶出去，而诺曼人（或许是古代挪威人）在整个地中海地区引发了一系列的掠夺和征服。

诺曼人是斯堪的纳维亚（半岛）的异教徒维京人的后代，公元9世纪时在欧洲西北偏远的边疆地区，他们曾经作为掠夺者盛极一时，但是在10世纪发展为更加文明形式的偷盗者。随着中世纪暖期北美洲北大西洋的水域逐渐开放，他们搭乘长船来到冰岛、格陵兰岛甚至北美洲的文兰，大规模地在爱尔兰和英格兰定居。公元912年时，他们的首领罗洛（Rollo）在法国北部加入基督教，成为一名正当的国王（现今的诺曼底）。

诺曼人在信仰的细节问题上一直都含糊不清，他们在公元931年的罗洛葬礼上用100名俘虏做祭祀，但是他们的野蛮骁勇使他们成为理想的雇佣军，声名远播至君士坦丁堡。公元1016年，他们受雇参与攻打意大利南部的无止境的战争，却同时与交战双方作战，随后诺曼人构建起自己的国家，在公元1061年逼近西西里，在那里他们展开了一场抵制穆斯林侵占者的近乎种族灭绝的战争。如果你现在去游览西西里，你会发现长达两个世纪之久的伊斯兰统治的唯一纪念碑，这个岛屿曾是地中海地区的奇迹。

诺曼人对伊斯兰教并无特殊的敌意，他们对待基督徒也同样恶劣。一位意大利作家称他们为"一个无人性、野蛮、残暴且可怖的种族"。拜占庭的公主安娜·科穆宁娜对此更为震惊，她写道："只要有战役和战争发生，诺曼人的心中就会发出咆哮声，他们无法克制自己。不仅士兵，就连首领们也无法抗拒地扑向敌方。"

拜占庭人艰难地认识到了诺曼人的特性。在公元9~10世纪，随着伊斯兰世界转向内部斗争，拜占庭帝国一定程度上恢复了元气；公元 975 年，一支拜占庭军队甚至攻入了耶路撒冷近郊（这支军队没能占领圣城，但是夺回了耶稣的便鞋和施洗者乔治的头发）。但是不到一个世纪，拜占庭变得极度依赖诺曼雇佣兵，而诺曼雇佣兵的不可信赖（尽管他们很凶猛，但很多人在战时却临阵退缩）造成了公元 1071 年拜占庭灾难性地惨败于匈奴人手下。20 年后，君士坦丁堡受到匈奴人的围攻，拜占庭的国王写信给罗马教皇，希望教皇出手相助，资助更多雇佣兵。然而教皇并不这么想。教皇寻求的是巩固自身地位以和欧洲的君主们抗争，因此他在公元 1095 年召集了一次集会，提出了远征的想法——十字军东征——旨在将突厥人赶出耶路撒冷。

这引发了极度狂热，事实上这种狂热超出了教皇和拜占庭帝国的预期。数万村民开始向东进发，洗劫中欧地区，沿途屠杀犹太人。只有少数人到达安纳托利亚，也就是当年突厥人屠杀他们的地方。除了奴隶以外，没有人到达圣城。

更有实际作用的是法国和诺曼武士组成的三支军队，由热那亚商人资助，公元 1099 年时他们在耶路撒冷会合。他们的时间配合近乎完美：塞尔柱人疲于内战，无暇抵抗，因此他们在几轮惊险的试探之后，最终攻破了圣城的城墙。长达 12 小时的烧杀抢掠中，他们将犹太人活活烧死，或者将其肢解（据一名犹太妇女观察，这些基督徒至少没有像突厥人那样首先强奸受害者），残忍行径甚至使军中的诺曼人都瞠目结舌。最终，到了黄昏时分，征服者们蹚过深及脚踝的血水，来到圣墓堂感谢上帝庇佑。

虽然东征规模浩大，但是这次针对核心地区的直接侵袭并未严重威胁伊斯兰统治。耶路撒冷的基督教国家步步退缩，直到 1187 年穆斯林重新占领圣城。之后还有多次东征，但是多数以失败告终。1204年的第四次东征，由于无法承担船只费用，只得把军队借给威尼斯投资家，用以劫掠君士坦丁堡，而非耶路撒冷。东征和拜占庭帝国都再也没能从失败中复原。

西方迫于中世纪暖期的压力，改变了地理形态。伊斯兰地区继续作为核心存在，但是随着西南亚的社会发展停滞，伊斯兰教的重心开始向地中海地区转移，甚至在地中海地区也是各有成败。埃及成为伊斯兰统治皇冠上的宝石；拜占庭帝国，这个罗马帝国最后的遗迹，最终陨落；粗鄙落后的西北边缘地区在所有地区中扩张最为迅速。

宋朝是盛世的延续
还是衰败的开始

东方核心的发展趋势也大同小异。公元907年，唐朝灭亡。公元960年，中国又重新统一。宋朝的开国皇帝宋太祖原本只是一个将领，但是他认识到：近几个世纪以来，中国各地区之间的经济、文化联系不断加强，已经使许多精英阶级人士感觉到中国理应是一个统一的帝国。只要时机恰当，他振臂一呼，人们就会响应他，而非对抗他。如果需要运用武力，他也及时地加以利用。但与前人试图统一东西两个核心的情况不同，当时多数国家以和平方式向他屈服，表示接受宋朝的统治。

宋太祖还认识到，军队将领是前朝灭亡的罪魁祸首，于是他设法消除这个威胁。官方史料记载，宋太祖邀请那些将他推上皇位的将领赴宴，随后"杯酒释兵权"。表面上，他向这些将领敬酒，恭贺他们达到了退休年龄（那些将领事先完全不知情）。实际上，他将这些将领解职，撤销其兵权。就这样，宋太祖发动了一场出人意料的不流血的政变，此后需要调动军队时，通常都是他自己统领全军。

宋朝从军事政府向平民政府转变，从而极大增强了人们对于和平统一的广泛愿望。但不足之处在于，中国当时仍有敌人，尤其是两个半游牧民族——契丹人和党项人，他们已经在中国北方边疆地区建立起了自己的国家。这些威胁可不是酒能解决的，于是在失去整个军队且整个国家遭到覆灭危险之后，宋朝又走上了送礼求和的老路。

在一定程度上，这个办法奏效了，和塞尔柱人颠覆西方核心不一样的是，契丹人和党项人没有颠覆东方统治核心。和之前的几个朝代一样，宋朝持续的送礼求和策略以及边防驻扎并未真正起到维护和平的作用，反而使自己的国家濒临破产。到公元11世纪40年代，宋朝政府维持的是一个百万之众的庞大军队，每月消耗数千套铠甲、数百万弩箭——这与宋太祖的设想背道而驰。

一些将领希望能够出现一些神秘武器，帮助中国免于再次陷入与草原民族的对峙僵持状态。公元850年左右，道家的炼丹术士发现了一种火药原材料（具有讽刺意味的是，这个材料是在寻找长生不老药的过程中寻得的）。到了公元950年，一些画作描绘了人们使用竹管互相喷射燃烧着的火药的情景。公元1044年，一本军事手册中描述了一种"火药"，包裹在纸或竹子之中，由弹弓发射。然而，这种火药的杀伤力不强，而且爆炸声会使马匹受到惊吓，而敌人却几乎毫发无损——至少当时如此。

由于技术上缺少重大突破，宋朝军事发展急需更多的金钱，可是援助来源却出乎意料。其中一个就是中国的知识分子。自公元755年安禄山发动叛乱使中国深陷动乱以来，许多学者开始质疑人们对于外来事物的热衷，他们认为这种热衷带给中国的只有突厥人的入侵以及社会混乱。自汉代灭亡之后，对于那些幻想破灭的贵族们来说，长达5个世纪的时间是一段野蛮残酷的插曲，使得中国的传统文化腐坏堕落。他们认为，其中最有侵蚀性的外来入侵者是佛教。

公元819年，学识渊博的诗人韩愈写了《谏迎佛骨表》呈给皇帝，以表达他对于大众歇斯底里情绪的恐慌，这种情绪爆发是因为宪宗要将佛骨迎入宫中供养三日。韩愈称："佛者，夷狄之法耳。"当佛教盛行于中国的时候，他就宣称："当时群臣才识不远，不能深知先王之道，古今之宜，推阐圣明，以救斯弊，其事遂止，臣常恨焉。"然而，当时的知识水平极为优秀。知识分子们学着去思考、描画，并且最重要的是他们开始学习像古人一样写作，重新拥有了古典美德，拥有了挽救这个国家的能力。韩愈倡导古文运动，重现了古典写作的清新隽永和高尚道德，并且强调说："文章合为时而著，歌诗合为事而作。"

对佛教的抵制是充满争议的，但也是合理的。佛教寺院已经聚集了巨大的财富。到了公元9世纪40年代，唐武宗开始灭佛时——解除僧职，关闭寺庙，掠夺财富，他更多的是基于财政压力考虑，而非被学者对佛教的严厉谴责所打动。官方的态度使得像韩愈这样的知识分子的思想变得格外令人尊崇。数百万的佛教徒继续存在，但是还有数百万对这个外来宗教充满疑惑的中国人，他们认为佛祖关于人生的重大问题的答案——诸如，真正的我是怎样的？我要如何适应这个宇宙？——有可能隐藏在他们自己的儒家经典中某些显而易见的地方，并由此受到激励。

一种儒学复古运动横扫贵族阶层，在中国最危急的时刻，也就是契丹人和党项人入侵时，国家最优秀的思想家像孔子一样挺身而出，为统治者提出宝贵建议。他们坚持认为，人们必须忘却重生和不老，要明白此时此刻就是一切，满足感来源于人世的行动。有人总结说："真正的学者，应当先天下之忧而忧，后天下之乐而乐。"

儒学复古运动将经典学说变成了完善社会的行动指南。他们宣称，拥有哲学和艺术技能，并且能够正确地理解古典文化的人，才能够运用古典道德，从而拯救当今世界。欧阳修就是一个例子，他在幼年时期偶然发现韩愈的文章，随后创造了他自己的"古代散文"风格，并成为著名的诗人、历史学家以及收藏家，一路加官晋爵，拥护财政和军事改革。

众多同样才华横溢的知识分子为国家贡献了自己的力量，其中最为卓越出众的当数考古学先行者、伟大的散文家以及宋朝宰相王安石。王安石树敌众多（包括欧阳修在内），他们攻击他，说他是粗鄙、令人反感且卑鄙肮脏的，并最终导致王安石声名狼藉，惨遭流放。然而，王安石激进的新政策——相当于在11世纪将罗斯福新政与里根经济政策相结合——真正起到了缓和矛盾的作用。王安石抨击税收制度，并实施了更为公正公平的税收系统，从而增加国家收入；他投资众多公共事业，提倡"青苗法"，国家向农民和小商人提供借贷资金；他用更廉价的民兵替代昂贵的职业军人，由此平衡预算。当遇到保守官员的反对阻挠时，他就用新官员取而代之。他还在行政人员考试中加入了经济学、地理学和法学内容，建立新学校教授知识，并为通过考试者增加薪俸。

尽管儒学复古运动的成就非凡，但是与同时期盛行的第二波发展进程——一次可与古罗马媲美的经济繁荣相比，就显得相形见绌了。对中国的几乎所有地区来说，中世纪暖期无疑是上天的恩惠：湖泊沉积物、石笋化学物和古籍记载都表明，半干旱的北部地区降雨量增加，这正是当地农民所希望的；而潮湿的南方降雨量减少，也符合该地区农民的期望。因此，到1100年时，中国人口大约上升至1亿人之多。

截至1100年，公元6世纪时《齐民要术》中提及的37种水稻全部被高产的变种水稻所取代，农民们有规律地将水稻与小麦相间种植，每年可以从受过灌溉和施过肥的土地收获三季作物。不断延伸的道路网络——城市内部的道路通常由石料筑成，有时甚至乡间道路都使用砖石——使得粮食向港口运输的过程更为便捷，并且水路运输水平也得到了大幅提升。中国的造船工人模仿了波斯、阿拉伯和东南亚地区船只的长处，建造出拥有密封层、4根甚至6根桅杆以及多达1000个强壮船员的大型远洋航行船只。船运费用不断攀升，商人们因为大规模贸易活动而聚集起来。根据一位12世纪的作家所说：

> 通过互相连通的河流与湖泊，人们可以去往任何地方。当一艘船驶离港口，行驶一万里之遥都无任何阻碍。每年，百姓将耕种和食用之外的剩余粮食用于交易。大商人囤积平常人家缺少的东西。小船从属于大型船只，并参与联合经营活动，来回往复，通过卖粮获得可观收益。

但是，这一切都要花钱，随着经济增长，政府试图铸造足够的铜币。结果，对新铜矿资源的挖掘（以及在铜币中掺杂铅的不甚光彩的行为）使得铜币的产量由公元 983 年的 3 亿枚飙升至公元 1007 年的 18.3 亿枚，然而依旧供不应求。

人的贪婪和懒惰拯救了危局。公元 9 世纪，在茶叶贸易开始大行其道、国家商业监管松弛的情况下，四川的商人开始在长安设立分部，在那里他们可以将买卖茶叶所得货币兑换成"飞钱"，也就是当时的纸质付款凭证。回到四川之后，这些商人可以在总部将这些票据换成现钱。设想一下，一袋飞钱价值相当于 40 袋铜币，这样一来飞钱的优势立现，随后商人们开始凭借自身实力，普遍使用这种票据。他们发明了信用货币，即价值依赖于使用者的信用而非自身金属含量的代币。公元 1024 年，宋朝政府实施了合理的下一步计划——开始印刷纸币。很快，发行的纸币数量超过了铜币。[1]

随着纸币和信用货币深入乡间，买卖过程变得更为简单，更多的农民可以在自己的土地上种植收成最好的作物，将它们卖掉换钱，再购入他们无法轻易生产出来的物品。一个和尚在偶入一个偏远村庄小型集市后，这样描写道：

朝日还未从湖面升起，

荆棘丛生，一瞬间仿佛绵延无尽的松林。

幽暗中，古木伫立于悬崖之巅；

猿猴荒凉的呼喊随风飘荡下来。

山回路转，一座山谷映入眼帘，

在远处，有一处村庄隐约可见。

1. 宋朝发行了大约 10 亿枚铜币以及价值 12.5 亿枚铜币的纸币。在国家 3.6 亿铜币储藏量的担保之下，这些纸币可以完全兑换成铜币。

沿途到处都是笑声和叫喊声，

雇农们你追我赶，

准备在长达数小时的集市上斗智斗勇。

摊位和商铺众多，仿佛云彩一般，

他们带来亚麻织物和桑树皮做的纸，

或是向前驱赶着母鸡和乳猪。

条条道路上，遍布着刷子和簸箕——

各种家什不可胜数，简直难以用纸记录。

一位老者管理着这场繁忙的交易，

每个人都对他的一言一行心怀敬畏。

他谨慎小心地比较，

对交易物品一一检查，

在他的手中慢慢翻转。

当然，城市的市场更为广阔，吸引了半个大陆的商贩。西南亚商人将位于泉州的港口与印度尼西亚的香料群岛、印度洋群岛连接起来，然后从这些地方向中国所有城镇输送进口商品。为了支付其费用，家庭作坊生产出丝绸、瓷器、漆器和纸张，其中最成功的那些作坊进一步升级成工厂。甚至在村庄都可以购买到书籍这一类原本近乎奢侈的物品。到了公元 11 世纪 40 年代，雕版印刷生产出数百万册相对廉价的书籍，这些书籍随后大量发行，甚至进入平民百姓手中。当时中国的文化水平可与 1 000 年前的罗马相抗衡。

然而，最重大的改变是在纺织和煤炭行业，准确地说是在那些推动了 18 世纪英国工业革命的活动领域。11 世纪的纺织者发明了脚踏缫丝机，1313 年，学者王祯在其著作《农书》中描述了一种大型纺纱机，可以用畜力或水力带动。王祯批注说："这种机器成本比它所代替的女工成本要便宜得多，可以应用于中国北方生产麻布的大部分地区。"王祯将他的技术记录用诗歌的形式表现出来，借以抒发他的震惊之情：

车纺工多日百斛，

更凭水力捷如神。

世间麻枲乡中地，

好就临流置此轮。

把 18 世纪法国的纺织机设计图与 14 世纪王祯的设计对比之后，经济历史学家伊懋可（Mark Elvin）不得不承认："法国纺织机与王祯所设计机器的相似程度惊人，以至于令人不可避免地产生这样的疑惑——纺织机其实始于中国。"尽管王祯的纺织机不如法国的高效，但是伊懋可总结道："如果这部织机所代表的阵线能够进一步延长，那么中国将会比西方早 400 年进入真正的纺织生产领域的工业革命。"

由于缺少宋朝纺织生产和价格的统计数据，我们无法考察该理论的真实性，但是我们获得了其他行业的相关信息。当时的捐税收入表明，铁产量在公元 800~1078 年间增长了 6 倍，高达 12.5 万吨——几乎和整个欧洲在 1700 年时的钢铁生产总量相同。[1]

1. 11 世纪的税务登记极难解读，一些史学家认为增长没有这么多。然而，没有人否认当时的税收增幅巨大，并且最终被用于能源领域。

在拥有百万人口的开封城，炼铁厂围绕着主要市场聚集起来，炼出的铁（在多种用途中）被制成军队所需的武器。因为开封位于大运河畔，地理位置便利，因此被选为都城。尽管开封城历史并不悠久，没有绿树成荫的大道，没有以前的都城那样雄伟恢宏的宫殿，也没有吟诵开封的诗歌传世，但是在 11 世纪时，开封发展为一个繁华、喧闹且充满生机的大都市。从夜晚直到凌晨时分，吵闹的酒肆长时间供应酒水[1]，50 家剧院各自吸引着数千观众前往，商铺甚至占据了城市的一条主要大道。在城墙之外，铸造厂夜以继日地燃烧着火焰，黑暗的作坊喷射出火苗和浓烟，消耗数万棵树木，将矿石熔化成铁水——事实上，燃烧的树木数量极多，铁器制造者买下整座山后将树木全部砍伐殆尽，因此将木炭价格哄抬到普通家庭无法承担的程度。公元 1013 年，发生了一场由燃料引发的暴动，受寒冷侵袭的开封百姓有数百人遭到了无情的践踏。

显然，开封进入了生态瓶颈阶段。在中国北方并没有足够多的树木，来同时供给数百万人吃饭、取暖以及维持炼铁厂数千吨铁的正常生产。眼下有两个选择：第一，开封人以及 / 或者炼铁业逐渐搬离此地；第二，有人能够发明或寻找到新的燃料来源。

在智人生存的时代，他们总是凭借对新的植物和动物的开拓，供给食物、衣服、燃料和居住地所需。之后，人类已经成为更有能力的寄食者。以公元 1 世纪的汉代和罗马帝国的臣民为例，他们每人获取的能量是其冰河时期先祖在 14 000 年前获取的能量的

---

1. 在 1063 年宵禁被解除之后。

七八倍之多。[1]汉代人和罗马人还学会了利用风和潮汐来发动船只，以获取他们生活所需的动植物，并且学会了在磨坊中运用水力。然而，公元1013年受寒冷之苦而暴动的开封人基本上还处在一种仅靠其他生物供养的阶段，在能量链条中他们并不比石器时代的采集狩猎者高多少。

在几十年间，事情开始发生变化，在不知不觉间将开封的铁器制造者变成了变革者。1000年前的汉朝时期，已经有一些中国人开始利用煤炭和沼气，但是这些能源并未被广泛使用。只有当贪婪的炼铁工厂与炉灶、家用能源消耗争夺能源时，炼铁产业才实现了从古代有机经济向矿石燃料新世界的跨越。开封靠近中国两大煤矿储备地，又临近黄河，拥有便捷的交通，因此它并不需要天才——只需要贪婪、绝望以及反复尝试——来解决如何用煤炭代替木炭来熔化铁矿石的问题。资金和人力在定位、挖掘以及搬运煤矿的过程中也极其关键，这可能解释了为什么商人（拥有资源的人）引领时代潮流，而非住户（不拥有资源）。

一首写于公元1080年左右的诗歌使我们对这次变革有了一定的认识。

君不见，前年雨雪行人断，城中居民风裂骨干。

湿薪半束抱衾裯，日暮敲门无处换。

岂料山中有遗宝，磊落如磐万车炭。

流膏迸液无人知，阵阵腥风自吹散。

1. 在东方，人均能量获取从公元前14000年左右的每人每天（各种用途）大约4000千卡（社会发展指数4.29分）上升至公元前1世纪时的27000千卡（29.35分）；在西方，人均能量获取从公元前14000年左右几乎相同的水平上升至公元前1世纪时的大约31000千卡（33.70分）。

根苗一发洁无际，万人鼓舞千人看。

投泥泼水愈光明，烁玉流金见精悍。

南山栗林渐可息，北山顽矿何劳锻。

为君铸作百炼刀，要斩长鲸为万段！

　　煤炭业和炼铁业同步发展。有充分证据表明，一个四川的铸造厂雇用了 3 000 名工人，每年将 35 000 吨矿石和 42 000 吨煤炭铲入熔炉，炼出 14 000 吨生铁。到了公元 1050 年，煤矿挖掘范围扩大，家家户户都开始使用煤炭。政府在公元 1098 年重新修订贫困救济准则时，煤炭也成为官方唯一提及的燃料。在公元 1102~1106 年间，开封开辟了 20 个新煤炭市场。

　　到那时候，东方的社会发展程度已经达到了 1 000 年以前古罗马时期的顶峰。而西方伊斯兰和基督教两大核心仍然呈现分裂局面，远远落后于东方的发展进程，并且这种状态一直持续到 18 世纪英国工业革命前夕。事实上，所有的一切都暗示着中国的工业革命浪潮正在开封被煤灰熏黑的城墙下酝酿着，并且将把东方在社会发展上的领先优势转化成东方统领世界的局面。历史的发展进程似乎是要将艾伯特亲王带到北京，而非将洛蒂带到巴尔莫勒尔堡。

走向世界: 元、明两个朝代给中国带来了什么

马可·波罗眼里的中国

马可·波罗对中国的一切都感到惊奇。中国的宫殿是世界上最好的,统治者是世界上最有钱的。中国河流上的船只比基督教国家所有河流上的船只还要多,运载着比欧洲人所能想象的还要多的食物,这些食物精致得几乎令人无法相信。中国少女谦逊端庄,中国妻子善良美丽,杭州妓女的热情好客也让外国人念念不忘。但是,最让人惊讶的,还是中国的商业。"我可以非常老实地告诉你,"马可波罗说道,"中国的商业规模之大,若非亲眼所见,绝不会有人相信。"

于是，问题产生了。1295 年，当马可·波罗回到威尼斯时，那些等着听他故事的人，事实上并不相信他的话。尽管有一些稀奇古怪的事，例如 10 磅重的梨，马可·波罗大部分的描述还是和我们在图 8-1 中所见的一致。马可·波罗去中国的时候，中国的社会发展正远远领先于西方的社会发展。

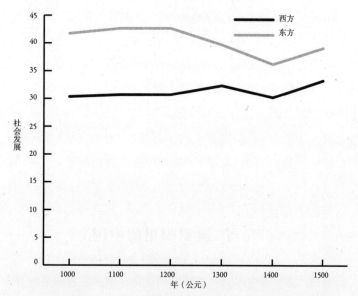

图 8-1　在日益缩小的世界里日益缩小的差距：贸易、旅游以及动荡时期再一次将东西方连接在一起

虽然马可·波罗惊叹于东方世界，但是有三件大事他并不知道。首先，它的领先地位正在下降，社会发展指数从 1100 年的20 分降至 1500 年的 6 分以下。其次，在第七章末尾预见的那个情形——东方的铁器制造商和磨坊主将开始工业革命，大量利用

化石燃料——并没有发生。虽然马可·波罗对中国火炕燃烧用的煤炭感兴趣，但是他对中国的肥鱼以及半透明的瓷器同样感兴趣。尽管他所描述的这片土地令人惊叹，但是它还保持着传统的经济模式。最后，马可·波罗的到来是对未来的一种预示——欧洲人就要来了。1492年，意大利人克里斯托弗·哥伦布声称自己到达了中国，虽然他到达的是美洲。1513年，哥伦布的侄子拉斐尔·佩雷斯特雷洛（Rafael Perestrello）成为第一个真正到达中国的欧洲人。

在哥伦布登陆和西方的社会发展超过东方之间，经历了三个世纪。这一章揭示的漫长时期并不是东方时代的结束，甚至不是东方衰败的开始。

成吉思汗的铁骑征服欧洲

这是1127年的1月9日，地点在开封。这个城市的城墙在铁锤和炮弹的攻击下变得满目疮痍。没人知道在这场大风雪里，到底发生了什么，但是城墙上的中国防御者们射出大量弓箭，不停地向黑暗中开火，试图击退向他们逼近的敌军。三千名女真族士兵最先受到攻击——有的被烧，有的被比弓箭还锋利的石头砸伤——但是进攻者踩在尸体上继续前进，重整队伍。女真族是中国北部边界的最新威胁，他们习惯了面对糟糕的情况。在城墙内，虽然有100个人倒下了，但是四处遍布的尸体并没有令防御者失去信心。但接下来军官们逃散了，谣言四处散布。没多久，传来了攻城塔的声音以及毒箭的嘶嘶声。我们不知道恐慌是如何产生的，只知道突然有成千上万的士兵尖叫着从城墙里跑出来，拼命地四处逃散。敌人攻入了城内，烧杀抢掠。宫殿里的很多女人宁可投水自尽，也不愿忍受将要发生的事，但是皇帝就这么等着被俘虏。

开封的沦陷是意料之中的。尽管在 11 世纪，宋朝经济繁荣发展，但是与北部边境的契丹族无休止的战争给宋朝的经济带来了巨大影响，并且历代皇帝只是不停地寻找新的方式进行赔款而已。因此，在 1115 年，当"野蛮的女真族"提出帮助攻打契丹族时，宋徽宗心急地接受了。宋徽宗本该担心这些女真族在短短的 20 年里已经从落后地区的农民变成了令人闻风丧胆的骑士，但他并没有。宋徽宗精通音乐、绘画和书法，但他并不是一个政治家，而且他的大臣们醉心于政治斗争，并不理会铁一般的事实。对女真族的支持，使得宋徽宗创造出了一个怪物，这个怪物首先侵吞了契丹族，然后是宋徽宗自己。如果残余的宋朝大臣没有坐船逃窜的话，他们也会被这个怪物吃掉。直到 1141 年，女真族（当时控制中国北部）和一个被极度削弱了的宋朝（定都杭州）才划分了边界。

开封的沦陷以及之后南北贸易受到破坏，意味着在整个 12 世纪社会基本没什么发展。虽然社会停滞不前，但是并没有崩溃。开封迅速地从这场浩劫中恢复过来，甚至一度成为女真族的首都；杭州也发展成了一个大都市，给马可波罗留下了深刻的印象。中国南部的煤田产量虽然没有北方煤田的产量多，但是依然非常可观。12 世纪的工业家已经懂得如何在生产铁的过程中利用更加廉价、劣质的煤炭，甚至还懂得如何从铁加工过程所产生的污染副产品中提炼铜。贸易、纸币、化石燃料以及商品生产不断发展，在 1200 年的时候，中国的工业发展仍然领先西方一个世纪左右。

铁木真的出现改变了这一切。铁木真于 1162 年在寒冷的蒙古草原出生。他的父亲也速该从蔑儿乞人手中夺走了诃额仑，使她生下了铁木真。铁木真名字的由来是在他出生时，也速该正好俘虏了敌对部族的一位名为铁木真·兀格的勇士。按照当时蒙古人的信仰，在抓到敌对部落勇士时，如正好有婴儿出生，该勇士的勇气会转移到该婴儿身上。铁木真之名即由此而来。铁木真的父母有一次在撤离营地的时候，把他给忘了，直到一年后才回来找他。后来也速该被塔塔儿族杀害，塔塔儿族还赶走诃额仑，偷了她的动物，使她挨饿。铁木真跑回家中，抓老鼠给诃额仑充饥。他还杀害了同父异母的兄弟，因为根据部落的规定，他的兄弟有权娶诃额仑为妻。之后，铁木真被贩卖为奴隶，等他逃出来之后，未婚妻已经被抢了，肚子里可能还怀着另一个男人的孩子。铁木真把抢夺她的人杀了，把她夺了回来。[1]

铁木真是一个铁血铮铮的男子汉，否则的话，蒙古人也不会称他为成吉思汗——意为"无畏的领导者"——他也不会成为历史上最伟大的征服者。心理专家都认为，他夺权的道路（杀死自己的胞弟札木合，无视亲族要求改变战争，以及在争吵中和他的酒鬼儿子反目）与他早期的家庭经历不无关系。

在某些方面，两千年里，蒙古草原并没有发生太大的变化。和他之前的首领一样，成吉思汗一方面害怕宋朝，一方面又觊觎它的财富。这些因素促使他突然袭击宋朝北部的女真国，并且利用战利品贿赂其他的蒙古领袖，让他们追随他。但是在其他方面，

---

1. 此处关于铁木真的事件与一般史实不完全一致，疑为作者错误。——编者注

则发生了很大的变化，即使是成吉思汗本人也要遵守这个历史规律，即一个人不能两次踏进同一条河流。半个世纪以来，定居在这里的中国人、穆斯林以及基督徒在草原上建立城镇，引进了灌溉技术和犁。农民从游牧民那里获得土地，而游牧民从农民这里学会了制造武器。

很显然，在这样的交易中，游牧民占了上风。后发优势再一次显现。成吉思汗——这个最了不起的游牧首领——知道如何将城里的技师和他的骑兵部队完美结合起来，使得他的部队所向披靡。在他死之前（1227年），他已经从太平洋一路打到了伏尔加河。根据一个波斯人所见，成吉思汗就像"从纸上抹去字迹"那样轻易地扫除障碍。蒙古人所经之处"都变成了猫头鹰和乌鸦的栖息地，只听得见呼呼的风声"。

成吉思汗不需要社会发展指数来告诉他宋朝是个适合抢掠的地方。我们所知道的，是他试图偷走一切，把农民从土地上赶走，将宋朝北部都变成蒙古马驹的冬季牧场。1215年的时候，他摧毁了90多座城市，放火烧了中都（今北京）整整一个月。不过，在他死后，统治者开始认为让农民留在土地上并向他们征税，获得的回报更大。

不久就出现了一个机会实行这个新政策。宋徽宗与女真族联盟对抗契丹族，结果使得开封沦陷，自己被俘虏。然而宋朝新的统治者没有从中吸取教训，而是在1234年的时候和蒙古族结成了类似的联盟与女真族对抗。结果更糟：蒙古人吞并了女真人的金国，并且使得宋朝军队处于崩溃的边缘。

正是蒙古政治的特殊性使得宋朝在1230年时并没有灭亡。成吉思汗死于1227年，他的儿子窝阔台接过了大权，尊称为

"大汗"。但是成吉思汗的孙子为了继承汗位不久就开始了政治斗争。有些人担心，如果窝阔台征服宋朝的话，手中会有更大的权力，那么在汗位的继承中，对他的儿子会非常有利。因此，他们对主要的蒙古将领施加压力，让他们进行西征。1237年的时候，他们成功地令主要的蒙古部落突然改变计划，向西前进。

欧洲人完全不能理解蒙古人。英国编年史学家马修·帕里斯（Matthew Paris）认为，这些入侵者完全是一个谜。他说："直到如今，还没有任何方法接近他们，他们也从来不暴露自己，这使得我们必须通过与其他第三者的普遍交往，才能了解一些关于他们的风俗习惯或其人民的情况。"马修错误地将鞑靼人（对蒙古人的称谓之一）翻译成塔耳塔洛斯（Tartarus），塔耳塔洛斯是地狱深渊之神。他认为蒙古人就是"跟撒旦同属一类的、面目可憎的一个大部落"。又或者，他们是以色列人中走失的一个部落，最后又找到了回去的方向。虽然马修知道，蒙古人并不会说希伯来语，也似乎完全不知道摩西律法，但是马修坚信自己是正确的：这些犹太人在摩西得到十诫前，误入歧途，他们：

> 追随奇怪的神灵，有着不为人知的习俗，所以现在有着更加了不起的行为。由于上帝的报复，他们不被其他民族所了解，他们的语言令人迷惑，变成了冷酷而且没有理性的禽兽。

蒙古人征服了德国和匈牙利的骑士，并远征至维也纳。但是他们掉头离开了——就像他们突然放弃宋朝那样，将他们的战俘驱赶到亚洲腹地。蒙古人侵略欧洲的唯一目的就是为了影响可汗的继任者，所以当窝阔台在1241年12月11日死去的时候，欧洲突然失去了它的重要地位。

当蒙古人再一次把目光投向西方时，他们明智地选择了一个更加富裕的目标——伊斯兰中心。1258年，他们仅用两周时间就攻破了巴格达的城墙。三天里，他们没有给最后一位哈里发任何吃的和喝的，然后把他扔到一堆金子上，叫他吃金子。当他拒绝这么做时，他和他的继承人被人用毛毯裹起来，活活踩死了。

1260年，一支埃及部队在加利利海岸边阻止了蒙古人的进攻，但是那时蒙古人的四处征战已经使得伊朗、伊拉克和叙利亚这些伊斯兰的中心地带经济落后了两个世纪。不过，蒙古人对欧洲最大的影响，恰恰是他们没有做的那些事情。正因为他们没有洗劫开罗，所以开罗仍然是西方当时最大、最富有的城市；正因为他们没有入侵西欧，所以当时的威尼斯和热那亚仍然是西方国家最大的商业中心。伊斯兰核心地带的发展受到严重影响，但是埃及和意大利的发展仍在继续，并且到了1270年，就是马可波罗动身前往中国的那一年，欧洲的中心决定性地转移到了地中海地区——这块地区是蒙古人没有入侵的。

在又一位可汗驾崩之后，他的继承者忽必烈最终决定完全征服宋朝，蒙古人放弃了他们在西方的战争。这是蒙古人有史以来打得最为艰难的战争，也是最具有毁灭性的。为了攻破宋朝的抵抗，忽必烈花了5年的时间围攻襄阳。到了1279年，当忽必烈把宋朝最后一个小皇帝逼到海里的时候，中国处于工业革命边缘的经济结构正在崩溃。东方的社会发展直线下滑。

除此之外，还有自然灾害的影响。开封从女真人的抢掠中恢复了过来，不过它经历的真正衰退是在1194年，当时黄河决堤，摧毁了供养这座城市的运河——这条运河给开封运来煤炭，运走产品。在此之前，黄河就已经泛滥过很多次，与之前相比，此次最大的不同就是蒙古人的破坏放大了自然的残酷性。在蒙古军队入侵后，1230年发生的饥荒和瘟疫夺走了开封周围100万人的生命，在四川这个人数也许更多。1270年时，死亡人数更多。总的说来，13世纪的中国面临着四大天启骑士——迁徙、国家崩溃、饥荒以及疾病，人口减少了1/4左右。尽管马可·波罗对中国十分赞叹，但到了1290年，中国的工业发展已经停滞了。事实上，东西方的差距正在缩小。

枪炮、病菌和钢铁：
社会发展最强大的塑造力

在公元1~4世纪之间，东方的社会发展曾经衰退过。第一个千年中，东方社会发展迅速，有效地缩短了核心地区间的差距。一些旅行者、商人以及掠夺者建立了重叠的贸易区，他们穿过大草原，进入印度洋。这种东西方交流是社会发展的结果，但同时也产生了破坏发展的因素。当西方的核心地带无法打破43分左右的社会发展指数上限时，天启骑士把东西方的核心都拖垮了。

到了公元9世纪，东方的发展已经恢复到可以开始第二次东西方交流。商人、传教士以及移民再一次穿过了大草原和印度洋，建立起交流的重叠区。在成吉思汗小时候，商人已经不仅带着诸如香料、丝绸这样的奢侈品，还带着散装食物穿过印度洋，数量之多，令罗马人都会嫉妒；从波斯湾的霍尔木兹到爪哇的麻喏巴歇，国际化的商业城市正在兴起。

蒙古人对草原的征服给第二条东西干线带来了稳定，可汗窝阔台也急于把他在喀喇昆仑的新首都变为一个帝国之都。据说，他为了吸引商人到那儿，无论他们要价多少，都付给他们比要价高 10% 的价格。波斯学者拉希德丁（Rashid al-Din）写道："每天吃完饭后，他会坐在宫殿外的一张凳子上，在那儿有各种各样堆积如山的来自世界各地的商品。"

除了商人，一起到来的还有牧师，这显示了蒙古人对宗教的开放态度。"就像上帝给了一只手不同的手指一样，窝阔台也给了人类不同的信仰方式。"窝阔台的继承者这么告诉一个基督徒。为了了解不同的信仰，1254 年，可汗决定在佛教徒、伊斯兰教徒和基督徒间进行一场公开辩论。这种事也只有在喀喇昆仑才会发生。

很多人围观，但是辩论进行得并不成功。根据蒙古传统，在辩论中场休息的时候，要给辩论者端上马奶酒。但是随着时间慢慢过去，他们的争论偏离了重点。酒精磨钝了他们的善辩，基督徒唱起圣歌，穆斯林吟诵起了古兰经，佛教徒陷入了沉思之中。最后大家都醉得不能继续了。

虽然这些宗教团体没能实现他们之间的对话，但是西方人不断前来。穆斯林商人将东方的货物带到克里米亚的卡法，然后卖给意大利人；意大利人不但把这些货物卖到北欧，还追踪这些货物的来源。马可·波罗的叔叔于 1260 年离开卡法，一路来到北京，然后在 1274 年的时候，又进行第二次旅程，带上了小马可·波罗。之后传教士到来了。1305 年，一位刚刚到达北京的基督徒炫耀自己通过草原的这条路线比海上贸易路线更迅速、更安全。

第一次东西方交流只是在欧亚大陆之间建立起了一些简单的联系，但是第二次东西方交流却织起了一张真正的网，使得大量人口穿过欧亚大陆，为 1100 年之后的几个世纪带来了第一次技术迁移。这对落后的西方国家来说非常有利。一些事物如独轮手推车，在公元1世纪左右就在中国发明出来了，于1250年左右传到了欧洲，公元5世纪在中国使用的马项圈几乎在同一时间传到欧洲。

但是，那时最重要的技术迁移却是廉价的铸铁工具。这些工具于公元前6世纪在中国出现，公元1世纪的时候已经变得很常见了。11世纪，阿拉伯人已经掌握了铸铁技术，不过1380年才传到欧洲。如果你曾经试着不用铁锹挖掘泥土的话，你就知道铸铁有多重要了。我在希腊读研究生的时候，当时储藏室的钥匙丢了，我们没有任何铁制工具就开始挖掘。当你像1380年前的欧洲人那样徒手挖掘时，土壤似乎变得尤其坚硬。我可以肯定地说，第二次东西方交流解放了欧洲的能源生产。

同样重要的还有信息技术。公元105年，中国工匠首次用桑树皮制成纸张，到公元700年的时候，纸张已经变得十分常见。造纸术于公元750年传入阿拉伯（因为在中亚抓住几个中国造纸师），意大利在1150年之后从阿拉伯买进纸张，直到1276年，才开始自己制作纸张。在那个时候，中国的工匠已经使用了500年的雕版印刷术和200年的活字印刷术。欧洲在1375年左右才引进或者说是改造了雕版印刷。12世纪末，中国和印度发明的船桅和船舵，经由阿拉伯传到地中海地区。

除了诸如独轮手推车这样的古代发明，西方人也学习了最新的技术。1119年，中国的书籍中首次提到指南针；1180年指南针传到阿拉伯和欧洲；而火炮传播得更早。在13世纪，蒙古军侵略宋朝时，东方的工匠已经知道如何令火药迅速氧化从而发生爆炸，而不仅仅是燃烧，接着他们将这个新技术应用到竹筒中，助推箭头。迄今为止发现的最早的火炮（也许要追溯到 1288 年）在中国东北，是一根一英尺长的铁管，能够装入铅弹。仅仅 30 年后，在 1326 年，佛罗伦萨的一份手稿描述了一门铜炮，并且第二年在牛津手稿的一个插图中画出了两门做工粗糙，但却是实实在在的火炮。阿拉伯首次使用火炮是在 1331 年与西班牙的战争中。西欧很可能是从蒙古人那里直接学到火炮技术的，然后将这个技术传给了西班牙裔的穆斯林。又过了 30 年（1360 年），这些新武器才传到了埃及。

在接下来的几个世纪，火炮极大地改变了西方世界，即使如此，第二次东西方交流和第一次东西方交流一样，传播的最重要物品却是病菌。"中西方的文明都遭受了灾难性的瘟疫。瘟疫摧毁了国家，使人口急剧减少，"阿拉伯历史学家伊本·哈尔顿（Ibn Khaldun）写道，"它吞噬了文明的很多美好事物，使它们彻底消失。"这个瘟疫就是黑死病。

瘟疫在亚洲腹地变异，沿着丝绸之路扩散。一位阿拉伯学者（他自己就是死于瘟疫的）认为大草原约在 1331 年爆发瘟疫。同年，瘟疫沿着长江流域肆虐，据说每 10 个人中就有 9 个死于瘟疫。我们无法得知，在接下来的 20 年内是不是同样的病菌摧毁了欧亚大陆，但是，几乎可以肯定的是在 1338 年和 1339 年蒙古人的墓碑上提到的瘟疫就是这个。到了 14 世纪 50 年代，瘟疫平息了好几年，然后突然地到处都迅速爆发了瘟疫。1345 年，中国东部沿岸瘟疫肆虐，第二年，一支蒙古军队将瘟疫带到了克里米亚的卡法，一个世纪前，马可·波罗的叔叔正是从这个城市离开，动身前往北京的。第二次东西方交流回到原点。

1347 年，商人们把鼠疫带到了地中海的每一个港口。从英国到伊拉克都出现了黑死病——"胳肢窝下或者腹股沟突然出现肿块，通常这两个地方都有肿块，"一位法国编年史家在 1348 年记载道，"死亡不可避免。"通过咳嗽传播的肺鼠疫，甚至更加致命。"人们身上有很多血点，身上布满了红斑，然后死亡。"大马士革的一位诗人这样写道，他本人于 1363 年死于瘟疫。

很多作家描述了当时的情景：墓地都无法容纳更多的尸体，牧师正念着最后的经文就突然死去，整个村庄都空了。另一位大马士革诗人写道："人类的灵魂变得非常廉价。"黑死病的一种症状就是患者的皮肤上会出现许多黑斑。

到了 1351 年，已经有 1/3 甚至一半的西方人死于疾病，疾病从地中海地区扩散到俄国，然后又传播到中国。那一年，中国皇帝从亚洲内陆征用了"绿眼基督徒"与那些带来瘟疫的造反者作战。瘟疫杀死了一半的军队，之后中国每年都受到瘟疫的袭击，直到 1360 年。我们无法计算死亡人数，但这数字肯定大得惊人。

黑死病给人类带来了巨大的灾难，尤其是在 1340 年。中世纪暖期接近尾声，开始了气候学家所说的小冰期。从挪威到中国，冰川开始形成。位于格陵兰和冰岛之间的丹麦海峡，自 1350 年后定期结冰。挪威人丢弃了他们在格陵兰的定居点，北极熊穿过冰桥前往冰岛，那儿对他们来说足够冷。在 1303 年和 1306~1307 年，波罗的海就封冻过两次；1309~1310 年，英国的泰晤士河也完全结冰。1315~1317 年，欧洲西北部降雨频繁，以至于谷物都在地里腐烂了，并且——一个令人惊讶的事实——由于土地过于泥泞，骑士无法作战。

谷物歉收，亲人死亡，人们相信上帝正发出某种信息。在中国，匪徒发起了宗教叛乱，主要就是反对蒙古入侵者。一方面是因为这个外族皇帝的纵酒狂欢，一方面是因为这些以救世主自居的领导者宣称佛祖惩恶扬善，引导每一个人死后都进入天堂。到1350年的时候，这个帝国已经开始瓦解了。

对于古代西方的核心地区之一伊拉克，我们知之甚少。那儿的蒙古统治者和中国的蒙古统治者一样无能，不过在埃及和叙利亚，瘟疫增强了伊斯兰教的地位。显然，不是所有的人都相信瘟疫只是用来惩罚异教徒这个说法（对于相信的人来说，死于瘟疫是一种恩赐，也是一种殉道），例如，编年史学家阿瓦第（al-Wardi）就写道："我们请求上帝原谅我们灵魂里的罪恶，瘟疫就是他对我们的惩罚之一。"那些贩卖魔法防御的商人也有了生意——但是最受欢迎的做法还是集体祈祷会，游行到圣人的墓穴前以及对醉酒和道德沦丧所采取的更加严厉的措施。

对很多基督徒来说，事情看起来更加严峻。因为不仅看起来上帝在惩罚他们（一位意大利人悲叹道："当我准备写上帝对人类的神圣审判时，我感到心烦意乱。"），而且教会本身看起来也快要瓦解了。1303年，法国国王派人殴打教皇，并把他关进监狱。之后不久，教皇法庭转移到法国的阿维尼翁，阿维尼翁成为腐败和堕落的代名词。一个教皇甚至宣布禁止说耶稣曾是穷人。最后一些红衣主教转而支持罗马，选出了一位反对教皇的人，与阿维尼翁教皇在每件事上进行争论。1409年后的几年，实际上有三位对立的教皇，每一位都宣称自己是上帝在人间的代表。

人们对教会失去信心后，开始依靠自己解决问题。1260年前后，意大利北部出现了一个主张极端苦行的鞭笞派：

> 该派教徒赤裸上半身，穿过城市以及繁华小镇的十字路口和广场。他们在那儿围成圈，一面唱圣诗，一面用皮鞭抽打自

己，直至流血。他们认为可以借此赎罪，并且劝人悔改……必须指出的是，很多受人尊敬的妇女和虔诚的老夫人就像男人一样，用这种方式进行苦修，唱着圣诗穿过小镇和教堂。

其他人选择更加传统的赎罪法，例如杀戮犹太人，即使犹太人和基督徒死得一样快（正如一位教皇于 1348 年指出的那样）。但是什么都起不了作用，地中海周围那些西方核心地区就这样迅速崩溃了。末日似乎就要来临。

不同的河流：
攻陷君士坦丁堡与朱元璋起义

历史似乎在不断地重演。公元 1 世纪，西方的社会发展指数达到了 43 分左右。1 100 年之后，东方的社会发展达到了相同的水平，也面临着同样的灾难。如果冯·丹尼肯的外星人在 1350 年再一次来到地球的话，他们就会发现，人类的历史不断面临经济繁荣与衰退的循环。

但是就像我所想象的所有太空人一样，他们可能也会犯错，因为另一条历史规律也在起作用。即使是天启骑士也不可能两次踏进同一条河流。在第二次东西方交流时这些骑士所经过的核心地区与他们在第一次东西方交流时所摧毁的核心地区大不一样，这意味着第二次东西方交流带来的结果与第一次东西方交流的结果差异巨大。

最为明显的是，1200 年左右的第二次东西方交流中，东西方核心地区的地理面积都比第一次东西方交流时的地理面积大，这个面积的差异非常重要。一方面，核心地区越大，受到的破坏也越大：我们很难给灾难量化，但是始于 13 世纪的瘟疫、饥荒和迁徙确实看起来比始于公元 2 世纪的要严重得多。但是另一方面，核心地区越大，也意味着越能承受冲击，越能迅速恢复发展。13 世纪的日本、南亚、地中海盆地以及欧洲大部分，都逃脱了蒙古人的摧毁；14 世纪，日本和南亚还躲过了黑死病；中国的中心地带——长江三角洲似乎也完好地度过了这些灾难。

经济地理也发生了改变。公元 100 年左右，西方的中心比东方的中心更加富裕和发达。但是到了 1200 年，则是另一种情形了：东方的中心（而不是西方的中心）创下了历史纪录，并且西方的任何事物与东方的商业网络相比（尤其是那些连接中国南部、亚洲东南部和印度洋的商业网络），都相形见绌。

政治地理的变化巩固了经济。还在公元 100 年的时候，每个核心地区的大部分贸易只是在一个国家内部进行；而到了 1200 年，贸易已经跨越了国界。政治上，东西方的核心都比以前要混乱得多。并且，即使在黑死病之后，大国再一次巩固了原先的中心地带，政治关系还是变得非常不一样。每一个大国都必须和周围的一些小国打交道。在东方，这种关系主要是商业和外交上的；在西方，这种关系更多的是暴力上的。

把以上这些因素都放在一起考虑，这些变化意味着，在第二次东西方交流中，这些核心地区比第一次东西方交流时恢复得要快，恢复的方式也不相同。

14 世纪的时候，西方的奥斯曼人在原先的中心地带迅速重建了一个帝国。蒙古人摧毁了原先的伊斯兰王国后，土耳其部落于 1300 年左右定居在安纳托利亚，奥斯曼人只是其中的部落之一。但是在发生黑死病的几年后，他们已经比对手更占上风了，并建立起了一座欧洲桥头堡。到了 13 世纪 90 年代，他们就已开始欺凌拜占庭帝国的幸存者；到了 1396 年，他们令基督教世界十分恐惧，以至于原先针锋相对的罗马和阿维尼翁教皇达成统一意见，联合起来，派遣十字军讨伐他们。

这是一个灾难，但是当帖木儿（一位蒙古首领，是成吉思汗的后裔）对伊斯兰世界发动新的进攻时，基督徒获得了短暂的希望。1400 年，蒙古人攻入大马士革；1401 年，他们抢掠了巴格达，据说当时用巴格达 9 万居民的头骨在废墟周围建起一座座塔；1402 年，帖木儿打败奥斯曼，把苏丹王关进笼子，苏丹王最后羞愧而死。但是之后，基督徒的希望落空了。帖木儿决定不再留下来继续破坏穆斯林其他的土地，而是杀回中国，因为他认为当时中国的皇帝侮辱了他。然而，1405 年，帖木儿却在骑马前往中国报仇的途中病死了。

幸免于难的奥斯曼人在 20 年里迅速恢复了商业，但是他们在巴尔干遭遇了惨痛的教训。1402 年，蒙古人侵略他们的时候，蒙古弓箭手包围并射杀了行动不如他们敏捷的奥斯曼人。欧洲军队无法和这些骑士短兵相接，但是他们已经大大改进了他们的武器，所以在 1444 年的时候，一支匈牙利军队给了奥斯曼人狠狠一击。匈牙利人将武器绑在一起，然后将小炮装在车上作为移动的堡垒，阻挡了土耳其骑兵的攻击。如果匈牙利国王那天没有冲在军队的前面战死的话，他也许就能取得胜利了。

土耳其人学得很快，马上就想到了最好的应对办法：购买欧洲人的武器。这个新技术很昂贵，但是即使是欧洲最富有的城邦，例如威尼斯和热那亚，也要比苏丹王贫穷得多。奥斯曼雇佣意大利人作为军官和攻城技师，将被奴役的基督徒训练成步兵精英，并且还招募欧洲枪手。不久之后，奥斯曼又重新开始进攻了。1453 年，他们对君士坦丁堡发动进攻时（当时的君士坦丁堡仍然是世界上最大的堡垒，也是土耳其进攻的最大障碍）挖走了拜占庭的一流枪手——一个匈牙利人。这个枪手为奥斯曼制造了一个可以扔一千磅重的石球的铁质加农炮，（根据编年史学家所说）它的声音大得会让孕妇流产。事实上，这个大炮在第二天就出现了裂缝，在第四天或者第五天的时候已经坏了。但在这个大炮坏了之后，这个匈牙利人又制造了一门更小、更实用的加农炮。

有史以来第一次也是唯一一次，君士坦丁堡的城墙被攻破了。成千上万个惊慌失措的拜占庭人涌入圣索菲亚大教堂（吉本称之为"人间天堂，第二个天空，最后的乐园和上帝的宝座"）——他们相信预言所说的，当异教徒攻击教堂的时候，会有天使出现，手握短剑，恢复罗马帝国。但是没有天使出现，君士坦丁堡沦陷了。吉本指出，它的沦陷带来了罗马帝国的最终灭亡。

随着土耳其人的逼近，欧洲国王更加残暴地互相对抗和镇压异教徒，爆发了真正的战争。先是 1470 年法国和勃艮第的战争。他们用更厚的炮管制造加农炮，在加农炮中装入火药，并用铁质炮弹替代了石头炮弹。这样便产生了更小型、更有威力和更易于携带的加农炮，原先的武器被废弃了。新型的炮弹很轻，可以装在昂贵的新型战船中，这些战船是靠风帆行驶而不是靠船桨。加农炮的炮门很低，它的铁质炮弹正好可以击中敌军船只的吃水线。

除了国王，没有人能够承担得起这么昂贵的技术。慢慢的，西欧君主买入了大量新型武器用来震慑贵族、独立城市以及主教，这些主教混乱、重叠的管辖范围使得早期的欧洲国家非常脆弱。君主们在大西洋沿岸建立起了更加强大的国家——法国、西班牙和英国，国王的命令贯彻全国，并且这个国家第一次要求人们对它保持忠诚。一旦国王成功控制贵族，就可以建立官僚体制，直接向人民征收税收以及购买更多的枪支——当然这也会迫使邻国君主购买更多的枪支，从而迫使每一个人捐出更多的钱。

后发优势再一次显现，斗争慢慢地将西方的中心转移到了大西洋。意大利北部的城市长久以来都被认为是欧洲最为发达的地方，但是现在它们的先进却面对着一个劣势：要将诸如米兰和威尼斯这样的城邦国家变成意大利民族国家，它们显得过于富有和强大，但是要单独对抗诸如法国和西班牙这样真正的民族国家，它们却还不够富有和强大。马基雅维利这类作家对这种自由非常高兴，但是当 1494 年，法国军队入侵意大利时，这种代价就显而易见了。正如马基雅维利承认的那样，法国对意大利的进攻已经变成"对其发动战争时毫无畏惧，继续战争时毫无危险，结束战争时毫发无损"。12 支最新的法国加农炮扫清了路上的一切障碍，法国军队只花了 8 个小时就把蒙特·圣乔瓦尼城堡炸开了，杀死了 700 名意大利士兵，而法国只牺牲了 10 名士兵。意大利的城市不能和诸如法国这样的大国相比。到了 1500 年，大西洋沿岸的西方核心地区已经发生了变化，而战争是主要的因素。

相比之下，东方的核心转移到了中国，商业和外交起着主要作用，虽然新的帝国的崛起也和西方一样，是以残酷的流血事件为开端。明朝开国皇帝朱元璋重新统一了中国。朱元璋于 1328 年出生在一个贫困家庭，当时蒙古力量正在衰败。朱元璋的父母（为了逃离沉重税收迁移到其他地方）卖掉了朱元璋的哥哥和姐姐，把最小的儿子朱元璋留给一位僧人抚养。这位老人给朱元璋讲了很多红巾军的英勇事迹，红巾军运动是诸多对抗蒙古统治的运动之一。老人坚持，报应就要到了，菩萨不久就会从天上下来惩治这些恶人。但是相反，1344年的夏天面临着蝗虫和旱灾，疾病（极有可能就是黑死病）夺走了朱元璋一家人的性命。

年少的朱元璋在寺院里打杂，但是因荒年寺院难以维持，方丈遣散众僧，朱元璋只得离乡为游方僧。在中国南部游历了三四年之后，朱元璋回到寺院，却见寺院已被烧成了平地。蒙古统治的崩溃也带来了国内战争。朱元璋没有其他地方可去，于是就和其他僧人一起，在这冒着烟的废墟上游荡着，时常饥肠辘辘。

朱元璋长相奇丑，身材很高，下巴突出，满脸麻子。但是他很聪明、刚毅，能读书写字（这得归功于那些僧人），总之，他属于任何帮派都想拉他入伙的那种人。当一支红巾军队伍经过时，他们就把朱元璋招收入伍。红巾军首领对朱元璋非常欣赏。后来，他娶了首领的女儿为妻，并且最后成了这帮人的首领。

在12年无休止的战争中，朱元璋把自己的手下从一帮残忍的匪徒变成了一支训练有素的军队，并且将其他叛乱者从长江流域驱逐出去。不过，他并不相信红巾军盲目的目标，而是组织了一个能够管理整个帝国的官僚体系。1368年1月，40岁的朱元璋在文武百官的欢呼声中，登上皇帝的宝座，建国号大明，年号洪武。

朱元璋的所有诏令听起来都好像与他糟糕、贫穷和暴力的幼年生活有关。他想把中国变成一个和平稳定的田园式天堂，在这里，德高望重的老者监督着自给自足的农民，商人只对不能在本地生产的商品进行贸易，并且（不像朱元璋的家庭那样）没有人四处搬迁。朱元璋认为很少有人需要离开家 8 英里远，并且如果不经允许就离家超过 35 英里远，就要被鞭打。朱元璋担心商业和货币制度会腐蚀稳固的社会关系，曾三次颁布法令限制外国人和政府批准的商人进行商业活动，甚至还禁止外国香料的流入，防止它们诱惑中国人进行非法交易。到 1452 年为止，朱元璋的继承者三次更新这些法令，在第四次更新法令的时候，由于害怕商人能够轻易地进行不必要的商业活动，皇帝禁止了白银的流通。

朱元璋在自己的遗诏中写道："31 年来，我一直都努力地执行上天的命令，担惊受怕，没有哪一天过得轻松。"但是，我们必须想一想，朱元璋的斗争有多少只是存在于自己的想法里，而没有实际行动。与他之前的那些蒙古统治者相反，朱元璋急于把自己变为理想化的儒家统治者，只不过他从来没有真正禁止过对外贸易。他的儿子永乐皇帝甚至还扩展了对外贸易，多次为了自己的私生活引进朝鲜处女（他说，她们有利于自己的健康）。但是，明朝的君主并没有坚持通过官方进行贸易。他们再三宣称这样是为了保护社会的稳定（理论上），让外国人显示应有的尊重。一个统治者解释道："我并不喜欢外国的东西。我接受它们仅仅是因为这些东西来自遥远的地方，表达了远方人民的真诚。""贡品"（指那些在国土之外的交易）填满了皇帝的金库这个事实也不值得一提。

尽管如此，贸易还是发展迅速。1488 年，一位遭遇海难的朝鲜人观察到，"杭州湾里的外国船只就像梳齿那么密集"。沉船遗骸考古学家发现，商船变得更大了。皇帝不得不多次修订关于贸易的法令，这有力地反映了人们正在忽略这些法令。

商业繁荣的影响非常深远。农民收入再一次增加，家庭人口增多，大批农民开垦了新土地或者去城里工作。遭受了几个世纪的风风雨雨后，当地的有识之士修复了道路、桥梁以及运河，商人贩卖食物，人们都奔向市场，廉价出售自己能够生产的产品，购买其他商品。到了1487年，一位官员写道，人们"把谷物换成金钱，然后再把金钱换成衣服、食物以及日常用品……整个国家的每个人都是如此"。

商业将扩大了的东方核心联系起来，就像战争将西方国家联系起来一样。14世纪的日本在人口、农业以及金融方面都迅速发展。虽然受到明朝的法令限制，但是日本和中国的贸易还是稳定增长。贸易对于东南亚国家而言显得更加重要：从外贸中获得的税收为爪哇的麻喏巴歇等国的兴起提供了资金，麻喏巴歇控制着香料产业。许多当地的统治者为了保住自己的地位，向中国寻求帮助。

所有的这些都不需要摧毁了西方国家的那种残酷的暴力。除了试图在越南建立起一个友好的政权，早期的明朝皇帝只与蒙古人作战。蒙古人仍然是明朝唯一的威胁。假如帖木儿没有在1405年驾崩的话，他可能已经将明朝推翻了。1449年，另一支蒙古部落俘虏了一位明朝皇帝。但是，明朝皇帝认为他们不需要先进的炮弹与蒙古人作战，只需要拥有大批的传统军队就可以了。例如，1422年，当永乐皇帝入侵大草原时，他就动用了34万头驴、11.7万辆马车以及23.5万个车夫来运输供士兵食用的4800万磅谷物。

为开展对外交流，扩大明朝的影响，永乐皇帝于1405年宣布要派使臣到"西洋（即印度洋）上的各国以耀兵异域，示中国富强"，将商业与外交联系起来。不过和使臣们一起去的，还有当时世界上最大的舰船。为了造这艘船，他召集25 000个工匠在当时的首都南京建造了大造船厂。四川的伐木工人挑选出最好的杉树来制造船桅，榆树和雪松来制造船体，橡树来制造舵柄，并且砍下整棵树，让它们顺着长江而下，到达造船厂。工匠建起几百英尺长的巨大干船坞，用来建造大船。他们考虑了每一个细节，甚至给铁钉涂上了特制的防水层。

这艘船并不是军舰，但是建造这艘船的目的就是为了震慑他国，令他国敬畏。这是有史以来最大的木船，约有250英尺长，吃水2 000吨；船头站着历史上最伟大的上将——穆斯林宦官郑和。据说郑和有7英尺高，腰围60英寸（一些记录中，郑和高9英尺，腰围90英寸）。

300多艘船起航，载着27 870名船员。此行的计划是在印度洋周围的一些富裕国家上岸。这些国家的国王发现，一夜之间，宫殿的窗户外面到处都是中国的船只。他们交出大量的贡品，通过官方渠道进行交易。但是这次航行也是一次大冒险：船员们觉得自己似乎来到了一个贫困地区，在这儿，一切都有可能发生。在斯里兰卡的时候，当地的穆斯林给他们看圣经上亚当的脚印；而在越南时，船员们认为他们必须躲过一些"僵尸头野蛮人"。

这个女鬼是人类家庭中一个真正的女人，唯一的特别之处在于她的眼睛没有瞳孔。到了晚上，当她睡着的时候，她的头就会飞走，吃人类婴儿的粪便。这些邪气进入婴儿的腹部，最后，婴儿因为受到邪气的影响而死亡。然后这个头就会飞回来，重新安到她的身上，与之前无异。如果人们知道了，等头飞走后，把她的身体移到其他地方，当头飞回来的时候，如果不能安到身体上的话，这个女人就会死亡。

不过，除了他们自己想象的一些威胁外，船员们几乎没有遇到什么危险。1405~1433 年之间派出的 7 支宝船舰队有史以来最有力地显示了明朝国力。为了夺得马六甲海峡（它那时和现在一样都是世界上最为繁忙的航道，而且时常有海盗侵袭），他们打了三次仗。除此之外，他们只在斯里兰卡内战中支持一方时使用了武力。摩加迪沙的街道并没有给中国船员留下深刻的印象（一位郑和的手下写道，"我们四处张望，看到的只是叹息的人们以及愠怒的眼神。整个国家除了山，什么也没有，一片荒凉"）。不过，麦加倒是令他们印象深刻（虽然一位官员觉得伊斯兰教最神圣的神殿看起来就像是一座塔一样）。

宝船舰队向南部和西部足足行驶了 9 000 英里，但是一些研究学者认为，这只是个开始。郑和的船上有指南针和地图，装有大量食物和饮用水，所以他们能去任何想去的地方。前任英国皇家海军潜艇艇长加文·孟席斯（Gavin Menzies）在他的畅销书——《1421：中国发现美洲之年》（*1421: The Year China Discovered America*）中指出，这艘船到达过很多地方。孟席斯认为，郑和的手下周满率领船队穿过当时还未在图上画出的太平洋，于 1423 年夏天登陆俄勒冈州，之后沿着美国的西海岸向下航行。孟席斯认为，虽然在旧金山湾丢了一艘船，但是，周满还是坚持沿着墨西哥湾沿岸，一路驶向秘鲁，最后才穿过太平洋返回中国。1423 年 10 月，经过了 4 个月的绕道之行后，周满安全地回到了南京。

孟席斯认为，传统的历史学家忽略了周满的功绩（还忽略了更令人惊讶的航行——郑和的手下到过大西洋、北极、南极洲、澳大利亚和意大利），因为郑和的航海日志在 15 世纪时就丢失了。

并且由于很少有历史学家像孟席斯那样具有实际的航海知识，因此，他们也就不能发现隐藏在 15 世纪和 16 世纪地图中的线索。

但是历史学家仍然坚持自己的看法。他们承认，郑和的航海日志确实已经丢失，但是这些历史学家发出疑问：为什么现有的大量明朝文献——包括对郑和航行的两次现场目击——从来没有提到过这些发现？他们好奇，15 世纪的船只如何能够达到孟席斯理论中要求的那种船速？郑和的船员如何像孟席斯声称的那样绘制世界的海岸线？为什么孟席斯收集到的证据无法经受学术检验？

我必须承认我站在质疑者这一边。我认为，孟席斯的《1421：中国发现美洲之年》与冯·丹尼肯的《众神的战车》不相上下。但是，就像冯·丹尼肯的猜想那样——或者像本书的简介中提到的艾伯特在北京的情形一样——《1421：中国发现美洲之年》的优点在于，它让我们思考为什么事情不是这样发展的。这是一个关键的问题，因为如果事情就像孟席斯所说的那样发生，西方现在很可能就不会处于主宰地位了。

郑和下西洋的"奇特经历"

时间是 1431 年的 8 月 13 日，地点在特诺奇蒂特兰。郑和的头疼痛不已。他每天所做的，就是不停地派遣信使到燃烧中的城市，要求他的同盟停止屠杀阿兹特克人。但是，当阳光穿过烟雾时，他放弃了。他告诉自己，没有人能因为这些屠杀责怪他。这些人野蛮、粗鄙而无知，他们甚至不知道铜是什么。他们在乎的只是用玻璃般光滑的黑色石头劈开敌人的胸膛，扯出敌人那还跳动着的心脏。

郑和和他的手下当然知道中国古代商朝的故事：几千年前残暴的商朝统治者以人做献祭，当时的人们普遍认为在太平洋之外是一个平行的世界——这个世界比僵尸头野人的国家还要奇特——那儿的时间是静止的，而且仍然由商王统治。郑和的手下猜想，上帝一定又给他们委派了和古代周朝一样的任务，郑和是新的吴王，是为了从这片土地的邪恶国王手中夺过上帝委任的统治权，是为了开创一个黄金时代。

当皇帝派他前往东洋时，郑和并没有预见到这些。皇帝说，你从东海进入蓬莱岛。自从秦始皇以来，人们一直在寻找这些岛屿。那儿的精灵住在银子和金子装饰的宫殿里。鸟儿和野兽都是全白的，还长着仙草。10年前，我们的上将周满来到了这片神奇的地方，我现在命令你给我们带回长生草。

郑和比任何人见过的世面都要多，没有什么东西能让他惊讶。即使是碰见了传说中的龙和大鲨鱼，他也会镇定自如。但是他还是没能发现长生草。郑和的船队沿着日本的海岸线向上行驶，赐予当地武装派别一些头衔，接受了他们的贡品。他的船舰已经逆风行驶了两个月，驶向海天交融的地平线。他那些几乎就要叛变的手下发现了一块新土地，这块土地上都是树、雨水和山峰，情形比在非洲的时候更糟。

当他们沿着海岸线向下航行时，花了更长的时间。在那儿，他们发现了当地人。这些当地人并没有吓得跑开——事实上，这些当地人是出来迎接他们的，带着一些他们从来没有尝过的美食。这些好客、半裸的当地人并没有长生草，虽然他们吸食着会令人兴奋的药草。他们也没有银子和金子装饰的宫殿，不过他们听起

西方将主宰多久

东方为什么会落后，西方为什么能崛起

416

来好像在说这些东西都在岛内。所以，郑和只带了几百个人、几十匹马，在对当地语言一知半解的情况下，动身寻找长生草去了。

有的时候他不得不与野蛮人进行搏斗，但是火焰炸弹起到了威慑的作用，这些野蛮人不敢进入他们的地盘。即使有的时候，没什么火力了，马匹和钢制短剑也一样能吓住这些野蛮人。不过，他最好的武器却是这些当地人。这些当地人把郑和和他的手下当做神明一样来对待，给他们搬运供给品，为他们打架。郑和聪明地利用野人来对付野人。郑和"手下"的这群野人自称是普雷佩查。这些原住民原先就对邻近的原住民阿兹特克充满仇恨，郑和让他们这种仇恨达到极点。虽然郑和并不知道究竟是什么仇恨，但是这并不重要，慢慢的，原住民间的内战让他更加接近长生草。

直到他的同盟来到阿兹特克的首都特诺奇蒂特兰之外时，郑和才不得不承认，没有什么长生草。就特诺奇蒂特兰本身而言，它非常大：街道宽广、笔直，还有阶梯式的金字塔。但是，这儿没有白色动物，没有银子和金子装饰的宫殿，当然也没有长生草。事实上，到处都是死亡。可怕的黄水疮和脓包夺走了几千人的生命，他们的身体甚至在他们死亡之前就已经发臭了。郑和见过很多的瘟疫，但没有哪一个像这个一样可怕。不过他的手下中，100个人中只有一个得这种病，这显然是得到了上帝的庇佑。

直到最后一刻，瘟疫的危险性才显露了出来——郑和手下的原住民已经虚弱得不能攻击特诺奇蒂特兰人，特诺奇蒂特兰人也虚弱得不能防御了。但是，上帝又一次站在了郑和这一边。郑和的骑士通过堤道，用弓箭攻进了特诺奇蒂特兰。街上发生了一场胜负显而易见的恶战——阿兹特克人用石头和棉花对抗中国的铁质短剑和锁子甲——阿兹特克人放弃了抵抗，普雷佩查开始烧杀抢掠。当最后一个阿兹特克国王伊兹科阿图在宫殿门口抵抗时，他们用剑把他刺死了，然后把他扔进火里，挖出了他的心脏，并且——最为恐怖的是——他们把他的肉割下，生吃了。

郑和的疑问有了答案。这些人并不是不死之身。他这个开创了新时代的"吴王"也不是。事实上，这时候唯一的难题就是，他怎么把自己抢夺到的财物带回南京。

伟大人物和愚笨之人：
为什么中国越来越保守，
而西方越来越愿意冒险

当然，事实并不是这样，而是像我在前言中描述的那样。特诺奇蒂特兰人确实被洗劫了。它的邻居美索美洲人对其发动了多次进攻，并且还带来了致命的疾病。不过洗劫发生在 1521 年，而不是 1431 年；领导者是荷南·科尔特斯（Hernan Cortes）而不是郑和；致命的细菌来自欧洲，而非亚洲。如果周满真如孟席斯所说的那样发现了美洲，如果故事正如我刚才描述的那样展开，而且墨西哥成为明朝帝国而不是西班牙的一部分的话，当今世界就完全是另一种情形了。美洲就有可能与太平洋的经济而不是大西洋的经济联系起来；它们的资源可能推动东方的工业革命，而不是西方的工业革命；艾伯特就可能死于北京而不是巴尔莫勒尔堡。西方也不会占据主宰地位了。

那么为什么事情是这样发生的？

如果他们的船长愿意的话，明朝的船只完全可以航行到美洲。事实上，1955 年一艘仿制郑和时期的船只从中国开到了加利福尼

亚州（虽然没有返回中国），在 2009 年时，另外一艘按明代原样复制的木帆船"太平公主"号从台湾启程，用了 79 天横跨太平洋，于 10 月 9 日抵达旧金山，可惜在回程抵达台湾的前夕被撞沉。"太平公主"号这次往返太平洋的活动，初衷就是利用科学实证法来证明明代的时候，中国人就有能力横渡大洋到达美洲再返回中国。

大多数人认为，历史之所以这样发展，是因为在 15 世纪的时候，中国皇帝已经对航海失去兴趣了，而欧洲的国王（不管怎么样，有一些）对此变得感兴趣了。就某个方面来说，这是非常正确的。当永乐皇帝在 1424 年驾崩的时候，他的继承者首先制定法令，禁止远洋航行。不出所料，印度洋上的国王停止了进献贡品，于是下一位皇帝于 1431 年派遣郑和再次前往波斯湾，只是后来的正统皇帝又废除了这项法令。1436 年，朝廷拒绝了南京船坞要求招收更多工匠的再三请求，在接下来的 10 年或 20 年里，大船都腐烂了。到了 1500 年，没有皇帝像永乐皇帝那样，派船前往各国，即使他们有这个想法也无法付诸实施。

在欧亚大陆的另一端，皇族正做着截然相反的事情。葡萄牙亨利王子是一位航海家，为探险投入了大量的资源。他的一部分动机是出于自私的打算（例如觊觎非洲的黄金），一部分则是由于超自然的原因（例如，他相信在非洲的某个地方，有一位信仰基督教的祭司王约翰。这位国王长生不死，守卫着天堂的大门，并且会将欧洲从伊斯兰教手中解救出来）。同时，亨利还为探险提供资金，雇佣制图师，帮助设计能够航行至非洲西海岸的新型船只。

葡萄牙的探险当然并非都是一帆风顺。1420 年，一位船长

（克里斯托弗·哥伦布未来的岳父）发现了无人居住的马德拉群岛，他在波尔图桑塔岛放走了一只母兔和它的孩子。兔子的繁殖速度很快，它们吃掉了所有的东西，迫使船员不得不迁移到马德拉（葡萄牙语中意为"树林"）一个森林茂盛的小岛上。这些殖民者放火烧这个岛，迫使"所有的男人、女人和小孩为了躲避这场大火，都逃到海里去。海水没过他们的脖子，他们两天两夜没有吃没有喝"，一位编年史学家这样说道。

但是在破坏了当地的生态系统之后，欧洲人发现这片烧焦了的土地非常适合甘蔗生长，亨利王子也出资让他们建立磨坊。在30年里，他们引进了非洲奴隶在他们的种植园劳作，到了15世纪末，这些开拓者每年都出口600多吨的蔗糖。

航行到大西洋更深处时，葡萄牙的船员发现了亚速尔群岛。沿着非洲海岸，他们于1444年到达了塞内加尔河。1473年，他们首次穿过了赤道，并且在1482年的时候到达刚果河。船队在那里遇到了强烈的风暴。苦于疾病和风暴的船员们多数不愿继续冒险前行，数次请求返航。巴尔托洛梅乌·迪亚斯（Bartolomeu Dias）力排众议，坚持南行。船队在大洋中漂泊了13个昼夜，不知不觉间到达了非洲南端的"风暴角"（现在称之为"好望角"）。迪亚斯本想继续沿海岸线东行，无奈疲惫不堪的船员们归心似箭，迪亚斯只好下令返航。虽然迪亚斯并没有发现祭司王约翰，但是他发现了一条可以通向东方的海上之路。

与郑和的航海相比，葡萄牙人的探险规模既小得可笑（只有几十个船员，而不是成百上千）又不体面（有兔子、蔗糖和奴隶，甚至没有从其他王室那里获得礼物）。但是事后看来，1430年是世界历史上的一个决定性时刻，或者说是唯一的一个决定性时刻，就是在这个时候，西方才变得有可能主宰世界；就是在这个时刻，海上技术的发展将几大海洋变成了高速通道，连接起整个地球。亨利王子抓住了这个机遇，而明朝正统皇帝却将这个机遇拒之门外。从这里开始，历史上关于伟大人物和愚笨之人的理论似乎有了定论：这个地球的命运依赖于这两个男人所做的决定。

但是，是这样吗？亨利的远见令人印象深刻，但是显然并不是独一无二的。其他的欧洲国王紧随其后，意大利无数的私人航海探险队同样发挥了重要作用。如果亨利是以收集钱币而不是航海为兴趣的话，其他的统治者很可能会接替他的做法。当葡萄牙国王约翰拒绝资助冒险家哥伦布那个听起来疯狂的想法时——向西航行到达印度，卡斯提尔女王伊莎贝拉介入了（虽然在她点头同意前，哥伦布已经向她说了三次这个想法）。不到一年，哥伦布回来了，宣布——他在这里犯了两个错误——他已经登上了大可汗的土地（他犯的第一个错误是，那里实际上是古巴；第二个错误是，蒙古人已经被中国驱逐出去一个多世纪了）。卡斯提尔发现了通往亚洲的新路线，这引起了英国亨利七世的恐惧。于是在 1497 年时，亨利七世派遣佛罗伦萨商人乔瓦尼·卡波托（Giovanni Caboto）进行航海活动。卡波托到达了纽芬兰岛，不过他和哥伦布一样，犯了糊涂，坚持认为这片土地也是大可汗的土地。

虽然正统皇帝的错误今天看来是非常严重的，但是我们应该知道，1436 年，当他"决定"不派造船者去南京时，他才 9 岁。他的大臣们为他做了这个决定，于是在整个 15 世纪，正统皇帝之后的历任皇帝都在重复这个决定。有一个故事说，1477 年，当大臣们重提派宝船舰队航行这个想法时，一些阴谋家烧毁了郑和的航海日志，其中以刘大夏为首。他跟兵部尚书这样说道：

> 郑和前往西方的航海浪费了上百万的金钱和谷物，而且成千上万的人死于此……这是一个极其糟糕的行动，大臣们本应该予以强烈反对。即使这些旧资料现在还保存着，也应该被烧毁。

了解了刘大夏所要表达的意思之后——刘大夏是故意"丢掉"这些资料的——兵部尚书从椅子上站了起来，说道："你的阴德不小。这个位置迟早是你的！"

即使亨利和正统皇帝是不一样的人，做出不一样的决定，历史也仍然会是一样的。我们不需要问为什么是由某一个王子或者皇帝做出一个决定，而是要问为什么当中国越来越保守时，西方的欧洲人反而更愿意冒险。或许只是由于文化的原因，使科尔特斯而不是郑和到达特诺奇蒂特兰，无关伟大人物或者愚笨之人。

为什么中国没有出现文艺复兴

"此刻，我希望自己能再年轻一次，"荷兰学者伊拉斯谟在1517年给朋友的信中这样写道，"没别的原因——只是我预见一个黄金时代就要到来了。"这个"黄金时代"，法国人称之为复兴，意为"重生"：如一些人认为的那样，这个复兴就是指突然而又不可逆转地使欧洲人与世界上的其他人区分开来的文化力量，使哥伦布和卡波托这样的航海家得以进行航海活动。意大利文化精英中那些富有创造力的天才——一位19世纪的历史学家称他们为"第一批现代欧洲之子"——使科尔特斯得以踏上特诺奇蒂特兰。

　　历史学家大都认为复兴源于 12 世纪，当时意大利北部的城市摆脱了德国和教皇的统治，发展为一个新兴的经济地区。他们的领导者希望摆脱受外国统治者统治的历史，开始寻找使城市发展成独立的共和政体的办法。渐渐的，他们发现可以在古罗马文献中找到答案。到了 14 世纪，气候变化、饥荒和疾病破坏了很多旧的确定性，于是一些学者将古代经典著作阐述为社会重生。

　　这些学者声称，古罗马是一个充满智慧和美德的土地，但是野蛮的"中世纪"介入古罗马与现代之间，腐蚀了一切。学者们建议，要发展意大利新的独立城市，就要往回看，他们必须建起一座通往古代的桥梁，这样就能复兴古代人的智慧，人性也会变得完美。

　　学术和艺术就是这座桥梁。学者们遍寻修道院寻找丢失的手稿，像罗马人那样全面地学习拉丁语，从而以罗马人的思维来思考、说话。这样，这些真正的人文主义者（他们自称）就可以重新抓住古罗马的智慧。同时，通过到处寻找罗马废墟，建筑者们能够修复古代文物，建造代表最高美德的教堂和宫殿。画家和音乐家没有罗马的例子可供学习，他们尽力地猜测古罗马的典范和统治者，迫切地想让自己看起来正在努力完善世界。他们邀请人文主义者作为顾问，委托艺术家给他们画像，还收集了罗马文物。

　　文艺复兴有一个奇怪的方面是，这个表面上重修文物的行为事实上却产生了发明和开放式求知这样非传统的文化。当然，也有来自保守派的声音。他们驱逐激进的思想家（例如马基雅维利），威胁他们保持沉默（如伽利略）。但是，他们却阻止不了新思想的萌发。

第八章

走向世界：元、明两个朝代给中国带来了什么回报是惊人的。通过将学术、艺术以及工艺的每个方面与其他事物联系起来，并以古代的标准对它们进行评价，诸如米开朗琪罗这样的"文艺复兴人"把它们一下子全都解放了。在这些令人惊叹的人物中，有的像阿尔贝蒂这样创立了伟大的理论，也有像达·芬奇这样的伟大人物，他们擅长一切事物，从肖像画法到数学。他们创造性的思维可以毫不费力地游走于工作室和权力走廊之间，将理论应用于实际：用来指挥军队、担任职务和给统治者提出建议（除了《君主论》，马基雅维利还写出了他那个时代最好的喜剧）。游客和移民将新思想从佛罗伦萨这个文艺复兴的中心传播至葡萄牙、波兰和英国，于是具有当地特色的文艺复兴在这些地方发展起来。

毫无疑问，这是历史上最惊人的插曲之一。文艺复兴时期的意大利人并没有重建罗马——即使在 1500 年，西方的社会发展仍然比 1 500 年前罗马的发展顶峰低了整整 10 分。与罗马帝国的鼎盛时期相比，更多的意大利人识字了，但是欧洲最大的城市面积也只有古罗马的 1/4；欧洲的士兵虽然配有枪支，但若与恺撒大帝的军团作战的话，也只是小兵小将而已；欧洲最富裕的国家也没有罗马最富有的行政区那么多产。但是，如果意大利的文艺复兴者确实彻彻底底地变革了西方文化，使得欧洲与世界其他地方区分开来，并且在保守的东方人安于现状时鼓舞了西方的冒险家征服美洲，那么这些量的差异也就显得不那么重要了。

我猜想，假如中国的知识分子听到这个想法的话，会感到非常吃惊。我可以想象得到，他们放下砚台和毛笔向 19 世纪的欧洲历史学家解释的情形。他们向那些提出这个理论的历史学家说道，20 世纪的意大利人并不是第一个对自己的历史感到失望，并从古代寻求方法完善现代的民族。中国的思想家——正如我们在第七章看到的那样——在 400 年前做着非常相似的事，就是回望过去的佛法来寻找汉朝文学和绘画中的智慧。意大利人在 15 世纪的时候通过过去寻求社会重生的道路，而中国人在 11 世纪的时候就已经这么做了。1500 年的佛罗伦萨人才辈出，这些人才精通医术、文学和政治，不过 1100 年时的开封就已经如此了。那时有一个了不起的人物名为沈括，其著作涵盖了农业、考古、制图、气候变化、古典文学、人种论、地理、数学、医学、冶金学、气象学、音乐、绘画和动物学等，难道达·芬奇精通的领域会比沈括精通的领域还要宽，还要惊人吗？沈括和所有佛罗伦萨的发明家一样精通工匠技艺，而且还介绍了运河水闸和活字印刷的工作原理，设计了新型的水闸，修建几个能抽干 10 万英亩沼泽的水泵；沈括和马基雅维利一样博学多才，而且还任职司天监，与游牧民商定协议。假如达·芬奇知道的话，也会惊叹不已的。

如果中国也对自己 400 年前的文化进行复兴的话，那么关于文艺复兴使得欧洲进入一个独特的发展方向这个理论也就不那么有说服力了。如果说中国和欧洲都是因为两次轴向思想浪潮才出现了文艺复兴，这样可能更合理：因为每一个时代都获得了它所需要的思想。聪明、有知识的人们思考摆在他们面前的难题，并且如果他们面临类似的问题的话，他们就会用类似的方式解决，无论身处何时何地。

11 世纪的中国人和 15 世纪的欧洲人确实面临着类似的问题。他们都生活在社会发展的时代，他们都了解第二波轴向思想结局很糟（东方的唐朝灭亡和对佛教的抵制、气候变化、黑死病，以及西方的教会危机）。他们都往回看"未开化"的过去，看看第一波了不起的轴向思想（东方的孔子和汉代王朝，西方的西塞罗和罗马帝国）。中西方采取的方式也是相似的：将先进的学术应用到古代的文学作品和艺术中，并以全新的方式解读世界。

询问为什么欧洲的文艺复兴促使冒险家前往特诺奇蒂特兰，而中国的保守主义者却安于现状、错失机遇这个问题，就好比询问为什么西方的统治者都是聪明人，而东方的统治者都是愚笨之人这个问题一样糟糕。显然，我们需要重新表述问题。我们应该这么问：如果欧洲 15 世纪的文艺复兴真的激发了探险活动，那么为什么中国 11 世纪的文艺复兴没有同样的影响呢？为什么中国的探险家在宋朝的时候没有发现美洲呢？这个时代比孟席斯推断他们去美洲的时间更早。

直接答案是没有文艺复兴精神促使宋朝的冒险家前往美洲，除非他们的船能到达那里，而 11 世纪的中国船只很可能做不到。一些历史学家并不赞同，他们指出，1000 年左右，维京人就乘坐比中国大船简陋得多的船只到达美洲。但是我们看一下地球仪就能发现其中有很大的不同。要到达美洲，这些维京人要穿过法罗群岛、冰岛以及格陵兰岛，但是他们从来没有穿过宽于 500 英里的公海。这听起来或许很可怕，但是将它与中国探险家穿过的海域相比，也就没什么了。中国的探险家必须从日本穿过 5 000 英里的黑潮，经过阿留申群岛，才能到达加利福尼亚的北部（如果顺着赤道逆流从菲律宾到尼加拉瓜的话，就要穿过两倍距离的公海）。

自然地理——以及本章稍后将要谈到的其他形式的地理——使得西方的欧洲人穿过大西洋比东方人穿过太平洋要容易得多。即使大风暴可能会将偶尔出现的中国船只吹到美洲——可以想象得到，北赤道洋流也会将他们带回——11世纪的探险家即便被文艺复兴精神所激励，也不会找到美洲，然后告诉世人。

只有在12世纪，造船和航海技术提高到一定水平时，中国的船只才可能完成南京与加利福尼亚州之间12 000英里的往返航程。当然，这也比哥伦布和科尔特斯早了近400年。那么，为什么12世纪的中国没有出现征服者呢？

这可能是因为12世纪中国的文艺复兴精神在衰退，无论我们如何界定文艺复兴精神这个词。12世纪的社会发展停滞不前，然后13~14世纪的时候出现下滑。随着文艺复兴先决条件的消失，精英思想趋于保守。一些历史学家认为，1070年，王安石变法的失败使得新儒家思想家拒绝接触更加广阔的世界，一些历史学家认为是由于1127年开封的衰败，另一些历史学家则认为原因与这些完全无关。但是几乎所有的历史学家都同意，虽然知识分子继续放眼世界，但是他们的行动实际上却带有很大的局限性。大多数人不愿冒着生命危险卷入国家的内部政治斗争中，于是选择了安于现状。一些人创办学校，并且虽然安排了讲课和阅读，却拒绝为科举考试培养学生；一些人为秩序良好的村庄和家庭仪式制定规则；还有一些仍然关注自身，通过"静坐"和沉思完善自己，如20世纪的理论家朱熹所说的"日省其身，有则改之，无则加勉"。

朱熹是那个时代的巨人。朱熹一生虽然为官时间不长，但一直努力设法缓和社会矛盾，或多或少地为下层人民办好事。1193年朱熹任职于湖南，不顾政务缠身，又主持修复了四大书院之一——岳麓书院，这成为朱熹讲学授徒、传播理学的场所。朱熹的一生志在树立理学，使之成为统治思想。但因理学初出，影响不深。因为牵涉国家政治，导致他被革职还乡，他毕生的理学研究也被批判为"伪学"。但是随着 13 世纪外在威胁的增加，以及国内大臣寻求各种方式保住自己的地位，朱熹的理学看起来非常有用。他的理学第一次得到平反，被列入科举考试范围，最后成为国家管理的唯一思想基础。朱熹的思想成为正统思想。1400年左右，一位学者开心地说道："因为朱熹，人们得以了解理学，不再需要书写，要做的只是实践。"

朱熹被称为中国历史上第二大有影响的思想家（仅次于孔子）。由于每个人的判断标准不同，有人认为朱熹完善了儒家思想，也有人认为他使中国处于停滞、自满以及压抑的状态。但是这些褒奖或者指责都过分夸大了。和所有最优秀的理论家一样，朱熹只是提出了时代需要的想法，人们觉得这些理论合适就使用了。

这一点在朱熹的家庭观上表现得最为明显。到了 12 世纪，佛教、原型女性主义以及经济的发展已经改变了原先的性别角色。有钱人家开始让他们的女儿接受教育，给她们更多的嫁妆，这提高了女性在家庭中的地位。随着女性经济地位的提高，他们规定女儿和儿子一样能继承财产。甚至在一些贫穷人家，商业化的纺织生产使妇女的赚钱能力增强，也就使她们拥有更多的财产权。

12 世纪男性富人开始反抗，当时朱熹还是个小孩子。男性要求女性守贞操，妻子不能独立，并且妇女只能待在家里（如果她们必须出去的话，就要蒙上面纱，或者坐在轿子里）。批评者们尤其反对那些再嫁的寡妇，认为她们把财产带入了其他家庭。当 13 世纪朱熹的理学得到平反时，他的思想看起来就像给这些想法披上了哲学外衣。14 世纪，那些官僚废除有利于妇女的财产法令时，他们宣布这些措施的基础就是朱熹的思想。

朱熹的著作并没有给妇女的生活带来改变，只是对知识分子以及很可能没有读过朱熹文章的人产生了影响。例如，在这些年，工匠眼中女性美丽的象征已经发生了巨大的改变。在公元 8 世纪，佛教和原型女性主义盛行的时候，当时最流行的陶瓷雕像类型是被美术史学家戏谑地称为"丰满女性"的雕像。据说受杨贵妃的启发——她的美貌引发了公元 755 年的安史之乱——他们所展示的妇女都相当丰满。相反，到了 12 世纪，画家笔下的妇女一般都很苍白，憔悴，服侍着丈夫或者疲倦地坐着，等着丈夫回来。

这些苗条的美人也许是一直坐着，因为站着很疼。臭名昭著的裹脚习俗（把女子的双脚用布帛缠裹起来，使其成为又小又尖的"三寸金莲"）可能始于 1100 年左右，在朱熹出生前 30 年。大概那个时候有一些诗指的就是裹脚这件事，在 1148 年后不久，一位知识分子写道："女性的裹脚是最近开始的，在以前的任何书籍中均没有提到。"

关于裹脚的最早考古依据是在黄升以及周夫人的墓中发现的，她们分别死于 1243 年和 1274 年。她们的脚上都裹着 6 英尺长的裹脚布，穿着丝绸鞋，鞋头向上翘（见图 8-2）。周夫人的骨骼保存完好，可以看到她那畸形的脚：她的 8 个小脚趾头扭曲在脚掌下，两个大脚趾头向前伸着，使得这双纤细的脚能够穿进她那又小又尖的鞋子。

12 世纪的中国并没有要求女性裹脚，改善女性的走路姿势似乎可以让所有人着迷（至少，让男性着迷）。但是，黄升和周夫人受到的折磨比其他国家的人们受到的折磨要大得多。穿细高跟鞋会让你脚趾起泡，裹脚则会使你坐在轮椅上。这个习俗带来的痛苦是——日复一日，从出生到死亡——难以想象的。就在周夫人被埋葬的那一年，一位学者对裹脚进行了批判："还不到四五岁的无辜小女孩，却要遭受裹脚带来的无尽痛苦。我不知道裹脚的用处何在。"

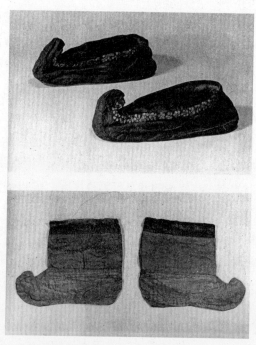

图 8-2　小脚：黄升墓中的丝绸鞋和袜子。黄升死于 1243 年，是个年仅 17 岁的女孩。这是历史上关于裹脚的首个有力证据

确实，裹脚有什么用？但是裹脚变得越来越普遍，也越来越恐怖。13 世纪的裹脚使双脚变得更瘦，而 17 世纪的裹脚却是使双脚变得更短，而且还要弓，要裹成粽子状，成为所谓的"三寸

金莲"。20世纪深受裹脚之害的妇女双脚的照片简直惨不忍睹。

把所有的这些都归罪于朱熹就有点过分了。他的哲学思想并没有使中国的核心文化变得更加保守,相反,文化中的保守主义使他的想法受到欢迎。朱熹的思想只是军事溃败、紧缩以及社会发展下滑的最明显的反映。12世纪世界衰退时,古代与其说是复兴的来源,还不如说是避难的场所。在1274年时,也就是周夫人死的那一年,全球探险的可能动力之一——文艺复兴精神已经极其缺乏了。

那么,1100年之后社会的停滞以及之后的衰退是否解释了为什么是科尔特斯而不是郑和到达了特诺奇蒂特兰呢?这只是解释了部分原因而已。不过这倒可以解释为什么在12~13世纪没有伟大的探险航行。但是到了1405年,当郑和的第一支宝船舰队从南京出发时,东方的社会发展又一次加速。永乐皇帝多次派郑和下西洋显示了他开放的思想。随着社会的再一次发展,15世纪的知识分子开始寻找可以替代朱熹思想的理论。

例如,王阳明就曾经非常努力地遵循朱熹的思想。在1490年时,像朱熹建议的那样,王阳明花了一周凝视着竹子的茎。但是这非但没有给他带来顿悟,反而使他生病了。就在那时,他产生了一个顿悟:他认识到每个人直觉上都知道事实,而不需要几年的静坐或者学习孔子的言论。只要我们实践了,就能够获得智慧。这个顿悟非常适合发展中的社会。王阳明成为新的文艺复兴人,跻身于时代一流的思想家、哲学家、文学家和军事家行列。王阳明的弟子甚至更加反对朱熹的思想,认为街上都是圣人,每个人都可以自己判断对错,认为变得富有是件好事。他们甚至——恐怖中的恐怖——提倡妇女平等。

第八章

走向世界:元、明两个朝代给中国带来了什么结束郑和航海的这个决定，并不是在保守主义衰退的背景下，而是在充满着扩张、创新和挑战的背景下做出的。没有证据显示是死板、保守的思想阻碍了 15 世纪中国的探险活动，而朝气蓬勃的文艺复兴则推动了欧洲人漂洋过海。那么，到底是什么导致了这样的结果呢？

为什么是欧洲人发现了美洲，而不是中国人

我们已经看到了答案：是地理，而不是人，使得中西方走向不同的道路。地理因素使得西方人比东方人更容易到达美洲。

欧洲人最显而易见的地理优势是自然地理：季风、岛屿的位置以及大西洋和太平洋的面积差距都对他们非常有利。如果有足够时间的话，东亚的探险家最后也一定会穿过太平洋。但是，在其他条件同等的情况下，维京人或者葡萄牙船员总是会比中国人或者日本人更容易到达新大陆。

当然，在现实中，其他条件很难同等。并且，在 15 世纪时，经济和政治地理使原本就有自然优势的西欧更具有优势。当时东方的社会发展远高于西方，并且由于马可·波罗这样的人，西方人知道了这一事实。这刺激了西方人下决心要在经济上超过东方人，跻身于地球上最富裕国家的行列。相反，东方人却没有多大的动力前往西方。他们依赖于别人主动走向他们。

阿拉伯人地理位置优越，控制着丝绸之路的西方路段以及印度洋的贸易路线。多个世纪以来，位于东西交通路线两端的欧洲人落后闭塞，靠威尼斯人从阿拉伯人的桌子上收集来的面包屑勉

强生存。不过，十字军和蒙古军的征战开始改变了政治地图，令欧洲人更容易进入东方。贪婪战胜了懒惰和恐惧，商人（尤其是威尼斯商人）从红海进入印度洋，或者，就像马可波罗那样，穿过大草原。

当西方欧洲国家开始迅速发展，并且在黑死病之后频繁发动战争时，政治地理推动了经济发展。大西洋沿岸的统治者急于购买更多的大炮，想尽各种办法获得更多的财富（加强税收体制、抢劫犹太人、掠夺邻国等）。他们乐于与任何能够给他们提供新的收入来源的人进行合作，即使是游荡在海湾的那些贪婪、自私的人。

大西洋上的国家与红海以及丝绸之路的距离非常遥远，但是所有的船长都对自己了不起的新型船只有信心，利用礼物、借款以及贸易垄断作为交换，把原先地理上的孤立变成了一个优势。他们找到了从大西洋通向东方的路线。有一些人想要从非洲南端进入印度洋，避免与威尼斯人和伊斯兰教徒做交易；一些人坚持他们会一直向西行，直到绕地球一周到达东方。（第三种方法是从北极穿过，很显然不太吸引人。）大多数欧洲人更喜欢向南行驶而不是向西行驶，因为他们计算出——正确地计算出——往西去东方的话，要航行非常长的时间。如果在这里要提到一个愚笨之人的话，那么非哥伦布莫属。他错误地估计了距离，并拒绝相信他把数字弄错了，因此他开通了一条通向特诺奇蒂特兰的路。相反，如果要提到伟人的话，那就是明朝皇帝周围的那些大臣们。在计算了成本和收益之后，他们在 15 世纪 30 年代停止了郑和不切实际的航行，并且在 15 世纪 70 年代"弄丢"了他的航海日志。

有时愚笨一点是一件好事，但是在实际生活中，愚笨和聪明并没有多大的差别，因为地理令历史这样发展。当永乐皇帝在1403年掌权的时候，他需要修复中国在南亚的地位。派遣郑和的宝船舰队去卡利卡特和霍尔木兹花费巨大，但是起到了一定的作用；可是派遣郑和向东航行进入空荡荡的大洋是完全不可能的，无论那儿有多少长生草。15世纪的中国统治者最后会停止航行到印度洋这个代价高昂的航海活动，这看起来是很有可能的，但是无论如何，他们都不可能派船进入太平洋。经济地理使探险活动变得不合理。

但是欧洲的船员为了寻找通向东方财富的路线而穿过大西洋时，为什么没有马上发现美洲，这一点也令人费解。哥伦布和他的船员需要勇气来探索这片未知之地，他们顺着风，但是无法保证会有另一阵风把他们带回家。如果他们退缩了，在欧洲的港口也有很多勇敢的人会再一次尝试。并且即使在1492年的时候，伊莎贝拉女王拒绝了哥伦布的第三次建议，欧洲人也不会停止向西航行。哥伦布要么会再找一个支持者，要么就是会出现另一个航海家——卡波托，或者是1500年发现巴西的葡萄牙人佩德罗·阿尔瓦雷斯·卡布拉尔（Pedro Alvares Cabral）——发现这片新大陆。

地理使得一切事情的发生不可避免——就像农民取代狩猎采集者或者国家取代村庄一样不可避免，太平洋沿岸大胆的船员会比南中国海同样大胆的船员更早发现美洲。

事情一旦那样发生了，结局在很大程度上也就决定了。欧洲的病菌、武器和制度比美洲当地人强大得多，当地人和国家就这么崩溃了。如果蒙特祖马或者科尔特斯做出另外的决定，征服者可能就会死在特诺奇蒂特兰沾满鲜血的祭坛上，他们的心脏也会在他们撕心裂肺的尖叫声中被挖出，然后敬奉给神灵。但是在他们之后会有更多的征服者，带来更多的天花、大炮以及种植园。当地美洲人不能阻挡欧洲帝国主义者，就像七八个世纪之前欧洲当地的狩猎采集者不能阻挡农民一样。

当欧洲人绕过南非进入印度洋时，地理位置也同样重要，只是方式不同而已。欧洲人进入的是一个社会发展程度更高的世界，有古代的帝王、创办已久的商行以及当地致命的疾病。距离和代价——自然地理和经济地理——使得欧洲人入侵东方就像欧洲人入侵美洲一样不引人注目。1498 年葡萄牙人第一次绕过非洲进入印度的航行只有四艘船，船长瓦斯科·达·伽马只是一个不知名的人物，人们对这次航行并不抱什么希望。

达·伽马是一个了不起的船长。他顺着风在公海航行了6 000 英里，到达了非洲的南端。但是，他不是一个政客。他所做的一切几乎让人对他失去信心。他绑架当地向导，鞭打他们，这在他离开非洲之前就差点酿成了灾难。当被他虐待的向导把他带到印度的时候，他因为把卡利卡特的领导者误认为基督徒，而得罪了这些领导者。他给他们一些微不足道的礼物，进一步得罪了他们。最后他设法得到了一箱香料和宝石，然后不顾所有人的反对，逆风行驶。近一半的船员死在了印度洋上，而幸存者也因坏血病残疾。

但是，因为亚洲香料的边际利润超过 100%，尽管达·伽马犯了这么多的错误，他还是为自己和国王谋取到了大笔财富。在达·伽马之后，几十艘葡萄牙船只也穿过了印度洋，利用他们唯一的优势：火药。在进行交易、欺凌时，葡萄牙人发现没有什么能像枪支这么有效。他们把印度洋沿岸的海湾都当做贸易飞地

（或者是强盗的巢穴，看出自谁的口中），还把辣椒运回葡萄牙。

这么小的规模使得葡萄牙的船只看起来更像是围绕在印度洋国家周围嗡嗡叫的蚊子，而不是征服者。但是在它们叮咬近10年后，土耳其、埃及、古吉拉特和卡利卡特的国王及苏丹王——受威尼斯的怂恿——觉得受够了。1509年，他们召集了100多艘船，在印度洋沿岸困住18艘葡萄牙战船，攻击他们，强行登上他们的船。葡萄牙人把他们炸成了碎片。

就像一个世纪前奥斯曼人进入巴尔干半岛那样，印度洋上所有的国家统治者争先恐后地复制欧洲人的大炮，却发现要射中葡萄牙人，仅仅依靠这些大炮是不够的。他们需要引进整个军事体系，变革社会秩序，培养新型的士兵。这在16世纪的南亚很难做到，就像3 000年前西方核心国家的君主想让他的军队适应战车一样困难。那些行动缓慢的统治者不得不给凶猛的入侵者开放一个又一个的港口。1510年时，葡萄牙人胁迫马六甲的苏丹王，要求他把马六甲海峡的贸易权让给他们——马六甲海峡通向香料群岛。当苏丹王重新鼓起勇气，拒绝他们的要求时，葡萄牙人占领了他的整个城市。马六甲的第一位葡萄牙总督托梅·皮雷斯（Tome Pires）写道："谁控制着马六甲，谁就控制着威尼斯。"并且，不仅仅是威尼斯。

"中国"是一个重要且非常富裕的大国。要控制中国，马六甲的总督不需要使用太多的武力，因为这里的人们非常软弱，因而也就很容易征服。经常去中国的船长宣称，只要有10艘船，占领马六甲的印度总督就能沿着海岸占领整个中国。

1500年之后的几年，对于已经穿过大西洋和非洲南部的冒险家来说，一切都是可能的。既然他们已经到达东方，为什么不占领东方？所以在 1517 年的时候，葡萄牙国王决定派皮雷斯到广州与天朝讲和并进行贸易。不幸的是，皮雷斯和达·伽马一样不善于外交，皮雷斯坚持要见皇帝，但当地官员都予以拒绝。这样对峙了三年后，皮雷斯终于在 1521 年得以晋见皇帝。也就是在这一年，科尔特斯登上了特诺奇蒂特兰。

不过，皮雷斯的结局和科尔特斯大不相同。到达北京后，皮雷斯还要再多等几周才能见到皇帝，但是一切都变得糟糕透顶。当皮雷斯正在和皇帝商讨的时候，马六甲苏丹王寄来了一封信，谴责皮雷斯偷了他的皇位。还有很多信是来自皮雷斯在广州得罪的那些官员的，他们指责他是个间谍。最糟糕的是，就在这个时候，中国皇帝驾崩了。在一片声讨和反对声中，皮雷斯一行人被戴上了镣铐。

皮雷斯后来怎么样了，至今还是个谜。和他囚禁在一起的船员在一封信中提到，皮雷斯死于狱中，但是另一份记录则写道，皮雷斯被驱逐到一个村庄，20 年后，一位葡萄牙牧师在那里遇见了他的女儿。牧师坚称，这个女孩用葡萄牙语背诵主祷文以证实她的身份，并且告诉她皮雷斯和一位有钱的中国妇女结婚了，最近才死去。但是，总的说来，皮雷斯很可能和其他大使的命运一样。他们被戴上了镣铐，判处了死刑，并被肢解。每个男人的阳物都被割了下来，塞进嘴巴里。之后，他们的尸体会在广州示众。

无论皮雷斯的命运如何，至少他尝到了苦头，知道即使他们有枪支在手，在这个真正的世界中心，欧洲人还是无足轻重。他们摧毁了阿兹特克人，用武力打进了东方市场，但是要给东方人留下深刻印象，却没有那么容易。东方的社会发展仍然大大领先于西方，并且尽管欧洲有文艺复兴、船员以及火炮，1521 年时，并没有多少证据显示西方将大大缩小差距。在我们看清楚科尔特斯——而不是郑和——烧光特诺奇蒂特兰究竟带来了多大的变化前，还需要 3 个世纪的时间。

西方的赶超：大清王朝为什么出不了牛顿和伽利略

涨潮：西方超过了东方

美国总统约翰·F·肯尼迪曾说过，"水涨船儿都跟着高"。这一论断在 1500~1800 年间再正确不过了，因为此时连续三个多世纪东西方社会都呈现出上升的发展趋势（见图 9-1）。

在阿肯色州希伯斯普林斯，肯尼迪在一次庆祝新建大坝的演讲中发表了这一著名的论断。在他的反对者们看来，这项计划是最糟糕的笼络民心的政治拨款：在他们看来，谚语中所说的涨潮确实能够托起所有的社会之舟，但是在这股大潮推动下，一些社会之舟却要比其他的上升得更快。同样，这一观点在 1500~1800 年间再正确不过了。东方社会发展上升了 25%，而西方社会发展的速度是其两倍。在 1773 年（或者，考虑到合理的误差范围，大约是 1750~1800 年间）西方社会的发展赶超东方，结束了长达 1 200 年的东方时代。

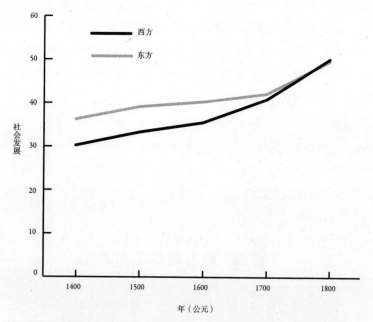

图 9-1　一些地方的社会之舟上升得更快：18 世纪社会发展的浪潮推动东西方社会达到经济发展的极限，但是这股浪潮却推动西方发展得更好、更远、更快。根据图中的指数可以看出，在 1773 年西方社会再次占据了领先位置

　　关于世界发展潮流何以在 1500 年后上升如此之迅速，以及西方社会之舟何以上升得尤其之快这两个问题，历史学家们展开了激烈的争论。在本章的讨论中我认为，这两个问题是相互关联

的，一旦我们将其置于社会发展的长期背景下，我们就不难发现答案了。

张居正、戚继光：
他们挽救不了明朝的颓势

皮雷斯事件过了很久才在中国人心中淡去。直到 1557 年中国官员们才开始对定居澳门的葡萄牙商人不予理睬和干涉。尽管到 1570 年为止，其他葡萄牙人也先后在远至日本长崎的亚洲海岸附近开设商店，但他们的人数仍然少得可怜。对于大多数西方人来说，东方大陆仍然只是一些神秘的地名；对大多数东方人来说，葡萄牙甚至都无法引起他们的兴趣。

这些欧洲的冒险家们对于 16 世纪普通东方人的主要影响在于那些他们从欧洲带来的神奇的植物——玉米、土豆、甘薯、花生。这些植物在其他植物无法生长的地方生长，在恶劣的天气中存活下来，神奇地喂养了农民和他们的家畜。在整个 16 世纪，从爱尔兰到黄河流域，各地都种满了这些植物。

葡萄牙人移民来的时候可能正是一个紧要关头。16 世纪是东西方文化发展的黄金时期。在 16 世纪 90 年代（无可否认的一个尤其好的年代）伦敦市民们能够看到最新上演的戏剧，如莎士比亚的《亨利五世》、《尤利乌斯·恺撒》和《哈姆雷特》，花费不多就能买一本宗教宣传册来读，如约翰·福克斯的那本血腥的《殉教烈士传》，被新出版社成千上万册地印制出来，里面充斥着宗教信仰者们的木版插画。在欧亚大陆的另一头，北京人能够观看汤显祖长达 20 小时的《牡丹亭》，此剧直到今天仍是中国最受欢迎的传统戏曲。他们还可以读《西游记》。

但是在这些光辉灿烂的外表之下，一切并不是都真的那么美好。黑死病曾经夺去了东西方核心地区 1/3 甚至更多的人的生命，而且在 1350 年后的近 100 年间不断地反复爆发，使得人口一直保持在较低的水平。但是，在 1450~1600 年间，每个地区的人口反而都几乎成倍地增长了。1608 年一位中国学者曾经这样说道："居民繁衍如此之速，史无前例。"在遥远的法国，观察者们也对这一观点表示赞同，正如一句民谚所讲的那样，人们繁衍之速就如"谷仓里的老鼠"。

恐惧一直是推动社会进步的一大动力。更多的孩童就意味着要将土地分割得更小，或者有更多的后代被排挤到寒冷的野外，并且也总是意味着更多的麻烦和争端。农民们要更经常地除草和施肥，建造水坝，挖井灌溉，或者做些手工编织并努力卖出更多的衣服。一些人到偏远的地方定居，努力在山间和沙漠中维持生活，而这些贫瘠的地方是他们的祖先以前绝不会涉足的。一些人放弃了人口高度密集的核心地带，而选择到荒凉、人烟稀少的边境地区。但是即使他们迁移到新大陆来种植庄稼，似乎也没有足够的地方让人们四处流动。

人口稀少而土地充足的 15 世纪对人们来说越来越变成一个模糊的回忆：欢乐幸福的日子，西方的牛肉与啤酒，东方的猪肉与白酒。1609 年中国南京附近一个县城的县官曾经说过，回溯以前，任何事情都要比当时好："每家每户都有房子住，有土地可以耕种，可以从山上砍柴来烧，有自家的菜园来种植蔬菜，每家都能够自给自足。"但是现在，"贫者十人而九……贪婪罔极，骨肉相残"。曾在中国待过的一位德国旅行家在 1550 年左右的陈述更加直白："在过去，农民家吃的和现在不一样。那个时候，肉类和食物都有着充足的供应。"但是现在，"所有的一切都彻底改变了……今天即使最为宽裕的农民家里吃的食物也要比过去长工和仆人吃的差"。

在迪克·惠廷顿笔下的英国童话故事里（和许多同类故事一样，也追溯到 16 世纪），一个贫穷的小男孩和他的猫一起从乡下漂泊来到伦敦并过上了好生活。但是在现实世界中，数百万逃难来到伦敦的饥民中的大多数只不过是从油锅跳进了火坑里，情况丝毫没有得到改善。图 9-2 展现了 1350 年后城市实际工资（即刨除通货膨胀后消费者购买基本生活用品的能力）所经历的变化，图中数据来源于经济历史学家们数年间艰巨刻苦的挖掘工作。他们从各种不同历史人物口中得出支离破碎的片段并做出解读。直到 14 世纪欧洲的文件档案才开始提供清晰连贯的数据以精确计算出不同时期的城市实际收入，而在中国，直到 18 世纪以后我们才能获得这样的机会。尽管有着数据上的缺口以及大量的交叉线，至少欧洲的发展趋势是清晰的。基本上可以说，在所有我们可以证明的地方，在黑死病消失后的一个世纪内实际工资几乎都翻了一番，然后随着人口的恢复与增长，大部分又回落到黑死病爆发以前的水平。在 15 世纪 20 年代，佛罗伦萨人将石块运至高处，建成了建筑师布鲁内莱斯基设计的佛罗伦萨大教堂那高耸的穹顶，这时他们以肉类、奶酪、橄榄油为食物。而到 1504 年，他们的后代们运送安置米开朗琪罗的大卫雕像时却只能靠面包勉强过活。又一个世纪以后，他们后代的后代能有面包吃就感到很满足了。

那个时候饥饿已经蔓延到了整个欧亚地区。收成不好，政策不对，或者仅仅是坏运气都能使得贫穷的家庭沦落到四处觅食果腹的境地（在中国是米糠豆荚、树皮野草，在欧洲是甘蓝残茬和各种杂草）。一次灾难就能使上千人涌到马路上来寻找食物，最

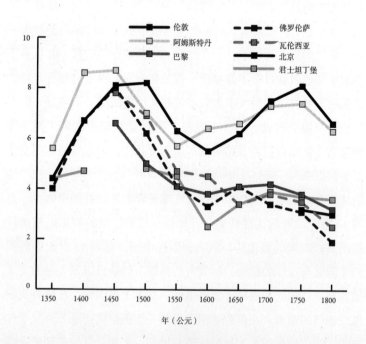

图 9-2　1350~1800 年间北京和 6 个西方城市的非熟练工人的实际工资。虽然每个城市每种行业情况各有不同，但是通过测算，几乎每个地方都能发现这一趋势：在 1350~1450 年间工人的工资水平几乎翻了一番，但之后就开始回落，到 1550 年或者 1600 年时工人的购买力已经下降到了 1350 年前的水平。1600 年以后欧洲西北部的工资水平逐渐和欧洲其他地方拉开了差距，这一原因我们将在本章后面详细讨论（巴黎和瓦伦西亚的统计数据始于 1450 年左右，北京的统计数据始于 1750 年前后，还有，毫不奇怪的是，1453 年前后君士坦丁堡的统计数据存在空缺，因为当时奥斯曼帝国的军队洗劫了该城市）

虚弱的人会饿死。在欧洲那些最古老的民间传说（如迪克·惠廷顿笔下的那些）的原始版本中，农民出身的讲故事人经常梦想的不是金蛋或者神奇的魔法豆茎，而是实实在在的鸡蛋与豆茎，很有可能这一切并不是巧合，这些农民们想向神祈求的只是填饱自己的肚子。

不论是东方还是西方社会，中等阶层逐渐对流浪者和乞丐们变得冷酷无情，将他们赶进救济院和监狱，或者将他们送到边境地区，或者将他们卖为奴隶。当然这些做法都很冷漠无情，但是显然那些富裕的人觉得自己的麻烦已经够多了，没有心思理会别人的事情。正如一位绅士 1545 年在长江三角洲地区所发现的那样，当生活艰难的时候，"灾民们（也就是最穷的人们）被免于徭役赋税"，但是"富人们因此受到的赋税压力如此之大，以至于他们也变成了穷人"。整个社会的下滑速度使得那些出身显贵的人也感到了压力。

那些上流社会的后代们努力寻找新的方法，在这个艰难的世界中争夺财富与权力，这些人对传统的不屑一顾使得保守主义者们非常恐惧。一位中国官员曾这样警示说："人们逐渐穿戴起了奇异的服装与帽子。"他的一位同事这样写道："甚至有书香之家开始经商！"更糟糕的是，甚至以前颇受尊敬的家族"也疯狂追逐起了财富与显耀……他们以控告别人为乐，利用手中的权力向诉讼案件施压，以至于你根本分不清是非曲直。他们追逐奢侈与精细巧妙的款式，以至于无法分辨尊卑贵贱"。

中国的文官制度成了一个爆发点。士族阶层不断扩张，但是行政职务的数量并没有相应增长。随着科举中榜的门槛越来越高，富人们发现谋生求财之道远比读书科举重要。一位县级官员曾经这样抱怨道："寒窗苦读之士欲（在科举考场）得一方席位，却因穷困潦倒，被官员们当做难民一样拒之门外。"

即使对于社会阶层最顶端的皇帝们来说，也是艰难之世。理论上来说，不断增长的人口对于统治者大有益处——更多的人上交赋税，更多的士兵可以征募——但是实际情况却没有那么简单。被逼到无以为继的时候，饥饿的农民们可能就会起来反抗，而积怨已久、难以驾驭的显贵们经常会和这些农民达成一致。（长久以来中国形成了这样的特殊传统，失败的官员若不能在仕途上功成名就，便会以叛乱者的身份重新出现。）

这些问题自从王权出现就一直存在，几乎和王权一样古老，而大部分 16 世纪的君主们也选择以老办法来应对，那就是中央集权和对外扩张。日本可能是一个最为极端的例子。日本的政治权威在 15 世纪彻底崩溃，村庄、寺庙，甚至单个城市街区都建立了自己的政府并雇佣暴徒来保卫自己的政权或者抢夺相邻地方。[1] 到 16 世纪，人口的增长引发了对资源的激烈争夺，在众多的小领主中逐渐形成了一些大的领主。1543 年第一批葡萄牙生产的枪支被运送到日本（比葡萄牙人远渡重洋而来要早一个世纪），而到 16 世纪 60 年代的时候，日本的手工业者们已经可以制造出高级的滑膛枪，帮助大领主们扩张。1582 年，一位叫作丰臣秀吉的首领统一了几乎整个日本群岛，成为幕府将军。

丰臣秀吉成功说服了他争论不休的同胞们将他们的武器统一上交，并承诺将会把这些武器熔铸成钉子与螺丝，以此来建造世

1. 这些是黑泽明的经典小说《七武士》（1954）的背景，或者——考虑到一定程度上历史地理变动的情况——约翰·斯特奇斯改编导演的几近经典的《七侠荡寇志》。

界上最大的佛像，其高度几乎是美国自由女神像的两倍。他解释说，这"不仅有益今生，更能造福于身后"。（一位基督教传教士却不为丰臣秀吉的话所动，在他看来，丰臣秀吉"诡诈狡猾难以想象"，"竟然以宗教献身为借口来剥夺人们的武装"。）

不管丰臣秀吉的意图是什么，解除民众的武装确实是迈向中央集权政府的一大进步，极大地减轻了清点人口、测量土地、征收赋税与分派兵役的工作量。1587年，在给妻子的一封信中，丰臣秀吉表示军事扩张是解决他所有难题的办法，并决定入侵中国。5年后他的军队——可能有25万之众，全部武装有最新的滑膛枪——在朝鲜登陆，并清除了之前的一切阻碍。

他所面对的是这样一个中华帝国：历任统治者们在扩张的优缺点上意见存在重大分歧。一些明朝皇帝，正如日本的丰臣秀吉一样，试图全面整顿帝国摇摇欲坠的财政，并对外扩张。他们制定了新的人口普查制度，试图厘清每人应缴什么样的税，将复杂的徭役和田赋改为简单的银两赋税。但是，绝大多数政府官员却并不赞成。他们指出，数百年的传统显示理想的君主应该安静地（而且要不那么奢侈地）坐在权力的中央，作为道德的典范来引领民众。理想的君主不会主动挑起战争，当然也不会从地主绅士阶层抽取赋税，获得钱财，因为这些正是官僚们出身的家庭。人口普查与税务登记是丰臣秀吉的骄傲所在，在这里却可以被完全忽略。所以，如果长江流域的某个县城在1492年上报的人口数量和8年前调查的一样，又会怎样呢？学者们坚持说，不管它有没有对人口进行普查，这样的王朝可以延续一万年。

激进的皇帝们则陷在官僚体系的沼泽中艰难挣扎。有些时候结果颇具喜剧性，例如1517年明朝的正德皇帝坚持要对蒙古发动战争，但守卫长城的官员拒绝打开城门让其通过，理由是皇帝应该待在皇城北京。有些时候，事情却远不是有趣可以形容的，如正德皇帝因为顽固守旧而杖责其宰相，在这一过程中还处死了一些人。

皇帝们很少有正德这样的精力来整治政府和土地赋税，大部分人只是任由账簿慢慢腐烂。因为国库空虚，他们停止了军队的军饷供给（1569 年，当时的兵部侍郎承认他只能找到花名册上1/4 的士兵）。毕竟，贿赂蒙古人比和他们打仗要便宜得多。

皇帝们还停止了对海军军费的拨付，即使这些海军要承担镇压沿海黑市贸易这样的重任。自从 14 世纪明朝洪武皇帝禁止私人海上贸易以后，这一地下黑市就逐渐发展起来。沿着中国海岸线从南向北，中国、日本、葡萄牙的走私者们经营着利润丰厚的生意，购买最先进的滑膛枪并逐渐变成海盗，而且他们在武器数量上已远远超过了那些拦截他们的海岸巡防军队。也许这些海岸巡逻队并没有真的试图拦截，因为来自走私者们的回扣是他们主要的额外收益。

中国的海防越来越类似于那些像《火线》这样的警匪电视剧，金钱交易的流动，逐渐混淆了暴力罪犯、地方名流和腐败官员间的界限。一位正直而天真的政府官员曾经真的遵循法律处决了一个走私团伙，尽管这些人中的一个是一位法官的叔叔。然后有人动用了关系，这名官员被解除了官职，后来他在皇帝宣布通缉他时选择了自杀。

1.《火线》是一部美国电视剧，讲述了马里兰州巴尔的摩市警察与犯罪团伙间的交锋。

在 16 世纪 50 年代，政府实际上丧失了对海岸防线的控制。走私者们成了海盗王，控制了 20 个城市，甚至扬言要抢掠位于南京的皇陵，最终由一群政治精明而且廉洁的官员将其打败。改革者们利用一支由 3 000 名火枪手组成的秘密军队（因其统帅戚继光而被称为"戚家军"，是那些常胜军队中最有名的一支）打了一场战争。这支军队有时是由政府提供资金，有时却得到不到政府的资助，而是由一位扬州知府向当地富户征收额外税款并暗地里提供给他们。戚继光领导的戚家军表明，只要有足够的决心，大明帝国还是可以击败挑战者的，而他们抗倭的成功也开启了一个（短暂的）改革时代。戚继光后来被调派戍守北方，在此期间他改进了长城的边防，建造了敌楼，在敌楼之间调派了训练有素的火枪手，像一个世纪前匈牙利人在与奥斯曼大帝的战争中使用的车轮堡那样将火炮架到马车上。

16 世纪 70 年代，中国历史上最能干但又颇具争议的宰相张居正改革了税收制度，收清了所有的欠账，并改革军队使之更现代化。他提拔了许多能干的年轻将领，比如戚继光，并亲自监督年幼的万历皇帝的教育。国库重新充实了，军队也再一次振兴，但是在 1582 年张居正死后官僚体系再一次反击。张居正死后遭到了贬黜，他派系下的官员也都被解除了官职，值得尊敬的抗倭英雄戚继光死时孤独一人，一贫如洗，就连他的妻子也抛弃了他。

自从能干的首辅张居正死后，万历皇帝在每件政务上都备受挫折，最终失去了耐心，在 1589 年开始了罢工。他退缩到一个自我放纵的世界中，在服装上大肆挥霍，变得大腹便便以至于需要有人在旁搀扶才能站起来。其间有 25 年他都拒绝上朝，留下一帮大臣们对着空空的宝座叩头。这期间没有任何政策得到执行与实施，没有任何官员得到任用与提拔。1612 年时大明帝国中一半的官位都无人担当，朝堂之上未办理的案件已经积压数年之久。

因此，当丰臣秀吉于 1592 年出征时他期待着轻轻松松就能胜利就毫不奇怪了。但是不知是因为丰臣秀吉犯了错误，还是因为朝鲜海军的改革，还是中国军队（尤其是戚继光创建的炮兵）表现得异常勇猛，日本军队陷入了困境，裹足不前。一些历史学家认为，如果丰臣秀吉没有在 1598 年死掉的话他可能还是会征服中国，但是实际情况是，丰臣秀吉手下的将领们立刻重新考虑了扩张的计划，他们放弃了对朝鲜的征服，很快退回到日本国内处理更为严重的内部争斗问题。万历和他的政府官僚们也恢复了无所作为的糟糕状态。

在 1600 年以后，东方核心地区的强国们默认了官僚们意见的正确性：中央集权和对外扩张并不能解决它们的问题。边境草原部落对中国来说仍然是一大挑战，欧洲海盗或者贸易者们在东南亚地区仍然不断制造各种麻烦，但是日本受到的威胁却如此之少——单就世界的历史而言——以至于它实际上完全停止了火药枪支的使用，那些熟练的制枪工匠们又回到以前，开始制造刀剑（谢天谢地，不是犁头）。但是，在西方却没有国家能够有幸这样。

帝国的皇冠

在某些方面，16 世纪的东西方社会非常相像。无论东方还是西方，都有一个强大的帝国统治着传统意义上的中心地区（在东方，是位于黄河长江流域的明朝，在西方是位于地中海东部地区的奥斯曼帝国），而且在它们的边缘地带都存在着商业发达的小国（在东方有日本和东南亚诸国，在西方有西欧诸国）。但是在这些边境邻国方面，东西方却各不相同。相对于明朝内部的争执不休，不管是奥斯曼帝国的苏丹还是其臣属官僚们都一致坚信不疑地认为对外扩张是解决他们问题的关键。经历过1453年奥斯曼军队的洗劫后，君士坦丁堡的人口一度降到仅仅5万人，但随着它再次成为一个强大帝国的首都，人口又很快地回升了。到1600年时这个城市共有40万人口，因此——像数百年前的罗马人一样——他们需要整个地中海地区的果实来供养自己。像古罗马时代的元老院首领们一样，土耳其帝国的苏丹们认为对外征服是保证这一切给养的最好办法。

苏丹们制订了复杂的计划，犹如舞蹈一般，他们一只脚踩在西方核心地区，一只脚横跨草原。这就是他们成功的秘密所在。1527年，奥斯曼帝国苏丹苏莱曼粗略估算，他的军队一共包括75 000名骑兵和28 000名禁卫军。骑兵中的大部分都是传统游牧部落中的贵族射手，而禁卫军则是由训练成火枪手的基督教奴隶和辅助的炮兵组成。为了使那些骑兵们高兴，苏丹们将征服后的土地作为封地——分派；为了使禁卫军们满意——也就是说，按时按量分发工资——苏丹们制定了连丰臣秀吉都会印象深刻的土地测量制度并力图促进现金的最大化流通。

所有这些都需要良好的管理，而奥斯曼帝国逐渐膨胀的官僚制度确实发扬了帝国最光辉灿烂的一面，这时的苏丹们只需要灵巧地挑动各利益团体去互相争斗。在15世纪，苏丹们通常比较偏向于支持禁卫军、中央集权政府和都市文化；在16世纪，苏丹们倾向于贵族制度、权力下放和倡导伊斯兰教。但是，比这些灵活的政策变动更重要的是对外掠夺，因为正是对外掠夺提供了一切。奥斯曼帝国需要战争，而他们也总是能够在战争中取胜。

他们面临的最艰难的考验来自东部边境。很多年以来他们一直在应对着安纳托利亚地区的小规模叛乱，这一地区的红发[1]什叶派武装分子痛斥他们为腐败的逊尼派暴君。当波斯国王于1501年宣称自己是穆罕默德·阿里的后代时，这一冲突变得更为严重。什叶派的指责转向帝国内饥饿的、被剥削和压制的大众，他们狂热的做法甚至让久经沙场的士兵们也震惊不已："他们摧毁了一切——男人，女人甚至孩童。"一位中士曾经这样记录什叶派的叛乱："他们甚至还要灭掉猫和鸡这样的动物。"土耳其的苏丹向宗教学者们施压，宣布什叶派为异教徒，因而在整个16世纪圣战从未停止过。

先进的武器使得奥斯曼帝国的军队更具优势，尽管他们从来没有彻底打败过波斯军队，却使得波斯人裹足不前，然后他们就可以向西南方向入侵，在1517年征服更大片的土地——埃及。自从900多年以前阿拉伯人胜利以来，饥饿的君士坦丁堡人第一次可以有保障地得到尼罗河出产的早餐供应。

但正如亚述人以来的每次权力扩张一样，奥斯曼人发现一场战争的胜利只是拉开了另外一场战争的序幕。要想恢复埃及与君士坦丁堡之间的粮食贸易，他们必须建造一支强大的舰队来保护自己的船只，但是当他们打赢地中海地区凶狠的海盗（既有穆斯林也有基督徒）以后，他们的舰队也航行得更远了。到16世纪60年代时，土耳其人控制了整个北非海岸，并和西欧海军开战。

---

1. 之所以这样称呼是因为他们头戴有着12道褶缝的高高的红帽子，这12道褶缝象征着在千年之时将会达到统治顶点的12位伊玛目（伊斯兰教领袖）。

土耳其军队还向欧洲内陆推进，在 1526 年战胜了凶猛的匈牙利人，杀死了匈牙利人的国王以及大部分的贵族。

1529 年，奥斯曼帝国苏丹苏莱曼在维也纳城外安营扎寨。他暂时还不能攻下这座城池，但是围城本身已经使得基督徒们心惊胆战，害怕奥斯曼帝国很快就会吞并整个欧洲。"一想到（一场大战的）结果我就忍不住打颤，"驻君士坦丁堡的一位大使曾这样写道。

> 在奥斯曼帝国一方，他们拥有着无尽的财富、丰富的资源、战争方面的经验与训练、老练的士兵们、一连串从不间断的胜利……在我们这边，却只能看到空虚的国库、奢侈的习惯、枯竭的资源、沮丧的士气……而且，最糟糕的是，敌人已经习惯于胜利，而我们则是习惯于失败。我们还能对结果有任何的怀疑吗？

但一些欧洲人确实仍对结果抱有怀疑，尤其是查理五世。他是哈布斯堡家族的族长，这个家族是黑死病爆发后一直在争夺中欧统治权的几个超级宗族之一。由于精明的政治联姻，而他们的姻亲也"适时"地去世了，哈布斯堡家族逐渐挤到了从多瑙河到大西洋一带地区的宝座上，并且在 1516 年整个欧洲遗产——奥地利、德国的大部分和现今的捷克共和国、意大利南部、西班牙以及现今的比利时与荷兰——都落入了查理的手中。在这诸多地区拥有的王位使他拥有着整个欧洲最好的士兵、最富裕的城邦和最优秀的财务官。而且在 1518 年，德国王子也选他为神圣罗马帝国皇帝。这一项称号，作为欧洲混乱的中世纪的一项奇怪的遗风，可谓好坏参半。正如伏尔泰在 18 世纪 50 年代所说的那句名言一样，神圣罗马帝国"既不神圣，也非罗马，更不是一个真正意义上的帝国"。驾驭那些争吵不休的王子们并将他们聚到一起花费的力气远超过了王位带来的价值，尽管如此，原则上，任何坐在神圣罗马帝国皇位上的人都是查理曼大帝的子孙——当集结整个欧洲来对抗土耳其时这一点尤为重要。

许多观察家们预想西欧只有两种可能：被伊斯兰世界征服，或者顺服于哈布斯堡家族——唯一一个足够强大可以抵抗土耳其人侵略的民族。查理的大臣在 1519 年给这位皇帝的信中这样总结道："上帝对您一直都是很仁慈的。他使您凌驾于基督教世界的所有国王与王子们之上，并使您享有着自从您的祖先查理曼大帝以来任何君主都未享有过的至高权力。他促使您走向世界范围的君主制，走向在唯一上帝护佑下的整个基督教世界的统一。"

如果这位大臣正确的话，西欧会更加类似于世界上其他的核心地区，都是由一个伟大的皇帝所统治。但是被人领导驱使这样的想法却使基督教世界的众多国王和王子们警惕起来，他们先发制人对查理发动了战争，想要使他下台。法兰西甚至和奥斯曼帝国签订了条约共同对抗哈布斯堡家族，法兰西与土耳其的联合舰队甚至于 1542 年炮轰了法属里维埃拉（当时处于查理的统治下）——理所当然，所有这些都迫使查理大帝更努力地尝试统领整个基督教世界。

查理大帝与其儿子菲利普二世都将他们长期统治时间[1]的大部分用于和其他基督徒的战争，而不是穆斯林。但是他们的努力不但没有将西欧变成一个伟大的陆上帝国，反而使得欧洲更加四

---

1. 跳过各种复杂情况，他们的统治从 1516~1598 年，共长达 82 年。

分五裂，加深了旧的分歧，又造成了新的争端。举例来说，在1517年万圣节，马丁·路德在维滕贝格城堡教堂门前发表其不满基督教会做法的《九十五项论纲》的时候，他所做的并不是非常特别的事，这只是宣传神学辩论的一种传统方式（和黑死病以后许多关于教会的批评比较起来，路德更积极温和）。但当时紧张的社会氛围使他的宗教抗议变成了一场政治上和社会上的大地震，这一社会震荡经常被他同时代的人拿来和土耳其世界中的什叶派——逊尼派分裂相提并论。

路德本来希望查理大帝会支持他，但是查理认为要想统领整个基督教世界，就需要一个统一的教会。"当一个僧侣与整个基督教世界的意见相左的时候，他一定是错误的，"查理曾这样对路德说，"我决意用我的所有属国与领土，我所有的朋友，我的身体、血液、生命、灵魂来与之对抗。"他也确实如此做了，但是当整个欧洲武装起来支持或反抗哈布斯堡的时候，否认基督教世界内存在的派系分歧就显得具有灾难性了。有时因为原则的问题，有时因为些微的优势，有时仅仅因为困惑，上百万的人们拒绝承认罗马教廷。新教徒和天主教徒互相残杀，新教徒杀害其他的新教徒，关于抗议的不同解读也成倍增加。一些新教徒宣扬基督复临、自由博爱，或者共产主义的思想，一些人的下场血腥凄惨。但总而言之，不管他们的抗议暴烈还是崇高，都使得哈布斯堡想要统一基督教的做法更加困难——而且代价更为高昂。

民众一旦认定他们的敌人是敌基督[1]的代理人就很少会愿意

---

1. 敌基督，统治末世的基督的主要敌人，在《约翰书》里首次提到。在中世纪，当教皇和皇帝争权时，便互指对手为敌基督。在宗教改革时期，路德等新教领袖认为教皇制本身为敌基督。——译者注

和解，因此小冲突上升为大冲突，大冲突又拒绝终结，所以代价就这样螺旋增加。最终，哈布斯堡的底线就是底线本身：他们只是负担不起统一整个西欧的代价。

查理没能完成他统一西欧的事业，他在1555~1556年间从各个王位上退位，并将之分给了两个人：他的堂兄得到了奥地利和神圣罗马帝国，而菲利普则继承了西班牙和其他西欧地区。这是很聪明的一项策略：将哈布斯堡统治等同于西班牙统治，菲利普能够提高行政管理效率，并集中精力解决真正的问题——钱的问题。

在40年的统治期间，菲利普像希腊神话中的大力神赫拉克勒斯一样辛苦工作，试图改革哈布斯堡的财政状况。他是一个很奇怪的人，花费大量的时间在马德里市外的办公室内工作，经常忙碌得没有时间去实地参观一下自己的领地。但是尽管他像丰臣秀吉一样满腔热情地统计人口，向民众征税，增加收入，并打败了法兰西与土耳其，他所追求的统一西欧的终极胜利却从来没有实现。他的税官们压榨得越严重，出现的问题就越多。菲利普的臣民们繁衍之快如谷仓里的老鼠一般，处在饥饿和国家税收的夹缝之间，而且看到他们上交的税收被用于和遥远的国家作战，但他们对于这些国家的人们一无所知，于是开始了越来越多的反抗。

在16世纪60年代，菲利普甚至试图将基督教会与征税相提并论。本来很迟钝麻木的荷兰人，承受着哈布斯堡新教的迫害和严苛重税的负担，爆发了一场冲击祭坛、亵渎教会的暴烈行动。失去富裕的荷兰而将之置于一群加尔文主义者的手中，对菲利普来说是不可想象的，因此他派遣军队前去镇压，而这只是促使荷兰人建立了自己的军队。菲利普不断地赢得一场场战役的胜利，却总是不能赢得整场战争。荷兰民众再也不愿向哈布斯堡缴纳新的赋税，而且当他们的宗教信仰受到威胁时，不管花费多少钱财、牺牲多少生命，他们都要捍卫自己的信仰。到 16 世纪 80 年代，菲利普在战争上花费的钱财远远大于整个帝国的收入，因为不能再负担胜利或者失败，菲利普向意大利金融家们借的钱越来越多。当他既不能支付军队的开销，也不能向债权人还钱时，他就宣布破产，然后再如此反复重演。而他的军队因为得不到俸禄，变得骚动起来，四处抢掠为生，因而菲利普的信用也一落千丈。但直到 1639 年（在海上）和 1634 年（在陆上）西班牙才被彻底打败。而当菲利普于 1598 年去世时，整个帝国已经濒于毁灭，所负的债务是其年收入的 15 倍。

200 年后，又有一个西欧陆上帝国和哈布斯堡帝国非常相像，而到这时，其他的西欧国家已经开始了一场变革整个世界的工业革命。如果哈布斯堡或者土耳其人在 16 世纪统一了欧洲的话，可能这次工业革命永远都不会发生。或者说，在没能统一整个西欧的查理与菲利普身上，在没能征服西欧的奥斯曼·苏莱曼身上，我们终于发现了改变历史进程的拙劣傻瓜。

尽管如此，我们要再次提醒，这不能单单归罪于任何一个人。那位担忧土耳其人入侵的欧洲大使曾指出："唯一的障碍是波斯人，他们处在奥斯曼帝国的后方，使得（土耳其）侵略者们不得不小心提防。"打败波斯人、什叶派教徒和欧洲人对土耳其人来说都在他们能力范围之外。相类似的，查理和菲利普之所以没能成为基督教世界的唯一统治者，不是因为他们输掉了一些决定性的比赛（实际上，在 16 世纪 80 年代以前他们几乎每战必胜）或者缺少一些决定性的资源（实际上，他们拥有的运气、才能和优势都比自己本来的份额要多），只是因为打败土耳其、统一分裂的基督教世界和西欧的其他国家对他们来说是超出组织架构与财富资源所能承受范围的。既然哈布斯堡拥有着众多的优势都不能统一西欧，那么就真的没有人能做到了。西欧注定要和那些从土耳其到中国之间的众多帝国截然不同。

暴动、革命、农民起义：
风雨飘摇的东西方帝国

尽管每个帝国的经历各不相同，但东西方核心地区的社会发展一直都在进步，而且在 1598 年丰臣秀吉和菲利普去世后的数十年间，明显又可以看到社会发展的悖论再次出现。像以前的很多时候一样，气候变化导致了不断加剧的危机，虽然自从 1300 年后气候一直比较寒冷，但是现在却变得越来越寒冷了。一些气候学家将之归因于 1600 年秘鲁境内的火山喷发，而其他人则将之归结于太阳黑子活动的减弱。但是多数人都同意大部分的旧大陆地区在 1645~1715 年间非常寒冷。从英国伦敦到中国广东，书吏和行政官员们都在抱怨冬天的冰雪天气和过于凉爽的夏天。

住在寒冷城市里的人们和贫瘠土地上的人们联合起来，使得17 世纪对那些毫不设防的民族来说无异于一场灾难，不管这些民族的人们生活在森林、湿地、野外还是殖民地。有时政府受到良心的谴责，于是制定法律想要维护这些受害者的利益，但是那些试图将核心地区的边界往外扩展的殖民者却很少理睬这些法律。在中国，所谓的棚屋民族侵入了大山森林深处，在当地脆弱的生态系统中种植甘薯和玉米，严重破坏了当地的植被。他们将苗族等原住民族驱赶到了饥饿的边缘，但是当苗族人起来反抗的时候，政府又派遣军队来镇压他们。日本北部的阿依努人、英格兰最早殖民统治下的爱尔兰人以及北美洲东部的原住民族都有过这样悲惨的遭遇。

殖民者们之所以如此大举入侵是因为他们本来所处的核心地区的资源正在逐渐枯竭。"每一寸土地都能压榨出利润来，"一位中国官员曾这样坚持道。在欧亚大陆的东西两端，各国政府都在积极地与开发者合作，力图将灌木丛与湿地改造成牧场与耕地。另一位中国官员在 17 世纪 20 年代痛斥道：

> 请不要再去占有掠夺那些芦苇地和草场上的蝇头小利！……一些人因其惰性，不考虑长远之将来，而仅追逐于芦苇之地的蝇头小利，拒绝耕种庄稼所获得的更大利益。他们不仅不愿复垦土地，更因别人如此做法而恶之……商业集市因而日渐荒凉，政府收入因此日益不敷。如此之境况孰能忍乎！

荷兰和英国的企业家们以同样饱满的热情对湿地进行拓荒开发。国家赞助的灌溉计划带来了大片肥沃的土地，但是之前生活于此的当地人却在法庭上、大街上掀起了激烈的抗争。他们（大部分是无名氏）的抗议之歌让人为之心酸：

> 看哪，这些排水工人正在破坏着造物主的伟大设计，
> 这些正在使我们的身体越来越消瘦，并终成乌鸦与虫蝱的猎物；
> 因为这些确实意味着所有的沼泽地区都将枯竭，
> 所有的一切都将干涸，我们也将死去，
> 而一切只是因为埃塞克斯的牛犊们需要牧草。

鸟禽们尚且有羽毛翅膀可以迁徙到其他的国度,

但是我们却没有类似的交通工具来帮助我们移居;

除非我们团结起来,用战争将他们驱逐,

我们将不得不将自己的故乡土地(啊!多让人伤心的事)

让给那些有角的野兽与牛畜。

　　侵略者以及他们带来的同样具有侵略性的动植物,迫使当地物种迁移离开,或者大肆猎杀而终使这些物种灭绝,然后他们就可以开垦栖居地,毁掉森林。在 17 世纪 60 年代,一位学者曾抱怨说日本 4/5 的森林已经被砍伐殆尽。在 16 世纪 50 年代前后,英格兰和苏格兰地区有 10% 的土地尚有森林覆盖,但是到 18 世纪 50 年代时这些剩下的树木有一半以上已经消失了。对比之下,在 1600 年时爱尔兰仍有着 12% 的森林覆盖率,但是到 1700 年时殖民者已经砍伐掉了 5/6 的树木。

　　大城市附近木材的价格上升得非常快,人们开始寻找替代手段。在日本江户附近地区,制盐制糖工厂、陶艺工人,最后甚至连普通家庭都开始用煤作为燃料,而在欧洲人们同样可以这样做,用泥炭和煤来代替木炭。正如 500 多年前中国开封的人们一样,伦敦人欣然接受了这些化石燃料,因为它们的市场价格要比木炭低。虽然大部分英国家庭还是可以找到木柴的影子,但是到 16 世纪 50 年代时,平均每个伦敦人每年烧掉的煤几乎达到了 0.25 吨,到 1610 年时这数字又增长了 3 倍,而到 17 世纪 50 年代为止,整个大不列颠的燃料有一半以上来自煤炭。"伦敦被包围在一团如云般密布的煤海当中",1569 年一位伦敦人这样抱怨道,以至于"如果这个世界上真有和地狱相似的地方的话,那就是大雾天气下火山一般的伦敦城"。

令人悲哀的是，他误解了当时的情况，因为其他欧亚大陆的人们正在为自己制造更糟糕的地狱。气候变化只是启示录中第一个冲破束缚的骑士，越来越严重的资源紧缺压力也导致了政府的失败，压力之下越来越多的政权崩溃坍塌。如果君主们试图削减开支，他们就会失去自己的大臣以及将士们；而如果他们试图从纳税者身上挤出更多的税收，他们就会失去所属的商贩和农民。自从国家政权出现以来，穷人的激烈抗争就一直是政治生活的一部分，但是现在这种抗争变得更加剧烈了，因为那些被剥夺财产的贵族们、破产的商人们、领不到军饷的士兵们还有怨恨的官员们都加入了这一队伍。

随着时局变得越来越艰难，西方统治者们想方设法增加人们的叛乱成本，从而降低人们叛乱的可能性。这些统治者们更加坚定地重申他们是上帝意志的代表。奥斯曼帝国的苏丹们更积极地讨好宗教学者们，西欧的知识分子们则创立了"专制主义"的理论。他们宣称，国王的权威完全来自上帝的恩典，任何议会、任何教堂、任何个人的意志都不能削弱国王的权威。根据法语中的一句名言，国王的权威不受制于任何一个国王、任何一种信仰、任何一种法律。挑战这一权威中的任何一部分都等同于挑战所有纯洁美好的事物。

但是恰恰有许多不满的民众想要挑战这一权威。1622年，土耳其的苏丹和哈里发奥斯曼二世——分别是命定的穆罕默德继承人以及上帝在尘世的代表——因为越来越多的军费开支而试图削减步兵军队，最后这些步兵队伍的反应却是将皇帝从皇宫中拖出来勒死，然后还切割了皇帝神圣的躯体。奥斯曼的弟弟想要解决这一困境，于是他和那些严苛的教士们结成同盟，甚至通过禁止喝咖啡、制定对吸烟的死刑处罚来取悦教会。但是在 17 世纪 40 年代，苏丹宣称其存在合理性的努力彻底失败了。1648 年，步兵军队和教会结成了同盟，处死了苏丹"疯狂者"易卜拉欣（这个绰号于他确实名副其实），由此拉开了持续 50 年内战的序幕。

17 世纪 40 年代对所有地方的皇室来说都不啻一场梦魇。一场场反对专制统治的叛乱使整个法国陷入了混乱；而在英国，议会向顽固的国王宣战并最终将国王送上了断头台。这一切就如打开魔瓶释放出妖怪一样，引发了一系列的混乱。如果连本来如神明一般权威的国王都能被审判并处决，还有什么是不可能的呢？自从古希腊文明以后，这可能是民主思想第一次开始萌芽。"在英国最穷困的人和那些最伟大的人一样，有着同样的人生可以展开，"议会领导的军队中有一位上校军官曾这样说，"每一位生活在政府管理下的公民首先应该自己同意在这样的政府统治下生活。"

这些在 17 世纪的背景下都是颇有冲击力的言论，但是英国激进派的各个分支派系的言论甚至更为狂野。其中一个自称"平等主义者"的派系对所有的社会区分都持反对态度。"没有人生下来是要受别人控制的，"他们指出，"更没有人生下来是为了驾驭别人。"而且，如果说社会等级是有悖于自然、不应该存在的，财富更是如此。在国王登上断头台的一年之内，一个自称"真正的平等主义者"的派别分裂开来，分别建立了 10 个公社。另外一支派系浮嚣派将上帝看作"伟大的平等主义者"并宣扬永久革命的思想——"推翻，推翻，推翻……定要确保天下公平公正，否则上帝带来的灾难将会腐蚀并吞噬你们拥有的一切"。

平等主义思潮的时代已经来临。例如，1644 年一份关于平等主义者的报告中曾这样写道：（平等主义者们）将他们的犁锄打造成了刀剑，并为自己取了"和国王平等"这样的称号。他们宣称他们正在消除主人与奴隶、富人与穷人、达官显贵与底层人民的区别和差异。佃户们占有了地主们最好的衣服……他们会命令地主们跪下来为他们倒酒，他们会在地主们的脸上扇上两记耳光并且说："大家都是平等的人。你们有什么权利称呼我们奴隶？"

然而，那些极力宣扬平等的军阀们却不是英国人，事实上，他们正在中国的东海岸地区猖狂活动。不论在东方还是西方，都存在这样的情况：上文讨论过的对稳固的社会等级制度的激烈挑战——例如 15 世纪 90 年代中国的王阳明对朱熹思想的批判，以及 16 世纪前 10 年马丁·路德对天主教会的挑战那样，这些挑战和国家的失败一起形成了关于人的平等的新观点。但是，我们接下来就会看到，这些不同的思想在 18 世纪的世界有着各不相同的命运。

在中国，明王朝因为财政破产和派系斗争而陷入瘫痪，而当瘟疫——启示录中的第三个骑士——在 1628 年爆发时，明王朝的皇帝看起来已经丧失了天意的授权。叛乱者们越来越觉得任何行动都不过分。在 17 世纪 30 年代，明王朝分裂成了不同的割据政权，而 1644 年，北京城最终也陷落了。明王朝的最后一位皇帝崇祯在皇宫大殿后的一棵孤零零的树上吊死了。"朕凉躬圣意，有伤天德，"他在衣袍上这样写道，"死去无颜见祖宗。朕自去冠冕，以发覆面，任贼分裂朕尸，毋伤百姓一人。"

第九章

西方的赶超：大清王朝为什么出不了牛顿和伽利略

实际上崇祯帝只是在浪费自己的遗言。这些军阀们较之欧洲的国王、土耳其的苏丹或者明朝皇帝本人没有什么不同，他们都没有财力来支撑膨胀的军队。因此他们只得放纵士兵们四处抢掠，试图从民众的身上获取收益。自从战争出现以来，军队都免不了要劫掠无辜的民众，而且很可能很早之前他们就已经设计了种种不同的残忍行为，在那以后的恐怖年代中，他们只是通过各种令人瞠目的对等行为来不断地重复他们的残忍行径。尽管如此，在残酷的 17 世纪，整个欧亚大陆上，愤怒、贪婪、恐惧的士兵们似乎在残忍行为方面又开创了新的高度。我们的文献中充斥着各种折磨、大规模屠杀、轮奸等行径。当北京城陷落的时候，市民们遭到了士兵的残酷殴打，只是为了榨取他们可能拥有的银两。有些人反复三四次地被夹手指或者夹胳膊。而且负罪之人还会牵连到与之相关的其他人，于是成千上万的平民百姓被牵连获罪……百姓们开始对生存失去了兴趣。

如果说有什么区别的话，在西方世界国家政权的衰败所引起的暴力则更为严重。在德国，宗教战争在 1618~1648 年间达到了糟糕的顶点。在基督教世界的每个角落我们都能找到庞大的军队，如果士兵们真有薪水的话也极不规律，他们和土地隔离开来，敲诈勒索任何他们可以得到的东西。现存的原始资料充斥着各种残忍野蛮的暴行。德国小镇贝利茨，不幸地因为位于 1637 年神圣罗马帝国军队行进的路上，因此成为这样一个极好（或者说极坏）的例子。一位海关官员曾写道，在召集了当地人之后，这些强盗和杀人犯们找到一截树枝，插进那些可怜的人的喉咙里，任意搅拌并往里倒进水去，再加上沙子甚至人类的粪便。这些人为了钱而折磨他人，令人憎恨，一个叫作大卫·奥特尔的贝利茨公民就是一例，他在被这样折磨后很快死掉了。

另外一群士兵将一个贝利茨人吊到树上，用火来烤，直到他答应供出自己的积蓄所在；而另外一群士兵，因为听说他们的同伴将人放到火上烤而得到了钱财，又把这个人抓了回来，将他的脸对着火，"直到他死去，这个人的皮肤如一只被屠宰的鹅那样剥落下来"。

一直以来历史学家们都认为这样的故事只是一种宗教宣传，这些故事如此可怕，人们很难想象它们竟是真实发生的，但最近的研究表明情况恰恰相反。超过 200 万人死于暴力（直到 20 世纪世界大战之前这一死亡人数都是无可匹敌的），而且可能有 10 倍之多的人死于紧随战争而来的瘟疫与疾病——启示录中的第三个和第四个骑士。不管是在中国还是在中欧地区，人口下降都有 1/3 之多，就像一场人为的黑死病那样。

瘟疫本身则以更为凶猛的变种席卷而来。丹尼尔·笛福的《瘟疫年》就是在此 50 年之后写成的。他在书中生动地记叙了 1665 年横扫整个伦敦的谣言、恐慌与痛苦。中国医生的报告也几乎同样生动形象。在 1642 年的长江三角洲有人这样记述道，"有时很多人都因为甲状腺炎脖子肿了起来，有时候很多人的脸部和头部都膨胀起来"，或者"有时候很多人都遭受腹泻和间歇性发烧的折磨，也可能是抽筋、脓疱、皮疹、结痂处发痒，或者疥疮"。

启示录五骑士中的四位都在争相角力，但是就像图 9–1 所显示的那样，并没有发生像 17 世纪那样的社会崩溃。社会发展继续往前推进，西方于 1710 年（因为参考指数的准确性差异，可能要加减 25 年的时间），东方于 1723 年（同样，在这附近）分别达到罗马帝国和中国宋朝以前发展指数的顶点——43 分。到 1800 年时，东西方社会发展都接近了 50 分。这时我们不得不问：为什么社会发展会与历史潮流相悖呢？

草原时代的终结：
沙俄和清朝的边疆政策

　　1689 年 8 月 22 日，尼布楚。西伯利亚的夏天虽然短暂却出奇的美丽。每年的这个时候，随着地面解冻，新发出的草芽如绿色的地毯一般铺满了整个徐缓起伏的山区，其间又点缀着各种红色、黄色、蓝色的野花与蝴蝶。但是今年的夏天却有一点不同：在石勒喀河河岸附近，出现了一个帐篷组成的小镇，数百名中国谈判人员与头发斑白的俄罗斯人一起坐了下来，一同商议一个共同的边界。这些中国人是通过让基督教传教士将他们的条件译成拉丁语来谈判的。[1]

　　这些俄国人此时距家乡万里之遥。在 1500 年时，俄国还只是荒凉的西欧众多公国中的一个，挣扎着试图在从南方大草原侵袭而来的蒙古人和西方日益推进的波兰、德意志、立陶宛等国家的夹缝中找到自己的生存空间。俄国凶狠的、未开化的王子们自称沙皇（即独裁者），从而表明他们像拜占庭帝国甚至罗马帝国一样自命不凡，但他们似乎常常不能确定他们到底想成为欧洲式的国王还是蒙古式的可汗。直到 16 世纪 50 年代沙皇"恐怖

---

1. 他们谈判的结果非常富有成效，现在的两国边界仍然是在他们当初决定的黑龙江上。最近一次协商发生于 2008 年 7 月，也只是将边境线向河上的一座岛移动了一两英里。

伊万"——即使以俄国统治者们令人不安的标准来看也颇为暴虐——的时代，莫斯科才开始有一定的分量，但是伊万行动如此迅速，很快就补上了逝去的时间。冒险家们背负着滑膛枪，越过乌拉尔山脉，在 1598 年打败了当地的蒙古可汗，从而开启了通向西伯利亚之路。

西伯利亚最为人所知的是作家索尔仁尼琴关于古拉格（前苏联劳改集中营）的小说中冰天雪地的背景，但那个时候它在俄国人的印象中却是一个财富之地。对皮草的狂热紧紧攫住了他们：因为很久以前已经将他们境内的貂鼠、黑貂、鼬獾等捕猎灭绝，欧洲人现在很愿意为他们的皮大衣支付高昂的价格。在 40 年间，俄国的皮草商人在这片苔原上驰骋捕猎来供应这一利润丰厚的市场，他们最远甚至来到了太平洋岸边。他们在西伯利亚的寒冷森林的边缘上建起了一圈细细的栅栏，他们从这里出发冒险去诱捕水貂，或者从当地石器时代的猎人们手上敲诈毛皮。尽管以苏莱曼大帝或日本幕府将军丰臣秀吉的标准来看，这些空旷的荒野称不上一个帝国，但是从毛皮生意中获取的税收曾不止一次地使沙皇们免于灾难。

俄国的捕猎者们和中国的军队很快就在黑龙江边发生了冲突，但是到 17 世纪 80 年代时双方都准备好了开始谈判。每一方都害怕对方会像之前的许多决策失误的君主那样，邀请蒙古人作为同盟军并因此释放天启录中的第五骑士——迁徙，正因为这个原因，他们都来到了尼布楚协商谈判。

他们那一年夏天在西伯利亚达成的协定完成了世界史上的一大转变。2000 年来这片干草原一直是东西方之间的一大通道，很大程度上处在那些伟大的农业帝国的控制范围以外。移民、微生物、思想以及发明创造都随之涌来，将东西方捆绑到社会发展抑或崩溃的一致旋律上来。在极少数情况下，一些征伐进取的国王会花费极大的代价将他们的意愿强加到这片草原上，如波斯帝国的大流士大帝、中国汉朝的汉武帝或者唐朝的太宗皇帝，但这些毕竟只是少数。历史上的规则是：农业帝国向游牧民族支付任何他们想要的和希望的最好的东西，以此来确保边疆的稳定。

但是火枪的使用却改变了这一切。游牧民族经常使用火器（人们所知道的最早的枪，是1288年在中国东北一个游牧地区发现的），而且很有可能是蒙古人将火器从中国传入了西方。但是随着枪支制造得越来越好（射击得更快也更远），帝国建设得越来越有组织，那些有足够的财力征召上万名步兵，用滑膛枪和加农炮来武装他们，并训练他们连续发射的将军们逐渐开始击败那些游牧民族的骑兵。在1500年前后，那些从草原上来的马上的弓箭手们还经常打败农业王国的步兵。但是到1600年，他们就只能偶尔取胜了。而到1700年时，胜利对他们来说则是闻所未闻的事了。

俄国人在这一潮流中领先。在16世纪50年代，"恐怖伊万"的炮兵部队将软弱的蒙古汗国赶出了伏尔加盆地，而且在接下来的100年间，俄国、土耳其、英国和波兰逐渐用游击队、沟渠、栅栏等围住了干旱的乌克兰大草原。以滑膛枪为武装的村民们开始引导游牧民族的活动方向，并最终将他们隔绝开来。在尼布楚，沙俄和中国商定：没有人——难民、商人、逃兵，尤其是迁移的游牧民族——可以在未经两国政府许可的情况下在这片大草原上自由迁移。现在所有的人都成了农业帝国的属民。

1644年发生在中亚地区的最后骚动向我们展示了改变之巨。

那一年，一支农民起义军攻克了北京，中国大明王朝的统治终于崩溃，而随着内战越来越失去控制，一位前明将领认为请满族人——来自东北地区的半游牧民族——越过长城来重建秩序可能是众多正在发生的罪恶中相对较轻的一个。中国的统治者们一直有这样一个传统，将亚洲内陆地区的游牧民族带进帝国的内战中来，而这通常都会带来灾难性的结果。但是和之前的入侵者不同，满族人不是以游牧民族骑兵的形式而来，相反他们带来的是一支和明朝相差无几的军队，都是由步兵组成，装备有从葡萄牙人那里仿造而来的滑膛枪和火炮。

满族人毫不费力地占领了北京城，其间没有遇到任何抵抗，于是他们宣称自己将建立一个新的大清王朝，并用了将近 40 年的时间四处征战来巩固自己的统治。满族人的这些努力和之前草原游牧民族入侵的结果大相径庭。满族人的入侵没有打开闸门，让更多的来自寒冷北方的游牧民族进来，他们的长期征战与努力只是将清朝军队磨炼得更为强大，并重新向中亚地区扩张。1697年，清朝军队在内蒙古草原深处击败了一支强大的游牧民族武装，1720 年，清政府又将中央政府的管辖范围延伸到多山的西藏地区。在 18 世纪 50 年代，针对游牧民族的问题，清政府又实行了最后一个解决方案，那就是将他们的枪支、弹药、炮弹运送至当今的吉尔吉斯斯坦地区，打败了最后的抵抗力量。

在 17 世纪和 18 世纪，那些农业帝国们——最先是，沙俄和大清帝国——高效地消灭了天启四骑士之一。因为这个原因，社会发展即将达到极限时的压力并没有像公元 2 世纪和 12 世纪那样引发草原移民的浪潮。而且，即使国家管理失败、饥荒、疾病以及气候变化这些因素都加起来，也没有使这些核心地区彻底崩溃。

大草原作为高速通道已经被关闭了，而伴随着它的关闭，旧世界历史的一个篇章也落幕了。

对于游牧民族来说，这是十足的灾难。那些在战争中幸存的族人们被束缚得越来越紧。自由迁徙——他们生活方式的根本所在——不得不依赖于遥远的皇帝们的一时兴起，而自从 18 世纪以降，那些曾经骄傲的草原勇士们越来越多地沦落为雇工、暴徒——例如那些被用来监督看管暴民们的哥萨克人。

尽管如此，对这些帝国来说，关闭草原通道却是一项不折不扣的胜利。中亚地区长久以来都是外敌入侵等危险的主要来源，现在却已经成为帝国的新边境。随着来自游牧民族的袭击的减少，一两百万俄国人以及 500 万甚至多达 1 000 万的中国人从拥挤的核心地区迁徙而来，定居于草原边境上的这片新的土地。而一旦移居到这里，那些吃苦耐劳的人们就开始开发分割这片土地，他们有的种田，有的采矿，有的伐木，源源不断地将原材料和上缴的赋税送回帝国的核心地带。草原通道的关闭不仅仅避免了帝国的崩溃，它还开辟了一个草原宝藏，突破了数千年来社会发展限制在 40 分这个低水平上的极限。

海洋时代的开端：
西欧国家对财富的追逐

当沙俄和中国忙于关闭旧的草原通道时，西欧国家正在试图打开一个全新的海洋通道，这一通道的开辟将更剧烈地改变整个世界的历史。

自从西欧人第一次穿越大西洋进入太平洋海域以后，100 年来他们的海上帝国看起来也没有什么特别的不同。自从 13 世纪以后，威尼斯人就一直在通过开展和印度的海上贸易，远渡重洋跨过非洲南端而不是讨价还价地穿越土耳其帝国来聚集财富。葡萄牙的水手们同样在进行海上贸易，却更为迅速，成本也更为低廉。西班牙人在美洲进入了一个完全的"新世界"，他们在那儿的所作所为和俄国人后来在西伯利亚的所作所为颇为相似。

无论是西班牙人还是俄国人都尽可能地将自己的这些附属地对外承包。沙皇"恐怖伊万"给予斯特罗加诺夫家族在乌拉尔山脉以东所有事务的决断权，条件是只要对方给予自己一定的彩头；任何人提出要求保留自己在美国所得的一切，西班牙国王们都会多多少少给予他们，只要能保证哈布斯堡家族享有其中的20%。无论是西伯利亚还是美洲，都有小群的亡命之徒呈扇形四散开来，在这片地图上尚未标明的领土上四处设置栅栏，占据了令人难以置信的大片区域，而且经常写信回国来交换更多的金钱和欧洲女人。

就像对毛皮的狂热驱使着俄国人一样，对金银的狂热同样驱使着西班牙人。科尔特斯在 1521 年洗劫了特诺奇蒂特兰，首先将西班牙人领到了这条道路上，而弗朗西斯科·皮萨罗则加速了这一进程。他在 1533 年绑架了印加国王阿塔华尔帕，作为赎金，他要求国王的臣民们将一间长 22 英尺、宽 17 英尺、高 9 英尺的房子装满金银财宝。皮萨罗将这些印第安文明历史上积累起来的艺术宝藏都熔化成了金锭——13 420 磅的黄金和 26 000 磅的白银——最后还是扼死了国王阿塔华尔帕。

到 1535 年，这些轻轻松松就能获得的不义之财逐渐耗尽了，但是对于埃尔多拉多——遍地都是财富的黄金国——的幻想使得残忍的行为不断发生。"他们每天都无所事事，只是幻想着黄金、白银还有秘鲁印第安人的那些宝藏，"一位编年史作家曾经这样感叹，"他们就像亡命之徒一样，疯狂，着魔，脑子里充满了对金银财宝的贪婪欲望。"

这些人的疯狂在 1555 年找到了新的出口。这个时候先进的银矿开采技术使得新大陆的采矿业成为一项利润丰厚的产业，产出非常惊人：1540~1700 年间大约有 5 万吨白银从美洲运到了欧洲，其中有 2/3 来自现今的玻利维亚境内的波多西山脉，人们发现这一山脉是一座名副其实的矿山。到 1580 年为止，欧洲的银库储备增长了一倍，而哈布斯堡家族所拥有的份额则增长了 10 倍之多——即使这样，正如 1638 年间一位从西班牙来到波多西的游客所注意到的那样，"在波多西所铸造的每一比索（中南美货币单位）硬币都是以 10 名印第安人的生命为代价的"。另一方面，和俄国颇为相似的是，哈布斯堡家族开始将他们所征服的殖民地作为开创欧洲陆上帝国的战争的财政来源。"波多西银矿的存在只是为西班牙不断扩张的野心而服务，"一名参观者这样写道，"它的存在旨在惩罚土耳其人，让摩尔人谦卑，使佛兰德斯人颤抖，令英格兰人畏惧。"

哈布斯堡家族将其从新大陆开采的银矿的绝大部分用于支付欠意大利金融家们的债务，而大部分的白银经由这些威尼斯商人之手又流通到了中国，因为中国需要银币来满足其蓬勃发展的经济需求。"中国的皇帝们可以用在秘鲁开采后流通到中国的银条来建造一座宫殿，"一位商人曾这样认为。尽管哈布斯堡家族一直在对外出口银币，而中国明王朝一直在进口银币，在其他方面它们却有许多相似之处，那就是，它们更关注做大整个经济蛋糕中自己的那一部分，而非做大经济蛋糕本身。这两个帝国都严格地将海上贸易限制在少数容易征税、有国家垄断支持的领域。

理论上，西班牙每年只允许一艘大型帆船满载银币越过大西洋对外流通，而且（再一次地，理论上而言）对其他货物的贸易规定也同样严格。但实际上，结果正如中国困扰不断的沿海地区一样，那些被排除在官方交易之外的人们开创了一个巨大的贸易黑市。这些"闯入者"就如中国当时猖狂走私的海盗一样，无视官方的征税规定，任意杀害反对的人们，低价抛售货物来和官方贸易者竞争。

那些16世纪20~30年代在哈布斯堡家族的欧洲战争中首当其冲的法国人，最先加入了这场关于海盗的争斗。最早的有记录的海盗袭击是在1536年，到16世纪50年代时海盗袭击就变得非常普遍了。"遍布整个海地的海岸边，没有一座村庄没有遭受过法国人的洗劫，"1555年一位官员曾这样抱怨道。16世纪60年代，英国走私者也开始进行奴隶贩卖，或者在机会出现的情况下，登岸劫掠那些运送白银的骡队。由此劫掠来的不义之财颇为丰厚，因而在20年内西欧地区最野蛮、最不顾一切的男人们（还有一些女人）都聚拢而来，加入了这一行列。

像中国一样，西班牙对此的反应缓慢而又漫不经心。通常情况下，这两个帝国都认为忽略这些海盗要比打击他们代价更小，直到16世纪60年代，西班牙才开始像中国一样真正地反击。一场全球范围内持续数十年之久的打击海盗的战争就此爆发，从中国到古巴（同样还有地中海地区的奥斯曼帝国）都有军队用短刀、火炮作战。1575年，中国舰队和西班牙舰队甚至在菲律宾群岛附近联手镇压海盗。

第九章

西方的赶超：大清王朝为什么出不了牛顿和伽利略

到这时为止，中国明王朝与奥斯曼帝国或多或少都取得了打击海盗战争的胜利，但是西班牙仍然在与一种更加严重的私掠活动斗争——国家支持的海盗活动。私掠船船长们一般都有国家统治者颁发的许可证，甚至国家给予的船只来掠夺西班牙人。这些人的头脑中没有适可而止的概念。在 16 世纪 50 年代，凶残的法国私掠船船长"木腿"勒克莱尔将古巴的重要城镇洗劫一空。1575 年，英国的约翰·奥克斯纳姆将船驶入加勒比海地区，停在巴拿马附近，然后将船上的两门大炮拖出，面朝整个岛屿。当他行驶到太平洋一侧的时候，他下令砍伐树木，建造了一艘新船，招募了一群逃跑的奴隶作为船员，几周之内在秘鲁无人防守的海岸一带令人闻风丧胆。

奥克斯纳姆最后的结局是在利马城被吊死，但是 4 年以后他的老船友弗朗西斯·德雷克（同样是善于欺诈的盗贼，但有着远见卓识，总而言之，最完美高超的海盗）卷土重来，带着更野心勃勃的计划：航行绕过南美洲的最南端，将秘鲁劫掠一空。在他所率领的由 6 只海船组成的船队中，最终只有一艘成功地绕过了好望角，不过这艘船装备的武器弹药非常充分，因而很快就在太平洋地区建立起了英国舰队的权威地位。德雷克继续他的海盗事业，从一艘西班牙货船上抢夺了史上最大一批金银（超过 25 吨），之后意识到不能再原路返回，于是他镇静地满载着他的战利品环游世界。海盗的事业是有着丰厚的回报的：德雷克的赞助者们得到了 47 倍的回报，而伊丽莎白女王仅用她所享有的 1/3 的战利品，就还清了英格兰所有的对外债务。

受到这些胜利的鼓舞，西班牙的竞争对手们分别将自己国家那些想要成为征服者的人们派往新大陆。但是这些进展却不怎么顺利。在一次希望战胜经验的巨大胜利后，法国人于1541年在魁北克建立了一个殖民地，希望在此找到金矿和香料。但他们后来发现，在魁北克这两种东西都缺少，因此殖民地的建立也就失败了。法国人接下来的努力也没有能够成功：法国殖民者模仿西班牙人，几乎就在佛罗里达西班牙要塞的隔壁定居，结果迅速地遭到了屠杀。

第一批英国的冒险家们也同样不切实际。在于1579年威慑整个秘鲁以后，德雷克沿美国西海岸往北航行，在加利福尼亚（也许就在现在被称为德雷克湾的、旧金山附近风景如画的入海口处）登陆。在那儿他将当地人召集到海滩上，然后对他们宣布他们的家乡现在被更名为新阿尔比恩——新英格兰——是女王伊丽莎白的属地。然后，他再次出发起航，再也没有返回。

1585年，德雷克的对手沃尔特·拉雷（或者像他的对手们习惯称他的那样，沃尔特·雷利）在现在的北卡罗来纳建立了自己的殖民地——罗阿诺克。拉雷比德雷克更加务实，至少给殖民地带来了真正的拓荒者，但是他想将罗阿诺克作为劫掠西班牙船只的海盗巢穴的计划却是灾难性的。罗阿诺克岛的地理位置非常差，因此当第二年德雷克从岛边驶过的时候，饥饿的定居者们便搭载德雷克的船只回英国了。拉雷的一个副手把第二批人运到了罗阿诺克（他本应该把这些人带往切萨皮克湾一个更适宜的地方，但是却迷路了）。没有人知道第二批定居者们发生了什么，当他们的统治者于1590年返回的时候，他发现所有的人都不见了，只有一个名字——克罗坦，定居者们对于罗阿诺克的称呼——刻在树上。

这些边境地区充满暴力，生命因而显得廉价，但无论何时美洲原住民的生命总是要比那些殖民者的廉价许多。西班牙人喜欢开玩笑，嘲弄位于马德里的君主们是如此的低效，以至于"如果死亡来自西班牙，我们所有人都会永生"，但是美洲原住民可能不会觉得这玩笑有趣。对于他们来说死亡确实来自西班牙。因为有着大西洋和太平洋的屏障，他们进化得对于旧世界的病毒没有丝毫的抵御能力，自从哥伦布登陆美洲的几个世代以来，他们的人口至少下降了 3/4。这就是第六章中提到过的"哥伦布大交换"：欧洲人得到了一个全新的大陆，而美洲原住民却染上了天花。虽然欧洲殖民者有时发现他们遇到的原住民有着令人恐惧的残酷，但大部分情况下死亡却是以一种不为人察觉的方式降临在原住民身上，就像人的呼吸或者体液中的微生物一样。而且这些病毒传播的速度要比在欧洲大陆上快得多，一旦从殖民者传播到原住民身上，只要这位感染了的原住民接触其他健康的原住民，病毒就会随之传播。因此，只要白种人露面，他们就能轻而易举地夺去原住民不断缩减的人口。

在任何土地肥沃的地方，殖民者都会创建历史学家与地理学家克罗斯比所称的"新欧洲"——移植他们家乡的翻版，使他们熟悉的庄稼、杂草、动物四处遍布。而在那些殖民者不想要的土地上，比如新墨西哥，正如西班牙总督宣称的那样，"除了裸体的原住民，假的珊瑚，以及一些鹅卵石"，那里什么都没有，但这些殖民者的生态帝国主义（克罗斯比的另一妙语）仍然改变了这些土地的样貌。从阿根廷到得克萨斯的广大地区，牛群、猪群、羊群四处奔跑，变得更加野性，并繁殖了上百万的牲畜，占据了整片草原。

更妙的是，殖民者们还创造了"改进的"欧洲，在这里他们不用试图从粗暴的农民身上努力敛税，他们可以将幸存的原住民变成奴隶或者——如果原住民无法利用的话——运到欧洲做奴隶（证据证明第一批运送而来的黑人奴隶是在1510年，到1650年为止黑人奴隶的数量已经超过了西属美洲的欧洲人）。"即使你是穷人，你在这儿过得也要比在西班牙富裕得多，"一位在墨西哥的殖民者在家信中这样写道，"因为在这里你总是负责的人，不需要亲自工作，而且你可以骑在马背上监督他人。"

通过建造升级版的欧洲，殖民者们开始了地理学意义上的另一次革命。在16世纪，欧洲的统治者们总是依照传统的思维方式，仅仅将新大陆作为劫掠的来源，用以资助欧洲大陆上的战争，因而对于他们来说将美洲与旧世界分割开来的海洋就是一件麻烦事。但是到17世纪，地理上的分割开始变成一件好事了。殖民者们可以利用新旧大陆的不同生态环境，生产欧洲所没有的，或者在美洲出产效益更高的商品，然后将之销往欧洲市场。于是，大西洋不再是一种屏障，而更像是一条高速通道，使得贸易者们可以将两个不同的世界连接到一起。

1608年，法国殖民者们又回到了魁北克，只不过这次是作为毛皮商人，而不是为了淘金，他们由此繁荣发达起来。詹姆斯敦的英国殖民者们在1612年发现烟草在弗吉尼亚生长得特别好，而在此之前他们几乎饿死。尽管这些烟叶没有西班牙人在加勒比海地区种植的质量好，但是成本非常低廉，于是很快英国人就开始大把地赚钱。1613年，荷兰的毛皮贸易商在曼哈顿定居，之后买下了整座岛屿。17世纪20年代，为了逃离宗教迫害而从英格兰来到马萨诸塞的人们也加入了这一行列，将用来制造船桅杆的木材运回国内。到17世纪50年代时，他们开始将牛群和鱼干送往加勒比海地区，在那里糖就像白金一样正掀起一轮新的热潮。殖民者们和奴隶们，开始是细水长流般缓慢地，然后如洪水般大批地向西跨过大西洋来到新大陆，而奇异的商品与赋税则向东流回欧洲。

在一定程度上，新边境的移民总是做着类似的事。古希腊人将小麦从西地中海地区运回国内，中国长江三角洲的定居者们将大米沿大运河一直北上运往京城，而大草原边上的殖民者们则将木材、毛皮与矿产运回莫斯科与北京。但是大西洋周围生态环境的多样性以及海洋的广袤无垠——尽管很大但仍是可以管理的，考虑到复杂的现代航运的话——使得西欧的人们能够创造出一些新的东西来：一种由互相叠加的三角贸易体系连接起来的相互依赖的、横跨大陆的经济。

贸易者们不再是简单地将货物从 A 地运到 B 地，他们可以将西欧的工业制品（纺织品、枪械等）运到非洲西部，以此交换奴隶获取利润，然后他们可以将奴隶运到加勒比海地区，并以之交换糖（同样，获取一定的利润），最终他们可以将糖带回欧洲出售，获取更多的利益，然后再购进一批新的制成品，再次出发去非洲进行交易。另外，定居于北美洲的欧洲人也可以将他们酿造的朗姆酒运到非洲来交换奴隶，然后将这些奴隶运至加勒比海地区以交换糖，然后再把糖带回北美洲以生产更多的朗姆酒。其他人可能会将食物从北美洲运到加勒比海地区（那里用于生产糖的土地非常昂贵，如果为奴隶们的生活需要而种植庄稼太不划算），他们在那里购买糖，然后将其运到西欧地区，最后带着北美洲所需要的各种制成品返回。

落后的政治体制也显示了其优越的一面，为贸易的发展做出了贡献。作为16世纪欧洲的大帝国，西班牙拥有最发达完善的君主专制政体。这一政体通常将商人们看作赚钱机器，威胁他们缴纳钱财，还将殖民地看作用于掠夺财富的来源。如果哈布斯堡家族真的成功地打败他们的欧洲劲敌，将欧洲统一为陆上大帝国的话，大西洋经济肯定会像这样一直保持到17世纪。但是，相反的是，那些来自欧洲相对落后的西北边境的商人们，因为他们国王的软弱，将情形导向了另一个方向。

这些人中最为领先的是荷兰人。在14世纪时荷兰还只是一个四面环水的地区，被分割成一个个城市大小的城邦。理论上来讲荷兰人应该效忠于哈布斯堡王朝，但实际上那些遥远而繁忙的统治者发现，将他们的意志强加于欧洲西北地区要麻烦得多，显得很不值得，因此就将政权留给了荷兰本地城市的上层人士。为了生存，荷兰的这些城邦不得不改革创新。缺少木材，它们就开发泥炭作为能量来源；缺少食物，它们就在北海一带捕鱼，然后用渔业所得和波罗的海附近的国家交换粮食；因为缺少国王和贵族来统一管理国家，富裕的商人们尽力使城邦成为商业友好之地。充足的资金与更为完善的政策帮助荷兰吸引了越来越多的资金，到16世纪后期，曾经落后的荷兰一跃成为欧洲的银行业中心。因为可以以低利率对外借款，荷兰一直为欧洲持续不断的消耗战提供资金支持，直到慢慢地削弱西班牙政权。

英国缓慢稳步地朝着荷兰人的方向发展。黑死病爆发之前，英国已经是一个真正的王国，但是其蓬勃发展的羊毛贸易使得英国的商人比除荷兰以外的任何地方的商人都更有影响力。在17世纪，商人们最先带头反对国王、挑起战争，甚至最终将那些软弱的统治者们送上了断头台，然后推动政府建立一支庞大的、最先进的舰队。当1688年一场政变将一位荷兰王子推到英国王位的宝座上时，商人们就是其中主要的受益人。

1600年以后西班牙王室的统治逐渐削弱，与此同时荷兰和英国的商人们积极地向大西洋推进。如图9-2所示，1350年在欧洲西北部边境的英格兰和荷兰地区，普通民众的工资水平已经稍高于富裕但更拥挤的意大利的工资水平。1600年以后，差距拉得越来越大。在世界的其他地方，饥饿的人们所带来的无情压力使得工资退回到黑死病爆发之前的水平，但是在欧洲西北部人们的工资却越来越接近15世纪黄金时代的水平。

这一切的出现并不仅仅是因为他们像以前的西班牙人一样，从美洲大陆榨取财富运回欧洲。当专家们就欧洲西北部的新财富有多少直接来自殖民与贸易展开辩论时，最高的估计也在15%以下（最低的仅为5%）。大西洋经济的革命性变化在于它改变了人们工作的方式。

在这本书中我曾好几次提到过历史发展的动力在于恐惧、懒惰以及贪婪。恐惧一般会战胜懒惰，因此当1450年后人口急剧增长的时候，全欧洲的人们因为对失去地位、挨饿甚至饿死的恐惧与焦虑而行动起来。但是1600年后，贪婪逐渐开始战胜懒惰，大西洋经济系统的多样性生态、成本低廉的交通、开放的市场使得小奢侈品成为欧洲西北部普通民众负担得起的消费。到18世纪时，一个人只要口袋里有些余钱就可以做很多事，而不仅仅是买块面包。他可以买到进口茶叶、咖啡、香烟、糖或者自家制作的土烟管、雨伞、报纸一类的东西。大西洋经济体系不仅使金钱获得慷慨的回报，也使得人们愿意支付贸易商们所需要的现金，因为贸易商们会不惜价钱购买一切他们所能买到的帽子、枪支、毛毯并运往非洲或者美洲进行交易，而制造商们会付钱让人们来生产这些东西。一些农民整个家庭都从事纺纱织布的工作，一些人加入了手工作坊，一些人彻底放弃了耕种的生活方式，还有一些人发现为这些手工业者提供食物是一个更为稳定的市场，从而使圈地、灌溉、施肥的集约化管理和购买更多的牲畜成为可能。

具体的细节可能各有不同，但是欧洲西北部的人们确实越来越多地出卖他们的劳动力，工作时间也越来越长，因此能够购买更多的糖、茶叶与报纸等生活用品——这也意味着有更多奴隶跨过大西洋被贩卖到美洲，更多土地被改成种植园，更多工厂和商店陆续开办。销售额逐渐增长，规模经济开始出现，物价下跌，这片遍地货物的新大陆更多地为欧洲人打开。

不论是好是坏，到 1750 年为止世界上第一种消费文化已经在北大西洋沿岸成形，并改变着上百万人的生活。这时的男人们一般都不敢在咖啡馆公然露面，除非他们能够大方炫耀自己的皮鞋和怀表——更不用说要告诉自己的妻子当客人来访时不能在茶里加糖，自然不会悠闲地把几十天的宗教圣日当做假期一样度过，也不太可能会遵守"圣周一"的习俗，用这天来睡觉以摆脱周日狂欢的宿醉。当有那么多商品要买的时候，时间就如同金钱一样珍贵。英国小说家托马斯·哈代曾经惋惜道，"以时针就能很好地分割一整天时间"的日子再也没有了。

世界就像钟表一样，
但中国的时间却是静止的

事实上两个指针的时钟只是新的时代对于人们的最低要求。

西方人想要了解播种机和三角犁，想要知道真空与锅炉的原理，想要了解那些不仅有两个指针，而且即使带到世界的尽头也能准确显示时间的时钟。正是这样的时钟使得在海上航行的船长们能计算出经度。2 000年以来——事实上，自从上次社会发展指数达到40分上限以来——古代人睿智、古老的声音一直都在为人类生活中的尖锐问题提供指引与借鉴。但是现在，人们越来越清楚，古人的经典不能为他们想了解的东西提供答案。

弗朗西斯·培根写于1620年的《新工具论》一书的书名就说明了一切。工具论是哲学家们对于亚里士多德的6本逻辑学著作的称谓，但是培根却重新赋予它们以新的定义。培根坚持，"古代典籍所享有的荣誉和尊敬丝毫不变，从不消减"。他说，他的目标是"仅仅作为一种指导来指引未来的道路"。尽管如此，培根也指出，一旦我们开始这项征程，我们会发现"只有一条道路……一定基础上对科学、艺术和所有人类知识的完全重构"。

但是什么又能提供这一重构的基础呢？非常简单，培根（以及越来越多的他的同辈们）说，那就是观察。哲学家们应该从理论的故纸堆中抬起头来，认真审视他们周围的一切——星星与昆虫、火炮与船桨、掉落的苹果和摆动的吊灯。他们应该和铁匠、钟表匠以及机械师这些真正懂得事物是如何运作的人们交流。

在培根、伽利略、笛卡儿以及许多名不见经传的学者们看来，当他们这样做的时候，他们就会不约而同地得出相似的结论：和大部分古圣贤所说的相反，大自然并不是一个有着自己愿望和意图的活着的、呼吸着的有机体。它实际上是机械的。事实上，大自然和时钟非常相似。上帝就像一个钟表匠，他拧开内部互相啮合的齿轮使自然运行，然后退到旁边观看。如果这一切都是真的，那么人类就应该可以像对待其他的机械装置那样揭开大自然的运作机制。毕竟，笛卡儿说："一个由必要数量的齿轮组合而成的时钟会显示时间，就像由一粒种子萌芽而生的植物会结出特定的果实一样自然。"

关于自然的这一钟表模型——再加上一些非常聪明的实验与推理——所获得的收益非常惊人。自从人类诞生以来一直隐藏着的秘密被突然地、惊人地揭露出来。结果发现，空气实际上是一种物质而非虚无；心脏的跳动将血液输送到身体各处，就如同河水的流动与咆哮一样；还有，最让人困惑的是，地球并不是宇宙的中心。

所有的这些发现都和古代的著作甚至圣典相违背，因而引发了一场场批判的风暴。伽利略对于天空的缜密观测的回报是，在1633 年被拖到教皇法庭上，被恐吓威逼收回对于自己知道是正确的理论的宣称。但是所有这一切恐吓威胁最后的结果却是促进了新思想从旧地中海中心地区传播到欧洲的西北部。在这里，社会发展正在快速前进，因而古代思想的缺点也就最为显而易见，人们对于挑战古代权威的焦虑也最为轻微。

欧洲西北部的人们开始了全面的文艺复兴运动，拒绝古典的思想而不是像以前一样从中寻求答案。到 17 世纪 90 年代，在罗马帝国的统治下社会发展已达到顶峰，正在艰难地缓慢推进，巴黎的学者们一本正经地就现代人是否正在超过古代人展开了辩论。到那时为止，对任何有眼睛可以视物的人来说答案都再明显不过了。1687 年，牛顿出版了他的《自然哲学的数字原理》，使用他本人创立的微积分来表达他所构建的宇宙的机械模型。[1]这本书之深奥难懂（即使对受过良好教育的读者而言）不亚于爱因斯坦于1916 年发表的广义相对论。不过尽管如此，每个人都不得不同意（正如他们对于相对论那样）这本书标志着一个新的时代。

我们再夸张都不足以描述这些伟大科学家的功绩。当英格兰诗人亚历山大·蒲伯被请求歌颂牛顿的时候，这位诗人这样颂扬道：

自然，以及自然的伟大法则隐藏于黑夜之中，

上帝说让牛顿出现吧！于是瞬间到处充满了光亮。

但在现实中，从黑夜到白天的转变并不是那样瞬息而就的。牛顿的《自然哲学的数字原理》出版时，正值英格兰最后一桩吊死巫师的事件发生 5 年以后，而 5 年之后又发生了马萨诸塞的塞勒姆巫师审判。而牛顿本人对于炼金术和地球引力同样热情，一直到最后都坚信他能将铅变成金子，这些因为 1936 年数千份他的私人信件被拍卖而为大家所熟知。在 17 世纪的科学家中，他不是唯一一位拥有在今天看来非常奇怪的观点的人。但是不管怎样，西方人对于世界的认识越来越清醒，逐渐用数学消解了神灵与魔鬼的传说，数字成为现实的衡量尺度。

根据伽利略的观点，哲学就交织在宇宙这本宏大的书中，连绵不断，供我们仰望观瞻……它是以数学为语言写成的，组成它

1. 除了一种情况，那就是，事实上 17 世纪 70 年代致力于相似的数学方法的德国思想家戈特弗里德·莱布尼茨首先创立了微积分，而牛顿只是剽窃了他的成果。最有可能的情形是，这两位思想家各自独立地创立了微积分，但是互相对剽窃的指责最终使他们的关系破裂。

的文字有长方形、圆形以及其他几何图形，没有这些图形，人类是不可能理解其中的任何一个字词的。如若没有数学以及这些数学图形，人类就如同在黑暗中漫步一样。

一些科学家推测，自然界的真理可能也同样适用于社会领域。在某种程度上，政府官员们——尤其是金融家们——非常欢迎这一观点。同样，国家也可以被看作一台机器，政治家们可以计算国家的财政收入与支出，部长们也可以校准其内部复杂的齿轮。但是这种新的思考方式也非常令人担忧，自然科学通过揭露古代权威观点的任意性而获得了自己新的角色，社会科学会不会同样对国王与教会的权威加以颠覆呢？

如果这些科学家是正确的，观察与推理确实是理解上帝意愿的最好工具，那么说它们同样是管理政府的最好工具也是合情合理的。英国理论家约翰·洛克（John Locke）主张，认为自创世之初上帝就赋予了人类某些自然权利也是同样合乎情理的，他由此推断："人类从出生起就拥有一项权利……保护自己的财产——也就是他的生命、自由、资产——不受其他人的损害与侵犯。"因此，洛克总结道："人类结成联邦，置于政府的管理之下……最伟大、最主要的目标，就是保护他们的财产。"如果事实如此的话，那么人类就是"生而自由、平等、独立的，未经个人同意，任何人的财产不得被剥夺，或置于别人的政治权利之下"。

如果这些观点只限于那些在象牙塔里用拉丁语高声辩论的知识分子的话，它们可能会非常让人困扰。但实际上并不是，这些观点首先兴起于法国，然后很快扩展到其他国家，富裕的妇女们赞助成立了许多沙龙，在那里学者们互相讨论，新的强大思想震荡着社会。业余爱好者创办了讨论俱乐部，邀请演讲家们解释新的观点，展示他们的实验成果。低廉的印刷费用、更好的发行制度、民众们越来越高的文化水平促进了新闻报纸业的兴起，将新闻报道与社会批评和读者来信结合起来，将狂热与骚动传递给成千上万的读者。在星巴克出现的 300 年以前，有进取心的咖啡屋所有者们意识到，如果他们提供免费的报纸以及舒适的椅子，顾客们就会愿意在那儿坐下——读书、辩论、买咖啡喝——待一整天。一种新的东西逐渐形成了：公共意见。

舆论制造者们喜欢宣称启蒙运动正在全欧洲范围内广泛传播，用智慧之光照亮了几个世纪以来为宗教迷信所蒙蔽的黑暗深处。但是到底何谓启蒙呢？德国思想家伊曼纽尔·康德曾经这样直率地描述启蒙运动："敢于去了解！有勇气运用自己的理解能力自由思考！"

这一运动对于既定权威的挑战是非常明显的，但是大部分 18 世纪的君主们选择了妥协，而非与之抗争。他们坚持说他们一直就是开明的、受过启蒙的专制者，他们的统治是合情合理的，是为了公众的利益的。"哲学家们应该不仅是世界人民的老师，也是各国王子们的老师，"普鲁士国王曾经这样写道，"他们必须合乎逻辑地思考推理，而我们必须根据逻辑来行动决策。"

但是，在实际中，王子们通常会发觉他们的臣民的思维与逻辑非常让人恼火。在大不列颠[1]，国王们不得不忍受臣民的这些逻辑；在西班牙，统治者们可以将之肃清消灭；但是在法国却有着

1. 1707 年英苏合并法案将英格兰、威尔士和苏格兰联合成一个大不列颠的统一王国，1800 年又有一部单独的法案将爱尔兰加了进来。

足够的先锋主义精神（这个术语本身就来自法语），到处是受启蒙思想影响的各种批评家，以及足够多的专制主义者，他们将这些批评家们投进监狱并不时地将他们的著作列为禁书。历史学家托马斯·卡莱尔（Thomas Carlyle）曾经认为，这是"一种为批评与讽刺所缓和了的专制主义"——这使得法国成为一个完美的温室花园，启蒙思想可以在这里兴旺发展。

在所有这些 18 世纪 50 年代启发了法国的社会批评与争论的书籍与妙语中，没有什么能比《百科全书，或科学、艺术和工艺详解词典》更能激励人心、更能给人以启迪了。"没有例外，也无须额外的告诫，一个人必须认真审视并触动所有的事情，"那部书的一位编辑这样说道，"我们必须将所有过去的愚蠢浅见践踏于脚下，推翻那些不是以逻辑建立起来的障碍，重建宝贵的科学和艺术自由。"一场接一场的叛乱都坚持宣扬奴隶制、殖民主义、女性与犹太人法律地位的低下有悖于自然和理性。伟大的思想家伏尔泰在 18 世纪 60 年代于瑞士流亡期间，甚至公然挑战他称之为"臭名昭著的东西"——教会与国王的特权。

伏尔泰非常清楚地知道欧洲应该到何处寻求更为开明的典范：中国。他坚持认为，在中国人们可以找到一个真正贤明的统治者。这些统治者通过和合理的官僚体系协商进行统治，竭力避免发动无意义的战争和宗教迫害。他们也找到了儒家学说作为思想基础，（和基督教义不同）儒家思想是一种对于理智的信念，不受任何迷信和愚蠢传说的影响。

伏尔泰并不完全是错误的，因为在他出生之前一个世纪，中国的知识分子们就已经开始向专制统治提出挑战了。造纸印刷术的出现也使得中国产生了比欧洲西部地区更广泛的、乐于接受新思想的读者群体，私人的学术团体也兴盛起来。其中最负盛名的东林书院比伏尔泰更为直接地与那些臭名昭著的事物对峙。在17世纪30年代，东林书院的领导人倡导自立，鼓励学者们通过自己的判断，而不是更古老的文本来寻求事情的答案[1]。因为大肆批评明朝廷的统治，一个又一个东林党的文士被关进了监牢，受到了残忍的折磨或者遭到处决。

当入关的清王朝在1644年开始对整个中国的统治时，知识分子们的批判变得更加激烈了。数以百计的学者拒绝为满清朝廷工作。其中一位就是顾炎武，他只是一个低级别的官员，从来没能通过最高的殿试。顾炎武将自己放逐到遥远的边境地区，不受专制统治者的干扰。在那里他背弃了从12世纪以来就一直统治着知识分子思想的形而上学的吹毛求疵，而是像英国的培根一样，试图通过观察真实的人们所做的具体的事情来理解世界。

顾炎武四处游历长达40年之久，将对农业、采矿业、银行业的详细描述都记录下来。随着他名声越来越盛，人们竞相效仿他，尤其是那些震惊于在17世纪40年代瘟疫爆发时自己竟然束手无策的医生们，这些医生收集病人的发病史，坚持要用实际结果来检验理论的正确性。到17世纪90年代，即使皇帝本人也不得不宣称这一方法有着"查考问题之根源，与普通民众切磋探讨，最后将之解决"的优点。

18世纪的学者们将这一方法称为考证，即"实证研究"。它更看重事实而非推断，将条理的、严谨的方法应用于数学、天文学、地理学、语言学以及历史学等诸多领域，而且不断发展出评

---

1. 他们的领袖人物陈子龙从王阳明的学说观点中汲取了灵感。

估证据的规则。在所有方面考证都可以和西欧的科学革命相提并论，除了一点——它没有建立一个自然的机械模型。

和西方人一样，东方的学者们经常对他们从上次社会发展的高峰即指数高达 43 分的时期（就他们而言，是 11~12 世纪，处在宋王朝统治时期）所继承来的学问感到失望。东方人没有否定以气为主宰的宇宙观，或者幻想一个像机械一样转动的世界，他们中的大部分选择回溯到更受尊敬的权威——古代汉朝的经典文本。即使顾炎武本人对于古代碑文的热情也不亚于采矿或者农业，而很多采集病例史的医生在用其证明汉代医学典籍的正确性时的兴奋也不亚于治病救人时的欢欣鼓舞。中国的知识分子们没有改变文艺复兴的形式，而是选择了第二次文艺复兴。其中涌现了很多伟大的学者，但是这一选择也导致了中国没有出现伽利略和牛顿这样的人物。

这正是伏尔泰错误的地方。他将中国树立为一种典范恰好是在中国要结束这种典范的时候——事实上，此时此刻，在欧洲的学术沙龙里伏尔泰的对手们正开始对中国做出完全相反的结论。尽管他们没有社会发展指数来证明西方的社会发展已经削弱了东方的领先地位，这些人还是得出结论，中国绝不是理想的开明帝国。相反，中国是欧洲的一切事物的对立面。欧洲从古希腊文明中学习到了物力论、逻辑推理和创造性的精神，而且正在超过他们的老师，但在中国这片土地上时间却像是静止的。

西方优越性长期注定理论就是在这种情况下出现的。孟德斯鸠认为气候是最终的解释：凉爽宜人的天气给予欧洲人（尤其是法国人）"一种身体和精神上的活力，使得他们富有耐心而又勇敢无畏，能够成就艰巨的事业"，然而"生活在炎热气候中的人们的软弱性使得他们经常沦为奴隶……在亚洲普遍有这样一种奴性的精神，是他们一直都无法摆脱的"。

其他一些欧洲人在这一理论上发展得更为深远。他们认为，中国人不仅是天生奴性，他们是一种截然不同的人类。遗传基因学之父卡罗鲁斯·林奈乌斯曾经宣称发现人类有四大种族——白种的欧洲人、黄种的亚洲人、红色皮肤的美洲人以及黑色皮肤的非洲人。在18世纪70年代，哲学家大卫·休谟认为只有白种人才有能力构建真正的文明。康德甚至怀疑黄种人是不是一个真正的种族。他曾经这样认为，可能黄种人是印度人与蒙古人的后代。

很明显，欧洲白人更拥有敢于发问的精神。

康熙，伟大的傻瓜：为什么现代科学只在西方世界兴起

1937年，三位年轻的科学家从中国的首都南京坐船来到了英国。无论在什么情况下，从他们热闹、混乱的家乡（因其炎热闷湿的气候而被称为中国的"四大火炉"之一）来到有着安静的修道院、淅沥的小雨和刺骨的寒风的剑桥都是非常艰难的。但是那年夏天的境况尤其艰难，这三个人不知道他们以后还能不能再见到他们的亲人和朋友，一支日本军队正在向南京进逼——那一年12月他们将屠杀多达30万的南京市民，其残忍程度连经历这场灾难的一位德国纳粹军官也感到震撼。

这三个难民也不可能指望他们到达的时候会受到多少欢迎。时至今日，剑桥的科学实验室里到处是中国学生的身影，但是在1937年的时候休谟和康德的影响仍然很大。这三个人引起了不

小的骚动，而李约瑟，生物化学研究所的后起之秀，比任何人受到的触动都要大。这三名学生之一的鲁桂珍写道："他越是了解我们，越是发现我们在对科学知识的掌握和见解方面和他是多么相像，这一切促使他那充满好奇的头脑发问，为什么现代科学只在西方世界兴起？"

李约瑟在汉语言或者历史方面没有受过任何的正规教育，但是他确实有着最为敏锐、最为怪异的思维，而这两者正是这所大学素来闻名的。鲁桂珍成了他的启蒙老师，后来成为他的第二任妻子，帮助他掌握中国的语言以及古代历史。李约瑟倾心热爱着鲁桂珍的祖国，1942年他放弃了剑桥大学安全舒适的生活，接受了英国外交部驻重庆办事处的一个职位，帮助中国的大学在与日本的灾难性战争中生存发展。英国广播公司曾写信给他，请他记录自己在中国旅居的印象，但是李约瑟做的比这些要多得多。在信的边缘他随手写下了一句将改变他一生的疑问："中国的科学技术为什么没有向前发展？"

这个问题——为什么在中国的古代科技领先于世界那么多世纪以后，反而是西欧于17世纪开创了现代科学技术——现在一般被称为"李约瑟难题"。40年后当我结识他的时候（当时我的妻子正在鲁桂珍所在的剑桥大学学习人类学，我们租住了鲁桂珍博士的房子的二楼），李约瑟仍然在研究这一问题。他一直没能解决这一问题，但是得益于他数十年来将中国的科学成就分类编目的辛勤工作，我们现在能够比20世纪30年代的时候更好地理解中国的科学历史。

正如我们在第七章讨论过的，中国在11世纪社会发展达到顶峰的时候取得了快速的科学技术进步，但是随着社会发展的崩溃，这些进步随之转向。真正的问题是 17~18 世纪当社会发展再次达到顶峰的时候，为什么中国的知识分子们没有像欧洲人那样创造出自然的机械化模型，揭开自然界的奥秘。

再一次的，答案还是知识分子们只会回答社会发展推至他们面前的问题：每个时代得到其所需要的思想。随着欧洲人一步步扩展大西洋另一端的新边境，他们需要对于标准空间、金钱、时间的精确测算，而且当用两个指针的时钟来计量时间成为普遍现象的时候，欧洲人不得不迟钝起来，不去思考究竟自然本身是不是一个机械装置。同样，西方的统治阶级需要变得更加迟钝，不去注意科学思维潜在的可以使那些古怪的、无法预料的思想家们懈怠的优势。就像轴向思想和之前的文艺复兴这前两次社会思想浪潮一样，科技革命和启蒙运动最先应该是西方社会发展上升的结果，而非原因。

当然，东方人也在大草原上开创了新的边境，但是较之大西洋沿岸，这是一种更为传统的边境，因而对于新思想的要求也不那么迫切。东方的自然和社会哲学家们也确实提出了一些和西欧人同样的问题，但是用宇宙的机械模型来重塑思想的要求却不那么明显，而且对于急于把知识分子笼络到新政权下的清朝政府来说，放纵激进思想的危险大大地超过了它可能具有的优点。

清朝统治者想尽了一切办法，试图将学者们聚拢到国家行政事务上来，而不是流连于私立学院或者游历四方寻求事实加以考证。清朝政府建立了特别的考试制度，慷慨地付出，大方地表扬。年轻的康熙皇帝以身作则，刻苦钻研儒家学说，特别召集了一群学者和他一起学习，并且于 1670 年颁布"圣谕"以彰显他对待此事的严肃与郑重。他资助编纂了巨大的百科全书（《古今图书集成》一书，在他去世后不久出版，厚达80万页）[1]，但是这些书并没有像同时期法国的百科全书那样在社会上造成触动，他们编纂的目的本身就是什么也不触动，忠实地保存古代文献，为忠于统治者的学者们提供一些闲职。

这项策略的成功非常惊人，随着知识分子们逐渐回归到朝堂之上，他们将考证本身变成了官场的敲门砖。参加科举的考生们必须展示实证研究，但是只有那些能够获取文献资源的学者才能真正掌握考证这一学问，因此也就阻碍了所有非少数精英阶层的考生们取得高分的机会。以传统思想看来，担任政府官员这一利润丰厚的职务是一项巨大的激励。

我会将一个最重要的问题留到第十章再来仔细讨论——假设有更多时间的话，中国的知识分子们能否开创出自己的科学革命？但是实际的情况是，西方人并没有给予他们这样的时间。自从16世纪70年代以来基督教的传教士们就在通过澳门向中国内地渗透，虽然他们远渡重洋是前来解救人们的灵魂而不是推销他们的科技，但他们却非常明白好礼物能够使客人更加受欢迎。西方的钟表在中国异常受欢迎，眼镜也是如此。一位长期以来视力一直在下降的中国诗人（此处指《桃花扇》作者孔尚任）曾经满怀欣喜地描述道：

> 西洋白眼镜，市自香山墺。
>
> 制镜大如钱，秋水涵双窍。
>
> 蔽目目转明，能察毫末妙。
>
> 暗窗细读书，犹如在年少。

1. 这本书的后继者《四库全书》于1782年编纂完成，多达36 000卷。

第九章

西方的赶超：大清王朝为什么出不了牛顿和伽利略

493

不过，耶稣会士们带来的最大的礼物还要属天文学。传教士们知道历法在中国是相当重要的，在错误的日子庆祝冬至日可以使整个宇宙陷入混乱，情况之糟糕不亚于基督教世界的人们搞错了复活节的日期。中国的官员们将这件事情看得如此重要，他们甚至可以聘请外国人在天文局任职，只要这个外国人——大部分是阿拉伯人和波斯人——对于星象天文比国人懂得更多。

　　耶稣会士们明智地将此作为他们接近中国统治者的最好途径。16 世纪 80 年代，耶稣会士出身的数学家们曾经深深地卷入了天主教历法的改革中，尽管他们的历法以欧洲西北部地区的标准来看已经过时了（他们顽固地坚持地球中心论的宇宙观），但还是要比中国的任何历法好得多。

　　开始的时候一切都进行得很顺利。到 1610 年时，好几个朝廷要员因为对耶稣会数学的深刻印象，秘密地改信了基督教。他们公开地宣扬欧洲的学术要优于中国，并且翻译欧洲的教材。一些较传统的学者有时不禁对这种不爱国的态度感到反感，于是在 17 世纪 30 年代耶稣会的主要支持者开始采取一种更微妙的策略。"将西方知识的内容融化，"他向他的同胞们保证，"我们可以将它们融入（传统中国）大一统的模子里。"他甚至暗示，可能西方学术只是早期中国智慧的副产品。

　　当满族人于 1644 年攻克北京的时候，耶稣会士们成功地预测了日食。他们的声望因此达到了从未有过的高度，而且在 1656 年的几个月中似乎皇帝本人也要改信基督教了。胜利好像已经在望，直到这位十多岁的君主意识到基督教不允许一夫多妻制，因此他转而支持佛教。传统主义者们于是开始了反击，指责耶稣会是间谍组织。

1664 年又举行了另一场关于天文望远镜的竞赛，耶稣会士、天文局以及一个穆斯林天文学家分别预测即将到来的日食的准确时间。天文局说，2 点 15 分；穆斯林说，2 点 30 分；耶稣会士说，3 点。望远镜被架设起来，以便将太阳的影像投射到一间漆黑的屋子里。2 点 15 分到了，日食没有出现。2 点 30 分，仍然什么也没有出现。几乎刚好就在 3 点的时候，一片阴影开始慢慢笼罩了这个火红的圆盘。

裁判们裁决道，不够好，就此禁止基督教。

情况看起来就是这样了——除了中国历法仍然是错误的这一让人烦心的事实。因此，当康熙皇帝于 1668 年掌握大权时，他立即重新安排了一场比赛。耶稣会士再一次获胜。

康熙皇帝因此完全信服了耶稣会士拥有更为先进的科学技术，全心全意投身于他们的教学中，和牧师们数小时地坐在一起讨论，学习他们的算术、几何以及机械学。他甚至学起了大键琴。"我意识到西方数学有其可用之处，"这位帝王这样写道，"在后来南巡途中，我利用西方的方法向官员们展示在规划河工时怎样计算得更为精确。"

康熙意识到"算术之'新方法'使得基本错误不可能出现"，而且"西方历法的基本理论没有丝毫错误"，但是他仍然抵触耶稣会士们宣扬他们的科学和上帝的主张。"即使一些西方研究方法不同于我中国，甚或比我们更加优良，其中新颖创新之处却甚少，"康熙总结道。"数学之原理皆源出于《易经》，西式方法皆源出于中国……毕竟，"他补充道，"他们所知仅为我所掌握其中之一部分。"

1704 年，教皇因为担心耶稣会士对天文的推广传播远甚于基督教义，派遣使团到北京来监视他们。而康熙皇帝因为担心他们煽动叛乱，就此冷落了这些传教士。他创建了新的学术机构（类似于法国巴黎的科学院），在这里中国的科学家们可以不受耶稣会士的影响，自由地研究天文和数学。当时耶稣会士们所教授的数学，以及少量的代数和微积分，本来已经落后北欧好几十年了，康熙将这一与西方科学的联系毅然切断后，东西方的学术差距很快变成了深渊。

人们一般很容易将康熙大帝（见图 9-3）作为李约瑟难题的答案，谴责他是一个笨拙的傻瓜，本来可以将中国的科学带入先进的 18 世纪，却没有这么做。

图 9-3 伟大的笨手笨脚的统治者？清朝皇帝康熙，由意大利艺术家乔瓦尼·盖拉尔迪于 1700 年前后绘成

但是在所有这些坐在天朝宝座上的男人（以及一个女人）中，康熙绝对是最不应该获得这一称号的。宣称耶稣会士们知道的只是他所知道的一小部分虽然很不谦虚，但并不是完全错误的。康熙是一个真正的知识分子、一个强势的领导者、一个实干家（包括养育了 56 个子女）。他是在一个更大的背景下看待西方人的。2 000 年以来中国的帝王们意识到游牧民族的作战能力比他们更为优越，而且通常情况下收买这些草原牧民要比与他们作战风险更小。当这一情形改变的时候，康熙第一个意识到了这一点，并且亲自在 17 世纪 90 年代关闭了草原通道。但是对于西方人，情形却又相反。从 17 世纪 60 年代以来康熙一直和西方人密切接触，但是在 1704 年以后忽视他们反而看起来风险更小。一些东南亚的统治者们在 16 世纪得出了同样的结论，而到 1613 年时日本的幕府将军也同样效仿起来。日本于 1637 年爆发的一场剧烈的、受基督教影响的起义只是使统治者更加确信要切断与西方的联系。在这种大环境下，康熙的决定看起来绝不是愚蠢的。

在任何情况下，另外还有一个问题是我们必须问的。即使假设康熙预见到了西方科学的走向并推动其发展，他能够使东方社会发展在 18 世纪领先于西方吗？

答案几乎毫无疑问是否定的。中国确实和欧洲西北部地区一样面临着一些相同的问题，一些中国的思想家们也确实朝着相似的方向发展。例如，在 18 世纪 50 年代，戴震（像顾炎武一样，只是一个低级别的官员，从未通过最高级别的科举考试）提出了类似于西方的思想，认为自然是机械化的，它不以任何意图或者目的而运行，可以经受实证的分析和检验。但是作为一名杰出的古文字学家，戴震总是将他的论据建立在古代典籍的基础上，因而到最后，保存过去的辉煌与荣光在中国似乎比解决问题要重要得多，而这些问题却是西方人不得不关注并加以解决的。

大西洋边境的挑战使得西方人互相叫嚣、争吵关于新问题的答案。那些像牛顿和莱布尼茨那样做出解答的科学家们赢得了以前的科学家所无法想象的巨大荣誉与财富，而像洛克和伏尔泰这样的新理论家们，则积极探寻这些科学进展的含义以寻求社会秩序。而对比之下，中国的新草原边境构成的挑战却要温和得多。康熙建立的科学机构中的学者们，享受着数目可观的俸禄，感到没有任何必要去发明微积分或者弄清楚地球是不是围着太阳公转，将数学——像医学一样——变成典籍研究的一个分支好像对他们更为有益。

东西方各自得到它们所需要的思想。

1773年：乾隆时期西方超越了东方

当康熙大帝于1722年去世的时候，社会发展达到了前所未有的高度。过去曾经有两次，分别是公元1世纪左右的罗马帝国和1000年之后的中国宋王朝，社会发展指数曾经达到了43分，但是灾难随之而来，将社会发展再次带入低谷。尽管如此，到1722年草原通道已经被关闭了，天启四骑士之一已经死掉了，社会发展也没有在达到高峰的时候崩溃。相反的是，新的边境以及草原的边缘地带使得东方社会发展继续上升，而与此同时，欧洲西北部的人们，因为中国和俄罗斯帝国的努力而免于草原民族迁徙的威胁，在大西洋上开辟了新的边境。西方社会发展比东方更为迅速，并且在1773年（或者在那前后）赶超了东方。在欧亚大陆的两端都可谓一个新的时代。

或许有人要问，是这样吗？如果罗马帝国时代或者中国宋王朝时期的人们被放置到 18 世纪的伦敦或者北京的话，不论男女，他们肯定会对许多事情都感到惊奇。比如说枪支，或者美洲新大陆，或者烟草、咖啡和巧克力。至于流行时尚方面——假发？满族人的大辫子？紧身衣？裹着的小脚？啊，什么样的时代！啊，什么样的习俗！他们会不禁发出这样的感叹，就像西塞罗过去喜欢说的那样。

但是很多方面，事实上非常多的方面，应该都看起来非常熟悉。现代世界以火药为装备的军队肯定比古代的要强大很多，而且比之古代，现代有更多的人可以读书识字，但是不管东方还是西方都不能自豪地宣称拥有像古罗马或者中世纪的开封那样有着数百万人口的城市。[1] 尽管如此，最重要的还是，来自过去的人们会发现尽管社会发展比过去上升得越来越高，人们推动社会发展的方式却与罗马人和中国宋朝人们采用的方式无异。农民们在使用更多的肥料，开挖更多的沟渠，循环种植农作物，减少休耕。工匠们在燃烧更多的木材以铸造金属，当木材变得稀少的时候，又转而使用煤炭作为能源。人们饲养更多、更大的动物来帮助转动车轮、提拉重物或者在更平坦的道路上拖动更好的马车。风能和水能被更高效地利用起来，用来粉碎矿石，碾磨谷物，在改造的河流以及人工运河上拖曳船只。但是，尽管宋朝和罗马时代的人们很可能会承认 18 世纪的很多事物比 11 世纪或者公元 1 世纪

---

1. 在东方，1722 年的北京大约有 65 万居民，而江户（现代的日本东京）很可能人口稍微多一些；在西方，伦敦可能有 60 万居民，而君士坦丁堡的人口可能为 70 万。

时要更大、更好，但他们可能不会承认事情有什么根本性的不同。

这就是麻烦之处。对大草原和海洋的征服并没有突破罗马人和宋朝人在43分左右所经历的瓶颈，只是将其推得更高一些，而到18世纪20年代时已经出现了警示的信号，显示社会发展再次被拉到了极点。图9-2的左半部分所显示的实际工资，情形就不是很乐观。到18世纪50年代时，各个地方的生活标准都在下降，即使在欧洲经济最为活跃的西北部地区也不例外。随着东西方核心地区极力想将这一极值推得更高，时局变得越来越艰难。

接下来应该做什么呢？北京的官僚们、巴黎出入沙龙的人们以及每位自尊自爱的知识分子都竞相抛出不同的理论。一些人认为所有的财富都来自农业，因此开始劝说统治者对那些抽干沼泽或者在山坡上开垦梯田的农民们施以仁慈，减免他们的税收。从中国的云南到北美的田纳西，棚户和小木屋延伸到越来越远的、未开化民族狩猎的森林地区。其他理论则坚持认为，所有的财富都来自贸易，因此统治者们（经常是同样的那几个）将越来越多的资源用于抢劫邻国的商业，使邻国变穷。

在这一点上又有着巨大的差异，总体来说，西方的统治者们（自从15世纪以来他们就一直在进行着激烈的战争）认为战争可以解决他们的问题，但是东方的统治者们（通常战争打得不那么激烈）认为战争不会解决问题。日本就是这样一个极端的例子。在1598年从朝鲜撤军后，日本的统治者就此决定对外征服没有任何利益，而到17世纪30年代时，他们甚至得出结论，认为对外贸易只会使他们流失诸如银和铜之类的贵重货物。中国和荷兰（1640年时唯一准许进入日本的欧洲国家）的商人们被限制在日本长崎狭小的贫民区里，而妓女是唯一允许进入这个地方的日本女性，因此对外贸易的减少就毫不奇怪了。

辽阔蔚蓝的海洋保护了日本不受侵略，因而直到 1720 年日本社会一直繁荣兴旺。日本的人口翻倍地增长，江户甚至成为世界上最大的城市。米饭、鱼和豆子代替了廉价的食物，出现在大多数人的食谱中。和平主导着这片土地：普通日本民众自从在 1587 年将他们的枪支上缴给丰臣秀吉以后，再也没有重新武装自己。即使是脾气暴躁易怒的武士们也同意通过剑术来解决他们的争端，这一点使得 19 世纪 50 年代恃强凌弱侵略日本的西方人士惊讶不已。"这里的人们好像很少知道如何使用火枪，"一位西方人这样回忆道，"这给一位美国人留下了深刻的印象，他认为对武器的无知是一种反常，象征着原始的纯真和田园式的单纯，要知道，他可是从孩提时代起就看到孩子们举枪射击的。"

但是，1720 年后情形就逐渐不容乐观了。日本的人口达到了极限，没有技术上的革新与突破，想要在这片拥挤的土地上挤出更多的食物、燃料以及住房是不可能的了，而且没有对外贸易，日本人也无法从外面获得更多的物资。日本农民们展示了令人吃惊的独创性，日本的官员们也意识到燃料危机对他们的森林植被造成的损害并开始积极地保护森林，日本的精英文化因此转向一种朴素美丽的、旨在保护资源的简约主义。尽管如此，食物价格仍然不断上升，饥荒越来越多，饥饿的暴民们走上街头进行抗议。日本不再是世外桃源。

日本之所以选择了这一极端的道路，唯一的原因是因为中国——日本国土安全的一大确实可信的威胁——也选择了同样的道路。中国广阔的、开放的疆域意味着中国的人口在整个 18 世纪会一直持续增长，但是清王朝还是不断地将大洋之外的危险世界拒之门外。1760 年中国所有的对外贸易只限于广州这一通商口岸，而当英国东印度公司于 1793 年派遣马戛尔尼勋爵（1st Earl Macartney）向清政府抱怨贸易的限制时，乾隆皇帝断然回复道："天朝物产丰盈，无所不有，原不借外夷货物以通有无。"对于更多的接触，他总结道，"于天朝体制既属不合，而于尔国亦殊觉无益"。

西方的统治者们很少会赞成乾隆皇帝闭关锁国的观点。他们所生活的世界并不像中国的清王朝那样由一个大帝国所主宰，相反，这是一个充满了争吵与不断的权力转换的世界。正如大多数西方统治者所观察到的那样，即使整个世界的财富是固定的，一个国家也总是可以争抢到这个蛋糕中最大的一块。用于战争的任何弗洛林（英国旧货币单位）、法郎或者英镑都会得到相应的回报，而只要有一些统治者这样想，所有国家的统治者们就都不得不做好打仗的准备。西欧国家的军备竞赛从来没有停止过。

欧洲的军火商们不断地改进他们的贸易工具（更好的刺刀、预先包装好的弹药盒、更快的发射装置），但是真正的突破还是来自更科学地管理、组织暴力。纪律——诸如制服、约定的军衔、为那些随心所欲的军官们而建立的行刑队（普通士兵与之相反，总是受到残忍的惩罚）——取得了奇迹般的效果，而全年制训练的增加更是创造了能够进行复杂的军事演习和稳定射击的战争机器。

这些井然有序且训练有素的战争机器为了掠夺更多的荷兰盾（荷兰及荷属殖民地的货币单位）而发动战争，造成了更多的伤亡。之前荷兰与它的敌对国家常常与私人签订合同，让签订者雇佣大群的暴民杀手，可是不定期甚至从不付给杀手们雇佣金，让这群乌合之众从普通老百姓那里敲诈。但是后来它们都相继摒弃这一廉价而肮脏的传统。虽然战争仍然可怕，但也因此受到了一些限制。

在海上也出现了类似的情况。在那个年代，海盗横行，他们跳下海盗船，将抢来的宝藏埋藏在岛屿上。于是英格兰发起一场新的打击海盗的战争，这场战争就像中国在 16 世纪发起的那场战争一样，打着反对贪腐、振兴国家的旗号，但也只不过是虚张声势罢了。当时有个臭名昭著的摩根船长（一位 17 世纪来自威尔士的加勒比士兵，后来成为一种朗姆酒的代名词）无视英格兰与西班牙签订的和平条约，在 1671 年对西班牙在加勒比的殖民地进行大肆掠夺。但是在他的那些身居高位的支持者的帮助下，他居然获得了骑士头衔，甚至爬上了牙买加总督的位置。

就这样一直持续到 1701 年。那时同样臭名昭著的基德海盗船长抢劫了一艘来自英格兰的船。被发现后，他的船被强行拖到伦敦。在伦敦，当他获知那些身居高位的支持者（包括当时的国王）不能或不愿意帮助他时，他用最后一先令买了一瓶朗姆酒。随后他就被送上了绞刑架，在绞刑架前他大声高呼"我是这个世界上最无辜的人"，声音大得几乎把绞索震断了。在从前这也许可以救了他，但在那时却是不可能的。人们不得不用第二根绞索来结束他的性命。

直到 1718 年，英国海军包围了黑胡子海盗（爱德华·蒂奇，18 世纪横行加勒比海地区最臭名昭彰的海盗。著名的"黑胡子"这个外号就来源于他那满脸零乱而又尽显狂野的黑色长胡子。"黑胡子"在全盛时期拥有由 4 艘帆船组成的海盗舰队，其中"复仇女王"号是他的旗舰），而当时没有人愿意去救他。当时人们花了比处决基德更大的力气来对付他——对着他开了 5 枪并且捅了 55 刀，但最后还是那些水手结果了他的性命。虽然那一年在加勒比发生了 50 次海盗掠夺，但到了 1726 年，海盗掠夺只出现了 6 次。海盗横行的年代结束了。

打击海盗是要花钱的。只有财政上有了更大的发展，组织领导上才能提高。事实上没有一个政府能够承担每年士兵和水手巨额的供给。但是荷兰政府再一次找到了解决方法——信贷。俗话说只有钱才能生钱，荷兰有稳定的商业收入，有可靠的银行处理现金，同时那些商业大亨还能够以较低的利率借来更多的钱，可以用比那些爱挥霍的敌人更长的时间来还清债务。

英国曾经一度跟随着荷兰的步伐。到 1700 年时，两国都拥有自己的国家银行，并且通过证券交易所发行长期债券来管理公共债务。为了解除放贷者的顾虑，政府通过征税来偿付基金的利息，其结果让人称道。正如丹尼尔·笛福（新海洋航道的史诗巨著——《鲁滨孙漂流记》的作者）所解释的那样：

> 信贷制造了战争与和平，组建了军队，装备了海军，发起了战争，包围了城镇。总的来说，与其把它叫作金钱，还不如把它叫作战争之源更为合适。信贷迫使士兵战斗，却不付给他们报酬；让海军前进，却不给他们提供保障。但是只要它高兴或是有需要，它就会给英国财政部与银行带来数百万的收入。

无穷无尽的信贷意味着无休止的战争。大英帝国通过与荷兰长达 20 年的战争，才从后者手中抢来了最大的贸易份额。然而这个胜利只是为接下来的一场更大的争夺铺平了道路。法国的统

西方将主宰多久

东方为什么会落后，西方为什么能崛起

504

治者们似乎有意建立一个陆地帝国，摆脱哈布斯堡家族的控制（欧洲历史上支系繁多的德意志封建统治家族）。英国的政治家们害怕了，他们担心"一旦法国在陆地上无所畏惧，他们一定会在海上毁灭我们"。当时英国的首相老威廉·皮特（William Pitt）坚持认为解除这一担心唯一的方法是"通过德国来征服美洲"，同时为大陆联盟提供资金，使法国在欧洲受限，这样英国就可以侵吞海外殖民地了。

在 1689~1815 年的一半的时间里，英国与法国一直都在交战。这一战争始于 1689 年，当时法国第一次侵略英国，却以失败而告终。1815 年，威灵顿最终在滑铁卢打败了拿破仑，英法战争才得以结束。这个具有划时代意义的争夺不过就是一场西方内战——一场为了争夺欧洲核心位置的战争。大批的军队在德意志拦击战斗，并在佛兰德斯挖掘战壕。在暴风雨肆虐的法国海岸，在地中海波光粼粼的海水中，双方士兵登上彼此的船只，互相展开厮杀。在美洲西部与孟加拉的丛林中，这些欧洲人特别是当地的联军展开了更为艰苦的战斗。这些独立游击的战役使这场西方内战演变成了一场世界范围内的战争。战争中不乏勇敢与背叛的事例，这些足以写出好几本书来。但是真正的故事在于英镑、先令、便士之中，即金钱利益当中，信贷持续不断地为英国军舰、军队提供补给，但是法国人却没有足够的钱来支付军费。在 1759 年，曾有一位身居高位的英国人自夸说："胜利的钟声频频在我们国家响起，我们的钟因而被敲打得破旧。"到了 1763 年，法国别无选择，只好签署条约放弃他们大部分的海外领土。

尽管如此，西方社会的战争还没有成功一半。即使是英国人也感觉到了财政资金的紧张，因而不得不试图让美洲的殖民者们为英法战争埋单。而当这一不高明的主意于 1776 年引发起义的时候，法国人用金钱与舰船来资助起义者，使得一切都不同了。即使是英国作为日不落帝国的威望，也不能制服三千英里之外的决心坚定的起义者们以及另外一个超级强国。

尽管如此，财政上的利益还是可以减轻失败的刺痛。在任何合理的世界里，将美洲输给那些受法国启蒙运动启迪的革命者们本应该会使英国的大西洋经济破产，并在欧洲开创一个法国帝国的统治。皮特也曾经同样担心，警告英国民众说如果英国输掉战争，他预计英国的每一位绅士都要变卖家产远渡重洋到美洲去，但是贸易与信誉再一次拯救了英国。英国逐渐还清了欠款，保证它的舰队一直在海上巡航，继续运送美国人需要的各种物品。到 1789 年时英美贸易又回到了革命前的水平。

然而，对于法国人来说，1789 年却是一场灾难。为了赢得美国独立战争的胜利，路易十六积欠了大笔无力归还的债务，因此不得不召集贵族、僧侣和富裕的平民们，请求增加新的赋税，但是结果却是平民们发动启蒙运动来反对他。富裕的平民们大声宣扬着天赋人权（两年之后，还有女人的权利），发现他们自己一边发动了这一反抗和内战，而一边又试图置身事外。"让恐怖成为这个时代的秩序！"激进主义者大声叫喊着，然后处决了他们的国王、国王的家属以及成千上万他们的革命同胞们。

再一次地，合情合理的估计被历史的现实打乱了。美国的革命没有使英国顺利成为西方的主宰，而是创造了新的大规模战争的形式，在其中令人兴奋的几年中，法国的天才将军拿破仑似乎将会最终开创一个欧洲大陆帝国。1805 年，他召集法兰西帝国大军，试图进行自 1689 年来第四次对英国的入侵。"让我们坚持 6

个小时，渡过英吉利海峡，"他告诉自己的军队，"我们就会成为世界的主宰！"

拿破仑没得到那 6 个小时，尽管他将英国商人关闭于欧洲的所有港口之外，使之成为英国商人们的最大梦魇，他还是不能摧毁英国的经济实力。1812 年时，拿破仑控制了欧洲 1/4 的人口，并且一支法国军队最远还侵略到俄国的莫斯科。两年之后，他却已经失去了大权，而一支俄国军队（由英国人出钱资助）却打到了法国巴黎。1815 年，维也纳大会上的外交官们通过反复的协商达成了一些条款，而这些条款将在接下来的 99 年中削弱西方战争。

这些战争最后有没有带来一些不同呢？在某种意义上，确实是的。在英法冲突前夕的 1683 年，维也纳也曾处在一支土耳其军队的围攻之下，但是当英法两国于 1815 年在此集会的时候，西方战争却已经极大地推动了西欧的火药、军队纪律以及经济发展，而土耳其军队也再未光临过。当拿破仑于 1798 年入侵埃及的时候，奥斯曼帝国不得不依靠英国才能将其赶出去，而在 1803 年不到 5 000 人的英国军队（有一半的人还是在当地征召的，然后加以欧洲射击术方面的训练）在阿萨耶对人数是他们 10 倍的南亚人进行扫射。很明显，军事实力的平衡已经打破，优势转移到了西欧。

但是在另外一些方面，情况却又并非如此。尽管存在着许多的战争和轰炸，实际工资水平却在 1750 年以后持续下降。自 18 世纪 70 年代以后，一群自称政治经济学家的学者将所有科学和启蒙的工具都用于解决这个问题。他们从自己的研究中得到的结论却不是很好：他们宣称，铁一般的规律统治着人性。首先，虽然帝国的兴起与对外扩张可能会提高生产力和收入水平，但人们却总是会将多余的财富转化为更多的孩子，而孩子们空空的肚子则会消耗掉额外的财富。其次，更糟糕的是，当这些孩子们长大成人需要一份工作时，他们之间的竞争又会使工资降低到饥饿边缘的水平。

看起来好像没有办法可以摆脱这种残酷的循环。如果这些政治经济学家们对社会发展指数有所了解的话，他们很可能会指出尽管发展的极限瓶颈被稍微推高了一点，但它仍然是和以前一样难以撼动的。他们很可能会兴奋地了解到西方的指数于 1773 年赶超了东方，但肯定会说这些实际上无关紧要，因为铁一般的规律禁止任何指数上升得更高。政治经济学科学地证明了没有任何事情会真的改变。

但是接下来情形却真的改变了。

西方的时代：是东风压倒西风，还是西风压倒东风

世界180度大转变

　　有时，只需一年的时间就可以改变脚下的土地。在西方世界中，1776年恰是这种情形。在美国，一场抗税起义演绎成了一次革命；在格拉斯哥，亚当·斯密完成了政治经济学领域的首部鸿篇巨制《国富论》；在伦敦，爱德华·吉本的著作《罗马帝国衰亡史》出版发行，一夜之内震撼全城。此时，伟人们正成就着不凡的事业。詹姆斯·博斯韦尔（James Boswell）是奥金莱克的第九任领主。不过，在当年的3月22日，博斯韦尔并没有参加智者云

集的聚会，而是登上了一辆马车，沿着泥泞的土地，驶往英格兰中部伯明翰外的一片领地——索霍区。

从远处看，索霍区的钟塔、车道、帕拉第奥式的建筑外表恰似乡村小屋，说不定哪天博斯韦尔也想进去沏上一杯茶，听几个笑话。可是走近一瞧才发现，这里锤子撞击声、车床嘶鸣声、劳工咒骂声嘈杂混乱、充斥双耳，他对此地的任何美好幻想随即消散得无影无踪。这并非简·奥斯汀小说中的场景，此处是一个工厂。虽然博斯韦尔特权在握，自命不凡，但是仍想一睹为快，因为索霍区在世界上独一无二。

索霍区展现的一切正如博斯韦尔所料——成百上千的工人、"高大宏伟、设计精巧的机器"。更重要的是，此地的主人是马修·博尔顿（博斯韦尔称他为"铁的领主"）。博斯韦尔在他的日记中写道："我永远不会忘记博尔顿先生对我说的话：'先生，我在这里出售的是全世界想要的东西——能源。'"

正是博尔顿这类人欺骗了政治经济学家，令他们做出悲观预言。从采集狩猎者巡游苔原觅食的冰河时期至博斯韦尔和博尔顿相识的 1776 年，西方社会发展缓慢，社会发展指数仅提高了 45 分。可是在随后的 100 年里，却提高了 100 分。进步之快难以置信，世界来了个 180 度大转变。1776 年东西方的实力仍然不相上下，都只比 43 分——这一发展分值的上限高一点儿。一个世纪之后，能源交易将西方领先变成西方统治。"此乃真理"，诗人华兹华斯于 1805 年如是说：

……一小时的

世界在躁动，最温和的人都被激发了；

骚动、激情与观点的碰撞

充满了貌似平静的屋子。

普通的生活中却激荡着思想观点的碰撞。

我一直说:"历史真是讽刺啊,

过去就是现实生活的镜子!"

　　的确,历史是讽刺的,至少过去是这样。但实际上,未来并非如此。其实,世界的躁动才刚刚开始,在下个世纪西方世界将迎来超常规的发展。对于任何在纵轴显示出当代西方社会发展指数冲到 906 分的图表(见图 10-1),都会将充斥本书前九章的上下沉浮、领先落后、胜败得失的社会变化贬得一文不值。而这些变化都是由博尔顿所出售的能源导致的。

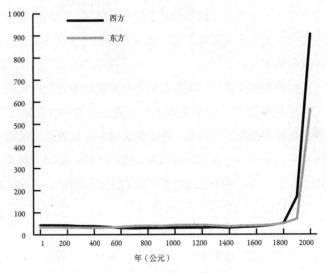

图 10-1　世界躁动:过去 2000 年社会发展状况。此图展示了自 1800 年来西方引领的发展腾飞,这让世界早期历史中的所有事件变得无足轻重

蒸汽机：改变了一个时代

其实，早在博尔顿之前，世界就有了能源，而他所出售的是更先进的能源。几百万年来，几乎所有驱动力都来自人力和畜力，虽然人力、畜力非常惊人——可以兴建金字塔、开凿大运河、描画西斯廷大教堂——但终究有局限性。最明显的就是，人力、畜力是动物身体的一部分，动物需要吃，需要睡，还需不时地补给能量、添加衣物。而所有这一切都来源于植物和其他同样需要吃、睡等活动的动物。并且，在这条相互依存的关系链上，所有的东西都需要土地的支持。因此，当土地在 18 世纪中叶越来越紧缺时，人力、畜力也变得昂贵起来。

几个世纪以来，风能和水能推动轮船和磨石运转，助人力、畜力一臂之力。但是，风能和水能同样有弊端，它们只能在某些地方使用。蒸汽冬天凝结，夏天蒸发；而空气一旦凝重，风车的叶片就一动不动。

人们需要的是随时随地都能方便使用的能源，这样人们可以在工作中使用能源，而不是将工作迁移到能源所在的地方完成。此外，这种能源来源要可靠，不会因天气的变化而改变供给；它占地适中，不会侵占百万顷树木和农田。11 世纪中国开封的冶铁工场主发现，煤是种不错的能源。但它也有局限性，煤只能在发热时提供热量。

将热量转化为动力的突破始于 18 世纪，地点就在煤矿中。当时，洪水一直困扰着人们。虽然可以用人力、畜力和铲斗开采矿井（比如，有个聪明的矿主给 500 匹马套上轭，让它们来拉一条铲斗链），不过非常昂贵。事后，人们发现解决方法非常简单：

可以用发动机（以矿井中的煤为动力）将水抽上来，而无须吃食物的动物了。不过，说起来容易做起来难。

在18世纪，东西方文化的核心地区都需要煤，都面临着矿井被淹的情况，但英国的发动机制造者想出了解决方法。如我们在第九章所讲，这里是欧洲西北部最边缘的地方，大西洋经济体的国家鼓励具有某些科学性的补锅工作。补锅匠将商业的敏锐、实际操作金属的经验与一些基本物理知识相结合，来解决能源紧缺问题，他们的出现正是时候。这些人在中国和日本也存在，不过凤毛麟角。而据我们所知，到目前为止，他们中甚至没有一个人试着修补过燃烧煤炭的发动机。

"矿工之友"是西方使用的第一台抽水机，于1698年在英格兰获得专利权。这台机器燃烧煤来煮沸水，然后将蒸汽在真空中冷凝。随后，操作人员打开阀门，在真空的作用下水从矿井中吸上来。如今，工人们关上阀门，移动灶火，同样可以将水煮沸，产生蒸汽，不断重复煮沸、冷凝这一有违万有引力的过程。

"矿工之友"运行缓慢，且只能将水提升40英尺。此外，它的明显不足之处就是易爆炸。不过，它仍比喂养上百匹马要便宜。这台机器也给予修补工作更多的灵感，但改进后的发动机依旧十分耗能，因为它们要用同一汽缸煮沸水，然后冷却形成真空。工人们在每次击打活塞的时候都得重新加热汽缸。即使是最好的发动机也只能将不到1%的煤产生的能量转化为抽水的动力。

几十年来，这种低效率的转化限制了蒸汽动力的使用范围，使它仅在矿井中用于抽水工作。即使这样，一个矿主还抱怨说："这些发动机使用了大量的燃料，严重损害了我们矿井的利润……赋税太重与禁止采矿无异。"对于任何需要将煤炭从矿井运输到工厂的企业而言，蒸汽发动机真是太贵了。

但是，教授们对发动机却颇有兴趣。格拉斯哥大学购买了一个微型发动机样品，可是却没有哪一个学者可以将其发动起来。直到 1765 年，该校数学仪器制造师詹姆斯·瓦特在工场里成功将其发动。发动机虽然运行了，可是效率并不高，这让瓦特百思不得其解。在进行其他任务的时候，瓦特一直在思索蒸发、冷凝水的更好办法。直到有一天，他终于想了出来，就如他写的那样：

> 在一个周日的下午，天气晴朗，我出门散步……正在此时，一个想法从脑中蹦出。蒸汽具有伸缩性，会冲进真空中。若能在（加热的）汽缸和耗尽的容器中间建立连接，蒸汽就会冲进去，这样可以不冷却汽缸而冷凝蒸汽……当整个过程在脑海中构建妥当时，我发现半晌的工夫已经过去了，我还没走到高尔夫球场呢。

那是个周日，对主虔诚的瓦特只能放下手中的活，但是周一早上他以现有材料迅速组建了一个新模型，将冷凝器和蒸汽汽缸分开。这样，汽锅保持高温，冷凝器保持低温，而不是加热冷却交替进行。这种方法可以减少用煤近 8 成。

此时，一系列新问题接连产生，但瓦特仍孜孜不倦年复一年地继续探索。他的妻子去世了，支持者也破产了，可发动机仍旧不能稳定地运转。1774 年，就在瓦特准备放弃研究寻求更稳定的职业时，"铁的领主"马修·博尔顿前来帮助瓦特。他收购了瓦特负债累累的支持者，将发动机制造厂迁到伯明翰。为了解决瓦特的困境，博尔顿既投入了资金，又投入了人力，派遣聪慧的金属制造工"钢铁疯子"威尔金森（Wilkinson）前来助阵。（威尔金森认为，万事万物都可以用铁来制造，包括自己的棺材。）

就在 6 个月后，瓦特给父亲写了封信。我认为这是封有史以来低调程度位列第二的信（在本章后面的内容中，我将谈谈最低调的信）。在信中，瓦特写道，他的发动机现在"相当成功"。1776 年 3 月，举行了一个盛大的公开展览会。会上，瓦特和博尔顿的发动机只用 60 分钟就将水从 60 英尺深的矿井中抽了上来，而消耗的煤仅为旧机器的 1/4。

怪不得在博斯韦尔访问索霍区时，博尔顿表现得自信十足。现在发动机在矿井外性价比很高，局限性很小。"如果我有……100 个小发动机……外加 20 个大的共同运作，我们就能够把全部问题成功解决掉，"博尔顿给瓦特写道，"晒草要趁太阳好，我们要抓紧有利时机。"

虽然一些顾客的光临会让他们感到惊喜，但他们的确抓住了有利时机。第一个利用蒸汽动力的制造商是棉布制作商。西欧并不产棉布，直至 17 世纪，英国人一年四季都穿着破破烂烂、带有汗臭味的毛料衣物，内衣往往也是如此。可以想象，当商人开始从古印度进口轻便、色泽明丽的棉布衣物时，该有多么轰动。1708 年，丹尼尔·笛福回忆道："棉布悄悄来到我们的屋子，进入壁橱、卧室。窗帘、地毯、椅子，连床都是用棉布做的，要不就是印度制品，绝非他物。"

进口商发了大财，不过他们投资的是印度棉花，而不是英国羊毛。因此，羊毛巨头们游说国会禁止买卖棉布衣物。于是，其他英国人进口生棉花（这仍是合法的），自己制造棉布。不幸的是，这些棉布织物没有印度货的质量好。到了 18 世纪 60 年代，英国棉布市场的规模只有其羊毛市场的 1/13。

第十章

西方的时代：是东风压倒西风，还是西风压倒东风

但是，棉花的确有个好处，即可以用机械将纤维纺成纱，完成这一费力的工作。1万年来，纺织品的生产需要心灵手巧的女工（极少使用男工）将一小捆羊毛或纤维绕在纺锤上。我们在第七章看到，1300年，中国的纺纱工人用水能或畜力为能源的机器来提高生产率。在随后的几个世纪中，这种机器使用得越来越普遍，产量也稳步提高。但英国突然开始机械化，使古代的一切技术相形见绌。1770年，一个纺纱工人用脚踏式纺纱轮要花200小时才能纺出一磅纱线[1]；到了1800年，性能卓越的设备可以在3小时内完成相同的工作量。这些设备的名称轰动一时——哈格里夫斯的珍妮纺纱机、阿克赖特的水力纺纱机和克朗普顿的走锭细纱机（罗伯特自行控制的走锭细纱机诞生于1824年，只需要1小时20分钟就可以将上述任务完成了）。机器不断进步，蒸汽动力日趋完善，织机在大工厂里聚集排布。第一个完全由蒸汽发动机供能的纺织工厂于1785年开张（当然，这里的发动机是博尔顿和瓦特提供的）。

　　织机使得英国棉花价格更低、质地更为纤细结实、粗细均匀，其品质甚至超过了印度产品。1760~1815年，英国出口的成衣数量增长了100倍。棉纺业，这一曾经不起眼的产业，转变为国民收入的重要来源，产值约占国民总收入的1/12。10万男男女女（尤其是童工）一天12小时以上、一周6天奋战在工场，大批大批地生产棉布运到市场。纺纱的价格从1786年的每磅38先令跌至1807年的每磅7先令。虽然价格下降，但市场扩张，利润仍在继续膨胀。

　　1. 纺纱轮于12世纪传入欧洲，一个纺纱工人需要500小时才能纺出一磅纱。

地理位置的优势促使棉纺业在英国蓬勃发展。棉花的原材料产于英国海外，因而不需要在国内争夺土地生产。相反，美国渴望得到英国的钞票，他们将百万顷土地变成棉花种植园，让成百上千的奴隶在此劳动。美国的棉花产量从 1790 年的 3 000 包陡升至 1810 年的 17.8 万包，到 1860 年更是飙升至 450 万包。英国在纺织技术上的创新促使美国在种植园生产上产生了新创意。例如，伊莱·惠特尼（Eli Whitney）的轧棉机。它可以把棉花纤维从黏性种子上分离，这比雇佣奴隶用手来分要便宜。美国棉花供给增加，满足了英国的需求。这样，美国的棉花仍保持在低价位。工厂和种植园主富裕起来，棉花生产给大西洋两岸创造出庞大的劳动力新队伍。

回看英国，先进技术从一个产业扩展到另一个产业，促进了更多新技术的产生。最重要的飞跃就是制造材料以供其他新兴产业使用的制铁业。英国的制铁工人在 1709 年已经知道如何用焦炭熔炼铁（这比中国的冶金学家晚了 7 个世纪），但是如何让熔炉恒定高温，一直没有找到办法。1776 年后，博尔顿和瓦特的发动机通过提供稳定气流解决了这一难题。在随后几年中，科特的搅炼法（这和棉纺业其他名称一样让人叫绝）成功解决了剩余的技术问题。和棉花的问题一样，制铁工人发现劳动力成本下降了，同时就业、产值及利润陡升。

博尔顿和其竞争者揭示了能源的真面目。虽然他们的革命用了几十年的时间（1800 年，英国制造商使用水车产生的能量是蒸汽发动机的 3 倍），然而这却是整个世界历史上规模最大、进展最快的变革了。在近百年的时间中，技术变革粉碎了社会发展指数上限永远不可突破的神话。1870 年，英国蒸汽发动机产生

400万匹马力的动力，与4 000万的人力相当。假如工业继续依靠人力的话，这些人所需的小麦将是英国小麦总产量的3倍多。化石燃料让不可能的事成为可能。

巨大的差距：为什么中国、日本没有发明蒸汽机、纺纱机

当地人喜欢称我的家乡——英格兰中部地区斯托克为工业革命的摇篮。它之所以出名是因为此地是制陶场的中心。18世纪60年代，乔赛亚·韦奇伍德（Josiah Wedgwood）将机械化推广至制瓶业。斯托克遍布颇具工业规模的制陶场。这甚至影响到200年之后，就连我小时候的考古经历都烙上了韦奇伍德的印迹。那会儿，我正在考察从威尔登工厂后面那大堆垃圾中挖出的一个破罐子，而韦奇伍德当年就在威尔登工厂学手艺。

斯托克是个以煤炭、钢铁和泥土为主的城市。在我小的时候，大部分工人天没亮就起床，奔向矿坑、钢厂、制陶场。我的祖父是钢厂工人，父亲未满14岁就辍学下矿井了。在我念书的时候，不断有人告诉我，我们的祖先给英国添了彩，并且改变了世界的面貌，还告诉我他们是如何的勇敢、坚毅和富有创意。但是却没有人告诉我们为什么是这片土地上的山川峡谷成了工业启蒙地，而不是其他什么地方。

这个问题却是讨论中西方巨大差距之源所要解决的首要问题。工业革命发生在英国（具体说来是在斯托克及其周边地区）而不是在西方世界的其他地方有什么必然的原因吗？如果没有必然关联，那么工业革命发生在西方而不是世界其他地方存在某种必然

吗？或者说，工业革命必然会发生吗？

在本书开头，我谈道，即使这些问题的确是关于西方的领导地位是否形成于遥远的过去，对这些问题作答的专家们最多也就往后推四五百年来寻找答案。我认为，应把工业革命放到长远的历史中进行考察。我希望，到目前为止，我在本书前九章阐述的观点能够提供一个不错的解答。

工业革命的特殊之处在于，它迅速地在大范围内促进了社会发展。若不考虑这一点，工业革命与历史上早期的改良运动就无异了。与早期其他迅速（或相对迅速）发动起来的运动一样，工业革命产生于历史上一个今人看来并非特别重要的时期。自农业起源以来，主要的核心地带已经通过殖民和模仿等方式，经过整合并扩大了，边缘地区的人采用了核心地带的人们的生产生活方式，有时他们还将核心地带的理念融入环境迥然不同的边缘地区。这一过程时而显示出后发优势：公元前 5000 年，农民们发现在美索不达米亚平原谋生的唯一方式是灌溉，这样可以将这片平原变成一片新的核心地带；公元前 1000 年，当城市和国家扩展到地中海盆地时，产生了一种新的海上贸易形式；公元 400 年后，中国北方的农民向南迁徙，将长江以南的穷乡僻壤变成了一片沃土。以上这些时期无不体现了后发优势。

公元 10 世纪以后，当西方核心地带从地中海沿岸向北、向西扩展时，西欧国家终于发现新的海上技术可以将他们在地理上独居一隅、长期以来成为落后之源的劣势变成优势。与其说是按照设想，倒不如说是得益于机遇的垂青，西欧建造了一个新兴的海上帝国。此外，崭新的大西洋经济体促进了社会的发展，同时也带来了一种全新的挑战。

第十章
西方的时代：是东风压倒西风，还是西风压倒东风

没有谁可以保证欧洲会战胜这些挑战。罗马（公元 1 世纪）或中国的宋王朝（11 世纪）也没有找到突破社会发展指数上限的方法。所有迹象表明，人力和畜力是动力的最终来源，识字的人不超过 10%~15%，城市和军队的人数永远不会超过 100 万，社会发展指数永远都不会超过 43 分。但是，在 18 世纪，西方人却无视这些限制，他们出售能源，使以前发生的一切变得一文不值。

在罗马和中国宋朝失败的地方，西欧却取得了成功，这是因为那时产生了三个变化。第一，技术不断积累。每次社会发展衰退的时候，一部分技术就会消失，不过大部分技术不会，几个世纪过后，一些新的技术又会加入其中。因此，同一条河踏进两次、同样的技术有新发展的原则继续起作用。任何一个在公元 1 世纪和 8 世纪之间逼近社会发展指数上限的社会都和它们的前辈不同。它们做的会比逝去的更好，这点它们都知道，并且相信可以做得到。

第二，很大程度上是因为技术积累，农业帝国现在已拥有高效的武器，这让俄国和中国清王朝关闭了西伯利亚大草原上的通道。最终，在 17 世纪当社会发展指数逼近上限时，第五个天启骑士——移民——并没有到来。核心地区也成功地应对了其他四大天启骑士，避免了社会崩溃。假如没有这一变化，18 世纪可能会和公元 3 世纪、13 世纪一样成为一场灾难。

第三，还是因为技术的积累，船可以将人们载到任何想去的地方。这样，欧洲人就可以创造出一个史无前例的大西洋经济体了。罗马王朝和宋王朝都没能建设一个可以如此促进商业发展的国度，因此，它们都不需要面对 17~18 世纪欧洲国家关注的那些问题。牛顿、瓦特等人也不一定就比西塞罗、沈括等人聪明，只是他们想到了不同的事情而已。

在突破社会发展指数上限方面，18世纪的西欧做得比以前任何社会都要好。在西欧，由于西北部区域国王统治力量更为薄弱，商人力量则更为强大，因而西北部发展得比西南部好。而在西北部，英国发展得最好。1770年，英国不仅薪水更高、煤资源更多、金融实力更强，而且那里实行了比其他地方更开放的制度（不管怎么说，对于中上阶层的男士是这样的）。另外，由于英国对荷兰和法国的战争都取得了胜利，它也同时拥有了更多的殖民地、贸易和战舰。

英国是工业革命最容易发生的地方，不过并不是注定会发生。如果1759年是法国赢得了战争的胜利，而不是英国（这种情况很有可能发生），如果法国夺去了英国的海军、殖民地和贸易，而不是相反的情况，那么我的长辈们就不会在小时候对我讲述斯托克是如何成为工业革命摇篮的故事了。在法国那些和英国同样烟尘密布的工业城市里（如里尔），长者们讲的故事或许就是另一番情景了。毕竟，法国有许许多多的发明家和企业家，只要国家的要素禀赋或国王和将军的决策中有什么小小的改动，就会产生巨大的影响。

无论是伟大的人物、笨拙的白痴，还是走霉运的人都与工业革命为什么在英国而不是在法国发生有关，但是他们和工业革命为什么首先在西方展开的关系却不甚清楚。为了解释这一现象，我们需要考察一些更强大的力量，因为一旦技术积累达到一定程度，一旦西伯利亚大草原通道开放——比如说在1650年或1700年——我们就很难想象有什么力量能阻止工业革命在西欧的某个地方发生。如果法国或一些低地国家而不是英国成为世界工厂，那么工业革命的进展就没有现在这么迅速了，它或许会在19世纪70年代发生，而不是18世纪70年代。今天我们生活的这个世界也会有所不同，不过西欧仍会成为工业革命的发源地，西方仍会统领世界。这本书仍然可以继续写下去，只是我可能会用法语来写，而不是英语。

也就是说，除非东方率先独立地进行工业化，否则统领世界的就是西方。假设西方工业化进展变慢了，东方可以独立发展工业化吗？当然这里我列举的是种种假设，但是我想答案是非常明显的：不太可能。即使到1800年东西方社会发展实力不相上下，也鲜有迹象说明如果独立发展，东方可以快速进行工业化，并于19世纪开始腾飞。

东方国家有广阔的市场和繁荣的贸易，但是它们和大西洋经济体的发展模式不同。虽然东方居民不像亚当·斯密在《国富论》中说的（"在中国，下层阶级的人民生活水平低下，连欧洲最贫穷的国家都不如"）那样穷，图10-2同样表明他们也并不富裕。北京人[1]并不比佛罗伦萨人穷，可却比伦敦人穷不少。中国、日本（及南欧国家）劳动力价格低廉，这并没有激发他人和博尔顿一样用同样的激情去投资机器。在1880年，开一个雇佣600名中国工人的矿厂的成本预计为4 272美元，差不多和一台蒸汽泵的价格一样。即使在他们有其他动力可供选择的时候，精明的中国投资商们通常仍会乐意雇佣便宜的劳动力，而不会购买昂贵的蒸汽机。

---

1. 在18~19世纪，东京、苏州、上海、广州的工人均比在北京工作的工人收入低。

由于修补生意收入太少，东方商人、宫廷学者都没有对锅炉、冷凝器产生足够的兴趣，更别提珍妮纺织机、水力纺纱机和搅炼机了。要产生自己的工业革命，东方需要创造出一些与大西洋经济体相提并论的经济模式。在这种模式下，东方国家也可以产生出更高的工资，应对新的挑战，促进整个科学思想、机械修补技术的发展及廉价劳动力的诞生。

如果时间允许，这种情况有可能产生。18 世纪，在南亚，一

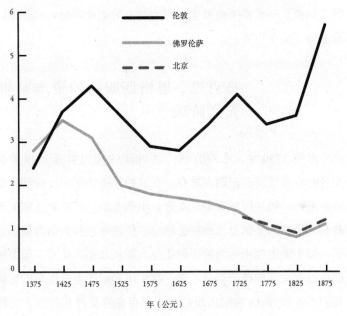

图 10-2　世界各地的工人工资不同：虽然工人们并不乐意，但是在 1780~1830 年间，英国工人的工资比其他国家工人的高。本图对伦敦、佛罗伦萨（代表南欧低收入群体）和北京（代表中国、日本劳工的收入水平）非技术工人的实际工资进行了对比

群散居在外的中国人蓬勃发展起来。如果其他条件相同，大西洋经济体之间相互依存的地理关系可能在 19 世纪出现。可是其他条件不会相同。从英国在美洲建立的第一个殖民地詹姆斯敦到机械大师詹姆斯·瓦特改良蒸汽机，西方人用了 200 年的时间。如果东方处于极端隔绝之中，如果东西方在 19~20 世纪走同样的路，都在构建一个地理上多元化的国家，如果东方和西方走的路线大致相同，一个中国的瓦特或日本的博尔顿将会在这一非常时刻出现，并在中国上海或日本东京展示自己的首部蒸汽机。可是，这些"如果"一个都不会发生，因为西方的工业革命一旦开始，它就主导了整个世界。

马克思、恩格斯眼中的资本家和无产阶级

直到 1750 年，东西方核心区域间的相似性还是很明显的。先进的农业经济在东西方并存，在这种经济体制中，劳动力划分复杂细致、贸易网络密集、制造业不断增长。在欧亚大陆的两端，富有的地主们坚信自己的社会地位、传统习惯和财富价值不会改变。每个地主都用详细的规则让他人服从，遵守礼节，每个地主都践行着文明的精华部分。除了在文体和叙述上有明显的不同外，我们不难发现 18 世纪出版的小说中存在着某种相似性，比如塞缪尔·理查森（Samuel Richardson）的小说《克拉丽莎》(*Clarissa*)和曹雪芹的小说《红楼梦》就体现了某种密切的关系。

到 1850 年，一个显著的不同点将所有这些相似性驱散得无影无踪，这个不同之处就是：在西方，一个新兴的以蒸汽作为能

源的铁之领主崛起。按照最著名的评论家的话，"混杂的封建关系将人和他'自然属性的上一级'相联系，但铁之领主的崛起将这一联系无情地扯断了"。马克思和恩格斯继续说："这一新兴的阶级将最为神圣的宗教狂热、侠义的热情、无艺术修养的情感淹没，把它们投入自我本位主义的冰冷水域中。"

关于这个新兴的阶级正在做什么，观点不一、众说纷纭，但是大多数都赞同无论他们在做什么，这个阶级改变了一切。对于一些人来说，那些利用能源、出售能源的百万富翁是英雄。他们的"能源和坚定不移的信念受到判断力的明确指引，但（只是）获得了一种普通的奖赏"。因此，塞缪尔·斯迈尔斯（Samuel Smiles）在其维多利亚时期的经典作品《自己拯救自己》（*Self-Help*）中解释道，"在早期，技术工业的产品主要是奢侈品，是针对少数群体的。而现在，最精致的工具和发动机都用于生产针对社会大众的普通消费品"，这是因为人们对工业的投资增加了。

但是，对于其他人而言，工厂主们是一群毫无人情味儿的衣冠禽兽，他们就像狄更斯小说《艰难时世》中的葛擂梗先生一样。葛擂梗一直认为"生活中只需要事实。没有别的东西要种植了，把其他一切东西都根除掉吧"。狄更斯探索工业革命的方法并不轻松。他在一家制靴厂上班，父亲在债务人的牢房里卖命。就像狄更斯所看到的那样，工人无法在生活中发现美好，他们被驱赶到摧残灵魂的城市，比如小说中虚构的科克镇，"胜利实质上就是……一个机器密布和烟囱高耸的城市，烟尘冗长的尾巴不断地伸展着，伸展着"。

当然，现实生活中确实存在着不少葛擂梗一样的人。恩格斯在年轻时描述 19 世纪 40 年代曼彻斯特的情况，并对科克镇工人的困境发表演讲。恩格斯说："一个商人耐心地听着，在街角我们分开了。他说：'但是，这里的确创造了很多财富。就说到这吧，先生。'"

这个商人说得没错：通过利用化石燃料中的能量，博尔顿和瓦特的蒸汽机创造了巨大的财富。但是，恩格斯也没错：那些创造财富的工人只分享了其中很少的一部分。1780~1830 年间，每个工人的产量增幅超过 25%，但是薪水仅仅上涨了 5%。剩余的这些产值都被当成利润剥削了。在贫民窟里，愤怒呼声迭起。工人们组织了工会，要求执行《人民宪章》。激进分子则密谋推翻政府。雇农的生计受到打谷机的威胁。1830 年，他们砸碎机器，烧毁柴垛，联名签署写给贵族的恐吓信，署名"斯温船长"，听上去像个海盗头子的名字。在每个地方，地方官员和牧师都受到激进主义的影响，他们给法国式起义起了各种各样的名称，领主们全力向激进主义逼近。骑兵们踩踏示威者，工会会员被捕，砸坏机器的工人被押到大英帝国最远的殖民地接受刑事处罚。

对于马克思和恩格斯来说，这一过程显得分外清楚：西方的工业化正以前所未有的速度促进社会的发展，但同时用一种反常的节奏演绎着发展的悖论[1]。资本家把劳动者仅仅看成"帮手"、磨坊厂和工厂里有血有肉却无足轻重的人物。同时，资本家也赋予了他们共同的使命，将其变成了革命者。马克思、恩格斯总结道："所以，资产阶级首先生产的是它自身的掘墓人……让统治阶级在共产主义革命面前发抖吧。无产者在这个革命中失

---

1. 当然，马克思、恩格斯使用了另一种不同的术语，这样由封建生产方式到资本主义生产方式的转变，增加了对剩余劳动的榨取，也加剧了经济基础和上层建筑之间的矛盾。

去的只是锁链，他们获得的将是整个世界。全世界无产者，联合起来！"

马克思、恩格斯认为资本家用栅栏把农村围起来，将无产者驱逐进城市成为雇佣奴仆，但是实际情况却不是这样。富有的地主并没有将农民驱逐出土地，而是婚姻家庭驱使农民来到城市。实际上，19世纪的集约型农业需要更多的劳动力，而不是减少劳工数，人们抛弃农场来到城市的真正原因是繁殖后代的需要。1750~1850年间，人们的平均寿命增长了3岁。但是，历史学家却未能解释这一现象发生的原因。（是因为瘟疫减少了？营养食品更多了？水质更好、下水道变干净了？育儿经验更科学了？是棉质内衣造成的，还是其他什么导致的呢？）人们多活的那些年可以用来养儿育女。这就意味着除非女士晚婚，或者用不同的方式进行性行为，或是流产、饿死孩子，否则她们可以养育更多的子女。女士们确实改变了她们的行为，但是这还不足以解释为何她们的寿命变长了。在1780~1830年间，英国的人口几乎增长了一倍，达到1 400万。约有100万多出来的人口在田间地头工作，600万人在城市寻觅工作。

这些关于人类繁殖的确凿事实说明工业革命的弊端是明显存在的：工业化带来创伤，但是其他的选择会更糟。16世纪人口增长之时，整个西方的工资体系全面崩溃。但实际上，1775年后英国的工资却开始增长，把其他国家抛在身后（见图10-2）。当英国人真的出现集体饥荒的时候（即19世纪40年代的爱尔兰饥荒），这也与贪婪的地主和笨拙的政治家有关而和工业无关（爱尔兰的工业数量极少）。

具有讽刺意味的是，这一潮流将那些年里工人的热情转变成马克思、恩格斯的学说。自 1780 年以来，资本家将很多利润用于庄园、贵族爵位和暴发户的服饰上，同时把更多的资金投资于新机器和磨坊。大约到了 1830 年，这些在机械上的投资提高了每个脏兮兮、营养不良且未受过良好教育的"帮手"的生产率，使得这些"帮手"变得有利可图。老板常常撕毁与罢工者的条约，将其解雇，和其他老板展开竞争寻找新的"帮手"。在随后的 50 年里，工资和利润一同增长。1848 年，在马克思、恩格斯发表《共产党宣言》时，英国工人的收入终于达到了黑死病之后工人工资的水平。

和其他年代一样，19 世纪 30 年代产生了这个时代所需的思想。随着工人身价的提高，中产阶级对被压制群体有了那么点儿同情心。一方面，失业似乎必然成为一种不道德的行为，贫者被驱赶至工场（中产阶级说这是为贫者好）；另一方面，狄更斯对这些工场的真实描述使得《雾都孤儿》成为畅销书，一时间"改革"一词成为标语口号。官方委员会谴责城市的肮脏环境，国会禁止工厂雇佣9岁以下的童工，并将13岁以下童工的每周工时限制在 48 小时以内。此外，他们面临的第一个难题就是推广全民教育。

在今天看来，这些维多利亚时期的改革家似乎是伪善的，但是采取切实的措施提升贫困人口的生活水平具有革命性。这与东方核心社会的对比非常明显：在中国，工厂雇员数量仍然很少，有识之士按照传承了几百年的传统，将亲手写的关于乌托邦改革构想的卷轴交至帝国官员的手中，这些官员同样保留了中国的传统习惯，那就是对此不理不睬。这些即将成为改革家的人大部分从地主阶级中分化而来，并在继续分化。洪亮吉（因在社会问题上批判政府无能，被判"大不敬"罪，处以死刑）和龚自珍（他是一个怪人，衣着古怪，写着草书，沉迷赌场）被证明是最具建设性的社会批判家，两个人几次参加科举考试均落第，且在改革上都没有产生什么影响。即使是非同寻常的实用改革方案也无人问津：比如19世纪20年代的改革方案，计划用船经海路调运粮食至北京，以避免途径大运河时食物腐烂变质。

在西方，也只有在这里，一个崭新的以煤和铁为主的世界就要诞生了。人类历史上第一次，我们能如此接近梦想。英国《经济学人》杂志在1851年发表评论："在本世纪前50年，我们希望可以实现美好的憧憬，这是一件令人高兴并引以为荣的事。在过去的50年中，社会空前发展，超过了历史上任何一个时期，其进步之大令人吃惊。就文明的欧洲来看，在几个关键的地方，18世纪和19世纪的不同之处还是很明显的，这比公元1世纪和18世纪之间的差异还要大。"西方世界迅速发展，把世界其他地方抛在了身后。

西方世界轰隆隆地前进，
而东方世界却沉寂异常

1872年10月2日，晚上7点45分，伦敦。这里将要出现一个著名的故事场景："先生，我在这儿呢！"菲利斯·福格（Phileas Fogg）大步流星跨进俱乐部，叫喊着。虽然他在埃及被当成银行抢劫犯，在内布拉斯加受到北美印第安苏族人的攻击，在印度营救一个被迫自杀的漂亮寡妇，福格却做到了自己承诺的事。他在80天里环游地球，未耽误一分一秒。

这同样是个虚构的场景，但是和儒勒·凡尔纳的所有小说一样，《80 天环游地球》也是以现实为依据的。1870 年，一个名叫乔治·特雷恩（George Train）的人环游地球 80 天，"特雷恩"在英语中意为"火车"，名字取得真是恰到好处。当科学技术不能为他所用的时候[1]，小说中的福格会转而依靠大象、雪橇和帆船以寻求帮助。但是如果没有崭新的工程项目的胜利完工——苏伊士运河（1869 年开通）、旧金山——纽约铁路（同年完工）、孟买——加尔各答铁路（1870 年完工）——福格和特雷恩都不可能顺利实现他们的旅行。正如福格出发前说的那样，世界没有以前那么大了。

由于殖民主义者将新的生活方式带到周边世界，边缘地区的人们相互效仿、抵制抑或背井离乡，在提升社会发展水平的同时，核心区域总在不断地扩张。19 世纪与前几个世纪的不同仅仅体现在规模和速度上，但是这些不同改变了世界历史的进程。在 19 世纪以前，伟大的帝国占据了世界的各个部分，凭着自己的意愿兼并土地，但是新技术将这些界限淡化。社会发展领先的国家可以统治全球，这在人类历史上还是第一次。

将化石燃料中的能量转化成动力彻底打破了距离对社会发展的制约。早在 1804 年，英国工程师展示了轻便高压的发动机，它可以推动客车沿着铁路运行。到了 19 世纪的头 10 年，类似的发动机可以开动划桨船。在另一代有灵感的人大胆尝试后，乔治·斯蒂芬森（George Stephenson）著名的名为"火箭"的机车

---

1. 但是，并不是热气球技术。这一细节因为电影主演戴维·尼文（David Niven）的精彩表现而在 1956 年补充上。

在利物浦—曼彻斯特的铁轨上运行，速度为每小时 29 英里[1]。用这台发动机开动的轮船能够跨越大西洋航行。社会发展改变了地理格局，并在这一时期达到了前所未有的高度：轮船不受狂风和海浪的限制，不仅可以想去哪儿就去哪儿，而且什么时候去都可以。人们在哪里铺设了铁路，货物就可以通过陆路运送到哪里，成本和海运一样便宜。

科学技术改变了殖民现状。1851~1880 年间，500 多万英国人（当时总人口为 2 700 万）移居国外，大部分迁至北美——这片他们最重要的新天地。历史学家尼尔·弗格森称这次白种人的大规模迁徙为"白色瘟疫"。1850~1900 年间，"白色瘟疫"队伍砍伐了美洲 1.68 亿英亩的森林，面积超过英国可耕种土地面积的 10 倍。1799 年，一位旅行者曾记录，美国的先驱们"对树木有着不可容忍的极端厌恶之情……他们不带丝毫怜悯之心，砍伐了眼前所有的树……所有这些树遭遇着相同的厄运，经历着同样的浩劫"。100 年之后，砍伐树桩的机器、喷火器和炸药让这伙人更为嚣张，他们对树的厌恶之情有增无减。

一个前所未有的农业发展高峰期促进了进展同样迅猛的城市的发展。1800 年，纽约城区只有 7.9 万人口，而在 1890 年达到 250 万。此时，芝加哥成为世界的奇迹。芝加哥是个平原城市，在 1850 年人口只有 3 万。到 1890 年，它成为世界第六大城市，人口超过 100 万。因为芝加哥的发展，科克镇成了上流社会。这让评论家大为惊叹，一位评论家写道：

---

1. 当火车空着的时候，的确可以达到这个速度。但是当载重 13 吨时，速度就会下降至每小时 12 英里。

对于芝加哥来说，在所有中部城邦内，在所有东北部城市中，交通和工业咆哮着，锯木厂嘶鸣着。工厂的浓烟染黑了天空，机器相互碰撞，火焰迸发。车轮转动，活塞推进汽缸。齿轮紧挨着齿轮。传动带勾住巨大的鼓轮。转炉将熔铸钢铁的烟雾喷向浓烟密布的天空。

此乃王者帝国。

在将工业化向东扩展至整个欧洲的过程中，竞争发挥的作用比殖民要大。1860年，英国仍然是世界上唯一一个完全工业化的经济体，生产的铁和纺织品占世界总量的一半，但是比利时（这里有上等的煤和铁）率先步入了蒸汽和煤炭时代，沿着法国北部—德国—奥地利这条弧线紧随其后步入新时代。到1910年，德国以前的边缘地区和美国发挥了后发优势，逐步超过了领先于它们的国家。虽然德国的煤炭资源没有英国丰富，但它的利用率比英国高。当前这批德国工人的父辈是边工作边接受培训的，缺少什么时候关闭阀门、什么时候收紧线轴的本能直觉。而今，德国推行了技术教育。

美国虽缺少能够聚集资本的家族企业，但却拥有另一个优势：出售股份来为现代大公司募集资本，从而有效地将资产所有者和雇佣经理区分开来。这些雇佣经理能够自由地对生产流水线和新的管理科学进行实验。所有这些从书本上学来的知识，在英国人看来是如此荒谬，但是在新的高科技产业，诸如化学工业中，知道一点关于科学和管理理论知识却能比只凭感觉产生更好的结果。

历史学家通常称德国和美国领先的时代为第二次工业革命，

此时科学更系统地应用于技术。这一切迅速将菲利斯·福格的功绩变得陈旧不堪，将20世纪变成石油、汽车和飞机的时代。1885年，戈特利布·戴姆勒（Gottlieb Daimler）和卡尔·本茨（Karl Benz）两人明白了如何在内燃机中有效地燃烧汽油（此时，灯具使用的是一种低价的煤油副产品）。同年，英国的机械师改良了自行车。此外，人们将轻便的新型发动机和稳固的新型底盘相结合，设计出了汽车和飞机。1896年，汽车的运行速度依然很慢，在美国首届汽车赛上，一些人起哄道："让马来比赛吧！"但是到了1913年，美国工厂生产出100万辆汽车。那时，来自北卡罗来纳州的自行车修理工莱特兄弟给汽油发动机装上了两翼，可以在天空飞行了。

石油改变了地理格局。一位英国石油商在1911年兴奋地说："内燃机是世界上最伟大的发明。它将代替蒸汽，速度之快让蒸汽机顿时黯然失色。"因为石油比煤炭轻便，产能更多，并且可以让机器运行得更快，因此那些坚持使用蒸汽机的人必然会被投资新发动机的人超越。英国首席海军顾问1911年坚持认为："速度是重中之重！"温斯顿·丘吉尔——英国第一位年轻的海军舰队司令——也被先进的技术所折服，将皇家海军的动力来源从煤炭更新为石油。相对于俄国、波斯（今伊朗）、东南亚的石油，以及美国举足轻重的石油资源来说，英国无穷无尽的煤炭储备显得不值一提。

同样，通信手段也在快速发展。1800年，传递信息最快的方式就是通过船只运送信件，但是到了1851年，英国人和法国人可以通过海底电缆用电子信号传递信息。1858年，英国女王和美国总统打起了越洋电话。在《80天环游地球》中，我们多次发现每件事都取决于电报技术。在 1866~1911 年间，跨大西洋电报成本下降了 99.5%，但当时这方面成本的降低是理所当然的。凡尔纳科幻小说中曾畅想电话的诞生，仅仅三年后，第一部电话于 1876 年问世。1895 年，无线电报诞生。1906 年，无线电应运而生。

快速发展的交通和通信技术极大地促进了市场的发展。早在 18 世纪 70 年代，亚当·斯密已经意识到财富取决于市场的规模和劳动的分工。如果市场大，每个人都可以生产出物美价廉的东西并售出，用赚来的利润购买他们所需的其他东西。斯密推断，这种经营方式要比每个人自给自足的生产利润更高。他还认为，产生这个结果的重要原因是自由化：经济逻辑要求推翻阻碍人们沟通的那堵墙，让人们沉浸在"用货车装运、物物交换、商品交易的活动中"。

不过，说得容易做起来难。那些生产世界上最低价位商品的人（如英国实业家）都是为自由市场而生产的，而那些生产毫无竞争力的高价产品的人（如英国农民）通常认为游说国会对竞争者征收关税比转至新的生产线更好。为了说服英国统治者废除保护主义政策，流血冲突发生了，政府垮台了，饥荒不断。所幸，保护主义终于废除了（并且对进口商征收的平均关税从 1825 年前后的超过 50% 到 50 年后降至不足 10%），全球市场蓬勃发展着。

对于一些人而言，对自由市场的迷恋可以用疯狂来形容。英国制造商出口火车、轮船和机器，英国金融家借给外国人资金让他们去购买这些产品。英国建立起来的外国产业实际上挑战了自己的经济主导地位。但是，对于自由贸易者来说，他们的狂热中蕴涵着策略。通过在世界各地向竞争对手销售产品、借出资金，英国创造出一个巨大的市场，它可以在此集中经营那些利润最丰厚的工业（以及正在不断增长的金融）技术。而英国所做的不仅仅是这些。英国的机器帮助美国和欧洲生产出英国本土需要的食物，通过向英国出售食物获得的利润又可以让其他国家的人购买更多的英国商品。

自由贸易者分析道，人人都会赢——不管怎么说，人人都愿意接受这严厉的、葛擂梗式的自由主义逻辑。鲜有像英国这样富有热情的国家（德国和美国格外保护其年幼的工业，不与英国竞争），但是到19世纪70年代，西方核心国家都迅速和这个金融体系联系了起来。西方的各种货币与黄金的汇率限定在一个固定值，这让商品交易更具有可预测性，政府通过市场规则为贸易服务。

但这仅仅是开始。自由化会跨国界起作用，它可以清除国与国之间的贸易壁垒，但却原封不动地将国家内部的贸易障碍保存了下来。自由化是一个一揽子协议，正如马克思、恩格斯明确表述的那样：

> 生产的不断变革，一切社会关系不停的动荡，永远的不安定和变动，这就是资产阶级时代不同于过去一切时代的地方。一切固定的古老的关系以及与之相适应的素被尊崇的观念和见解都消除了，一切新形成的关系等不到固定下来就陈旧了。一切固定的东西都烟消云散了，一切神圣的东西都被亵渎了。人们终于不得不用冷静的眼光来看他们的生活状况、他们的相互关系。

如果传统规章制度中关于人该如何穿着、谁值得崇拜、什么样的工作可以去做的规定阻碍了生产和市场的壮大，那么这些传统还得继续保留下去。自由派理论家约翰·斯图亚特·穆勒

（John Stuart Mill）总结道："人类，个人也好集体也罢，有充分理由去干涉他们任何一个人行为的自由，其最终结果是自我保护。这超越了他自己、他的身心，是个人占据了统治地位。"而其他一切，人人都可以争取。

农奴身份、行业协会和其他对行动和职业的法律限制崩溃了。1865年，一场战争结束了美国的农奴制度，但是在二三十年内，西方其他保有蓄奴制的国家将这一古老制度中和平（通常也是有利可图）的部分合法化了。越来越多的老板和员工相处融洽，1870年后，大部分国家将工会和社会主义政党合法化，让所有男性参与选举，提供免费的小学教育。随着工资的上涨，一些政府提供退休保障、开展公共健康服务、发放失业保险金。国民对政府的回馈就是愿意在陆军和海军中为国家服役。毕竟，国家给人们提供了这么多保障，还有谁不愿意为国而战呢？

自由化消除了很久以前形成的偏见。2000年来，基督徒迫害犹太人和不跟随耶稣的人，但是突然间其他人的信仰也似乎成了他们所关注的问题，当然他们并没有理由剥夺这些异教徒的财产或选举投票的权利。实际上，对于大部分人来说，信仰似乎并不是什么大问题了，因为诸如社会主义、进化论、民族主义等新的信条挤入了宗教长期把持的地盘。似乎将上帝废黜还不够，女性低等说——这一最为根深蒂固的偏见同样受到攻击。穆勒写道："调节现存男女间社会关系的原则（一个性别合法地从属于另一个性别）本身就是错误的，现已成为人类进步的主要障碍。最终，没有一个奴隶最后还是奴隶，他们总会翻身，这话同样适用于妇女。"

电影和小说常常将维多利亚时代展示为一派安逸的景象，那里烛光闪闪、炉火熊熊、温暖人心，人们各司其职。不过，当时人们所经历的可不是这样。马克思、恩格斯认为，19世纪的西方"像一个魔术师，再也不能控制下层社会的力量，虽然它已经动用自己的魔咒来召唤了"。艺术家和知识分子在此狂欢，保守主义者试图阻止这一切的发生。教会表明立场（有的用粗鲁的方式，有的用灵活的方法），反对社会主义、物质主义和科学。拥有土地的贵族捍卫他们在阶级秩序中的特权。反犹主义和奴隶制度又冒了出来，戴上了新的面具。各类冲突变得激烈。实际上，1848年马克思和恩格斯在《共产党宣言》中一同阐述了其观点，因为在那一年，革命几乎席卷了每一个欧洲国家的首都，似乎世界末日就在眼前。

西方社会很快剥离了他们和东方社会极为相似的特征。通常，这种改变在小说中最能体现。你不会在19世纪早期中国的小说中发现性格果断的女主人公形象，而这种形象却充斥着同时期的欧洲小说。最能体现反对妇女受压迫的小说应当是李汝珍的传奇讽刺小说《镜花缘》，书中一名男商人被女性化，甚至被逼至裹小脚的地步。（李汝珍在书中写道，他的脚几乎失去了原本的形状，血肉挤成浆状……脚上只剩下干枯的骨头和干瘪的皮肤，真的缩到了一个很小的尺寸。）在当时的中国小说中，狄更斯笔下向上奋进的形象难以寻觅，塞缪尔·斯迈尔斯笔下白手起家的男性形象毫无踪迹。沈复令人伤感的《浮生六记》虽说浪漫感人，但生活却被严格的等级制度所摧毁，更体现了这一特征。

但是实际上，西方的新特点正是：它越是高速发展，跑步行进在和其他国家完全不同的发展道路上，就越是使得其他国家跟随其路线，紧追其快速前进的步伐。市场不会沉睡，它必须扩张，整合前所未有的活力，否则工业这匹饿极了的猛兽就会死去。西方自由的酸性吞噬了社会内部及一个社会与另一个社会间的障碍，没有哪种社会风俗、传统或皇帝圣旨可以保留令沈复如此压抑的古代秩序。不管是否准备就绪，这就是一个世界。

"复仇"号旗舰:
西方对东方的压榨与欺凌

全球化展示了这个时代的秘密——在这个新世界中，说西方仅仅在社会发展方面领先他国是毫无意义的。在几千年的发展历程中，原先的农业核心社会大部分已经独立发展起来了，但是社会的发展稳步地改变着地理格局，将世界核心区域联系在了一起。

早在 16 世纪，新型船舶就可以让欧洲人征服阿兹特克人和印加人，将新大陆上以前独立的核心区域转变成西方的外围区域。欧洲人在 18 世纪就开始将南亚的核心区域变成另一个类似的外围区域。到了 19 世纪，蒸汽船、铁路和电报将西方的触角伸向世界，再一次改变了地理格局。英国是西方最强大的国家，可以将自己的意愿传递到地球上任何一个地方。随着西方人从环境中获取更多的能源，为了合理确定相互间的占有比例，战争爆发的可能性陡升。1800~1900 年间，西方能源获取量只增长了 2.5 倍，但其军事力量却增长了 10 倍。工业革命将西方在社会发展中的领先地位变成了统治。

令人愤怒的是，东方的强大国家却对此不予理睬，它们把西方的贸易商限制在广州和长崎等几个极小的区域内从事交易。如我在第九章中所提到的，当英国马戛尔尼勋爵于 1793 年来到北京要求开放市场的时候，乾隆皇帝坚决回绝了他——尽管如此，正如马戛尔尼在日志中回忆的那样，普通中国人"都是做非法买卖的。在我们所停泊的几个中国海港里我发现，没有什么能比看见我们的船经常驶入这些港口更让他们感到惬意的了"。

在 19 世纪 30 年代，问题越发凸显。300 年来，西方商人一直都是乘船来到广州，兑换银元。银元似乎是唯一一件他们拥有同时中国官员也需要的东西了，他们可以用银元来买茶叶和丝绸。18 世纪 80 年代，每年有将近 700 吨的银元从西方运至广州。但是，英国的东印度公司发现，许多中国人喜欢吸食鸦片——这种种植于印度的神奇毒品。西方商人（尤其是英国人）极大地推动了毒品交易。到 1832 年，他们运送了将近 12 吨的鸦片到广州，每年吸鸦片成瘾的人数保持在 100 万~200 万（见图 10-3）。购买毒品所需的钱将中国由白银流入国变成白银净支出约 400 吨的国家。这可是一大堆毒品，一大笔钱啊！

商人们坚称鸦片"只是为中国社会的上层阶级服务，就像英国白兰地和香槟是为上流社会提供一样"。但是，实情却并非如此，而且这些商人也心知肚明。鸦片使许多人的生活破碎，使这些人境遇悲惨。同样，这让一个从未见过鸦片烟枪的农民心碎，因为银元流入鸦片贵族手中增加了金属的价值，这就迫使农民销售更多的农作物以换得更多的银元缴纳赋税。实际上到 1832 年，税收增长到了 50 年前的两倍。

清朝道光皇帝的谋士提出了一个市场解决方案，即将鸦片合法化，却遭遇了冷嘲热讽。鸦片本土种植后将会减少从英国进口的数量，这样就可以阻止白银外流，增加税收收入。但是道光皇帝深受儒家思想的影响，并没有听从他手下大臣们的建议。他想从鸦片自身寻求解决方案。1839 年，道光皇帝宣布禁烟。

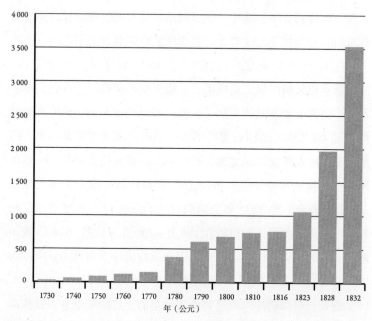

图 10-3　1730~1832 年间，英国东印度公司在广州的鸦片销售量陡然增加

　　我在此对第一次禁烟运动做一下简单介绍。起初，禁烟运动很成功。道光皇帝的禁烟大臣没收了数吨鸦片，并将其烧毁，投入大海中（之后写了一篇堪称经典的诗歌献给海神，对污染其领域的事件致以歉意）。但是随后，禁烟运动进展得并不顺利。英国的贸易专员发现，市场的神奇力量无法奏效的地方，枪炮却可以做得更好，于是他将英国拖进了和中国的战争中。

　　随后，就到了工业革命展现其优势的时候了。英国的秘密武器就是军舰"复仇"号，一艘崭新的全铁制大轮船。不过，甚至连皇家海军都对这个巨大的武器持怀疑态度。就像其船长坦言的那样，"木头的漂浮性质让其成为建造船只最天然的材料，因而我们无须考虑用什么形状的木头或是用什么方式来打造木头。而铁的下沉性质却使其一眼看上去并不能像木头那样，可以漂浮在水面上"。

这一担忧似乎是有道理的。船的铁制外壳扰乱了指南针的正常运行。甚至还未驶离英国，"复仇"号就撞上礁石了，它在好望角附近还险些撞成两半。船长需要把几块木头和铁块拴在船侧才能保持船体漂浮于水面。但是，一旦到了广州，它就一扫往日的阴霾。"复仇"号没有辜负这个名字的内涵，它依靠蒸汽驶入了木船无法经过的浅水道，将所有敌对势力撞成碎片。

1842 年，英国船队关闭了京杭大运河，将北京城逼到了饥饿的边缘。清朝钦差大臣耆英握有与外国人和平谈判的权力，向皇上保证仍可以"解决这些小问题，完成国家宏伟大业"，但实际上他却允许英国船只驶入其要求开放的中国港口——随后美国、法国及其他西方国家也提出相应要求。当中国人民对这些外国魔兽（见图 10-4）的敌意奋起反抗，使得这些特权未能获得预期的利润时，西方人就会提出更多的要求。

西方人之间也相互引诱，吓唬对方说，商业中的竞争对手会获得更多的特权，会把英国的贸易商们从新市场中驱逐出去。1853 年，英国与他国的贸易竞争扩展到日本。海军准将马修·佩里（Matthew Perry）乘汽船来到东京湾，要求获得让美国驶往中国的船只在东京湾补给能源的权力。虽然仅有四艘现代船只跟随，但是这些船只装备的军事火力比日本所有枪支火力加起来还要大。它的舰队是"水域里自由移动的城堡"。当时有人目睹这一切后惊奇地说："一团黑烟从烟囱里冒出来，我们还以为起火了呢，真的是这样！"最后，日本允许美国在两个港口通商。立刻，英国和俄国要求同样的待遇，日本也一一满足。

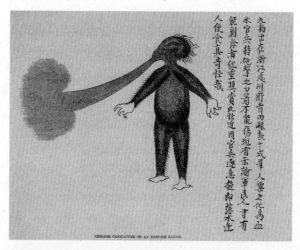

图 10-4　文化不一致：中国一幅简笔漫画——口中喷火的英国士兵（1839 年）

地位之争并未就此停止。1842 年，在中英《南京条约》附件中，英国律师创造了一个关于法律地位的新名词，即所谓的"最惠国"，这意味着中国给另一个西方国家的任何权利也要同样给予英国。中美于 1843 年签署的条约规定可以在 12 年后进行修订，因此，英国外交官于 1854 年也要求享有同样的权利。可是清王朝终止了这项权利，英国随即向中国宣战。

即使是英国国会，也觉得这么做有点儿过分了。国会严厉指责了帕默斯顿首相，其政府随之倒台，不过选民对他的支持率却不断攀升。1860 年，英法联军占领北京，火烧圆明园，将赃物送回巴尔莫勒尔堡。为了在修约时不让他国超过自己，美国总领事威逼日本答应另一个新条约，并威胁若不答应，英国的船队就会轰开日本的大门，输入鸦片。

1860 年，西方像个巨人一样立于世界之上，所及之处无边无际。古老的东方核心在一个世纪前仍然是世界上最发达的地区，而今与南亚和美洲以前的核心地带一样，已沦落成西方核心国家新的边缘地带。北美大部分人口来自欧洲，他们依靠自己的力量挤进了世界的核心区域。对于此次地理格局的巨大调整，欧洲则继续开拓新的边疆。他们驾驶着汽船将白人大批大批地运送至南非、澳大利亚及新西兰，然后运回沉甸甸的谷物和绵羊。1870 年，非洲在西方人绘制的地图上还是一大片空白的区域，等待开发。到 1900 年，它几乎已经全部掌握在欧洲人的手里了。

回首这些年，经济学家约翰·梅纳德·凯恩斯在 1919 年将其称为"黄金年代"，此时：

> 对于（西方）中产阶级来说，生活成本低，麻烦事儿少，服务便利，身心舒适，消遣娱乐随手可及。这比以前社会上最富有的人或有权有势的君主生活得还要好。伦敦的市民打个电话就可以叫来可口的饭菜，在床上喝着早茶，品尝世界各地的美食……而且这些订单很可能提前送达呢！此时此刻，以同样的方式，他还可以将自己的财富投资于自然资源和世界各地新兴的企业……如果愿意的话，他可以立刻获得通往世界各地、各种气候环境下便宜又舒适的旅行，而且不用护照，也不需要任何正式手续……接着，他可以继续出访他国，不了解那里的宗教信仰、语言风俗也没什么大碍。他新创造的财富都是他自己的，如果他人对此有任何一点干涉，他都

会觉得自己的权利受到极大的损害，震惊万分。

但是，对于 1890 年在刚果盆地度过大部分时光的小说家约瑟夫·康拉德（Joseph Conrad）来说，事情却有着迥然不同的一面。他在自己的反殖民主义经典著作《黑暗的心灵》（*Heart of Darkness*）中评论道："征服全球大体意味着，从那些和我们有着不同肤色或比我们的鼻子稍微大一点的人手中夺去所有。当我们深入探究后就会发现，征服全球并不是件好事。"

刚果确实是一个极端的实例：比利时利奥波德国王夺取刚果，并将它占为私人财物。他折磨、伤害并残杀了 500 多万刚果人，用这种方式促使其他人向他进贡橡胶和象牙。借此，利奥波德国王成了亿万富翁，但这绝不是个例。在北美和澳大利亚，白人几乎将原住民斩尽杀绝。一些历史学家谴责欧洲殖民主义，因为这些殖民主义者几乎将 1876~1879 年和 1896~1902 年间的弱季风变成了一场场灾难。从中国到印度，从埃塞俄比亚到巴西，饥饿已经扩展成饥荒。痢疾、天花、霍乱、黑死病接踵而至，夺去了将近 5 000 万生命。一些西方人为缓解饥荒状况筹集善款，一些人则假装什么事都没有发生，还有一些，如《经济学人》杂志则抱怨道，饥荒救济款只会告诉饥饿的人"政府有让人民存活的义务"。难怪库尔茨先生渐渐消失的话语在此时赫然出现，成为欧洲帝国主义的墓志铭——"真可怕啊！真可怕啊！"[1]库尔茨是个邪恶的天才，康拉德描绘他在森林中开创自己的事业。

1. 现在人们可能从马龙·白兰度（Marlon Brando）的电影《现代启示录》中知道这句话。这是 20 世纪 60 年代，弗朗西斯·福特·科波拉（Francis Ford Coppola）在维也纳对《黑暗的心灵》的改编。

东方世界没有出现像刚果那样糟糕的情况，但是仍然遭受了西方国家的军事打击、羞辱和剥削。由于社会各界人士——爱国志士、持异议者和犯罪分子谴责政府的无能，发动了武装起义，中国和日本已经四分五裂了。宗教狂热分子和民兵屠杀离开保护地的西方人以及纵容这些侵略者的官僚们。西方海军轰炸沿海城市进行打击报复，敌对派别在西方国家间挑拨离间。欧洲的武器大量涌进日本。1868年，英国支持的日本派别推翻了日本的合法政府。中国内战夺去了2 000万人的生命。随后，西方金融学家断定政权更迭会伤及投资回报。于是，在一批"常胜军"和美英官员及炮舰的帮助下，大清王朝镇压了起义，总算保住了统治地位。

西方世界指挥东方各国政府该做些什么，西方抓住东方的资产，在它们的国会内阁中安插西方的顾问。毫无悬念，这将压低西方的进口关税，并且降低那些西方需要的商品的价格。有时，这些举措甚至会让西方人感到不舒服。1879年，尤利西斯·S·格兰特（Ulysses S. Grant）告诉日本天皇："看到欧洲列强试图侮辱亚洲国家，我怒火中烧。"

但是，大多数西方人总结道，事情就是按照它本该发生的那样进行着。看着东方国家一个个崩溃，西方优势的长期注定理论变得更加确定了。在东方国家里，君王腐败，孔门弟子卑躬屈膝，十几亿苦力吃了上顿没下顿。似乎这些国家命中注定就该受欣欣向荣的西方国家的征服与压迫。世界似乎行进至终结，步入了其注定的形式。

东方的战争：日本冲到了前面

傲慢自大的西方人沉浸在 19 世纪长期注定理论的成功应用中，却忽视了一件大事，即他们以市场为导向的帝国主义理念的逻辑性。正如市场曾经引导英国的资本家在其最强悍的竞争对手德国和美国进行工业基础建设一样，现在市场奖赏将资金、技术、经验投资于东方国家的西方人。西方人可以随时依照他们的喜好累积资本，但是资本对新利润的不断追求也给准备利用投资机遇的东方人提供了契机。

东方人抓住机遇进行投资的速度快得惊人。19 世纪 60 年代，中国的洋务运动和日本的明治维新开始模仿西方的精华。他们将西方在科学、政治、法律和医学方面的书籍翻译成中文、日文，派代表团去西方进行实地调查。西方人也迅速前来向东方人出售他们刚生产出的小玩意。中国和日本的资本家在农村开设工厂，也污染了那里的生态环境。

从某种意义上说，这并不出人意料。东方人争先恐后地尝试促使西方社会迅速发展的工具。其实，西方人 600 年前也是这么对待东方传来的先进技术的，如指南针、铸铁技术，还有各式枪炮。以前美洲、南亚的主要国家在过去 300 年间已经沦落成西方的边缘地带。这些地区对西方统治的反应与中日等东方国家对此的反应截然不同。

美洲原住民从未发展过本土工业，南亚在这方面做得比东亚各国还要慢。一些历史学家觉得文化解释了这一现象产生的原因，他们认为（可以明确地说），西方文化十分鼓励努力工作、理性思考，而中日等东方文化在这方面却很少强调，南亚文化提及得更少，其他地区的文化则几乎从未涉及过。但是殖民主义思维定式留下的产物确实需要这么做。

当我们在一个长期的范围内观察东方国家对西方统治的反应时，我们其实可以发现两种显著的相关性。第一，那些在西方统治世界之前社会发展水平相对较高的地区（如东方的核心区域）工业化的速度往往比社会发展水平相对较低的核心区域快；第二，那些避免了欧洲直接殖民的地区往往比沦落成殖民地的地区发展速度快。日本社会在 1853 年前已经取得了较高的发展，并且没有成为西方的殖民地。在 19 世纪 70 年代，日本已经开始了工业化。而印度的社会发展较为一般，并且沦落成西方列强的完全殖民地。直到 20 世纪 90 年代，印度的现代化才开始起飞。撒哈拉以南的非洲发展水平很低，也成为西方的完全殖民地。直至今日，那里才开始追赶其他国家的发展脚步。

由于 19 世纪的东方（按照工业化前的标准来看）是个农业高度发展的社会：城镇发达、文化普及、军事力量强大，不少居民变通西方的方法，将其应用到新的社会环境中。甚至有些东方人接纳了西方关于工业化的观点。对于每一个东方资本家来说，他们的头脑中都有一个上了年纪的武士在抱怨："旧生活需要美好的东西，虽然这些东西可能一无是处。但是新生活只需要有用的东西，虽然它们可能看上去并不赏心悦目。"虽然 1900 年城市实际工资上涨，但是中日两国的持异议者还是积极组建社会主义政党。

各个国家对工业化的看法各不相同。就像在西方，一旦时机成熟，不管是伟人、傻子、文明人还是倒霉鬼基本上都不会出来阻挠工业革命的开展。但是，和西方一样，这些力量却可以决定哪个国家处于领导地位。

当 W·S·吉尔伯特（W. S. Gilbert）和亚瑟·沙利文（Arthur Sullivan）于 1885 年表演喜剧《天皇万岁》（*The Mikado*）时，他们将日本看成是东方异域国家的典型代表，在那里小鸟会为爱殉情，刽子手也会自杀。但实际上，日本的工业化速度比历史上任何一个社会都要快。1868 年内战后，他们将年少的新天皇扶上宝座。在东京，聪明的掌权人成功地使日本免于和西方列强作战。他们主张主要利用本地资本投资工业，劝阻愤怒的人们对外国人先发制人。与此相反，中国于 1884 年和法国开战（在一小时内，中国昂贵的新型战舰大部分被摧毁），西方列强从中国拿走——准确地说是抢走——大量财物，中国遭到了破坏性攻击。

日本的政府中坚分子面对的事实是：自由化是个一揽子交易。他们戴上了西方的高帽子，穿上了西方传来的服装。一些人建议采用拉丁文字，其他人主张日本人学说英语。他们开始思考任何可能奏效的方法。而中国的清王朝官员的做法与此形成反差。清朝官员考虑的是各自集团的利益。46 年来，垂帘听政的慈禧太后反对任何危及清朝统治稳定性的现代化方案。有一次，她采纳了西方人的提议，挪用海军军费修建颐和园。当光绪皇帝于 1898 年试图进行百日维新运动（精简政府机构、改革科举制度、创立新式学校、创办大学、调节茶叶和丝绸生产、进行出口贸易、发展采矿、兴修铁路、西化陆军海军）时，慈禧太后宣布光绪帝请她回来摄政。随后将光绪幽禁于宫中，处决了光绪手下进行变法运动的大臣。1908 年，慈禧太后去世前，她用砒霜将光绪帝毒死。然而，光绪皇帝至死都是改革派的支持者。

当中国的现代化进程裹足不前之时，日本正在赶超。1889 年，日本颁布了一部宪法，给予富有的男性选举权，允许组建西式政党，创建现代政府部门。中国仅在慈禧太后在位期间钦定了一部宪法大纲，于1909年给予男性有限的选举权。日本将普及全民教育列为重中之重。到了1890年，2/3的日本男孩和1/3的日本女孩接受了免费的小学教育，而中国最终并没有进行全民教育。两国都于1876年铺设了第一条铁路，但是上海政府于1877年拆毁了铁轨，因为担心叛民会利用铁路进行不法活动。1896年，日本有2 300英里的铁路，而中国仅有370英里。这种巨大的差距还体现在钢铁、煤炭、蒸汽机的拥有量及电报线路的数量上。

纵观历史，核心地带的扩张通常会在边缘地区展开激烈的战争，这将决定边缘地区的哪一部分会抵制（或同化）大国的文化。在公元前1000年，雅典、斯巴达和马其顿为争夺波斯帝国的边缘地区进行了长达一个半世纪之久的战争。在中国，随着核心地区在黄河流域的扩张，楚、吴、越三国在南方同样展开了争夺战。19世纪，当东方成为西方的边缘地带时，争夺战再次上演。

16世纪90年代，日本侵略中国未果。自此以后，东方大国认为国与国之间战争的代价大于所获得的利益，但是西方的入侵推翻了东方人此前的想法。无论哪一个东方国家，只要它尽快进行工业化，重组经济，重振军威，它不仅会拒西方帝国主义者于国门之外，还会压制其余东方国家的发展。

最后，带给中国重创的是日本的工业化，而非英国的战舰。日本缺少自然资源，而中国供应充足。日本需要市场，而中国市场广阔。在日本，关于国家发展战略的争论很是激烈，甚至发展到暴力的程度，但是在过去五六十年中，日本逐渐变得依赖于中国的原材料和市场。到20世纪30年代，日本好战分子已经下定决心征服整个东方世界的核心国家，将中国和东南亚变成其殖民地，赶走西方帝国主义国家。一场东方大战打响了。

但是，这场东方大战和18世纪的西方大战的最大不同就在于东方战争发生时西方已经占据了全球的统治地位。这将一切都变得复杂了。因此1895年，当日本无视中国对其侵占朝鲜的抵制时，德国皇帝威廉二世送给其表兄俄国沙皇尼古拉斯二世一幅令他十分害怕的画《黄色的危险》（见图10-5），敦促他"要教育亚洲人，要保护欧洲免受不凡的黄色人种的袭击"。因此，尼古拉斯夺取了日本从中国侵占的大片土地。

图10-5 "黄色的危险"：这幅画是根据德国威廉二世创作的草图而绘制的。威廉二世解释说，此图的创作意图在于鼓励欧洲人联合抵制佛教教义、异教教义和野蛮的侵袭，保卫基督教

但是，其他西方国家却发现了与日本合作的好处，它们想利用日本处于萌芽阶段的力量来为它们维持东方的秩序。1900 年，机会来了。当时，中国的一个秘密反帝国主义团体——义和团发动起义（他们宣称，练习中国武术 100 天就能刀枪不入）。2 万外国军队镇压了这场运动，其中参与镇压的大部分士兵来自日本，虽然西方的记载中不会对此进行记录——尤其是好莱坞大片《北京 55 天》（55 Days in Peking）更是只字未提。英国对此十分满意，它们在 1902 年签订了海军同盟协定，认可了日本在亚洲的大国地位。日本坚信英国的中立立场，于 1904 年对俄国展开复仇战，击沉了俄国的远东舰队，与俄国展开了一场前所未有的大规模陆地战，击垮了俄国军队。沙皇尼古拉斯派遣自己的主力舰队航行两万英里来到日本意图扭转局势，日本战舰同样将其击沉。

　　虽然从东方掠夺财物返回伦敦还不到半年，但是古老的东方国家对此的反应却是如此激烈，似乎都可以颠覆西方帝国了。颜面尽失的俄国司令官阿列克谢·尼古拉耶维奇·库罗帕特金（Aleksei Nikolaevich Kuropatkin）总结道："1904~1905 年间发生的事不过是和先遣部队进行的一场小规模冲突……对于所有欧洲人来说，维护亚洲和平的共同认知才是重要的事。只有怀着这一愿望，我们才能遏制'黄色危险'。"但是，欧洲却忽略了他的建议。

世界大战：
世界发生了翻天覆地的变化

　　1914~1991 年间，西方大国进行了历史上最大规模的战争。其一是 1914~1918 年的第一次世界大战，这决定了德国能否建立欧洲陆上帝国。其二是 1939~1945 年间的第二次世界大战，为的是同样的问题。其三是 1947~1991 年间的冷战，目的是商定美国和苏联如何分割世界。这一系列战争加起来形成了西方世界新的战争。它包含夺去上亿人性命、威胁到了人类生存的东方战争。与此相比，18 世纪战争的规模真是相形见绌。1991 年，西方仍然统领着世界，但是在很多人看来似乎库罗帕特金的担心真的快要来了：东方蓄势准备夺去世界霸权。

人们常常说到新的西方战争是如何开始的——奥斯曼帝国的长期衰败是如何导致巴尔干地区滋生恐怖主义分子或自由斗士的，当时，一个名叫黑手党的团伙专干坏事，虽然运气不好，但它是如何于1914年6月刺杀奥地利哈布斯堡家族继承人的（第一个刺客扔的炸弹没有扔到奥地利大公的车上，仅仅让司机拐错了方向，倒了车。车恰好停在第二个刺客的面前，这位刺客行刺成功），以及旨在维护欧洲和平的一系列条约是如何把每个人拖到崩溃边缘的。

随后的事情也同样众所周知——欧洲现代化城市是如何征召年轻人参军的，数量之多前所未有。这些人装备上最新式的武器，将他们巨大的能量投入这场历史上闻所未闻的屠杀中。1914年前，一些学者认为，大国之间的战争是不可能的，因为世界经济联系得太紧密。如果战争发生，所有国家都会受损，因此它们会阻止冲突产生。但是，到 1918 年，他们得到的教训是：只有那些有效利用广阔而多元经济形式的国家才可以在 20 世纪的战争中求得生存。

战争似乎展示了自由、民主国家的优势，这些国家的人们全身心投入这场争斗中。公元前 1000 年，东西方人都明白，富有活力的帝国是发动战争最有效的组织形式。历史上，帝国是长期存在的政府管理形式，其中带有从亚述、波斯、秦朝等帝国延续下来的传统。在当今这个10年中，他们明白了这些富有活力的帝国与战争格格不入。

最先走向灭亡的帝国是中国的大清王朝。清王朝陷入债务、战争的泥潭中，政府管理混乱，小皇帝溥仪的大臣们早在1911年就失去了对军队的控制。不过，当袁世凯1916年称帝的时候，他发现自己同样不能掌控国家的局势。另一个军阀派别辅佐溥仪重新即位，这也是没有办法之举。一架飞机在北京紫禁城上方投下炸弹，溥仪再次被罢黜，国家陷入无政府状态。几天之后中国的帝制结束。

随后灭亡的是俄国的罗曼诺夫王朝。1905年，俄国与日本开战，尼古拉斯沙皇政府差点儿被日本推翻，勉强保住江山。不过第一次世界大战将其王朝彻底颠覆。1917年，尼古拉斯家族被自由派夺走了权力，并于1918年被布尔什维克党枪决。德国的霍亨索伦家族和奥地利的哈布斯堡家族仓皇逃离自己的祖国，从而避免了像罗曼诺夫王室一样的命运。土耳其的奥斯曼帝国苟延残喘，到1922年终于灭亡。

虽然第一次世界大战带来了破坏，但是也清除了欧洲古老的王朝帝国，中国一天比一天危弱，"一战"强化了西方统治。"一战"最大的赢家似乎是英国，然后是法国。英国不仅侵占了德国的殖民地，将大英帝国延伸至更远的非洲、太平洋以及古奥斯曼帝国的油田，此外还欺凌东方盟国日本，让日本交出其在战争中夺取的大部分德国殖民地。到1919年，世界上超过1/3的大陆面积和约1/3的人口在英国和法国的掌控之下。

但是，在我上学的时候，旧地图上仍然用彩色标示着这些帝国，这其实是一种误导。战争在增强西方力量的同时，也重新分配了它们之间的权力。欧洲进行战争的花费超出了其本身的财力，战争的开销甚至超过了英国的贷款数额。1920年，通货膨胀率上涨至22%；1921年，失业率超过11%。8 600万工人进行罢工。英国仍然是日不落帝国，不过它得挣扎着维持对商业的全球开放。

为了还清债务，英国进行了大量投资，其中大部分是跨洋投资。战争就是地狱，而美国就有这么一场战争，它以世界工厂和银行的方式出现。回溯至15世纪，西方的核心区域从地中海地区转移至西欧；到了17世纪，核心区域又转至欧洲西北部的海上帝国；到了20世纪，随着欧洲西北部海上帝国的崩溃，北美帝国崛起，西方的核心地带再次发生转移。

美国将自己改变成一种新的组织，我们可以称其为次大陆帝国。和传统的皇室帝国不同，美国没有古代压迫农民的贵族统治阶级。和欧洲各海上帝国不同的是，这个帝国没有工业化的较小的定居地来生产棕榈和松树。但是，在几乎消灭原住人口，进行了血腥内战，将上百万过去为奴隶的人变成实质的农奴身份后，欧美国家将民主公民身份从大西洋东岸散播至世界其他国家。那里富裕的农民在东北部和中西部偏北地带广阔的工业化腹地上饲养牲畜，购买商品。1914年，这个次大陆的美洲帝国已经可以和欧洲的海上帝国相抗衡了。1918年后，美洲帝国的贸易走向了全世界。

欧洲富商们纷纷跑到美国吸收资本，这让他国大为吃惊。一位美国国务卿评论道："世界金融中心从幼发拉底河岸转至泰晤士河及塞纳河河岸需要上千年的时间，但是转移至哈德逊河河岸似乎只用了一朝一夕。"1929 年，美国持有 1 500 多万美元的外资，和英国 1913 年拥有的数量差不多。此外，美国的全球贸易增长约 50%。

在美国的领导下，全球资本主义发展的黄金时代似乎已经复活，但有个明显的不同之处。1914 年以前，虽然凯恩斯说，"伦敦对全球信贷行业有显著的影响，英格兰银行几乎可以声称自己是世界管弦乐队的指挥"，但是 1918 年后，美国担当了这一指挥角色，虽然它并不情愿。1918 年以后，美国的政治家们逃避了欧洲的竞争及战争，离开了空空的指挥台，他们撤到政治孤立中，和 18 世纪的中国及日本情况相似。当时机不错的时候，管弦乐队即兴表演，还可以应付过去。但是当时机不好的时候，演出的音乐就变成了刺耳的杂音。

1929 年 10 月，事情进展得不怎么顺利，运气也不太好，乐队指挥也不在场，而美国的股市泡沫不断，全球金融随之崩溃。就像传染病一样在资本主义世界火速蔓延开来：银行倒闭，信贷蒸发，货币崩溃。虽然没多少人挨饿，但是到 1932 年圣诞节时，25% 的工人失业。在德国，失业率接近 50%。失业大军一列接着一列，探出灰白的脸朝外张望。英国记者乔治·奥威尔认为："他们凝望着自己的命运，就和动物在牢笼里的呆滞惊异神情一样，只是不明白自己这是怎么了。"

至少到 20 世纪 30 年代中叶，自由民主党所做的一切只是让事情变得更糟糕。似乎不仅是发展的悖论降低了西方核心世界的发展水平，而且后发优势在其他方面也显现功效了。几百年来俄国都是一个落后的边缘国家，重组后它形成了苏维埃社会主义共和国联盟。和美国一样，它将新兴工业和广阔的农业腹地联系起来。但是和美国不同的是，苏联鼓励国有企业、集体农业及中央计划模式。苏联采用更接近西方国家的方法来动员人民，而非用旧皇室帝国的方式。

与失败的资本主义经济体不同，苏联发展成功了，不过其人民生活水平却很低。无可置疑的是，斯大林的确采取了一些正确的措施。因为当资本主义工业在 1928 年和 1937 年崩盘的时候，苏联生产总值增长了三倍。林肯·斯蒂芬斯（Lincoln Steffens）访问苏联回国后，曾对美国人民说过一句很著名的话："我已经看到了未来，而且它起效了。"[1]

1930 年，对于许多人而言，第一次世界大战真正的教训并不是告诉人们自由的民主制度是未来的社会形态：虽然主张自由主义，但依旧是英国—法国—美国的联盟获得了胜利，而不是自由主义获胜。其实，获胜的真正原因是次大陆帝国，它越是不自由开明，就越容易获胜。日本跟随主张自由的国家，获得了很大利益，但是当全球经济和以贸易为导向的经济走下坡路的时候，日本并未继续追随这些国家。由于失业率飙升，民主制度步履维艰，共产主义势力增长，军国主义介入，强烈要求组建日本帝国，让日本人求生。军队，尤其是激进的初级军官失去控制，利用西方民主政治的混乱态势和中国内战吞并了中国东三省，直指北京。一名日本中佐解释说："只有通过日本—满洲间的合作和日中友谊，日本人才可以成为亚洲的统治者，进而发动对各类白种人的最后一场决定性战役。"

---

1. 斯蒂芬斯于 1919 年出访苏联，但是很显然，在出行之前他就说了这句话。不考虑这类细节，20 世纪 30 年代的欧美共产主义者将此话奉为祷文。

从某种程度而言,军国主义发挥了作用。在 20 世纪 30 年代,日本经济增长了 72%,钢铁产量增长了 18 倍。但是代价仍然很高。"合作"和"友谊"常常意味着封锁和屠杀。即使是以保守且具有欺骗性的 20 世纪 30 年代的标准来衡量,日本的野蛮行径依旧令人震惊。此外,时至 1940 年,征服者显然没有解决日本的问题,因为战争消耗资源的速度比获得资源的速度还要快。战舰和炸弹燃烧使用的每 5 加仑石油中,有 4 加仑是从西方购买的。军事计划——依旧征服他国——却没有任何减缓。随着中国的局势变得日益困难,日本提出了另外两个惊人的海上计划:即使意味着和美国开战,也要打入东南亚,摆脱对西方帝国主义国家石油和橡胶的依赖。

最令人毛骨悚然的计划来自德国。战败、失业、金融危机给歌德和康德的后人留下创伤。这伤痛是如此之深,他们甚至乐意听妇女数落犹太人,散播征服万能说。阿道夫·希特勒虐待、驱赶德国的犹太商人,将行业工会主义者打入监狱。此后,他向自己的财政部长保证:"集中营是保持我们货币稳定的首要原因。"希特勒看上去举止怪异,但行事是合乎情理的:赤字支出、国有化、重整军队消除了失业,并在 20 世纪 30 年代带动工业产值增长了一倍。

希特勒公开吹嘘自己的计划,他想通过击败海上帝国夺取德国西部,并将东欧的斯拉夫人和犹太人赶走,替代以强健的雅利安农民。希特勒有着以德国为中心建立次大陆帝国的野心,这种野心不仅是偏执狭隘的,而且发展到了种族屠杀的地步。几乎没有多少西方人会相信,这是他的真实想法。这种自欺心理带给他们一件他们最想避免的事——又一次世界大战。在那几个昏天黑地的月份中，一个陆上帝国似乎即将统一欧洲，虽说1812年已经首次出现了这种情况。但是，与拿破仑的做法不同的是，希特勒转身攻击英吉利海峡、白雪皑皑的莫斯科和沙漠成片的埃及。他想做到能力不及的事，希特勒试图将与日本的东方战争归入自己的西方战争中。但是他并没有将英国击败，而是将美国卷了进来。战争使美帝国和苏联结成同伙，虽然德国和日本抢夺欧洲和东方的矿物和劳动力，但是它们无法遏制这两大帝国联合起来所带来的金钱、人力和制造业的优势。

1945年4月，美军和苏联军队在德国会师，他们相互拥抱，喝酒跳舞狂欢。几天之后，希特勒自杀，德国投降。8月，天空中冒出团团火焰，原子弹在日本广岛和长崎爆炸，将其夷为平地。日本天皇一反常规，直接向人民发表演说。他告诉臣民："战争的形势并不总是朝着有利于日本的一面发展。"然而，即使在此时，顽固的日本官兵仍企图发动政变，以期继续战斗。但是同年9月2日，日本签署无条件投降书。

1945年，日本赢得东方战争、赶走西方帝国的计划和德国建立欧洲次大陆帝国的计划双双破产，西欧的海上帝国也被消灭。这些国家受到战争影响而无法对民族主义者进行反击，在二三十年内就灭亡了。欧洲被击碎了。一位美国官员于1945年沉思自问："如果我们不考虑罗马帝国的倒台，欧洲经济、社会和政治的崩溃似乎是史无前例的。"

但是，西方的社会发展并没有在1945年崩溃，这是因为西方的核心世界如今已经很强大了，即使是最大的战争也不能将其全部毁灭。苏联已经重建了工业，这是德国所不及的，苏联的炸弹差点在美国国土爆炸[1]。与此相反的是，日本对中国开战所造成的破坏及美国对日本的破坏却将东方的核心区域彻底毁灭了。其结果是，第二次世界大战和第一次世界大战一样，让西方的统治变得越来越强大。毋庸置疑的是，西方的统治地位仍旧存在，不过问题在于谁是领导者——苏联还是美国。

这两大帝国将过去欧洲的核心区域在它们中间划分开来，把德国一分为二。随后，美国的金融家们给资本主义制定出一个低劣的国际金融新体系，并精心策划了马歇尔计划，这或许是有记录以来有关利己主义最明智的计划了。如果欧洲人的口袋里有钱，美国人想让他们用这些钱来购买美国的食品，进口美国机器，重建他们的工业。而且最重要的是，这笔钱可以让欧洲各国不去支持共产主义。鉴于此，美国给了欧洲135亿美元，占1948年总产值的1/20。

西欧人瓜分了美国的金钱。他们接受了美国的军事领导，加入了推行民主、主张贸易的欧盟[2]（美国劝说欧洲人建立在联邦德国工业化领导下的陆上帝国。具有讽刺意味的是，没有人接受这一主张）。东欧人接受了苏联的军事领导，此外还接受了推行共产主义且转而向内发展的国会，以此来支持经济发展。苏联没有将资源输入东欧，而是将资源从东欧撤离，监禁或枪杀了其对手，即便这样，东欧的产值在1949年还是恢复到了战前水平。在美

---

1. 除去日本袭击珍珠港，对美国领土的唯一一次进攻是在1942年。当时，一架日本飞机（从潜水艇上发射出去）在俄勒冈州的布鲁克林爆炸。

2. 起初，这个组织是建立于1948年的欧洲经济合作组织和1952年的欧洲煤钢共同体。于1958年重组后，成立欧洲经济共同体。并通过1993年签署的《马斯特里赫特条约》，改组成欧盟。

国控制的区域中，情况稍有好转，而且这里的监禁和枪杀数量很少，产值在 1948~1964 年间增长了一倍。

这并不是美苏之间第一次分配西方的核心国家，但是原子弹之类的武器使它们和以前的分配方式有所不同。苏联于 1949 年试验了原子弹，到 1954 年，美苏双方都有了氢弹，这比炸毁广岛的原子弹威力大了 1 000 倍——甚至更高。丘吉尔在日记中写道，就像克里姆林宫报道中总结的那样，"总的来说，原子弹创立了一个彻头彻尾的全球新环境，它让生命无法生存"。

但是，这蘑菇云有一个银色的内层。丘吉尔对英国国会说："虽然这看上去有点儿奇怪，但是我认为，它具有广泛的潜在破坏力，我们要对此充满希望和信心。""确保相互毁灭"已经产生，虽有一系列小摩擦，世界险些就要进入大决战的边缘，但是西方世界最终并未上演第三次世界大战。

然而，就西欧和日本的战后问题，西方在第三世界进行了一场战争。战争主要是通过委托战争代理人的方式发动的（对于苏联来说，代理人通常是农村革命，而对于美国来说是血腥的独裁者）。从表面来看，对美国而言这本应该是个走过场的比赛。现在美国占据的世界领土比英国一个世纪前所占据的地盘还要大。尤其是在东方，美国显然掌握着整个局势。美国将 5 亿美元注入日本，建立了一个忠实的、经济繁荣的盟国。由于受到美国慷慨的经济援助，国民党军队蓄势待发，下定决心，一定要打败毛泽东领导的共产党，最终结束中国内战。

1949 年，中国国民党的失败改变了局势。东方变成了当时西方冷战的兵家必争之地。1953 年，朝鲜战争结束，400 万人丧生（毛泽东的一个儿子也丧身于此）。游击战在菲律宾、马来西亚、印度尼西亚等国激烈进行。1968 年，50 万美国人投身越南战场，最终却以失败告终。

这些战争是美苏西方战争和民族解放战争的前沿阵地，但是它们绝不是东方战争的重复。中国和日本是东方最强大的国家，1945 年后，领土扩张获得的好处却很少。中国国内问题丛生，而日本——和西欧在欧洲的成功一样让人费解，这颇具讽刺意味——正忙于实现许多它在 1941 年苦心想出的目标。日本聪明地赢得了美国的支持，它利用旧工业被摧毁的机会，重组工业，并对其进行机械化，找到了有利可图之处。到 1969 年，日本的经济超过了联邦德国，在 20 世纪 70 年代，日本稳步逼近美国。

此时，美国感觉到了冷战全方位竞争带来的压力。虽然美国在越南投下的炸弹比在德国多，但是却遭遇了战争的重创。在国内，美国人民对此褒贬不一，这损害了美国在国外的影响力。苏联的战争代理国在非洲、亚洲和拉丁美洲的战争取得胜利，这将美国此前的胜利贬得一文不值。美国苦心建立的东方盟友国家现在发展很好，它们侵占了美国的市场，而美国花大价钱保护的欧洲盟友正考虑精简武装力量，形成不结盟国家。美国把以色列归为其盟友，导致阿拉伯国家政府投奔苏联。1973 年，在以色列与阿拉伯国家作战时，阿拉伯国家禁运石油，油价飙升，可怕的经济滞胀（即经济停滞和通货膨胀同时产生）一触即发。

20 世纪 70 年代，我还是个十几岁的孩子。当时我和朋友们正在英国随意地聊着美国即将崩溃的情况，那会儿我们正穿着美国的牛仔裤，看着美国的电影，弹着美国的吉他。我记得，我们当中没有一个人注意到其中的矛盾。此外，我非常确定，我们根本就没有想过我们不仅没有见证美帝国的灭亡，而且我们实际上在为美国赢得西方战争贡献自己的力量。大家很快就明白，具有决定意义的前线并不在越南或安哥拉，而是在商店里。

东西方的竞争：
生活从来没有这样美好

1957 年，英国首相对选民说："我们坦然面对吧。我们许多人民的生活已经不能再美好了呀！"英国本来可能失去帝国的位置，失去在世界中扮演的角色，但是和世界上日益增加的人口一样，不管怎么说，他们拥有了很多物质。到 20 世纪 60 年代，100 年前从未见过的奢侈品——如收音机、电视机、录音机、汽车、电冰箱、电话、电灯（还有，深深印入我脑海中的塑料玩具）——都成为西方核心国家日常生活的必需品（见图 10-6）。

图 10-6　生活不能再美好了：本书作者和身旁的玩具（摄于 1964 年圣诞节）

这让有些人恍然意识到这是个粗俗的物质时代。一位诗人曾经这么写道,在这个世界中:

……新房里走出来的居民,悄悄推着手推车

走在笔直的道路上回家,

从玻璃旋转门里自由经过,由着自己的意愿——

便宜的外套、温馨的厨房用具、新潮的鞋子、冰冻的棒棒糖[1],

电动搅拌器、面包机、洗衣机、甩干机——

一个买便宜货的队伍,生活在城市但是活得简单,居住于只有售货员和买卖关系出现的地方。

从美国的莱维敦到英国的泰尔福特,郊区和卫星城在每条便道和小路附近伸展蔓延,其方块状和没有变化的造型在美学家看来是大煞风景。但是,这些新兴的城区带来了人们想要的东西——小小的空间、室内管道设备,还有供闪亮的福特车停放的车库。

20世纪是什么都不缺乏的时代,物质之丰富是前人做梦都想不到的。用便宜的煤炭和石油生产出的电力供所有活动使用,只需一按开关,发动机就开始运作,房屋就亮起来。2 000多年前,亚里士多德曾说过,奴隶不会从我们身边消失,我们始终需要他们帮我们做事,除非我们拥有能够自动运转的机器。如今,他的设想实现了,电力给我们(甚至是我们当中最微不足道的人)提供了充足的食物、温暖以及娱乐活动,而同样的工作量以前需要

1. 即冰棒。

几十个奴隶才能完成。

能源革命将16世纪童话故事中描述的天天享受饕餮大餐的梦想变成了现实。在1500~1900年间，由于农事活动组织更为有效，饲料质量也更好，西方国家的小麦产量几乎增长了一倍。可是在19世纪90年代，即使使出了浑身解数，他们也无法突破以前的农业产值。至此，增加畜力的使用可以提高产量，因而到1900年，北美1/4的农田用来喂养马匹。随后，汽油的使用对美国农业的发展起到了重要作用。美国的第一家拖拉机厂于1905年开业。到1927年，美国农场上拖拉机提供的能量和马匹提供的能量一样多。

1875年，半数美国人在田地里干活，而100年后只有2%的人从事农业。机器将人从农事活动中解放出来，使人们离开土地。只需雇几个帮手，点燃柴油发动机就行了，机器使得做农活的利润提高了。小说家约翰·斯坦贝克（John Steinbeck）称这些拖拉机为"塌鼻子怪物"。他写道："这些怪物扬起灰尘，将长鼻子伸进去，横行农村，越过栅栏，穿越庭院，笔直地进出于溪谷中。"

斯坦贝克希望世界上受压迫的人民发动革命，剥夺土地的大潮将俄克拉何马州的农民向西驱赶，将摘棉花的黑人向北驱赶。当这股汹涌的大潮减退的时候，许多移民都在城市找到了工作，这比他们所抛弃的农村工作薪酬更高。现在那些取代他们的农业商人向他们出售低价食品，在化学肥料和除草剂上投资获利，用电动马达抽水灌溉农田，而且还种植几乎可以抵挡任何侵害的转基因庄稼。到2000年，美国农田每公顷消耗的能源量是1900年的80倍，产值是1900年的4倍。

今天美国走到哪儿，世界明天跟到哪儿。1950~2000年间的

"绿色革命"使全球粮食产值增长了3倍。物价稳定下降，饮食中肉类所占比例增加。除去疾病、战争、暴乱等非常时刻，世界摆脱了饥荒。

和所有有机体一样，人类吸收了过多的能量，并将其用于繁殖后代。20世纪，随着食品供应的增加，世界人口几乎增长了3倍。但是，另一方面，人类却偏离了正常的发展轨道。人类没有将全部能量用于哺育新生儿，而是将其中一些能量储存于自己的身体中。2000年，成人平均比1900年增重50%。人类的身高增加了4英寸，也长胖了，更有体力了。人们的器官更具活力，身体中的脂肪更多（在发达国家，肥胖更严重），这些大块头们能够抵御更多的疾病和创伤。很明显，现代美国人和欧洲人比他们的祖父辈能多活30年，他们的视力、听觉及其他器官的衰弱时间、关节炎发病的时间均向后推迟了一二十年。在余下的世界大部分地区，包括中国和日本，人们的寿命延长了近40岁。甚至在艾滋病和疟疾肆虐的非洲，2009年人均寿命也比1900年增加了20岁。

在过去100年中，人类身体发生的变化比过去5万年要大得多。此外，尤其是在富裕国家——人们学会了改变不利因素。自1300年起，欧洲人就开始使用眼镜，而今眼镜已遍及全球。医生发明新的技术来拯救听觉，让心脏起跳，重新接上四肢，甚至干预细胞的生长。公共卫生计划消灭了天花和麻疹，它们不再是威胁人类生命的主要杀手了。垃圾收集和清洁饮用水计划在呵护人类健康方面贡献更多。

图10-7显示的是美国退伍军人受哪些慢性疾病的困扰，从图中我们可以得知人们的健康状况提高了多少。考虑到其工作具

有暴力性，退伍军人可能不是研究人类健康的理想样本。但是由于军队保留了大量记录，因而退伍军人这个集合成为研究的最佳子集，从中可以发现退伍军人的健康状况得到了惊人的改善。

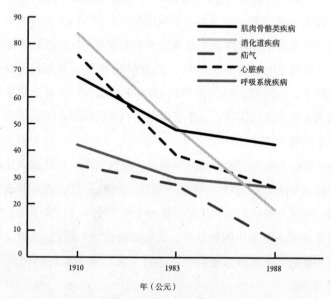

图 10-7　能怎样就怎样：美军退伍军人的健康状况（1910~1988 年）

　　这些退伍军人以男性为主，但是女性的身体状况改变得更多。纵观历史，妇女曾经是生养孩子的机器。由于半数孩子在一岁前就会夭折（实际上，大多数在第一周），而能够平安度过儿童期的孩子中又只有一半能活到 40 岁。为了保持稳定的人口数（抚养两代人至成年后，妇女及其配偶才可退休养老），妇女一生中平均需要生育 5 次，也就是说她们成人生命中的大部分时光要么在怀孕，要么在养儿育女，或者是一边怀孕一边抚养后代。但是在 20 世纪，这一高死亡率、低科技化的时代终结了。

在 1900 年以前，身材高大、脂肪多、壮实的妇女所生育的后代更强健，她们喂养的食物更多，对孩子的照顾也更周到。这类妇女的后代很少会夭折，因而人口迅速增长，直到妇女开始控制她们的生育能力。人们总是有避孕的方法（传说，18 世纪风流浪子卡萨诺瓦将柠檬一分为二，自制避孕套），因而到 1900 年，发达国家的出生率有所下降，但是在 20 世纪，美国的科学技术解决了这一问题。1920 年，橡胶避孕套问世；1960 年，口服避孕药出现。在发达国家，出生率降到人口更替水平以下，即一对夫妇平均只生两个孩子。

孩子健康状况的提高和良好的医疗设施将女性从需要辛劳一生的哺育工作中解脱出来。同时，供熨烫衣物的廉价电子线圈、烤面包机、装在洗衣机上的小型发动机以及吸尘器将妇女从繁重的家务劳动中解放出来。以前需要好几个小时的乏味工作现在只需按一下按钮就可以轻松解决。以前，妇女总是有做不完的活儿。但是到 1960 年，妇女可以驾驶汽车（基本上美国每个家庭都拥有一辆汽车）前往超市购物（这里出售的食品量占全国的 2/3），把买的东西存在冰箱里（98% 的家庭有电冰箱），她们可以在孩子放学回家前启动洗衣机洗好衣服，然后安安稳稳地坐下来看电视。

经济正快速从制造业向服务业转移，蓝领工人的人数减少了，对白领员工的需求陡增。这些变化让从家务活中解脱出来的妇女离开家门出去工作。1960 年后，在富裕的发达国家中，拥有工作和高学历的妇女比重稳步上升。和前面几个时代一样，这一时代也拥有其主导的思潮。诸如《女性奥秘》（ *The Feminine Mystique* ）、

《性政治》(Sexual Politics)等书籍促使美国中产阶级妇女跳出其传统角色，找到人生的成就感。1968年，100名抗议者制止了在亚特兰大举行的美国小姐选美比赛。到了20世纪90年代，男性和女性共同分担了家务劳动和抚养子女的任务（当然，女性通常做得比男性多）。

早在1951年，美国社会学家戴维·里斯曼（David Riesman）看到了事情发展的走向。"尼龙战争"这个故事在赞扬的同时也嘲讽了美国的消费主义。他假设战略家们向总统建议"如果允许他们以美国富人为榜样，会发现俄国人将不再会容忍继续给他们坦克和间谍，却不给他们吸尘器的主人了"。如果美国在苏联市场中投下袜子和香烟，苏联共产主义立刻就会分崩离析了。[1]

现实和小说一样奇怪。苏联和美国都相信自己可以用工业化的力量威慑对方。1958年，这两个国家同意在对方国家举办工业博览会。首先，苏联运送拖拉机、卡车、火箭模型到纽约，让资本家们明白抗议是无效的。1959年，美国对其进行了漂亮的反击，派遣理查德·尼克松（时任美国副总统）去莫斯科指挥占地5万平方英尺的美国家电展览，其中包括按实物大小建造的新住宅样板。虽然莫斯科民众还在迷惑地观望，但是尼克松和赫鲁晓夫已经在西屋洗衣机前摆好了打斗姿势。

尼克松发话道："任何能减轻妇女工作的东西都是好的。"赫鲁晓夫反驳说："你想把妇女关在厨房里，我们可不是这么想的，我们认为她们能做得更好。"此话或许有理，苏联妇女外出工作

---

1. 1935年，杜邦公司研究人员偶然发现了尼龙。"二战"后，商店开始销售尼龙长统袜，美国女人们为此疯狂。——编者注

的人数比美国多。另一方面，此时距半数苏联家庭拥有洗衣机的年代还有十多年。坐公交车从工厂回来后，典型的苏联妇女每周还需做 28 小时的家务活。

尼克松用一首自由企业赞歌来回应。他解释说："我们不会让一个政府高层官员来做出什么计划，我们有许多不同的制造商，许多不同种类的洗衣机，所以家庭主妇们可以自由决定……竞争哪台洗衣机性能更优岂不是比竞争火箭的威力要好得多？"尼克松总结道："我们不会把这（我们的生活方式）强加到你们的生活中，但是你们的后代会看到这一点。"

尼克松说得没错。1959 年，赫鲁晓夫否认了美国工人居住在这样的房子里，但是到 20 世纪 80 年代，他的后代发现他们被骗了。他们会亲眼看见，美国的发展更快。一个笑话在当时广为流传。据说，有一天，一列火车正载着苏联的领导人穿越西伯利亚大草原。突然火车停了下来。和往常一样，斯大林跳起来叫着："把司机打一顿！"司机被打了，可是火车还是没有动。随后赫鲁晓夫下令："让司机继续开车！"司机回到了座位上，但是火车依然一动不动。然后，勃列日涅夫微笑着建议道："让我们假装这列车在运行吧。"

苏联的民众可以打开电视机，看到像我一样的人们弹着吉他、穿着牛仔裤，但是糟糕的是他们会看到工业革命的崭新时代即将开始，这次是由信息技术推动的，它给铁幕右侧的国家带来了更多的好处。美国的第一台计算机——电子数字积分计算机（埃尼阿克，ENIAC）于 1964 年问世。它重达 30 吨，需要很多电力，启动这台计算机时甚至需要关闭费城所有电灯。在随后的 30 年中，国际商用机器公司（IBM）向西方企业出售仍然庞大但重量稍轻的电脑。1971 年，在微处理器发明后，真正的转型开始了。

　　和以前一样，革新者是精英里面的边缘人物——在优化计算机上，这个人不是来自在信息时代大放光彩的 IBM，而是如史蒂芬·沃兹尼亚克（Steve Wozniak）一样，来自诸如加利福尼亚州门洛帕克郊区的修车厂这类地方。沃兹尼亚克及其商业伙伴史蒂夫·乔布斯带领一帮思维怪异的朋友，用仅有的 91 000 美元启动资金，在 1976 年推出了他们的第一代苹果电脑。到 1982 年，苹果电脑的销量达到 5.83 亿美元，随后，IBM 发明了个人电脑与之竞争。那时，哈佛大学的辍学生比尔·盖茨和保罗·艾伦创立了微软公司，重新部署了西海岸的办公、生活格局。计算机化推广到了每一个办公室、每一户家庭，计算机一年比一年便宜、方便，而且功能也变得更有趣多样了。

　　计算机不仅改变了西方人娱乐、经营的方式，也改变了战争发动的方式。截至 1985 年，计算机进入了西方生活中的方方面面——苏联除外。

在颠簸中前行：
中国的发展转入快车道

　　东方也必须改变。美国的东方盟友迅速从中国撤出。日本紧随中国台湾地区和韩国之后，迅速将经济的利益链从 20 世纪 60 年代价值猛升的塑料玩具转向重工业和电子产业。在这些国家和地区进行经济转型后，其他东方国家（新加坡、马来西亚、泰国）处在了经济发展的底层。东方国家的工资普遍上涨，人均寿命延长，新生儿更加强壮。新的住宅小区配有各式电器。

19世纪40年代至20世纪40年代持续一个世纪的战争使中国工业化的脚步落后于日本。但是1949年抗日战争胜利之后，和平带来了巨大的利益。正如公元6世纪隋朝统一中国，10世纪宋朝大一统和14世纪明朝一统中华一样，如今的和平环境也使中国经济得到了复苏。朝鲜战争结束后，毛泽东推行了苏联式的五年计划，将中国的工业产值提高了一倍多，实际工资上涨超过三成，人均寿命从1950年的36岁提高至1957年的57岁。

有充分理由相信，中国的经济会在20世纪六七十年代继续增长。但是，毛泽东的思想受到1915年左右的一股思潮的影响。毛泽东阅读了马克思（以及斯宾塞）的书籍。他相信长期注定理论，坚信东方的劣势在几个世纪前就已经根深蒂固了。他的解决方案就是下决心根除"四旧"——旧思想、旧文化、旧风俗、旧习惯。《中国青年》杂志撰文写道，即使是在家里也得这么想："世界上最亲的人是我们的父母，但是他们再亲也比不上毛主席和共产党亲……是毛主席和共产党带给我们一切。"毛泽东宣布开展"大跃进"，以赶超西方国家。全国99%的人口去集体农场劳动，每个农场都有几千人。在有些地方，乌托邦的社会理想四处散播：

> 1958年10月中旬的一天，跑马公社党委第二书记（第一书记带队到外地炼钢铁）在大会上宣称：11月7日是社会主义结束之时，11月8日是共产主义开始之日。大会一结束，人们就到街上商店去拿东西。商店的东西拿完后，就去拿社员家的东西。别人的鸡，可以随便抓来吃；这个队种的菜，别的队可以随便来挖。甚至连小孩子也不分你的我的了，因为马上就共产主义了，子女也成了大家的。

第十章

西方的时代：是东风压倒西风，还是西风压倒东风

在其他地方，愤世嫉俗的思想盛行。有些人称之为"全部吃光"的时代：由于失去了工作的动力和能量，许多人什么活也不干了。

虽然产量下降了，但是上级下达指令必须汇报增产。一位代表坚持认为："不是没有食物，稻谷其实很丰富，只是九成人在共产主义的意识形态上有问题。"

更糟糕的是，中国和苏联的关系恶化了。虽然失去了苏联的援助，中国仍然想赶上西方的钢铁产量。4 000万农民离开田地，建造后院铸造厂，只要找到矿石就拿去熔炼，甚至连百姓自家烧菜用的铁锅、铁盘都用来炼钢。他们所生产出来的钢铁只有很少一部分可以使用，但是却没有人敢说出这一实情。

农村变得越来越浮夸。据一名记者报道："空气中弥漫着扩音器里发出的地方戏剧的高亢旋律，周边回荡着鼓风机的嗡嗡声、汽油发动机的晃动声、载重卡车的喇叭声以及老牛拉矿石和煤发出的咆哮声。"

农民唱着"共产主义是天堂，人民公社是桥梁"。但是天堂里有麻烦，因为当人们不唱的时候，他们就闹饥荒了。下面所写的是对当时的回忆，只是语调异常平静，让人感觉不太正常：

> 我们家里没有一个人死掉。1960年2月，爷爷的腿全部肿起来了，头发也掉光了，身上到处都疼，连张嘴的力气都没有。我们还有三只小山羊。婶婶悄悄地杀了两只来给爷爷补身体。不幸的是，干部发现了这件事，把死羊带走了。

> 就算是这样，爷爷还是幸运的。

1958~1962年间约有2 000万人挨饿。1960年前后，中国重新引进了一些私人资本。到 1965 年，农业产值已经恢复到了 1957 年的水平。

中国和西方世界一样经历了战后的婴儿潮，繁育出了一大群缺少持之以恒精神的青少年。西方社会的富裕年轻人利用手中的购买力按照自己的想法重新调节了他们在音乐、服装和性习惯上的理念，但是在中国，毛泽东依照自己的理念调整这群愤世嫉俗的年轻人的观念，发动了"文化大革命"。

百万青少年离开了学校，放弃了学业成为闹事的红卫兵。西方的青年歌颂革命，而中国的青年以革命为生。阶级憎恶让大众普遍变得狂躁。

1969 年，事情明显朝病态方向发展。"亚洲四小龙"迅速发展，不断将中国大陆抛在身后。中国和苏联的关系恶化，在中苏边境也引发了冲突。最后，毛泽东放弃了激进的军事行为，他开始寻求改变不利局面。

1972 年，在进行了一系列秘密外交后，美国总统尼克松飞到北京，和中国谈判建立外交关系。尼克松高兴地说："正是这一周改变了世界。"从某种程度上说，他说得没错。华盛顿—北京这两个轴心的联合让勃列日涅夫大为惊恐。尼克松访问中国不到 3 个月后，就来到莫斯科和苏联进行谈判。

通过与尼克松会谈，毛泽东表明自己支持渴求西方技术的实用主义者，反对消灭中国知识分子的激进主义人士。当时有件事一时轰动全国。一个学生在考试的时候交了白卷却获得了著名大学的录取通知书。他在试卷中夹了一张纸条声称，革命的纯洁性比"这么多年来姿态悠闲却尽做毫无意义之事"的人更有价值。激进的大人物们（据说是这样）认为"晚点的社会主义的火车要优于正点的修正主义列车”，这对一些苏联人来说并不正确。

1972 年后，实用主义者们退出了。1976 年，毛泽东去世后，邓小平恢复了名誉。他将敌对势力控制在外，展示了自己卓越的执政能力。邓小平将毛泽东说的“实事求是”作为自己的格言，他毫不含糊地面对了对中国最为不利的事实：人口增速快于经济增速。为了使每年进入社会求职的人都有饭吃，中国的经济需要保持每年 7% 的增幅，且至少持续二三十年。

实践经验表明，若有个和平、统一的政府，中国也可以在西方占统治地位的世界经济中求得繁荣，但是邓小平进展得更多，他还积极推动了中国的统一大业。为了减少人口对资源的压力，他提出了“计划生育”政策，（在理论上）要求生育两个孩子的妇女实行节育。在提高了资源占有量之后，他将中国领进了全球经济中。中国加入了世界银行和国际货币基金组织，开放经济特区以吸引外资，甚至允许可口可乐公司在上海设厂。

到 1983 年，邓小平有效地消除了毛泽东推行的人民公社。农民推行“副业”，农民的个人收入增加了，商人的部分利润得以保存。虽然土地仍然是集体所有，但是家庭可以承包土地 30 年，然后进行自主经营。在城市，房地产甚至可以作为抵押进行贷款。农业产量陡增，虽然保守主义者担心资产阶级自由化，但是自由化并没有让社会倒退。邓小平说，在“文化大革命”期间，“四人帮”鼓吹宁要贫穷的共产主义或者社会主义，也不要富裕的资本主义，是一种谬论。社会主义的根本任务是发展生产力，逐步摆脱贫穷，使国家富强起来，使人民生活得到改善。致富不是罪过。

类似的想法也在 4 000 英里以外质问着莫斯科的领导人。在尼克松访问中国后，苏联于 20 世纪 70 年代发展很好。在阿拉伯国家提高油价的时候，出口大国苏联也获利了。随着资金滚滚流入苏联，莫斯科资助并打赢了一系列代理国战争，此外，它于 1978 年在核武器方面超过美国。但是这一系列的发展是共产主义的高潮所致。一场支持阿富汗盟友政权的干预演变成一场延绵整个 20 世纪 80 年代的持久战。油价下降了 2/3，美国军事开支迅猛增加，尤其是在高新技术武器方面。

苏联中央政治局开始担心普通民众会发现他们的经济火车一动不动。它可以生产出大量的坦克和卡拉什尼科夫冲锋枪，但却无法造出电脑和汽车（还有一个苏联笑话是这样说的。问：如何才能让拉达轿车价值增长一倍？答曰：装在坦克里）。持不同政见者的不满一触即发。有人认为一场新的军备竞赛即将爆发，这让苏联的统治者大为惊恐。

1985 年，米哈伊尔·戈尔巴乔夫和妻子在花园中散步的时候，他对妻子坦言说："我们不能这样生活下去。"在随后数小时内，戈尔巴乔夫将被任命为苏共总书记，可是花园是他唯一一处可以躲避侦查间谍的地方。和邓小平一样，他也明白自己必须面对现实。1986 年，位于切尔诺贝利核电站的反应堆发生爆炸。随后，戈尔巴乔夫在苏联实行改革和公开性政策——其实这只是重新认识到了马克思、恩格斯 150 年前早已知晓的道理：自由化将所有固定的、快速冻结的关系全部消除，而不单单是我们不喜欢的那部分。

戈尔巴乔夫什么也没有做。1989 年 10 月，他访问柏林的时候，很多人再次欢迎他。在随后的几周里，民主德国人开始在柏林墙上跳舞，用铁锤和凿子攻击墙体，上千人越过墙进入联邦德国。民主德国的政府不知所措，无能为力。就这样，民主德国政权解体了。几个月后，苏联开始解体。直到新的俄罗斯联邦总统宣布退出苏联时，戈尔巴乔夫仍主张保留苏联，但他已沦落成一个已不存在的帝国的总书记。1991年的圣诞节，他终于迫于压力，签署法令，宣布苏联解体。

这样，美国赢得了冷战的胜利。

刮东风还是刮西风

当皇室帝国无法应对所有战争的时候，它们在1917~1922年间几乎全部消失，美国表明自己是个不好对付的庞然大国，但是当共产主义在1989~1991年间遭遇挫折时，美国准备填补这一空白。每两年，美国国防部在《国防规划导引》中修订其宏大战略。报告的初稿于1992年3月出炉，恰在苏联解体的三个月之后。这篇报告展示出了大胆的新设想：

> 我们的首要目标是防止新对手的再次出现，不管这个对手是苏联领土上的国家还是其他国家，它都会给苏联此前制定的秩序带来威胁。这……要求我们敢于阻挠任何敌对力量，别让他们去占领那些资源充足且可以为全球供给能源的地区。这些地区包括西欧、东亚、原苏联国家和东南亚。

当"一位认为这个冷战后策略之辩应该在公开范围内展开的官员"（就像《纽约时报》说的那样）泄露这个计划的时候，政府很快缓和了自己的语气，但是一个和以前世界一样、美国作为唯一超级大国的世界格局再次出现。

苏联解体了。破产并没有像打倒罗曼诺夫王朝的内战那么可怕，但是俄罗斯作为苏联主要的继承者，其产值在 20 世纪 90 年代下降了 40%，实际工资收入下降 45%。1970 年，苏联人平均寿命为 68 岁，只比欧洲人平均寿命少 4 岁；但到了 2000 年，俄罗斯人平均寿命为 66 岁，比欧盟居民少了 12 岁。俄罗斯仍然是地大物博、资源丰富的国家，它也是世界上最大的核武器国家。但是正如《国防规划导引》预期的那样，俄罗斯没能产生和苏联一样的威慑力。

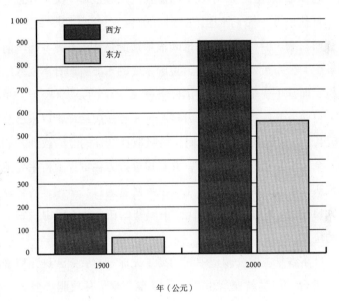

图 10-8 风往哪个方向吹：20 世纪既是西方统治的高峰也是其统治的终结吗？西方领先的社会发展，其发展指数从 1900 年的 101 分上涨至 2000 年的 336 分，但是东西方之间的分值比例从 1900 年的 2.4 ： 1 下降至 2000 年的 1.6 ： 1，差距缩减了 1/3

欧盟也没能挑战美国对西方世界的统治地位。对于一些人来说,欧洲蹒跚向前的经济政治一体化看上去像是建立一个次大陆帝国,并和平实现哈布斯堡皇室、波旁王朝、拿破仑和希特勒通过暴力没有实现的愿望。但是实际上,欧洲不断分裂,经济增长速度变慢,人口老龄化和军事力量的衰弱使得欧洲离超级大国的差距还很大。

东南亚于1992年进入规划者的视野中,主要是因为他们担心出现敌对势力夺走该地区的油田,就像1990年的伊拉克那样。他们忽视了20世纪70年代不断滋长的宗教极端主义,并且(几乎和其他地方一样)该地区受到2001年"9·11恐怖袭击事件"的负面影响。但是规划者的推断最荒谬的是在东方。在《国防规划导引》公布于世的几周内,美国主要的东方盟国日本陷入经济危机,而其主要东方对手中国经济腾飞。

自西方开始将以前的东方核心国家变成边缘地带以来已经有150年了,明眼人都知道我们应该吸取什么样的经验教训。如果有一个和平且负责任的政府,并且接受西方在世界上占主导地位的现实,东方人可以使资本主义世界经济为自己所用,转化巨大的人口压力。20世纪90年代,中国开始在全球秩序中找到了正确的位置。

广东省某主题公园正中间的高尔夫球车的后面,这儿似乎不像个讲台。但是就在这里邓小平宣布,改革开放胆子要大一些,敢于试验,不能像小脚女人一样。看准了的,就大胆地试,大胆地闯。红色资本主义的障碍倒塌了。当毛泽东和尼克松在20世纪70年代初会面的时候,美国的生产力约是中国的20倍。美国创造了全世界商品总量的22%,而中国仅占5%。在随后的30年里，美国的生产力继续增长，而中国的生产力增长了2倍。到了2000年，美国的生产力仅为中国的7倍。美国占世界商品的份额为21%，基本上没有变化，而中国的占有率约增长2倍，为14%。

但中国的经济增长付出了可怕的代价。很多工厂随意倾倒废弃垃圾，污染主要河流。在排水沟附近生活的人罹患癌症的概率比全国平均水平高出一倍。农业毫无节制地利用河流的水能，致使很多河流干涸了。伐木业疯狂地发展。与20世纪70年代相比，现在的沙化速度是以前的两倍。

但是，经济发展对社会是有回报的。邓小平的发展规划消除了饥荒现象，并带来收入的巨大增长。每年，占中国人口2/3的农村人口的工资平均增长6%。但是这些收益集中于中国的东部沿海区域，在贫穷的内陆农村，教育和医疗保健服务仍然很落后。这导致了历史上最大规模的迁徙：自20世纪90年代，1.5亿人民迁至城市，每年都创造出和美国芝加哥一样大的新城。来到城市显然可以使农民的收入增加一半，同时还给制造业带来劳动力，而其劳动力价格只是发达国家的一小部分。

1992~2007年间，中国出口额增加了十几倍，与美国之间的贸易顺差从180亿美元飙升至2 330亿美元。2008年，在美国诸如沃尔玛之类的折扣店里，中国商品通常占总货物量的9成。很多美国人身上的衣服至少有一件是中国制造的。《商业周刊》杂志评论道，"中国价格"已经成为"美国工业最害怕的四个字了"。那些不能与中国商品相抗衡的企业纷纷破产倒闭。

和19世纪的英国、20世纪的美国一样，中国成了世界工厂。金融记者詹姆斯·金奇（James Kynge）描述了在意大利偶然听到的两位中国商人的谈话，听上去特别像是狄更斯笔下葛擂梗夫妇的话语：

> 老板说他们"已经旅行一个半小时了，但几乎没有看到一间厂房"。另一位年轻的男士说："外国人喜欢看风景。"老板停下来想了想，问道："风景和产量，哪个更重要呢？"……老板的想法涵盖了好几个方面……为什么外国人这么懒？在欧洲没有剩下多少工厂的时候，他们做些什么呢？你真的能仅仅依靠服务业带动经济的发展吗？欧洲的奶牛每天真的需要消耗两美元的津贴吗？

50年前，毛泽东曾经说过："……不是东风压倒西风，就是西风压倒东风。"20世纪50年代，东方就在西方羽翼的控制下，只是在美国和苏联之间划分成了不同的派别而已。但是到了2000年，毛泽东的话是对的。西方的社会发展远在东方之前——其社会发展指数超过东方300分——比任何时候的差距都大。不过，西方和东方分值的比例在1900年达到2.4∶1，而在2000年，仅为1.6∶1。20世纪不仅是西方时代发展到极致的时期，也是这一时代走向终结的开始。

第三部分

第十一章

为什么是西方统治世界

西方得以统治世界是因为地理方面的原因。生物学告诉我们，人类为什么要推动社会的发展；社会学告诉我们，人类是如何做到的（除非人类没有推动社会发展）；地理学告诉我们，为什么是西方，而不是其他地方在过去的 200 年里统治着全球。生物学和社会学提供了普遍规律，适用于任何时期、任何地点的任何人，而地理学则告诉我们其中的差异。

生物学告诉我们，我们是高级动物，像所有的生物一样，我们之所以能够生存是因为我们从周围环境获取能量。当能量不足时，我们就变得无精打采，最终死亡；当能量充足时，我们就精力充沛。像其他动物一样，我们充满好奇，但是也很贪婪、懒惰和怯懦。我们与其他动物唯一的不同之处就在于我们有能够控制这些情绪的工具——进化给予我们更加聪明的大脑、更加圆润的嗓音以及可对掌的拇指。正因为这样，我们能够以与动物不同的方式对环境施加影响，能够储存更多的能量，从而在全球建立起村庄、城市、国家和帝国。

在19世纪以及20世纪早期，很多西方人认为是生理方面的原因使西方得以统治世界。他们坚持认为欧洲白人比其他种族进化得更快。他们错了。首先，我在第一章已经讨论过，基因和骨骼方面的证据是非常清楚的：大约10万年前，有一支人类在非洲慢慢进化，然后扩散到全球，使得原先的人类灭绝。全球各地，现代人的基因差别是非常小的。

其次，如果西方人在基因上真的比其他人优越，那么社会发展历史就不会是我们所看到的那样了。在早期领先了一段时间后，西方应当继续领先下去。但是，事实并非如此（见图11-1）。在冰河时期末期的时候，西方确实领先于东方，但是它的领先优势时而扩大，时而缩小。公元550年左右，西方的领先优势完全消失，并且在接下来的1 200年里，东方的社会发展领先世界。

现在很少有学者宣扬西方人基因比东方人优越的种族论，但是任何支持这一说法的学者，都会发现西方人在公元6世纪的时候并没有基因优势，而在公元8世纪的时候又具有基因优势了，或者说东方人在公元6世纪的时候更加优越，而公元8世纪的时候则失去了这种优越性。说得婉转些，这将是一个艰巨的工程。一切都显示，无论我们看哪里的人们——整体而言——他们看起来都完全一样。

我们无法解释为什么西方统治世界不是由于生物方面的原因，虽然生物学解释了为什么社会发展保持前进，但是生物并不是唯一的原因。下一步要讲到社会学，它告诉我们社会是如何迅速发展的。

如图 11-1 所示，社会发展过程并不是一帆风顺的。在前言部分，我提到了"莫里斯定理"（由伟大的科幻小说家罗伯特·海因莱因的一个想法推演而来），以此来解释整个历史的进程——变化是因为懒惰、贪婪和恐惧的人们（他们往往不知道自己在做什么）想获得更简单、更有益和更安全的生活而产生的。我希望第二章至第十章的证据已经能够证明这一点了。

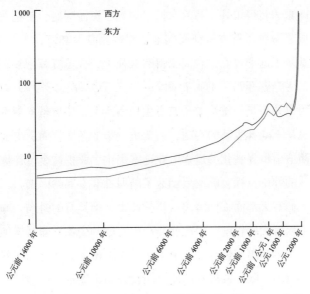

图 11-1　历史的发展：东西方社会发展以及硬上限，公元前 14000—公元 2000 年

我们已经看到，人们在不停地忙碌着，把自己的生活变得更舒适、更富裕，或者当环境发生变化时，想紧紧抓住自己已有的东西。一般说来，在这个过程中，他们渐渐地推动了社会发展。但是在社会发展中的这些巨大变化——农业的起源，城市和国家的出现，不同帝国的创立以及工业革命——没有一个仅仅是因为人们的忙碌而出现的，每一个变化都是在危急时刻孤注一掷产生的。冰河时期末期，狩猎采集者发展迅速，这给资源带来了巨大的压力。为了获得资源，他们对捕获的动物和采集的植物进行驯养，慢慢的，一些狩猎采集者变成了农民。一些农民也取得了巨大的成功，于是又对资源造成了新的压力，为了生存——特别是遇到恶劣天气的时候——他们把村庄变成了城市和国家；一些城市和国家运转得很好，然后它们也遇到了资源问题，于是就把国家变成了帝国（首先是征服陆地，然后是草原和海洋）。一些帝国又重复了这个过程，它们变得非常强大，也给资源带来了巨大压力，于是就开始了工业革命。

　　历史并不是一波接着一波发生。事实上，历史是不断重复的。世界总是不断产生新的问题，需要进一步的适应，而历史就是人们不断适应世界变化的过程。在这本书中，我把这个过程称为社会发展的悖论：社会的发展创造了削弱社会发展的因素。

　　人们每天都面临和解决这样的悖论，但是有的时候，悖论会达到难以解决的程度，因此就会产生急剧的变革。面对这种情况，我们往往不知道要做什么，更不用说怎么做了。并且，随着社会接近悖论的极限，发展和崩溃之间就开始了竞赛。社会很少会保持在一个极限停滞不前。相反，如果它们不知道如何打破这个极限，它们所面临的问题就会变得难以控制。我所说的五个天启骑士中，就会有一些或者全部失去控制，饥荒、疾病、迁移和国家崩溃——尤其是加上气候变化的因素时——会使社会停止发展几个世纪，甚至会将社会带入一个黑暗世纪。

当社会发展指数达到 24 分左右，就会出现一个硬上限。公元前 1200 年后，西方的社会发展就是在这个水平停滞然后崩溃的。不过，最重要的一个门槛是在 43 分左右，这是第二个硬上限。公元 1 世纪的时候，西方的发展达到了这个硬上限，然后就崩溃了；大约 1 000 年之后，东方的社会发展也遇到了同样的问题。这个硬上限严格限制了农业帝国的发展。突破这个硬上限的唯一办法就是开发化石燃料中储存的能量，就像 1750 年后的西方人那样。

将社会因素和生物因素联系起来，能解释很多历史进程，告诉我们人类是如何推动社会发展的，并且为什么在某一时刻社会发展迅速，而其他时候却发展缓慢，甚至倒退。但是，即使我们将生物因素和社会因素联系在一起，还是无法解释清楚为什么是西方统治着世界。要解释这个问题，我们还需要借助于地理因素。

我已经强调过地理因素和社会发展的相互关系：一方面，自然环境影响了社会发展的进程；另一方面，社会发展的变化改变了自然环境的意义。2 000 年前，生活在煤田之上并没有多大意义，但是从 200 年前起，这开始变得意义非凡。通过利用煤炭资源，社会比以往任何时候发展得都要迅速——以至在 1900 年后不久就产生了新的能源替代了煤炭资源。一切都发生了变化，包括地理因素对人类的意义。

以上就是我的论点。在本章，我会花大量的篇幅阐述一些最显而易见的反对理由。但是在这之前，我要先概述一下第二章至

第十章中提到的主要事件。

在 15 000 年前左右的冰河时期末期，全球变暖划出了几条幸运的纬度（在东半球约是北纬 20~35 度，在西半球约是南纬 15 度~北纬 20 度之间），在这里进化了大量可驯养的动物和可种植的植物。在这一广阔的地带中，亚洲西南部一个名为侧翼丘陵区的地区是最为幸运的。因为那儿有着最多适合驯养的动物和植物，所以那儿的人们也就比其他地方的人们更容易变成农民。公元前 9000 年，侧翼丘陵区的人们率先建起村庄，开始驯养动物和种植植物。西方社会产生了第一批农民。大约 2 000 年后，在现在的中国——这里适合驯养的动植物虽然没有侧翼丘陵区丰富，但种类也非常多——人们也是这样做的，他们就是起源于东方的农民。在接下来的几千年里，世界上近一半地区的人们开始种植植物和驯养动物，每一次都开创了新的区域传统。

因为西方人是首先从事农业的，也因为（群体的）人们大致相同，所以西方人首先感受到了社会发展的悖论，首先掌握了我所说的后发优势。社会的发展意味着有更多的人口、更加精致的生活方式、更多的财富以及更强的军事力量。通过殖民扩张和战争，社会发展程度较高的社会以牺牲那些社会发展程度相对较低的社会来推动自己的发展，农业也传播得更远、更广。为了使农业在新的土地上发展，例如美索不达米亚的河谷，人们不得不重新改造农业。在灌溉农业出现之后，那些落后区域的农业甚至比侧翼丘陵区的核心农业更加多产。公元前 4000 年后的某段时间，当侧翼丘陵区最大的农业村庄还在努力维持着农业时，美索不达米亚的人们已经懂得如何建立城市和国家。大约 2 000 年后，东方也经历了同样的过程，发展的悖论使得黄河流域的村庄具有了类似的后发优势。

　　新的国家要以新的方式与周围的地区打交道，这就在它们的边境产生了更具破坏力的社会矛盾。它们不得不试着应对这些矛盾，当它们把事情弄糟时——或许就像公元前 3100 年左右美索不达米亚的乌鲁克、公元前 2300 年左右中国的陶寺以及公元前 2200 年和公元前 1750 年之后的西方——它们就陷入了混乱。每一次崩溃又带来一段时期的环境变化，我认为，可以将这个天启骑士加入另外四个天启骑士。

　　社会的发展带来了更糟糕的破坏和崩溃，但同时也产生了更大的弹性和更强的恢复力。公元前 1550 年后，西方的城市以及国家从灾难中恢复过来，并向地中海东岸发展。接着，东西方间第二大地理差异开始发挥作用：东方没有哪一个地方像地中海一样，能够提供廉价、便捷的运输。但是，和其他地方一样，地中海本身就是一个矛盾体，既有机遇，又有挑战。当社会发展指数达到 24 分的时候，它产生的破坏就无法控制了。并且在公元前 1200 年，天启骑士再次降临。西方核心地区受到比以往任何时候都更为严重的重创，进入了长达几个世纪的黑暗时期。

　　由于发展的悖论，冰河时期末期，地理因素使得西方在社会发展方面长期领先，但这并不是固定不变的。崩溃无法预测。有的时候，一些不同的决定或者一点小运气就可以延迟甚至阻止灾难，我们的选择相当重要。要突破 24 分的硬上限，国家要重新进行组织，发展一种全新的思维来研判世界，从而创造所谓的第一波轴向思维。公元前 1200 年左右，西方人没有做到这一点，因此他们社会发展的领先优势被缩小了；在公元前的第一个千年，西方人和东方人都根据社会的发展做出了必要的调整，因此在接下来的 1 000 年里，他们并驾齐驱。

东方和西方一样，都建立起了集权的国家，然后发展成为成熟的帝国。公元前 200 年后，地理的意义又发生了变化。在西方，罗马帝国控制了地中海地区，社会发展指数超过了 40 分。到公元 1 世纪，社会发展又达到了硬上限。不过同时，罗马帝国以及汉朝的兴起也改变了东西方之间距离的意义。欧亚大陆两端有大量的财富，商人和游牧民也就有了新的理由进行迁移。他们尝试着连接起核心区域，于是开始了第一次东西方交流。交流进一步推动了东西方的社会发展，但同时也引发了前所未有的破坏。天启五骑士首次同时出现在核心地区，带来货物和思想的同时，也带来了病菌。罗马帝国和汉朝非但没有突破这个硬上限，反而在公元 150 年时都崩溃了。

东西方都进入了新的黑暗时期，在此期间，第二波轴向思想（天主教、伊斯兰教和大乘佛教）替代了第一波轴向思想，但是它们崩溃的方式并不相同。在西方，德国的入侵者攻了地中海西岸相对落后的地区，核心地区在地中海东岸发展起来。在东方，亚洲腹地的侵略者摧毁了黄河流域较为发达的地区，核心地区转移到长江以南次发达的地区。

地理上的差异带来了巨大的差别。公元 450 年，长江流域出现了发展稻作农业的区域；到了公元 600 年，中国又重新统一；在接下来的一个世纪里，连接长江和黄河的大运河成为中国漕运的重要通道，它对于中国的意义就如同地中海对于古罗马的意义。不过在西方，阿拉伯人虽然强大得可以摧毁地中海的核心地区，但却不足以重建这些核心地区，社会发展一路下跌，直到公元 700 年。

公元 541 年左右，东方的社会发展领先于西方（这证明了西方并不是一直都处于领先地位的）。到了 1100 年，东方的社会发展达到硬上限。由于经济的发展超过了资源的再生速度，制铁工人开始利用化石燃料，发明者创造出新的机器，宋朝的知识分子努力寻求真正的中国文化复兴。但是就像 1 000 年前的罗马帝国那样，宋朝也无法打破这个硬上限。

从某种程度上说，公元前第二个千年早期发生的事件和发生在第一个千年的事件是相似的，只不过要将东西方对调而已。社会的发展带来了第二次东西方交流，并且再一次解放了五个天启骑士。东西方的核心地区都衰退了，只不过在东方衰退的时间更长，程度更深。在西方，地中海东岸社会发展程度更高的伊斯兰中心地带受到的影响最大。到了 1400 年，一个新的核心区域形成了，并且西欧开始了文艺复兴。

这些孤立的、原先边缘化的欧洲地区发挥了后发优势。西欧人利用在第二次东西方交流中从东方学到的造船、火药及其他技术，把大西洋变成了一条交通要道，再一次改变了地理的意义。为了得到东方的财富，西方船员误打误撞地登陆了美洲，这令他们自己都感到惊讶。

15 世纪的时候，东方人本可以发现美洲（一些人认为东方人确实发现了美洲），但是由于地理方面的原因，西方人总会比东方人更快到达美洲。对东方人来说，航行到印度洋上比航行到空荡荡的太平洋上收获要大得多，并且将内陆向草原推进，收获也很大，因为近 2 000 年来，草原上的游牧民族一直是他们最大的威胁。

17 世纪，核心地区的扩张使地理的重要性发生了前所未有的变化。中央集权的帝国用火枪和火炮阻断了连接东西方的交通要道——亚洲腹地的草原，结束了游牧民族的迁移，有效地扼杀了天启五骑士之一。相反，在大西洋，西欧商人开辟的这条海上通道推动了新兴的市场发展，并就这个物质世界如何运转提出全新的疑问。到了1700年，社会发展再一次达到了硬上限，但是这一次，天启五骑士并没有降临，并且在很长一段时间里都没有发生灾难，西欧由于海上路线的刺激，开始利用煤炭和蒸汽。

如果有足够的时间，东方人也可能会有同样的发现，也会有自己的工业革命，但是由于地理的原因，西方人更容易发现美洲——这意味着西方人会首先开始工业革命。正是地理的原因把洛蒂带到了巴尔莫勒尔堡，而不是把艾伯特带到了北京。

西方统治的必然性

你可能会问，是否有来自人类自身的影响呢？这本书大量地谈到了伟人和愚昧之人，他们的信念以及他们不断的冲突，难道最后，其中都没有一个有重要影响吗？

答案既是肯定也是否定的。我们都有自由的意愿，正如我反复强调的那样，我们的决定确实能改变世界。只是我们大部分的决定并不能使世界发生多大的改变。例如，我现在就可以马上停笔，辞掉工作，成为一名狩猎采集者。这当然会产生很大的变化。我会失去我的家，并且，由于我对狩猎和采集知之甚少，我很可能会被毒死或者饿死。我周围的人会受到很大的影响，但是更多的人并不会受到多大影响。例如，你就会找点儿其他书来读。但是，世界还会继续。我所做的任何决定都不能改变西方对世界的统治。

当然，如果上百万的美国人决定辞掉朝九晚五的工作，变成狩猎采集者，那么我的决定就会由一个疯狂的个人异常行为变成一个集体运动，这样的话，确实会产生很大的不同。有很多例子可以说明这样的群体决定。例如，二战后，约有 5 亿妇女比自己的母亲结婚年龄要小，生育的孩子更多，于是人口激增。30 年后，她们的女儿则做出截然相反的决定，于是人口增长变慢。这些选择共同改变了现代历史的前进方向。

但是这些并不是一时的心血来潮。一个半世纪前，卡尔·马克思直接说道："男人（和女人）制造了自己的历史，但是他们不能随心所欲地制造历史，因为他们面临的环境不是他们能够选择的。"20 世纪，妇女虽然有各种各样的理由决定生更多的孩子（之后是生更少的孩子），但是她们却常常觉得在这件事情上其实毫无选择——就像一万年前，那些决定从事农业的人，或者5 000 年前搬到城市的人，又或者200 年前在工厂工作的人，他们也一定常常觉得自己实际上并没有选择。

要做出符合实际的决定，我们都面临巨大的压力。我们都知道那些忽略这些压力、做出奇怪决定的人。我们往往崇拜激进分子、叛乱者和浪漫主义者，但是我们却很少会追随他们。我们大都非常清楚循规蹈矩的人往往更成功（这里的意思指的是更容易得到食物、住处和配偶）。进化决定了我们所谓的常识。

即便如此，奇怪的决定很显然也会有不同寻常的后果。以穆罕默德为例，或许这个例子比较极端。公元 610 年前，这个平庸的阿拉伯商人本可以非常明智地将与加百列天使的相遇归咎于胃痛或者其他一切可信的理由。但是他选择了听从妻子的话——他的妻子坚持认为天使的造访是真实的。多年来，穆罕默德和大多数的先知一样，看起来荒谬可笑。但是后来，他统一了阿拉伯。他的继承者哈里发摧毁了波斯，粉碎了拜占庭，把西方分成了两半。

所有人都认同穆罕默德是一个了不起的人。很少有人能够像他那样对历史产生巨大的影响。但是即便如此，公元 7 世纪以及之后的西方核心地区的变化并不能归结于穆罕默德个人。在加百列天使造访穆罕默德前，阿拉伯人就已经开始创造新的一神论，并且已经在沙漠上建立起自己的城邦了。早在穆斯林主战派入侵时，拜占庭和波斯就面临着严重的危机了，而且地中海地区在公元 3 世纪的时候就已经开始瓦解了。

如果穆罕默德做出不一样的决定，那么公元 7 世纪的基督教也许会选择其他的攻打对象，而不是入侵穆斯林地区。如果没有穆罕默德的话，西方的社会发展在公元 750 年之后也许会恢复得更加迅速，也许不会，但是西方仍然需要几个世纪才能赶上东方。无论穆罕默德做了什么，西方核心地区仍然是在地中海东岸；土耳其人也依然会在 11 世纪的时候入侵西方，然后蒙古人在 13 世纪的时候入侵（在 1400 年左右再一次入侵）；核心地区也仍然会向西转移到意大利，然后在 15 世纪以及之后的几个世纪转移到大西洋。如果穆罕默德更正常一点的话，那么现在就可能是基督教而不是伊斯兰教影响从摩洛哥到马来西亚这些地区的信仰——这是一件大事。但是毫无疑问，仍然会是欧洲人征服美洲，西方现在也仍然会统治世界。

适用于穆罕默德的情况也适用于其他我们所知道的伟人。亚述国王提格拉·帕拉萨三世以及秦始皇都建立起了高度集权的古代帝国；16世纪时，欧洲的哈布斯堡王室以及日本的丰臣秀吉都没能建立帝国；1688年英国的光荣革命以及1976年毛泽东的逝世，使改革派得以掌权。但是大部分的伟大人物或者愚笨之人所做的就是加快或者减缓正在发生的事情的进程。没有一个人能够改变历史发展的方向。如果我们能像做实验那样回到过去重新开始，除了把伟大人物替换成愚笨之人以及将愚笨之人替换成伟大人物之外，其他的保持不变，事情的结果也会基本保持不变，即使事情发展的轨迹可能有所不同。显然，伟人通常认为仅仅凭借自己的意愿就能够改变世界，但是他们错了。

这个道理适用于对外政治，也适用于对内政治。例如，马修·博尔顿和詹姆斯·瓦特都是了不起的人物。后者发明了改变整个世界的蒸汽机，而前者为瓦特提供了设备资金以及技术上的支持，特别是在加工制造工艺方面。但是他们并不是独一无二的伟大人物，正如亚历山大·格雷厄姆·贝尔（Alexander Graham Bell）一样。亚历山大于1874年2月14日为自己新发明的电话申请了专利——就在同一天，伊莱沙·格雷（Elisha Gray）也为他自己新发明的电话申请了专利。博尔顿和瓦特与约瑟夫·普里斯特利（Joseph Priestley）相比，也未必就显得独一无二。约瑟夫在1774年发现了氧气，而一年前一位瑞典化学家就已经发现了氧气。同样，他们也不会比1611年各自发现太阳黑子的四位欧洲科学家更独特。

历史学家常常惊叹几个独立的个体常常会想到一起，例如发明灯泡的想法几乎同时在几个人的大脑中出现。与其说伟大的思想是出于一个人的智慧，还不如说是一群有着相同疑问和解决方法的思想家的逻辑结果。17世纪早期的欧洲学者也是如此，一旦有人发明了望远镜（9个人宣称自己发明过望远镜），如果没有一些天文学家很快发现太阳黑子，那才令人惊讶。

很多了不起的现代发明不止被发明一次。统计学家斯蒂芬·施蒂格勒（Stephen Stigler）甚至提出一条法则，他认为没有哪一项发现是以真正的发现者命名的（施蒂格勒法则实际上是由社会学家罗伯特·默顿在25年前发现的）。博尔顿和瓦特领先了，但是其他人也有可能领先。如果瓦特没有在18世纪70年代发明出蒸汽机，其他人以后肯定也会发明出来的。事实上，如果瓦特没有去申请专利，从而把其他人从这个领域排挤出去的话，蒸汽机会改进得更快。

伟人以及愚笨之人都是时代的产物。那么，我们能否认为这个时代的某种精神而不是某些特定人物决定了历史，使得有些时候产生伟人，而有些时候则产生了一群愚笨之人？有的历史学家认为是如此，例如，在他们看来，西方得以统治世界的真正原因是14世纪的时候，中国的文化变得保守，放弃了整个世界，而此时欧洲的文化变得开放，促使探险家漂洋过海，直到到达美洲。

我在第八章花了一些篇幅阐述了这个想法，认为这个想法与现实并不符合。与其说文化是我们脑海中的一个声音，告诉我们该做什么，还不如说文化是一个市政厅，能让我们讨论我们的选择。每一个时代都有自己需要的思想，受到地理以及社会发展因素的影响。

这能够解释为什么东西方思潮在过去的5 000年里是如此相似。在东西方的核心地区，第一批国家的兴起——西方是公元前3500年左右，东方是公元前2000年后——引起了关于神圣王权的本质以及限制王权的讨论。随着东西方核心地区的国家变得越来越官僚化——西方是公元前 750 年后，东方是公元前 500 年——这些讨论产生了第一波轴向思想，思考个人成就的本质以及与世俗权威的关系。到了大约公元 200 年左右，随着汉朝以及罗马帝国的瓦解，这些问题就催生了第二波轴向思想，讨论有组织的教会如何能够在一个混乱而又危险的世界中拯救它的信徒。当社会复兴时——中国在 1000 年，意大利在 1400 年，如何跳出令人失望的过去从而获得第一波轴向思想中失去的智慧，这个文艺复兴问题，越来越引起人们的兴趣。

我认为，长久以来，东西方的思潮发展得如此相像的原因在于，社会要保持发展只有一条途径。社会发展指数要突破 24 分的硬上限，东西方都要加强国家的中央集权，最终将不可避免地促使知识分子把目光投向第一波轴向思想。而这些国家的衰退又促使人们转向第二波轴向思想，它们的复兴几乎总是会不可避免地带来文艺复兴。每一次巨大的变化都促使人们思考时代所需的思想。

但是，1600 年左右，当西欧人迈向科技思潮而东方人（包括那些生活在大西洋沿岸核心区域外的西方人）却故步自封时，其中产生的巨大分歧又具有怎样的重大意义？思想方面划时代的转变是否反映了东西方巨大的文化差异，而不仅仅是时代获得了它所需要的思想？

一些（西方的）社会学家认为如此。这些学者指出，当心理学家把人们绑在功能磁共振成像机上，叫他们回答问题时，如果这些问题需要将信息放在一个广泛的背景下而不是孤立看待的话，西方受试者大脑中的额叶和顶叶会更加活跃（意味着他们更努力来集中注意力）。东方人正好相反。

这些差异意味着什么？脱离背景孤立地看待事实是现代科学的特点（就像常见的描述方式："在其他条件都相同的情况下……"），也许有一个理论能够解释，大脑功能上的差异意味着西方人在逻辑和科学方面强于东方人。

但是也许不是这样。这些实验并没有表明东方人不能将事实和背景区分开来，或者说西方人无法从恰当的角度考虑问题，只是他们不大适应用对方的方式思考问题，并且需要付出更多的努力才能想明白。东西方人都能够执行两种类型的任务。

在每个时代的每片土地上，我们总会发现理性主义者和神秘主义者。前者将具体的事物抽象化，后者着迷于错综复杂的事物，甚至有一些人既是理性主义者，又是神秘主义者。变化的只是他们面临的挑战。1600年左右，当欧洲人开始发展大西洋经济的时候，他们也给自己带来了问题。机械模型和科学模型成为解决这些问题最有效的手段。在接下来的400年里，这些思考方式融入了西方教育中，并渐渐地成为默认的思考模式。在东方，大西洋经济所面临的问题对他们来说似乎并不那么迫切，甚至到了19世纪，这个过程也没有走太远。

20世纪60年代，一些西方社会学家认为，东方文化——尤其是儒家思想——使信仰者无法产生冒险精神以及创新精神这两个经济成功所必需的因素。20世纪80年代，一群新的社会学家从日本经济的成功案例中得出结论，认为孔子思想中对权威的尊敬以及为集体自我牺牲的精神并没有抑制资本主义的发展。相反，儒家思想解释了日本经济的成功。我们可以得出一个更加理智的结论，那就是人们会促使文化适应社会发展的需求，因此，在20世纪末期，产生了儒家资本主义和自由资本主义。

每个时代都会产生这个时代所需要的思想，这个结论也许能够解释另一个奇怪的现象，心理学家称之为弗林效应。自从有了智商测试，测试的平均分稳步上升（大约每 10 年提高 3 分）。想一想我们变得越来越聪明了，这真是令人兴奋，但是这很可能是因为我们越来越擅长以现代、分析的方式思考问题，而这正是这些测试所要测量的。看书比听故事更能让我们变得现代化，而且，令很多教育家恐惧的是，玩电脑游戏能让我们在此基础上变得更加现代化。

毫无疑问，并非所有的文化对变化的环境都会做出一样的反应。例如，在伊斯兰教的土地上，就没有获得诺贝尔奖的科学家或者多样化的现代经济。一些非伊斯兰教徒认为，伊斯兰教的教条非常愚昧，令人们深陷迷信的深潭中。但是，如果真的是这样的话，我们就难以解释，为什么 1 000 年前，世界上最好的科学家、哲学家和工匠都是伊斯兰教徒，以及为什么直到 16 世纪，伊斯兰教的天文学家都无人能够超越。

我认为，真正的原因是自 1700 年后许多伊斯兰教徒对军事和政治上的缺陷都采取了保守的态度，正如 13~14 世纪的中国儒家思想家一样。一个极端的例子是土耳其。土耳其现在已经非常现代化，足以成为加入欧盟的候选国家。不过，总的说来，随着伊斯兰世界从西方国家的核心变为外缘，它的社会发展停滞了，令人感觉它是受害者。要结束这种局面，对伊斯兰教来说，任重而道远，但伊斯兰世界也有可能发挥后发优势。

文化和自由意愿这两个因素，使莫里斯定理变得更加复杂——莫里斯定理认为变化是因为懒惰、贪婪和恐惧的人们（他们往往不知道自己在做什么）寻求更简单、更有益和更安全的生活而产生的。文化和自由意志会加快或者延缓我们对环境变化的反应。他们偏离了任何简单的理论。但是第一章至第十章的那些事件已经表达得非常清楚——文化和自由意志从来不会长久地胜过生物、社会以及地理因素。

帖木儿摧毁了意大利：
如果历史可以假设

　　西方得以统治世界既有长期原因，也有短期原因，依赖于地理因素和社会发展之间不断的相互影响。但是西方统治本身既不是一直存在的，也不是偶然的，将之称为可能发生的事件更加准确。在大部分历史时期，地理因素对西方都非常有利。我们不妨认为，西方统治往往看起来更为可能。

　　为了解释这些相当神秘的评论，我想借用一下罗伯特·泽梅基斯（Robert Zemeckis）在 1985 年的喜剧《回到未来》（*Back to the Future*）中所使用的方法。电影的开头是一个疯狂的教授将巨大的吉他放大器、偷来的钚和一辆德罗宁汽车组装起来，发明了一部时光机器。当恐怖分子杀死教授后，年轻人马蒂（由迈克尔·福克斯扮演）开始追击，然后时光机器把他带回了 1955 年。在那儿，他遇见了他未来的父母，当时他们还只有他现在这么大。然后灾难降临了——马蒂未来的母亲没有爱上马蒂未来的父亲，反而爱上了马蒂。这在整个历史中，或许毫不起眼，但是对马蒂来说，却非常重要：如果他不能在电影结束前让过去恢复原样，那么他就无法出生。

　　我在这里不按照历史学家常用的方法，即从开始讲到我们这个时代，我想，我们不妨像马蒂一样，回到过去，然后，就像电影那样，想想可能会发生什么阻止未来事件像现在这样发生。

我会从两个世纪前的 1800 年开始。我们处在简·奥斯汀的时代，我们发现，那个时候西方看起来就已经很有可能在 2000 年的时候统治世界。英国的工业革命正在进行，科学发展欣欣向荣，欧洲的军事力量比其他任何国家都要强大。当然，没有什么是一成不变的。只要多一点运气，拿破仑就有可能赢得战争，或者说只要少一点运气，英国的统治者就无法解决工业化带来的挑战。无论怎样，英国的发展都有可能变得缓慢，或者——正如我在第十章提到的那样——工业革命有可能转移到法国北部。总是有各种各样的可能性。不过，我们很难想象，如果西方的工业革命受阻的话，1800 年之后会发生什么样的事。一旦开始了工业化，我们同样也难以想象，有什么可以阻止它那贪婪的市场走向世界。1793 年，当清政府拒绝马戛尔尼勋爵的贸易使命时，马戛尔尼勋爵发出了这样的感慨："要让中国关注人类知识取得的进步是徒劳无益的。"虽然这句话有点夸张，但是或许他是有一定道理的。

无论我们假设何种对西方不利的情形，例如想象它的工业化延缓了 100 年，或者说直到 20 世纪欧洲才进行帝国主义扩张。但是即使这样也没有任何证据显示，东方能够在西方之前开始工业革命。东方的发展或许需要像西方那样建立起多样化的区域经济，而这需要花上几个世纪的时间。1800 年的时候，我们不能完全肯定，西方会在 2000 年统治世界，但是我认为有 95% 的可能性。

如果我们再倒退 150 年，回到 1650 年，当时的牛顿还是一个小男孩，那么西方的统治看起来就没那么确定，但是仍然是可能的。火炮打退了蒙古人，船只开拓了大西洋经济。工业化看起来仍然遥不可及，但是在西欧有了产生工业化的先决条件。如果17世纪50年代，荷兰在与英国作战时赢了英国；如果1688年，荷兰支持的英国政变失败；或者说如果1689年，法国成功入侵英国，那么有利于博尔顿和瓦特的特殊机制就不会形成；如果这样的话，正如我之前提到的那样，工业革命就会延迟几十年或者会发生在西欧其他地方。但是我们还是很难看到，如果这样的话，1650年之后将会发生什么。或许如果西方的工业化进程变慢，清朝的统治者也有不一样的表现，那么17世纪和18世纪的中国可能会更快地跟上欧洲的科技发展。但是正如我们在第九章看到的那样，东方人要首先发生工业革命还不仅仅需要这些。1650年时，我们还不能像1800年那样肯定西方会在2000年统治世界，但是这看起来仍然是最为可信的结果——有80%的可能性。

不妨再往回倒退150年，退到1500年，这个预测看起来更不可信。当时的西欧已经有能够航行到新大陆的船只，但是他们的第一反应就是对新大陆进行抢掠。如果哈布斯堡家族更幸运一点儿的话（或者如果卢瑟从未出生过，或者查理五世指派了他，又或者如果1588年西班牙的无敌舰队取得胜利，然后镇压了荷兰的独立运动），或许他们真的能成为基督教世界的领导者——这样的话，西班牙宗教裁判所或许就会消灭诸如牛顿和笛卡儿这样激进的声音，而且任意征税就有可能像历史上破坏西班牙商业那样破坏荷兰、英国和法国的贸易。不过，这些只是假设，尽管我们知道哈布斯堡帝国可能带来完全不一样的结果，驱使更多的清教徒穿过大西洋，建立城市，开始开拓大西洋经济以及科学改革。

或许哈布斯堡家族会面临比现实更加糟糕的情况。如果奥斯曼帝国更彻底地击败了波斯什叶派教徒，那么土耳其就有可能在 1529 年占领维也纳，伊斯兰教徒就有可能入侵英国，并且，正如吉本所说的那样，牛津的学校现在就有可能教授《古兰经》。土耳其的胜利也许会使西方的重心留在地中海，从而把大西洋经济扼杀在摇篮中——但是另一方面，就像我之前假设的哈布斯堡的胜利，这也许会刺激一个更加强大的大西洋世界的形成。还有另一种可能性：如果在 17 世纪，奥斯曼帝国和沙皇俄国厮杀得更为激烈，他们也许就无力击退蒙古人。如果这样的话，17~18 世纪的时候，清朝的胜利也许就会把蒙古人驱逐到欧洲，使 17 世纪西方的危机转变为与罗马帝国末期所面临的危机一样严重。一方面，西方面临着新的黑暗时期；另一方面，在经历了足够长的几个世纪后，中国在其社会发展达到硬上限时，就有可能发生科学和社会变革。谁知道呢？不过，有一件事非常清楚：1500 年时，可以看出西方将在 2000 年统治世界的可能性比 1650 年要低得多，最多有 55% 的可能性。

再往回退 150 年，退到 1350 年。这个时期黑死病流行，西方在 2000 年统治世界的可能性看起来非常渺茫。最不可思议的一点是，过不了多少年，蒙古征服者帖木儿从中亚一路入侵印度和波斯，然后在 1402 年摧毁了奥斯曼帝国。就在那个时候，帖木儿决定掉头前往中国报复中国皇帝，因为他认为中国皇帝侮辱了他。但是帖木儿在到达中国前就驾崩了。如果 1402 年后，他继续往西进军，那么他就有可能摧毁意大利，阻止文艺复兴，使西方的发展倒退几个世纪。另一方面，如果他不是于 1405 年在东征的途中驾崩，而是多活几年的话，他就有可能像忽必烈那样征服中国，使东方而不是西方的发展倒退几个世纪。

事情完全可能会朝不同的方向发展。明朝开国皇帝朱元璋在内战后有可能无法重新统一中国，那么中国在 15 世纪的时候，就会是地方割据，内战频繁，而不是成为一个伟大的帝国，成为东方的核心。那么谁又能说结局会是怎样呢？可能会发生混乱，但是如果没有明朝独裁的高压统治，海上贸易或许就会受到刺激。我在第八章说过，明朝的中国永远也不可能创造一个西方后期大西洋经济的东方版本——地理是一个极为不利的因素。但是，如果没有明朝的话，东方的殖民者和商人有可能会在东南亚以及香料群岛开拓小型大西洋模式的经济。不过，底线是 1350 年的各种可能性要比 1500 年还要多。2000 年时西方得以统治世界，只是众多可能性中的一种，最多只有 25% 的可能性。

我可以继续假设下去，做出各种假设是一件有趣的事。但是关键点很明确。西方能否在 2000 年的时候统治世界，只是一种可能性，而不是一种偶然性。我们往回走得越远，可能性就越多。1800 年，不同的决定、文化趋势或者偶然性完全不可能阻止西方在 2000 年时统治世界；1350 年，这个结果仍然非常可信。但是，我们很难想象，1350 年之后发生的任何事会使东方在西方之前发生工业革命，或者说这些事会阻挡东西方的工业革命。

如果要找到东方或许能够在 2000 年统治世界的迹象的话，我们就要倒退整整 9 个世纪，回到 1100 年。如果当时宋徽宗能够更好地对付女真人，避免 1127 年开封的沦陷，或者如果铁木真的父母在铁木真小时候真的把他丢掉，让他死在大草原上而不是长大成为成吉思汗，那么谁知道未来又会发生怎样的变化呢？距离和航海技术使得东方不能像 18 世纪的欧洲那样通过开拓大西洋经济开始工业革命，不过可以通过其他途径开拓类似的经济。

如果宋朝没有受到女真人和蒙古人的欺凌，那么中国的复兴文化就有可能发展为科学变革，而不是演变为自满和裹脚。一亿中国人的内在需求、南方农业区域和北方工业区域之间的贸易，以及亚洲东南部的殖民化都有可能扭转局势。当然也可能不会这样，要知道，在枪炮和军队封锁辽阔的草原之前，中国一直支持大规模移民政策。但也可能我们对清朝统治者同时应对诸多复杂问题的能力过于乐观。总之，我想，东方会在12世纪发展起来的可能性非常小。

如果我们利用时光机器做最后一次旅行，从宋朝再往回退1 000年，则又是另一种情况。现在，我们要问的，不是为什么东方不能在2000年时统治世界，而是要问罗马帝国能否在西方突破硬上限的1700年前突破硬上限。坦白地说，我认为这完全不可能发生。像宋朝一样，罗马帝国不仅需要在没有大西洋经济的背景下，找到突破硬上限的途径，还要有足够的运气来躲过天启五骑士。当中国的汉朝在公元3世纪崩溃的时候，罗马帝国已经被削弱了，在公元5世纪的时候也崩溃了。当然，罗马人有可能战胜哥特人，在国内混乱的情况下继续支撑下去，但是罗马帝国能够摆脱17世纪的危机吗？即使能够摆脱这个危机，他们又怎么能够逃脱西方社会发展的衰退？公元100年后罗马发生工业革命的可能性甚至比公元1100年后的宋朝还要小。

以上所有的这些都说明，西方在2000年前得以统治世界，既不是长期以来注定如此，也不是一个短期的偶然性。它更多的是长期的可能性。即使在1100年，东方也不太可能首先发生工业革命，从而在全球施加它的影响，然后像现在的西方这样得以统治世界。不过，这些看起来总是可能发生的：火炮最终会被发明出来，将蒙古人击退，船只和市场能够开辟海洋通道。并且一旦事情这样发生了，新的地理因素会使得西方更可能在东方之前发生工业革命。我想，唯一可能阻止这些发生的就是艾萨克·阿西莫夫在《夜归》中提到的夜幕低垂时：毁灭一切的大灾难摧毁了文明，使得人性又回归原始。

夜归：如果希特勒
打赢了第二次世界大战

但这是完全不可能的。在西方统治的时代前，世界最接近崩溃的时候是在公元前 10800 年，当时有一大块冰湖变成了北大西洋，温度降低使墨西哥湾暖流转向。之后是长达 1 200 年的短冰期，称为新仙女木事件。这次事件阻碍了社会发展，使得稳定的农村生活以及侧翼丘陵区的早期农业受到破坏。新仙女木事件是末次冰期的最后一次寒冷事件。新仙女木事件之后气候变暖，进入温暖的全新世。

在过去的几千年里，假如发生像新仙女木事件这样规模的事件，结果会非常恐怖：世界各地年年都将无法获得丰收；上百万的人会饿死；大量的移民将会使欧洲大部分、北美和中亚变为空城；战争、国家的灭亡以及瘟疫带来的巨大灾难将是前所未有的，就像是天启骑士将自己的坐骑变成了坦克。急剧缩小的人口规模将使赤道附近的村落荒废。人们祈祷下雨，在干燥的土地上勉强度日。社会发展将会因此倒退几千年。

其他灾难也是可以想象得到的。天文学家曾计算出，假如有一个直径一英里的小行星撞击了地球，效果就相当于 1 000 亿吨

TNT 当量。人们对此产生的后果看法并不一致，但这肯定会导致高层大气充满尘埃，遮蔽阳光，导致几百万人饿死，还有可能产生大量的氮氧化物，破坏臭氧层，使人们暴露在致命的太阳辐射中。相反的，我们更容易对一个直径两英里的行星撞击进行模拟。它产生的效果相当于两万亿吨 TNT 当量，能消灭地球上的所有人。

很显然，庆幸的是，在我们的历史中并没有发生这样的事情，所以我们不用沮丧地想象事情会变得多糟糕。行星撞击以及冰期并不像战争或者文化：它们现在（或者应该说直到最近）是人类无法控制的。愚昧之人、文化趋势或者偶然性都不能产生另一片寒冷的巨大海域，使得湾流转向，这意味着不可能形成新的新仙女木事件。即使是最悲观的天文学家都认为直径几英里的行星撞击地球几万年才会发生一次。

事实上，愚笨之人在历史上所做的任何事都不会使人类面临灭绝。即使是最为血腥的战争，如 20 世纪的世界大战，也只是加速了正在发生的趋势。1900 年，美国这个新兴的次大陆帝国已拥有一个工业核心，挑战着西欧的海洋帝国。两次世界大战总的来说，就是为了决定谁将代替西欧。是美国？是在 20 世纪 30 年代前迅速工业化的苏联？还是在 20 世纪 40 年代试图征服次大陆帝国的德国？在东方，20 世纪五六十年代的时候，日本试图征服世界，工业化为一个次大陆帝国，然后超过西方。日本失败之后，中国开始工业化：20 世纪五六十年代的时候，中国社会萧条，而自 20 世纪 80 年代以来，中国飞速发展。我们难以知道欧洲的海洋帝国如何能够在这样的竞争中存活，尤其是当我们考虑到从非洲到中南半岛的民族主义浪潮、西欧逐渐减少的人口及其对手国家的工业时。

如果欧洲的大国没有在 1914 年和 1939 年参与世界大战的话，它们的海洋帝国肯定能够持续更长的时间；如果美国没有在 1919 年逃避它的全球责任的话，这些海洋帝国也许会崩溃得更快；如果希特勒打败了丘吉尔和斯大林，情况就会完全不一样了；又或许，情况不会发生改变。罗伯特·哈里斯的小说《祖国》（*Fatherland*）中有一段精彩的描述。故事中的谋杀之谜发生在 1964 年的德国，但是——事情很快就明朗了——德国赢得了第二次世界大战。每一件事都似乎出奇的不同。希特勒杀害了所有欧洲犹太人，而不是杀死了大部分的犹太人。他手下的建筑师阿尔伯特·施佩尔（Albert Speer）将希特勒的想法变为现实，重建了柏林。柏林的胜利大道有巴黎香榭丽舍大街两倍那么长。胜利大道通向世界上最大的建筑——这里的建筑高耸入云。随着故事的展开，场景开始呈现出一种更加奇怪的熟悉感。美国和苏联之间开始了冷战。两国各自都有核导弹撑腰，彼此虎视眈眈，都争取拉拢第三世界国家。它们正慢慢走向缓和。在某些方面，一些结果和现实并没有多大的差异。

20 世纪的两次世界大战可能造成的唯一不同的结果就是演变为核战争。如果希特勒制造出了核武器，那么他肯定会使用，但是因为他在 1942 年取消了核研究，所以假设的情况是完全不可能发生的。美国在日本扔下了两颗原子弹也没有受到任何处罚。但是当苏联在 1949 年测试它的第一个核武器时，末日变得愈加可能。即使在 1986 年它们处于最顶峰的时候，世界上所有导弹的弹头加起来造成的破坏力也只有直径两英里的行星撞击地球的破坏力的 1/8，但是这也足够毁灭现代文明了。

我们很难理解那些能够沉着冷静看待核战争的人物。

不幸的是,20世纪50年代,苏联和美国的领导人意识到只有通过"确保相互毁灭"才能解决核武器的问题,即在核战争或大规模常规战争中,每一方都应该做好毁灭对方城市和国家的准备。关于这场竞赛如何开始的细节,人们至今还不清楚。当时美苏之间还有一些频繁的电话联系,尤其是在1962年秋,约翰·肯尼迪和赫鲁晓夫试图制定美苏竞争规则的时候。赫鲁晓夫由于害怕美国的武力威胁,计划在古巴部署核导弹,肯尼迪出于担忧,武装封锁古巴。苏联的战舰开到距离美国海域几英里的地方,肯尼迪派了一艘航空母舰阻拦它们。肯尼迪认为此时发生战争的可能性达到了1/3甚至1/2。接着在10月24日星期三的早晨10点左右,情况急转直下。肯尼迪和他顾问紧张得一言不发,此时手下报告说,苏联的潜艇挡住了美国航空母舰的路。如果苏联不发动进攻的话,那么它这么做的目的又是什么?肯尼迪的弟弟回想当时的情况:肯尼迪"将手抬了起来,捂着自己的嘴。他不停地攥紧拳头,然后又松开。他的脸看上去很疲惫,眼里透出痛苦"。他的下一步行动有可能是发射4 000个导弹,但是苏联的潜艇并没有开火。时间一分一秒地过去了,在10点25分的时候,苏联的船慢了下来,然后掉头走了。灾难并没有发生。

30年来,边缘政策和荒谬的错误产生了一连串的灾难,但是最糟的情况并没有发生。自1986年以来,世界核导弹的数量已经减少了2/3,在我写作本书的时候,即2010年年初,核武器的数量有可能会大量减少。美国和俄罗斯现有的几千种武器仍然能够杀死地球上的每一个人,但是依照现在的局势,发生灾难的可能性还是比40年前"确保相互毁灭"时的可能性小得多。生物因素、社会因素以及地理因素继续编织着各自的网，历史还在继续。

基地

至少到目前为止，艾萨克·阿西莫夫的《夜归》还不能很好地解释历史的发展，不过也许他的《基地》系列能够更好地做出解释。阿西莫夫在书中写道，在遥远的未来，一个名叫哈里·谢顿的年轻数学家乘坐太空船去川陀星。川陀星是已经存在了 12 000 年的银河帝国的首都。谢顿在那儿的"10 年数学会议"上发表了他的学术文章，解释了心理历史学这个新科学的理论基础。谢顿认为，大体说来，如果我们将常规历史、大众心理以及先进的数据结合起来，我们就可以理解驱动人性的力量，然后将其用于预测未来。

谢顿在川陀星最大的大学当上主任之后，他研究出了心理历史学的方法。他预见未来银河人将会经历一段长达 3 万年，充满无知、野蛮和战争的黑暗时期。皇帝提升谢顿为第一部长。担任这个了不起的职务后，谢顿计划组建一个名为基地的智囊团。这些学者一边把所有的知识收录到银河百科全书中，一边密谋 1 000 年后重建帝国。

《基地》系列小说在科幻迷中掀起了一股热潮，风靡了半个世纪，但是对那些听说过哈里·谢顿的专业历史学家来说，谢顿只是一个滑稽人物。历史学家坚称，只有在阿西莫夫疯狂的想象中，才有可能利用已经发生的事预知未来将会发生什么。很多历史学家否认过去有很多的发展轨迹可循，而那些认为过去确实存在这些发展轨迹的历史学家则认为了解这些发展轨迹超出了我们的能力范围。例如，杰弗里·埃尔顿（Geoffrey Elton）——他是剑桥大学近代史教授，对历史上的一切事物都有自己的看法——也许能代表大多数人的观点。他认为："有记载的历史，最多也就追溯到 200 代前。即使在历史上有更大的目的，可以肯定的是，我们目前为止还不能真正地从手头那一点历史记录了解这个目的。"

在这本书里，我曾经提到过历史学家往往低估自己。我们不一定要把目光局限于有着历史记录的这 200 代。如果我们把视野扩展到考古、基因以及语言学——本书前面几章中主要的证据——我们就会更加了解历史。事实上，回到 500 代前就已经足够了。我认为，有这么充足的时间，我们真的能够从中得出事物发展的趋势。现在就像谢顿那样，我想说，一旦我们这么做了，我们就可以利用过去预见未来。

第十二章

竞争、毁灭，还是融合：世界的发展趋势

2103 年，西方统治的时代才会结束

在第三章末尾，埃比尼泽·斯克鲁奇恐惧地盯着那块铭记着"埃比尼泽·斯克鲁奇"的墓碑。他紧紧地抓着圣诞未来之灵的手，拼命地问："这些是表示未来一定会这么发生，还是说未来可能会这么发生？"

我想，我们不妨对图 12-1 提出同样的问题。图 12-1 显示，如果现在东西方社会发展的速度和 20 世纪时的发展速度一样，那么东方就会在 2103 年的时候再一次超过西方。但是，由于 17

世纪以来，社会发展的速度一直在加快，所以图12-1只是一个保守的估计。对这个图最好的解释就是最早要到2103年，西方统治的时代才可能结束。

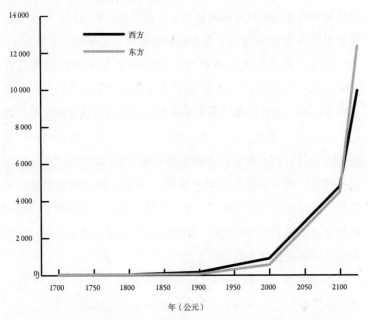

图12-1　亘古不变？如果现在东西方社会发展的速度和20世纪时的发展速度一样，那么西方就会在2103年结束统治地位

东方现在的城市规模已经和西方一样大了，并且中国和美国经济总量（这也许是进行预测时最简单的变量）的差距正在迅速缩小。美国国家情报委员会的战略家们认为，到2036年，中国的经济总量将会赶上美国；高盛集团的银行家们认为这会发生在2027年；普华永道会计师事务所的会计师们认为到2025年，中

国的经济总量就会赶上美国；一些经济学家，如经济合作与发展组织的安格斯·麦迪森（Angus Maddison）以及诺贝尔经济学奖获得者罗伯特·福格尔（Robert Fogel），甚至预测这会发生得更早（他们分别认为是2020年和2016年）。东方要在战争能力、信息技术以及能量获取方面赶超西方，需要更多的时间，但是我们完全可以认为2050年后，东方的社会发展会迅速地赶上西方。

不过，还是有人心存怀疑。以上所有专家的预测都是在2006~2007年之间作出的，当时东方正处于金融危机的前夕，而这些银行家、会计师和经济学家并没有预测到这场金融危机。我们应该知道，《圣诞颂歌》最关键的一点是，斯克鲁奇的命运并不是板上钉钉的。斯克鲁奇跟圣诞未来之灵保证道："我不会忘记从过去、现在和未来得到的教训。"然后，斯克鲁奇果然在圣诞节早晨起床的时候，变了一个人。他身上的杀气消散了，他的心从坚冰变成了热情的火焰，最终这团火温暖了整个城市，他成为这个城市最会过圣诞节的人。

和斯克鲁奇一样的西方是否能够在21世纪重新改造自己，继续保持领先？在本章中，我会给出一个令人惊讶的回答。

我在这本书中提到，预言家在试图解释西方得以统治世界的原因以及预测未来会发生什么时，最大的缺陷在于他们看得不够远。他们在向我们解释历史的时候，也只是回顾了几百年前的事情，这就像斯克鲁奇单单通过与圣诞现在之灵对话来吸取教训。

如果我们按照斯克鲁奇的实际做法，牢记圣诞过去之灵的话，就能做得更好。或者我们可以模仿哈里·谢顿，在研究银河帝国的未来时，先了解它的千年历史。像斯克鲁奇和谢顿那样，我们不仅仅要了解现有的趋势将如何发展，还要了解这些趋势是否会产生削弱它们的力量。我们需要考虑社会发展的悖论，了解后发优势，并且预测地理因素将如何影响社会发展以及社会发展将如何改变地理的意义。当我们这样做时，我们就会发现，事情没有那么简单。

中美共同体崩溃之后

人类生活的每个时代都非常有趣。

自 2000 年以来，作为世界核心的西方和边缘的东方之间产生了一种非常奇怪的关系。在 19 世纪 40 年代，西方的核心区域就已经扩展到世界，把它的影响力覆盖到世界的各个角落，并将原先独立的东方核心变为西方的新边缘地带。它们之间的关系就像历史上所有核心地区与边缘地区之间的关系一样，只不过前者的规模更大一些。东方用自己廉价的劳动力和丰富的自然资源与富裕的西方进行贸易。人们发现了后发优势，日本进行了重建。到了 20 世纪 60 年代，东亚的一些国家进入了以美国为主导的国际市场，开始繁荣发展起来。1978 年之后，中国等国家进入了新的发展时期，市场也有更大的弹性。早期西方学者认为东方大量的贫困人口以及固执的知识分子是东方落后的因素，而现在这些看起来却像是巨大的优势。整个东方最终都开始了工业革命，东方的企业家们建起工厂，向西方（尤其是美国）销售廉价的商品。

以上这些都不是特别新鲜的事，并且十多年以来一直发展得很好（除了那些试图与廉价的亚洲商品进行竞争的西方人）。但是到了 20 世纪 90 年代，中国的生产商发现——就像其他边缘国家的人们一样——即使是最富有的核心地区也不能统购边缘国家所能出口的一切商品。

东西关系变得不寻常的原因是在 2000 年后出现了新的解决办法。虽然美国的人均收入几乎是中国人均收入的 10 倍，中国还是能够借钱给西方，让他们持续买进东方的商品。中国常常把大量的经常项目盈余投资于诸如美国长期国债这样以美元标价的证券。中国购进几千亿美元，使得人民币看起来比美元廉价，从而令中国的商品比西方商品便宜得多。

经济学家意识到，这种关系相当于在一场婚姻中，一方负责存钱和投资，另一方则负责花钱，但是双方谁也离不开谁。如果中国停止买入美元的话，美元就有可能崩溃，那么中国持有的8 000 亿美元就会贬值。另一方面，如果美国人停止购买中国商品，那么他们的生活水平就会下降，信用也没有了。美国人一旦发起抵制活动，中国的企业就会陷入混乱之中，但是中国可以通过抛售美元、破坏美国的经济来实施报复。

美国哈佛大学著名金融历史学教授弗格森和柏林自由大学经济史教授舒拉里克（Moritz Schularick）将这个奇怪的关系称为"中美共同体"，认为中美已经走入共生时代。但是，美国不能永远通过向中国借钱来购买中国的商品。中美共同体大量的低息贷款使双方的资产都出现了通货膨胀，并且在 2007 年的时候，泡沫经济开始崩溃。2008 年，西方经济直线下滑，导致其他国家经济也出现下滑。到了 2009 年，13 万亿美元的消费者财富化为乌有，中美共同体也出现了衰退局面。

2010 年早期，政府的迅速干预似乎避免了重蹈 20 世纪 30 年代经济大萧条的覆辙，但是中美共同体的崩溃还是带来了巨大的影响。在东方，失业人口剧增，股票市场崩溃，2009 年中国的经济增长速度还不到 2007 年的一半。即便如此，中国在 2009 年 7.5% 的增长速度还是远远高于西方核心地区在最好时期的增长速度。中国需要 5 860 亿美元来刺激经济，不过它至少还有足够的储备金来解决这个问题。

西方面临的情况则严重得多。美国在其现有的国债上又动用了 7 870 亿美元来刺激经济，但是 2009 年，它的经济还是下滑了 2%。2009 年夏季，国际货币基金组织宣布，2010 年，中国的经济增长会反弹到 8.5%，而美国只有 0.8%。最令人恐惧的是，美国国会预算局预测，在 2019 年前，美国将无法还清它为刺激经济所借的国债，到那个时候，美国的老龄化将使美国经济进一步衰退。

2009 年 10 月，世界 20 个经济强国的首脑聚集在一起，商讨解决危机的办法，一句俏皮话开始流传起来："2009 年，中国拯救了资本主义。"这句话有很大的真实性，1918 年的情况可以拿来与 2009 年进行对比。当时，整个大西洋都面临着国家力量和财富的衰退——从欧洲原先的核心地区到美国新兴的核心地区。2009 年，整个太平洋也有可能发生同样的衰退——从美国到繁荣发展的中国。中美共同体有可能只是通往东方统治道路上的一个停靠点而已。

毫无疑问，并不是所有的人都同意这个预测。一些专家指出，美国就像斯克鲁奇一样，已经多次彻底地改造了自己。关于美国在 20 世纪 30 年代所经历的经济大萧条以及 20 世纪 70 年代的通货膨胀，已经有太多的批评声，但是最后，美国的经济得以反弹，分别在 20 世纪 40 年代和 80 年代的时候打败了纳粹和苏联。这些乐观者坚称，美国的企业家和科学家总能想出办法，并且即使美国在 2010 年确实陷入了危机，它也能在 2020 年时超过中国。

其他一些专家则强调中国自身也存在着问题。最明显的是，由于经济的发展提高了人们的工资水平，中国正在失去一些后发优势。在 20 世纪 90 年代，一些低端的制造工作开始从中国沿海转移到内陆，现在正集体转移到诸如越南这样工资更低的国家。很多经济学家认为这是中国融入全球经济的自然过程，但是有一些人认为，这意味着中国开始失去它的优势了。

一些学者认为，中国的人口是一个更大的挑战。由于低出生率和迁移率，中国人口的平均年龄上升得比美国快，到 2040 年，中国经济面临的老龄化问题要比美国严峻得多。中国自然资源的短缺也有可能减缓经济的增长，城乡之间的差距有可能进一步加大。只要发生其中任何一件事情，就有可能出现动乱。

西方一群有影响力的学者认为，或许所有的这些猜测都不重要，因为它们都会被忽略。尽管在 20 世纪的时候，大西洋的财富和力量都经历了衰退，但是 2000 年，西欧人还是比他们在欧洲帝国主义鼎盛时期的先辈富有得多，因为上升的资本主义浪潮推动了西方各国的发展。在 21 世纪，太平洋上的国家有可能会取得进一步的发展。我们在前面就提到了安格斯·麦迪森，他认为中国的国内生产总值在 2020 年的时候会超过美国，并且预测在 2003~2030 年之间，中国的人均收入会增长两倍（人均收入18 991 美元）。他认为，美国的人均收入只会上升 50%，但是因为他们的起点很高，所以到 2030 年，美国人均收入将为 58 722美元，是中国的 3 倍。罗伯特·福格尔则更加乐观，他认为中国的经济会在 2016 年超过美国。他说，到 2040 年，中国的人均收入会达到令人惊讶的 85 000 美元——但是到那个时候，美国人均收入将达到 107 000 美元。

其中，最乐观的看法是记者詹姆斯·曼（James Mann）所说的"平稳版本"，即东方的繁荣发展将使得东方西方化。到那时，询问是否还是由西方继续统治这个问题已毫无意义，因为整个世界都已变成了西方。1999 年时，乔治·布什这样说道："与中国进行自由贸易，时机对我们非常有利。"

一些人认为，使现代全球经济繁荣的唯一方式，就是要变得自由和民主——也就是说，要更像西方的核心地区。不过，那些花了很多时间研究东方的西方学者却不认同东方在有能力统治全球的时候文化也会变得西方化这一观点。毕竟，美国取代欧洲成为西方核心国家的时候，它的文化和欧洲文化并不一样。相反，欧洲人开始抱怨本国文化的美国化。

当中国的城市精英在 20 世纪 80 年代进入美国主宰的全球经济时，他们喜欢上了西方文化中的很多事物。他们脱下了中山装，创办了英语学校，甚至在故宫的星巴克里喝着拿铁咖啡。北京后海的昂贵酒吧里挤满了二十几岁的年轻人，这些人就像纽约和伦敦股民一样，手拿黑莓手机，关注股票行情。不过，问题是，当太平洋国家面临力量和财富衰退的时候，它们的西方化进程是否还会继续。

马丁·雅克却不这么认为。在他看来，随着东方和南亚根据自己的需要，适应了工业主义、资本主义和自由主义，我们已经看到了他所谓的"争鸣的现代性"的发展。雅克认为，在 21 世纪上半叶，支离破碎的全球秩序将会代替西方统治，使得多种货币（美元、欧元以及人民币）和经济／军事影响范围（就像美国对欧洲、亚洲西南部和南亚的影响，以及中国对东亚和非洲的影响）都会受到各自文化传统的统治（欧美文化、儒家思想等）。但是他预测，在 21 世纪下半叶，具体的数字将证明一切，中国将统治世界，世界将被东方化。

雅克通过总结中国自 20 世纪 90 年代以来对权力运用的方式推断得出，21 世纪末，以中国为中心的世界将与 19~20 世纪以西方为核心的世界有着巨大的差别。这个世界将会变得更加等级化，认为外国人就应该向东方进贡，而不是像西方理论那样，觉得每一个国家和机构名义上都是平等的。这个世界也会变得非常偏执，会摈弃西方人主张的人类价值理论，中央集权论者也不能忍受人们对政治统治者权力的任何反对。在整个世界，人们会忘记过去欧美统治的辉煌成就。他们会学说普通话，而不是英语，他们会纪念郑和，而不是哥伦布；他们会学习儒家思想而不是柏拉图理论，并且他们会对中国的文艺复兴人物沈括惊叹不已，而不是对达·芬奇感到赞叹。

一些战略学家认为中国的全球统治会遵循儒家思想中的和平治国，不像西方那样具有军事侵略性。其他战略家却不这么认为。不过，我们无法从中国的历史中得到明确的答案。在中国历史上，确实有一些统治者反对将战争作为政策工具（尤其是在贵族和官僚中），但是有更多的人崇尚武力，例如除宋朝以外的几乎每个朝代的前几任皇帝。那些自称"现实主义者"的国家关系理论家们普遍认为，自朝鲜战争以来，中国的谨慎与其说是由于儒家思想，还不如说是由于自身的缺点造成的。自 2006 年以来，中国的军事开支每年至少增加 16%，其目标是要在 21 世纪 20 年代赶上美国。或许可以说，东方要在 21 世纪统治世界，其过程可能会比 19~20 世纪的西方更加血腥。

这就是我们的未来。也许会有伟大的人物帮助美国，帮助西方多统治几代；也许会有一群愚笨之人暂时阻挠中国的崛起；也许东方会被西方化，或者西方将被东方化；也许我们会共同生活在地球村里，或者我们会陷入文明的冲突里；也许每一个人都会变得更加富有；也许我们会在第三次世界大战中灰飞烟灭。

这种自相矛盾的预测只会让人想起我在第四章提到的盲人摸象的故事，故事中的每一个人都认为自己摸到的是真正的大象。我在本书中提到，唯一可以解释西方统治地位的方式是利用社会发展指数进行说明。我现在想要证明，用同一种方法也能帮助我们了解 100 年后的世界是什么样子的。

拥有1.4亿人口的城市：未来的 社会发展速度会让你瞠目结舌

我们再来看看图 12-1，尤其注意 2103 年，东西方交汇的这个点。到那个时候，社会发展指数会超过 5 000 分。

这是一个惊人的数字。在冰河时期末期到 2000 年间的 14 000 年里，社会发展指数上升了 900 分。根据图 12-1，在接下来的 100 年里，社会发展指数还将上升 4 000 分。900 分把我们从阿尔塔米拉岩窟的石洞壁画带到了原子弹时期，那么另外 4 000 分会把我们带到哪里？在我看来，这才是真正的问题。只有了解当社会发展指数达到 5 000 分时世界会是怎样的，我们才能了解中美共同体崩溃之后将会发生什么。

经济学家杰里米·里夫金（Jeremy Rifkin）在 2000 年的一次访谈中提到："在接下来的几十年里，我们的生活方式将比过去的几千年面临着更为根本的变革。"或许，这听起来有点极端，但是如果图12-1确实显示了未来的轮廓，那么里夫金的预测实际上却是过于保守了。根据图12-1，在2000~2050年之间，社会发展速度将是过去14 000年的发展速度的两倍；到2103年，发展速度还将翻倍。这真是对历史的极大讽刺！

之前提到的所有预言在此刻全部破灭。根据现在对未来的所有推断，我们得出意料之中的结果，即未来和现在基本一样，除了中国会变得更加富有。如果我们把整个历史都置于这个问题之上——也就是说，如果我们和圣诞过去之灵对话的话——我们将不得不承认接下来的社会发展速度将史无前例。

5 000分的社会发展指数所蕴涵的意义令人瞠目结舌。如果我们假设能源获取、社会组织、信息技术和战争能力到2013年在社会发展指数中占的比例和2000年大致相同，那么一个世纪后，就会出现拥有1.4亿人口的大城市（相当于将东京、墨西哥城、纽约、圣保罗、孟买、德里和上海合并为一个城市），每天的人均能量消耗将会达到130万千卡。

战争能力的5倍增长则更加难以想象。我们有大量的武器，足以摧毁这个世界好几次。21世纪，我们不再是简单地增加核导弹、炸弹以及枪支的数量，相反，21世纪的科技会使武器变得无用，就像坦克使得骑兵失去作用一样。美国科学家自20世纪80年代以来就致力于开发反弹道导弹，诸如《星球大战》里的情形肯定会变为现实。机器人将为我们作战，网络战争将会变得极其重要。纳米技术会把日常材料变为坚硬的盾牌和极具杀伤力的武器，并且每一种新的进攻形式都会带来同样高端的防卫形式。

不过，最令人难以置信的，还是图12-1暗示的信息技术的变化。20世纪把我们从录音机和电话时代带到了网络时代，21世纪使发达国家的人们更容易得到世界上的所有信息，我们的大脑就像（或者说变成了）一台大型的计算机，其计算能力远远超过了我们这个时代所有大脑和机器的计算能力。

当然，所有的这些听起来都不大可能。拥有1.4亿人口的城市根本无法运作。这个世界也没有足够的石油、煤炭、天然气和铀来满足人均能量消耗达130万千卡的几十亿人口。纳米技术、计算机以及机器人战争会把我们全都消灭。我们的大脑会与计算机结合——我们将不再是人类。

我想，这就是图12-1最为重要，也最令人担忧的暗示。

在本书中，我主要提到了两个观点：第一，生物因素、社会因素以及地理因素共同解释了社会发展的历史，其中生物因素推动了社会的发展，社会因素显示了社会如何发展，地理因素则决定了哪里的社会发展（或者倒退）得最快；第二，虽然地理因素决定了哪里的社会发展或者倒退，但社会发展也决定了地理因素的意义。我现在准备对此做出进一步的阐释。21世纪的社会发展指数上升得如此之快也将改变生物因素和社会因素的意义。我们正接近历史上最大的断层。

雷·库兹韦尔（Ray Kurzweil）是一名发明家，也是一名未来主义者，他将此称为"奇点"——"在未来时代，科技将会迅速发生变化，产生的影响也极其深远……科技以飞快的速度发展着"。其观点的基础之一就是摩尔定律。摩尔定律是由英特尔创始人之一戈登·摩尔提出来的。其内容为：集成电路上可容纳的晶体管数目，约每隔18个月便会增加一倍，性能也将提升一倍，而价格将降低一半。40年前，庞大的计算机每秒运行几千万次运算，要花几百万美元，而我现在使用的小型电脑，只需要花费几千美元，每秒能够运行几十亿次运算——在性价比方面提高了 10 倍，或者说每 18 个月就翻一番，就像摩尔预测的那样。

库兹韦尔认为，如果这种趋势继续的话，到 2030 年左右，计算机就能够运行可以复制 10 000 万兆电子信号的程序，即人类大脑 220 亿个神经细胞每秒发出的信号数量。它们能够存储一般大脑所能存储的 10 兆记忆。到那个时候，扫描技术将能够精确地描绘出人脑中的每一个神经细胞——技术拥护者们认为，这意味着我们能够将真实的人类思想上传到机器中。库兹韦尔认为，到 2045 年左右，计算机就能够解析世界上的所有思想，从而有效地将碳基生物和硅基生物融合成一个单一的全球意识。这就是奇点——我们将超越于生物之上，进化成一个比人类更为先进的全新物种。

人们对库兹韦尔充满激情的想法褒贬不一，有人觉得他的想法非常可笑，有人则对他的想法充满了敬佩之情。就像在他之前的所有预言家一样，他所犯的错误可能远远大于他做对的事。但是，库兹韦尔的所谓"来自怀疑的批判"毫无疑问是非常正确的，即不相信这么奇怪的事居然会发生。正如诺贝尔化学奖得主理查德·斯莫利（Richard Smalley）常说的那样："当科学家说某件事是可能的时候，他们很可能低估了事情发生所需的时间；但是，当他们说不可能的时候，他们很可能错了。"人类正跟跟踉踉地迈向某种奇点，政府和军队也正认真对待奇点，并对此制订计划。

也许，我们已经看到了变化。我曾在第十章中指出，工业革命使人类的意义发生了比农业革命时更为巨大的变化。纵观世界的大部分地区，饮食的改善使得人们的寿命变为原来的两倍，身高也比人类的祖先高了 6 英寸左右。现在妇女花在生育和抚养孩子上的时间也更多了，而且与早期相比，很少有婴儿夭折了。在一些最富裕的国家，医生们似乎能够创造奇迹——他们能让我们保持年轻（2008 年，在美国有 500 万例肉毒杆菌手术），可以控制我们的情绪（每 10 个美国人中就有一个服用百忧解）并加强从软骨到阴茎的一切功能（2005 年，美国医生开出了 1 700 万份伟哥、犀利士和乐威壮等处方）。我想，古代那些年老的皇帝会认为这些紫色的小药丸和库兹韦尔的奇点一样奇妙。

　　21 世纪的基因研究更大程度上改变了人类，修正了我们细胞中的复制错误，并且在我们的器官出现问题时培育出新的器官。一些科学家认为我们正接近"部分的永生"：就像亚伯拉罕·林肯的著名斧头（这把斧头换了三次把手、两次刀刃）那样，我们身上的每一个部分都可以被更新，从而获得永生。

　　那么为什么要局限于修复已经坏掉的那些呢？你也许记得 20 世纪 70 年代的电视连续剧《无敌金刚》（*The Six Million Dollar Man*）。电视一开始，就出现一位名为史蒂夫·奥斯汀（由李·梅杰斯扮演）的飞行员。他在一次空难中失去了一条胳膊、一只眼睛和两条腿。这时响起了画外音，说道："我们可以改造他——因为我们有科技。"奥斯汀马上就变成了一个仿生人，他跑得比汽车快，手臂上带着盖革计数器，眼里装着变焦透镜，并且最后还出现了一个仿生女友（即林赛·瓦格纳）。

　　过了 30 年，运动员都变成仿生的了。2005 年，高尔夫球手老虎·伍兹做了眼科手术后，他的视力变得比过去更好了；2008 年，国际田径联合会临时禁止短跑运动员奥斯卡·皮斯托瑞斯（Oscar Pistorius）参加残奥会，因为他的假腿似乎比那些真腿跑得快得多。

到了 21 世纪 20 年代，发达核心地区的中年人可能会比他们年轻时视力更好，跑得更快，样貌更好看。但是他们没有下一代那样犀利的眼神、敏捷的身手和漂亮的外表。基因测试使得人们能够选择打掉畸形胎儿，并且，由于我们能够更好地控制某种基因，父母可以根据自己的喜好设计婴儿。一些人可能要问，如果你可以得到自己想要的婴儿类型，那么为什么还需要自然的基因呢？

有人对此做出回答，这是因为优生学——无论是受到像希特勒这样的种族狂热者还是消费者的驱动——是不道德的。同时，优生学也是危险的。生物学家喜欢说"进化比你聪明"，有一天我们或许要付出沉重的代价，因为我们试图通过去除自己的愚蠢、丑陋、肥胖和懒惰等特质来超越自然。批评者们认为，所有这些关于超越生物的想法，只是因为我们想扮演上帝的角色——据说，克雷格·文特尔（Craig Venter）这位率先给人类染色体排序的科学家对此给出了这样的回答："我们不是扮演上帝，我们就是上帝。"

争论还在继续，但是，我认为我们的时代——正如我们之前的那些时代——最后会得到它所需要的思想。一万年前，一些人可能会担忧种植小麦、驯养羊群是不符合自然规律的；200 年前，肯定有人对蒸汽机抱有同样的想法。那些抱有疑虑思想并能掌控自己的人才能获得发展，反之，则不能。将治疗性克隆、美容以及延长寿命宣布为不合法的做法听起来不太可行，而禁止对自然界的军事利用听起来更加不可行。

美国国防部高级研究计划局是研究如何改变人类项目的最大

赞助者之一。20 世纪 70 年代的时候，正是该机构给我们带来了互联网（当时被称为阿帕网）。现在它的大脑界面项目正在研究分子大小的计算机，利用酶以及 DNA 分子，而不是硅，植入士兵的大脑中。2002 年诞生了第一台分子计算机，2004 年产生了更加先进的计算机帮助治疗癌症。不过，美国国防部高级研究计划局希望通过提高士兵的染色体接合速度、增加记忆容量甚至提供无线网络连接，让士兵也具备计算机的一些优点。同时，该机构用类似的方法进行"无声通话项目"。在开口说话前，人脑首先把语言信息转换成神经信号。美国国防部高级研究计划局希望通过对这些神经信号的分析，使士兵在战场上实现无声通信。美国国家科学基金会的一份报告指出，这样的"网络传心术"将在 21 世纪 20 年代成为现实。

库兹韦尔关于奇点的最后一个看法是，能够复制生物大脑运转的计算机将发展得越来越快。2007 年 4 月，IBM 的研究者将蓝色基因 /L 超级计算机变成了一个巨大的平行皮层模拟器，这个模拟器能够运行一个模拟老鼠大脑功能的程序。这个程序只有老鼠大脑的一半那么复杂，运行速度也只有老鼠的 1/10，但是同年 9 月，这个实验室已经能够模拟更大、更复杂的老鼠大脑。

当然，老鼠的大脑远远不能与人脑相比。实际上，这个实验室的研究人员估计，如果要模拟人脑，需要比现在强大 400 倍的电脑，而凭借 2007 年的科技水平是无法达到能源、冷却以及空间方面的要求的。不过在 2008 年的时候，计算机的成本已经大幅下降了。IBM 预测，蓝色基因 /Q 超级电脑将在 2011 年得以运行，并且至少能够实现 1/4 的目标。更加野心勃勃的小鹰项目连接起上千台蓝色基因超级电脑，能够在 21 世纪 20 年代的时候更加接近目标。

如果有人坚持认为到 2045 年的时候，这些就相当于库兹韦尔的奇点，那就显得轻率了。不过，要是否认我们正在接近一个巨大的断层，则会显得更加轻率。无论我们把目光投向哪里，科学家们都正在打破生物的界限。克雷格·文特尔的实验室已经利用单纯的化学物合成了单一的细胞染色体。在这本书出版的时候，即 2010 年下半年，他们可能已经将人工染色体移植到细胞中，产生了地球上第一个合成的自我繁殖的有机体。基因学甚至有着自己的摩尔定律和卡尔森曲线：1995~2009 年间，合成 DNA 的成本从每个碱基对 1 美元降到了不足 0.1 美分。一些基因学家认为，到 2020 年，创造出全新的有机体将变得非常普遍。虽然我们很难接受这个想法，但是最近几个世纪的发展趋势使人类存在的意义发生了变化，有可能实现社会发展指数 5 000 分所要求的大规模城市、巨大的能量储备、具有杀伤力的武器以及科幻式的信息技术。

本书大量提到了社会的发展，讲述了很多早期人类面临的主要问题。人类的进化消灭了早期猿人，农业的出现使狩猎采集者所面临的紧要问题变得不再重要，同样，城市和国家的兴起使史前人类担忧的问题变得不再重要。草原通道的关闭以及海洋路线的开通结束了限制东方两千年发展的不利因素，工业革命使以前所有的问题都显得无足轻重。

这些变革正在加快步伐，每一次变革都使社会发展的程度更深、速度更快。如果社会发展正如图 12-1 预测的那样，在 21 世纪的时候，确实上升 4 000 分，那么这次正在进行的革命将是有史以来规模最大、速度最快的一次。很多未来学家都认为，这次变革的核心在于将遗传学、机器人技术、纳米技术以及计算机科学的变革都结合起来，它所产生的影响将会推翻我们已知的大部分知识。

但是，虽然图 12-1 清楚地显示了东方的社会发展指数高于西方，但你可能已经注意到了我在这个部分引用的每一个例子——美国国防部高级研究计划局、IBM、《无敌金刚》——都是发生在美国人身上的。东方的科学家对新技术的研发做出了很大的贡献（例如，日本和韩国的机器人技术都很先进），但是目前为止，这些变革主要还是发生在西方。这意味着那些认为美国将会经历衰退而中国将会崛起的专家们是错误的：如果美国对新科技的主导像两个世纪前英国对工业技术的主导一样，那么基因／纳米／计算机革命将会比工业革命产生更加重大的影响，将更多的财富和力量转移到西方。

另一方面，财富潜在地从西方转移到东方意味着美国现在的统治只是20世纪末遗留下来的，意味着到21世纪20年代，这些巨大进步将会发生在东方的实验室里。中国正投入大量的资金吸引本国最好的科学家从美国回来，也许，在21世纪40年代，将是联想而不是 IBM 的主机引起世界的关注，因此图 12-1 或多或少都具有一定的真实性。

或许，这个奇点会使"东方"和"西方"这两个存在了1万年的概念变得毫无意义。它不是改变了地理，而是废除了地理。人类和机器的结合意味着出现了新的获取和使用能源的方式、新的共处方式、新的作战方式以及新的沟通方式。这意味着新的工作方式、思考方式、关爱方式以及微笑方式，也意味着新的出生方式、衰老方式以及死亡方式，这甚至还意味着所有这些事情的终止以及我们大脑所不能想象的新世界的诞生。

所有的这些事情都有可能成为现实。

当然，除非有什么事阻止了它们的发生。

最糟糕的情形：
什么可以让世界毁灭

2006 年年末，我和妻子受邀参加斯坦福大学的一个会议，主题是"危机中的世界"。这次会议明星荟萃，其中一些还是世界上一流的决策者。这天明媚阳光暖洋洋地洒在我们身上。股票市场、房价、工作以及消费者信心指数始终都是我们谈论的焦点。当时还是美国的早晨。

在吃早饭时，我们从国防部前秘书长那里得知了我们所面临的各种威胁，包括核威胁、生物威胁以及恐怖分子的威胁。吃午餐时，我们了解到了现在环境恶化的惊人程度以及国际安全面临的巨大风险，同时，我们还知道了全球性的瘟疫几乎不可避免。所有的事情都在恶化。我们听到越来越多令人沮丧的消息，听着专家们报告一个个正在逼近的灾难。会议举办得非常成功，但是，晚餐结束后，当主讲人宣布我们在对抗恐怖主义的战争中失败的时候，听众几乎没有任何反应。

那天听到那么多令人绝望的消息后，我开始思考（说得委婉些）。在公元 1 世纪以及公元 1000 年后，社会发展达到了一个极限，并且社会发展本身产生了使东方社会崩溃的破坏力。我们现在是否在讨论一个新的极限，大约在 1 000 分左右？在我写下这些文字的时候，天启骑士们是否正在比我们更快地接近奇点？

那五个熟悉的因素——气候变化、饥荒、国家崩溃、迁移以及疾病——似乎全都回来了。首先，全球变暖或许最能够说明社会发展的悖论，从 1800 年起推动社会向前发展的化石燃料向空气中排放了大量的二氧化碳，从而令大气层吸收了大量的热量。我们的塑料玩具和冰箱将整个世界变成了一个温室。自 1850 年来，平均气温已经上升了 1 华氏度，其中最近 30 年上升得最为明显，温度计里的水银不断上升。

过去，较高的温度往往意味着农业收成更好，社会发展更快（如罗马时期和中世纪暖期），但是，这一次的情况却不相同。联合国政府间气候变化专门委员会在 2007 年表示"极端气候的变化频率和强度，以及海平面的变化，大多都对自然界以及人类产生了负面的影响……全球变暖会产生突然且不可逆转的影响"。这些说法已经比较委婉了，这份报告中的注释说明更令人惊慌。

冰盖中的气泡表明，在过去的 65 万年里，二氧化碳的浓度一直在提高，从冰河时期的 180ppm（百万分比浓度）上升到温暖的间冰期时期的 290ppm。到了 1958 年，二氧化碳的浓度突破了 300ppm。到了 2009 年夏天，这个数字达到了 387ppm。政府间气候变化专门委员会预计，如果目前的趋势没有得到遏制的话，到 2050 年，这个数字将会达到 550ppm——比过去的 2 400 万年中的任何时刻都要高——平均温度将会上升 5 华氏度。如果能量摄取正如图 12-1 显示的那样保持持续增长的话，整个世界就会变得更热，而且变热的速度会更快。

即使我们停止排放温室气体，空气中已经包含大量的二氧化碳，所以气温还将继续上升。我们已经使大气层的化学成分发生了改变。无论我们现在采取什么措施，北极都将融化。根据一些保守估计，例如联合国政府间气候变化专门委员会的估计，到 2100 年，冰盖将全部融化；最激进的学者认为，到 2013 年，两极在夏天时冰盖将全部融化。大多数科学家认为这将发生在 2040 年左右。

随着两极的融化，海平面将上升。现在的海平面已经比 1900 年时足足高了 5 英寸。政府间气候变化专门委员会预计，到 2100 年，海平面将继续上升两英尺。关于两极融化最为恐怖的预测是，届时海平面将上升 50 英尺，淹没地球上数百万平方英里最好的农田以及最富裕的城市。地球在以超乎我们想象的速度迅速缩小。

但是，即使冰块融化成冰冷的水，由于海洋从大气层中吸收热量，它们的温度仍然会变得越来越高，并且由于现在海洋冬天的温度没有以前那么低，飓风持续的时间将会更长，也将更加猛烈；潮湿的地方会变得更加潮湿，也会发生更加猛烈的风暴和洪灾；干燥的地方会变得更加干燥，也会发生更多的森林火灾和沙尘暴。

全球变暖对我们中的很多人产生了影响，给我们敲响了警钟。我个人在 2008 年的时候就受到了全球变暖的影响。早在加利福尼亚州火灾季节前，我们的房子就已经被充满灰尘的空气包围了。天空变成了橘红色，消防直升机的旋翼淹没了我们的声音。我们在下雨之前在房子周围挖了一条防火道，真是千钧一发。或许，我应该说，雨终于下了：现在美国西部的火灾季节持续的时间比 20 世纪 70 年代持续的时间要长 78 天，是 30 年前的 5 倍。消防队员认为，以后还会更糟。

所有这些都属于记者托马斯·弗里德曼（Thomas Friedman）

所说的"我们所知道的可怕事物"。不过，他认为，"更可怕的，是我们所不知道的事"。弗里德曼解释道，这是因为，我们所面临的并不是全球变暖，而是"全球气候变化"。气候变化是非线性的：一切事物都与其他事物紧密相关，以异常复杂的方式进行反馈。当地球环境发生突然且不可逆的变化时，就会出现临界点，但是我们不知道这些临界点在哪里，或者说当我们达到这些临界点时，会发生什么。

最恐怖的事情是，我们不知道人类该如何应对。就像过去发生的所有气候变化一样，这次的气候变化也不会直接导致地球崩溃。2006年，英国的《斯特恩报告》估计，如果我们在2100年前，继续像现在这样破坏环境的话，气候变化将会使全球经济产量在现在的基础上下降20%——这个前景令人沮丧，但是我们知道这并不代表着世界末日。并且即使最可怕的预测真的实现了，即温度上升了10华氏度，人类也能够应对。我们真正应该担忧的不是天气本身，而是2100年前人类对气候变化的反应将会造成更多的灾难。

最明显的灾难就是饥荒。绿色革命也许是20世纪最伟大的成就，它使粮食产量增加的速度比人口增加的速度更快。在2000年前，事情看起来似乎是如果我们能够遏制独裁者和军阀的邪恶和愚蠢，我们就能消灭饥饿。但是10年后，这看起来不太可能。社会发展的悖论再一次发生了作用。随着人们财富的增加，农民们用越来越廉价的谷物饲养动物，这样我们能够吃到昂贵的肉食；越来越多的农田开始产出生物燃料，这样我们开车的时候就不用耗油了。结果是：在2006~2008年期间，主食的价格上升了1~2倍，非洲和亚洲饥饿的人群发生了暴动。2009年，史无前例的谷物大丰收（23亿吨）以及金融危机使得价格下降，但是到2050年，世界人口将会达到90亿，联合国粮食及农业组织预测，价格会波动得更加剧烈，食物也会变得更加紧缺。

21世纪，地理因素将继续对东西方产生不同的影响。全球变暖将提高农作物在寒冷地区的产量，如俄罗斯和加拿大等大国，但是将会对非洲及亚洲的国家产生相当大的负面影响，美国国家情报委员会将从非洲延伸到亚洲的一条线称为"不稳定的弧形带"。世界上大部分的贫困人口都生活在这条弧形带上，而且农作物产量下降会潜在地释放三大天启骑士。

美国国家情报委员会估计，在2008~2025年之间，面临食物或者水资源短缺的人口数量将由6亿上升到14亿，并且其中大部分生活在这条弧形带上。《斯特恩报告》总结道，到2050年，饥荒以及干旱将产生两亿"气候移民"——是2008年全球移民总和的5倍。

西方核心地区的大部分人已经将移民视为一个威胁，虽然3个世纪前草原通道的关闭使得移民在很大程度上成为社会发展的动力，而不是社会发展的威胁。2006年，盖洛普民意测验指出，美国人认为移民是美国的第二大严重问题（仅次于伊拉克战争）。对很多人来说，墨西哥人走私毒品、争抢工作岗位所带来的威胁超过了所有利益。对欧洲人来说，他们对恐怖分子的恐惧也同样巨大。在美国和欧洲，本土主义者认为新来的定居者难以同化。

全球变暖甚至可能使反对移民的激进主义者的恐惧在21世纪20年代成为现实。成千上百万的饥饿者、愤怒者以及绝望者都将逃离伊斯兰世界，前往欧洲以及美国。人口迁移的影响将使得历史上的一切事物都相形见绌，再次产生过去草原通道上的各种问题。

疾病，作为天启骑士之一，可能成为这些问题之一。在公元2世纪以及14世纪，移民者在穿过草原的同时也传播了瘟疫，20世纪最严重的流行病——1918年的H1N1流感——在美国和欧洲的士兵间传播。H1N1在一年内杀死的人——可能有5 000万——比黑死病一个世纪内杀死的人还要多，是过去30年艾滋病导致死亡人数的2~3倍。

空中旅行使得疾病更加难以控制。自1959年非洲出现艾滋病毒后，20世纪80年代四大洲爆发了艾滋病；2003年，非典病毒（SARS）在中国东部变异后，数周内就传播到了37个国家。基因学家在31天内对这个病毒的DNA进行排序（给艾滋病毒排序则花了15年），国际上的迅速反应将其扼杀在了摇篮中。但是，到2009年，当流行病学家辨别出所谓的猪流感时（被称为"新型H1N1"，从而与1918年的流感进行区分），猪流感已经传播得太广，难以控制了。

世界卫生组织预测，如果猪流感或者任何其他类似的流感像1957年的H2N2病毒那样——杀死了100万~200万人口——具有杀伤力的话，猪流感将杀死200万~740万人口；如果猪流感的致命性像1918年的流感那样，那么将会导致2亿人口死亡。当今世界比1918年时做了更好的准备，但是即使死亡人数只是当时的1/10，也会产生短期的经济衰退，这将使2007~2009年间的经济危机看起来微不足道。世界银行估计，一场流行病将会使世界经济产量减少5%。在世界卫生组织的官网上，《流感：你需要知道的10件事》（*Ten Things You Need to Know About Pandemic Influenza*）中列出的一些预测更令人恐惧：

·世界可能马上就会发生另一场流行病。

·所有的国家都会受到波及。

·药材供应将会短缺。

·将会发生大规模的死亡事件。

·经济和社会将会受到巨大破坏。

当四大天启骑士——气候变化、饥荒、迁移以及疾病相继发生时，它们就会互相作用，从而释放第五位天启骑士：国家的崩溃。世界上一些最不稳定的政权正好位于不稳定的弧形带上。并且，随着压力的增加，一些政权有可能像阿富汗或者索马里那样完全崩溃，增加人民的痛苦，为恐怖分子提供更多的避难所。如果这些核心地区继续不稳定的话，它们的经济就会完全受到弧形带资源的限制，那么我们就有可能陷入最糟糕的情形。

早在 1943 年，当美国军队进入波斯湾时，他们就了解了这个核心问题。报告指出："这个地区的石油是有史以来最了不起的奖品。"西方核心地区的发达国家不久就将它们的宏伟战略定位在了海湾石油上。20 世纪 50 年代，当西欧的力量衰退的时候，美国开始介入，秘密或者公开地帮助盟国，对抗敌国，保持自己能够自由进入弧形带的权利。苏联政权虽然没有那么依赖海湾石油，但是它也一样积极地进行干预，目的是不让美国从中获利。20 世纪 90 年代，当苏联解体的时候，中国对石油的依赖（自2000 年以来，中国对石油的需求占了全球石油需求的40%）使其不得不也加入这场大博弈中。

中国对资源（大豆、铁、铜、钴、木材、天然气以及石油）的渴望，意味着在 21 世纪初它与西方在不稳定的弧形带将会产生不断的冲突。中国的外交官强调中国是"和平崛起"（还有人低调地称之为"和平发展"），但是西方对此产生的焦虑在 20 世纪 90 年代起就逐步增加。根据 2005 年的一份民意调查，54% 的美国人认为中国的崛起是"对世界和平的一种威胁"；2007 年的一项民意调查显示，美国人认为中国是全球稳定的第二大威胁，仅次于伊朗。

1914 年，当欧洲的大国们还在努力应对巴尔干半岛上的奥斯曼帝国时，塞尔维亚的黑手党只需要一把手枪就能引发一战。2008 年，美国的一个委员会总结道："2013 年年底前，恐怖分子很有可能会将大规模杀伤性武器用于世界的某个角落。"大国们现在正努力应对不稳定弧形带上的复杂情况，我们无法想象拥有大规模杀伤性武器的基地组织将会做出怎样的举动。

这条弧形带上存在的问题比一个世纪前巴尔干半岛的问题还要可怕得多，因为这些问题随时有可能引发核战争。自 1970 年左右，以色列已经建立起大型军火库；1998 年，印度和巴基斯坦都对原子弹进行了试验；自 2005 年以来，欧盟和美国就一直谴责伊朗试图制造原子弹的做法。大多数国际观察员认为，在 21 世纪第二个 10 年的某个时刻，伊朗就能够制造核武器了。这将促使半数伊斯兰国家寻求核威慑力量。以色列预测伊朗在 2011 年的时候已能够用核武器武装自己，但是以色列不会让伊朗实现。以色列的战机已经摧毁了伊拉克和叙利亚的核反应堆，并且如果伊朗不停止制造原子弹的话，以色列也会对其发动进攻。

在不稳定弧形带上，美国在其最亲密的盟友和最厌恶的敌人之间，无法就核冲突问题保持中立。也许，俄罗斯和中国也不能保持中立。俄罗斯和中国都对伊朗制造核武器的野心予以谴责，但是它们却让伊朗参加上海合作组织——这个组织的目的是遏制美国在中亚的势力。

当然，如果东西方爆发全面战争的话，将是人类的浩劫。对中国来说，这可能会导致自我毁灭：美国的核弹头数量是中国的20倍，美国能到达中国的核弹头数量也许是中国能到达美国的核弹头数量的100倍。中国在2010年1月进行了反弹道导弹试验，但是它的水平还是远远落后于美国。美国有11艘航空母舰，而中国一艘也没有[1]，并且美国的军事科技力量远远领先于中国。

即便如此，就算美国赢得战争，它所面临的情况也将和战败一样糟糕。即使是一个小规模的冲突，也有可能导致可怕的代价。如果中美共同体突然分裂，这对双方来说都意味着金融灾难。核战争的结果更加可怕，它将把美国西海岸以及中国的大部分地区变成一片放射性废墟，杀死上千万人口，使全球经济陷入混乱。最糟糕的是，中美战争很容易就会把俄罗斯牵扯其中，而俄罗斯现在仍然拥有世界上最大的军火库。

不管我们站在什么角度，发动全面战争都是疯狂的举动。幸运的是，一大批专业文献向我们说明了在全球化的今天，发动全面战争是不可能的。一位专家说道："没有什么自然力量能够忽视贷款的力量。"另一位专家认为："国际资金流动是全球和平的最大保证。"还有一位专家则认为战争"需要投入大量的金钱，严重阻碍了贸易，所以战争之后，将是贷款和产业的全面崩溃"，这意味着"全面的损耗和贫困，工业和贸易将被摧毁，资本的力量也受到重创"。

---

1. 中国已在2011年拥有自己的第一艘航空母舰。——编者注

这令人欣慰——除了这些专家没有谈及 21 世纪初中美可能会发生冲突。1910~1914 年间，所有的专家都认为现代国家在贸易和金融上联系紧密，因此欧洲完全不可能发生大国之间的战争。但是还是发生了第一次世界大战。

也许各国的政治家们能将我们从一个个悬崖边上拉回，也许我们能在 30 年或者 50 年内避免核战争，但是我们要认真想想，我们是否能够保证恐怖分子以及图谋不轨的国家永远都得不到核武器？或者我们能否遏制每一个统治者发动核战争的念头？即使我们把核武器增长速度限制在现有的速度上，到 2060 年，也将会有接近 20 个核大国，其中一些还处在不稳定弧形带上。

每一年我们都要避免天启骑士不断带来的威胁。资源压力将会增加，新的疾病将会进化，核武器将会激增，并且——最为严重的是——世界气候变化难以预测。那些认为我们可以永远成功应对各种危机的想法未免过于乐观了。

我们似乎在接近一个新的极限。在公元 1 世纪，当罗马达到极限的时候，人们面临着两种可能的结果：一种情况是他们找到解决的办法，在这种情况下，社会将会向前发展；另一种情况是他们找不到解决的方法，这时，天启骑士就会令社会崩溃。罗马的崩溃带来了 6 个世纪的衰退，使西方社会发展下降了超过 1/3。11 世纪，中国的宋朝也达到同样的极限，它也没能找到解决办法，于是东方的社会发展程度在 1200~1400 年间下降了近 1/6。

在 21 世纪，我们达到了新的极限。我们面临着相同的选择，但是情况却更加严峻。当罗马和宋朝无法找到解决办法时，它们在崩溃前至少还有几个世纪的衰退，但是我们就没那么幸运了。我们的未来充满了各种可能性，但是最大的可能性是我们将走向毁灭。

对于西方统治来说，奇点的意义饱受争议，不过毁灭带来的后果则更加明确。1949年，爱因斯坦告诉一名记者："我不清楚第三次世界大战将使用何种武器，但是我知道在第四次世界大战中他们的武器——就是石头。"在末日之后，没有人能够进行统治。

接下来的40年非常重要：
世界末日真的会来临？

通过与圣诞过去之灵对话，我们得到了令人惊恐的结论：21世纪将有一场激烈的赛跑。在一条跑道上，是奇点；在另一条跑道上，则是末日。二者必将决出胜负。我们要么马上（也许在2050年前）就会开始一场比工业革命影响还要深远的变革——这场变革使我们现在面临的一切问题都无足轻重，要么就会蹒跚地走向前所未有的崩溃。我们难以知道妥协是否会起作用，即每一个人都变得更富有，中国渐渐地超过西方，事情就像过去那样发展着。

这意味着接下来的40年是非常重要的。

我们应该采取以下行动来阻止末日的到来。首先，我们要避免全面的核战争。要避免全面的核战争，就需要大国削减它们的核军火库。矛盾的是，追求全面裁军可能更加危险，因为核武器已经被制造出来了。大国们随时可能迅速地制造核弹，并且那些真正的破坏者——恐怖分子以及图谋不轨的国家统治者——会忽视所有的协议。在未来的30~40年间，核武器激增将会增加爆发核战争的风险，最稳定的局势是，大国们有足够的核武器阻止进攻却没有足够的武器毁灭所有人。

原先的核大国——美国、俄罗斯、英国、法国和中国——自20世纪80年代以来正朝着这个方向发展。在"二战"期间，集数学家、和平主义者以及气象学家（他后来意识到天气研究对空军的重要性后，就不再研究气象了）身份为一身的刘易斯·弗赖伊·理查森（Lewis Fry Richardson）得出一个著名的结论，即2000年前，爆发核战争的可能性有15%~20%。不过，在2008年，能源科学家瓦茨拉夫·斯米尔（Vaclav Smil）作出了乐观的预测，他认为2050年前，发生像第二次世界大战那样规模的战争的可能性远低于1%。2010年1月，《原子科学家通报》（*Bulletin of the Atomic Scientists*）刊载的一篇名为《末日的时钟》（*Doomsday Clock*）的文章提到，我们已经非常接近末日了。

其次，我们要减缓世界气候变化的速度。在这点上，事情进展得没有那么顺利。1997年，世界各国领导者齐聚东京，试图找出解决办法，他们达成协议，到2012年的时候，本国温室气体的排放要比他们在1990年的排放量降低5.2%。但是，这个减排责任主要落在了西方发达国家身上，并且美国——20世纪90年代世界最大的环境污染国——拒绝签署《京都议定书》。在很多评论家看来（正如一位印度官员所说的那样），这就像是"身材肥胖的人要求那些体型瘦弱的人节食"。但是，美国的决策者提出，只有印度和中国（中国在2006年的时候取代了美国成为世界最大的二氧化碳排放国）也减排，温室气体的排放才能得到控制。

2008年之前，美国和中国都在努力减少二氧化碳的排放，但是它们还缺少达成广泛协议所需的政治意愿。《斯特恩报告》的作者们预测，在 2050 年前，将二氧化碳浓度控制在 450ppm 以内从而避免灾难所需要的科学技术、森林保护等需要花费一万亿美元。但将这个代价与什么措施都不采取所导致的后果相比，也就显得微不足道了。然而，2007~2009 年的经济危机后，很多国家的金融体系受到重创，因此，它们对昂贵的减排方案的支持也就大打折扣。2009 年 12 月的哥本哈根气候变化峰会并没有取得实质性的进展。

尽管核战争和全球气候变化之间有着明显的差异，但是实际上，它们都会带来相同的问题。五千年以来，国家和帝国是地球上最有效的机构，但是随着社会发展改变了地理的意义，这些机构已经变得不那么有效了。托马斯·弗里德曼简洁地对此做出总结："全球化的第一个时期（大约 1870~1914 年）将一个'大'世界变成了一个'中等'世界，但是这次的全球化（自 1989 年以来）则将一个'中等'世界变成了一个'小'世界。"6 年之后，世界变化的程度之深使得弗里德曼又总结了一个全新的阶段。这次，他认为："全球化的第三阶段，正将'小'世界变成一个'迷你'世界，同时还使得地球变平。"

在这个迷你、扁平的世界里，我们没有藏身之处。核武器和气候变化（更不用提恐怖主义、疾病、迁移、金融、食物和水资源等）是全球性的问题，需要各国共同努力解决。国家和帝国只在本国内拥有主权，并不能独自有效地解决这些问题。

1945 年，当美国在日本的广岛和长崎投下两颗原子弹后，爱因斯坦不到一个月内就在《纽约时报》上提出了最显而易见的解决方法："要拯救文明和人类，需要创立世界政府。"爱因斯坦被人们讥笑为一个涉足自己完全不懂的领域的幼稚科学家。爱因斯坦直言不讳地说明了自己的观点："如果无法成立一个世界政府，那么我们的未来只有一条出路，那就是人类对自己的完全毁灭。"

回首过去的 15 000 年，爱因斯坦似乎对历史的发展方向做出了正确的判断。从石器时代的村庄到乌鲁克和商朝这样的早期国家，再到亚述和秦国这样的早期帝国以及诸如英国这样的海洋帝国，有着明显的趋势表明政治单位越来越大。据此产生的逻辑结果是在 21 世纪早期，美国将作为全球帝国崛起——或者，随着经济平衡越来越倾向于东方，21 世纪中期或者末期，中国将作为全球帝国崛起。

不过，这个逻辑结果存在一个问题，那就是这些越来越大的政治单位几乎毫无例外都是通过战争建立的，也只有爱因斯坦所说的世界政府才能够加以阻止。如果阻止核战争的唯一方式是建立一个世界政府，如果建立世界政府的唯一途径是通过中美核战争，那么我们的前景将十分暗淡。

不过，这两个前提事实上并不是完全正确的。自 1945 年以来，非政府组织开始承担起越来越多的职能。这些组织包括慈善团体和跨国私人企业，它们处于国家或者联盟（如欧盟、联合国以及世界贸易组织）的保护伞下。毫无疑问，国家依然是安全（联合国在停止战争方面，和国际联盟一样无所作为）和金融（2008~2009 年，政府提供资金拯救资本主义）的保障者，并且不会马上消失。但是接下来的 40 年里，阻止末日来临的最有效的方式可能就是让国家和非政府组织进行更为紧密的合作，让政府用某些方面的国家主权换取它们所不能单独实现的解决方法。

这将是一个难以处理的局面。就像过去的很多情况一样，新的挑战需要新的思想。但是，即使我们在接下来的50年里能够建立可以解决全球性问题的机构，要使奇点赢得这场比赛，这也只是一个必要非充分条件。

我们可以将我们的情形与公元1世纪、11世纪以及17世纪的情形相比较，当时的社会发展指数达到了43分这个极限。我在第十一章中提到，罗马或者宋朝能够突破这个极限的唯一方法就是像17世纪的欧洲和中国的做法那样，通过关闭草原通道以及打通海上通道改变地理格局。只有那样，它们才能重新获得安全，才能提出需要用科学方法解决的各种问题，并且建立有利于工业革命出现的种种前提条件。当然，无论是罗马还是宋朝，它们都没能做到这一点。在几代人的时间里，迁移、疾病、饥荒、国家崩溃以及气候变化共同导致了欧亚大陆的崩溃。

17世纪，欧洲和中国确实改变了地理格局，它们提高了上限，虽然我们在第九章中看到，它们并没有打破这个上限。到了1750年，社会再一次面临越来越多的问题，但是那个时候，英国的企业家已经利用改变的地理格局开始了能源储存的革命。

在21世纪，我们需要遵循相同的方法。首先，我们必须改变政治地理，为能够减缓战争以及全球气候变化步伐的全球机构腾出空间；其次，我们必须好好利用争取到的时间发动一场能源方面的新革命，降低我们对化石燃料的依赖。如果我们像20世纪那样继续使用石油和煤炭，那么我们可能在碳氢化合物耗尽之前就已经灭亡了。

一些环境保护主义者则提供了新的建议，希望人类能够回归更为简单的生活方式，从而大量减少能源的使用以及阻止全球气候变化，但是这很难实现。2050年前，世界人口很可能将继续增加30亿，其中的上千万人口很可能会由于极度贫困而起来反抗，使用比以前更多的能源。戴维·道格拉斯（David Douglas）是美国互联网技术服务公司Sun的首席可持续发展官，他指出，如果每个人拥有一个功率为60瓦的白炽灯，每天使用4小时，那么整个世界需要近60个500兆瓦的发电站。国际能源机构预测石油的需求量到2030年时将从2007年的每天8 600万桶增加到1.16亿桶。他们预测，即使到那时，仍然会有14亿人口要面临电力缺乏的情况。

世界贫富差距的加大使得未来50年里能源需求不可能降低。如果我们使用更少的能源运输食物，那么上千万的贫民就会挨饿，这将使我们更快地面临末日。但是如果人们没有挨饿的话，他们就会需要越来越多的能源。单单在中国，马路上每天就新增1.4万辆汽车；2000~2030年之间，约有4亿人口（比美国的人口总数还要多）将从低耗能的农村迁往高耗能的城市；越洋度假、乘坐飞机以及住宿旅馆的旅游者数量将由2006年的3 400万上升到2020年的1.15亿。

除非灾难迫使我们减少能源需求，否则的话，我们不可能这么做——这意味着，要避免资源耗竭和地球污染，唯一的方法就是开发新的可持续的洁净能源。

原子能将是重要的组成部分。自20世纪70年代以来，人们对放射性物质的恐惧使得核计划一度搁浅，但是随着新的时代产生新的观念，人们的恐惧也许会消失。或者太阳能会变得更加重要，地球接收到的太阳能只有二十亿分之一，其中还有1/3被反射回去。即便如此，地球每小时还是会接收大量的太阳能，可以满足人们的需求——前提是我们能够有效利用。或者，纳米技术以及基因学能够开发出全新的能源。当然，这些大部分听上去就像是科幻小说，并且要开启一个利用洁净能源的新时代，我们需要大大提高科学技术。但是如果我们不能提高科技水平的话，我们马上就会面临末日。

要使奇点赢得这场比赛，我们需要控制战争的爆发、应对全球气候变化以及进行能源革命。我们要确保每一件事的发展方向都是正确的。只要其中一件事出现错误，世界末日就会赢得这场比赛。情形很不乐观。

未来该怎样：
如何看待我们当前面临的威胁

一些科学家认为，他们已经知道谁将赢得这场比赛，因为答案写在了恒星上。1950 年的某一天（没有人知道确切时间），物理学家恩利克·费米（Enrico Fermi）和他的三位同事在新墨西哥的洛斯阿拉莫斯国家实验室一起吃午餐。他们谈论着《纽约客》（New Yorker）上的一幅漫画，漫画上画着一个飞碟。于是他们谈到了外星人。突然费米问道："这些外星人在哪里？"和费米共进午餐的同事过了好一会儿才意识到，费米仍然在思考着外星人。费米一边吃午饭，脑海中一边闪过一些数字。他突然想到，虽然银河系中 2 500 亿颗恒星中只有很少的一部分适合居住，但是外太空仍然充满大量的外星人。我们的地球还很年轻，还不到 50 亿年，所以其中一些外星人比人类的历史更加久远，也更加先进。即使他们的太空船速度不比我们快，他们也需要花上 5 000 万年的时间来开发整个银河系。所以，他们在哪里？为什么他们没有和我们取得联系？

1967 年，天文学家约瑟夫·什克洛夫斯基（Iosif Shklovskii）和卡尔·萨根（Carl Sagan）对费米的问题做出了回答。他们计算出，如果每 25 万颗恒星中有一颗恒星被一颗适合居住的行星环绕着，那么在整个银河系中，就有 100 万个潜在的外来文明。约瑟夫·什克洛夫斯基和卡尔·萨根认为，目前为止，我们并没有得到来自他们的任何信息，这一定意味着先进的文化总是会自我摧毁。他们甚至认为，这些外星人在一个世纪内不断地制造核武器，然后自我毁灭，不然的话，宇宙中一定有来自他们的各种讯息，而我们也能得到这些讯息。所有的这些证据表明在 2045 年，我们将走向毁灭。这正是广岛和长崎被投下原子弹的 100 年后（令人不安的是，2045 年正好也是库兹韦尔指出发生奇点的年份）。

这是个非常聪明的观点，但是，要计算出这些数字，还是有很多的方式。100 万个文明都将走向末日只是一种猜想，并且德雷克方程（由法兰克·德雷克于 1961 年提出，可以计算出宇宙中有几个星球有生命存在）的大部分解答事实上得出的是更低的数字。根据德雷克自己的运算，我们的银河系在它的整个历史中只产生了 10 个先进的文明，其中外星人以我们不知道的方式存在着。

总之，费米的观点并没有太大意义，因为这场比赛的最终结果不仅依赖于恒星，还依赖于我们的过去。即使历史不能给我们准确的预测工具（像阿西莫夫在《基地三部曲》中想象的那样），但是它却给我们提供了相当可靠的暗示。我想，这些暗示正是我们未来唯一的真正基础。

从短期看来，过去建立的各种模型表明了财富和力量从西方转移到东方是不可阻挡的。19世纪，原先的东方核心地区变成了西方的边缘地区，使得东方获得了后发优势。而且，中国现在大量的廉价劳动力与全球的资本主义经济结合依然还在进行。过不了多久——也许是2030年之前，但几乎可以肯定是在2040年前——中国的国内生产总值将会超过美国。21世纪的某个时刻，中国会用尽自己的后发优势，但是到那个时候，世界的经济中心仍然还在东方，并将延伸到亚洲的南部和东南部。21世纪，财富和力量将不可避免地从西方转向东方，正如19世纪，财富和力量从东方转向西方那样。

　　毫无疑问，财富和力量从西方转向东方的速度比以往任何时候都要快，但是目前为止原先的西方核心在人均能量获取、科技以及军事实力方面还具有极大的优势，并且很有可能在21世纪上半叶继续以某种方式保持它的统治。只要美国还足够强大地作为世界警察，那么世界大战爆发的可能性就和英国作为世界警察时期的概率一样小。但是在2025~2050年之间的某个时刻，美国的全球领先地位将削弱，正如1870年后的英国，新的世界大战爆发的可能性也将增加。

　　科学技术水平的提高也将增加不稳定因素，因为科技使得我们更容易制造出高端武器。史蒂文·梅斯（Steven Metz）是美国陆军军事学院的一名教授，他认为："我们将看到，如果美国之外的国家没有相同的技术，那么他们就会发展与之类似的科技，尤其是因为现在的技术都是现成的。现在，一些破坏分子完全不需要去发展技术，他们只需要买下技术就行了。"2001年，兰德公司的一份报告指出："美国必须考虑到可能的军事冲突，因为到 2020 年后，中国可能在技术上和军事上更为先进。"

美国也许将率先研制出反弹道导弹防御系统、机器人、纳米武器、能够控制敌人计算机和机器人的计算机技术以及将太空军事化的卫星。可能的风险之一是美国会在 2040 年之前部署它那些尖端武器，美国的领导者也有可能为了改变他们长期的战略下滑而去开发具有巨大优势的科技。不过，我觉得这不大可能发生。即使是在 20 世纪 50 年代初的紧张局势下，美国也没有在苏联建立起核武库之前去攻打它。真正的风险是，那些害怕美国的军事实力在未来几年来会产生突破的国家可能会选择首先出击而不是坐以待毙。德国在 1914 年发动世界大战，很大一部分原因是出于这种想法。

21 世纪要维持和平的话，需要很强的政治手腕。在这本书中，我已经讨论过，伟大的人物或者愚笨之人从来没有决定历史的发展方向。我认为，这些人所能做的，最多只是加快或者延缓历史的进程。即使是最糟糕的决定，例如公元 530~630 年之间拜占庭查士丁尼国王与波斯库斯鲁国王开战的决定，也只是加快了崩溃的速度。假如查士丁尼和库斯鲁没有发动战争的话，西方的社会发展也许能恢复得更快，不过就算他们发动了战争，社会发展最终也会恢复。

但是，自从 1945 年以来，领导者却真的有能力改变历史。赫鲁晓夫和肯尼迪在 1962 年的时候就差点改变了历史。核武器的产生容不得我们犯一点错误，也没有机会重来。过去我们犯错的结果是导致社会衰退或者崩溃，而现在，这些错误将直接导致我们的灭亡。领导者有史以来第一次起着决定作用。我们只能希望，我们的时代像之前的大部分时代那样，可以获得它所需要的思想。

在第十一章我提到，西方得以统治世界只是一种可能性，而不是一种确定性，对 21 世纪的大竞赛而言，更是如此。现在，我们的胜算看起来并不大，但是我认为，如果我们的时代能够得到它所需要的思想，那么奇点将很有可能取得胜利。

如果在接下来的 50 年里，无污染的可再生能源能够替代碳氢化合物，那么它们就会减少（很显然不是消除）大国在不稳定弧形带里相互争夺资源、争斗不休的风险。它们也将减缓全球气候变化，减少弧形带里的压力，并且可能比工业革命更大幅度地提高粮食产量。如果机器人技术像很多科学家预测的那样有很大的进展，那么智能机器就有可能使发达的欧洲国家和日本避免人口灾难，为它们国家的老年人提供廉价的照顾服务。如果纳米技术也能达到人们所宣传的程度，我们甚至在 21 世纪 40 年代前就可以净化空气和海洋了。

但是最后，我们只能依赖一个预测，那就是无论是世界末日还是奇点都不可能真正赢得这场比赛，因为这场比赛没有终点线。即使到了 2045 年（这个时间是库兹韦尔认为奇点到来的时间，是约瑟夫·什克洛夫斯基和卡尔·萨根认为世界末日最早来临的时间，是广岛和长崎被原子弹袭击后的一个世纪），我们也不能宣布历史结束了，宣布哪一方赢得了比赛。如果——我认为这有可能发生——在 21 世纪中期，世界毁灭的可能性还是很低，社会发展指数也超过了 2 000 分，新的奇点改变人类的意义远远超过结束这场比赛的意义。

我们不妨以长远的眼光看待今天我们所面临的威胁。这些令我们感到害怕的威胁似乎和过去那些不断推动变化的力量有很多相似之处。相对突然的多次环境变化会使得物种变异，改变它们的基因。180万年前，非洲东部森林的干旱完全有可能产生比能人更为先进的物种。现在的21世纪，某种类似的事情又一次发生了。

大规模的灭亡正在发生，每20分钟左右就有一种植物或者陆地动物消失。2004年的一份研究预测，可能出现的最好结果就是，2050年之前，世界上的1 000万种动植物中只有9%面临灭绝，不过大多数生物学家预测生物的多样性将减少1/3~1/2。一些生物学家甚至提到了第六次大灭绝，认为到2100年，世界上2/3的物种都会灭绝。人类可能就在这些灭绝的物种当中，但是21世纪的残酷情况不仅仅是将人类从地球上抹去那样简单，而有可能像180万年或者10万年之前那样，为具有新型大脑的生物体创造条件——这种情况下，这个大脑就融合了人脑和机器——从而替代人类。这时的天启骑士没有蹂躏我们，而是加快了我们步入奇点的步伐。

但是这个奇点也许和世界末日一样可怕。在库兹韦尔想象的世界里，随着人脑和机器智能在21世纪40年代的融合，奇点的发展也会达到高潮，并且我们当中有幸活到那个时候的人事实上就会长生不死。但是那些最有经验的人们——美国军队的技术专家们——认为事情并不会那样发展。例如，美国前上校托马斯·亚当斯（Thomas Adams）就认为战争已经超过了"人类空间"。因为武器变得"更快、更小、更多了，并且创造了人类难以控制的复杂环境"。他还认为，技术"正迅速地将我们带向我们不想去但又不能避免的地方"。人类和计算机的结合也许只是人工智能彻底代替人类的一个短暂的过渡阶段，正如人类代替了早期的猿人一样。

如果这就是 21 世纪末奇点要带我们去的地方，那么这将意味着人类的结束，同时结束的还有人类的懒惰、贪婪以及恐惧。在这种情况下，我所谓的莫里斯定理——变化是因为懒惰、贪婪和恐惧的人们（他们往往不知道自己在做什么）为了获得更简单、更有益和更安全的生活而产生的——最后也将被扭曲。

社会学也将走上同样的道路，虽然我们还不知道哪一种形式将统治机器人社会，但奇点肯定会彻底毁灭原先的地理格局。东西方之间原先存在的差异对机器人来说也毫无意义了。

当 2103 年的历史学家（如果到时还有历史学家的话）回望碳基智能到硅基智能的转变时，他们将惊讶地发现这是不可避免的——事实上，正如我之前提到的，这就像从狩猎采集者到农民的转化、从村庄到城市的转化、从农业到工业的转化一样不可避免。同样显而易见的是，自冰河时期末期以来，从原先的农业核心发展出来的地区传统注定要融合成一个单一的后人类世界文化。现在看来，21 世纪早期人们对西方的统治以及这种统治是否会继续的担忧有一点滑稽。

东西交汇：如果没有了东西之分

这听起来有些讽刺意味。在这本书的开头，我就做了一个假设，假设 1848 年中国皇帝将艾伯特带到北京作为人质，然后在接下来的十一章里我解释了为什么事情没有这样发生。对于本书的主要问题，我认为答案是地理因素：是地理而不是人类，将洛蒂带到了巴尔莫勒尔堡，而不是把艾伯特带到了北京。

在本章，我将进一步阐述这个观点，因为解释西方统治世界的原因也能在很大程度上解答未来将会发生什么。就像地理决定了西方得以统治世界那样，它也决定了东方会利用后发优势赶上西方，直到它的社会发展超过西方。但是这里，我们又遇到了另一个具有讽刺意味的情况。社会的不断发展总是改变着地理的意义，并且到了21世纪，当社会发展达到一定程度时，地理就会变得毫无意义。到时真正有意义的就是奇点和世界末日之间的竞争。为了防止世界末日的来临，我们需要把越来越多的问题变成全球性的问题，关于世界上的哪个国家具有最高的社会发展程度这个问题将变得越来越不重要。

这就是具有讽刺意味的情况：回答本书的第一个问题（为什么西方得以统治世界）在很大程度上也回答了第二个问题（未来将发生什么），但是回答了第二个问题将使得第一个问题失去重要性。我们预测未来会发生什么，会使事情变得明朗（或许事情一直都很明朗）——即真正有重要意义的历史不是关于西方，不是关于东方，也不是关于人类。真正重要的历史是关于进化和全球化，它告诉我们，我们是如何从单细胞生物走向奇点的。

在本书中，我提到了长期注定理论和短期偶然理论都不能很好地解释历史，但是现在，我要做出进一步的阐释。从长远来看，在进化历史的时标上，无论是长期注定理论还是短期偶然理论都无足轻重。15 000年前，在冰河时期结束前，东方和西方的区分并没有多大意义。从现在起的一个世纪后，东西方的区分再一次变得没有意义。在这个中间时代，东西方的重要性只是地理意义的副作用。这个时代只是一个过渡时代。到那个时候——我认为这个时间处于2045~2103年之间——地理的意义将不再那么重要。

东西方时期只是我们经历的一个阶段。

即使这个时期每一件事情的发生都以与现实不同的情形发生——如果郑和真的到达了特诺奇蒂特兰，如果出现的是新型的太平洋经济而不是大西洋经济，如果是中国而不是英国发生工业革命，如果是艾伯特到达北京而不是洛蒂到达巴尔莫勒尔堡——生物因素、社会因素以及地理因素的强大力量仍然会推动历史像现在这样发展。美洲（或者我们现在可以将其称为"郑和之地"）本将成为东方的一部分，而不是西方的核心地区；东方本可以统治世界，而不是像现在这样由西方统治世界，但是世界依旧会越变越小，变成现在的"迷你型"。无论中美联合体是否崩溃，21世纪早期的世界仍有可能继续被中美联合体共同统治，世界末日和奇点之间的竞赛仍将继续。东方和西方也将慢慢地失去它们的重要性。

这个结论并不令人惊讶。早在1889年，当时世界正从"大"世界变为"中等"世界，一个名叫拉迪亚德·吉卜林（Rudyard Kipling）的年轻诗人就已经能看清楚部分真相了。从前线回到伦敦不久，吉卜林将自己的所见所闻记录了下来，取名为《东西方民谣》（*The Ballad of East and West*）。故事中讲述了一个名为卡迈勒的边境袭击者的故事，他偷了一个英国上将的驴。上将的儿子跳上自己的马，穿过沙漠追逐卡迈勒（"月亮低垂，马蹄声招来了黄昏，他骑的马像一只受伤的公牛，而这头驴却像一只刚醒来的小鹿一样"）。不过，故事的最后，这个英国人没追上。卡迈勒进行了反击，他举起了来复枪。但是故事的结局皆大欢喜：这两个人"互相看着对方的眼睛，他们发现彼此都没有错误，大家都是上帝之子"。

诗的开头是这样的：啊，东方就是东方，西方就是西方，它们永不交汇。人们常用这个开头来说明 19 世纪西方那令人难以忍受的自满。当然，这并不是吉卜林真正想要表达的。事实上他写的是：

啊，东方就是东方，西方就是西方，它们永不交汇，

直到地球和天空都站在了上帝的审判席上；

没有东方和西方之分，也没有边界、种类和生命，

两个巨人面对面站在一起，

虽然他们来自地球的两端！

正如吉卜林看到的那样，人们（真正的人类）是完全一样的，是地理模糊了真相，要求我们走到世界的两端去了解事情。但是在 21 世纪，社会的急速发展和世界的缩小使得我们无须这么做。当我们超越了生物界限的时候，既没有东西方之分，也没有边界、种类和生命。如果我们能够长久地推迟世界末日的来临，那么东西方就可以交汇了。

我们可以做到吗？我想答案是肯定的。我们今天面临的挑战与 1 000 年前宋朝面对的挑战以及 2 000 年前罗马帝国所面临的挑战最大的区别在于我们现在知道了很多牵涉其中的因素。不像罗马和宋朝，我们的时代也许还没得到它所需要的思想。

贾雷德·戴蒙德在他的著作《崩溃》（Collapse）的最后一页提到，有两种力量能够解救地球于灾难之中：考古学家（他们发现早期社会的错误）和电视节目（传播考古学家的发现）。作为一个看过很多电视节目的考古学家，我非常赞同他的观点，不过我还想增加一个救世主，那就是历史。只有历史学家能够将社会

发展放在一起描述，只有历史学家能够解释人类之间的差别以及如何防止这些差别消灭我们。

我希望这本书在这一进程中能有所帮助。

附录
社会发展指数：帮助我们看清历史的基本轮廓

社会发展指数作为连接考古学家和历史学家研究发现的桥梁，是本书的重点。社会发展指数本身并不能解释为何西方能够统治世界，但是却能够告诉我们历史的基本轮廓。在本书中，我详细介绍了社会发展指数。如有读者对书中的方法和详尽的证据感兴趣，可登录相关网站查看或阅读《文明的度量》[1]。本附录仅对主要的术语和基本的结论做出简要总结。

社会发展指数的四大异议

关于社会发展指数，主要有四大异议。

第一，对社会发展进行量化，并且对不同时期和不同地点的社会发展做出比较，忽略了人类的意义。因此，我们不该利用社会发展指数。

第二，对不同的社会进行量化和比较是合理的，但是书中所定义的社会发展是不正确的。

第三，书中所定义的社会发展能够有效地将东西方进行对比，但是作者用来测量社会发展的四大因素（即能量获取、社会组织、

1.《文明的度量》，[美]伊恩·莫里斯，中信出版社。

战争能力和信息技术）并不适宜。

第四，这四大因素能够很好地测量社会发展，但是作者所列举的事实有误，因此测量并不准确。

我在第三章中已对第一个异议做出解释。对于很多历史学和人类学问题来说，对社会发展进行量化和比较并没有多大帮助，但是为什么由西方统治全球这个问题本质上就是一个比较和定量的问题。要对此做出回答，我们必须量化社会发展并做出比较。

在第三章中，我也对第二个异议做出过一些回答。或许有比社会发展更为有效的方式，但我还未想出。这个问题就留给其他的历史学家和人类学家吧。

至于第三个异议，我们可以有三种不同的理解方式：一是，我们可以在四大因素的基础上增加更多的因素；二是，我们应该使用不同的测量因素；三是，我们应当减少所使用的因素。在我撰写本书时，我确实还考虑了一些其他因素（例如，最大的政治单位面积、生活标准、交通速度或者最大遗址的面积），但是，所有的这些因素要么缺乏事实依据，要么缺乏相互独立性。在任何情况下，大多数因素在整个历史中都不断反复出现。对这些因素进行任何可信的组合都将得出极其相似的结果。

对于这个反复出现的规律而言，主要有两大特例。我们将一个特例称为"反常的游牧民"，即大草原社会通常在能量获取、社会组织和信息技术上得分较低，但是在战争能力方面的得分却很高。这种反常现象解释了为什么真正的游牧民族能够打败其他帝国，却不善于管理帝国[1]。虽然这值得我们仔细研究，但是它并不会直接影响本书中对东西方核心之间的比较。

关于第三个异议的另一个说法则是只需要考虑能量获取，而不考虑社会组织、战争能力和信息技术等因素，原因是这三者都只是利用能源的不同方式而已。图附-1显示如果只考虑能量指数，历史看起来将会如何。该图与图3-3有所区别，但是差异并不大。在只有能量指数的这个图中，在90%的历史时期，西方仍然领先于东方，在大约公元550~1750年之间，东方还是赶超了西方；在公元100~1100年之间，一个瓶颈依旧阻碍了社会发展（人均每天获取30 000千卡能量），后工业革命依然使得早期时期相形见绌，并且在2000年还是由西方统治世界。

如果我们只考虑能量，那么相比四个因素而言，确实更加简便，但是也存在着一个巨大的缺陷，这就是我接下来要提到的第二个特例：自工业革命以来，各大因素之间的关系变得非线性。由于新的科学技术的出现，在整个20世纪，城市的面积增加了3倍，战争能力增加了4倍，信息技术增加了7倍，而人均能量获取仅仅增长了1倍。假如我们仅仅分析能量的话，那么就未免过于简单了，而且也扭曲了历史。

第四个异议则提出了完全不同的问题，因为要判断我是否误解了事实或者使用了不恰当的方法，唯一的办法就是重新检验我用来计算东西方分值的所有信息来源。要在这个附录中对此进行检验显然不太可能，这只会使得这部作品更加冗长，所以我已将

---

1. 诸如帕提亚人、鲜卑和满族人这样的半游牧民族最终发展为帝国统治者，但是像匈奴这样的游牧民族却没能发展成帝国统治者。最例外的要数蒙古人，不过关于他们作为帝国统治者的记录却非常少。

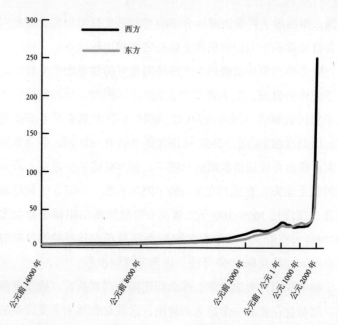

图附 –1　仅有能量指数：如果我们只从人均能量获取方面来看，东西方之间的对比是怎样的

相关信息放到网站上或《文明的度量》中。有时间和兴趣的读者可以查证。

接下来我将总结数据，阐述自己是如何计算出这些分值的，并对误差做出解释。

能量获取

我将首先阐述能量获取，因为这是四个因素中最重要的因素。如果我们回溯足够久远的历史，就会发现，社会组织、战争能力以及信息技术这三大因素的分值均为零，这是因为那时人类活动的规模非常小，因此它们产生的价值指数还不到0.01。相反，能量获取的分值却从未降到零，这是因为人类如果没有能量获取的话，就将面临死亡。为了生存，每人平均每天就要消耗约2 000千卡。现代西方人均每天获取的能量约为228 000千卡（=250分），因此在理论上，最低的分值应为2.19。在实际中，自冰河时期末期以来，能量获取的分值一直在4分以上，这是因为人类使用的大部分能源是不可食用的（例如衣服、房子、工艺品和石油等）。直到工业革命前，能量获取分值大约占了社会发展指数的75%~90%。在2000年，能量获取在东西方分值中依然分别占据20%和28%。

有关能量获取的依据既有来自现代统计，也有来自文学作品中关于农业、工业和生活方式的记载，还有来自考古学中关于饮食、工艺和生活品质的发现。如何将这些方面结合起来是一个巨大的挑战，但是，和其他作者一样，我也借鉴了先前研究者的成果。正如我在第三章中解释的那样，厄尔·库克在1971年关于能量流的研究中提供了一个简便的基点，能够用来检验其他的估计。所有的这些汇集起来就形成了西方核心地区的当代水平，即每人每天获取23万千卡。库克将此大致分成了四类：食物（提供给人类和动物）、家庭/商业，农业/工业和交通。

瓦茨拉夫·斯米尔有效地将非食物消耗分解为生物质和化石燃料，并将它们在西方核心地区的发展用图表表示出来。要将他的数据转换为能量获取分值，需要几个步骤，得出的数据是在1900年时人均每天获取93 000千卡；在1800年时，人均每天获取38 000千卡，正好将库克的估计（即工业化后的欧洲将在1860

年人均每天获取 77 000 千卡）包含其中（见表附 –1）。

表附 –1　能量获取（单位：1 000 千卡）

年代（年）	西方	东方
公元 2000	230	104
1900	92	49
1800	38	36
1700	32	33
1600	29	31
1500	27	30
1400	26	29
1200	26	30.5
1000	26	29.5
800	25	28
600	26	27
400	28	26
200	30	26
公元前 / 公元 1	31	27
公元前 200	27	24
前 400	24	22
前 600	22	20
前 800	21	18
前 1000	20	17
前 1200	21	17
前 1500	20.5	15

年代（年）	西方	东方
前 2000	17	11
前 2500	14	9.5
前 3000	12	8
前 3500	11	7.5
前 4000	10	7
前 5000	8	6.5
前 6000	7	6
前 8000	6	5
前 10000	5.5	4
前 12000	4.5	4
前 14000	4	4

假如我们回溯到 1800 年以前，回顾的年代越久远，越难以得到官方数据。但是经济越依赖生物燃料，我们就越可能用经济史学家和人类学家得出的对比信息代替官方文件。1700 年，西方核心地区人均每天获取 30 000~35 000 千卡。我们得到的关于西方社会的数据清楚地显示，我们回顾的历史越久远，数字下降得越多[1]。对比数据显示，西方人均每天获取的能量从未低于 30 000

1. 中世纪学者可能会惊讶于表附 –1 中，西方核心地区在 1000~1400 年之间，人均每日能量获取均保持在 26 000 千卡。众所周知，当时西方的欧洲社会正在迅速扩张，但此时的西方核心实际上代表了东部地中海伊斯兰的核心地区，当时这个核心地区停滞不前（详见第七章）。在这几个世纪中，西欧人均每天能量获取均低于 25 000 千卡，直到 15 世纪才赶上地中海地区。

千卡。虽然这有值得质疑的地方，不过我认为，即使是在公元 8 世纪，人均每日能量获取也从未降到 25 000 千卡以下。我将在后面给出解释，不过我认为这些猜测与实际的差距不超过 5%~10%。

罗马时期令人印象深刻的房屋和遗址、遇难船只的数量、生产货物的总量、冰芯的工业污染程度以及聚居地惊人的动物骨骼数量，所有的这些都表明公元 1 世纪西方的能量获取高于其在公元 8 世纪甚至 13 世纪时的水平，但是具体高多少呢？经济史学家给出了一个答案。罗伯特·艾伦（Robert Allen）认为，公元 300 年时，西方核心地区的实际工资可与 18 世纪欧洲南部人们的实际工资相比；沃尔特·沙伊德尔（Walter Scheidel）则认为，罗马时期人们的工资比中世纪欧洲的大部分人的工资都要高；杰夫·克朗（Geof Kron）、尼古拉·克普克（Nikola Koepke）和约尔格·巴滕（Joerg Baten）收集的数据显示，公元 1 世纪和 18 世纪的水平几乎没什么变化；克普克指出，古代房屋比 18 世纪欧洲最富裕地方的房屋都要结实。我估计公元 1 世纪人均每日获取能量 31 000 千卡，在公元 500 年前缓慢下降，之后加速发展，一直到公元 700 年。

公元前 1000 年，西方核心地区的能量获取不仅低于罗马时期的水平，甚至低于其在公元 8 世纪的水平。公元前 300 年后，能量获取剧增，这是因为地中海地区融合成了一个更大的经济政治单位，以及罗马暖期增加了产出，不过大量的考古数据表明，早在公元前 600 年，能量获取就已经加速发展。我认为，公元前 1000 年，能量获取可能为人均每天 20 000 千卡，与公元前 2000 年相比略有下降，但是高于公元前 3000 年的水平。

史前早期的分值更低。在新仙女木事件末期，采集者大约人均每日获取能量5 000千卡，但是随着气候变暖，人均每日获取能量剧增（相比之前的水平而言）。人们通过种植植物和驯养动物来获得食物，同时还利用动物进行劳作。到了公元前5000年，在侧翼丘陵区建立村庄的人们从衣服、燃料、农场动物、房屋、日常用品和遗址中获取的能量为人均每日12 000千卡，虽然他们的饮食相比4 000年前并没有多大改善。

计算东方的分值难度更大，部分原因是诸如库克和斯米尔这样的学者只关注世界上能量获取最多的地区，并没有将地区之间进行对比。不过，我们可以从联合国2006年的一份统计入手。联合国统计，在2000年，日本人均每日获取能量104 000千卡（还不到西方水平的一半）。在1900年，东方的大部分核心地区还是以农业为主，其中日本的石油利用和以煤为动力的产业才刚刚起步。日本的人均每日能量获取约为49 000千卡（依旧不到西方的一半）。在之前的5个世纪，煤炭利用和农业产出稳步增长。在1600年，长江三角洲的产量比西方任何地方的产量都要高，但是到了1750年，荷兰和英国的农业迎头赶上，并且东方的实际工资只能与南欧相比，而不能与富裕的北欧相提并论。我估计在1400年和1800年，东方核心地区的人均每日能量获取分别为29 000千卡和36 000千卡，这个数字在18世纪的时候迅速增长。

关于1200年后的危机给中国的能源使用造成了多么严重的影响，人们看法不一，不过很可能自宋朝鼎盛时期后，能源使用有所下降，当时的人均每日能量获取很有可能超过30 000千卡。

在西方，考古证据表明，在公元后第一个千年的中期，能量获取下降，但下降了多少，我们难以给出答案。我在第五章中提出，汉朝的能量获取比东方之前的任何一个朝代都要高，但是低于同时代的罗马或者之后的宋朝；我认为公元 1 世纪的人均每日能量获取为 27 000 千卡，之后略有下降，在公元 700 年时又恢复到了之前的水平。

相比西方而言，东方的能量获取在公元前第一个千年稳步增长，约在公元前 500 年后加速发展，并且由于运河的开通、贸易的发展以及金属工具的传播，能量获取在公元前 300 年后发展更为迅速。公元前 1000 年，人均每日能量获取约为 17 000 千卡；到了秦朝，这个数字很可能达到了 26 000 千卡。

在史前时期，东方的能量获取似乎和西方经历了同样的门槛，但是之后的发展却落后了西方一两千年。

社会组织

在工业化之前的历史中，社会组织在社会发展指数中始终是第二大重要因素。我在第三章对这个因素做了详细介绍，解释了我选择最大的城市面积作为社会组织代表的理由。引用的数据有很多歧义，专家也对各个时期的城市规模见解不一，因此定义也就相对灵活。我在网站上和《文明的度量》中对我的选择做出了解释。在表附 −2 中，我总结了我的一些主要计算。

表附 –2　东西方核心地区最大聚居地的人口数量（单位：千人）

年代（年）	西方	东方
公元 2000	16 700（纽约）	26 700（东京）
1900	6 600（伦敦）	1 750（东京）
1800	900（伦敦）	1 100（北京）
1700	600（伦敦、君士坦丁堡）	650（北京）
1600	400（君士坦丁堡）	700（北京）
1500	100（君士坦丁堡）	600（北京）
1400	125（开罗）	500（南京）
1200	250（巴格达、开罗、君士坦丁堡）	800（杭州）
1000	200（科尔多瓦）	1 000（开封）
800	175（大马士革）	1 000（长安）
600	125（君士坦丁堡）	250（大兴城）
400	500（罗马）	150（洛阳）
200	800（罗马）	120（洛阳）
公元前/公元 1	1 000（罗马）	500（长安）
公元前 200	300（亚历山大）	125（临淄）
前 500	150（巴比伦）	80（洛阳、临淄）
前 1000	25（苏萨）	35（齐）
前 1200	80（巴比伦、底比斯）	50（安阳）
前 1500	75（乌鲁克、底比斯）	35（郑州、偃师）
前 2000	60（孟菲斯）	15（二里头）
前 3000	45+（乌鲁克）	2（大地湾）
前 4000	5（乌鲁克、特尔布拉克）	<1（西坡、大地湾）
前 6500	3（恰塔勒胡由克）	
前 7500	1（贝达、巴斯塔、恰塔勒胡由克）	

战争能力

自有文字以来，人们就开始记载战争，并且自史前早期开始，人们就常常将武器作为陪葬品。因此我们能够了解到大量的甚至是现代以前的战事。在给战争能力打分时，最主要的挑战不在于经验，而在于概念，即我们如何对比性质完全不同的战争体系，而且这些战争体系与以前的体系也无法进行对比。最著名的是，1906年当英国制造出"无畏"号战舰时，就是基于这么一个想法：它有着令人惊讶的枪支弹药，无论多少数量的19世纪90年代的船只加起来都比不上一艘1906年后的战舰。

不过，实际情况是，事情从来不会这么简单。在恰当的环境中，简易爆炸装置能够给高科技军队重重一击。理论上，我们可以将同一指数分值分配给完全不同的军事系统，虽然专家可能对这些分值看法不一。

在2000年，西方军事力量前所未有地达到了250分，显然比东方高了许多。东方的一些军队也很庞大，但是武器系统的重要性远超过单纯的数字。美国与中国的军事开销比例为10∶1；在航空母舰和核弹头数量方面，中美之间的比例分别为1∶11和1∶26；中国落后的体系与美国的M1主战坦克和精确武器之间的差距更大。因此，东西方的比例应在1∶10到1∶50之间。我选择了1∶20，即在2000年，西方达到250分的时候，东方仅有12.5分。

将2000年的分值与早期的分值相比，难度更大。但是如果我们观察军队规模、移动速度、后勤能力、攻击能力、装甲和防御工事等方面的变化，我们就能做出估计。据估计，大炮的火力从 1900~2000 年增加了 20 倍；考虑到 20 世纪其他的变化，我认为，1900~2000 年，西方战争能力增强了 50 倍，即 1900 年时，西方的分值为 5 分，而 2000 年时，其分值为 250 分。

1900 年时，西方的军事力量远远高于东方，虽然差距没有 2000 年时大。1902 年，英国海军的吨位几乎是日本海军的 6 倍，而且欧洲任何一个大国的军队规模都比日本大；我将 1900 年东西方的比例设为 1：5，即 1900 年，东方分数仅为 1 分（1900 年西方的得分为 5 分；2000 年，东方的得分为 12.5 分）。

显然，不是每个人都能接受这种主观性的计算。但是，这里的重点是，2000 年，西方的军事力量如此强大，显得其他分值（包括 1900 年西方的分值，甚至 2000 年东方的分值）都无足轻重。也正因为如此，这个估计中的错误也就显得不那么重要。我们可以把 1900 年之前的战争能力分值全都翻倍或者减去一半，却不会对总体社会发展指数造成多大的影响。

西方战争能力在 1800~1900 年的变化虽没有 1900~2000 年的变化那么大，但影响也非常深远。它将我们从航海时代带到了机关枪时代，同时也即将带来坦克与飞机。19 世纪，西方的战争能力很可能有了大幅度增强，我将 1800 年西方的战争能力设定为 0.5 分。当时的西方战争能力远远高于东方，因此此时的东方战争能力可能仅为 0.1 分。

1500~1800 年，欧洲经历了历史学家称之为"军事革命"的时期，使得其战争能力增强了 3 倍。而在 1700~1800 年（1700 年时，康熙开始征服大草原），东方的战争能力却倒退了。由于缺乏外部威胁，中国的统治者为了寻求和平红利，往往减少本国的军备，忽视科技进步。1800 年时，东方的作战水平并不比其 1500

年的水平高出多少，因此在 19 世纪 40 年代的时候，英国军队轻而易举地入侵中国。

14 世纪，火药的出现增强了东西方的战争能力，虽然其影响比不上 19~20 世纪的发明所带来的影响。1500 年左右，欧洲最好的军队比 5 个世纪前的军队强大了一倍左右。这些军队的强大依赖于军队规模、后勤能力以及火药技术。

我们难以计算出 1500 年左右的西方与国土辽阔、组织严密但还未使用火药的罗马帝国在战争能力方面的比例。据一项研究，2000 年左右，一架轰炸机的破坏能力是一个罗马军团的 50 万倍。我们不妨由此推断，公元前 / 公元 1 世纪时，西方的分值是 0.0005 分。但是显然，罗马军团的数量远多于美国轰炸机的数量，因此，我将现代西方与罗马的战争能力的比例估计为 2 000 ：1，因此公元前 / 公元 1 世纪的西方分值为 0.12 分。因此，在罗马帝国鼎盛时期，其军队是 15 世纪时欧洲陆军和海军的一大威胁，但对 "军事革命" 时期的军队来说，并非如此。这也意味着，在罗马帝国的鼎盛时期，其战争能力可与蒙古的战争能力相当，优于中国唐朝的战争能力。

在东方，到了公元前 200 年，铜器依然是主要的工具。汉朝（公元前 200~ 公元 200 年）的军事力量似乎没有罗马强大，虽然在第一次中西方交流后，中国的军事力量没有西方下降得多。公元 6 世纪，隋朝统一了中国。隋朝的军队比西方的任何军队都要强大。在公元 700 年左右，武则天在位期间，这个差距更大。

表附 -3　战争能力（单位：分）

年代（年）	西方	东方
公元 2000	250.00	12.50
1900	5.00	1.00
1800	0.50	0.10
1700	0.35	0.15
1600	0.18	0.12
1500	0.13	0.10
1400	0.11	0.11
1200	0.08	0.09
1000	0.06	0.08
800	0.04	0.07
600	0.04	0.09
400	0.09	0.07
200	0.11	0.07
公元前 / 公元 1	0.12	0.08
公元前 200	0.10	0.07
前 400	0.09	0.05
前 600	0.07	0.03
前 800	0.05	0.02
前 1000	0.03	0.03
前 1200	0.04	0.02
前 1500	0.02	0.01
前 2000	0.01	0
前 2500	0.01	0
前 3000	0.01	0

公元前东方的军事实力比罗马帝国时期和汉朝都要弱得多。我认为在公元前 1900 年左右，东方没有哪支军队能够达到 0.01 分；在公元前 3000 年左右，西方的埃及和美索不达米亚军队很可能达到了 0.01 分。

信息技术

考古发现和文字记录展示了各个时期出现的各种信息技术，而我们也很容易估计这些媒介能够以怎样的速度传输多少信息，以及传输多远的距离。真正的困难在于估计多少人能够使用各种不同的科技，在大部分的历史时期，这就意味着有多少人能够读和写，以及水平如何。

摩尔定律——自 1950 年以来，信息技术的成本效益每 18 个月就翻一番——似乎暗示着 2000 年的分值应该比 1900 年的分值高 10 亿倍。因此，有人认为 1900 年时，西方的分数为 0.00000025 分。但是，如果这样的话，就忽视了诸如书籍（现在受到了数码媒介的挑战）这样过时的信息储备形式的灵活性以及先进技术的变化。

在战争能力这一方面，现代信息技术与早期信息技术之间差距巨大，但是两者之间的正确比例应该不到十亿比一。1900 年之前的分值（甚至 1900 年之前的误差）应该更低。另一方面，关于多少人能够读、写和计算，以及水平如何，这方面的证据比战争方面的证据更模糊，因此我的猜想也就更加主观。

在表附 –4 中，我采用了多步骤方法来量化信息技术。首先，按照历史学家常用的方法，我将人们的水平分为高级、中级和初级。每一个级别的范围按照读写能力划分如下：初级——能够读和写一个名字；中级——能够读和写一个简单的句子；高级——能够读和写结构紧凑的文章。这与中国在 1950 年的扫盲运动中的定义也颇为相似（有文化：能够认识 1 000 个汉字；半文盲：能够认识 500~1 000 个字；文盲：认识 300~500 个字）。

其次，利用现有的知识，我将不同时期的成年男性划分为 3 种类别。在高级水平中，每 1% 的男性就获得 0.5 分；在中级水平，这个数字为 0.25 分；在初级水平中，则为 0.15 分。之后，我将同样的分值标准用于女性。关于女性文化程度方面的证据比男性的少，在 20 世纪之前，能读书写字的女性显然比男性少（往往少很多）。尽管我对近代之前的数据基本靠猜测，但是我尝试对女性和男性使用信息技术的百分比做出估计。之后，我将基于信息技术的数量和水平对每一个时期计算出分数。

2000 年，东西方核心地区所有男性和女性文化水平均为高级[1]，因此东西方的信息技术的分值均为 100 分。1900 年，在西方核心地区，几乎所有的男性至少识一些字（50% 为高级水平，40% 为中级水平，7% 为初级水平），并且女性得到几乎与男性同样良好的教育，这使西方核心地区在信息技术方面获得了 63.8 分。在东方，大多数男性也有一定的知识，虽然他们的知识水平并不高（我估计有 15% 为高级水平，60% 为中级水平，10% 为初级水平），而且有文化的女性可能只有男性的 1/4。这样，东方核心在信息技术方面的分值只有 13.4 分。随着我不断重复这些计算，

1. 我需要再一次强调，我所划分的等级，即初级、中级和高级，其标准远比 21 世纪的标准低。任何能够填写现代工作申请表或纳税申报单的人都被认为是具有高级水平的人。

表附-4 信息技术分值

西方核心

年代（年）	类别（百分比）			男性得分	女性（%M）	文化得分	乘数	总得分
	高级（@0.5 pts）	中级（@0.25 pts）	初级（@0.15 pts）					
公元 2000	100（50）	0	20	50	100%=50	100.0	×2.5	250.0
1900	40（20）	50（12.5）	7（1.05）	33.6	90%=30.2	63.8	×0.05	3.19
1800	20（10）	25（6.25）	20（3）	19.3	50%=9.65	28.95	×0.01	0.29
1700	10（5）	15（3.75）	25（3.75）	12.5	10%=1.25	13.75	×0.01	0.14
1600	5（2.5）	10（2.5）	10（1.5）	6.5	2%=0.13	6.63	×0.01	0.07
1500	4（2）	8（2）	6（0.9）	4.9	2%=0.10	5.0	×0.01	0.05
1400	3（1.5）	6（1.5）	4（0.6）	3.6	1%=0.04	3.64	×0.01	0.04
1300	3（1.5）	6（1.5）	4（0.6）	3.6	1%=0.04	3.64	×0.01	0.04
1200	3（1.5）	6（1.5）	4（0.6）	3.6	1%=0.04	3.64	×0.01	0.04
1100	2（1）	4（1）	2（0.3）	2.3	1%=0.02	2.32	×0.01	0.02
1000	2（1）	4（1）	2（0.3）	2.3	1%=0.02	2.32	×0.01	0.02
600~900	2（1）	2（0.5）	1（0.15）	1.65	1%=0.02	1.67	×0.01	0.02
300~500	3（1.5）	4（1）	3（0.45）	2.95	1%=0.03	2.98	×0.01	0.03

西方将主宰多久

东方为什么会落后，西方为什么能崛起

674

（续表）

西方核心

年代（年）	类别（百分比）			男性得分	女性（%M）	文化得分	乘数	总得分
	高级（@0.5 pts）	中级（@0.25 pts）	初级（@0.15 pts）					
公元前 100～公元 200	4（2）	6（1.5）	5（0.75）	4.25	1%=0.04	4.29	×0.01	0.04
前 500~200	2（1）	3（0.75）	2（0.3）	2.05	1%=0.02	2.07	×0.01	0.02
前 900~600	1（1）	2（0.5）	1（0.15）	1.65	1%=0.02	1.67	×0.01	0.02
前 1100~1000	1（1）	1（0.25）	1（0.15）	1.4	1%=0.01	1.41	×0.01	0.01
前 2200~1200	1（1）	2（0.5）	1（0.15）	1.65	1%=0.02	1.67	×0.01	0.02
前 2700~2300	1（1）	1（0.25）	1（0.15）	1.4	1%=0.01	1.41	×0.01	0.01
前 3300~2800	0（1）	1（0.25）	2（0.3）	0.55	1%=0.01	0.56	×0.01	0.01
前 6000~3400	0	0	1（0.15）	0.15	1%=0	0.15	×0.01	0
前 9000~6100	0	0	0	0	0	0	×0.01	0
前 9300~9000	0	0	1（0.15）	0.15	1%=0	0.15	×0.01	0
公元 2000	100（50）	0	0	50.0	100%=50	100.0	×1.89	189.0
1900	15（7.5）	60（15）	10（1.5）	24.0	25%=6	30.0	×0.01	0.3
1800	5（2.5）	35（8.75）	10（1.5）	12.75	5%=0.64	13.39	×0.01	0.13

附录

社会发展指数：帮助我们看清历史的基本轮廓

西方核心

年代（年）	类别（百分比）			男性得分	女性（%M）	文化得分	乘数	总得分
	高级（@0.5 pts）	中级（@0.25 pts）	初级（@0.15 pts）					
1700	5（2.5）	20（5）	10（1.5）	9	2%=0.18	9.18	×0.01	0.09
1600	4（2）	15（3.75）	10（1.5）	7.25	2%=0.15	7.4	×0.01	0.07
1500	3（1.5）	10（2.5）	10（1.5）	5.5	2%=0.11	5.61	×0.01	0.06
1400	3（1.5）	10（2.5）	10（1.5）	5.5	2%=0.11	5.61	×0.01	0.06
1300	3（1.5）	5（1.25）	5（0.75）	3.5	1%=0.04	3.54	×0.01	0.04
1200	3（1.5）	5（1.25）	5（0.75）	3.5	1%=0.04	3.54	×0.01	0.04
1100	2（1）	2（0.5）	3（0.45）	1.95	1%=0.02	1.97	×0.01	0.02
公元前600~公元1000	2（1）	2（0.5）	2（0.3）	1.8	1%=0.02	1.82	×0.01	0.02
前1000~700	2（1）	1（0.25）	1（0.15）	1.4	1%=0.01	1.41	×0.01	0.01
前1300~1100	1（0.5）	1（0.25）	1（0.15）	0.9	1%=0.01	0.91	×0.01	0.01
前7000~1400	0	0	1（0.15）	0.15	1%=0	0.15	×0.01	0

我的猜想中的误差也就逐渐增加，虽然这些误差的影响并不大。

最后是根据通信科技的变化速度和覆盖范围计算出乘数。我将用来处理信息的高级工具分为三大类：电子类（到 2000 年，东西方均使用）、电气类（西方在 1900 年前就已经使用）和非电气类（在西方可能已经使用了 11 000 年，而在东方可能使用了9 000 年）。

与大多数的历史学家不同，我不准备对比印刷术发明前后的时代。印刷术最主要的贡献就是产生了越来越多也越来越廉价的资料，而不是像电报或者互联网那样改变了通信方式。这些量的变化也已被考虑在内。至于电子科技，我认为东西方的乘数应分别为 1.89 和 2.5，这反映了 2000 年东西方分别可利用的计算机和宽带数量。电气技术在 1900 年前就对西方有所影响，因此我用了 0.05 的乘数；非电气技术在其他时期均有使用，所以我在东西方都使用了 0.01 这个乘数。因此，在 2000 年，西方的社会发展指数最高值很可能达到了 250 分，而东方则达到了 189 分；在 1900 年，西方达到了 3.19 分，而东方达到了 0.3 分；在公元前 3300 年左右，西方的分值就达到了社会发展指数的最低要求，即 0.01 分，而东方则在公元前 1300 年左右达到这一数值。

存在的误差

在上一节，我反复提到估计和猜想这两个词，这是因为要建立社会发展指数就不得不提到它们。这产生的结果之一就是没有任何指数是"正确"的，无论我们如何正确定义这个词。因此，要问我在计算社会发展指数时所得出的分值是否有误，这是毫无意义的，因为肯定有错误。真正的问题是：这些错误是大还是小？这些错误是否严重到扭曲了基本的历史，使得第四章至第十章的图表完全误导读者，因此这一整本书也就有着致命的错误？或者这些错误实际上非常小？

理论上，我们很容易对这些问题做出解答。我们只要问以下两个问题：（1）如果我们要使过去看起来与本书中提到的完全不一样，我们需要对分值做出多大的改变？（2）这些变化是否可信？

要解决这些问题，唯一的办法就是通过我在前面提到过的网站中所列举的证据，检验我所做出的每一个计算。但是这里，我要简要说明一下，有可能会有系统性的错误影响了我对整个历史发展的看法。根据我的社会发展指数，在公元前 14000 年之后，西方得以领先。东方慢慢地追赶上来，并且在公元前的第一个千年里，西方在大部分的历史时间里领先的优势很小。公元前 100 年左右，西方进一步领先。但是在公元 541 年，东方领先西方，直到 1773 年。之后西方重新领先，如果在 21 世纪这种趋势继续的话，西方的领先优势将会持续到 2103 年。自冰河时期末期以来，在 92.5% 的时间里，西方的社会发展一直都领先于东方。

我曾在第三章指出，我的整体分值最多会有 10% 的浮动，但不会影响基本模式。图附 –2a 显示，如果我将西方社会发展指数整体降低 10%，将东方社会发展指数提高 10%，结果会是怎样；图附 –2b 显示如果我将东方社会发展指数降低 10%，而将西方社会发展指数提高 10%，结果又是如何。

首先要注意的一点是，这些分数都十分不可信。图附 –2a 中，西方的分值被提高了 10%，东方的分值则被降低了 10%，我们在图中看到，1400 年时，西方比东方更加先进，此时正是郑和下西洋的前夕；它还意味着公元前 218 年，当汉尼拔率领他的大象进攻罗马时，西方的发展已经高于东方。如果以上这些都不够特别的话，这个图还告诉我们，当公元前 44 年恺撒大帝被谋杀时，西方比 1793 年的东方更加先进，此时中国的乾隆皇帝拒绝了马戛尔尼勋爵的贸易要求。

　　图附 –2b 也许更加特别。在图中，公元 700 年时的西方社会发展指数低于东方孔子时期的社会发展指数，这显然不对。公元 700 年时，阿拉伯人控制着大量来自大马士革的哈里发；在这张图中，1800 年已开始工业革命的西方社会，其发展指数低于 1000~1200 年间处于宋朝统治下的东方核心的社会发展指数，这更不可能。

　　即使历史学家能够忍受这些奇怪的结论，图附 –2 中所显示的历史发展轨迹与图 3–7 中的差异还没有大到需要改变基本的模式。短期偶然理论依然证据不足，因为即使在图附 –2b 中，在大部分的历史时期，西方的分值依然高于东方（虽然此时的"大部分"只有 56%，而不是 92.5%）；长期注定理论也是如此，因为即使在图附 –2a 中，东方也曾领先 7 个世纪。对于不断向前但却受到干扰的发展而言，生物学和社会学依旧是最合理的解释，而地理因素也仍然最能够解释为什么西方得以统治世界。

　　要改变基本模式，我的估计就要做出 20% 的改动。图附 –3a 显示，如果我将西方社会发展指数整体降低 20%，将东方社会发展指数提高 20%，结果会是怎样；图附 –3b 显示如果我将东方社会发展指数降低 20%，而将西方社会发展指数提高 20%，结果又是如何。

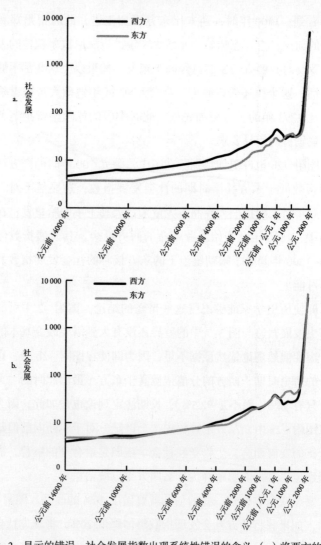

图附 –2　显示的错误：社会发展指数出现系统性错误的含义。（a）将西方的指数提高 10%，将东方的指数降低 10%；（b）将东方的指数提高 10%，将西方的指数降低 10%

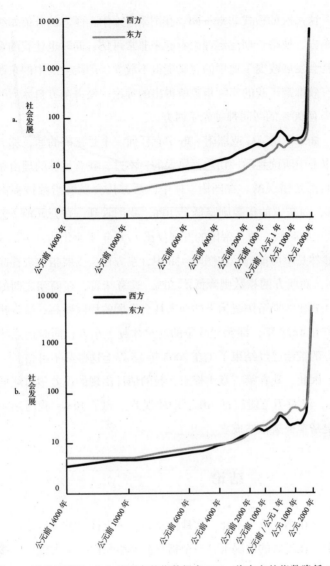

图附 -3 更大的错误：(a) 将西方的指数提高 20%，将东方的指数降低 20%；
(b) 将东方的指数提高 20%，将西方的指数降低 20%

这一次的模式非常不同。在图附 –3a 中，西方的分值始终高于东方，使得长期注定理论看起来非常可信，同时也让我的观点，即社会发展改变了地理的意义变得不成立。图附 –3b 中的东西对比有效推翻了我的实际指数所得出的理论，使得东方自冰河时期以来有 90% 的时间都领先于西方。

如果图附 –3a 或图附 –3b 中有任何一个是正确的话，那么你在本书中所读到的一切均是错误的。不过，我有足够的理由相信，它们都是错误的。在图附 –3a 中，西方社会发展指数被提高了20%，而东方的指数则降低了 20%，我们看到，在公元前 / 公元1 世纪的时候，罗马帝国的发展仅比 1900 年工业化的日本低 5 点，这显然是不可能的。在图附 –3b 中，东方社会发展指数被提高了20%，而西方的指数则降低了 20%，这意味着，在商朝之前的东方社会比波斯帝国统治下的西方社会发展的程度要高；这意味着，西方在 1828 年，即鸦片战争的前夕才赶上东方；同时还意味着，西方的统治已经结束了（在 2003 年）。以上这些都不可信。

因此，我在第三章中提出：我的估计出现的误差很可能低于10%，绝对不可能超过 20%。即使误差达到了 10%，我所阐述的历史基本框架依然成立。

结论

我在第三章中不止一次地注意到，制定社会发展指数是一种艺术。在最好的情况下，一个指数能够给我们一个大概、足够好的估计，使得指数设计者的假想显而易见。我已说过，长久以来我们无法解释西方为何统治世界的原因是，学者用不同的方式定义术语以及关注问题的不同方面。只要建立指数，就能帮助我们向前跨出一大步。那些批判本书的学者，即提出四大异议的人，应该想出自己的测量方式。也许到那个时候，我们能够看到一些真正的进步。

致谢

和其他著作一样，如果没有很多人的付出，就不可能有这本书。要不是在斯坦福大学人类科学学院开放的思想氛围中学习过一段时间，我不可能完成这本书，因为在这儿，我们不用受到传统学术的束缚。在此，我要感谢史蒂夫·哈伯（Steve Haber）、伊恩·霍德（Ian Hodder）、阿德里安娜·梅厄（Adrienne Mayor）、乔希·奥伯（Josh Ober）、理查德·萨勒（Richard Saller）、沃尔特·沙伊德尔（Walter Scheidel），尤其是凯西·圣约翰（Kathy St. John），感谢他们这么多年的鼓励与支持。

在我写作的过程中，贾雷德·戴蒙德（Jared Diamond）、尼尔·弗格森（Niall Ferguson）、康斯坦丁·法佐尔特（Constantin Fasolt）、杰克·戈德斯通（Jack Goldstone）、约翰·哈尔东（John Haldon）、伊恩·霍德、阿格尼丝·许（Agnes Hsu）、马克·刘易斯（Mark Lewis）、巴纳比·马什（Barnaby Marsh）、尼尔·罗伯茨（Neil Roberts）和理查德·萨勒帮我审阅了部分章节。在我完成本书后，埃里克·基斯基（Eric Chinski）、丹尼尔·克鲁（Daniel Crewe）、阿尔·迪安（Al Dien）、多拉·迪安（Dora Dien）、马丁·刘易斯（Martin Lewis）、阿德里安娜·梅厄、乔希·奥伯、迈克尔·皮特（Michael Puett）、吉姆·罗宾逊（Jim Robinson）、凯西·圣约翰和沃尔特·沙伊德尔帮我审阅了全书。感谢他们提出的宝贵建议。

感谢鲍勃·贝拉（Bob Bellah）、弗兰切斯卡·布雷（Francesca

Bray）、伊懋可、伊恩·霍德、理查德·克莱因（Richard Klein）、马克·刘易斯、刘力（Li Liu），汤姆·麦克莱伦（Tom McClellan）、道格拉斯·诺思（Douglass North）、沃尔特·沙伊德尔，内森·希文（Nathan Sivin）、亚当·斯密（Adam Smith）、理查德·施特拉斯堡（Richard Strassberg）、唐纳德·瓦格纳（Donald Wagner）、巴里·温加斯特（Barry Weingast）和张雪莲（Zhang Xuelian），由于他们的帮助，我有幸读到许多未曾发表或者新近发表的文章。除了以上诸位，还有奇普·布莱克（Chip Blacker）、戴维·克里斯琴（David Christian）、保罗·戴维（Paul David）、兰斯·戴维斯（Lance Davis）、保罗·埃利希（Paul Ehrlich）、彼得·加恩西（Peter Garnsey）、戴维·格拉夫（David Graff）、戴维·肯尼迪（David Kennedy）、克里斯蒂安·克里斯蒂安森（Kristian Kristiansen）、戴维·莱廷（David Laitin）、杰弗里·劳埃德（Geoffrey Lloyd）、史蒂夫·米森（Steve Mithen）、科林·伦弗鲁（Colin Renfrew）、马歇尔·萨林斯（Marshall Sahlins）、吉姆·希恩（Jim Sheehan）、史蒂夫·申南（Steve Shennan）、彼得·特明（Peter Temin）、洛塔尔·冯·法尔肯豪森（Lothar von Falkenhausen）、克丽丝·威克姆（Chris Wickham）、王国斌、加文·赖特（Gavin Wright）、维克多·熊（Victor Xiong）、杨晓能（Xiaoneng Yang）、赵鼎新（Dingxin Zhao）、周逸群（Yiqun Zhou），与他们的交谈极大地启发了我。同时还要感谢参加"古地中海和中国帝国"以及"第一个大分支"会议的每一个人，他们也提出了很多建设性的意见。

感谢斯坦福大学人类科学学院对我的资金支持，使我得以完成本书。感谢米歇尔·安杰尔（Michele Angel）为本书中的地图做了最后的修改，感谢帕特·鲍威尔（Pat Powell）为了让我合法使用他人的成果所付出的努力。

最后，我要感谢桑迪·迪迦斯特安（Sandy Dijkstra）和桑德拉·迪迦斯特安文学社，本书的编辑、法勒－斯特劳斯－吉鲁出版社的埃里克·基斯基和尤金妮娅·查（Eugenie Cha），以及 Profile 出版社的丹尼尔·克鲁。要不是他们的鼓励，我也不可能完成本书。

再一次对他们表示衷心的感谢。

图书在版编目（CIP）数据

西方将主宰多久 /（美）伊恩·莫里斯著；钱峰译
. -- 北京：中信出版社，2021.4
（中信经典丛书 . 008）
书名原文：why the west rules-for now
ISBN 978-7-5217-2897-2

Ⅰ. ①西… Ⅱ. ①伊…②钱… Ⅲ. ①西方国家—历
史 Ⅳ. ① K10

中国版本图书馆 CIP 数据核字（2021）第 048342 号

西方将主宰多久
（中信经典丛书 · 008）

著　者：[美]伊恩·莫里斯
译　者：钱峰
责任编辑：王律
出版发行：中信出版集团股份有限公司
　　　　　（北京市朝阳区惠新东街甲 4 号富盛大厦 2 座　邮编　100029）
承 印 者：北京雅昌艺术印刷有限公司

开　本：880mm×1230mm　1/32　　印　张：137.75　　字　数：3681 千字
版　次：2021 年 4 月第 1 版　　　　印　次：2021 年 4 月第 1 次印刷
京权图字：01-2010-4442
书　号：ISBN 978-7-5217-2897-2
定　价：1180.00 元（全 8 册）

扫码免费收听图书音频解读